够范儿

Photoshop 服装款式设计与色彩搭配

李晓霞◎编著

清華大學出版社
北京

内 容 简 介

本书是一本全方位讲授服装设计中最为常见的服装款式设计与服装色彩搭配的案例解析式教材，章节内容由浅入深，结合大量服装和色彩的理论知识进行讲解。服务于服装设计专业学生或从业人员，基本涵盖服装设计师或相关行业工作涉及的常见任务。

全书分为10个章节，第1～2章为基础内容，主要讲解服装与色彩的理论知识、Photoshop制图基础操作。第3～6章为进阶内容，主要讲解选取、抠图与合成、绘图、图形修饰、特效等多方面的Photoshop技术。第7～10章为大型案例内容，主要对服装面料设计、服装款式图设计、服装设计效果图和服装设计画册，以完整的大型项目形式进行讲解，让用户了解完整服装项目的设计流程。

本书资源包括书中的案例文件、素材文件以及视频教学，不仅适合作为服装设计人员的参考手册，也可作为大中专院校和培训机构服装设计及其相关专业的学习教材。

图书在版编目(CIP)数据

够范儿：Photoshop服装款式设计与色彩搭配 / 李晓霞编著. — 北京：清华大学出版社，2019 (2024.8 重印)
ISBN 978-7-302-52573-8

Ⅰ. ①够… Ⅱ. ①李… Ⅲ. ①服装设计 Ⅳ. ①TS941.2

中国版本图书馆 CIP 数据核字（2019）第 047086 号

责任编辑： 韩宜波
封面设计： 杨玉兰
责任校对： 王明明
责任印制： 宋　林

出版发行： 清华大学出版社
网　　址： https://www.tup.com.cn, https://www.wqxuetang.com
地　　址： 北京清华大学学研大厦 A 座　　**邮　　编：** 1000 4
社 总 机： 010-83470000　　**邮　　购：** 010-62786544
投稿与读者服务： 010-62776969，c-service@tup.tsinghua.edu.cn
质 量 反 馈： 010-62772015，zhiliang@tup.tsinghua.edu.cn
印 装 者： 三河市龙大印装有限公司
经　　销： 全国新华书店
开　　本： 210mm×260mm　　**印　　张：** 21.5　　**字　　数：** 520 千字
版　　次： 2019 年 4 月第 1 版　　**印　　次：** 2024 年 8 月第 4 次印刷
定　　价： 89.80 元

产品编号：070407-01

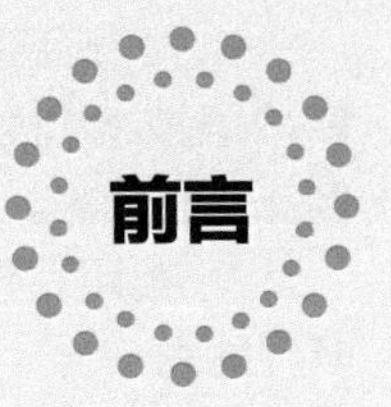

前言

Photoshop 是 Adobe 公司推出的图像处理软件，广泛应用于平面设计、服装设计、数码照片处理、印刷出版、广告设计、书籍排版、插画绘图、多媒体图像处理、网页设计等行业。基于 Adobe Photoshop 在服装设计行业的应用度之高，我们编写了这本《够范儿——Photoshop 服装款式设计与色彩搭配》，本书以服装款式设计结合服装色彩搭配进行讲解，将强大的理论知识融入软件制作中。

本书与同类书籍的大量软件操作方式的编写方式相比，最大的特点在于本书更加侧重于从设计思路的培养到项目制作完成的完整流程。本书前面的章节以基础为主，后面的章节以大型项目案例为主。

本书共分 10 章，安排如下。

第 1 章　服装设计与色彩：主要包括认识服装设计、服装与色彩、服装设计中基础色的应用。

第 2 章　Photoshop 制图基础：主要包括 Photoshop 的基本制图技巧。

第 3 章　选区、抠图与合成：主要包括绘制简单的选区、选区的基本编辑操作、填充与描边、基于色彩差别进行抠图、钢笔工具精确抠图、抠图与合成。

第 4 章　绘图：主要包括设置合适的颜色、常用的画笔绘画工具、使用“画笔”面板设置笔尖、使用不同方式填充、矢量绘图、创建文字。

第 5 章　图像修饰：主要包括图像修饰工具、调色技术、使用“液化”滤镜调整图像。

第 6 章　特效：主要包括图层混合与图层样式、模拟特殊效果的滤镜。

第 7 章　服装面料设计：主要包括服饰面料与色彩搭配、服装图案与色彩搭配、皮质面料、皮草面料、绸缎面料。

第 8 章　服装款式图设计：主要包括服装类型、女士休闲长款 T 恤、可爱女童上衣、甜美风格女士睡裙、男士休闲短裤、男款秋冬毛呢外套、男士休闲夹克、针织帽子、羽绒服。

第 9 章　服装设计效果图：主要包括服装风格、春夏连衣裙效果图、长款晚礼服效果图。

第 10 章　服装设计画册：主要包括服装配饰、服装搭配展示页面、服装设计画册内页、春夏女装流行趋势画册内页。

本书特色如下。

◎ 实例结合理论。本书除了有大量精彩案例外，还结合了大量色彩和服装的理论。

◎ 章节合理，易吸收。第 1~2 章主要讲解软件入门操作——超简单；第 3~6 章按照技术划分每个门类的操作——超实用；第 7~10 章是完整的大型项目案例——超精美。

◎ 实用性强。本书精选的案例，实用性非常强大，可应对服装设计工作中的多种需求。

◎ 模块丰富。本书大量应用了思路剖析、配色方案解析、其他配色方案、应用拓展、实用配色方案、技巧提示，更利于用户学习和理解。

本书是采用 Photoshop CC 版本进行编写，请各位用户使用该版本或相近版本进行练习。如果使用过低的版本，可能会造成源文件打开时发生部分内容无法正确显示的问题。

本书适用于初、中级专业从业人员、各大院校的专业学生、服装设计爱好者，同时也适合作为高校教材、社会培训教材使用。

本书由李晓霞编著，其他参与编写的人员还有齐琦、荆爽、林钰森、王萍、董辅川、杨宗香、孙晓军、李芳等。

由于作者水平有限，书中难免存在错误和不妥之处，敬请广大用户批评和指正。

本书提供了案例的素材文件、效果文件以及源文件，扫一扫右侧的二维码，推送到自己的邮箱后下载获取。

编 者

第1章 服装设计与色彩

第2章 Photoshop制图基础

第3章 选区、抠图与合成

第4章 绘图

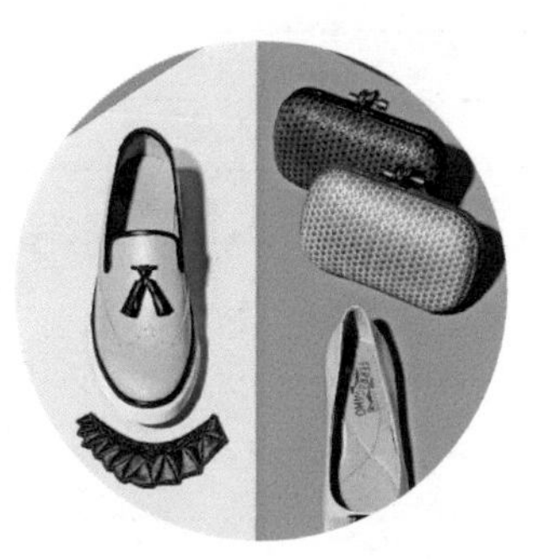

第5章

图像修饰

第6章 特效

第7章 服装面料设计

第8章 服装款式图设计

第9章

服装设计效果图

第10章

服装设计画册

第1章 服装设计与色彩

本章概述

服装设计是一门涉及领域极广的边缘学科，和文学、艺术、历史、哲学、宗教、美学、心理学、生理学以及人体工学等社会科学和自然科学密切相关。色彩对于服装而言，更是至关重要的一个元素。在本章主要讲解服装设计与色彩应用的基础知识。

本章要点

- 认识什么是服装设计。
- 学习色彩搭配的基础知识。
- 掌握基础色在服装设计中的应用。

佳作欣赏

1.1 认识服装设计

服装设计属于工艺美术范畴，是实用性和艺术性相结合的一种艺术形式，是解决人们穿着生活体系中诸多问题的富有创造性的计划及创作行为。准确地说，服装设计并不单单指服装款式的设计，而是包括造型设计、结构设计与工艺设计 3 个方面。图 1-1 和图 1-2 所示为优秀的服装设计作品。

图 1-1

图 1-2

服装设计是一个艺术创作的过程，是艺术构思与艺术表达的统一体。简单来说，所谓服装设计就是在结合穿着者的性格特征、出行场合以及个人意见的基础上，进行构思，绘制草稿效果图，然后逐步改进完善而成的设计方案。完整的服装设计通常由服装工艺设计、面料选材、色彩搭配、款式造型设计和结构设计等多个环节构成。图 1-3 和图 1-4 所示为优秀的服装设计作品。

图 1-3

图 1-4

1.1.1 服装设计中的点、线、面

点、线、面是平面空间的元素，是几何学中的基本概念。同时，点、线、面也是构成服装的基础元素。在一般情况下，“点”作为零维对象，“线”作为一维对象，“面”作为二维对象。点动成线，线动成面，面动则成为三维的立体形态。而服装设计作为一种立体的造型设计，点、线、面自然也是其构成的基本元素。图 1-5 和图 1-6 所示为优秀的服装设计作品。

图 1-5

图 1-6

在服装设计中，点、线、面是可以互为转换的，点规律地排列可以变成线，点放大又可以变成面，线变大可成为面，线有序地排列可以成为线性面。合理地在服装设计中运用点、线、面之间的模糊性关系，往往可以收获意想不到的效果。图 1-7 和图 1-8 所示为优秀的服装设计作品。

图 1-7

图 1-8

1. 点

服装设计中的点既可以是造型中的“点”，又可以是面料图案中的“点”。

点在服装整体造型设计中虽面积较小却占有主要位置，具有引人注目、引导视线等作用。图 1-9 和图 1-10 所示为带有点元素的服装设计作品。

图 1-9

图 1-10

（1）点处于整体服装中心时，呈现出一种收缩扩张的态势。

（2）处于服装整体一侧的点，会给人以飘忽不定的游离感。

（3）服装设计中竖向排列的点，在视觉感受上能起到一定的提升拉伸作用。

（4）大量大小不一的点，在服装设计中能够产生一种极具节奏的错位立体感。

2. 线

线，由点的轨迹转化而成，分为直线和曲线两种。线的摆放位置、长短、粗细，都给人以截然不同的视觉感受。水平的直线给人以平和、安静的印象，斜线具有深度和方向感。在服装设计中，线的表达方式多种多样，如面料线条花纹、装饰线条、轮廓线条、褶皱线条以及剪辑线条等。线条以多变独特的姿态，点缀装饰着服装设计的表现力与创造力。图 1-11 和图 1-12所示为带有线的服装设计作品。

图 1-11

图 1-12

3. 面

线移动的轨迹可以构成“面”。面又可分为平面和曲面，是具有二维空间特质的形式展现。由线构成的面的形态又可分为三角形、圆形、方形、多边形以及不规则图形等。不同形态下摆放的面与面也可以构成不同组合，分割后的面与面可以重新进行编组结合，面进行旋转或叠加会形成新的平面形式。服装设计中的轮廓分割线以及装饰线，对不同形状的面可以产生完全不同的影响。由于面与面会产生交叉、组合、重叠的手法，又会衍生出不同形状的平面。图 1-13 和图 1-14 所示为带有“面”元素的服装设计作品。

图 1-13

图 1-14

1.1.2 服装设计的基本原则

服装的发展历史与人类繁衍生息的文化发展有着密切的联系，服装设计本身与艺术创作有着非常大的关联。服装设计需要在实用的基础上开拓创新，点缀日常生活。为了使服装能够满足人类对美的追求和向往，在进行服装设计时需要遵循几大原则。图 1-15~ 图 1-17 所示为优秀的服装设计作品。

图 1-15

图 1-16

图 1-17

1. 统一原则

“统一原则”也有调和之意，意在体现服装造型设计的整齐划一，优秀的服装设计无论从细节还是从整体都追求材质面料、色彩搭配、线条轮廓的和谐统一。各个元素之间不存在太大的差异，使用重复相同的色彩，进行线条和色块的交叉重叠，以保证整体的统一特色，如图 1-18 和图 1-19 所示。

图 1-18

图 1-19

2. 重点原则

“重点原则”着重强调的就是点。整体服装设计并不追求完全的统一，而是在整体设计趋于平淡的前提下，只追求一小部分设计格外醒目，从而实现强调性的趣味对比映衬。可以将重点部分的元素以不同的色彩、材质、剪裁、线条或饰物等方式表达，从而起到点题的作用，如图 1-20 和图 1-21 所示。

图 1-20

图 1-21

3. 平衡原则

在服装设计中合理地运用“平衡原则”可以使服装整体看起来更具稳定和谐的特性。平衡可分为对称平衡和非对称平衡。对称平衡以人体为中心，此种服装给人庄重、严肃之感；“非对称平衡”则是指给人以感觉上的平衡，而非真正的左右对称，如图 1-22 和图 1-23 所示。

图 1-22

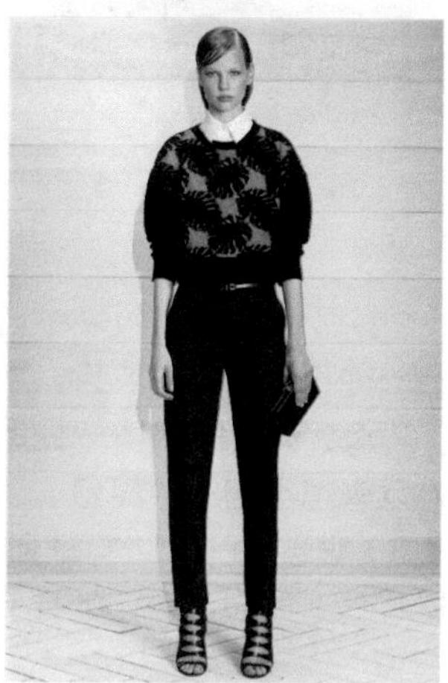
图 1-23

4. 比例原则

“比例原则”即指服装材质面料的分割大小匹配，合理的比例搭配应用于服装设计，可以起到很好的扬长避短作用。服装设计讲究黄金分割配比，可以应用于布料占用版面对比，或口袋与服装整体造型对比，再或者饰物附件与服装整体的比例，如图 1-24 和图 1-25 所示。

图 1-24

图 1-25

5. 节奏原则

“节奏原则”指重复性强，具有规律的视觉感受，给人以温和的律动感。例如，颜色由浅到深；由小到大形成规律的图形渐变排序；产生规律性的重复排列；层叠的质地轻薄的面料带来的飘逸感等，均为服装设计中创造“节奏”的常用手法。除此之外，色彩的穿插交替使用也能够制造出丰富的层次质感，使用大小色块交替拼接等手法更能够突出小色块的重要性，如图 1-26 和图 1-27 所示。

图 1-26

图 1-27

1.2 服装与色彩

光是人们感知色彩存在的必要条件，物体受到光线的照射而显示出形状和颜色，例如，光照在红苹果上反射红色光，照射在绿苹果上反射的是绿色光，我们的眼睛也是因为有光才能看见眼前的事物，如图 1-28 所示。色彩在主观上是一种行为反应，在客观上则是一种刺激现象和心理表达。消费者的购买欲望更多来源于色彩所带来的视觉冲击。所以色彩可以说是服装设计的核心元素之一，能够直观地塑造品牌形象，如图 1-29 所示。

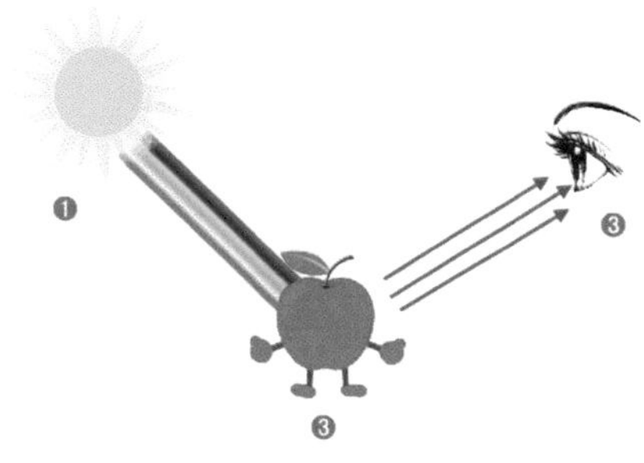

图 1-28

图 1-29

服装设计与色彩设计是相互依存的关系，服装色彩设计又是整体服装造型中重要的组成部分。服装色彩设计可以改变服装整体风格和不同面料的多种质感。充分掌握色彩明暗对比以及合理调和，可使服装色彩与服装整体造型设计和谐、统一地融为一体，如图 1-30、图 1-31 和图 1-32 所示。

图 1-30

图 1-31

图 1-32

1.2.1 色相、明度、纯度

色彩的三元素包括色相、明度和纯度。

色相是色彩的首要特性，是区别色彩的最精确的准则。色相又是由原色、间色、复色所组成的。而色相的区别就是由不同的波长所决定，即使是同一种颜色也要分不同的色相，如红色可分为鲜红、大红、橘红等，蓝色可分为湖蓝、蔚蓝、钴蓝等，灰色可分为红灰、蓝灰、紫灰等。人眼可分辨出大约一百多种不同的颜色，如图 1-33 和图 1-34 所示。

图 1-33

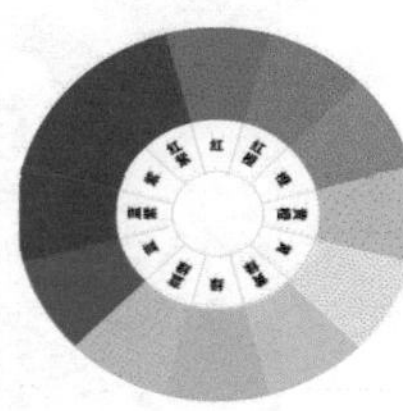
图 1-34

明度是指色彩的明暗程度。明度不仅表现于物体照明程度，还表现在反射程度的系数。又可将明度分为九个级别，最暗为 1，最亮为 9，并划分出 3 种基调，如图 1-35 和图 1-36 所示。

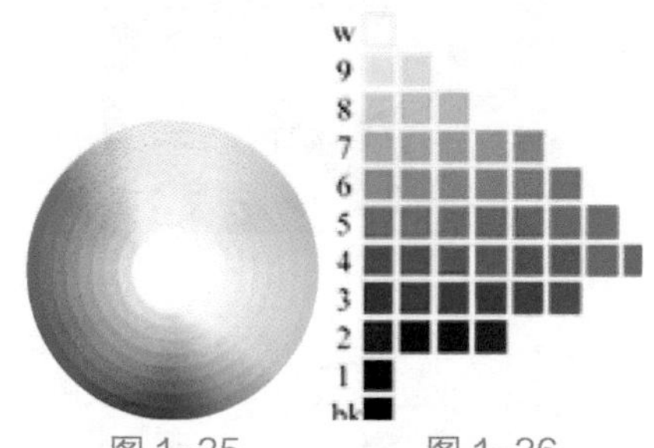

图 1-35　图 1-36

- 低明度：1~3 级为低明度的暗色调，带给人以沉着、厚重、忠实的感觉。
- 中明度：4~6 级为中明度色调，带给人以安逸、柔和、高雅的感觉。
- 高明度：7~9 级为高明度的亮色调，带给人以清新、明快、华美的感觉。

纯度是色彩的饱和程度也是色彩的纯净程度。纯度在色彩搭配上具有强调主题和出其不意的视觉效果。纯度较高的颜色则会给人造成强烈的刺激感，能够使人留下深刻的印象，但也容易造成疲倦感。要是与一些低明度的颜色相配合则会显得细腻舒适。纯度也可分为 3 个阶段，如图 1-37 所示。

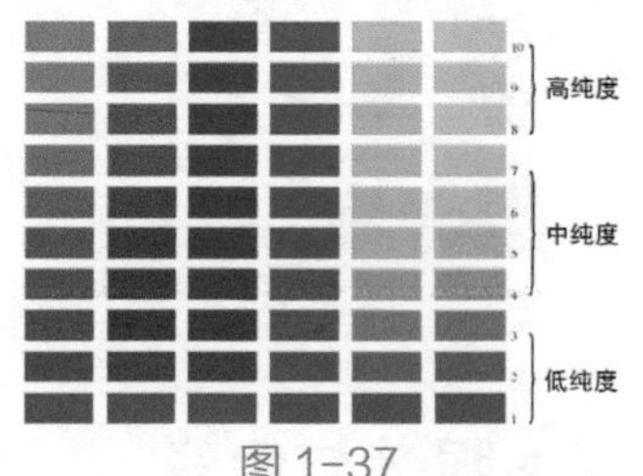

图 1-37

- 高纯度：8~10 级为高纯度，可使人产生强烈、鲜明、生动的感觉。
- 中纯度：4~7 级为中纯度，可使人产生适当、温和、平静的感觉。
- 低纯度：1~3 级为低纯度，可使人产生细腻、雅致、朦胧的感觉。

1.2.2 主色、辅助色、点缀色

服装设计方案中应用的颜色可以分为 3 类，即主色、辅助色和点缀色。3 类色彩的定位与功能各不相同，下面就对此一一进行介绍。

1. 主色

主色是在服装色彩中占有最大比例的色彩，是服装的主体基调。在配色选择时需要首先确定服装的主色，因为主色起着主导的作用，能够为服装整体赋予明确的“个性”，在整体设计中有着不可忽视的地位，如图 1-38~ 图 1-41 所示。

图 1-38

图 1-39

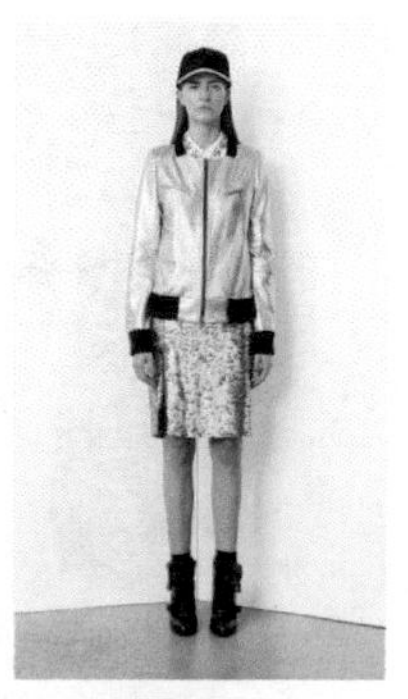
图 1-40

图 1-41

2. 辅助色

辅助色是指补充或辅助服装色彩的陪衬色彩，相对于主色而言，辅助色占比稍微小一些，如图 1-42~ 图 1-45 所示。

图 1-42

图 1-43

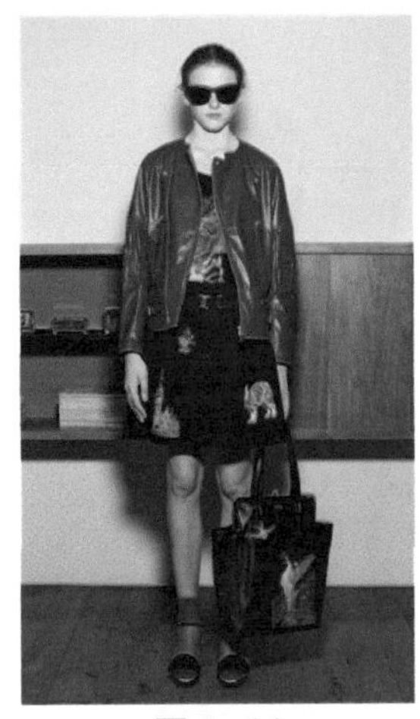

图 1-44

图 1-45

3. 点缀色

点缀色是在服装设计或服装搭配中占有极小面积的颜色，易于变化又能获得点缀整体造型的效果，也能够起到烘托服装整体风格、彰显服装魅力的作用，如图 1-46~图 1-49 所示。

图 1-46

图 1-47

图 1-48　　图 1-49

1.2.3 邻近色、对比色

邻近色与对比色如今在服装设计中运用得比较多，服装设计中不仅两种颜色要合理搭配，还要用色彩表现服装的风格以及可塑性，与不同的元素相结合，能够完美地展现服装设计的魅力所在。

1. 邻近色

邻近色即相邻近似的两种颜色，邻近的两种颜色通常是以“你中有我，我中有你”的形式而存在。在 24 色环上任选一色，任何邻近的两种颜色相距均为 90°，其色彩冷暖性质相同，且色彩情感相似，如图 1-50 和图 1-51 所示。例如，橙色与黄色、蓝色与紫色。

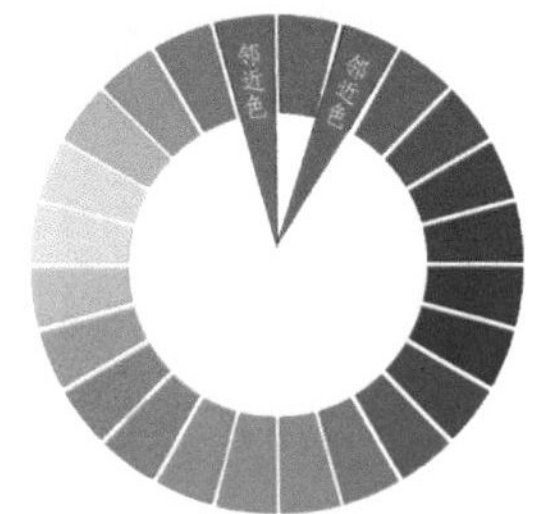

图 1-50

图 1-51

2. 对比色

对比色即两种色彩的明显区分，是人的视觉感官所产生的一种生理现象。在 24 色环上两种颜色相距 120° ~180°。对比色还可分为冷暖对比、色相对比、明度对比、纯度对比等，对比色的巧妙搭配可增强视觉冲击力，同时还可以增强视觉的空间感，如图 1-52 和图 1-53 所示。例如，红色与绿色、紫色与黄色。

图 1-52

图 1-53

1.2.4 服装色彩与肤色

肤色是服装色彩设计的基调，起着决定性作用，在设计过程中，应根据不同肤色的区别，调和与之搭配的

服装配色。合理的服装配色方案，能够充分结合穿着者的肤色气质，使服装整体造型更加熠熠生辉。“一白遮百丑”已经不再是评判一个人外貌以及穿衣品位的唯一标准，独特的服装款式设计与合理巧妙的色彩搭配，能够更为灵动地展现出不同风格的多面美，如图 1-54~ 图 1-56 所示。

图 1-54

图 1-55

图 1-56

较为白皙的肤色，适宜搭配的服装颜色种类繁多。暖色系衣物显得温婉柔美，冷色系服装显得高贵典雅，如图 1-57~ 图 1-59 所示。

黄色皮肤是东方女性的代表色，服装配色选择应尽量避免灰色系，色调清亮的着装配饰，会提升着装者整体的精神面貌，如图 1-60~ 图 1-62 所示。

图 1-57

图 1-58

图 1-59　　图 1-60

图 1-61

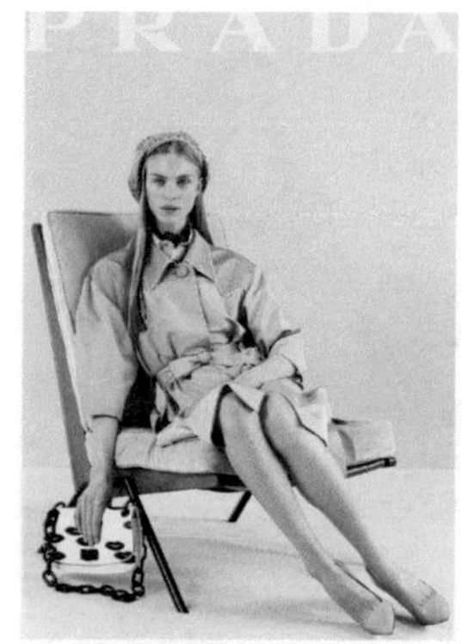

图 1-62

棕色皮肤常给人以夏威夷般的阳光沐浴感，适宜搭配白色或亮灰色服装配饰，高明度和饱和度的颜色差异对比，能够凸显穿着者更为健康、活力的一面，如图 1-63 和图 1-64 所示。

图 1-63

图 1-64

1.2.5 不恰当的服装色彩搭配

在一套成功的服装造型搭配中，色彩往往占据着主导地位。通常情况下，设计师需要针对穿着者的性格特征、体型、气质等方面的差异，遵循服装配色法则进行颜色的配置。虽然针对不同类型的服装颜色搭配方案也各不相同，但是仍有一些不恰当的颜色搭配方案是需要初学者注意的。图 1-65~ 图 1-68 所示为优秀的服装设计作品。

图 1-65

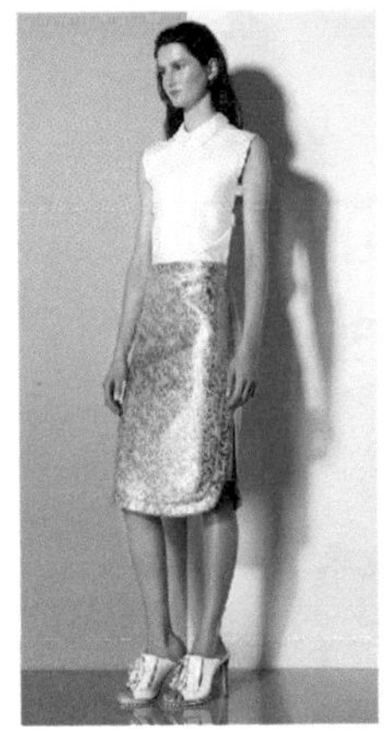
图 1-66

图 1-67

图 1-68

服装色彩搭配忌讳两种亮色面料的拼接搭结合，太过将叠加重复的元素融合在一起，在视觉感受上容易给人一定的厌烦感。而合理的明暗色彩对比会为服装增添阶梯质感，如图 1-69 和图 1-70 所示。

图 1-69

图 1-70

杂色与杂色的搭配也是色彩搭配中所要避讳的搭配方式。给予过多的元素信息，会使服装主题不明，无法突出重点，容易给人俗不可耐的视觉印象，如图 1-71 和图 1-72 所示。

色彩搭配同样忌讳暗色与暗色的搭配方法，暗色能够获得一定的收缩视觉效果，但服装色彩搭配全部选用暗色与暗色的色彩调配，就会给人过于深沉压抑的感觉，如图 1-73 和图 1-74 所示。

图 1-71

图 1-72

图 1-73

图 1-74

1.3 服装设计中基础色的应用

1.3.1 红

红色是通过能量触发观察者强烈感官体验的颜色。当色彩饱和度较高时，表现的情绪为激昂热烈；色彩饱和度较低时，表现的情绪为深沉暗淡。

色彩情感：喜庆、吉祥、激情、斗志、血腥、危险、恐怖、停止。图 1-75~ 图 1-78 所示的是以红色为主的服装设计。

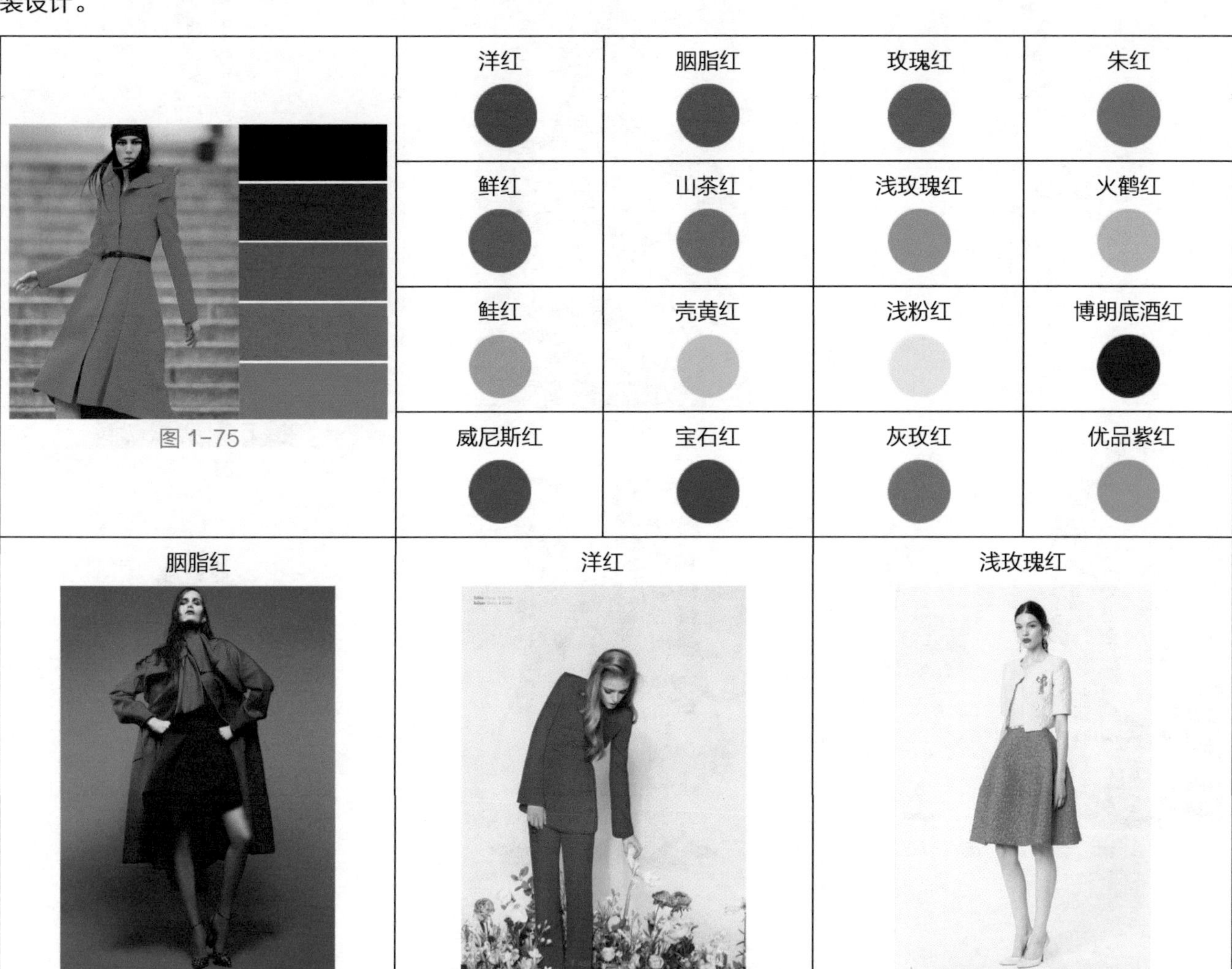

图 1-75

图 1-76

图 1-77

图 1-78

胭脂红	洋红	浅玫瑰红
● 胭脂红既是女性的代表色之一，更是优美和典雅的代名词。 ● 服装属于厚风衣款式，加上下身不规则半裙与高跟鞋的搭配，可使女王风范尽显。 ● 红黑搭配可以彰显品位，也是各大服装品牌遵循的黄金比例。	● 洋红色是非常女性化的颜色，象征着妖娆、柔美的女性形象。 ● 服装采用毛呢的材质，加上贴身西服的利落剪裁，体现女性的曲线美的同时也不乏率性。 ● 西服本身是商务、专业的象征，而洋红色给西服更增添了一份柔美。	● 浅玫瑰红颜色饱和度较低，给人以清纯、浪漫的感觉。 ● 服装利用浅粉色小外套和浅玫瑰红色内搭连衣裙撞色的搭配，使服装整体格调错落有致，甜美加分。 ● 浅玫瑰红色就像清晨含苞待放的花蕾，适合少女搭配。

1.3.2 橙

橙色可以使人联想到秋天丰硕的果实，是一种富足而快乐的颜色。橙色的色彩明艳度仅次于红色，不过也是容易造成视觉疲劳的颜色。橙色和淡黄色相配会给人一种很舒服的过渡感。橙色一般不能和紫色或深蓝色搭配，否则会给人一种阴暗、晦涩的感觉。所以，应用橙色时要使用正确的搭配色彩和表达方式。

色彩情感：热情、活跃、秋天、水果、温暖、欢乐、华丽、陈旧、隐晦、战争、偏激、抗议、刺激、骄傲。图 1-79~图 1-82 所示为以橙色为主的服装设计。

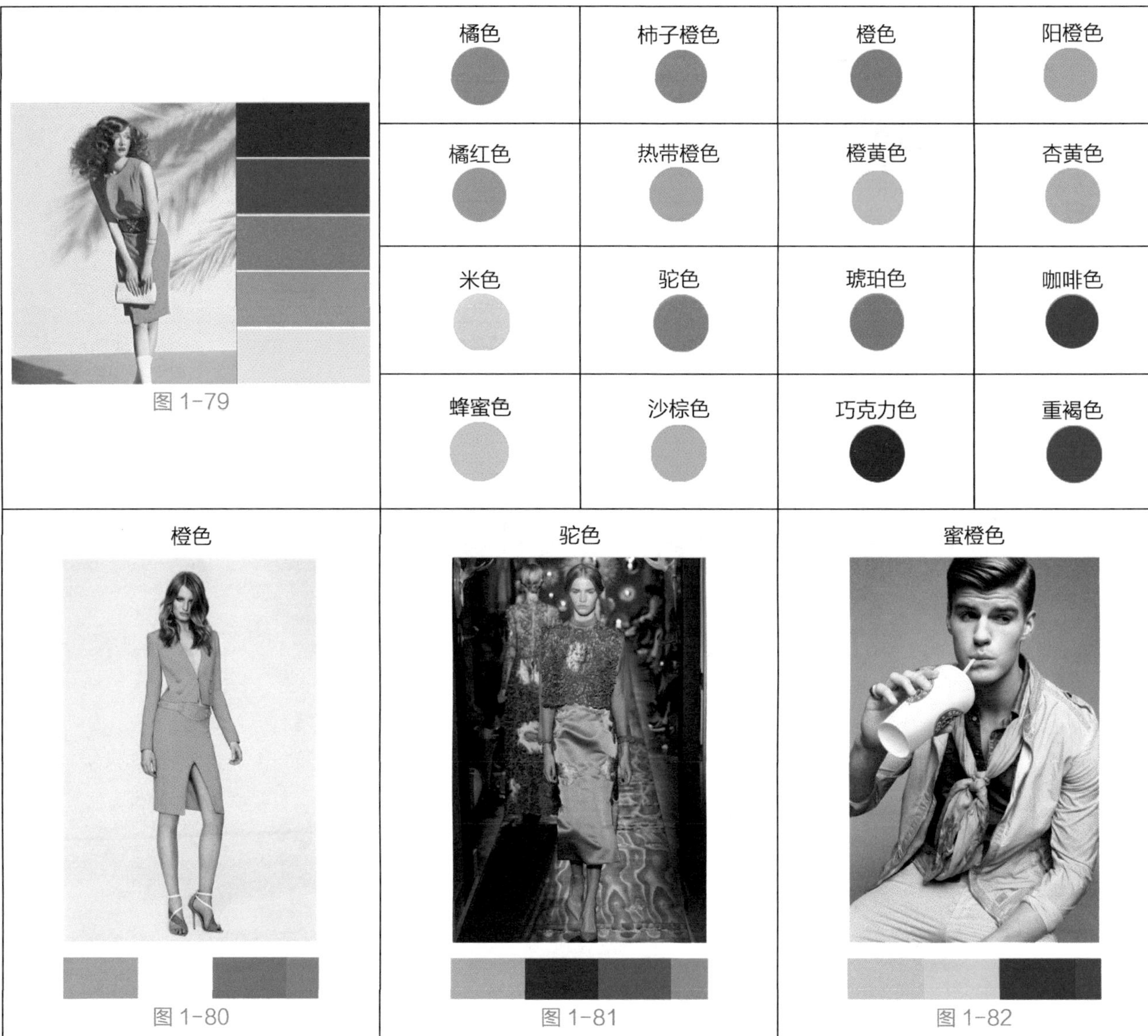

图 1-79

图 1-80

图 1-81

图 1-82

- 橙色象征着青春、活力、时尚、健康。
- 服装整体设计为包臀裙款式，低胸和高开叉别具匠心，充分展现出女性的曲线美。
- 橙色裙装和橙红色高跟鞋搭配，会使人有种很舒适的过渡感。

- 驼色是一种来源于自然却具有都市化风味的颜色，淡而不俗。
- 服装上半身采用灰色网纱上衣外套蕾丝马甲的展现形式，下身则为驼色丝绸长裙，整体搭配复古典雅。
- 驼色已渐渐成为成熟女性必不可少的标志。

- 蜜橙颜色饱和度较低，给人以柔和缓慢的视觉感受。
- 蜜橙色与深色衣物搭配实则略显沉稳，带橘色丝纹的淡蓝色纱巾为穿着者增添一丝活力，略有嬉皮士之感。
- 如果不想着装太过庄重，可佩戴一条色彩和谐的丝巾装饰。

1.3.3 黄

黄色是三原色之一，属于高明度色。黄色，富有暗示性。 其主要特征是明亮，具有反射性，可以产生耀眼的光辉以及表现出非它本质的快活、明朗。黄色给人的感觉舒服、柔和、适中，感情上充满喜悦和希望。

色彩情感：辉煌、权利、开朗、热闹、阳光、轻薄、软弱、庸俗、廉价、吵闹。图 1-83~ 图 1-86 所示为以黄色为主的服装设计。

图 1-83

黄色	铬黄色	金色	香蕉黄色
鲜黄色	月光黄色	柠檬黄色	万寿菊黄色
香槟黄色	奶黄色	土著黄色	黄褐色
卡其黄色	含羞草黄色	芥末黄色	灰菊色

鲜黄色	芥末黄色	月光黄色
图 1-84	图 1-85	图 1-86
● 鲜黄颜色饱和度较高，是很鲜活亮眼的颜色。 ● 上身为淡黄色裸色交叉粗条纹上衣，下身为鲜黄色绒布金色丝缎拼接。整体形象端庄活跃。 ● 鲜黄色用于正式场合或日常服饰都是不错的选择。	● 芥末黄为偏绿的黄，和芥末酱颜色相似，属于暖色系。 ● 内搭为深蓝色碎花连衣裙，外搭配芥末黄色毛呢外套，休闲与田园风格尽显。 ● 芥末黄色衣物一年四季都适合穿着，更是清新风格的首选。	● 月光黄明度高、饱和度低，是一种淡雅、温柔的颜色。 ● 服装整体为月光黄色长裙后缀蝴蝶结尾翼。服装整体如同周身环绕轻柔的月光一般，端庄典雅。 ● 月光色长礼服裙配上简短的头发，整体造型高雅秀丽。

1.3.4 绿

绿色和大自然有着密切的联系，绿色是一种由蓝色 + 黄色而得到的颜色，然后又根据黄色和蓝色所占比例的不同，以及加入不同程度的黑、灰、白色而呈现不同的颜色表现。绿色可以融合多种色调，形成鲜活富有生机的颜色。绿色给人以新鲜健康的感觉，也可以联想到春意盎然的景象和新鲜无公害的蔬菜。

色彩情感：春天、生机、清新、希望、安全、下跌、庸俗、愚钝、沉闷、陈旧。图 1-87~ 图 1-90 所示为以绿色为主的服装设计。

图 1-87

黄绿色	苹果绿色	墨绿色	叶绿色
草绿色	苔藓绿色	芥末绿色	橄榄绿色
枯叶绿色	碧绿色	绿松石绿色	青瓷绿色
孔雀石绿色	铬绿色	孔雀绿色	钴绿色

草绿色	嫩绿色	孔雀石绿色
图 1-88	图 1-89	图 1-90
● 草绿色清新亮丽，既象征着蓬勃生机，又给人以沉稳、知性的印象。 ● 上衣为浅蓝色棉麻衬衫外搭草绿色针织毛衣，下身为深蓝色印有橘黄色印花状哈伦裤，整体搭配跳跃但不失沉稳。 ● 草绿色与黄色搭配会更显活力，草绿色与深蓝色搭配会更显稳重。	● 嫩绿色是生命的颜色，温婉轻柔。一抹新绿显得格外稚嫩。 ● 上身为嫩绿色棉质露肩 T 恤，下身为黑色雪纺阔腿裤，整体搭配朝气活泼，青春气息十足。 ● 浅棕色坡跟凉鞋将整体造型衬托得更加干净清爽，四肢修长。	● 孔雀石绿色饱和度较高，给人以饱满热烈的感觉。 ● 上身内搭为白色薄雪纺衬衣，孔雀石绿色针织外搭和包臀裙交相辉映，整体造型华丽高贵。 ● 黑头白色高跟鞋搭配整体造型，更加展现出名媛气息。

1.3.5 青

青色介于蓝绿之间，类似于发蓝的绿色或发绿的蓝色。青色是一种底色，清冽而不张扬，尖锐而不圆滑。它象征着希望、坚强、古朴和庄重，这也是传统的器物和服饰常常采用青色的原因。

色彩情感：清脆、欢快、淡雅、安静、沉稳、内涵、广阔、深邃、科技、阴险、消极、沉静、冰冷。图 1-91~图 1-94 所示为以青色为主的服装设计。

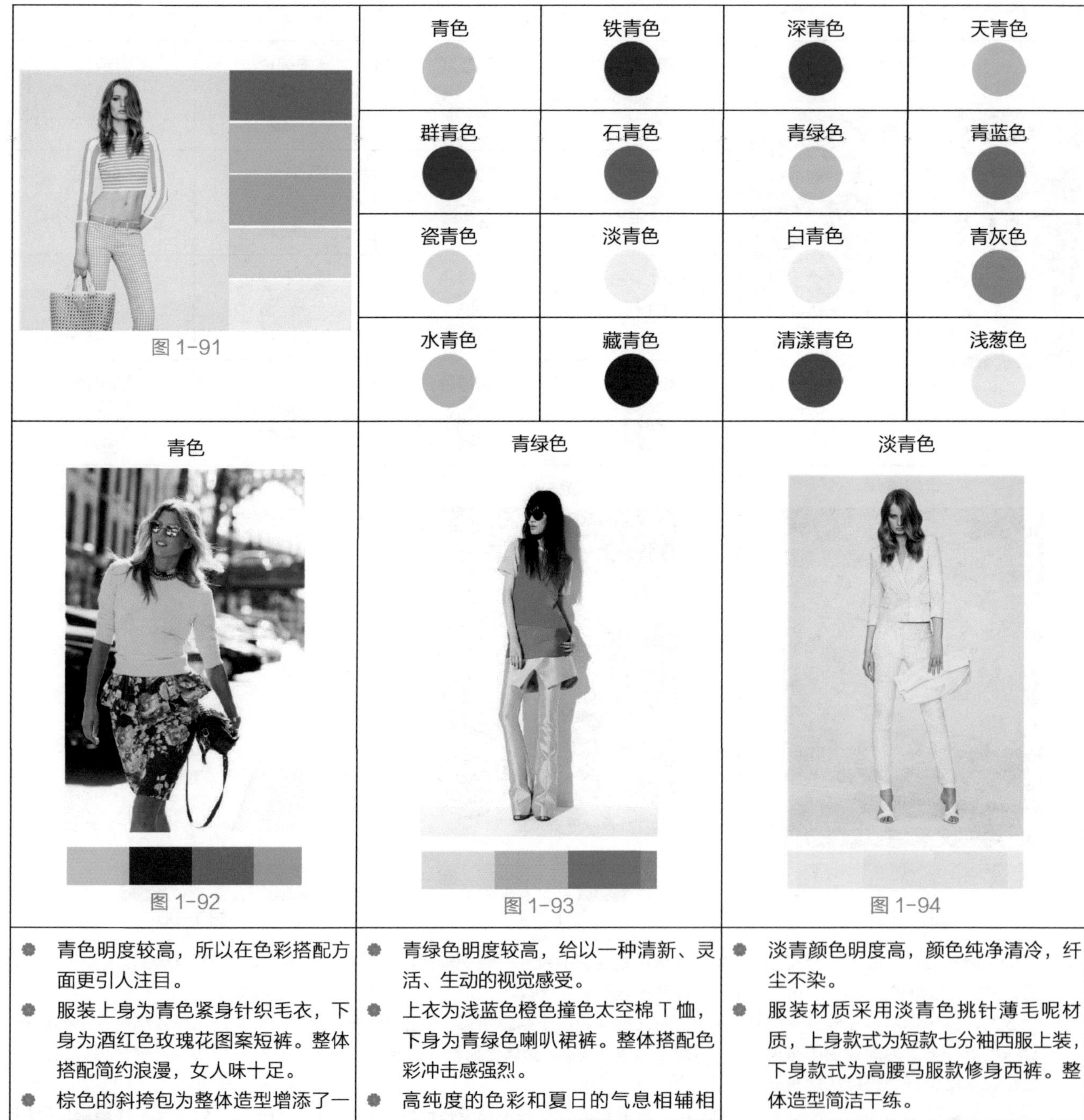

图 1-91

图 1-92

图 1-93

图 1-94

- 青色明度较高，所以在色彩搭配方面更引人注目。
- 服装上身为青色紧身针织毛衣，下身为酒红色玫瑰花图案短裤。整体搭配简约浪漫，女人味十足。
- 棕色的斜挎包为整体造型增添了一丝童趣。

- 青绿色明度较高，给以一种清新、灵活、生动的视觉感受。
- 上衣为浅蓝色橙色撞色太空棉 T 恤，下身为青绿色喇叭裙裤。整体搭配色彩冲击感强烈。
- 高纯度的色彩和夏日的气息相辅相成，恰到好处的色彩搭配碰撞出时尚火花。

- 淡青颜色明度高，颜色纯净清冷，纤尘不染。
- 服装材质采用淡青色挑针薄毛呢材质，上身款式为短款七分袖西服上装，下身款式为高腰马服款修身西裤。整体造型简洁干练。
- 白色长款手包和白色绑带高跟鞋搭配更显精干。

1.3.6 蓝

蓝色是神秘浪漫的色彩，让人联想到湛蓝的天空和蔚蓝的海水，蓝色是永恒的象征。纯净的蓝色表现出智慧、魅力、安静、祥和的感情。蓝色所表达的情感气息为优雅有教养，性情爽快，物欲淡薄。

色彩情感：沉静、冷淡、理智、高深、透明、科技、现代、沉闷、庸俗、死板、陈旧、压抑。图 1-95~ 图 1-98 所示为以蓝色为主的服装设计。

图 1-95

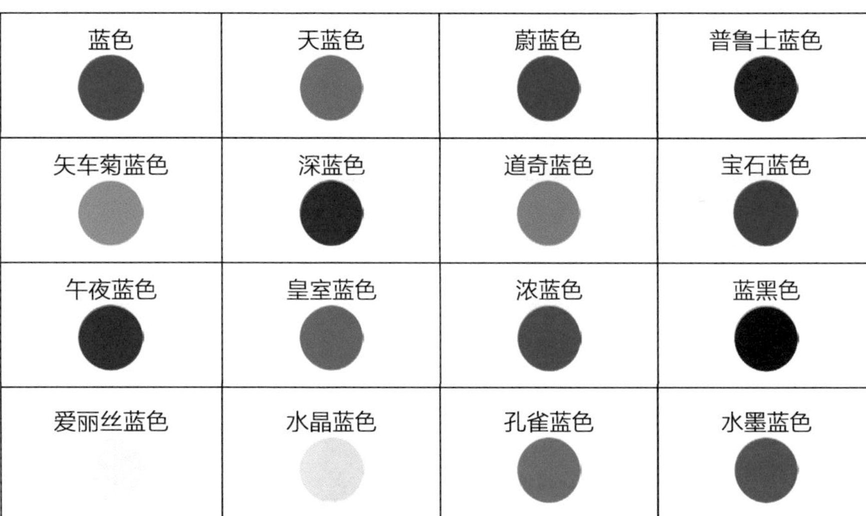

蔚蓝色	矢车菊蓝色	水晶蓝色
 图 1-96	 图 1-97	 图 1-98
● 蔚蓝色空灵、澄澈，给人以幽秘深邃的感觉。 ● 服装整体搭配以蓝色作为主色调，蓝色光泽感花边背心内搭与蓝色烫绒运动外套形成了完美的融合，优雅时尚充满活力。 ● 金色配饰手表与波点棒球帽的搭配，使整体造型率性、元气满满。	● 矢车菊蓝给人一种朦胧感，具有如同天鹅绒般的独特质感。 ● 外套为长西服样式矢车菊蓝色棉服，内搭为浅蓝色衬衫，下身为亮黄色长裤。整体搭配清新亮眼。 ● 通过鞋子、手包、项链等装饰，充分丰富细节，使整体造型简约却不单调。	● 水晶蓝明度较高，给人以轻盈、纯粹的印象。 ● 服装整体采用薄纱材质，另缀有菲边。薄纱轻盈剔透仿若无物，菲边轻舞飞扬，仙气飘飘。 ● 水晶蓝如同晶石般剔透，又如同泉水般沁人心脾。

1.3.7 紫

紫色是浪漫高贵的色彩，其中又夹杂着忧伤的情感。紫色还具有权威、声望的含义。在中国传统中，紫色向来是尊贵的颜色，例如北京故宫又称为“紫禁城”，亦有所谓“紫气东来”的含义。

色彩情感：神圣、芬芳、慈爱、高贵、优雅、自傲、敏感、内向、冰冷、严厉。图 1-99~ 图 1-102 所示为以紫色为主的服装设计。

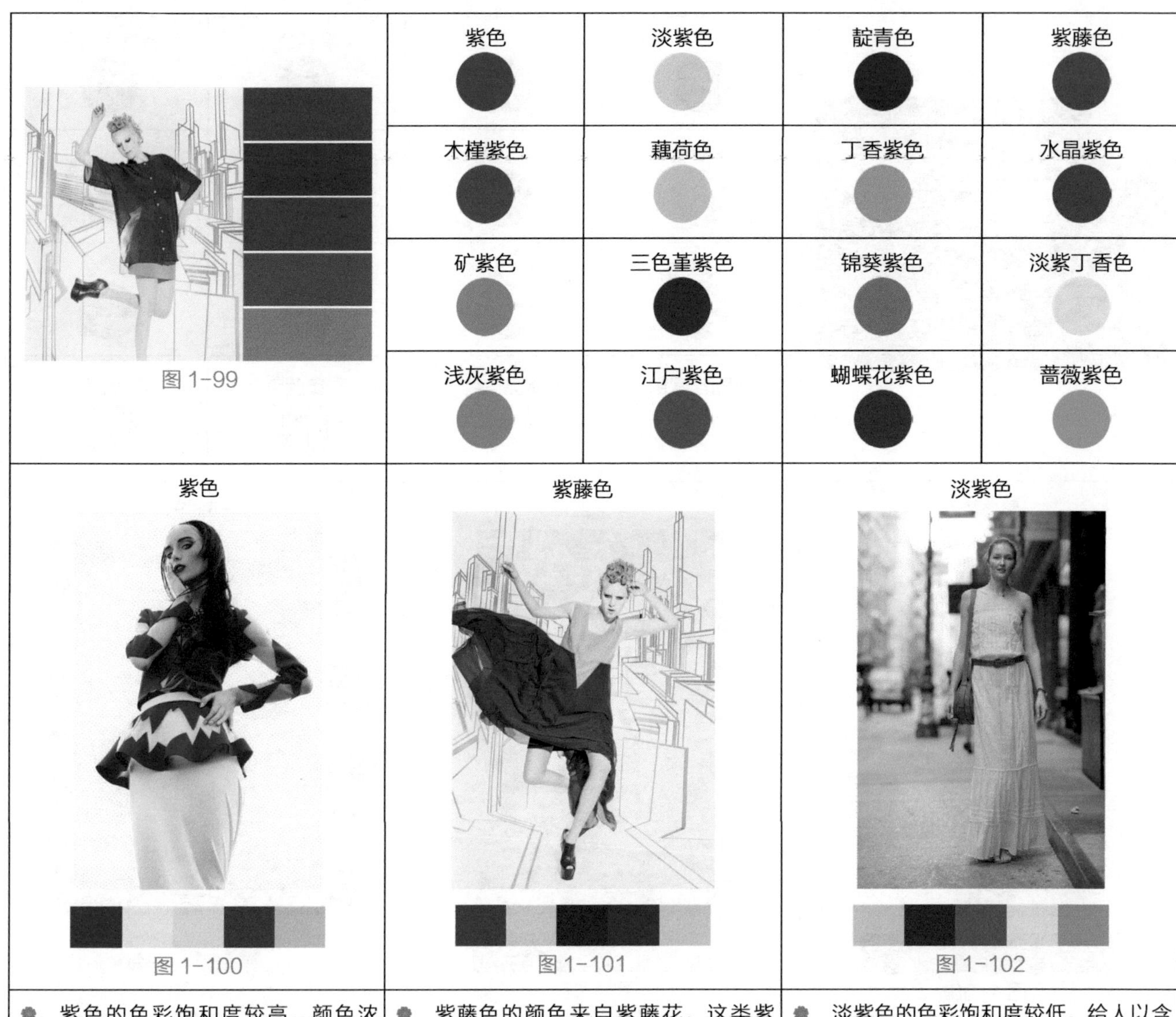

图 1-99

图 1-100

图 1-101

图 1-102

- 紫色的色彩饱和度较高，颜色浓郁有张力。给人以妖艳、高贵的感觉。
- 服装上身为透明薄纱材质装饰有紫色锯齿状花纹，下身为浅米色紧身包臀裙。整体搭配富有朦胧的透视美。
- 腰间米白色腰带塑造完美曲线，拉长身形比例。

- 紫藤色的颜色来自紫藤花，这类紫色纯度较高，给人以优雅、迷人的视觉感。
- 服装整体以浅灰色薄呢材质与紫藤色丝缎材质拼接完成整体设计。整体设计搭配简约优雅。
- 深紫色坡跟鱼嘴高跟鞋加强腿部线条，与紫藤色裙摆呼应。

- 淡紫色的色彩饱和度较低，给人以含蓄、婉约的印象。
- 服装整体为淡紫色棉麻质地长裙，款式简洁大方，棕色皮质细带拉长腿部线条。
- 棕色皮包与棕色皮带相互呼应，给人秀丽舒适的感觉。

1.3.8 黑、白、灰

黑色是一种神秘又暗藏力量的色彩，具有多变又百搭的特性。它庄重高雅，又可以烘托其他色彩。大面积使用黑色时，会产生一种压抑、沉重的感觉。

色彩情感：品质、奢华、庄严、正式、恐怖、阴暗、暴力、阴险。

在服装配色设计中，白色是高端、纯净、科技的象征，擅长与其他色彩搭配使用，大面积使用纯白色可给人一种冷冽、严峻的感觉。

色彩情感：朴素、贞洁、神圣、和平、纯净、寒冷、空洞、葬礼、哀伤、冷淡。

灰色较白色深些，较黑色浅些，介于黑白两色之间，更有一种暗抑的美，不比黑和白的纯粹，却也不似黑和白的单一。

色彩情感：高雅、艺术、中庸、低调、谦虚、沉默、寂寞、忧郁、悲伤、沉闷。

图 1-103~ 图 1-106 所示为以黑、白、灰为主的服装设计。

图 1-103

图 1-104

图 1-105

图 1-106

黑色	象牙白色	50% 灰色
• 黑色具有高贵、稳重、科技的意象。是一种永恒的流行色，适合和众多色彩进行搭配。 • 服装整体设计为黑色纱质西服裙。整体设计简洁大方，妖艳妩媚。 • 黑色丝缎长款手包丰富整体造型细节，互不突兀。	• 象牙白为暖色调白，少了一份白色的生硬和绝对，多了一份属于自己的柔美和温暖。 • 服装整体设计为象牙白色蕾丝长裙，款式传统而富有文化底蕴。 • 象牙白色虽白却不苍白，是一种令人有舒适视觉体验的颜色。	• 50% 灰色是富有中性色彩的颜色，给人以低调、谦卑的印象。 • 服装整体采用亮片作为材质，上装为吊带露脐背心，下身为亮片鱼尾裙。整体造型如同“美人鱼”一般令人惊艳。 • 50% 灰色多了一份性感婉约，少了一份黑色带给人的压抑庄重。

第2章 Photoshop制图基础

本章概述

通过本章的学习，需要对 Photoshop 有一个基本的了解，并熟练掌握在图层模式下的图像编辑方式，在此基础上才能够更好地使用 Photoshop 进行服装款式的绘制。除此之外，辅助工具在服装设计制图的过程中不仅便于操作，更能够保证画面内容的标准性。

本章要点

- 掌握文档创建、打开、置入、存储等基础操作。
- 了解图层编辑模式。
- 熟练掌握错误操作的撤销与返回。
- 掌握图像处理的基本操作。

佳作欣赏

2.1 初识 Photoshop

Photoshop 是 Adobe 公司推出的一款专业的图像处理软件，其强大的图形、图像处理功能尤其受到平面设计工作者的喜爱。作为一款应用广泛的图像处理软件，它具有功能强大、设计人性化、插件丰富、兼容性好等特点。Photoshop 被广泛应用于平面设计、数码照片处理、三维特效、网页设计、影视制作等领域，如图 2-1~ 图 2-4 所示。

图 2-1

图 2-2

图 2-3

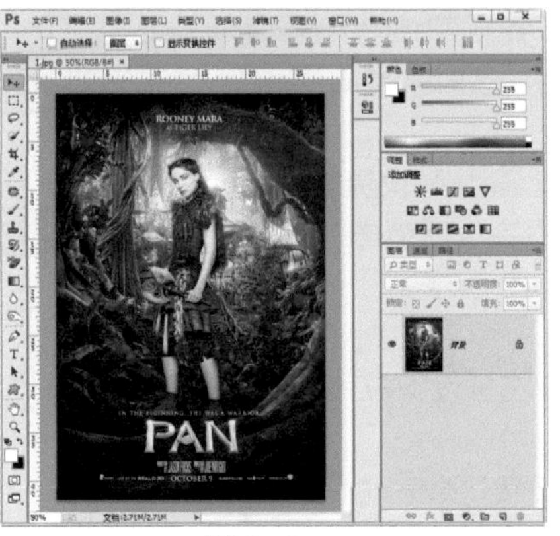

图 2-4

2.1.1 熟悉 Photoshop 的操作界面

成功安装 Photoshop 软件后，单击桌面左下角“开始”按钮，打开程序菜单并单击 Adobe Photoshop 选项。如果桌面有 Photoshop 的快捷方式，也可以双击桌面的快捷方式图标启动 Photoshop 软件，如图 2-5 所示。

图 2-5

在学习 Photoshop 的各项功能之前，首先应认识一下 Photoshop 界面中的各个部分。Photoshop 的工作界面并不复杂，主要包括菜单栏、选项栏、标题栏、工具箱、文档窗口、状态栏以及面板，如图 2-6 所示。若要退出 Photoshop，可以单击右上角的“关闭”按钮 ，也可以执行菜单“文件 > 退出”命令。

图 2-6

1. 菜单栏

Photoshop 的菜单栏中包含多个菜单命令按钮，每个菜单又包括了多个命令，而且部分命令中还有相应的子菜单。执行菜单命令的方法十分简单，只要单击主菜单命令，然后从弹出的子菜单中选择相应的命令，即可打开该菜单下的命令。

2. 工具箱

将鼠标指针移动到工具箱中停留片刻，将会出现该工具的名称和操作快捷键，其中工具的右下角带有三角形图标表示这是一个工具组，每个工具组中又包含多个工具，在工具组上右击即可弹出隐藏的工具，如图2-7所示。单击工具箱中的某一个工具，即可选择该工具。

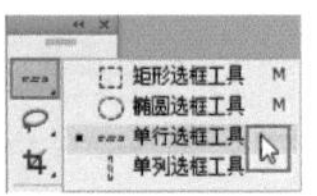

图 2-7

3. 选项栏

使用工具箱中的工具时，通常需要配合选项栏进行一定的选项设置。工具的选项大部分集中在选项栏中。单击工具箱中的工具时，选项栏中就会显示出该工具的属性参数选项，不同工具的选项栏也会不同。

4. 图像窗口

图像窗口是 Photoshop 中最主要的区域，主要是用来显示和编辑图像。图像窗口由标题栏、文档窗口、状态栏组成。打开一个文档后，Photoshop会自动创建一个标题栏，如图 2-8 所示。在标题栏中会显示这个文档的名称、格式、窗口缩放比例以及颜色模式等信息。单击标题栏中的 × 按钮，可以关闭当前文档。

文档窗口是显示打开图像的地方。状态栏位于工作界面的最底部，用来显示当前图像的信息。

文件名称 选中图层 关闭该文档
缩放比例 颜色模式

图 2-8

可显示的信息包括当前文档的大小、文档尺寸、当前工具和窗口缩放比例等信息，单击状态栏中的三角形▶图标可以设置要显示的内容。

5. 面板

默认状态下，在工作界面的右侧会显示多个面板或面板的图标，其实面板主要功能是用来配合图像的编辑、对操作进行控制以及设置参数等。如果想要打开某个面板可以单击“窗口”菜单按钮，然后执行需要打开的面板命令，即可调出对应的面板。

技巧提示：使用不同的工作区

在Photoshop中提供了多种可以更换的工作区，不同的工作区，界面显示的面板不同。在“窗口>工作区”子菜单中可以切换不同的工作区。

2.1.2 创建新的文档

当想要制作一个设计作品时，在 Photoshop 中首先需要创建一个新的、尺寸适合的文档，这时就需要使用到“新建”命令。

执行菜单“文件 > 新建”命令，或按 Ctrl+N 快捷键，打开“新建”对话框，如图 2-9 所示。设置完成后单击“确定”按钮，文档就创建完成了，如图 2-10 所示。

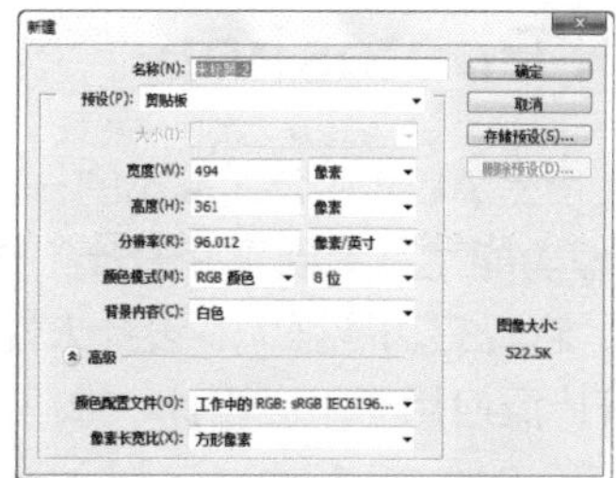

图 2-9

图 2-10

- 名称：此处可以输入文档的名称。
- 预设：选择一些内置的常用尺寸，单击预设下拉列表即可进行选择。
- 大小：用于设置预设类型的大小。在设置“预设”为“美国标准纸张”“国际标准纸张”“照片”、Web、“移动设备”或“胶片和视频”时，“大小”选项才可用。
- 宽度 / 高度：设置文档的宽度和高度，其单位有“像素”“英寸”“厘米”“毫米”“点”“派卡”和“列”7 种。
- 分辨率：用来设置文档的分辨率大小。
- 颜色模式：设置文档的颜色模式以及相应的颜色深度。
- 背景内容：设置文档的背景内容，有“白色”“背景色”和“透明”3 个选项。
- 高级：展开“高级”选项组，在其中可以进行“颜色配置文档”和“像素长宽比”的设置。“颜色配置文档”用于设置新建文档的颜色配置。“像素长宽比”用于设置单个像素的长宽比例，通常情况下保持默认的“方形像素”即可，如果需要应用于视频文档，则需要进行相应的更改。

2.1.3 打开已有的图像文档

当需要处理一个已有的图片文档，或者要继续做之前没有做完的设计工作时，就要在 Photoshop 中打开已有的文档，这时需要使用“打开”命令。

执行菜单“文件 > 打开”命令，弹出“打开”对话框。在“打开”对话框中首先需要定位到需要打开的文档所在位置，接着选中 Photoshop 支持格式的文档（在 Photoshop 中可以打开很多种常见的图像格式文件，例如 JPG、BMP、PNG、GIF、PSD 等），接着单击“打开”按钮，如图 2-11 所示。该文档即可在 Photoshop 中打开，如图 2-12 所示。

技巧提示：打开文件的快捷方法

- 使用 Ctrl+O 快捷键也可以弹出“打开”对话框。
- 如果要同时打开多个文档，可以在对话框中按住 Ctrl 键加选要打开的文档，然后单击“打开”按钮。
- 想要打开最近使用过的文件，可以执行菜单“文件 > 最近打开文档”命令，在其子菜单中可以显示出最近使用过的 10 个文档，单击文档名即可将其在 Photoshop 中打开。

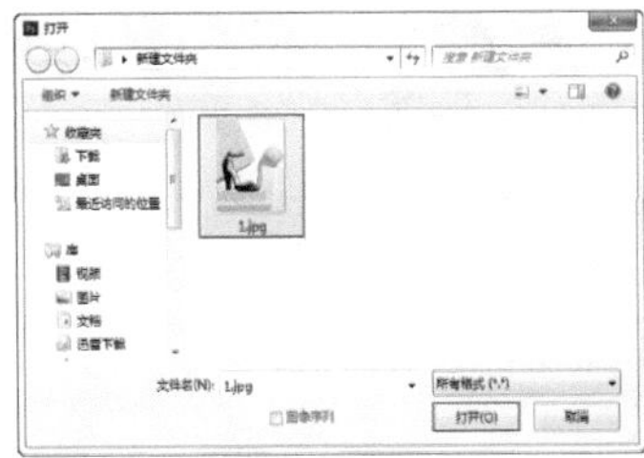
图 2-11

图 2-12

2.1.4 调整图像显示比例

当需要将画面中的某个区域放大显示时，就要使用“缩放工具”。当显示比例过大后，就会出现无法全部显示画面内容的情况，这时就需要使用“抓手工具”平移画面中的内容，方便在窗口中查看。

（1）单击工具箱中的“缩放工具”按钮，然后将光标移动至画面中，光标变为一个中心带有加号的“放大镜”，如图 2-13 所示。然后在画面中单击即可放大

图 2-13

图像，如图 2-14 所示。如果要缩放显示比例，可以按住 Alt 键，光标会变为中心带有减号的“缩小”，单击要缩小的区域的中心。每单击一次，视图便放大或缩小到上一个预设百分比，如图 2-15 所示。

图 2-14

图 2-15

（2）当画面无法完整显示在界面中时，想要观察到其他区域就需要平移画布，选择工具箱中的“抓手工具”，在画面中单击并向所需观察的图像区域移动，如图 2-16 所示。移动到相应位置后释放鼠标，如图 2-17 所示。

图 2-16

图 2-17

技巧提示：设置多个文档的排列形式

很多时候需要在Photoshop中打开多个文档，这时设置合适的多文档显示方式就很重要了。执行菜单“窗口>排列”命令，在其子菜单中可以选择一个合适的排列方式，如图2-18所示。

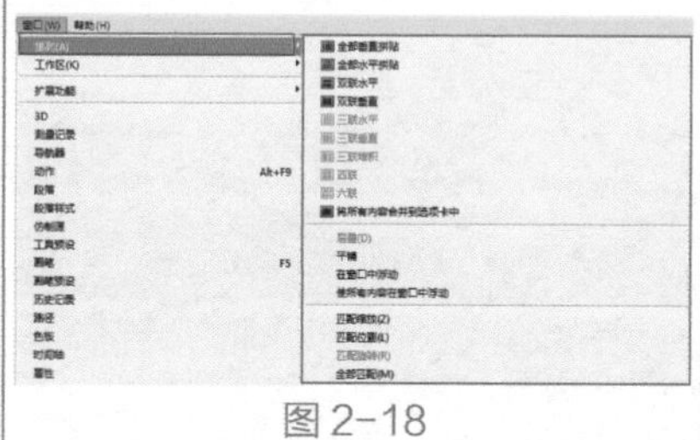

图 2-18

2.1.5 置入图像元素

当要向文档中添加图片或其他格式素材时，就需要进行“置入”。

（1）新建一个文档或在Photoshop 中打开一张图片，如图 2-19 所示。接着执行菜单“文件 > 置入”命令，在弹出的“置入”对话框中单击需要置入文档的对象，单击“置入”按钮，如图 2-20 所示。

（2）如果需要调整置入对象的大小，将光标定位到对象的界定框边缘处，按住鼠标左键并拖动即可调整置入对象的大小，如图 2-21 所示。调整完成后，按 Enter 键即可完成置入，如图 2-22 所示。置入后的素材对象会作为智能对象，而智能对象无法直接对内容进行编辑。如果想要对智能对象的内容进行编辑，需要在该图层上右击，执行“栅格化图层”命令，将智能对象转换为普通对象后进行编辑，如图 2-23 所示。

图 2-19

图 2-20

图 2-21

图 2-22

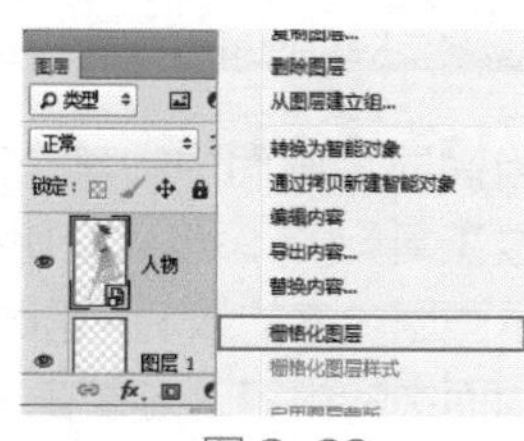

图 2-23

2.1.6 存储制作好的文档

存储就是我们常说的“保存”。在这里需要了解一个名词——源文件。文档编辑制作后，直接保存的文件，通常被称为源文件或工程文件，这类文件具有可进一步编辑，并且最大程度保存并还原之前工作的特性。在 Photoshop 中源文件的格式为 PSD。

当文档编辑完成需要进行存储时，可以执行菜单“文件 > 存储”命令，或者使用 Ctrl+S 快捷键。如果我们第一次进行存储，会弹出“另存为”对话框，在该对话框中选择一个合适的存储位置，然后在“文件名”文本框中输入文档名称，单击“保存类型”按钮，在下拉列表中选择一个合适的文件格式，单击“确定”按钮完成存储操作，如图 2-24 所示。

此时如果不关闭文档，继续进行新的操作，然后执行菜单“文件 > 存储”命令，可以保留文档所做的更改，替换掉上一次保存的文档进行保存，并且此时不会弹出“另存为”对话框。执行菜单“文件 > 另存为”命令，可以在弹出的“另存为”对话框中将文档进行另外存储。

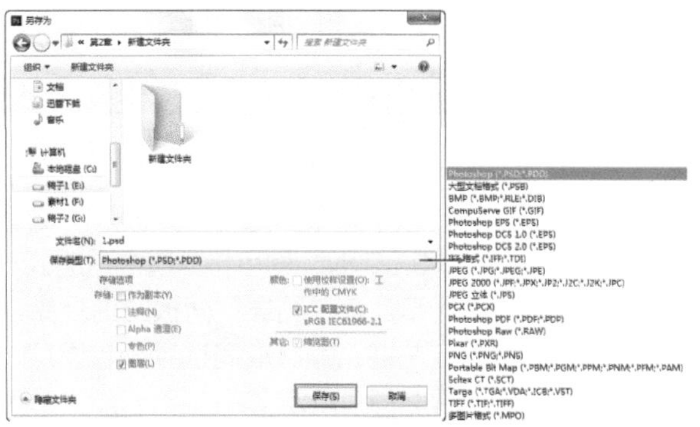

图 2- 24

图 2-25

技巧提示：选择合适的文档存储格式

当文档制作完成后，就需要将文档进行存储。在“保存类型”下拉列表中可以看到很多格式，究竟如何选择呢？其实并不是所有的格式都能用到。通常文档制作完成后可以将其存储为“.psd”格式，PSD是Photoshop特有的工程文件的格式，该格式可以保存Photoshop的全部图层以及其他特殊内容，所以存储了这种格式的文档后，方便以后对文档进行进一步编辑。

而“.jpg”格式则是一种压缩图片格式，具有图片文档占空间小，便于传输和预览等优势，也是经常使用到的一种格式。但是这种格式无法保存图层信息，所以就很难进行进一步编辑，常用于方案效果的预览。

除此之外，还有几个比较常见的图像格式：“.png”格式是一种可以存储透明像素的图像格式。“.gif”是一种可以带有动画效果的图像格式，也是通常所说的制作“动图”时所用的格式。“.tif ”格式由于其具有可以保存分层信息，且图片质量无压缩的优势，常用于保存用于打印的文档。

2.1.7 关闭文档

执行菜单“文件 > 关闭”命令或按 Ctrl+W 快捷键可以关闭当前文档。执行菜单“文件 > 关闭全部”命令或按 Alt+Ctrl+W 快捷键，可以关闭 Photoshop 中的所有文档。

2.1.8 打印文档

想要将制作好的图像文档打印出来，可以执行菜单“文件 > 打印”命令，接着可以进行打印机、打印份数、输出选项和色彩管理等选项的设置，设置完成后单击“打印”按钮，即可打印文档。虽然这里包含很多参数选项，但并不是每项参数都很常用。下面就来了解一下常用的打印设置选项，如图 2-25 所示。

- 打印机：选择打印机。如果只有一台那就无须选择，如果是多台，就要在下拉列表中的多台打印机中选出准备使用的打印机型号。
- 份数：用于设置打印的副本数量。
- 打印设置：单击该按钮，可以打开一个属性对话框。在该对话框中可以设置纸张的方向、页面的打印顺序和打印页数。
- 版面：将纸张方向设置为纵向或横向，“横向打印纸张”和“纵向打印纸张”。
- 位置：单击展开“位置和大小”卷展栏，勾选“居中”复选框，可以将图像定位于可打印区域的中心；取消勾选“居中”复选框，可以在“顶”和“左”输入框中输入数值来定位图像，也可以在预览区域中移动图像进行自由定位，从而打印部分图像。
- 缩放后的打印尺寸：单击展开“位置和大小”卷展栏，“缩放后的打印尺寸”可以将图像缩放打印。如果勾选“缩放以适合介质”复选框，可以自动缩放图像到适合纸张的可打印区域，尽量能打印最大的图片。如果取消勾选“缩放以适合介质”复选框，可以在“缩放”文本框中输入图像的缩放比例，或在“高度”和“宽度”文本框中设置图像的尺寸。勾选“打印特定区域”复选框后，可以在图像预览窗口中选择需要打印的区域。

2.2 学习图层的基本操作

在 Photoshop 中，“图层”是构成文档的基本单位，通过多个图层可以制作出设计作品。图层的优势在于每一个图层中的对象都可以单独进行处理，既可以移动图层，也可以调整图层堆叠的顺序，而不会影响其他图层中的内容。图层的原理其实非常简单，就像分别在多层透明的玻璃上绘画一样，每层“玻璃”都可以进行独立

的编辑，而不会影响其他“玻璃”中的内容，“玻璃”和“玻璃”之间可以随意调整堆叠方式，将所有“玻璃”叠放在一起则可显现出图像的最终效果，如图 2-26 所示。

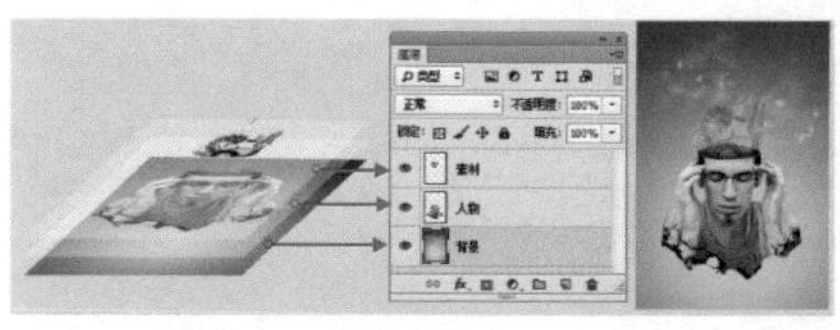

图 2-26

我们需要明白，在 Photoshop 中所有的画面内容都存在于图层中，所有操作也都是基于特定图层进行的。也就是说想要针对某个对象操作就必须要对该对象所在图层进行操作，如果要对文档中的某个图层进行操作就必须先选中该图层。那么，到底要在哪里选中图层呢？答案就在“图层”面板中。执行菜单“窗口 > 图层”命令，打开“图层”面板。在这里可以对图层进行新建、删除、选择、复制等操作，如图 2-27 所示。

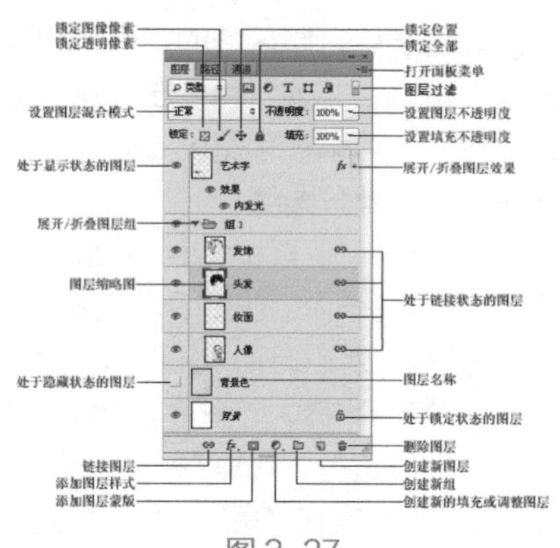

图 2-27

- 锁定：选中图层，单击“锁定透明像素”按钮可以将编辑范围限制为只针对图层的不透明部分。单击“锁定图像像素”按钮可以防止使用绘画工具修改图层的像素。单击“锁定位置”按钮可以防止图层的像素被移动。单击“锁定全部”按钮可以锁定透明像素、图像像素和位置，处于这种状态下的图层将不能进行任何操作。
- 正常 设置图层混合模式：用来设置当前图层的混合模式，使之与下面的图像产生混合。在下拉列表中有很多混合模式类型，不同的混合模式，与下面图层的混合效果不同。
- 不透明度: 100% 设置图层不透明度：用来设置当前图层的不透明度。
- 填充: 100% 设置填充不透明度：用来设置当前图层的填充不透明度。该选项与“不透明度”选项类似，但是不会影响图层样式效果。
- 处于显示 / 隐藏状态的图层：当该图标显示为眼睛形状时表示当前图层处于可见状态，而处于空白状态时则处于不可见状态。单击该图标可以在显示与隐藏之间进行切换。
- 链接图层：选择多个图层，单击该按钮，所选的图层会被链接在一起。链接好多个图层后，图层名称的右侧就会显示出链接标志。被链接的图层可以在选中其中某一图层的情况下进行共同移动或变换等操作。
- 添加图层样式：单击该按钮，在弹出的下拉菜单中选择一种样式，可以为当前图层添加一个图层样式。
- 创建新的填充或调整图层：单击该按钮，在弹出的下拉菜单中选择相应的命令即可创建填充图层或调整图层。
- 创建新组：单击该按钮，即可创建一个新图层组。
- 创建新图层：单击该按钮，即可在当前图层上新建一个图层。将已有图层拖曳到该按钮上，可以复制已有图层。
- 删除图层：选中图层，单击“图层”面板底部的“删除图层”按钮可以删除该图层。执行菜单“图层 > 删除图层 > 隐藏图层”命令，可以删除所有隐藏的图层。

2.2.1 选择图层

想要对某个图层进行操作，就需要选中某个图层。在“图层”面板中单击该图层，即可将其选中，如图 2-28 所示。在“图层”面板空白处单击鼠标左键，即可取消选择所有图层，如图 2-29 所示。

图 2-28

图 2-29

技巧提示：选中多个图层

如果要选择多个图层，可在按住Ctrl键的同时单击其他图层。

2.2.2 复制图层

想要复制某一图层，在图层上右击，执行“复制图层”命令，如图 2-30 所示。接着在弹出的“复制图层”对话框中单击“确定”按钮，如图 2-31 所示。也可以使用 Ctrl+J 快捷键进行图层的复制。

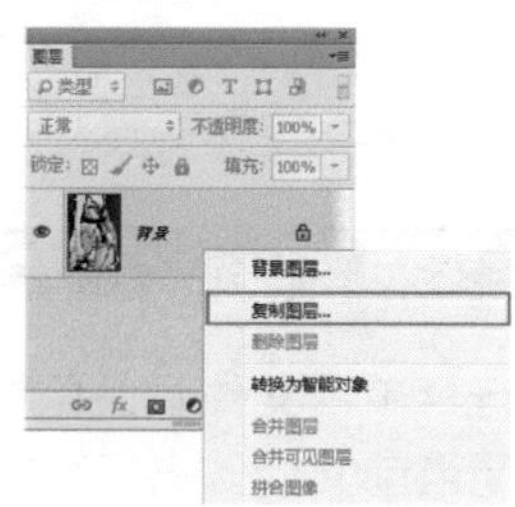

图 2-30

图 2-31

2.2.3 调整图层顺序

了解了图层的原理后，对于为什么要调整图层顺序这一操作的理解就非常简单了。因为位于“图层”面板上方的图层会遮挡下方的图层，如果想要将画面后方的对象显示到画面前面来，那么就需要调整图层。

在“图层”面板中选择一个图层，按住鼠标左键向上或向下拖曳，如图 2-32 所示。释放鼠标后即可完成图层顺序的调整，此时画面的效果也会发生改变，如图 2-33 所示。

图 2-32

图 2-33

技巧提示：使用菜单命令调整图层顺序

选中要移动的图层，然后执行菜单“图层>排列”下的子命令，可以调整图层的排列顺序。

2.2.4 移动图层

当某个图层或图层中的某部分内容所处的位置不合适时，就可以使用移动工具对图层或图层中的内容进行移动。移动图层就是移动图层内像素所在画面中的位置。

（1）单击工具箱中的“移动工具”，然后在“图层”面板中选择需要移动的图层，如图 2-34 所示。接着在画面中按住鼠标左键并拖曳即可进行移动，如图 2-35 所示。

图 2-34

图 2-35

技巧提示：移动并复制

在使用移动工具移动图像时，按住Alt键拖曳图像，可以复制图层。当在图像中存在选区时按住Alt键并拖动选区中的内容，则会在该图层内部复制选中的部分。

（2）想要在不同的文档之间移动图层，使用“选择工具”，在一个文档中按住鼠标左键将图层拖曳至另一个文档中，释放鼠标即可将该图层复制到另一个文档中了，如图 2-36 和图 2-37 所示。

图 2-36

图 2-37

技巧提示：移动选区中的像素

当图像中存在选区时，选中普通图层使用移动工具进行移动时，选中图层内的所有内容都会移动，且原选区显示透明状态。当选中的是"背景"图层，使用移动工具进行移动时，选区画面部分将会被移动且原选区被填充背景色。

2.2.5 对齐图层

"对齐"功能可以将多个图层对象进行整齐排列。例如，当界面中包含多个图标时，就可以使用"对齐"功能进行多个图标按钮的对齐操作。

首先加选需要对齐的图层，如图 2-38 所示。在使用移动工具状态下，选项栏中有一排对齐按钮，单击相应的按钮即可进行对齐。例如，单击"水平居中对齐"按钮，效果如图 2-39 所示。

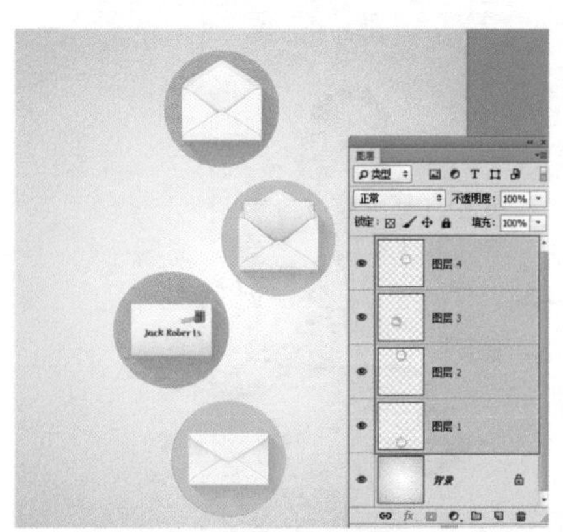

图 2-38

图 2-39

技巧提示：对齐按钮的使用方法

- 顶对齐：将所选图层最顶端的像素与当前最顶端的像素对齐。
- 垂直居中对齐：将所选图层的中心像素与当前图层垂直方向的中心像素对齐。
- 底对齐：将所选图层的最底端像素与当前图层最底端的中心像素对齐。
- 左对齐：将所选图层的中心像素与当前图层左边的中心像素对齐。
- 水平居中对齐：将所选图层的中心像素与当前图层水平方向的中心像素对齐。
- 右对齐：将所选图层的中心像素与当前图层右边的中心像素对齐。

2.2.6 分布图层

"分布"功能可用于制作具有相同间距的图层。例如，垂直方向的距离相等，或者水平方向的距离相等。使用"分布"命令时，文档中必须包含多个图层（至少为 3 个图层，且"背景"图层除外）。

首先加选需要进行分布的图层，如图 2-40 所示。接着在使用移动工具状态下，选项栏中有一排分布按钮，单击相应按钮进行分布操作，例如，单击"垂直居中分布"按钮，效果如图 2-41 所示。

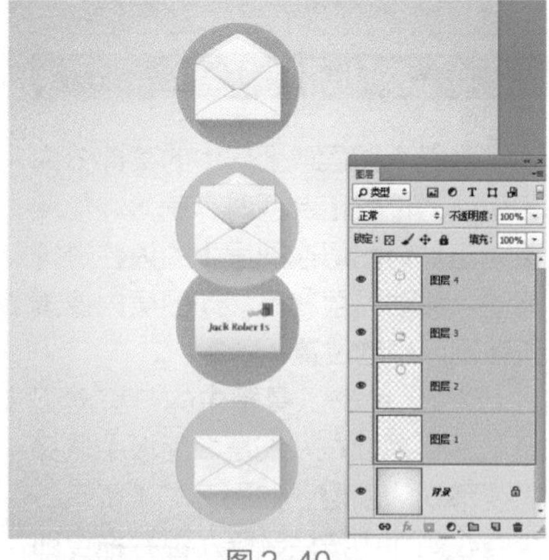

图 2-40

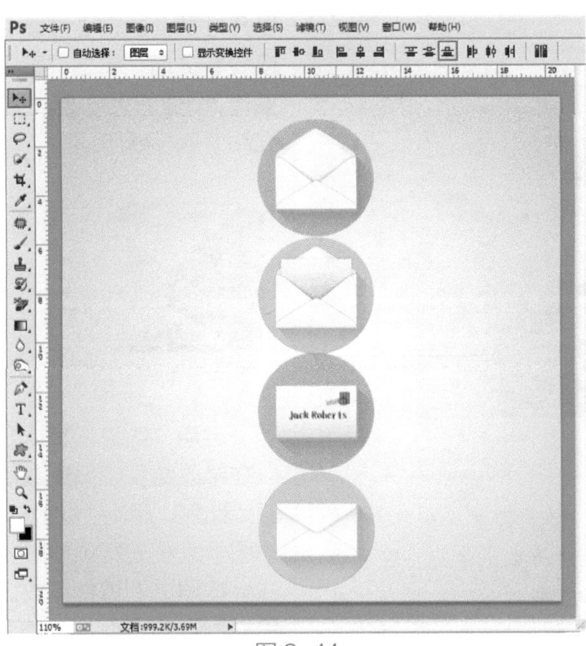

图 2-41

技巧提示：分布按钮的使用方法

- 垂直顶部分布：单击该按钮时，将平均每一个对象顶部基线之间的距离，调整对象的位置。
- 垂直居中分布：单击该按钮时，将平均每一个对象水平中心基线之间的距离，调整对象的位置。
- 底部分布：单击该按钮时，将平均每一个对象底部基线之间的距离，调整对象的位置。
- 左分布：单击该按钮时，将平均每一个对象左侧基线之间的距离，调整对象的位置。
- 水平居中分布：单击该按钮时，将平均每一个对象垂直中心基线之间的距离，调整对象的位置。
- 右分布：单击该按钮时，将平均每一个对象右侧基线之间的距离，调整对象的位置。

2.2.7 图层的其他基本操作

- 合并图层：想要将多个图层合并为一个图层，可以在“图层”面板中按住 Ctrl 键加选需要合并的图层，然后执行菜单“图层 > 合并图层”命令或按 Ctrl+E 快捷键即可。
- 合并可见图层：执行菜单“图层 > 合并可见图层”命令或按 Ctrl+Shift+E 快捷键可以将“图层”面板中的所有可见图层合并成为“背景”图层。
- 拼合图像：执行菜单“图层 > 拼合图像”命令，可将全部图层合并到“背景”图层中。如果有隐藏的图层，则会弹出一个提示对话框，提醒用户是否要扔掉隐藏的图层。
- 盖印：盖印可以将多个图层的内容合并到一个新的图层中，同时保持其他图层不变。选择多个图层，然后按 Ctrl+Alt+E 快捷键，可以将这些图层中的图像盖印到一个新的图层中，原始图层的内容保持不变。按 Ctrl+Shift+Alt+E 快捷键，可以将所有可见图层盖印到一个新的图层中。
- 栅格化图层：栅格化图层内容是指将“特殊图层”转换为普通图层的过程（比如，图层上的文字、形状等）。选择需要栅格化的图层，然后执行菜单“图层 > 栅格化”下的子命令，或者在“图层”面板中选中该图层并右击执行栅格化。

2.3 撤销错误操作

在 Photoshop 中进行制图操作时，难免会出现错误。因此，Photoshop 提供了多种撤销错误操作的方法。

2.3.1 后退一步、前进一步、还原、重做

（1）如果操作错误了，执行“编辑 > 后退一步”命令（快捷键为 Ctrl+Alt+Z）可以退回上一步操作的效果，连续使用该命令可以逐步撤销操作。默认情况下可以撤销 20 个步骤。

（2）如果要取消还原的操作，可以执行菜单“编辑 > 前进一步”命令（快捷键为 Ctrl+Shift+Z），连续使用可以逐步恢复被撤销的操作。

（3）执行菜单“编辑 > 还原”菜单命令或按 Ctrl+Z 快捷键，可以撤销或还原最近的一次操作。

2.3.2 使用历史记录面板撤销操作

执行菜单“窗口 > 历史记录”命令，打开“历史记录”面板，默认状态下，“历史记录”面板中会保存最近 20 步的操作，如图 2-42 所示。在这里可以通过单击某一个操作的名称返回到这一个操作步骤的状态下，如图 2-43 所示。

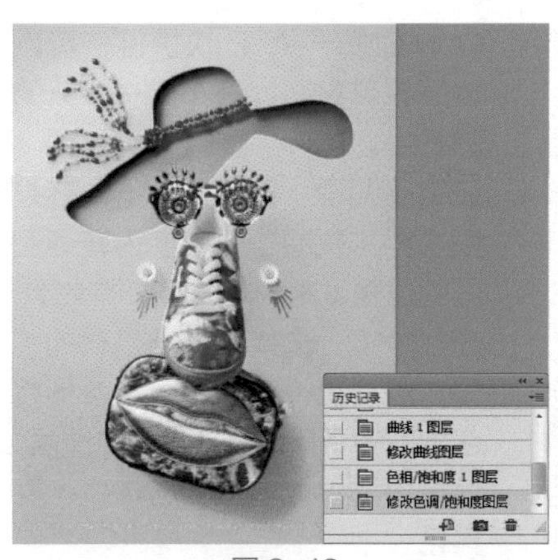

图 2-42

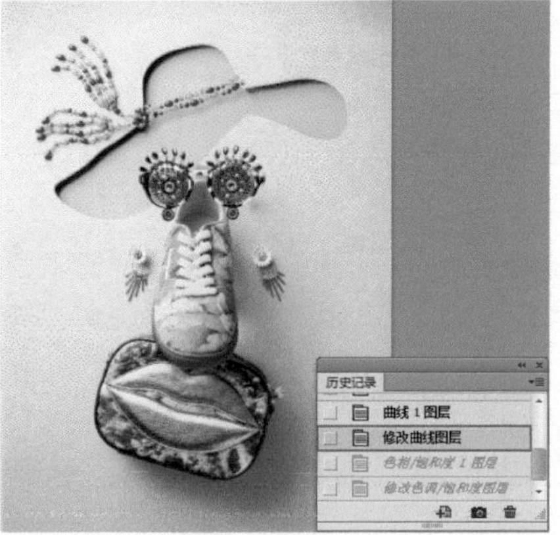

图 2-43

技巧提示：如何更改历史记录的步骤

默认情况下，Photoshop记录的历史步骤是20步，执行菜单“编辑>首选项>性能”命令，在弹出的“首选项”对话框中可以对历史记录的步骤数量进行调整，如图2-44所示。但是，如果步骤过多会增大软件运行的缓存，减缓软件运行的速度。

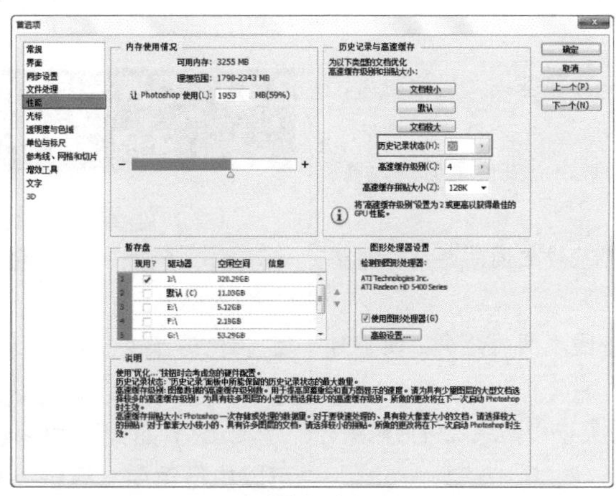

图 2-44

2.3.3 将文档恢复到上一次保存状态

执行菜单“文件>恢复”命令，可以将文档恢复到最后一次保存时的状态。

2.4 图像处理的基础操作

如果一张图像的构图不够完美，可以通过裁剪工具进行裁剪；如果一张照片的尺寸不符合规范，就需要调整图像尺寸；如果某个素材太大或太小，就需要进行变换，这一系列对图像处理的基础操作在本节中都会学习。

2.4.1 调整图像大小

文档创建完成后，还可以对文档的尺寸进行调整。“图像大小”命令可用于调整图像文档整体的长宽尺寸。执行菜单“图像>图像大小”命令，打开“图像大小”对话框。在这里可以进行宽度、高度、分辨率的设置。在设置尺寸数值之前要注意单位的设置。设置完成后，单击“确定”按钮提交操作，图像的大小会发生相应的变化，如图 2-45 所示。

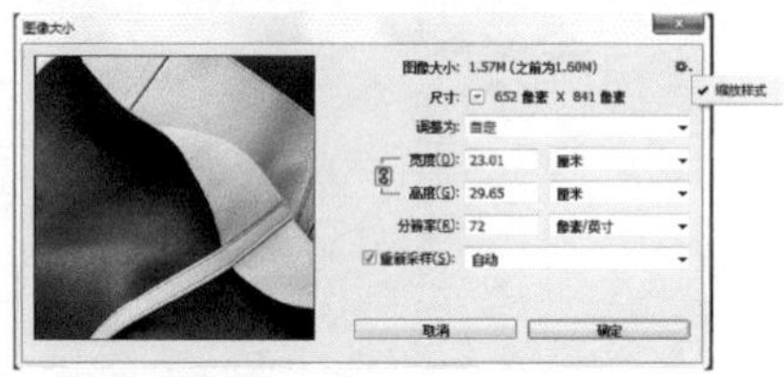

图 2-45

启用“约束长宽比”按钮，可以在修改宽度或高度数值时保持图像原始比例。启用“缩放样式”命令后，对图像大小进行调整时，其原有的样式会按照比例进行缩放。单击“重新采样”选项右侧的倒三角按钮，在下拉列表中可以选择重新取样的方式。

2.4.2 修改画布大小

使用“画布大小”命令可以增大或缩小可编辑的画面范围。需要注意的是，“画布”指的是整个可以绘制的区域，而非部分图像区域。

（1）打开一张图片，如图 2-46 所示。接着执行菜单“图像>画布大小”命令，打开“画布大小”对话框，如图 2-47 所示。

图 2-46

（2）若增加画布大小，原始图像内容的大小不会发生变化，增加的是画布在图像周围的编辑空间，如图 2-48 所示。但是，如果减小画布大小，图像则会被裁切掉一部分。如图 2-49 所示。

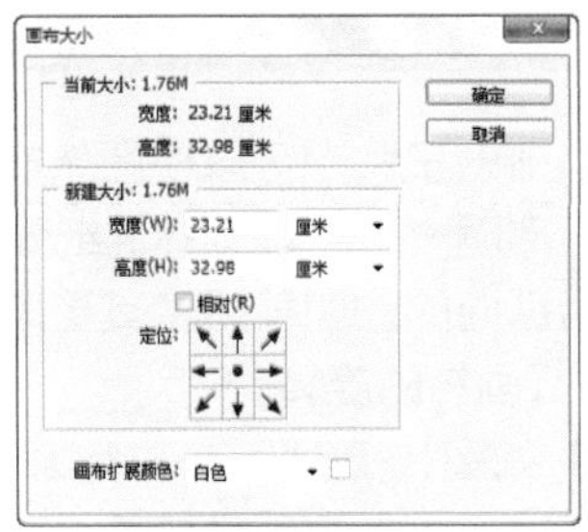

图 2-47

图 2-48

图 2-49

- 新建大小：在“宽度”和“高度”选项中设置修改后的画布尺寸。
- 相对：勾选此选项时，“宽度”和“高度”数值将代表实际增加或减少区域的大小，而不再代表整个文档的大小。输入正值，表示增加画布；输入负值，表示减小画布。
- 定位：主要用来设置当前图像在新画布上的位置。
- 画布扩展颜色：当新建区域大于原始文档尺寸时，在此处可以设置扩展区域的填充颜色。

2.4.3 使用裁剪工具裁剪画面

“裁剪工具” 可以对画面尺寸进行裁切，以便于去除多余部分。打开一张图片，单击工具箱中的“裁剪工具”按钮，在画面中按住鼠标左键并拖曳。绘制区域为保留区域，绘制以外的区域会被裁剪掉，如图 2-50 所示。如果对裁剪框的位置、大小不满意，可以拖动控制点调整裁剪框的大小，如图 2-51 所示。调整完成后，按 Enter 键确定裁剪操作，如图 2-52 所示。

图 2-50

图 2-51　　图 2-52

- 约束方式：在下拉列表中可以选择多种裁切的约束比例。
- 设定裁剪框的长宽比：用来自定义约束比例。
- 清除：单击该按钮，可清除长宽比。
- 拉直：通过在图像上画一条直线来拉直图像。
- 删除裁剪的像素：确定是否保留或删除裁剪框外部的像素数据。如果不勾选该选项，多余的区域可以处于隐藏状态；如果想要还原裁切之前的画面只需要再次选择裁剪工具，然后随意操作即可看到原文档。

2.4.4 使用透视裁剪工具

“透视裁剪工具” 可以在对图像进行裁剪的同时调整图像的透视效果，用于去掉图像的透视感。单击工具箱中的“透视裁剪工具”按钮，接着通过单击的方式绘制裁剪框，如图 2-53 所示。继续绘制，如果对裁剪框不满意，拖曳控制点可以进行调整，如图 2-54 所示。调整完成后按 Enter 键结束操作，此时图像的透视感发生了变化，如图 2-55 所示。

图 2-53

图 2-54

图 2-55

2.4.5 旋转画布

“图像 > 图像旋转”下的子命令可以使图像旋转特定角度或进行翻转。例如，新建一个“国际标准纸张”A4 大小的文档，这时文档为纵向的。如果想将其更改为横向的，那么此时就可以进行画布的旋转。

选择需要旋转的文档，如图 2-56 所示。执行菜单“图像 > 图像旋转”命令，可以看到在“图像旋转”命令下提供了 6 种旋转画布的命令，如图 2-57 所示。图 2-58 所示为 90 度（逆时针）旋转的效果。

选择“任意角度”命令可以对图像进行随意角度的旋转，在打开的“旋转画布”对话框中输入要旋转的角度，单击“确定”按钮即可完成相应角度的旋转，如图 2-59 所示。旋转效果如图 2-60 所示。

图 2-56

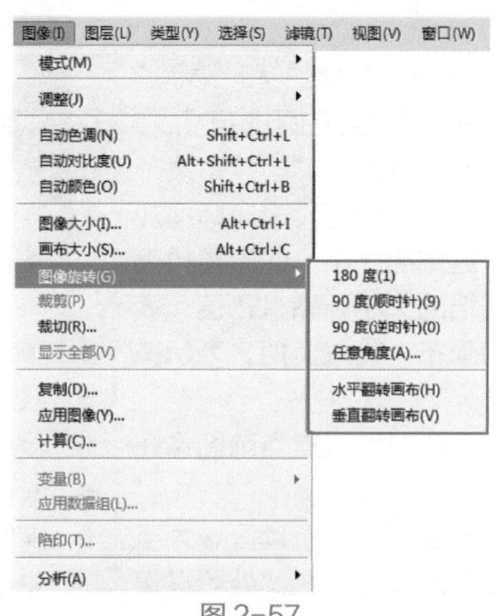

图 2-57

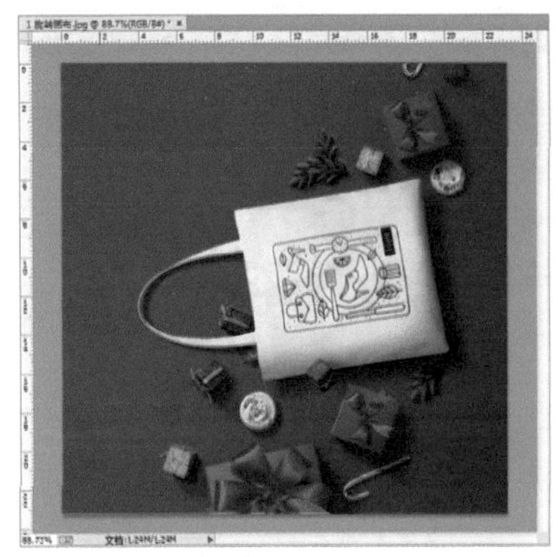
图 2-58

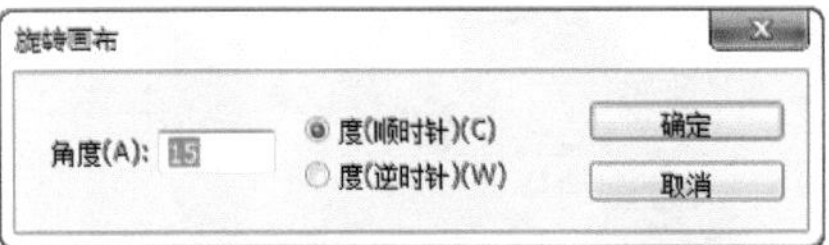

图 2-59

图 2-60

2.4.6 自由变换图像

想要对图像进行大小、角度、透视、形态等操作，可以通过“变换”或“自由变换”命令来实现。例如，某个图标太大了需要缩小时，这时就需要变换图像了。

（1）选中需要变换的图层，执行菜单“编辑 > 自由变换”命令（快捷键为 Ctrl+T），此时对象四周出现了界定框，四角处以及界定框四边的中间都有控制点，如图 2-61 所示。将鼠标指针放在控制点上，按住鼠标左键拖动控制框即可进行缩放，如图 2-62 所示。将鼠标指针移动至四个角点处的任意一个控制点上，当光标变为弧形的双箭头后按住鼠标左键并拖动即可任意角度旋转图像，如图 2-63 所示。

图 2-61

图 2-62

图 2-63

技巧提示：等比缩放和以中心等比缩放

按住Shift键并同时拖曳界定框四个角点处的控制点可以进行等比缩放，如图2-64所示。如果按住Alt+Shift快捷键拖曳界定框四个角点处的控制点，能够以中心点作为缩放中心进行等比缩放，如图2-65所示。

图 2- 64　　图 2-65

（2）在有界定框的状态下，右击可以看到更多的变换方式，如图 2-66 所示。执行“斜切”命令，然后拖曳控制点可以使图像倾斜，如图 2-67 所示。

图 2-66

图 2-67

技巧提示：确定变换操作

调整完成后按Enter键确定变换操作。

（3）若执行“扭曲”命令，可以任意调整控制点的位，如图 2-68 所示。若执行“透视”命令，拖曳控制点可以在水平或垂直方向上对图像应用透视，如图 2-69 所示。

图 2-68

图 2-69

（4）若执行“变形”命令，将会出现网格状的控制框，拖曳控制点即可进行自由扭曲，如图 2-70 所示。还可以在选项栏中选择一种形状来确定图像变形的方式，如图 2-71 所示。

图 2-70

图 2-71

（5）在自由变换状态下右击，还可以看到另外 5 个命令，即“旋转 180 度”“旋转 90 度（顺时针）”“旋转 90 度（逆时针）”“水平翻转”和“垂直旋转”。执行相应的命令可以进行旋转操作。图 2-72 和图 2-73 所示为顺时针旋转 90 度和垂直旋转的效果。

图 2- 72

图 2-73

2.4.7 操控变形

操控变形可以对图形的形态进行调整。例如，改变人物、动物的动作和改变图形的外形时使用。

（1）选择需要变形的图层，执行菜单“编辑 > 操控变形”命令，图像上将会布满网格，如图 2-74 所示。在图像上单击鼠标左键可以添加用于控制图像变形的“图钉”（也就是控制点），如图 2-75 所示。

图 2-74

图 2-75

（2）可以添加多个图钉，然后单击选中一个图钉，接着按住鼠标左键并拖曳控制点即可调整图像，如图 2-76 所示。调整完成后按 Enter 键确认调整，效果如图 2-77 所示。

图 2-76

图 2-77

2.4.8 使用“内容识别比例”调整画面

使用“内容识别比例”命令对图形进行缩放，可以自动识别画面中主体物。并在缩放时尽可能保持主体物不变，通过压缩背景部分来改变画面整体的大小。

选择需要变换的图层，执行菜单“编辑 > 内容识别比例”命令，随即会显示界定框，如图 2-78 所示。接着进行缩放操作，此时可以看到画面中的主体物并没有变化，如图 2-79 所示。如果使用自由变换进行缩放，则会产生严重的变形效果，如图 2-80 所示。

图 2-78

图 2-79

图 2-80

技巧提示：“内容识别比例”的保护功能

“内容识别比例”允许在调整大小的过程中使用Alpha通道来保护内容。可以在“通道”面板中创建一个用于“保护”特定内容的Alpha通道（需要保护的内容为白色，其他区域为黑色）。然后在选项栏中“保护”下拉列表中选择该通道即可。

单击选项栏中的“保护肤色”按钮，在缩放图像时可以保护人物的肤色区域，避免人物的变形。

2.5 常用辅助工具

当进行版面布局时，规整、清晰是最基本的要求，尤其是在手机界面这样一个方寸之间的设计。在 Photoshop 中提供了多种辅助工具，可以辅助用户更加整齐地进行画面内容的排列。

2.5.1 标尺与辅助线

标尺与辅助线是 Photoshop 中最常用的辅助工具，可以帮助用户进行对齐、度量等操作。

（1）执行菜单“视图 > 标尺”命令或按 Ctrl+R 快捷键，在文档窗口的顶部和左侧会出现标尺，标尺上显示着精准的数值，在文档的操作过程中可以进行精确的尺寸控制，如图 2-81 所示。再次执行菜单“视图 > 标尺”命令可以隐藏标尺。

图 2-81

（2）标尺与参考线可以一起使用，将光标放置在垂直标尺上，按住鼠标左键向文档窗口内拖曳，此时光标变为形状，如图 2-82 所示。拖曳至相应位置后释放鼠标，即可建立一条参考线，如图 2-83 所示。

技巧提示：创建水平参考线

如果在水平的标尺上按住鼠标左键并拖曳即可创建一条水平的参考线。

图 2-82

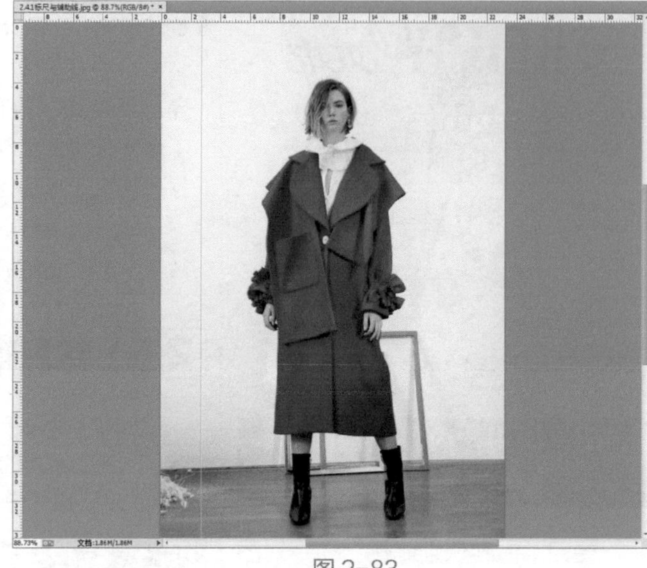

图 2-83

（3）如果要移动参考线，可以使用“移动工具”，然后将光标放置在参考线上，当光标变成分隔符形状时，按住鼠标左键拖曳参考线即可，如图 2-84 所示。若要将某一条参考线删除，可以选择该参考线，然后拖曳至标尺处，释放鼠标即可删除该参考线，如图 2-85 所示。

图 2-84

图 2-85

2.5.2 智能参考线

“智能参考线”是一种无需创建，在移动、缩放或绘图时自动出现的参考线，在设计的过程中非常好用。执行菜单“视图 > 显示 > 智能参考线”命令，可以启用智能参考线。启用该功能后，在对象的编辑过程中即可自动帮助用户校准图像、切片和选区等对象的位置。例如，移动图标时可以看见粉色的智能参考线，如图 2-86 和图 2-87 所示。

图 2-86

图 2-87

2.5.3 网格

“网格”主要用于辅助在用户绘图过程中更好地绘制出标准化图形。因为每个单元格的大小都是相等的，所以在绘制的时候可以用于辅助绘制精准尺寸对象的大小。执行菜单“视图 > 显示 > 网格”命令，就可以在画布中显示网格，如图 2-88 和图 2-89 所示。

图 2-88

图 2-89

技巧提示：“对齐”命令

执行菜单“视图>对齐”命令，用户可以在绘图过程中自动捕捉参考线、网格、图层等对象。执行菜单“视图>对齐到”下的子命令，可以设置想要在绘图过程中自动捕捉的内容。

第3章 选区、抠图与合成

本章概述

“选区”是指图像中规划出的一个区域，区域边界以内的部分为被选中的部分，边界以外的部分为未被选中的部分。在 Photoshop 中进行图像编辑处理操作时，会直接对选区以内的部分进行操作，而不会影响到选区以外的部分。除此之外，在图像中创建了合适的选区之后，还可以将选区中的部分单独提取出来（可以将选区中的部分复制为独立图层，也可以选中背景部分进行删除），这就完成了抠图的操作。而进行服装设计作品的制作过程中经常需要从图片中提取部分元素，所以选区与抠图技术是必不可少的。

本章要点

- 选框工具、套索工具的使用方法。
- 磁性套索、魔棒、快速选择工具的使用方法。
- 图层蒙版与剪贴蒙版的使用方法。

佳作欣赏

3.1 绘制简单的选区

Photoshop 包含多种用于制作选区的工具，例如工具箱中的选框工具组就包含四种选区工具，即矩形选框工具、椭圆选框工具、单行选框工具和单列选框工具。在套索工具组也包含多种选区制作工具，即套索工具、多边形套索工具和磁性套索工具。除了这些工具外，快速蒙版工具、文字蒙版工具也可以用于创建简单的选区。

3.1.1 创建矩形选区

当想要对画面中某个方形区域进行填充或者单独调整时，就需要绘制该区域的选区。想要绘制一个长方形选区或者正方形选区时，可以使用矩形选框工具。单击工具箱中的“矩形选框工具”按钮，在画面中按住鼠标左键并拖动鼠标，释放鼠标后即可得到矩形选区，如图 3-1 所示。按住 Shift 键的同时在画面中按住鼠标左键并拖动鼠标，释放鼠标后即可得到正方形选区，如图 3-2 所示。

图 3-1

图 3-2

技巧提示：矩形选框工具的选项栏

- 新选区：单击该按钮后，每次绘制都可以创建一个新选区。如果已经存在选区，那么新创建的选区将替代原来的选区。
- 添加到选区：单击该按钮后，可以将当前创建的选区添加到原来的选区中，如图 3-3 和图 3-4 所示。

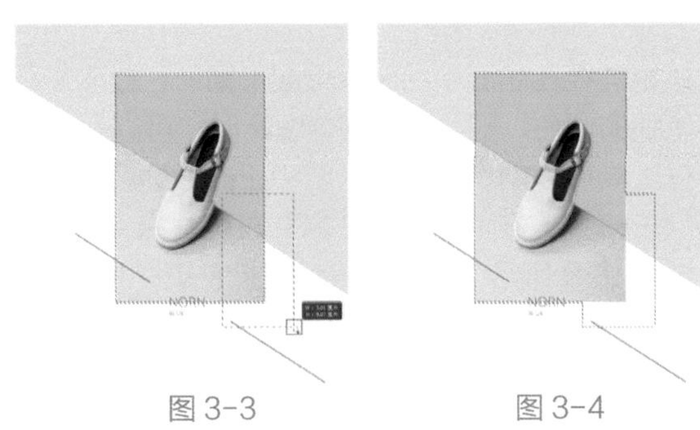

图 3-3　　图 3-4

- 从选区减去：单击该按钮后，可以将当前创建的选区从原来的选区中减去，如图 3-5 和图 3-6 所示。

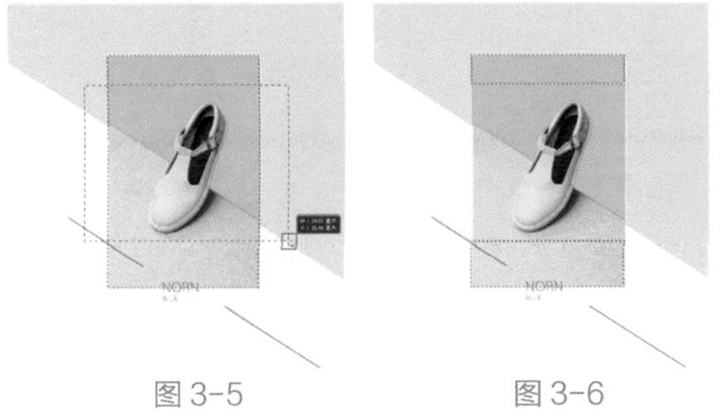

图 3-5　　图 3-6

- 与选区交叉：单击该按钮后，新建选区时只保留原有选区与新创建的选区相交的部分，如图 3-7 和图 3-8 所示。

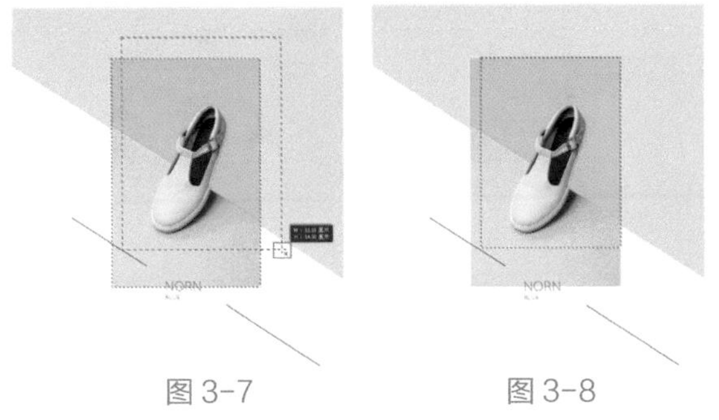

图 3-7　　图 3-8

- 羽化：主要用来设置选区边缘的虚化程度。羽化值越大，虚化范围越宽；羽化值越小，虚化范围越窄。
- 消除锯齿：可以消除选区锯齿现象。在使用椭圆选框工具、套索工具、多边形套索工具时“消除锯齿”选项才可用。
- 样式：用来设置选区的创建方法。当选择“正常”选项时，可以创建任意大小的选区；当选择“固定比例”选项时，可以在右侧的“宽度”和“高度”输入框中输入数值，以创建固定比例的选区；当选择“固定大小”选项时，可以在右侧的“宽度”和“高度”输入框中输入数值，然后单击鼠标左键即可创建一个固定大小的选区。

- 调整边缘：单击该按钮可以打开“调整边缘”对话框，在该对话框中可以对选区进行平滑、羽化等处理。

3.1.2 创建圆形选区

如果需要在画面中绘制一个圆形图形，或者想要对画面中某个圆形区域进行单独的调色、删除或者其他编辑时，可以使用“椭圆选框工具”◯。椭圆选框工具可以制作椭圆形选区和正圆形选区。单击工具箱中的“椭圆选框工具”按钮◯，在画面中按住鼠标左键并拖曳，释放鼠标后即可得到椭圆选区，如图 3-9 所示。绘制时按住鼠标左键并按住 Shift 键拖曳可以创建正圆形选区，如图 3-10 所示。

图 3-9

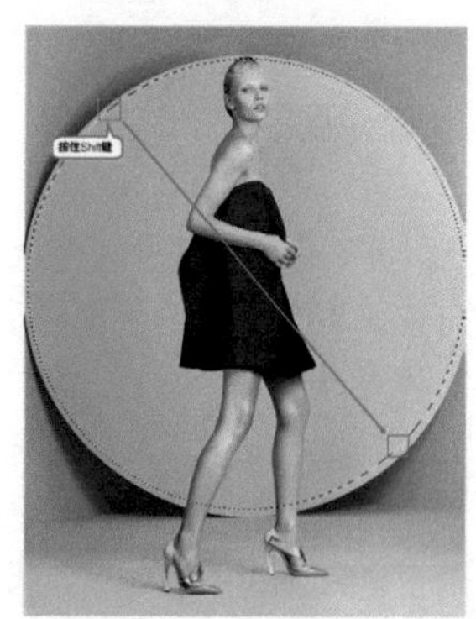

图 3-10

3.1.3 创建单行、单列选区

当需要绘制一个 1 像素高的分割线时，使用矩形选框工具就不容易实现。这时就可以使用“单行选框工具”或“单列选框工具”进行绘制。使用单行选框工具可以创建高度为 1 像素，宽度与整个页面宽度相同的选区。单列选框工具用来创建宽度为 1 像素，高度与整个页面高度相同的选区。

使用单行选框工具在画面中单击即可得到选区，单列选框工具的使用方法也是相同的。图 3-11 所示为使用单行选框工具绘制的选区；图 3-12 所示为使用单列选框工具绘制的选区。

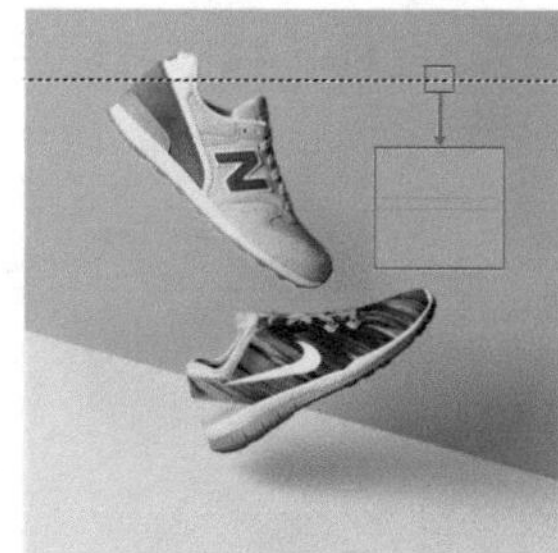

图 3-11

图 3-12

3.1.4 使用套索工具绘制不规则选区

当想随手画一个选区时，就可以使用工具箱中的“套索工具”进行绘制。单击工具箱中的“套索工具”按钮，在画面中按住鼠标左键并拖曳，释放鼠标时选区将自动闭合，得到选区，如图 3-13 和图 3-14 所示。

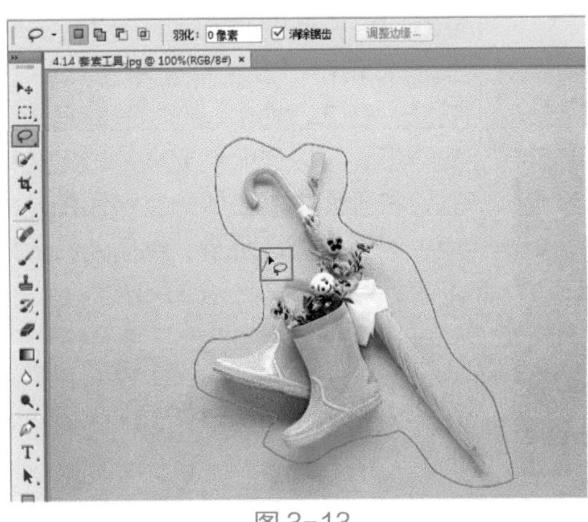

图 3-13

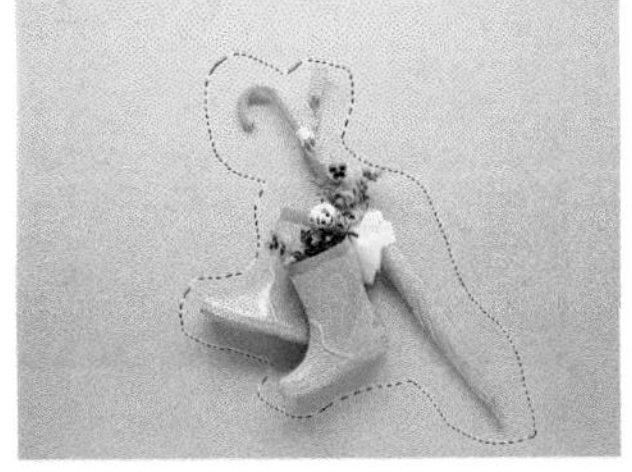

图 3-14

3.1.5　使用多边形套索工具创建多边形选区

当想要绘制不规则的多边形选区时，或者在需要抠取转折较为明显的图像对象时，这时可以使用多边形套索工具进行选区的绘制。“多边形套索工具”▽.主要用于创建转角为尖角的不规则选区。选择工具箱中的多边形套索工具”，在画面中单击确定起始位置，然后将光标移动至下一个位置单击，两次单击将连成一条直线，如图 3-15 所示。继续以单击的方式进行绘制，当绘制到起始位置时光标变为▽形状，如图 3-16 所示。接着单击即可得到选区，如图 3-17 所示。

图 3-15

图 3-16　　图 3-17

操作练习：多边形套索工具制作拼图版式

文件路径	第 3 章 \ 多边形套索工具制作拼图版式	
难易指数	☆☆☆☆☆	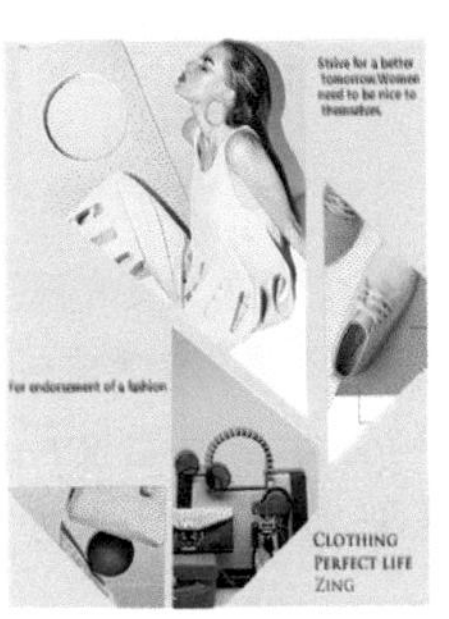
技术掌握	多边形套索工具	

案例效果

案例效果如图 3-18 所示。

图 3-18

思路剖析

① 新建文档并填充合适颜色作为背景，如图 3-19 所示。

② 置入素材，使用多边形套索工具绘制选区，并复制为独立图层，如图 3-20 所示。

③ 使用横排文字工具编辑文字信息，如图 3-21 所示。

图 3-19　　图 3-20

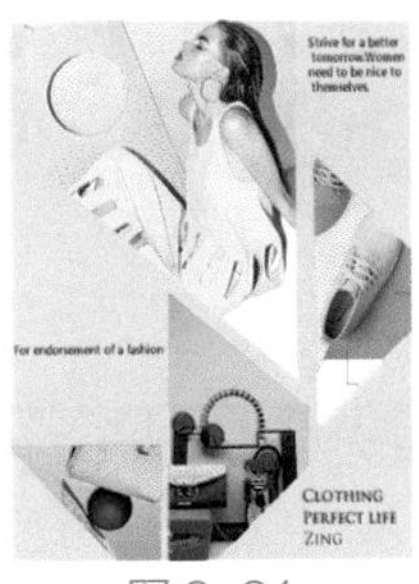

图 3-21

应用拓展

优秀设计作品，如图 3-22 和图 3-23 所示。

图 3-22

图 3-23

操作步骤

01> 新建一个 A4 大小的空白文档，接着双击工具箱底部的“前景色”按钮，在弹出的“拾色器”对话框中设置颜色为卡其色，设置完成后单击“确定”按钮，如图 3-24 所示。接着使用前景色（填充快捷键为 Alt+Delete）进行填充，效果如图 3-25 所示。

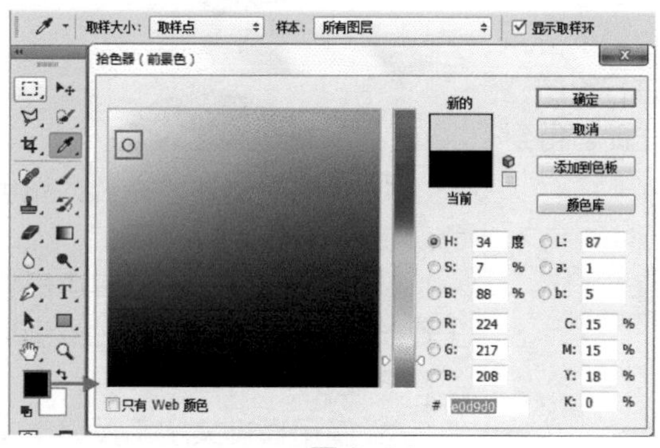
图 3-24

图 3-25

02> 执行菜单“文件 > 置入”命令，置入素材“1.jpg”，如图 3-26 所示。调整到合适大小，然后按 Enter 键完成置入操作。接着执行菜单“图层 > 栅格化 > 智能对象”命令，将该图层转换为普通图层，如图 3-27 所示。

图 3-26

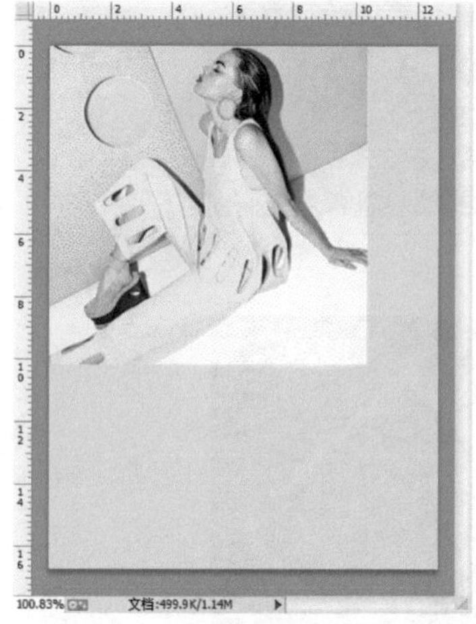
图 3-27

03> 接下来制作多边形照片。单击工具箱中“多边形套索工具” 按钮，在选项栏中勾选“消除锯齿”复选框，可以让绘制完成的选区柔和些。在画面中单击鼠标左键添加起始点，如图 3-28 所示。然后向右下角拖曳绘制，如图 3-29 所示。

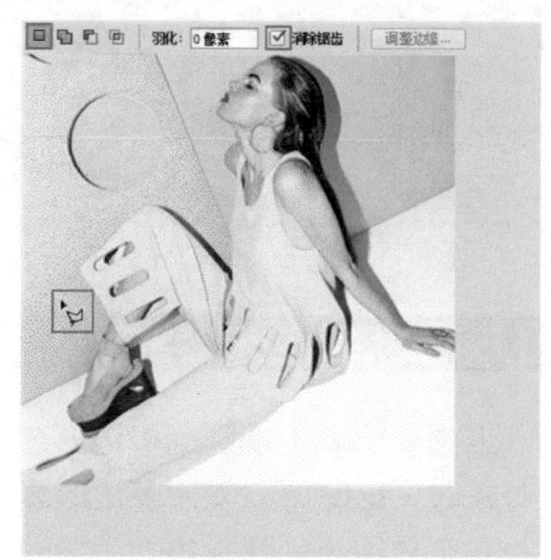
图 3-28

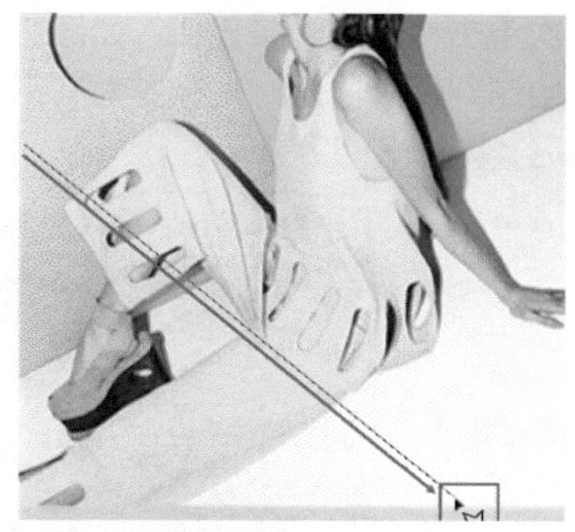
图 3-29

04> 继续在图片上方单击鼠标左键，当首尾连接时，自动得到选区，如图 3-30 所示。然后使用快捷键 Ctrl+J 进行复制并隐藏“图层”面板中的原风景图层，此时效果如图 3-31 所示。

图 3-30

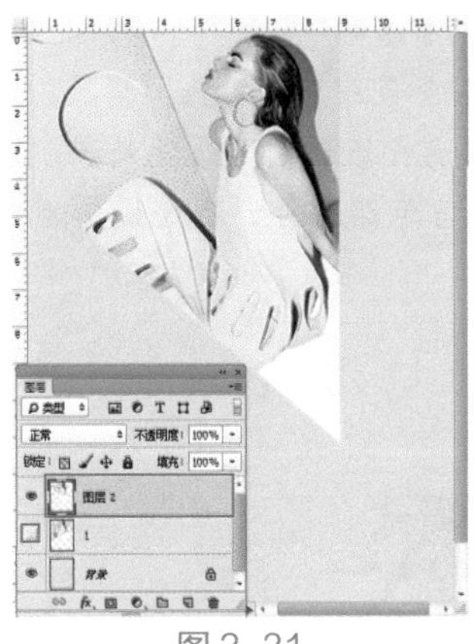

图 3-31

05> 接着执行菜单“文件 > 置入”命令，置入素材“2.jpg”。调整到合适大小，按Enter键完成置入操作，如图 3-32 所示。在图层面板中选中该图层，并在该图层上右击执行“栅格化图层”命令，将该图层转换为普通图层，如图 3-33 所示。

图 3-32

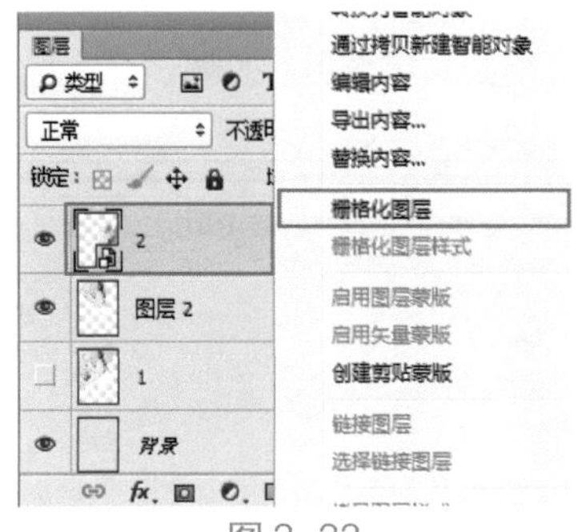

图 3-33

06> 继续选择多边形套索工具，在画面中绘制一个三角形选区，使用快捷键 Ctrl+C 和 Ctrl+V 复制并粘贴选区中的内容，然后隐藏原图层，此时画面效果如图 3-34 所示。使用同样的方法，继续置入素材“3.jpg”和素材“4.jpg”，调整合适的大小并进行栅格化。然后使用多边形套索工具绘制多边形选区，生成选区后复制图片并隐藏原图层，此时画面效果如图 3-35 所示。

图 3-34

图 3-35

07> 可以看出此时灰色区域较空旷，所以需要输入一些文字，丰富图片效果。选择工具箱中的横排文字工具，在选项栏中设置合适的“字体”，“字体大小”设置为 6.43 点，“文本颜色”设置为黑色，接着在画面中部单击并输入文字，如图 3-36 所示。使用同样的方法，在选项栏中设置“字体”“字体大小”以及“文本颜色”，输入其他文字，画面最终效果如图 3-37 所示。

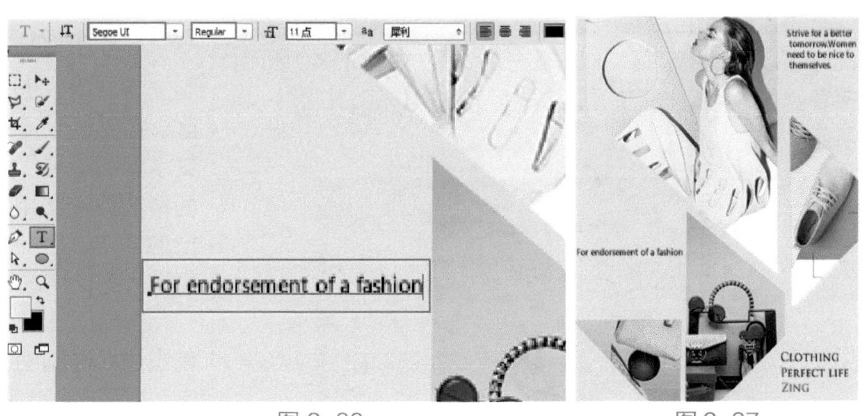

图 3-36　　图 3-37

3.1.6 快速蒙版制作选区

抠图和选区之间有着密不可分的联系。如果我们需要将画面中某个对象保留，其余位置的像素删除，这个操作就叫作抠图。那么一个不规则的对象如何才能进行抠取呢？此时可以使用快速蒙版得到选区。“快速蒙版”是一种以绘图的方式创建选区的功能。

图 3-38

（1）首先选择一个图层，如图 3-38 所示。接着单击工具箱底部的“以快速蒙版模式编辑”按钮，即可进入快速蒙版编辑模式（此时画面没有变化）。接着可选择工具箱中的“画笔工具”，在图像上按住鼠标左键拖曳进行绘制，被绘制的区域将被半透明的红色蒙版覆盖起来（红色的部分为选区以外的部分），如图 3-39 所示。

图 3-39

技巧提示：编辑快速蒙版的小技巧

在快速蒙版模式下，不仅可以使用各种绘制工具，还可以使用滤镜对快速蒙版进行处理。

（2）接着再次单击◙按钮，退出快速蒙版编辑模式。此时可以得到绘制区域以外部分的选区，如图 3-40 所示。接着我们就可以进行抠图、合成等其他操作了，如图 3-41 所示。

图 3-40

图 3-41

技巧提示："棋盘格"代表透明

在图3-42中可以看到背景中出现灰色网格状的"棋盘格"，在Photoshop中这代表透明。也就是说，此时画面中除了我们看见的蓝色图形外，已经没有其他像素了。

图 3-42

3.1.7 创建文字选区

为文字添加图案、纹理、渐变颜色等操作都需要得到文字选区，而使用文字蒙版工具可以轻松得到文字选区。在文字工具组中"横排文字蒙版工具"和"直排文字蒙版工具"两个工具是用于创建文字选区的。这两种工具的使用方法与使用文字工具相同，只不过创建出的文字选区一个是水平排列的文字选区，另一个是垂直排列的文字选区。

选择工具箱中的"横排文字蒙版工具"，在画面中单击，此时画面被半透明的红色蒙版覆盖，接着输入文字，如图 3-43 所示。输入完成后，在选项栏中单击"提交当前编辑"按钮✓，可得到文字选区，如图 3-44 所示。

图 3-43

图 3-44

技巧提示：如何选择工具组中的工具

观察一下工具箱，可以发现有些工具图标的右下角有一个三角形的标记，这表示为一个工具组，在工具组中还有隐藏的工具。在工具上按住鼠标左键1~2秒钟，即可看到隐藏的工具。接着将光标移动至需要选中的工具上，然后释放鼠标即可选中该工具，如图3-45所示。

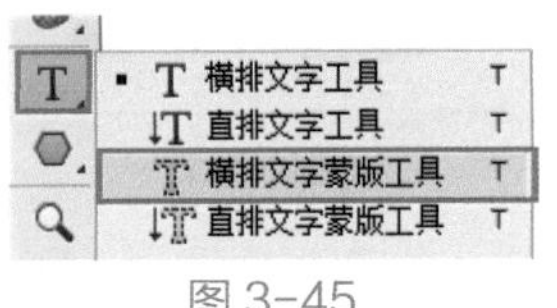

图 3-45

3.2 选区的基本编辑操作

绘制好的选区有时可能会不尽如人意，这时就可以对选区进行变换、移动等操作。当不再需要选区了，就可以取消选区的选择。这些对选区基本的编辑操作，将在这一节进行学习。

3.2.1 载入图层选区

我们可以创建选区，也可以载入已有图层的选区。例如，对一个图形的选区进行进一步调整，此时就需要得到这个图形的选区，然后进行进一步的编辑。首先需要在“图层”面板中找到需要载入选区的图层，然后按住 Ctrl 键单击该图层的缩览图，如图 3-46 所示。进行上述操作后，就会载入该图层的选区，如图3-47所示。

图 3-46

图 3-47

3.2.2 移动选区

要调整选区在画面中的位置，有两个前提条件：一是在使用选框工具的状态下；二是在“新选区”的选区运算模式下。满足这两个条件才能进行移动选区的操作。

先绘制一个选区，然后单击选项栏中的“新选区”按钮，接着将光标移动至选区内，光标变为形状，如图 3-48 所示。接着按住鼠标左键并拖曳，即可移动选区，如图 3-49 所示。

图 3-48

图 3-49

3.2.3 自由变换选区

若要更改选区的大小、形状，可以对选区进行自由变换。选区的自由变换和对图形的自由变换操作方式是一样的，也需要调出界定框对其进行变换操作。

首先需要创建一个选区。然后执行菜单“选择 > 变换选区”命令或者右

击执行“变换选区”命令，如图 3-50 所示。当选区周围出现了界定框时，拖动界定框上的控制点即可对选区进行变换，如图 3-51 所示。变换完成之后按 Enter 键确定变换操作，如图 3-52 所示。

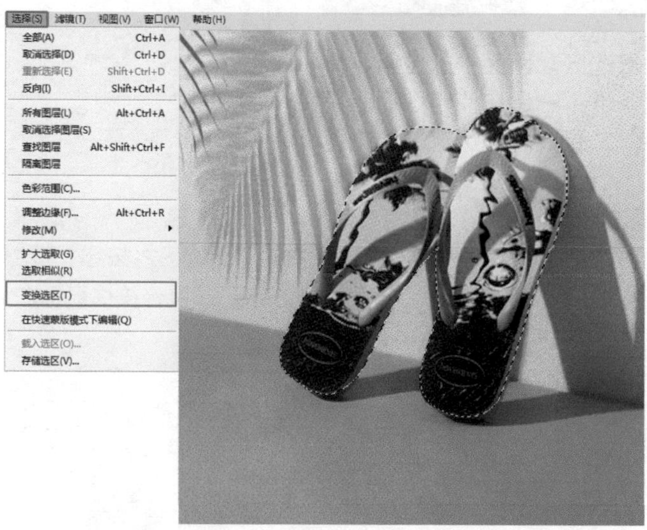

图 3-50

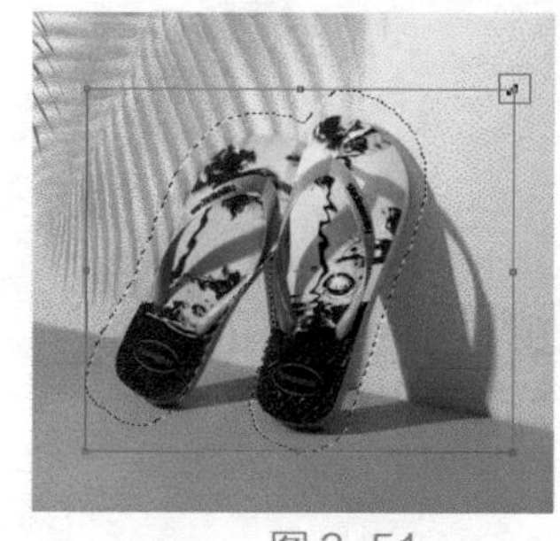
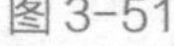

图 3-51

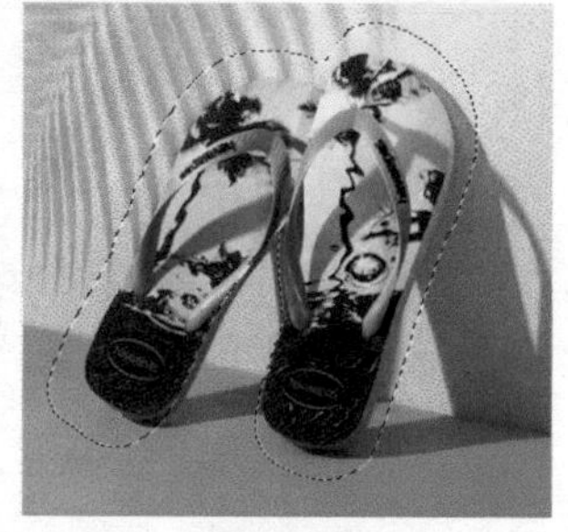

图 3-52

3.2.4 全选

从字面意思上理解“全选”就是全部选择的意思，在 Photoshop 中全选是指选中整个文档的范围。执行菜单“选择 > 全部”命令或者使用快捷键 Ctrl+A，可以创建与当前文档边界相同的选区，如图 3-53 所示。

图 3-53

3.2.5 反选

当绘制一个选区，想要得到反方向的选区时，就需要进行“反选”。首先创建一个选区，如图 3-54 所示。执行菜单“选择 > 反向选择”命令或者使用快捷键 Ctrl+Shift+I，可以得到当前选区以外部分的选区，如图 3-55 所示。

图 3-54

图 3-55

3.2.6 取消选区

当不需要选区时，可以取消选区的选择。执行菜单“选择 > 取消选择”命令或者使用快捷键 Ctrl+D，可以去除当前的选区。如果要恢复被取消的选区，可以执行菜单“选择 > 重新选择”命令。

3.2.7 隐藏与显示选区

与取消选区不同，隐藏选区可将选区暂时隐藏，当需要选区时再显示出来。执行菜单“视图 > 显示 > 选区边缘”命令，可以隐藏选区。再次执行菜单“视图 > 显示 > 选区边缘”命令，可以显示被隐藏的选区。

3.2.8 选区的存储与载入

选区是无法进行打印输出的，当

文档关闭后，之前创建的选区就不存在了。但如果该选区下次操作中还需要使用，那么能不能将选区进行存储呢？答案是肯定的。选区可以进行存储，也可以将存储的选区进行载入。

（1）首先绘制一个选区，如图3-56所示。接着执行菜单“窗口 > 通道”命令，打开“通道”面板（默认情况下，“通道”面板与“图层”面板在一起，如果“通道”面板是打开的则不需要执行该命令）。接着单击面板底部“将选区储存为通道”按钮，即可将选区存储为 Alpha 通道，如图 3-57 所示。

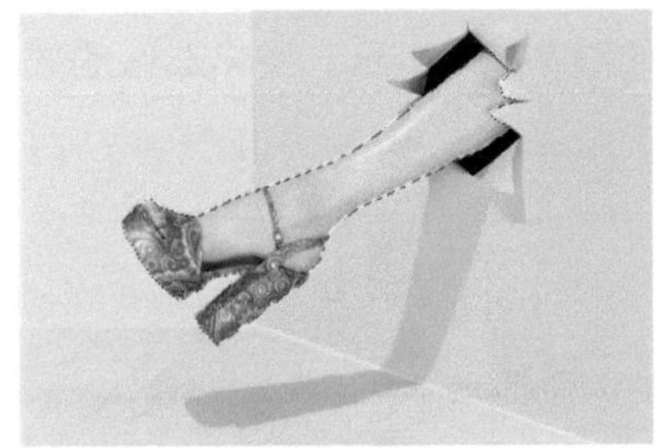

图 3-56

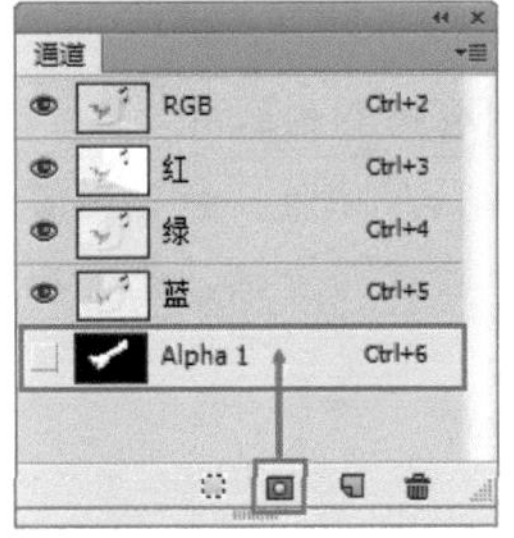

图 3-57

（2）想要使用之前在“通道”面板存储的选区时，可以在“通道”面板中按住 Ctrl 键的同时单击存储选区的通道蒙版缩览图，即可重新载入之前存储的选区，如图3-58所示。

图 3-58

3.2.9 调整边缘

在使用选框工具、套索工具等选区工具时，在选项栏中都有一个 调整边缘... 按钮。单击此按钮，可以打开“调整边缘”对话框。在该对话框中可以对已有的选区边缘进行平滑、羽化、对比度、位置等参数进行设置。例如，在抠取不规则对象、毛发边缘时可以使用调整边缘功能进行调整得到精确的选区。

当文档中包含选区时，执行菜单“选择 > 调整边缘”命令，或者单击选项栏中的 调整边缘... 按钮，如图 3-59 所示。可以打开“调整边缘”对话框，在这里可以看到很多选项。如图 3-60 所示。

图 3-59

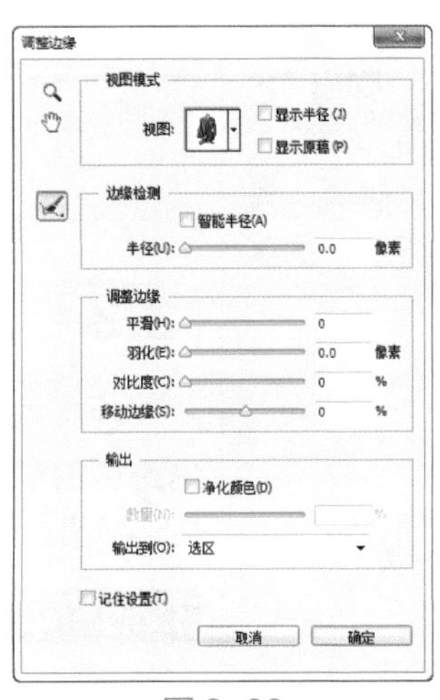

图 3-60

- 调整半径工具 / 抹除调整工具：使用这两个工具可以精确调整发生边缘调整的边界区域。制作头发或毛皮选区时可以使用调整半径工具柔化区域以增加选区内的细节。
- 视图模式：该选项组主要用于选择当前画面的显示方式。在这里提供了多种可以选择的显示模式，可以更加方便地查看选区的调整结果。
- 智能半径：自动调整边界区域中发现的硬边缘和柔化边缘的半径。
- 半径：确定发生边缘调整的选区边界的大小。对于锐边，可以使用较小的半径；对于较柔和的边缘，可以使用较大的半径。
- 平滑：减少选区边界中的不规则区域，以创建较平滑的轮廓。
- 羽化：模糊选区与周围的像素之间的过渡效果。
- 对比度：锐化选区边缘并消除模糊的不协调感。在通常情况下，配合“智能半径”选项调整出来的选区效果会更好。
- 移动边缘：当设置为负值时，可以向内收缩选区边界；当设置为正值时，可以向外扩展选区边界。
- 净化颜色：将彩色杂边替换为附近完全选中的像素颜色。颜色替换的强度与选区边缘的羽化程度是成正比的。
- 数量：更改净化彩色杂边的替换程度。
- 输出到：设置选区的输出方式。

3.2.10 修改选区

“选择”菜单中的“修改”命令包括修改边界选区、平滑选区、扩展选区、收缩选区、羽化选区。在这里，羽化选区是非常重要的编辑操作，例如要制作一个边界柔和的图形，这时就需要进行选区的羽化。当画面中包

括选区时，如图3-61所示。执行菜单“选择＞修改”命令，在子菜单中可以看到多个选区编辑命令，如图3-62所示。

（1）执行“边界”命令可以将选区的边界进行扩展，扩展后的选区边界将与原来的选区边界形成新的选区。执行菜单“选择＞修改＞边界”命令，在弹出的“边界选区”对话框中通过“宽度”选项设置边界的宽度，设置完成后单击“确定”按钮，如图3-63所示。此时可以得到边界部分的选区，效果如图3-64所示。

图3-61

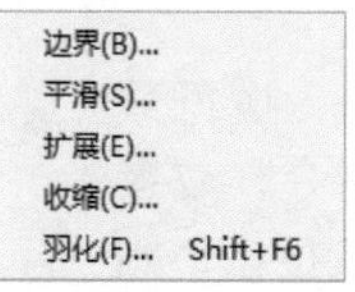

图3-62

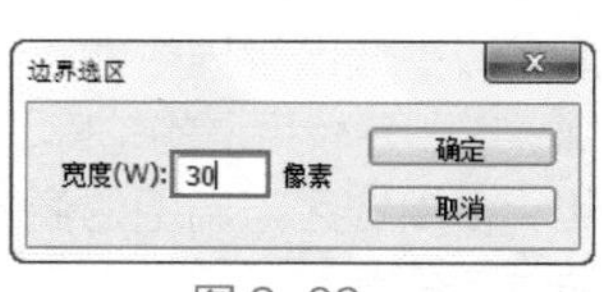

图3-63

图3-64

（2）执行菜单“选择＞修改＞平滑”命令，在弹出的对话框中可以设置“取样半径”，半径数值越大平滑的程度越大，设置完毕后单击“确定”按钮，如图3-65所示。即可得到边缘更加平滑的选区，如图3-66所示。

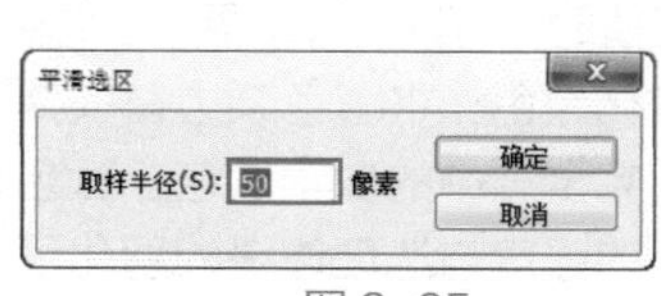

图3-65

图3-66

（3）执行菜单“选择＞修改＞扩展”命令，弹出“扩展选区”对话框，通过“扩展量”设置选区向外进行扩展的宽度，“扩展量”越大，选区增大的尺寸越大。设置完成后，单击“确定”按钮，如图3-67所示。选区效果如图3-68所示。

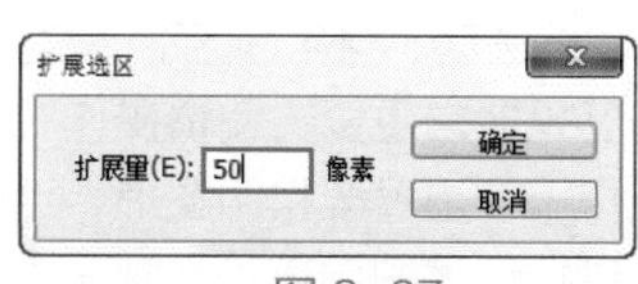

图3-67

图3-68

（4）执行菜单“选择＞修改＞收缩”命令，在弹出的“收缩选区”对话框中通过“收缩量”选项控制选区缩小的宽度，设置完成后单击“确定”按钮，如图3-69所示。选区收缩效果如图3-70所示。

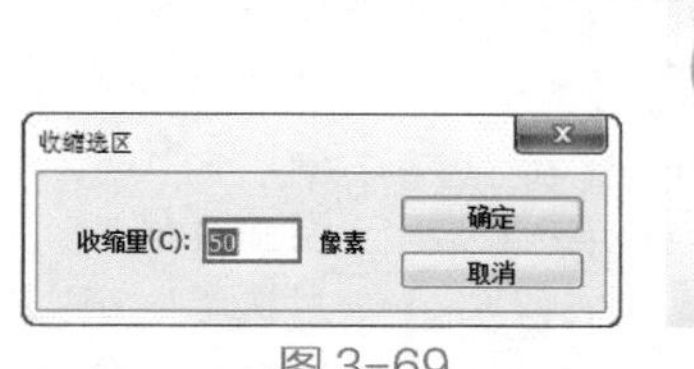

图3-69

图3-70

（5）“羽化”主要用来设置选区边缘的虚化程度。执行菜单“选择＞修改＞羽化”命令，在弹出的“羽化选区”对话框中定义选区的“羽化半径”，羽化值越大，虚化范围越宽；羽化值越小，虚化范围越窄。设置完成后，单击“确定”按钮，如图3-71所示。羽化选区的效果如图3-72所示。

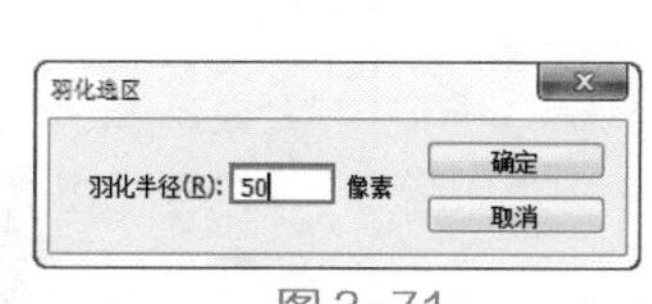

图3-71

图3-72

技巧提示：羽化半径过大时会遇到的状况

当“羽化半径”大于选区尺寸时，会弹出警告提示框，如图3-73所示。单击“确定”按钮，此时画面中看不到选区，但选区依然存在，只是由于选区变得非常模糊，以至于选区边界无法显示。如果对选区进行填充操作后，即可看到相应的效果。

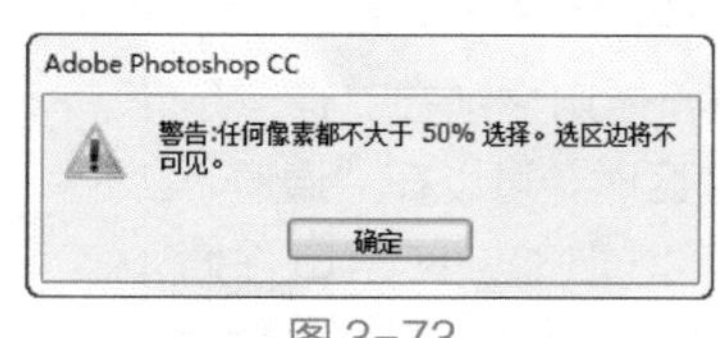

图3-73

3.3 填充与描边

选区不仅可以用于限制图像中被调整的范围，在包含选区的情况下还可对选区进行颜色的填充，以及对选区边缘进行描边操作。

3.3.1 填充选区

在Photoshop中可以为选区填充纯色、渐变色以及图案。最常用的是为选区填充单一颜色，单一颜色的填充也有多种方法，最简单的是通过前景色 / 背景色进行填充。在进行填充颜色之前，首先要设置好前景色与背景色。使用快捷键 Alt+Delete 可以为选区内部填充前景色，如图 3-74 所示。使用快捷键 Ctrl+Delete 可以为选区填充背景色，如图 3-75 所示。如果当前画面中没有选区，那么填充的将是整个画面。

图 3-74

图 3-75

3.3.2 描边选区

对图形进行“描边”可起到强化、突出的作用。使用“描边”命令可以在选区、路径或图层周围创建边框效果。例如画面中包含选区，如图 3-76 所示。执行菜单“编辑 > 描边”命令，在“描边”对话框中设置描边的“宽度”“颜色”“位置”以及“混合模式”的部分参数，接着单击“确定”按钮，如图 3-77 所示。选区边缘会出现单色的轮廓效果，如图 3-78 所示。

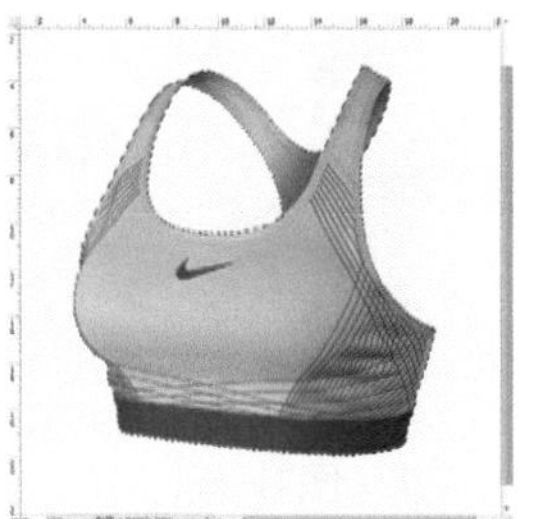

图 3-76

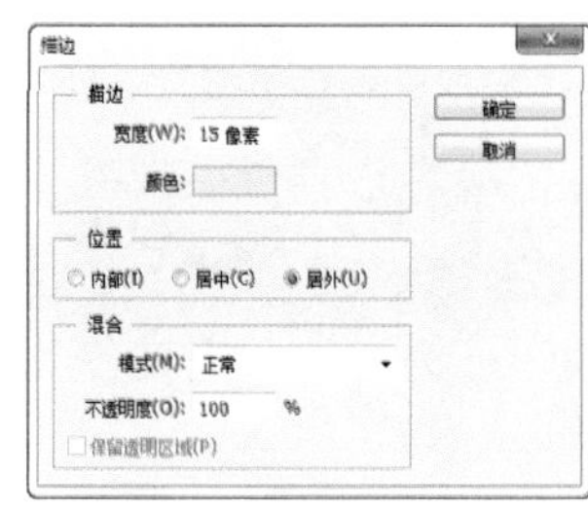

图 3-77

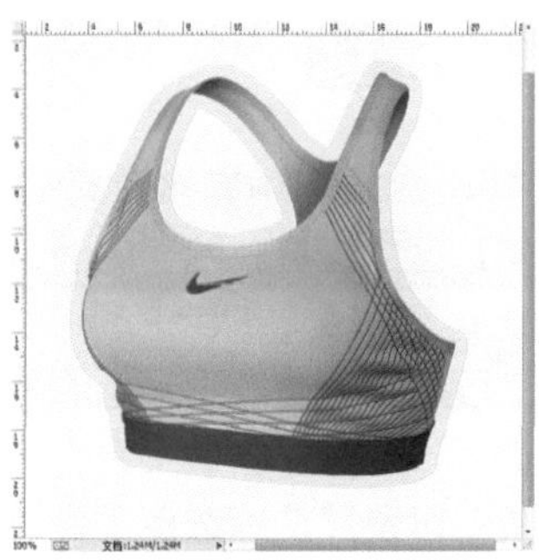

图 3-78

技巧提示：“描边”对话框参数详解

- 描边：该选项组主要用来设置描边的宽度和颜色。
- 位置：设置描边相对于选区的位置，包括“内部”“居中”和“居外”3 个选项，如图 3-79~ 图 3-81 所示。
- 混合：用来设置描边颜色的混合模式和不透明度。
- 保留透明区域：如果勾选“保留透明区域”复选框，则只对包含像素的区域进行描边。

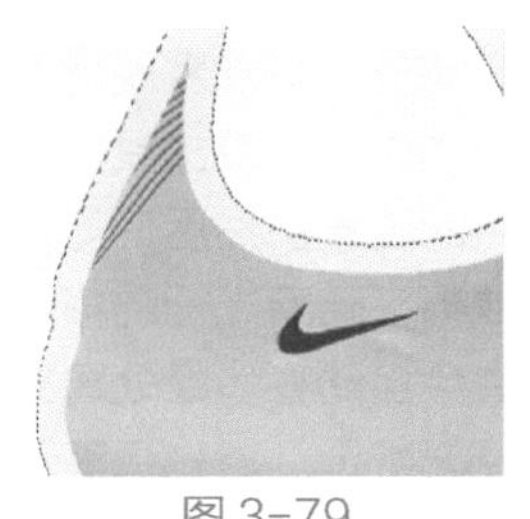

图 3-79

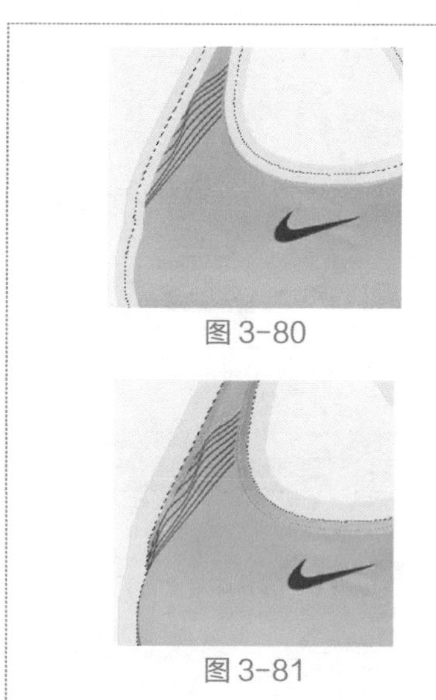
图 3-80

图 3-81

3.4 基于色彩差别进行抠图

Photoshop 中有多种可以创建和编辑选区的工具，除了前面讲解的多种选区工具外，Photoshop 还有 3 种工具是利用图像中颜色的差异来创建选区。“磁性套索工具”、“魔棒工具”以及“快速选择工具”主要用于“抠图”。除此之外，使用背景橡皮擦工具以及魔术橡皮擦工具可以基于颜色差异擦除特定部分颜色。

3.4.1 磁性套索工具

要进行抠图操作，之前学习创建选区的方法可能不够精准。Photoshop 提供了多种给予颜色差异创建选区的工具，例如“磁性套索工具”可以自动检测画面中颜色的差异，并在两种颜色交界的区域创建选区。

单击工具箱中的“磁性套索工具”，将光标移动到画面中颜色差异较大处的边缘，单击鼠标左键确定起始锚点的位置。然后沿着对象边界处拖动鼠标，随着光标的移动，磁性套索工具会自动在边缘处建立锚点，如图 3-82 所示。当光标移动到起始锚点处时光标变为形状，如图 3-83 所示。单击鼠标左键即可创建选区，如图 3-84 所示。

图 3-82

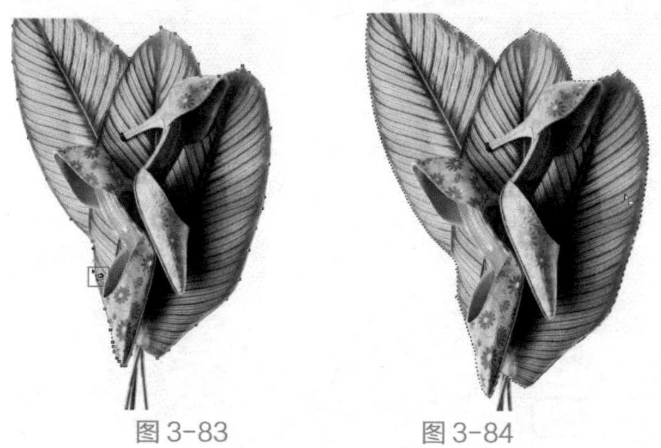
图 3-83　图 3-84

技巧提示：磁性套索工具选项栏详解

单击工具箱中的“磁性套索工具”按钮，在选项栏中可以看到相应的设置。

- 宽度：“宽度”值决定了以光标中心为基准，光标周围有多少个像素能够被磁性套索工具检测到，如果对象的边缘比较清晰，可以设置较大的值；如果对象的边缘比较模糊，可以设置较小的值。
- 对比度：该选项主要用来设置磁性套索工具感应图像边缘的灵敏度。如果对象的边缘比较清晰，可以将该值设置得高一些；如果对象的边缘比较模糊，可以将该值设置得低一些。
- 频率：在使用磁性套索工具勾画选区时，Photoshop 会生成很多锚点，“频率”选项就是用来设置锚点的数量。数值越高，生成的锚点越多，捕捉到的边缘越准确，但是可能会造成选区不够平滑。
- 钢笔压力：如果计算机配有数位板和压感笔，可以激活该按钮，Photoshop 会根据压感笔的压力自动调整磁性套索工具的检测范围。

操作练习：使用磁性套索工具抠图

文件路径	第 3 章 \ 使用磁性套索工具抠图	
难易指数	★★★★★	
技术要点	磁性套索工具	

案例效果

案例效果如图 3-85 所示。

图 3-85

思路剖析

① 打开素材作为背景，如图 3-86 所示。

② 置入人物素材，使用磁性套索工具绘制人物选区，添加图层蒙版隐藏多余背景，如图 3-87 所示。

③ 置入装饰素材，如图 3-88 所示。

图 3-86　图 3-87

图 3-88

应用拓展

优秀设计作品，如图 3-89 和图 3-90 所示。

图 3-89

图 3-90

操作步骤

01> 执行菜单“文件>打开”命令，打开背景素材“1.jpg”，如图 3-91 所示。继续执行菜单“文件>置入”命令，在弹出的“置入”对话框中选择素材“2.jpg”，单击“置入”按钮，将素材放置在适当位置，按 Enter 键完成置入。之后可以执行菜单“图层>栅格化>智能对象”命令，将该图层栅格化为普通图层，如图 3-92 所示。

图 3-91

图 3-92

02> 单击工具箱中的“磁性套索工具”按钮，在画面中喊话器边缘单击确定起点，如图 3-93 所示。然后沿着边沿处移动光标，此时 Photoshop 会自动生成很多锚点，如图 3-94 所示。继续移动光标，当勾画到起点处时单击可形成闭合选区，如图 3-95 所示。

图 3-93

图 3-94

图 3-95

03> 使用快捷键 Ctrl+Shift+I 将选区反选，如图 3-96 所示。按 Delete 键删除选区中的像素，再按快捷键 Ctrl+D 取消选区，效果如图 3-97 所示。

图 3-96

图 3-97

04> 此时可以看到手臂和喊话器下面的区域仍有白色背景。再次使用磁性套索工具绘制右侧手臂处的选区，如图 3-98 所示。直接按 Delete 键将其删除，如图 3-99 所示。使用同样的方法，删除其他部分的背景，效果如图 3-100 所示。

05> 最后对画面置入素材进行修饰。执行菜单“文件 > 置入”命令，置入素材“3.png”，将素材放置在适当位置，按 Enter 键完成置入，最终效果如图 3-101 所示。

图 3-98　　图 3-99

图 3-100　　图 3-101

3.4.2 魔棒工具

想要选中画面部分颜色所在的区域时，可以使用魔棒工具快速得到颜色相近的选区，然后进行抠图操作。“魔棒工具” 能够自动检测鼠标单击区域的颜色，并得到与之颜色相似区域的选区。

单击工具箱中的“魔棒工具”按钮，在选项栏中设置合适的“容差”值，接着在某个颜色区域上单击，如图 3-102 所示。随即可以自动获取附近区域相同的颜色，使其处于选择状态，如图 3-103 所示。

图 3-102

图 3-103

技巧提示：魔棒工具选项栏详解

- 容差：决定所选像素之间的相似性或差异性，其取值范围从 0~255。数值越低，对像素的相似程度要求越高，所选的颜色范围就越窄；数值越高，对像素的相似程度要求越低，所选的颜色范围就越广。
- 连续：当勾选该复选框时，只能选择颜色连接的区域；当关闭该复选框时，可以选择与所选像素颜色接近的所有区域，当然也包含没有连接的区域。
- 对所有图层取样：如果文档中包含多个图层，勾选该复选框时，可以选择所有可见图层上颜色相近的区域，不勾选该复选框则仅选择当前图层上颜色相近的区域。

3.4.3 快速选择工具

对颜色差异比较大，或者包含颜色比较复杂的图像进行抠图时，还可以使用快速选择工具得到颜色相近区域的选区，接着进行抠图操作。“快速选择工具”可以通过涂抹的形式迅速地自动搜寻绘制出与光标所在区域颜色接近的选区。

单击工具箱中的“快速选择工具”按钮，在画面中按住鼠标左键拖曳，如图 3-104 所示。移动光标时，选取范围不但会向外扩张，而且还可以自动寻找并沿着图像的边缘描绘边界，如图 3-105 所示。

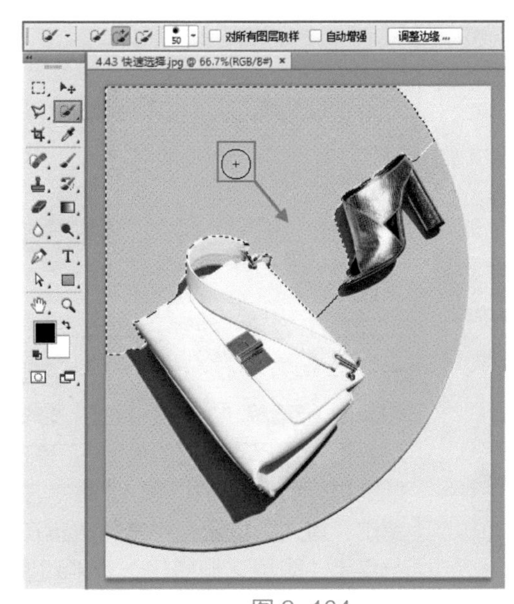

图 3-104

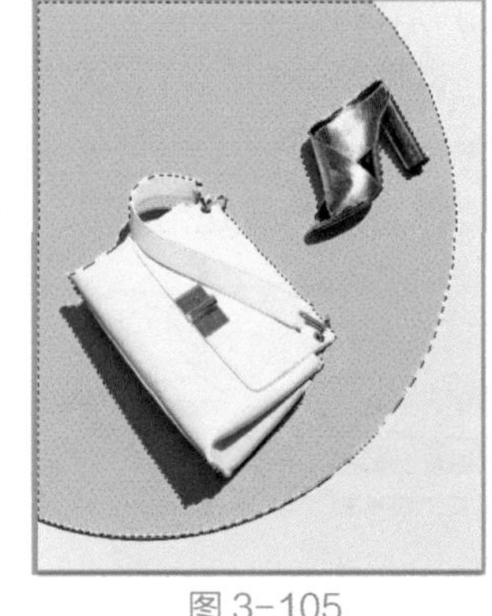

图 3-105

技巧提示：快速选择工具选项栏详解

单击“快速选择工具”按钮，在选项栏中可以进行如下参数的设置。

- 选区运算按钮：激活“新选区”按钮，可以创建一个新的选区；激活“添加到选区”按钮，可以在原有选区的基础上添加新创建的选区；激活“从选区减去”按钮，可以在原有选区的基础上减去当前绘制的选区。
- “画笔”选择器：设置画笔的大小、硬度、间距、角度以及圆度。
- 对所有图层取样：勾选该复选框，Photoshop 会根据所有的图层建立选取范围，而不仅是只针对当前图层。
- 自动增强：降低选取范围边界的粗糙度与区块感。

操作练习：快速选择工具抠出人像制作清凉夏日广告

文件路径	第 3 章 \ 快速选择工具抠出人像制作清凉夏日广告
难易指数	★★★★★
技术要点	快速选择工具

案例效果

案例效果如图 3-106 所示。

图 3-106

思路剖析

①打开背景素材，置入人物素材并栅格化，如图 3-107 所示。

②使用快速选择工具得到人物选区，添加图层蒙版完成抠图，如图 3-108 所示。

③使用横排文字工具添加文字并为文字增添立体效果，如图 3-109 所示。

图 3-107

图 3-108

图 3-109

应用拓展

优秀设计作品，如图 3-110 和图 3-111 所示。

图 3-110

图 3-111

操作步骤

01> 执行菜单“文件 > 打开”命令或者按快捷键 Ctrl+O，在弹出的“打开”对话框中选择素材“1.jpg”，单击“打开”按钮，效果如图 3-112 所示。继续执行菜单“文件 > 置入”命令，在弹出的“置入”对话框中选择素材“2.jpg”，单击“置入”按钮，将素材放置在适当位置，按 Enter 键完成置入。然后执行菜单“图层 > 栅格化 > 智能对象”命令，将该图层栅格化为普通图层，如图 3-113 所示。

图 3-112

图 3-113

02> 单击工具箱中的“快速选择工具”按钮，在选项栏中单击“添加到选区”按钮，在“画笔预设”面板中设置“大小”为 50 像素，接着将光标移动至人物背景处，如图 3-114 所示。接着按住鼠标左键拖曳得到背景的选区，如图 3-115 所示。继续在画面人物上方和右侧位置按住鼠标左键拖曳得到背景的选区，如图 3-116 所示。

图 3-114

图 3-115

图 3-116

03> 继续使用“快速选择工具”在人物腿部位置按住鼠标左键拖曳得到背景的选区，如图 3-117 所示。继续对其他位置进行选取，如图 3-118 所示。

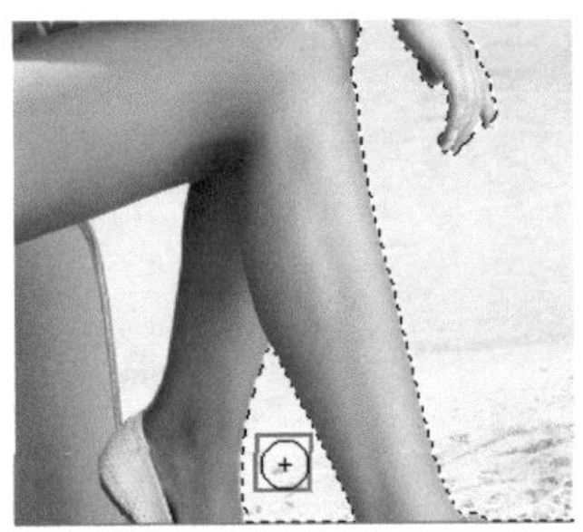
图 3-117

图 3-118

04> 现在可以在画面中看到人物身体部位选择过多，需要将多余的选区取消。在选项栏中单击“从选区减去”按钮，然后在人物边缘按住鼠标左键拖曳减去选区，效果如图 3-119 所示。得到背景选区后，按 Delete 键删除选区中的像素，再使用快捷键 Ctrl+D 取消选区，效果如图 3-120 所示。

图 3-119

图 3-120

05> 下面添加文字。单击工具箱中的“横排文字工具”按钮，在选项栏中设置“字体”和“字号”，设置“填充”为白色，然后在画面中间位置单击输入文字，如图 3-121 所示。继续在画面中单击输入文字，如图 3-122 所示。

06> 按住 Ctrl 键加选两个文字图层，使用快捷键 Ctrl+Alt+E 进行盖印。然后按住 Ctrl 键单击该图层的缩览图，得到文字选区。接着将选区填充为淡蓝色，如图 3-123 所示。然后在“图层”面板中将“合并”图层移动至文字图层的下方，如图 3-124 所示。

07> 使用移动工具将蓝色文字向下移动，制作出投影效果，如图 3-125 所示。

图 3-121

图 3-122

图 3-123

图 3-124

图 3-125

08> 接着选中淡蓝色文字图层，执行菜单“图层 > 图层样式 > 描边”命令，在弹出的“图层样式”对话框中设置“大小”为 4 像素，“位置”为“外部”，“混合模式”为“正常”，“不透明度”为 100 像素，“填充类型”为“颜色”，“颜色”为白色，单击“确定”按钮完成设置，如图 3-126 所示。效果如图 3-127 所示。

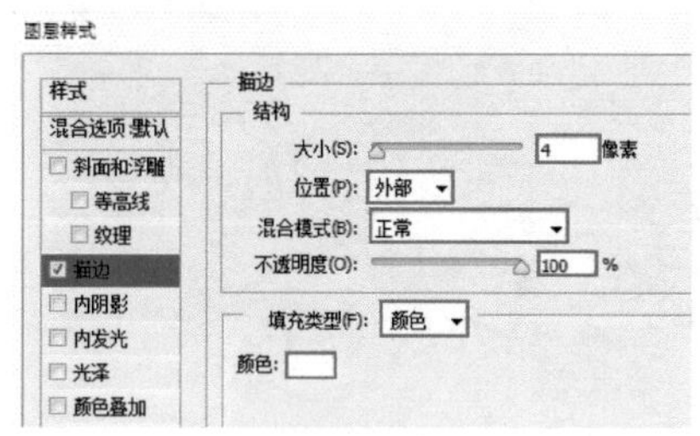

图 3-126

图 3-127

09> 继续使用横排文字工具在画面中输入其他文字，如图 3-128 所示。

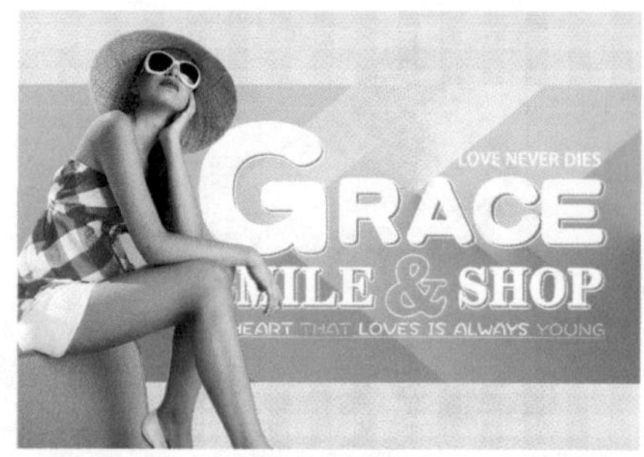

图 3-128

3.4.4 背景橡皮擦工具

“背景橡皮擦工具”是一种基于色彩差异的智能化擦除工具。它可以自动采集画笔中心的色样，同时删除在画笔内出现的这种颜色，使擦除区域成为透明区域。

单击工具箱中的“背景橡皮擦工具”按钮，将光标移动到画面中，光标会呈现出中心带有十字“+”的圆形效果。圆形表示当前工具的作用范围，而圆形中心的十字“+”则表示在擦除过程中自动采集颜色的位置。在涂抹过程中会自动擦除圆形画笔范围内出现的相近颜色的区域，如图 3-129 所示。擦除效果如图 3-130 所示。

图 3-129

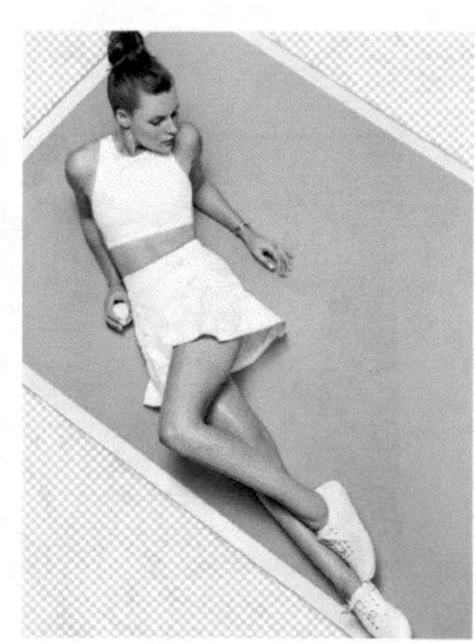

图 3-130

- 取样：用来设置取样的方式。激活“取样：连续”按钮，可以擦除鼠标移动的所有区域；激活“取样：一次”按钮，只擦除包含鼠标第 1 次单击处颜色的图像；激活“取样：背景色板”按钮，只擦除包含背景色的图像。
- 限制：设置擦除图像时的限制模式。“不连续”擦除出现在画笔下面任何位置的样本颜色。“连续”擦除包含样本颜色并且相互连接的区域。“查找边缘”擦除包含样本颜色的连接区域，同时更好地保留形状边缘的锐化程度。
- 保护前景色：勾选该复选框后，可以防止擦除与前景色匹配的区域。

3.4.5 魔术橡皮擦工具

使用“魔术橡皮擦工具”可以将颜色相近的区域直接擦除。使用该工具在图像中单击时，与鼠标单击的位置颜色接近的像素都会被更改为透明。如果在已锁定透明度的图层中工作，这些像素将更改为背景色。单击工具箱中的“魔术橡皮擦工具”按钮，在画面中背景处单击鼠标左键。勾选“连续”复选框时，只擦除与单击点像素邻近的像素，如图 3-131 所示。取消勾选该复选框时，可以擦除图像中或所有相似的像素，如图 3-132 所示。

图 3-131

图 3-132

操作练习：使用魔棒工具抠图制作服装展示效果

文件路径	第 3 章 \ 使用魔棒工具抠图制作服装展示效果
难易指数	★★★★★
技术要点	魔棒工具

案例效果

案例效果如图 3-133 所示。

图 3-133

思路剖析

① 新建文件，填充渐变作为背景，并绘制背景中的几何形状，如图 3-134 所示。

② 置入人物素材，使用魔棒工具得到人物选区并添加图层蒙版，如图 3-135 所示。

③ 使用横排文字工具制作文字信息，如图 3-136 所示。

图 3-134

图 3-135

图 3-136

应用拓展

优秀设计作品，如图 3-137 和图 3-138 所示。

图 3-137

图 3-138

操作步骤

01> 执行菜单“文件 > 新建”命令，在弹出的“新建”对话框中设置文件“宽度”为 1242 像素、“高度”为 2208 像素，设置“分辨率”为 72 像素 / 英寸，“颜色模式”为“RGB 颜色”，“背景内容”为“白色”，如图 3-139 所示。

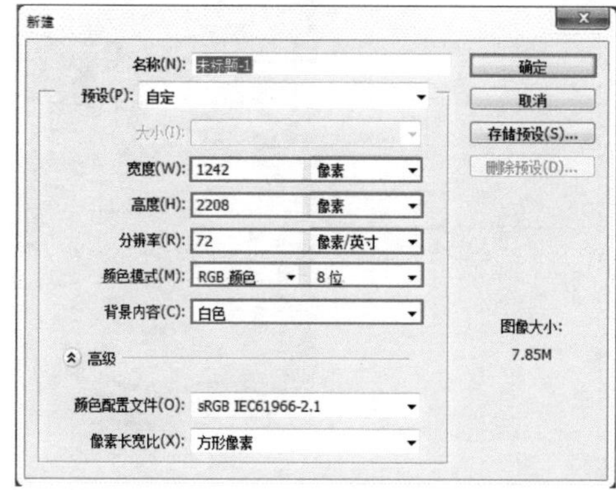

图 3-139

02> 单击工具箱中的“渐变工具”按钮，接着单击选项栏中的渐变色条，在弹出的“渐变编辑器”对话框中编辑一个蓝色渐变，单击“确定”按钮完成编辑。在选项栏中设置“渐变模式”为“径向渐变”，如图 3-140 所示。接着使用渐变工具在画面中按住鼠标左键拖曳填充渐变颜色，效果如图 3-141 所示。

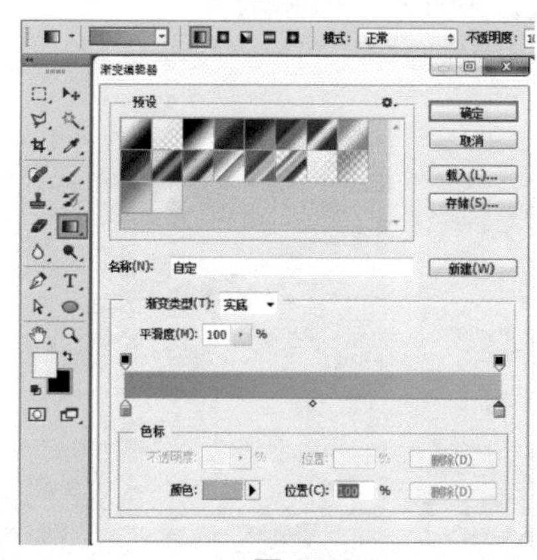

图 3-140

图 3-141

03> 单击工具箱中的“多边形套索工具”按钮，在画面中多次单击绘制出三角形选区，如图 3-142 所示。新建一个图层，设置前景色为浅蓝色，使用前景色（填充快捷键为 Alt+Delete）进行填充，然后使用快捷键 Ctrl+D 取消选区，效果如图 3-143 所示。

图 3-142

图 3-143

04> 新建一个图层，继续使用多边形套索工具绘制选区并填充为黄色，效果如图 3-144 所示。使用同样的方法，绘制另外两个形状，如图 3-145 所示。

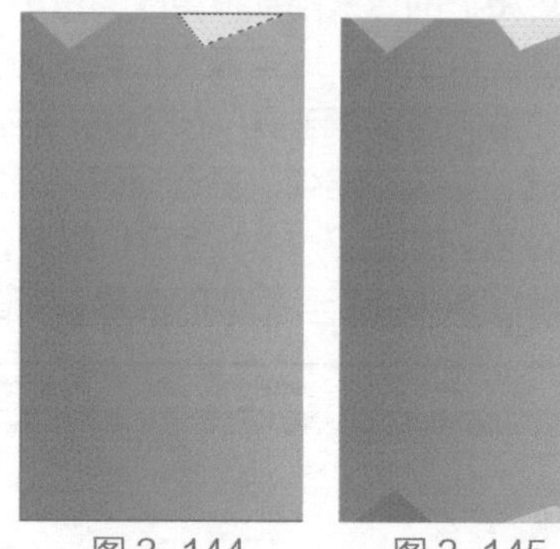

图 3-144　　图 3-145

05> 单击工具箱中的“矩形选框工具”按钮，绘制一个非常细的纵向选区，如图 3-146 所示。接着执行菜单“选择 > 变换选区”命令，旋转选区并将其移动到左上角的三角形处，如图 3-147 所示。

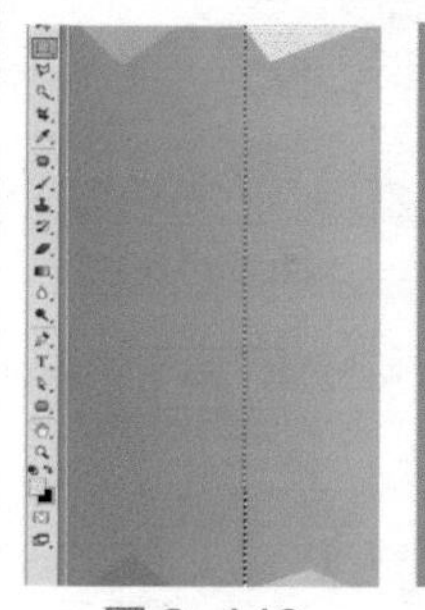

图 3-146

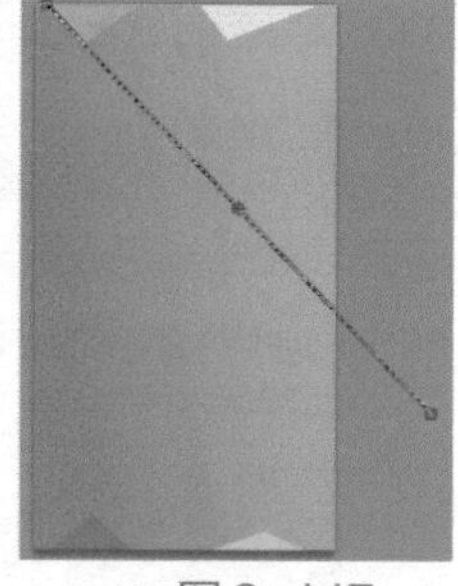

图 3-147

06> 设置前景色为浅蓝色，新建一个图层，使用前景色（填充快捷键为 Alt+Delete）进行填充，效果如图 3-148 所示。使用同样的方法，制作其他矩形形状，如图 3-149 所示。

图 3-148

07> 执行菜单“文件 > 置入”命令，在弹出的“置入”对话框中选择素材“1.jpg”，单击“置入”按钮，如图 3-150 所示。将素材图像等比例放大（将光标定位到一角处，按住 Shift 键并按住鼠标左键拖曳），按 Enter 键完成置入操作。接着执行菜单“图层 > 栅格化 > 智能对象”命令，将图层进行栅格化，效果如图 3-151 所示。

图 3-149

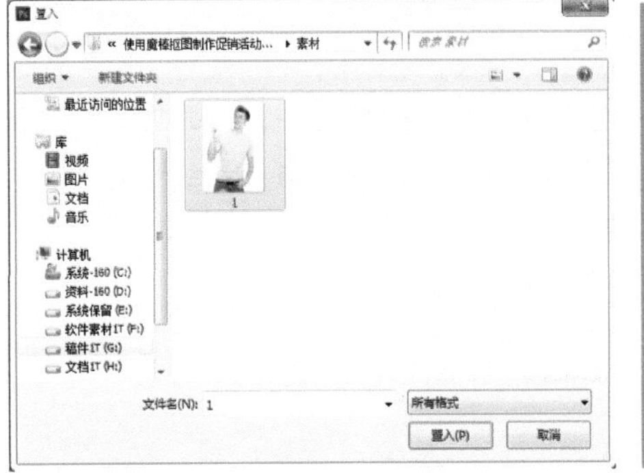

图 3-150

图 3-151

08> 单击工具箱中的“魔棒工具”按钮，在选项栏中设置“容差”为 5，之后在白色背景上单击得到白色背景的选区，如图 3-152 所示。选中人物图层，执行菜单“图层 > 图层蒙版 > 隐藏选区”命令，为图层创建图层蒙版，使白色背景部分隐藏，如图 3-153 所示。

图 3-152

图 3-153

09> 继续执行菜单“图层 > 图层样式 > 外发光”命令，在弹出的“图层样式”对话框中设置“混合模式”为“滤色”，“不透明度”为 75%，发光颜色为白色，“大小”为 57 像素，“范围”为 50%，单击“确定”按钮完成设置，如图 3-154 所示。效果如图 3-155 所示。

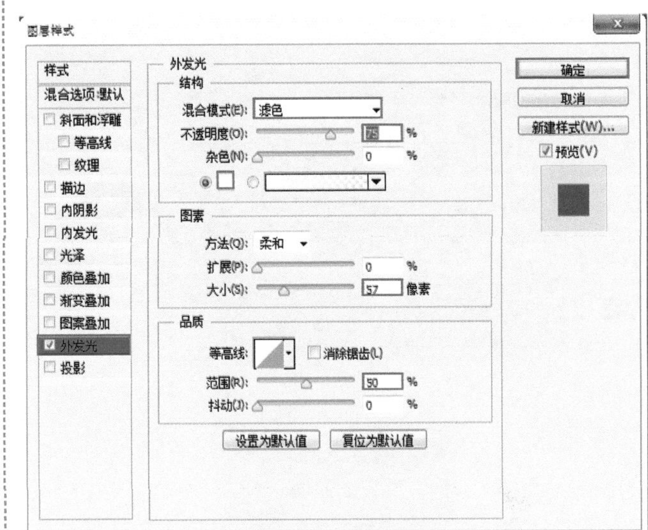

图 3-154

图 3-155

10> 新建一个图层，单击工具箱中的“矩形选框工具”按钮，按住鼠标左键拖曳绘制矩形选区，并填充为白色，如图 3-156 所示。选中矩形图层，执行菜单“图层 > 复制图层”命令，在弹出的“复制图层”对话框中单击“确定”按钮完成复制，并将复制矩形拖动到矩形形状上方，如图 3-157 所示。

图 3-156

图 3-157

11> 单击工具箱中的“横排文字工具”按钮，在选项栏中设置合适的字体、字号及填充颜色，在画面中单击输入文字，如图 3-158 所示。使用同样的方法，输入其他文字，如图 3-159 所示。

图 3-158

图 3-159

3.5 钢笔工具精确抠图

3.5.1 使用钢笔工具绘制路径

钢笔工具可以绘制“路径”对象和“形状”对象。可以将“路径”理解为一种可以随时进行形状调整的“轮廓”。通常情况下，绘制路径不仅可用于形状的绘制，更多的是选区的创建与抠图操作。“路径”是由一些锚点连接而成的线段或者曲线。当调整锚点时，路径也会随之发生变化。“锚点”是可以决定路径方向的起终、转折。在曲线路径上，每个选中的锚点上会显示一条或两条方向线，方向线在方向点结束，方向线和方向点的位置共同决定了曲线段的大小和形状，如图 3-160 所示。“形状”对象将在后面的小节中进行讲解。

“钢笔工具”可以用来绘制复杂的路径和形状对象，例如，绘制人物形态的路径，转换为选区并进行抠图，或者在版面中绘制复杂的矢量形状对象等。

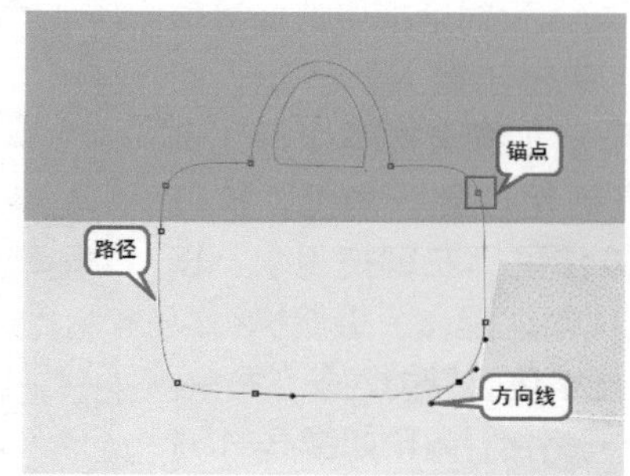

图 3-160

（1）选择工具箱中的“钢笔工具”，接着单击选项栏中的“选择工具模式”按钮，在下拉列表中选择“路径”选项，如图 3-161 所示。选择该模式后，使用钢笔工具就会以路径绘制模式进行绘制。在画面中单击，创建起始锚点，如图 3-162 所示。

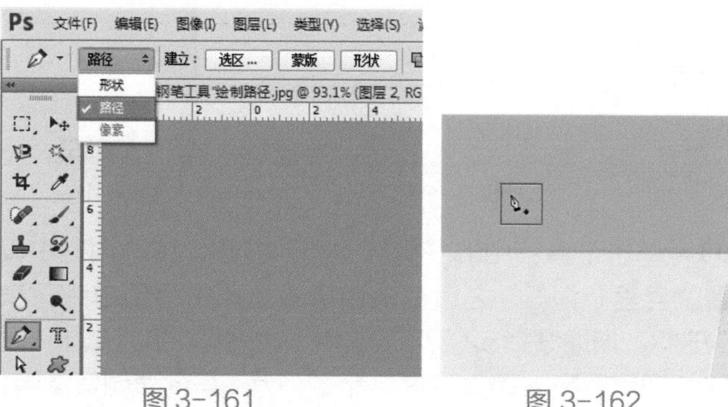

图 3-161　图 3-162

（2）接着在下一个位置单击，两个锚点之间可以看见一段直线路径，如图 3-163 所示。继续以单击的方式进行绘制，可以绘制出折线，如图 3-164 所示。

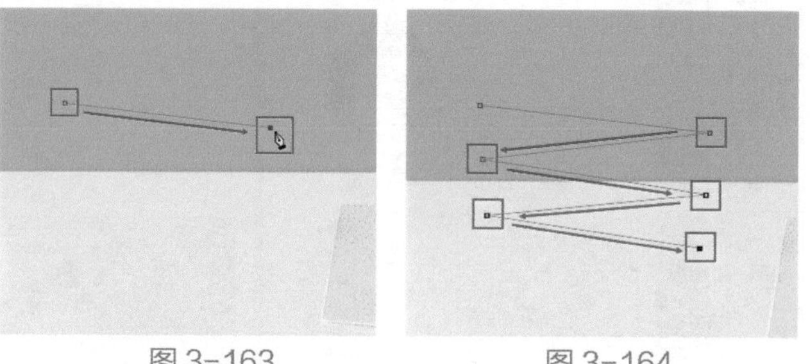
图 3-163　图 3-164

技巧提示：终止路径绘制的操作

如果要终止路径绘制的操作，可以在钢笔工具的状态下按Enter键完成路径的绘制。或者单击工具箱中的任意一个工具，也可以终止路径绘制的操作。

（3）如果要绘制曲线，先单击创建起始锚点。然后将光标移动至下一个位置按住鼠标左键拖曳。此时可以看到按住鼠标左键的位置生成了一个锚点，而拖曳的位置显示了方向线(此时可以按住鼠标左键不松手，然后上、下、左、右拖曳方向线，感受一下当调整方向线的位置时，路径的走向)，如图 3-165 所示。调整完成后，释放鼠标，然后在下一个位置单击并拖曳调整曲线路径的形态，如图 3-166 所示。继续进行绘制，如图 3-167 所示。

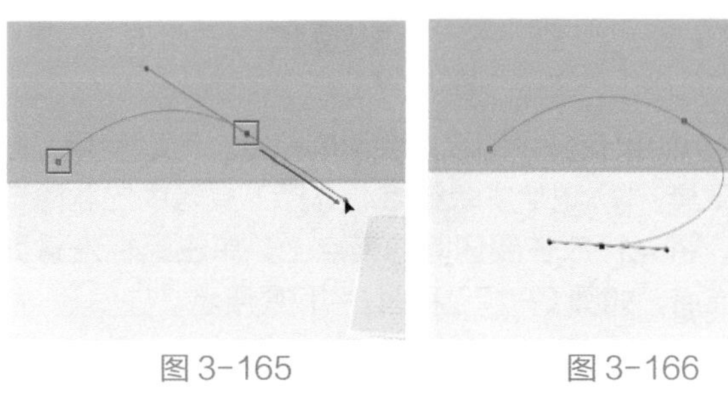

图 3-165　　图 3-166

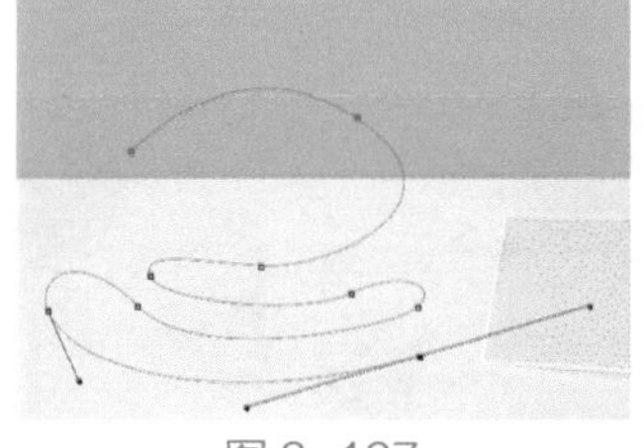

图 3-167

技巧提示：矢量工具选项栏

在选项栏中单击 选区… 按钮，路径会被转换为选区。单击 蒙版 按钮，会以当前路径为图层创建矢量蒙版。单击 形状 按钮，路径对象会转换为形状图层。

3.5.2 使用自由钢笔工具选取图像

使用“自由钢笔工具”可以在画面中采用按住鼠标左键并拖动的方式，随意地徒手绘制路径。

（1）单击工具箱中的“自由钢笔工具”按钮，在文档中按住鼠标左键并拖曳，即可创建矢量路径，如图 3-168 所示。当绘制到起始锚点位置后，单击并释放鼠标得到一个闭合路径，如图 3-169 所示。

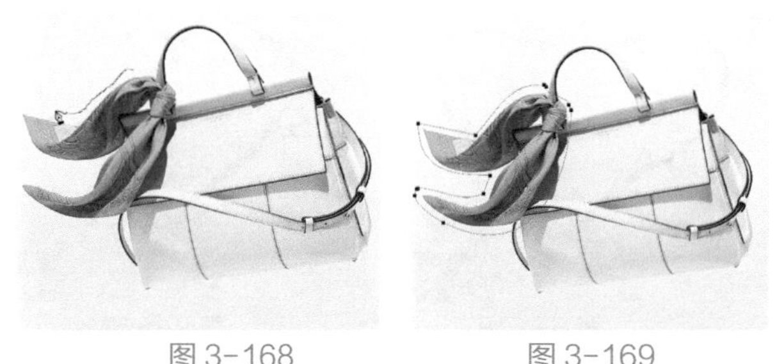

图 3-168　　图 3-169

（2）在选项栏中勾选“磁性的”复选框，此时自由钢笔工具变为磁性钢笔工具。磁性钢笔工具可以根据颜色差异自动寻找对象边缘并建立路径。在对象边缘处单击，然后沿对象的边缘移动光标，Photoshop 会自动查找颜色差异较大的边缘，添加锚点建立路径，如图 3-170 所示。磁性钢笔工具与磁性套索工具非常相似，但是磁性钢笔工具绘制出来的是路径，可以进行进一步形状的编辑，而磁性套索工具绘制出来的是选区。

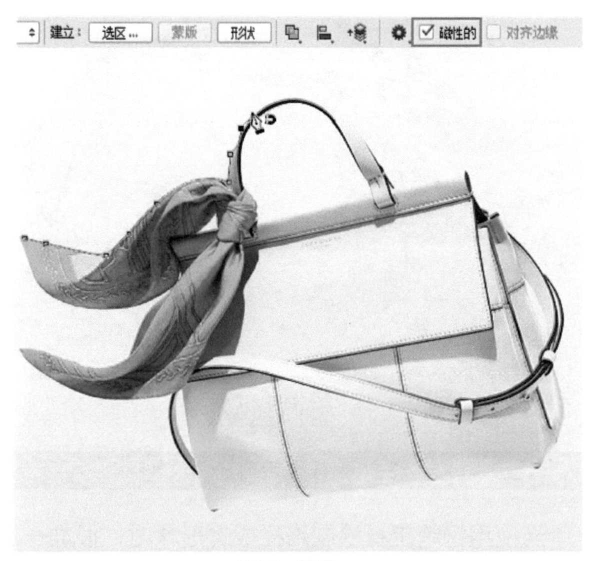

图 3-170

（3）在使用自由钢笔工具或磁性钢笔工具时，可以通过设置“曲线拟合”控制绘制路径的精度。单击选项栏中的按钮，在下拉面板中可以看到“曲线拟合”选项。数值越高，路径越精确，如图 3-171 所示。数值越小，路径越平滑，如图 3-172 所示。

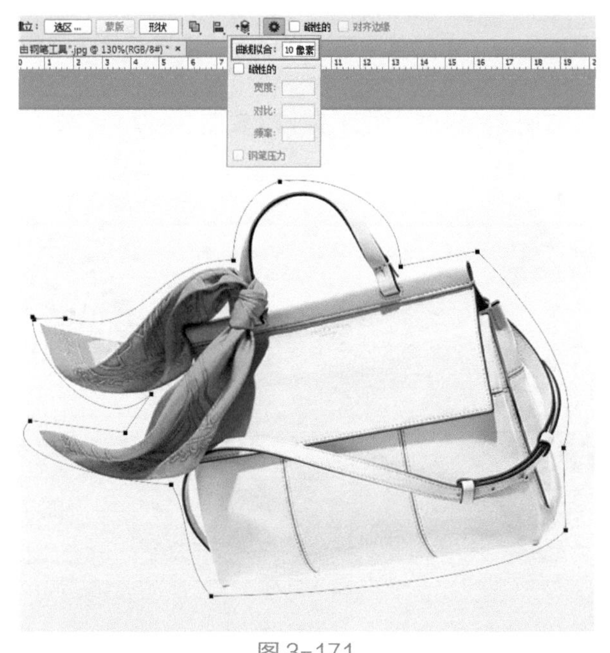

图 3-171

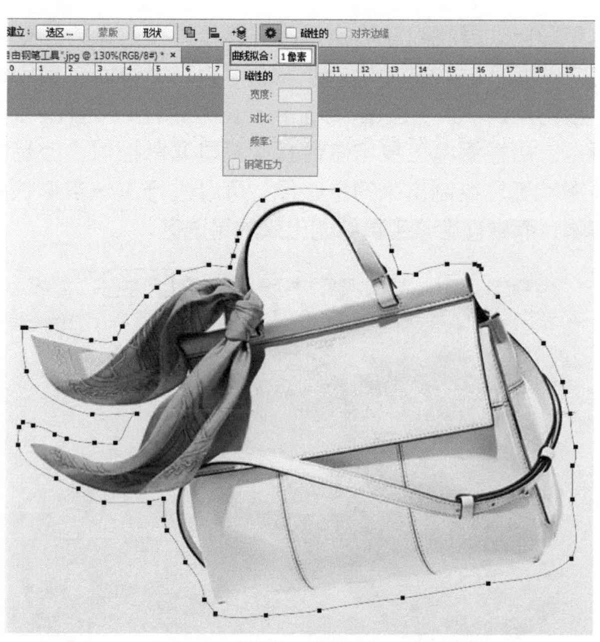

图 3-172

图 3-174

（2）如果有多余的锚点会影响路径，可以使用“删除锚点工具”删除多余锚点。选择工具箱中的删除锚点工具，将光标放在要删除的锚点上，单击鼠标左键即可删除锚点，如图 3-175 和图 3-176 所示。

图 3-175

图 3-176

3.5.3 调整路径形态

当使用钢笔工具绘制路径或者形状时，很难一次性绘制出完整准确而美观的图形，所以通常都会在路径绘制完成后对路径的形态进行调整。由于路径是由大量的锚点和锚点之间的线段构成的，调整锚点的位置或者形态都会影响到路径的形态，所以对路径形态的调整往往都是对锚点的调整。在 Photoshop 中可以使用多个对锚点进行调整的工具。

（1）当路径上的锚点不够，无法对路径进行进一步细节编辑时，自然就需要添加锚点，选择钢笔工具组中的“添加锚点工具”，在路径没有锚点的位置上单击即可添加新的锚点，如图 3-173 和图 3-174 所示。

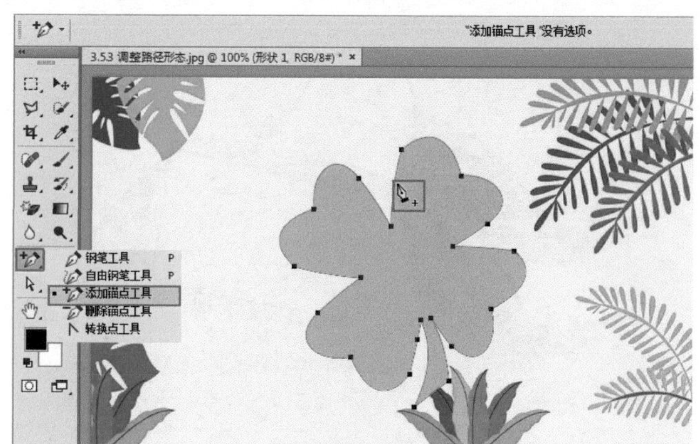

图 3-173

（3）路径的锚点分为角点和平滑点。角点位置的路径是尖角的，而平滑点位置的路径则是圆滑的，如图 3-177 所示。选择工具箱中的“转换点工具”，在角点上单击并拖曳即可将角点转换为平滑点，同时能够看到路径发生了变化，如图 3-178 所示。使用转换点工具在平滑点上单击，可以将平滑点转换为角点，如图 3-179 所示。

图 3-177

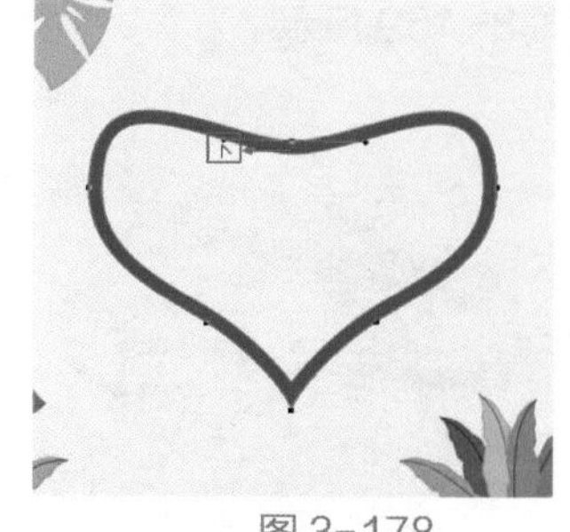

图 3-178

图 3-179

（4）对于矢量对象的选择，可以使用工具箱中的“路径选择工具”在路径上单击即可选中路径，如图 3-180

所示。如果想要选择多个路径可以按住 Shift 键单击将路径进行加选。在选项栏中通过设置还可以用来移动、组合、对齐和分布路径，如图 3-181 所示。

图 3-180

图 3-181

（5）使用“直接选择工具” 可以选择路径上的锚点。选择工具箱中的直接选择工具，然后在锚点上单击，当锚点变为黑色后，表示被选中，如图 3-182 所示。当选中锚点后，可以进行移动锚点、调整方向线等操作，这也就达到了调整路径形态的目的，如图 3-183 所示。

图 3-182

图 3-183

3.5.4 将路径转换为选区

绘制路径的目的往往是用于抠图或填充颜色。当路径绘制完成后，使用快捷键 Ctrl+Enter 即可得到选区。也可以在路径上右击，执行“建立选区”命令，如图 3-184 所示。然后在弹出的“建立选区”对话框中可以进行选区羽化的设置。如果想要得到的是精确的选区，那么“羽化半径”设置为 0 即可。如果想要得到边缘模糊的选区，则可以设置一定的羽化数值，如图 3-185 所示。设置完成后单击“确定”按钮，可以得到选区，如图 3-186 所示。

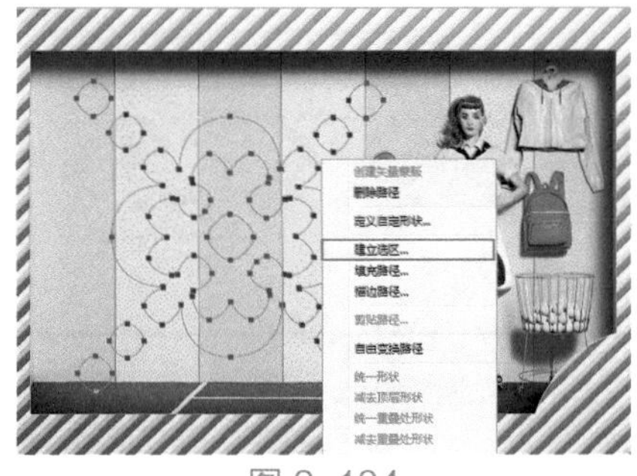

图 3-184

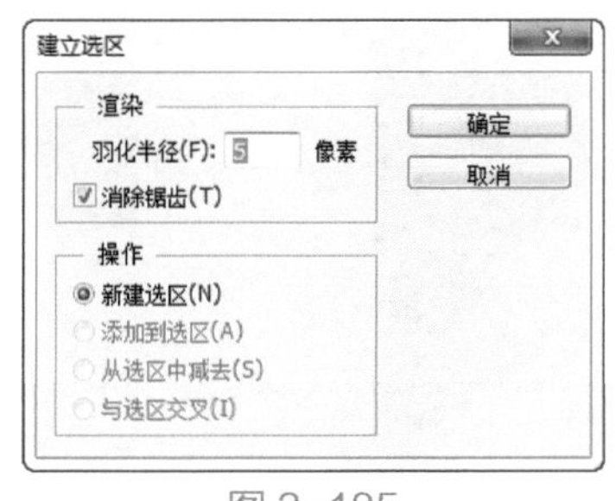

图 3-185

图 3-186

技巧提示：如何将路径转换为选区

使用快捷键Ctrl+Enter，可以直接将路径转换为选区。

3.6 抠图与合成

“抠图”也常称为“去背”，就是将需要的对象从原来的图像中提取出来。抠图的思路无非是两种：一种是将不需要的删除，只保留需要的内容；另一种就是把需要的内容从原来图像中单独提取出来。抠图的目的大多是为了合成，即将抠取出来的对象融入其他画面中，这就叫做合成。

3.6.1 剪切、复制、粘贴、清除

有一些计算机基础的用户都知道，在 Windows 系统中 Ctrl+C 是“复制”，Ctrl+V 是“粘贴”，Ctrl+X 是“剪切”，这些操作在 Photoshop 中同样适用。通常复制、剪切都会配合粘贴操作。

（1）首先选择一个普通图层（非文字图层、智能对象、背景图层等特殊图层），创建一个选区，如图 3-187 所示。执行菜单“编辑 > 剪切”命令或者按快捷键 Ctrl+X，将选区中的内容剪切到剪贴板上，此时图像选区内的像素内容被剪切掉，呈现透明效果，如图 3-188 所示。

图 3-187

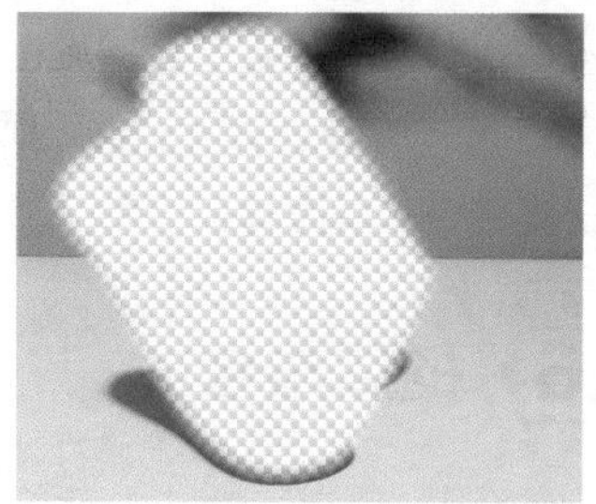
图 3-188

（2）执行菜单“编辑 > 粘贴”命令或者按快捷键 Ctrl+V，可以将剪切的图像粘贴到画布中，如图 3-189 所示。粘贴处的内容成为独立图层，如图 3-190 所示。

（3）如果对选区中的内容执行菜单“编辑 > 拷贝”命令，可以将选区中的图像复制到剪贴板中。接下来执行菜单“编辑 > 粘贴”命令，可以将刚刚复制的内容粘贴为独立图层，如图 3-191 所示。

图 3-189

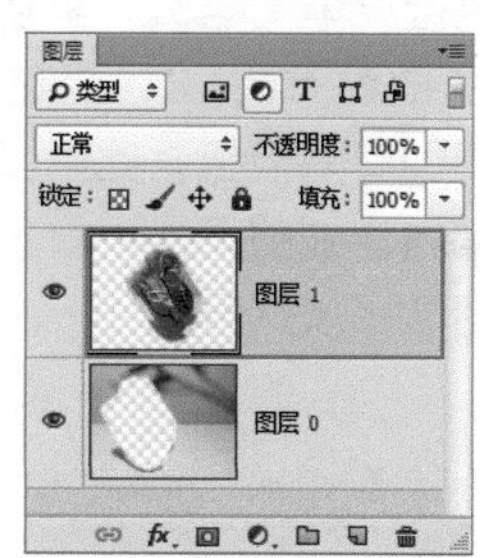

图 3-190

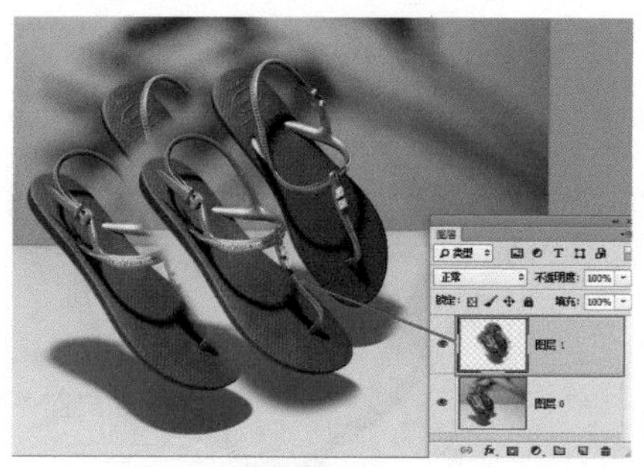
图 3-191

技巧提示：“合并拷贝”功能

在Photoshop中还有一个“合并拷贝”功能，“合并拷贝”的原理相当于复制所选的全部图层，然后将这些图层合并为一个独立的图层。当画面中包含选区时，执行菜单“编辑>合并拷贝”命令或者按快捷键Ctrl+Shift+C，可将所有可见图层复制并合并到剪切板中。最后按快捷键Ctrl+V可以将合并复制的图像粘贴到当前文档或其他文档中。

（4）绘制一个选区如图 3-192 所示。执行菜单“编辑 > 清除”命令或者按 Delete 键，可以清除选区中的图像。如果被选中的图层为普通图层，那么清除的部分会显示为透明，如图 3-193 所示。

图 3-192

图 3-193

技巧提示：选择“背景”图层删除选区中的像素会发生的变化

当选中图层为“背景”图层时，被清除的区域将填充背景色。

3.6.2 使用图层蒙版合成图像

在之前的抠图操作中，通常是以删除像素的方法进行抠图操作，这是一种破坏性的抠图方式。那么有没有一种方式，既能够显示抠图效果，又能够保证原图不被破坏呢？这时，就可以选择以“图层蒙版”进行抠图、合成的操作。“图层蒙版”是一种利用黑白控制图层显示和隐藏的工具，在图层蒙版中黑色的区域表示为透明，白色区域为不透明，灰色区域则为半透明。

（1）首先可以准备两个图层，如图 3-194 和图 3-195 所示。此时“图层”面板如图 3-196 所示。

（2）选中上方的图层，单击“图层”面板底部的“添加图层蒙版”按钮，即可为该图层添加图层蒙版。此时的蒙版为白色，画面中是没有任何变化的，如图 3-197 所示。然后单击工具箱中的“画笔工具”按钮，将前景色设置为黑色。再次在画面中按住鼠标左键拖曳进行涂抹。随着涂抹可以看见光标经过的位置显示“背景”图层中的像素，如图 3-198 所示。

图 3-194 图 3-195

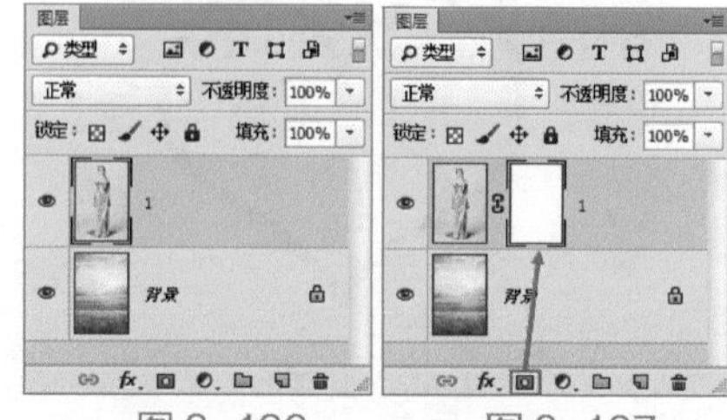

图 3-196 图 3-197

图 3-198

技巧提示：蒙版的使用技巧

要使用图层蒙版，首先要选对图层，第二是要选择蒙版。默认情况下，添加图层蒙版后就是选中的状态。如果要重新选择图层蒙版，可以单击图层蒙版缩览图即可。

技巧提示：基于选区添加图层蒙版

如果当前图像中存在选区。选中某图层，单击“图层”面板底部下的“添加图层蒙版”按钮，可以基于当前选区为任何图层添加图层蒙版，选区以外的图像将被蒙版隐藏。

（3）如果在涂抹的过程中有多擦除的像素，此时可以将前景色设置为白色，然后在多擦除的位置涂抹，此处的像素就会被还原，如图 3-199 所示。调整完成后，此时可以看到图层要隐藏的部分在图层蒙版中涂成黑色，显示的部分为白色。此时原图的内容在不会被破坏的情况下就可以进行抠图合成的操作，如图 3-200 所示。

技巧提示：图层蒙版的基本操作

- 停用与删除图层蒙版：在创建图层蒙版后，可以控制图层蒙版的显示与停用来观察使用图像的对比效果。停用后的图层蒙版仍然存在，只是暂时失去图层蒙版的作用。在图层蒙版缩览图上右击，在弹出的快捷菜单中选择“停用图层蒙版”命令。如果要重新启用图层蒙版，可以在蒙版缩览图上右击，在弹出的快捷菜单中选择“启用图层蒙版”命令。
- 删除图层蒙版：在蒙版缩览图上右击，在弹出的快捷菜单中选择“删除图层蒙版”命令。
- 移动图层蒙版：在要转移的图层蒙版缩览图上按住鼠标左键并将蒙版拖曳到其他图层上，即可将该图层的蒙版转移到其他图层上。
- 应用图层蒙版：是指将图层蒙版效果应用到当前图层中，也就是说图层蒙版中黑色的区域将会被删除，白色区域将会保留下来，并且删除图层蒙版。在图层蒙版缩览图上右击，在弹出的快捷菜单中选择“应用图层蒙版”命令，即可应用图层蒙版。需要注意的是，应用图层蒙版后，不能再还原图层蒙版。

图 3-199

图 3-200

操作练习：图层蒙版制作女装广告

文件路径	第 3 章 \ 图层蒙版制作女装广告
难易指数	★★★★★
技术要点	图层蒙版

案例效果

案例效果如图 3-201 所示。

图 3-201

思路剖析

① 使用渐变工具制作背景，使用横排文字工具制作主体文字，然后置入人物素材并使用钢笔工具进行抠图操作，如图 3-202 所示。

② 使用多边形套索工具绘制色块并填充，如图 3-203 所示。

③ 使用横排文字工具编辑文字信息，如图 3-204 所示。

图 3-202

图 3-203

图 3-204

应用拓展

优秀设计作品，如图 3-205 和图 3-206 所示。

图 3-205

图 3-206

操作步骤

01> 新建一个 A4 大小的空白文档。单击工具箱中的“渐变工具”按钮，在选项栏中单击渐变色条，在弹出的“渐变编辑器”对话框中编辑一个蓝色系渐变，单击“确定”按钮完成设置，如图 3-207 所示。接着将光标移动到画面顶部按住鼠标左键向下拖曳填充渐变，如图 3-208 所示。

图 3-207

图 3-208

02> 首先制作主体文字。单击工具箱中的“横排文字工具”按钮，在选项栏中设置“字体”和“字号”，设置“填充”为白色，接着在画面顶部单击输入文字，如图 3-209 所示。执行菜单“文件 > 置入”命令，在弹出的“置入”对话框中选择素材“1.jpg”，单击“置入”按钮，将素材放置在适当位置，按 Enter 键完成置入。接着执行菜单“图层 > 栅格化 > 智能对象”命令，将该图层栅格化为普通图层，如图 3-210 所示。

图 3-209

图 3-210

03> 下面使用钢笔工具进行抠图。单击工具箱中的“钢笔工具”按钮，在选项栏中设置绘制模式为“路径”。然后沿着人像边缘绘制路径，如图 3-211 所示。继续进行绘制，如图 3-212 所示。

图 3-211

图 3-212

04> 路径绘制完成后，使用快捷键 Ctrl+Enter 将路径转换为选区，如图 3-213 所示。接着选中人物图层，单击“图层”面板底部的“添加图层蒙版”按钮 ，基于选区添加图层蒙版，如图 3-214 所示。使多余部分隐藏，如图 3-215 所示。

图 3-213

图 3-214

图 3-215

05> 新建一个图层，单击工具箱中的“多边形套索工具”按钮，在画面右侧绘制多边形选区，如图 3-216 所示。设置“前景色”为白色，使用快捷键 Alt+Delete 为多边形填充颜色，如图 3-217 所示。继续使用多边形套索工具绘制四边形，并填充相应的颜色，如图 3-218 所示。

图 3- 216

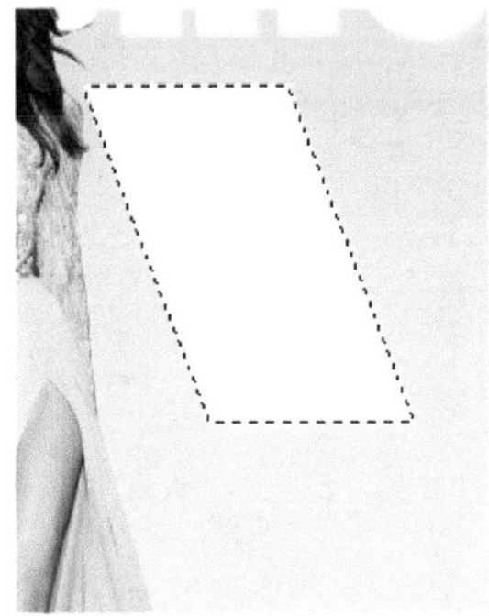

图 3- 217

图 3-218

06> 选中人物图层，再次使用多边形套索工具在人像上绘制一个四边形选区，如图 3-219 所示。接着使用“合并拷贝”快捷键 Ctrl+Shift+C 进行复制，使用快捷键 Ctrl+V 进行粘贴，然后将其移动到右侧的白色多边形上，如图 3-220 所示。

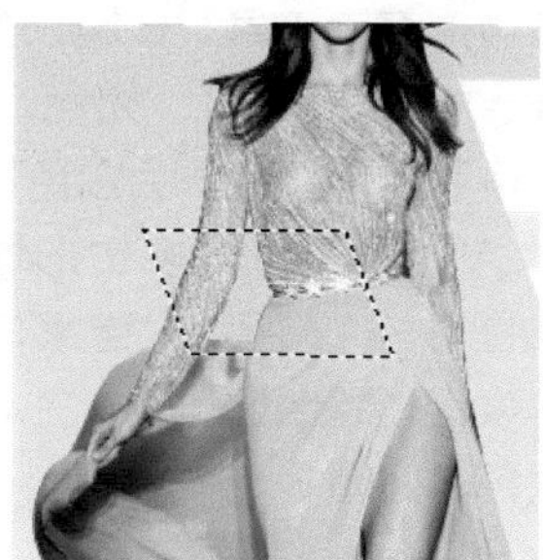
图 3- 219

图 3-220

07> 使用同样的方法，制作另外两个图案，如图 3-221 所示。接着使用文字工具为画面添加文字，如图 3-222 所示。

图 3- 221

图 3-222

08> 最后为说明版面添加文字导航线。新建一个图层，单击工具箱中的“矩形选框工具”按钮，在画面底部按住鼠标左键并拖曳绘制矩形选框，如图 3-223 所示。设置“前景色”为蓝色，使用快捷键 Alt+Delete 为多边形填充颜色，如图 3-224 所示。使用同样的方法，制作下半部浅色分割线，如图 3-225 所示。

图 3-223

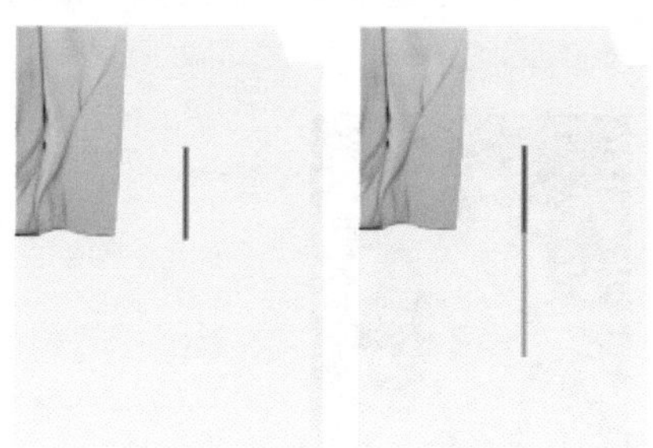
图 3-224　　图 3-225

09> 案例完成效果如图 3-226 所示。

图 3-226

3.6.3 剪贴蒙版

“剪贴蒙版”是一种使用底层图层形状限制顶层图层显示内容的蒙版。剪贴蒙版至少有两个图层，分别是位于底部用于控制显示范围的“基底图层”（基底图层只能有一个）和位于上方用于控制显示内容的“内容图层”（内容图层可以有多个）。如果对基底图层进行移动、变换等操作，那么上面的图像也会随之受到影响。对内容图层的操作不会影响基底图层，但是对其进行移动、变换等操作时，其显示范围也会随之而改变，如图 3-227 所示。图 3-228 所示为剪贴蒙版的示意图；图 3-229 所示为剪贴蒙版效果。

图 3-227

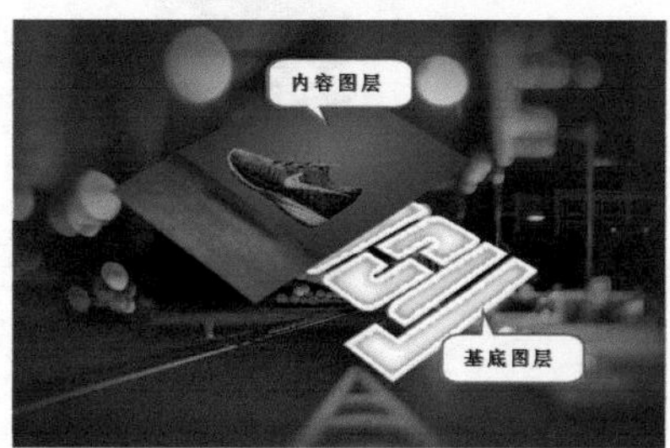

图 3-228

图 3-229

（1）首先新建一个图层，输入文字作为基底图层，如图 3-230 所示。接着置入一个图片素材移动至图形上方，作为内容图层，如图 3-231 所示。

图 3-230

图 3-231

（2）接着单击选择“内容图层”，然后右击并在弹出的快捷菜单中选择“创建剪贴蒙版”命令，如图 3-232 所示。画面效果、图层蒙版状态，如图 3-233 所示。如果想要使内容图层不再受下面形状图层的限制，可以选择剪贴蒙版组中的图层，然后右击执行“释放剪贴蒙版”命令。

图 3-232

图 3-233

服装设计实战：印花泳装

文件路径	第 3 章 \ 印花泳装	
难易指数	★★★★★	
技术掌握	钢笔工具、自由变换、置入、创建剪贴蒙版	

案例效果

案例效果如图 3-234 所示。

图 3-234

配色方案解析

本作品采用同类色颜色搭配方式，以清新的绿色为主色，选择了文艺风的手绘树叶元素进行点缀，整体给人以清凉与清新感。如图 3-235~ 图 3-238 所示为带有印花的服装设计作品。

图 3-235

图 3-236

图 3-237

图 3-238

其他配色方案

应用拓展

优秀服装设计作品，如图 3-239~ 图 3-242 所示。

图 3-239

图 3-240

图 3-241

图 3-242

实用配色方案

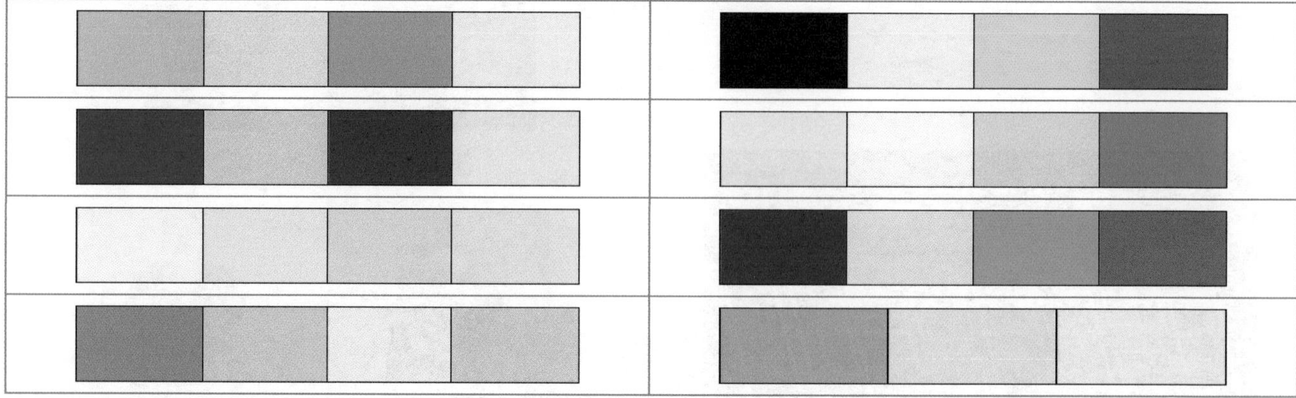

操作步骤

01> 执行菜单“文件 > 新建”命令，在弹出的“新建”对话框中设置“预设”为“国际标准纸张”，“大小”为

A4，“分辨率”为 300 像素 / 英寸，设置完成后单击“确定”按钮，如图 3-243 所示。效果如图 3-244 所示。

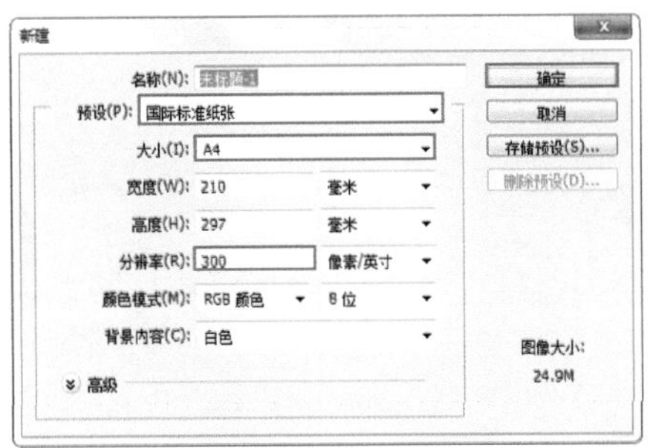

图 3-243

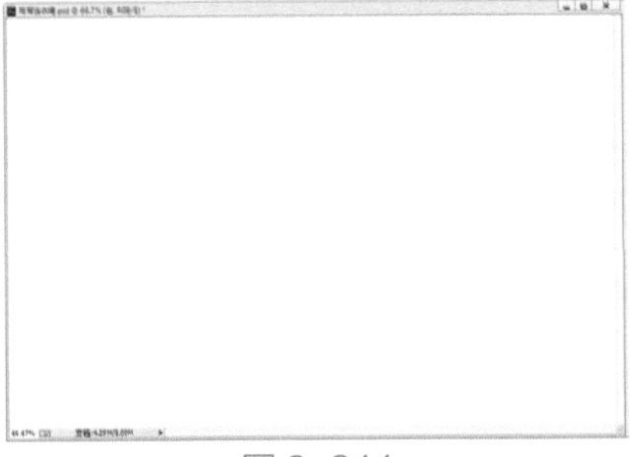

图 3-244

02> 单击工具箱中的“钢笔工具”按钮，在选项栏中设置绘制模式为“形状”，为了不影响绘制效果，先将“填充”设置为无，“描边”设置为黑色，描边粗细为 1 像素，绘制泳衣前片，如图 3-245 所示。

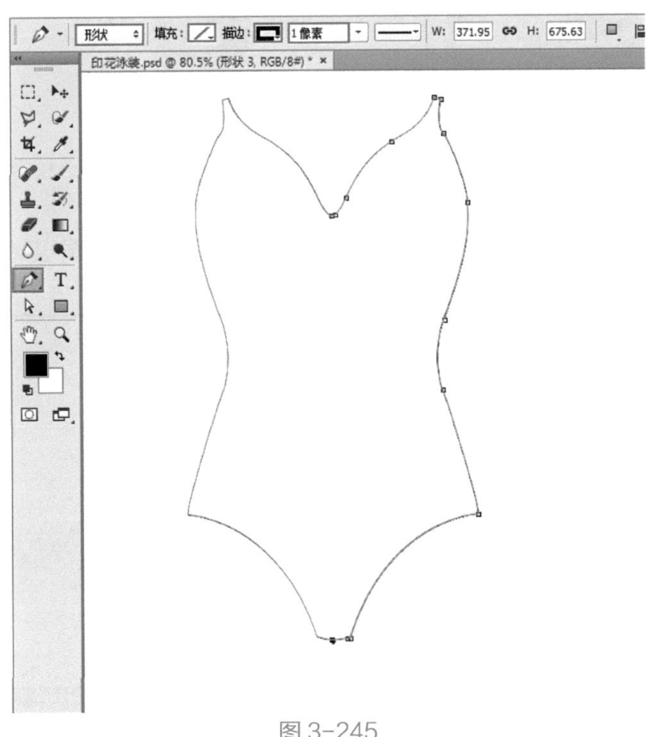

图 3-245

03> 为该图形设置填充颜色。选中形状图层，然后单击控制栏中的“填色”按钮，在下拉面板中单击“纯色”按钮，接着单击“拾色器”按钮，在弹出的“拾色器”对话框中设置颜色为淡青色，如图 3-246 所示。效果如图 3-247 所示。

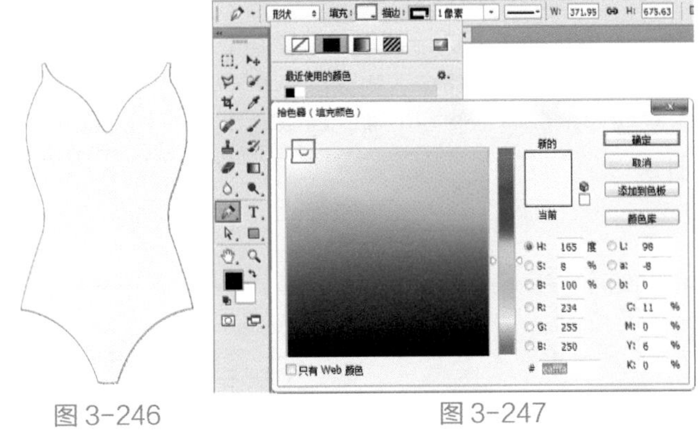

图 3-246　　图 3-247

04> 继续使用钢笔工具绘制吊带部分，效果如图 3-248 所示。

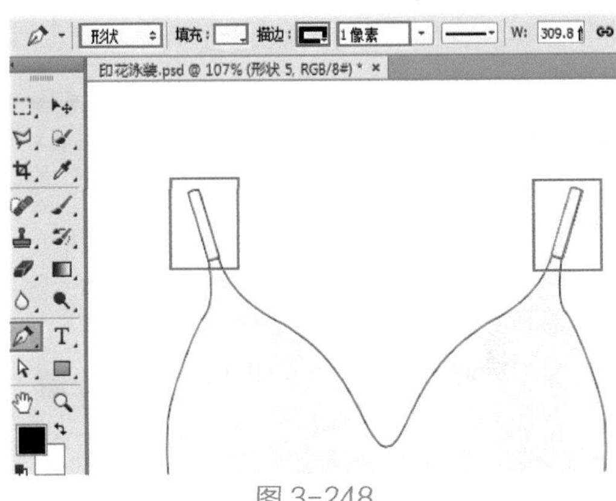

图 3-248

05> 绘制泳装后片形状。首先绘制一个填充为稍深一些青色的月牙形，如图 3-249 所示。选中该图形，使用快捷键 Ctrl+J 进行复制，然后向右移动，效果如图 3-250 所示。

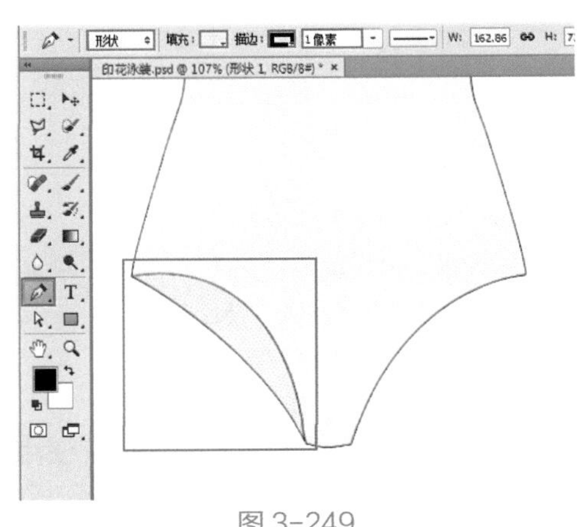

图 3-249

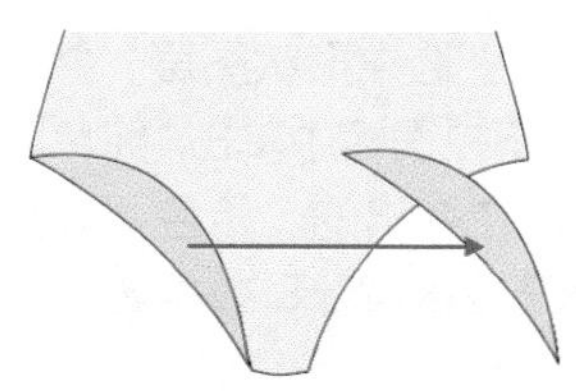

图 3-250

06> 选择该图形，执行菜单“编辑 > 变换 > 水平翻转”命令，将该图形水平翻转。然后适当调整位置，效果如图 3-251 所示。

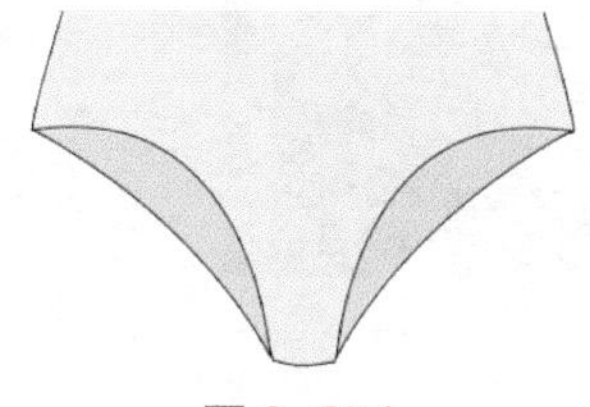

图 3-251

07> 绘制前片阴影部分，使泳装更具立体感。单击工具箱中的“钢笔工具”按钮，在选项栏中设置绘制模式为“形状”，“填充”为青色，“描边”为无，然后进行绘制操作，效果如图 3-252 所示。接着复制左侧的阴影部分，移动到右侧并水平翻转，如图 3-253 所示。将组成服装前片的图层放置在一个图层组中（选中这些图层，使用快捷键 Ctrl+G 即可）。

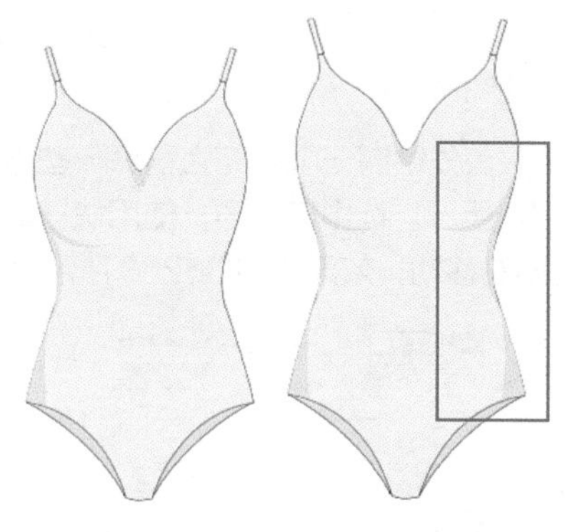

图 3-252　　图 3-253

08> 制作印花效果。执行菜单“文件 > 置入”命令，在弹出的“置入”对话框中选择素材“1.jpg”，单击“置入”按钮，如图 3-254 所示。接着将光标放在素材一角处按住 Shift 键的同时，按住鼠标左键拖曳，等比例缩放该素材至大小合适。调整完成后按 Enter 键完成置入，接着执行菜单“图层 > 栅格化 > 智能对象”命令，将智能图层转换为普通图层，效果如图 3-255 所示。

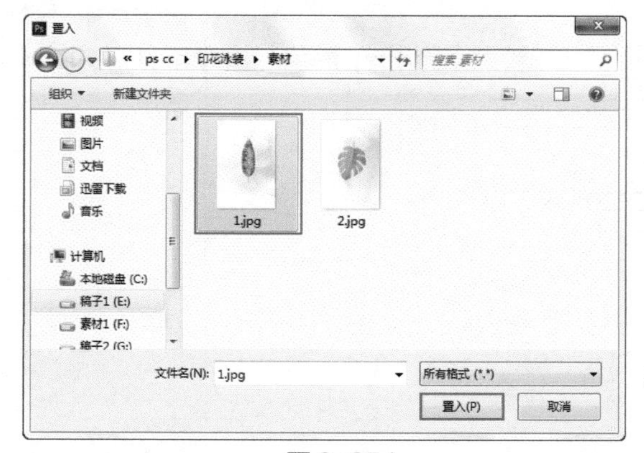

图 3-254　　图 3-255

09> 单击工具箱中的“快速选择工具”按钮，在选项栏中设置画笔大小为 5，接着在树叶上方仔细涂抹，得到叶子的选区，如图 3-256 和图 3-257 所示。

图 3-256　　图 3-257

10> 单击“图层”面板底部的“添加图层蒙版”按钮，为该图层添加图层蒙版，如图 3-258 所示。此时图片周围杂色部分被隐藏，如图 3-259 所示。

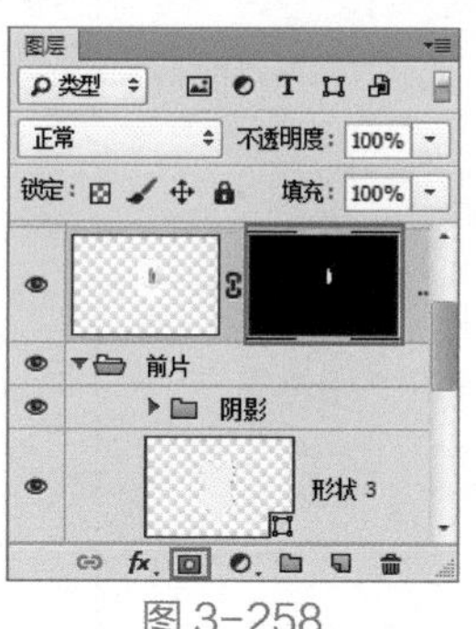

图 3-258

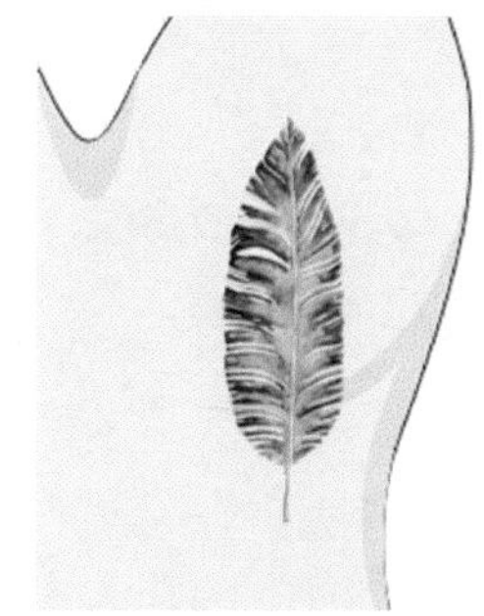

图 3-259

11> 使用同样的方法，置入素材“2.jpg”，并使用快速选择工具与图层蒙版进行抠图操作，隐藏树叶周围杂色部分，效果如图 3-260 所示。

图 3-260

12> 单击素材“1.jpg”所在图层，使用快捷键 Ctrl+J 复制出相同的图层。接着使用“自由变换”快捷键 Ctrl+T，此时对象进入自由变换状态，将光标定位到界定框外，当光标变为带有弧度的双箭头时，按住鼠标左键并拖曳进行旋转，如图 3-261 所示。接着将鼠标放置在图案上方并拖曳至合适位置，然后按 Enter 键执行此操作，如图 3-262 所示。

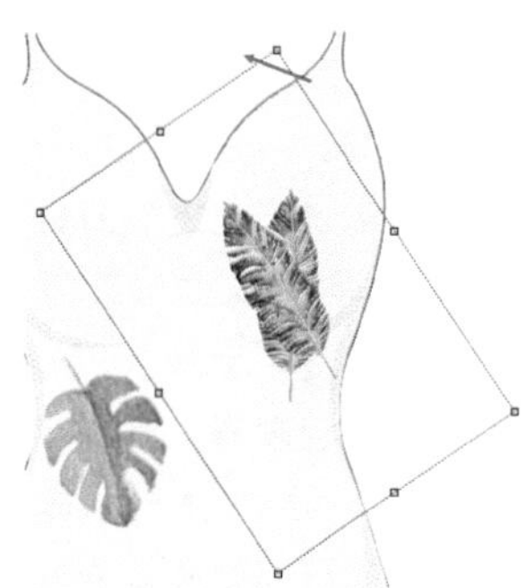
图 3-261

图 3-262

13> 使用同样的方法，制作出多个不同角度的图案，如图 3-263 所示。按住 Ctrl 键单击所有树叶图层，选中后拖曳到“图层”面板底部的“创建新组”按钮，将其进行编组，如图 3-264 所示。

图 3-263

图 3-264

14> 右击该图层组，执行“合并组”命令，如图 3-265 所示。得到独立图层，此时画面效果如图 3-266 所示。

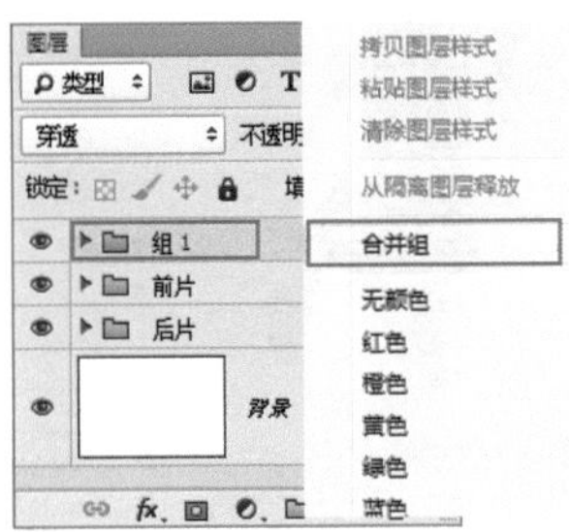

图 3-265

图 3-266

15> 选中树叶图层，右击执行“创建剪贴蒙版”命令，创建剪切蒙版，如图 3-267 所示。最终画面效果如图 3-268 所示。

图 3-267

图 3-268

3.6.4 通道与抠图

前面介绍的几种选区创建方法可以借助颜色的差异创建选区，但是有一些特殊的对象往往很难借助这种方法进行抠图，如毛发、玻璃、云朵、婚纱这类边缘复杂，带有透明质感的对象。这时就可以使用通道抠图法抠取这些对象。利用通道抠取头发可以运用通道的灰度图像与选区相互转换的特性，制作出精细的选区，从而实现抠图的目的。

（1）打开一张需要进行通道抠图的图像，隐藏其他图层，如图 3-269 所示。执行菜单“窗口 > 通道”命令，打开“通道”面板，如图 3-270 所示。

图 3-269

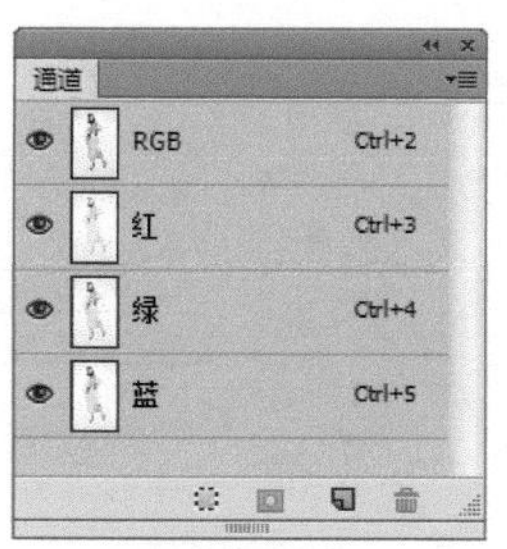

图 3-270

（2）在“通道”面板中逐一观察并选择主体物与背景黑白对比最强烈的通道，如图 3-271 所示。将所选通道拖曳到“创建新通道”按钮上，得到通道的副本，如图3-272所示。接着将需要保留位置的像素调整为黑色，将需要去除位置的像素调整为白色（在调整的过程中可以使用调色命令，或者加深、减淡工具，以及画笔工具等），如图 3-273 所示。

图 3-271

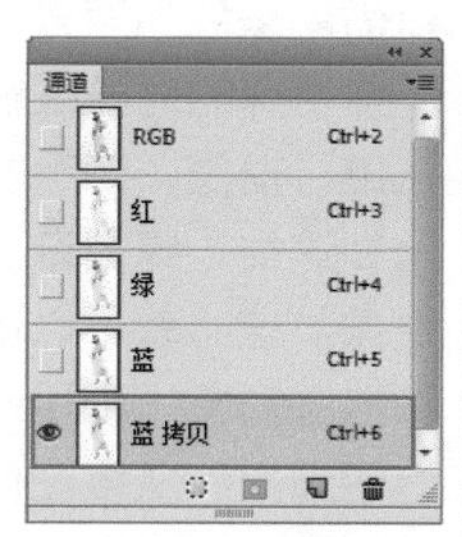

图 3-272

图 3-273

技巧提示：通道抠图注意事项

在找到一个黑白关系较为明确的通道后，一定要复制通道，并对复制的通道进行明暗的调整。因为通道抠图只是利用了通道中黑白关系可以转换为选区这一特点，复制的通道为Alpha通道，不影响画面颜色。而如果对原始的颜色通道进行调整，则会改变画面颜色。

（3）调整完成后，单击“通道”面板底部的“将通道作为选区载入”按钮，此时会得到白色位置的选区，如图 3-274 所示。因为需要得到人物的选区去添加图层蒙版，所以使用快捷键 Ctrl+Shift+I 进行选区反选，随即可以得到黑色位置的选区，如图 3-275 所示。

图 3-274

图 3-275

技巧提示：通道中的黑白关系

在通道中，白色为选区，黑色为非选区，灰色为半透明选区。这是一个很重要的知识点。在调整黑白关系时，可以使用画笔工具进行涂抹，也可以使用“曲线”“色阶”这些能够增强颜色对比的调色命令调整通道中的颜色。还可以使用加深工具和减淡工具进行调整。

（4）返回到“图层”面板，选区效果如图 3-276 所示。最后基于选区为图层添加图层蒙版，选区以外的内容被隐藏，抠图完成，效果如图 3-277 所示。

图 3-276

图 3-277

技巧提示：认识“通道”面板

执行菜单“窗口>通道”命令，打开“通道”面板。“通道”面板是通道的管理器，在“通道”面板中可以对通道进行创建、存储、编辑和管理等操作。在面板中列出了当前图像中的所有通道，位于最上面的是复合通道，通道名的左侧显示了通道的内容。“颜色通道”是构成画面的基本元素，每条通道代表一种颜色，而这种颜色的显示区域则由该通道的黑白关系控制。

除了颜色通道外，还存在Alpha通道。“Alpha通道”是一种用于存储和编辑选区的通道。在画面中绘制选区，单击“通道”面板底部的“将选区存储为通道”按钮，即可将选区作为Alpha通道保存在“通道”面板中。选中Alpha通道，单击“将通道作为选区载入”按钮，可以载入所选通道图像的选区。单击“创建新通道”按钮，即可新建一个Alpha通道。

操作练习：通道抠图制作长发美女海报

文件路径	第 3 章 \ 通道抠图制作长发美女海报	
难易指数	★★★★★	
技术要点	通道抠图	

案例效果

案例效果如图 3-278 所示。

图 3-278

思路剖析

①打开素材作为背景，如图 3-279 所示。

②置入人物素材并栅格化，使用“通道”面板进行抠图，如图 3-280 所示。

③置入前景装饰素材，如图 3-281 所示。

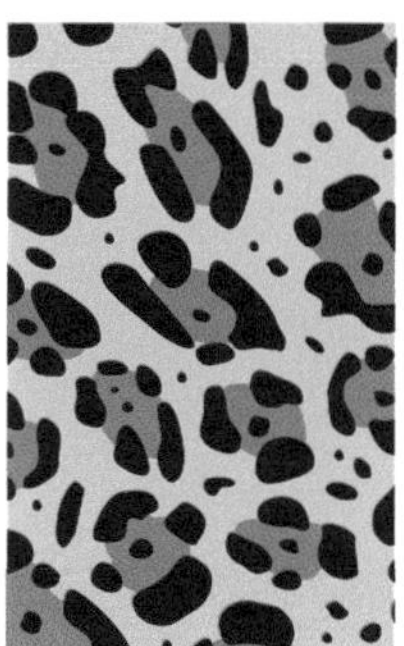

图 3-279

图 3-280

图 3-281

应用拓展

优秀设计作品，如图 3-282 和图 3-283 所示。

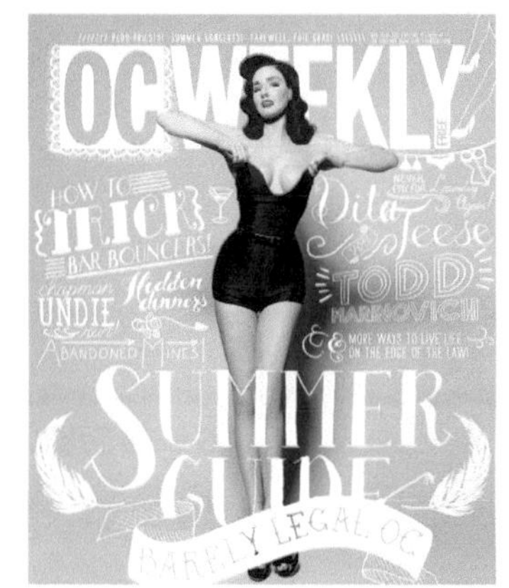

图 3-282

图 3-283

操作步骤

01> 执行菜单“文件 > 打开”命令，或者按快捷键 Ctrl+O，在弹出的“打开”对话框中选择素材“1.jpg”，单击“打开”按钮，如图 3-284 所示。继续执行菜单“文件 > 置入”命令，在弹出的“置入”对话框中选择素材“2.jpg”，单击“置入”按钮，将素材放置在适当位置，按 Enter 键完成置入。接着执行菜单“图层 > 栅格化 > 智能对象”命令，将该图层栅格化为普通图层，如图 3-285 所示。

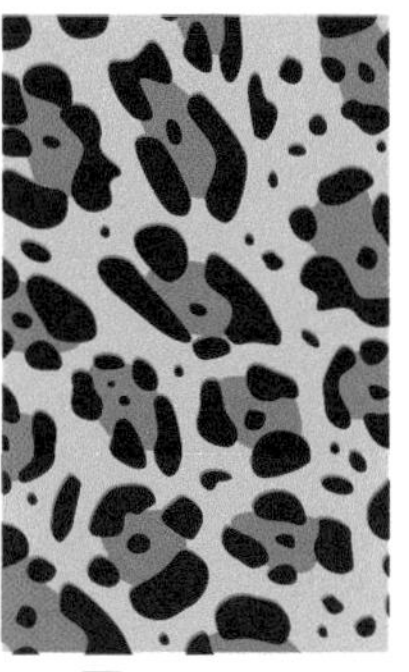

图 3- 284

图 3-285

02> 利用通道抠取人像。选中人物所在图层，进入“通道”面板，可以看到“蓝”通道中人物明度与背景明度差异最大，如图 3-286 所示。“蓝”通道画面如图 3-287 所示。单击“蓝”通道，然后右击执行“复制通道”命令，此时会看见“通道”面板中出现新的“蓝拷贝”通道，如图 3-288 所示。

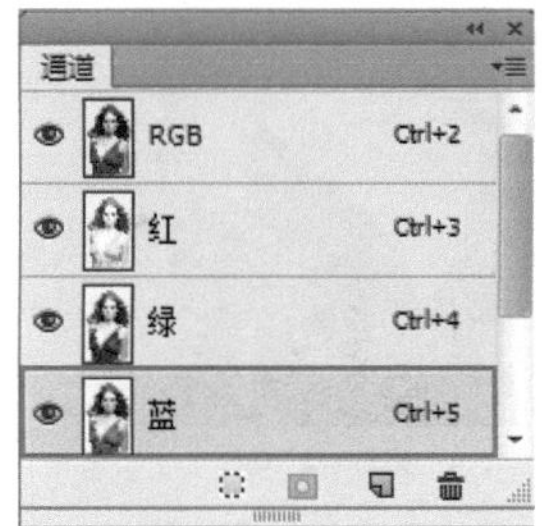

图 3-286

图 3- 287　　图 3-288

03> 接着需要增大“蓝拷贝”通道中主体人物与背景之间的黑白反差。执行菜单“图像 > 调整 > 曲线”命令，弹出“曲线”对话框，接着在曲线上添加控制点并向下拖曳，单击“确定”

按钮完成调整，如图 3-289 所示。此时头发部分基本变为黑色，效果如图 3-290 所示。接着将“前景色”设置为黑色，使用画笔工具将画面中皮肤衣服等白色区域涂抹为黑色，如图 3-291 所示。

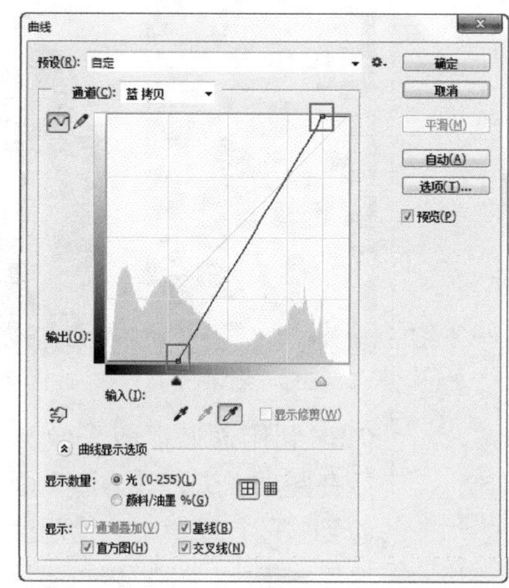

图 3-289

图 3-290

图 3-291

04> 选中“蓝拷贝”通道，单击“通道”面板底部的“将通道作为选区载入”按钮，得到白色位置的选区，效果如图 3-292 所示。进入“图层”面板，可以看到画面中的人物背景选区，如图 3-293 所示。选中人物图层，按 Delete 键删除选区中的像素，再使用快捷键 Ctrl+D 取消选区，效果如图 3-294 所示。

图 3-292

图 3-293

图 3-294

05> 最后置入素材“3.png”并栅格化，将素材放置在适当位置，完成效果如图 3-295 所示。

图 3-295

第4章 绘图

本章概述

Photoshop 的绘图功能非常强大，不仅可以使用画笔工具进行位图形式的绘图，还可以使用钢笔工具等矢量工具进行矢量绘图。在绘制的过程中，经常需要进行颜色的设置。在编辑颜色时可以填充纯色，还可以编辑渐变颜色。除此之外，设计作品制作过程中经常会使用到文字，在本章中还会学习文字的输入与编辑的方法。

本章要点

- 掌握颜色的设置方法。
- 学会渐变的编辑与填充的方法。
- 掌握画笔工具的使用方法。
- 学会矢量绘图工具的使用。
- 掌握文字工具的使用方法。

佳作欣赏

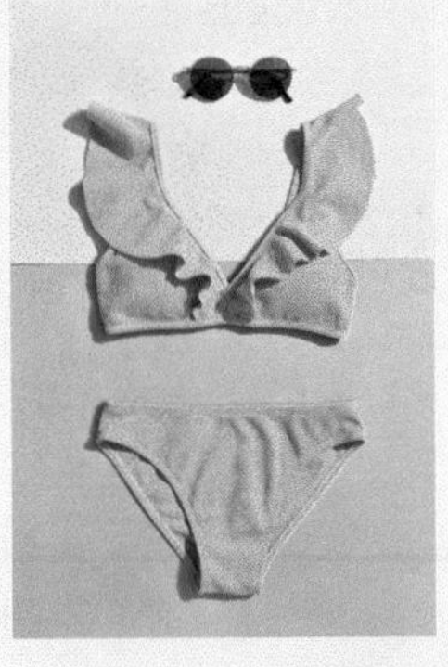
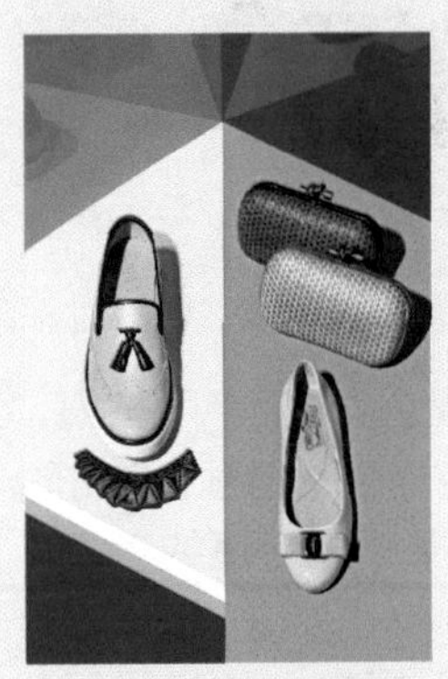

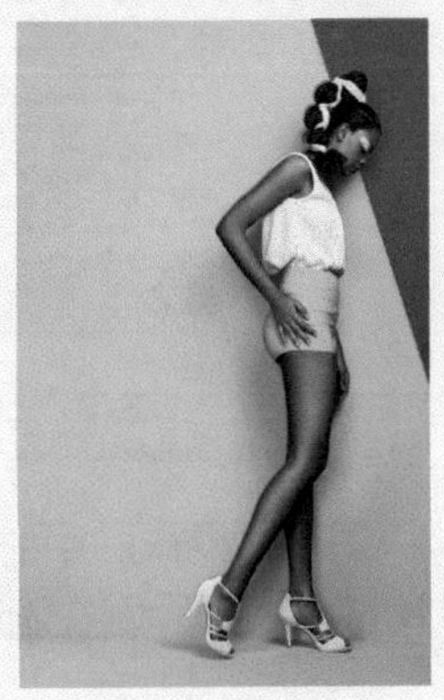
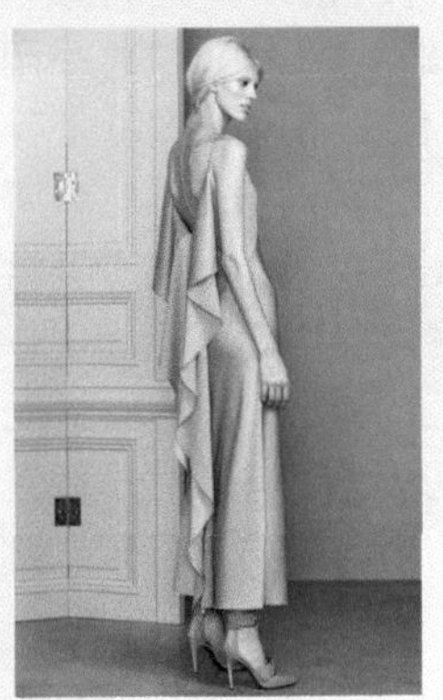

4.1 设置合适的颜色

在 Photoshop 中设计制图时，颜色的设置是必不可少的。在 Photoshop 中提供了多种颜色的设置方法，既可以在“拾色器”中选择适合的颜色，也可以从图像中选取一个颜色进行使用。当使用画笔工具、渐变工具、文字工具等，以及进行填充、描边选区、修改蒙版等操作时都需要颜色的设置。

4.1.1 认识前景色 / 背景色

设置“前景色”与“背景色”的最常用方法就是通过“颜色控制组件”进行设置。颜色控制组件位于工具箱的底部，是由“前景色/背景色”按钮、“切换前景色和背景色”按钮（用于切换所设置的前景色和背景色，快捷键为 X）和“默认前景色和背景色”按钮（用于恢复默认的前景色和背景色，快捷键为 D）组成，如图 4-1 所示。前景色与背景色的用途不同，前景色主要用于绘制，而背景色常用于辅助画笔的动态颜色设置、渐变以及滤镜等功能的使用。

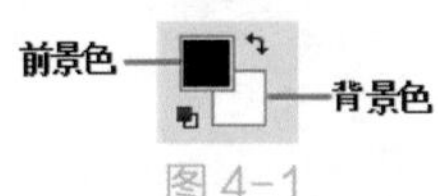

图 4-1

单击“前景色 / 背景色”按钮，即可弹出“拾色器”对话框，首先滑动颜色滑块选择一个合适的色相，接着在色域中单击或拖曳选择合适的颜色。也可以输入特定的颜色数值来获取精确颜色，可以选择用 HSB、RGB、Lab 和 CMYK 4 种颜色模式来指定颜色，如图 4-2 所示。还可以单击工具箱中的“吸管工具”按钮，将光标移动至画面中，光标变为吸管工具，单击拾取画面中的颜色，即可设置为前景色 / 背景色，如图 4-3 所示。

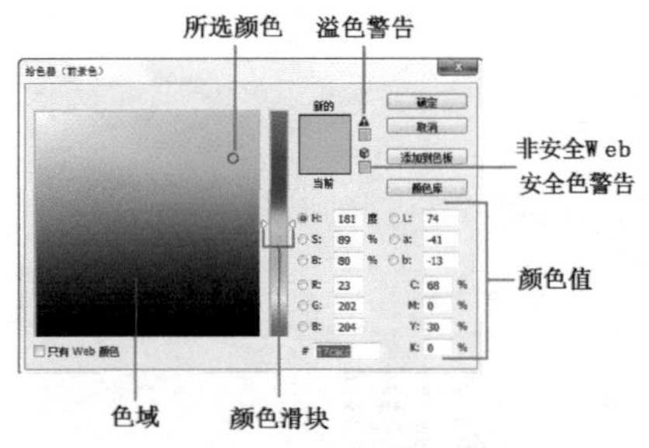

图 4-2

图 4-3

4.1.2 方便选色的“色板”面板

执行菜单“窗口 > 色板”命令，打开“色板”面板。单击色板上的色块即可将其设置为前景色，如图 4-4 所示。单击面板的菜单按钮，在下拉菜单中可以看到大量的色板类型，如图 4-5 所示。执行相应的命令，即可将色板库添加到“色板”面板中，如图 4-6 所示。

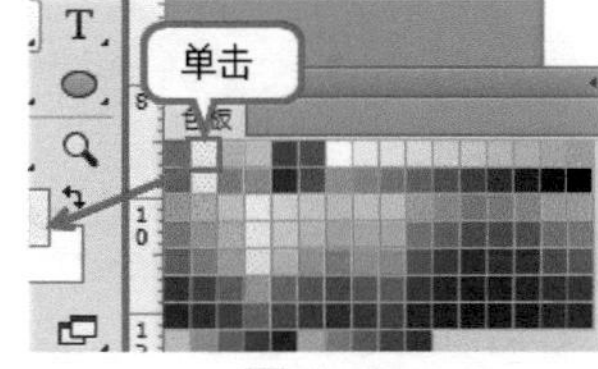

图 4-4

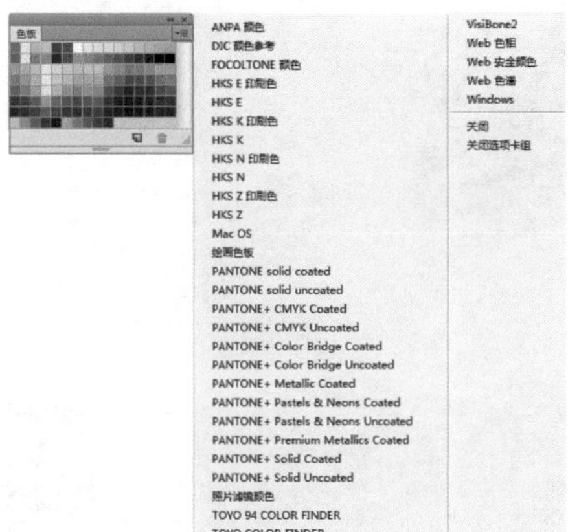

图 4-5

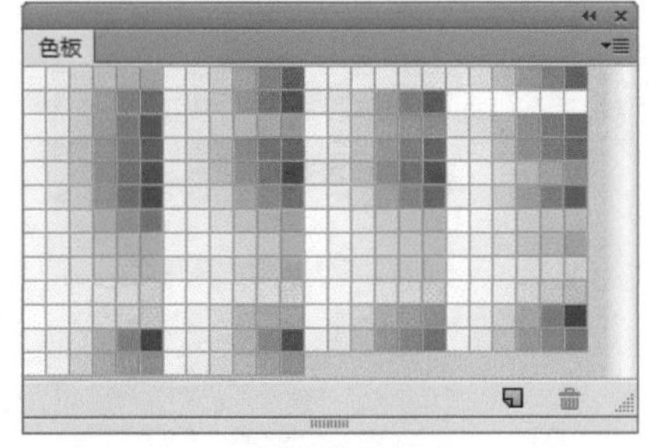

图 4-6

4.1.3 使用吸管工具拾取画面颜色

Photoshop 中的吸管工具可用来拾取图像中任意位置的颜色。单击“吸管工具”按钮，在画面中单击此时拾取的颜色将作为前景色，如图 4-7 所示。

按住 Alt 键并单击鼠标左键，此时拾取颜色将作为背景色，如图 4-8 所示。

图 4-7

图 4-8

4.2 常用的画笔绘画工具

在 Photoshop 中有非常强大的绘画工具，这类工具都是通过调整画笔笔尖的大小以及形态进行编辑的。在本节中主要讲解 3 个工具组中的工具，分别是画笔工具组、橡皮擦工具组和图章工具组，如图 4-9~ 图 4-11 所示。

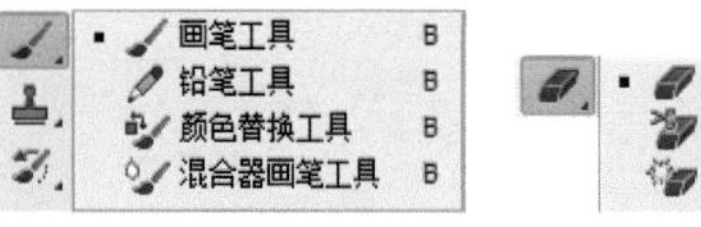

图 4-9

图 4-10

图 4-11

4.2.1 使用画笔工具轻松绘画

在 Photoshop 中画笔工具是最常用的工具之一，可以使用前景色绘制出各种线条，也可以使用不同形状的笔尖绘制出特殊效果，还可以在图层蒙版中绘制。画笔工具的功能非常丰富，配合“画笔”面板的使用能够绘制出更加丰富的效果。关于“画笔”面板功能将在后面的小节中进行学习。

单击工具箱中的“画笔工具”按钮，在选项栏中单击打开“画笔预设选取器”，在这里需要进行笔尖类型以及大小的选择。在选项栏中还可以进行不透明以及模式的设置。设置完成后，在画面中按住鼠标左键并拖曳，即可使用前景色绘制线条，如图 4-12 所示。

图 4-12

- 画笔大小：单击倒三角形按钮，可以打开“画笔预设选取器”，在这里可以选择笔尖、设置画笔的大小和硬度。
- 模式：设置绘画颜色与下面现有像素的混合方法。
- 不透明度：设置画笔绘制出来的颜色的不透明度。数值越大，笔迹的不透明度越高。数值越小，笔迹的不透明度越低。
- 流量：设置当将光标移到某个区域上时应用颜色的速率。在某个区域上进行绘画时，如果一直按住鼠标左键，颜色量将根据流动速率增大，直至达到“不透明度”设置。
- 启用喷枪模式：激活该按钮后，可以启用喷枪功能，Photoshop 会根据鼠标左键的单击程度来确定画笔笔迹的填充数量。例如，关闭喷枪功能时，每单击一次会绘制一个笔迹；而启用喷枪功能以后，按住鼠标左键不放，即可持续绘制笔迹。

- 绘图板压力控制大小：使用压感笔压力可以覆盖“画笔”面板中的“不透明度”和“大小”设置。

操作练习：定义画笔制作清新印花

文件路径	第 4 章 \ 定义画笔制作清新印花	
难易指数	★★★★★	
技术掌握	横排文字工具、自定形状工具、定义画笔	

案例效果

案例效果如图 4-13 所示。

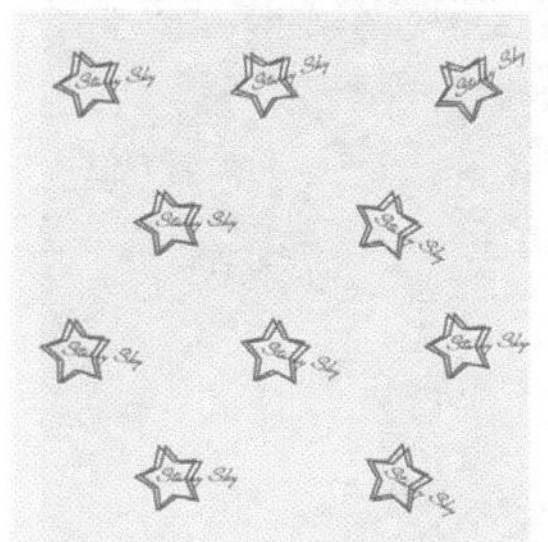

图 4-13

思路剖析

① 新建空白文档，填充合适颜色作为背景，如图 4-14 所示。

② 绘制印花图形并将其定义成画笔，如图 4-15 所示。

③ 使用画笔工具绘制印花图案，如图 4-16 所示。

图 4-14

图 4-15

图 4-16

应用拓展

优秀花纹面料设计作品，如图 4-17 和图 4-18 所示。

图 4-17　　图 4-18

操作步骤

01> 执行菜单“文件 > 新建”命令，在弹出的“新建”对话框中设置“宽度”为 1000 像素、“高度”为 1000 像素，设置“分辨率”为 300 像素 / 英寸，设置完成后单击“确定”按钮，如图 4-19 所示。

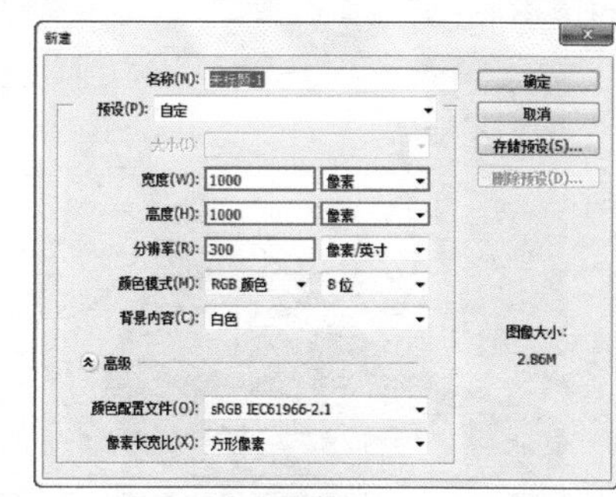

图 4-19

02> 设置背景颜色。单击工具箱底部的“前景色”按钮，在弹出的“拾色器”对话框中设置颜色为淡蓝色，设置完成后单击“确定”按钮，如图 4-20 所示。接着使用前景色（填充快捷键为 Alt+Delete）进行快速填充，此时画面如图 4-21 所示。

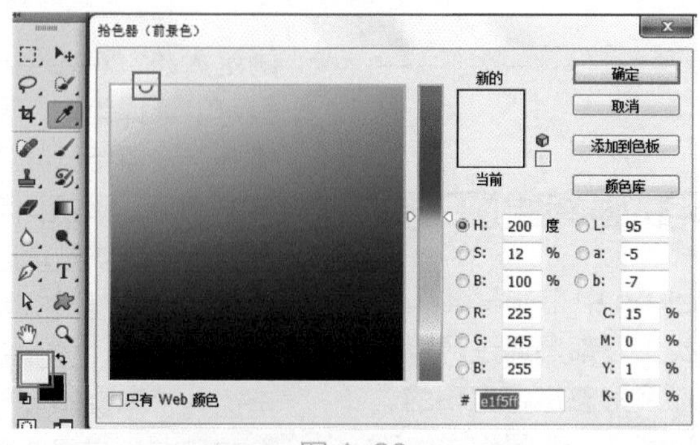

图 4-20

图 4-21

03> 接下来使用自定义画笔制作印花。在工具箱中右击形状工具组，在工具组列表中选择自定形状工具，接着在选项栏中设置绘制模式为“形状”，“填充”为无，“描边”为深灰色，描边粗细为 8 像素，单击“形状”按钮，在下拉面板中单击选择星形，然后在画面中按住 Shift 键的同时再按住鼠标左键进行拖曳进行绘制，如图 4-22 所示。然再使用“自由变换”快捷键 Ctrl+T 调出界定框，将光标定位到界定框以外，当光标变为带有弧度的双箭头时，按住鼠标左键并拖曳，进行旋转至合适角度，旋转完成后按 Enter 键确定变换操作，如图 4-23 所示。

图 4-22

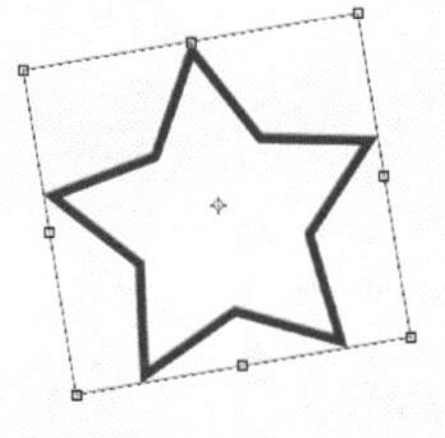

图 4-23

04> 接着在“图层”面板中选中形状图层，使用复制图层快捷键 Ctrl+J，复制出一个相同的形状图层，如图 4-24 所示。然后再使用“自由变换”快捷键 Ctrl+T 调出界定框，接着将星形进行旋转，旋转完成后按 Enter 键确定变换操作，如图 4-25 所示。

图 4-24　图 4-25

05> 接下来制作文字。单击工具箱中的“横排文字工具”按钮，在选项栏中设置合适的字体、字号，文字颜色设置为深灰色，设置完成后在画面中五角星右侧位置单击，接着输入文字，文字输入完成后按快捷键 Ctrl+Enter 确认，如图 4-26 所示。按住 Ctrl 键单击加选两个形状图层和文字图层，然后使用“编组”快捷键 Ctrl+G 对图形与文字图层进行编组，如图 4-27 所示。

图 4-26　图 4-27

06> 接下来制作定义画笔。在“图层”面板中将“背景”图层隐藏，只显示出“组 1”，执行菜单“编辑 > 定义画笔预设”命令，在弹出的“画笔名称”对话框中设置“名称”为“清新印花”，设置完成后单击“确定”按钮，如图 4-28 所示。

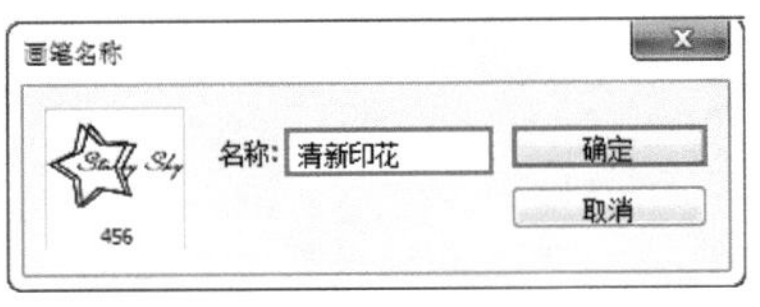

图 4-28

07> 使用自定形状工具绘制一个星形，如图 4-29 所示。接着隐藏其他图层，选中该星形图层，执行菜单“编辑

>定义画笔预设”命令，将星形定义为画笔，如图 4-30 所示。

图 4-29

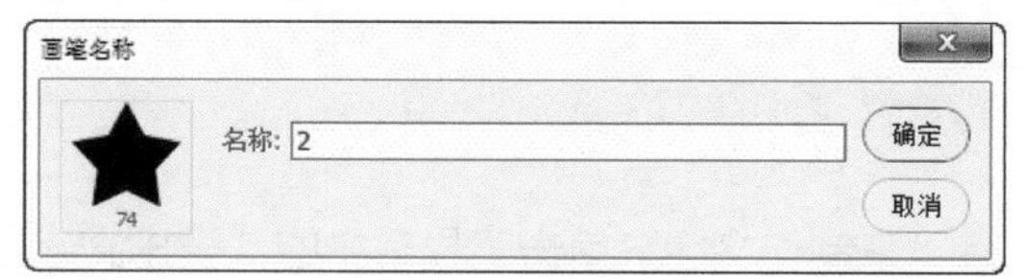

图 4-30

08> 接下来使用画笔绘制印花效果。在“图层”面板中将“组 1” 与“形状 3”进行隐藏，并单击面板底部的“创建新图层”按钮，创建一个新的空白图层，如图 4-31 所示。接着在工具箱中单击“画笔工具”按钮，在选项栏中设置“大小”为 200 像素，画笔样式为“清新印花”，如图 4-32 所示。

图 4-31

图 4-32

09> 接着单击工具箱底部的“前景色”按钮，在弹出的“拾色器（前景色）”对话框中设置颜色为深蓝色，设置完成后单击“确定”按钮，如图 4-33 所示。接着使用画笔工具单击进行绘制，如图 4-34 所示。

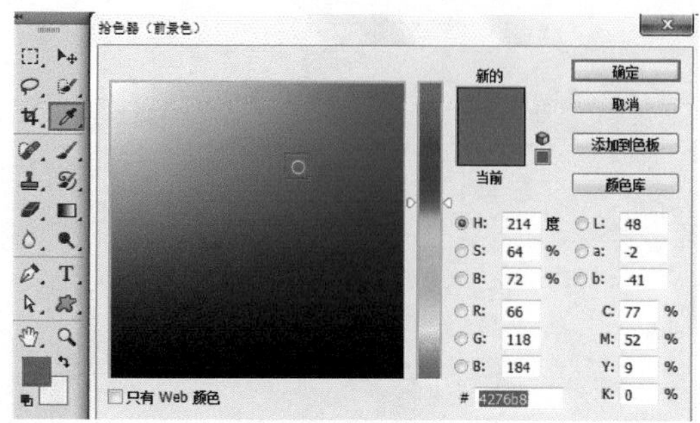

图 4-33

图 4-34

10> 为了让绘制效果更加丰富，可以在使用画笔工具的状态下，打开“画笔预设选取器”，拖动“设置画笔角度和圆度”选项调整笔尖的角度，如图 4-35 所示。调整完成后单击进行绘制，效果如图 4-36 所示。

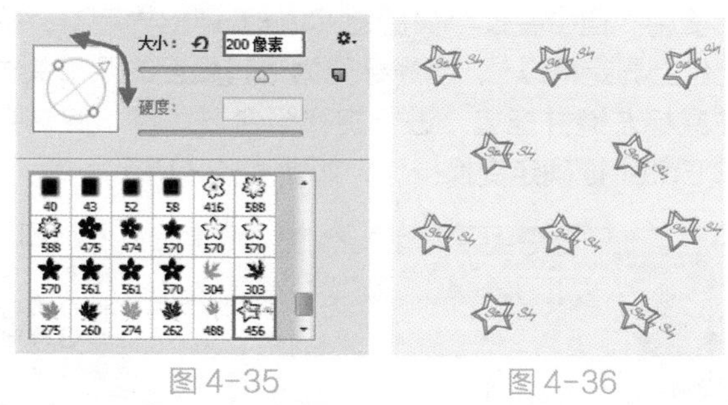

图 4-35 图 4-36

11> 接下来在选项栏中设置画笔大小为 45 像素，画笔样式为“星星”，如图 4-37 所示。然后单击工具箱底部的“前景色”按钮，在弹出的“拾色器（前景色）”对话框中设置颜色为明黄色，设置完成后单击“确定”按钮，如图 4-38 所示。

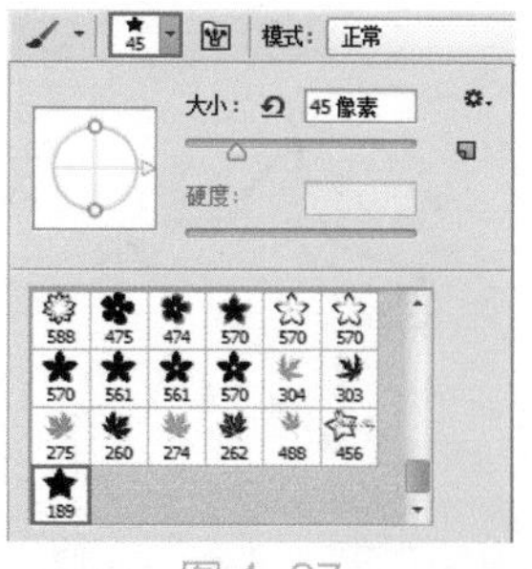

图 4-37

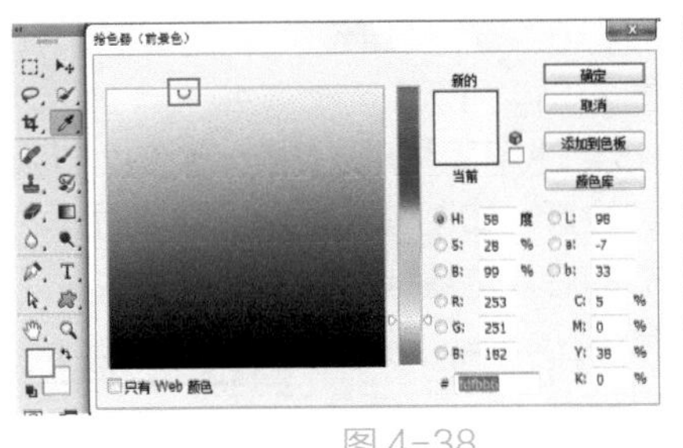

图 4-38

12> 接下来在画面中反复单击鼠标左键，在空白处进行有规律的绘制印花图案，最终效果如图 4-39 所示。

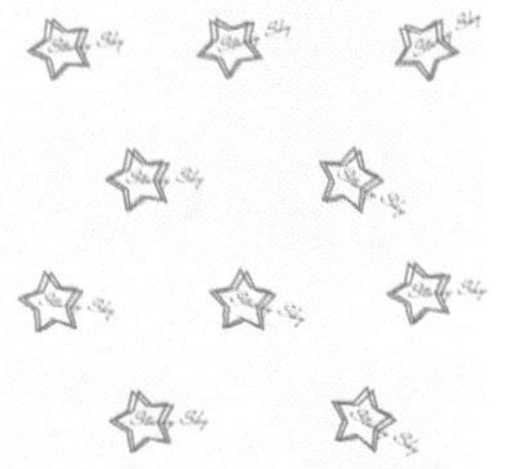

图 4-39

服装设计实战：甜美儿童连衣裙

文件路径	第 4 章 \ 甜美儿童连衣裙	
难易指数	★★★★★	
技术掌握	画笔工具、钢笔工具、创建剪贴蒙版、自由变换	

案例效果

案例效果如图 4-40 所示。

图 4-40

配色方案解析

本作品采用暖色系色彩搭配方式，以淡粉色为主色，表现可爱、甜美，以淡黄色的腰带与卡通花朵进行点缀，表现天真烂漫的服装风格，此种颜色搭配方案在童装及少女服装中非常常见。图 4-41~ 图 4-44 所示为使用该配色方案的服装设计作品。

图 4-41　图 4-42

图 4-43

图 4-44

其他配色方案

应用拓展

优秀服装设计作品，如图 4-45~ 图 4-48 所示。

图 4-45

图 4-46

图 4-47

图 4-48

实用配色方案

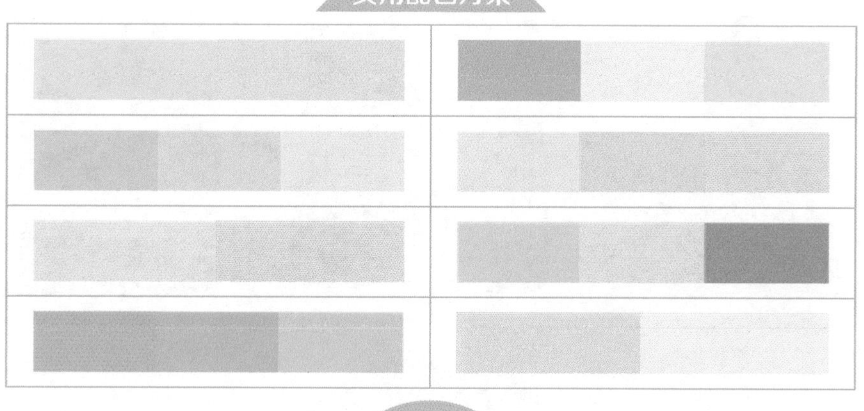

操作步骤

01> 执行菜单“文件 > 新建”命令，在弹出的“新建”对话框中设置“预设”为“国际标准纸张”，“宽度”为 210 毫米，“高度”为 297 毫米，“分辨率”为 300 像素 / 英寸，设置完成后单击“确定”按钮，如图 4-49 所示。效果如图 4-50 所示。

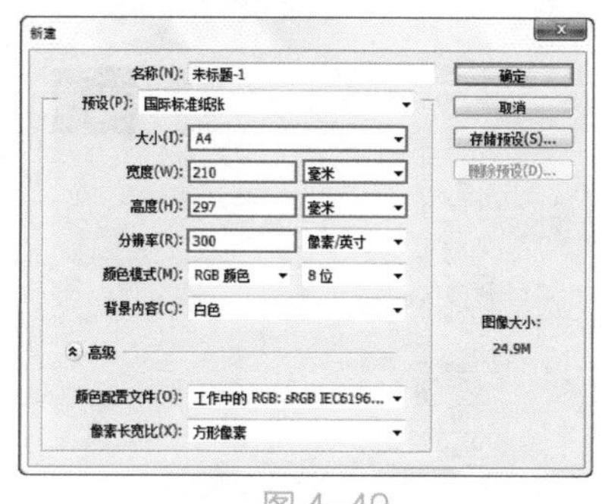

图 4-49

图 4-50

02> 接下来绘制连衣裙后片。单击工具箱中的“钢笔工具”按钮，在选项栏中设置绘制模式为“形状”，“填充”为淡粉色，“描边”为黑色，描边粗细为 1 像素，描边类型为实线，如图 4-51 所示。设置完成后，在画面中进行绘制，如图 4-52 所示。

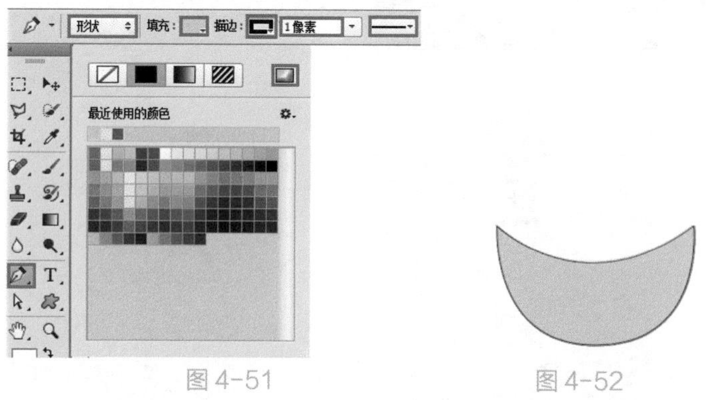

图 4-51　　图 4-52

03> 接着在后片位置绘制领口。继续选择工具箱中的钢笔工具，在选项栏中设置绘制模式为“形状”，“填充”设置一个相对较深的粉色，“描边”为黑色，描边粗细为 1 像素，描边类型为实线，如图 4-53 所示。设置完成后，在后片领口位置绘制形状，如图 4-54 所示。

04> 使用同样的方法，继续绘制领口位置，如图 4-55 所示。此时连衣裙的后片位置绘制完成。

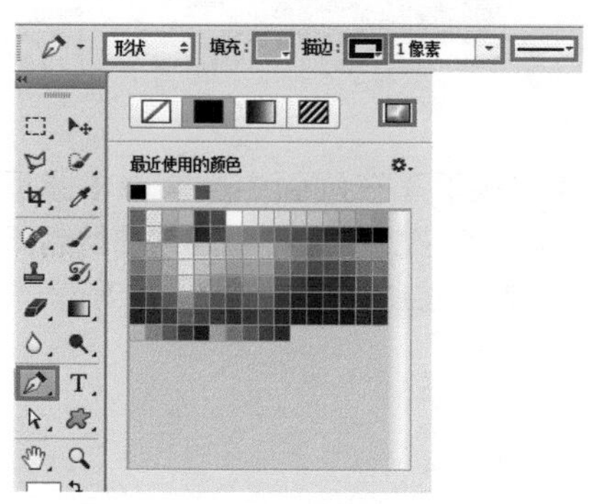

图 4-53

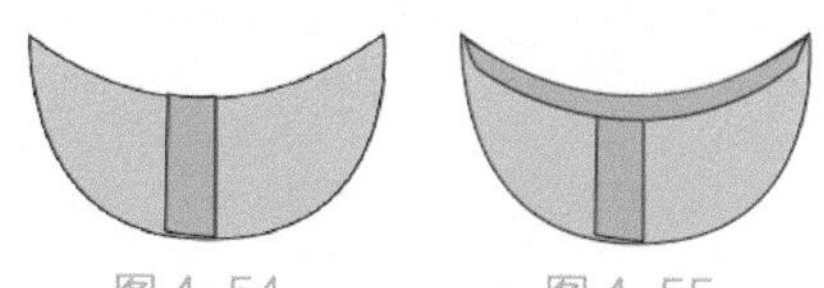

图 4-54　　图 4-55

05> 接下来绘制连衣裙前片。在选项栏中设置一个与之前颜色相比较浅的水粉色，按照相同方法绘制连衣裙前片的上身部分和裙摆部分，如图 4-56 和图 4-57 所示。

06> 接下来在前片中绘制衣领。继续使用钢笔工具，在不选中任何形状图层时，在选项栏中编辑一个淡黄色的填充，在画面中领口位置进行绘制，如图 4-58 所示。选中该图层，使用快捷键 Ctrl+J 将该图层复制，接着执行菜单“编辑 > 变换 > 水平翻转”命令，将衣领向右移动调整位置，效果如图 4-59 所示。

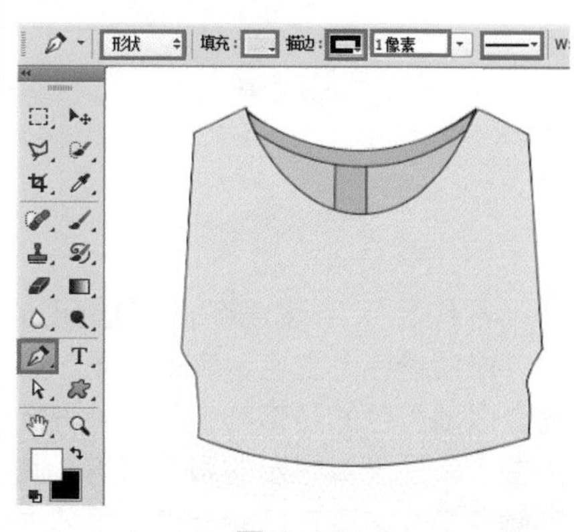

图 4-56

图 4-57

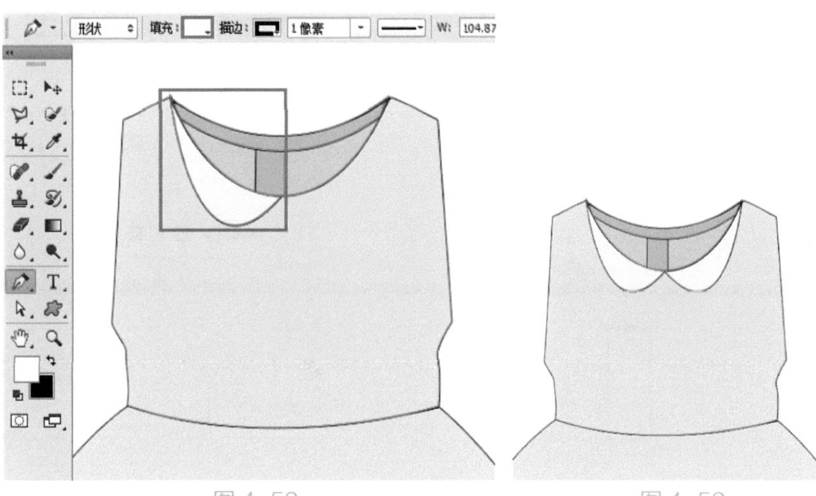

图 4-58　　图 4-59

07> 使用同样的方法，绘制腰带位置，如图 4-60 所示。

08> 继续使用钢笔工具，在选项栏中设置“填充”为无，“描边”为黑色，接着在腰带中间位置绘制两条弧形实线，如图 4-61 所示。

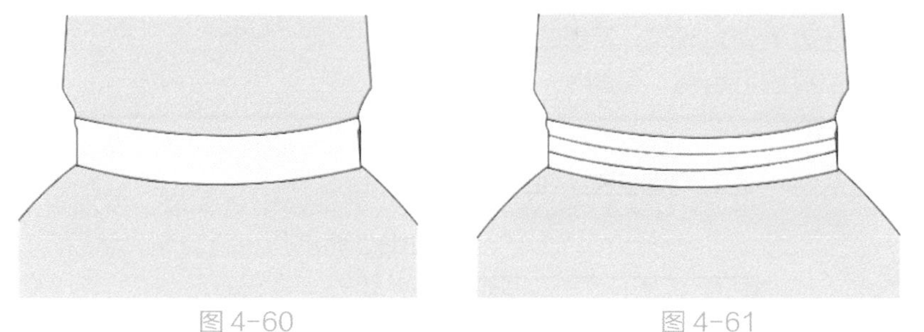

图 4-60　　图 4-61

09> 接下来绘制腰带上的缉明线。单击工具箱中的“钢笔工具”按钮，在选项栏中设置绘制模式为“形状”，“填充”设置为无，“描边”为黑色，描边粗细为 0.5 像素，描边类型为虚线，设置完成后，在腰带上方位置绘制缉明线，绘制完成后按 Enter 键完成此操作，如图 4-62 所示。

10> 接着在腰带上方绘制蝴蝶结。继续使用钢笔工具，在选项栏中设置绘制模式为“形状”，“填充”设置为淡黄色，“描边”为黑色，描边粗细为 1 像素，描边类型为实线，设置完成后，在画面中进行绘制，如图 4-63 所示。在“图层”面板中单击选中刚刚绘制的图层，使用复制图层快捷键 Ctrl+J 复制出一个相同的图层，如图 4-64 所示。

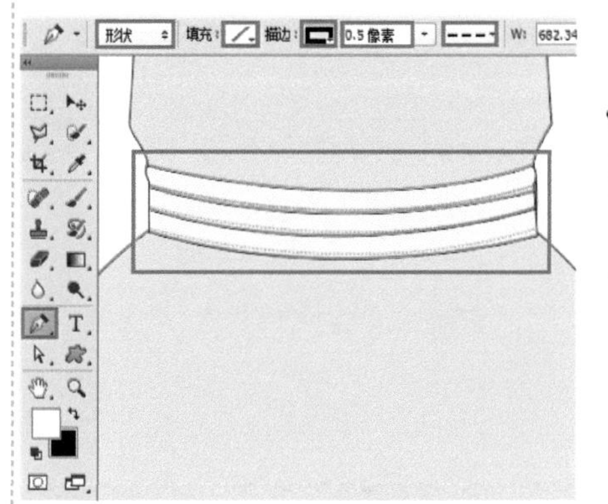

图 4-62

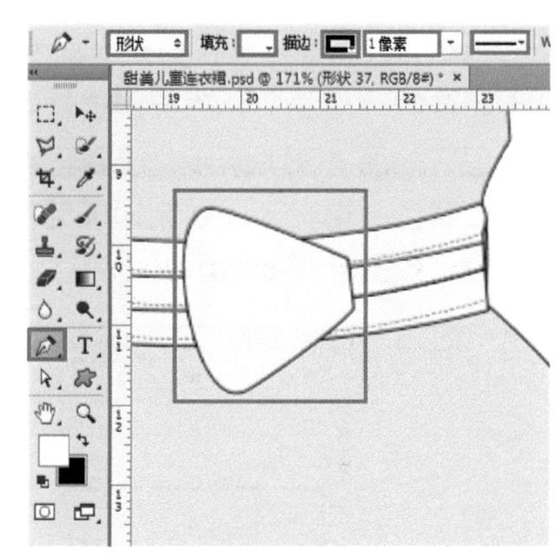

图 4-63

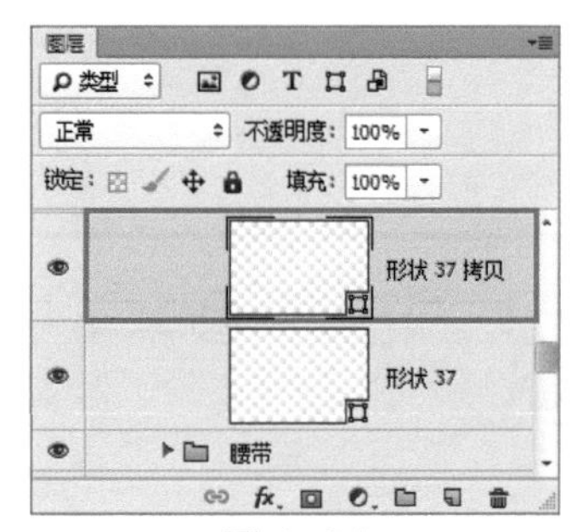

图 4-64

11> 在“图层”面板中单击复制的图层，接着使用“自由变换”快捷键 Ctrl+T，此时该对象进入自由变换状态，在对象上右击，在弹出的快捷菜单中执行“水平翻转”命令。接着按住鼠标左键向右拖曳，并适当旋转，如图 4-65 所示。设置完成后按 Enter 键，效果如图 4-66 所示。

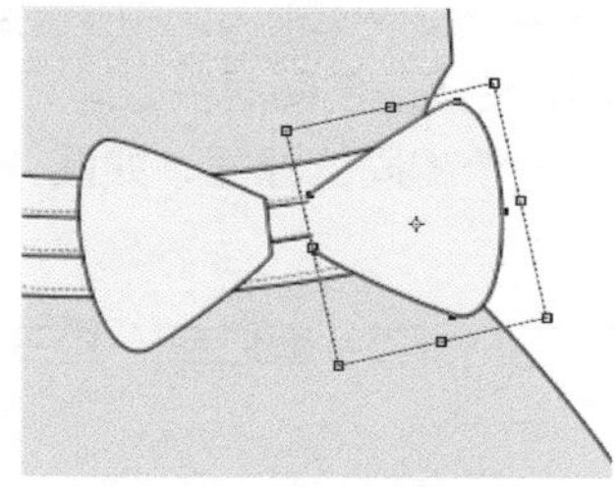
图 4-65

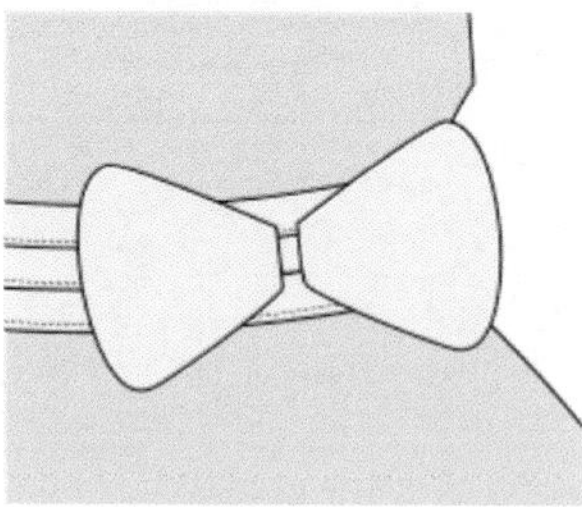
图 4-66

12> 使用同样的方法，复制并编辑一个粉色的“填充”，作为蝴蝶结的上一层，如图 4-67 所示。接着再次编辑淡黄色“填充”，绘制蝴蝶结中间部位，如图 4-68 所示。

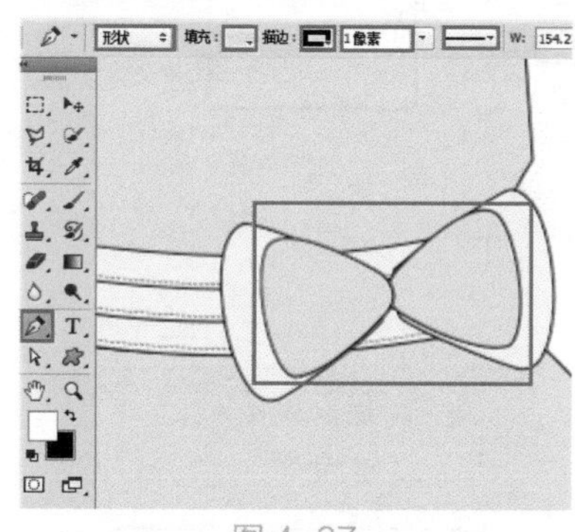
图 4-67

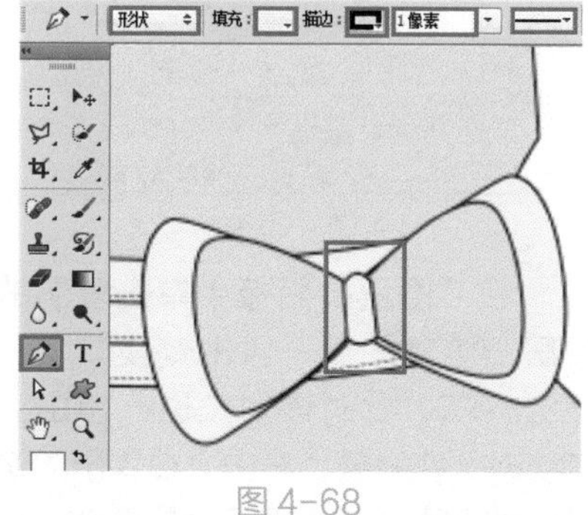
图 4-68

13> 接着绘制前片中的纽扣部分。在工具箱中右击形状工具组，在形状工具组列表中单击“椭圆工具”按钮，然后在选项栏中设置绘制模式为“形状”，“填充”为淡黄色，“描边”为黑色，描边粗细为 1 像素，描边类型为实线，在画面中进行绘制，如图 4-69 所示。使用快捷键 Ctrl+J 复制出另外两个纽扣，并摆放在下方，如图 4-70 所示。

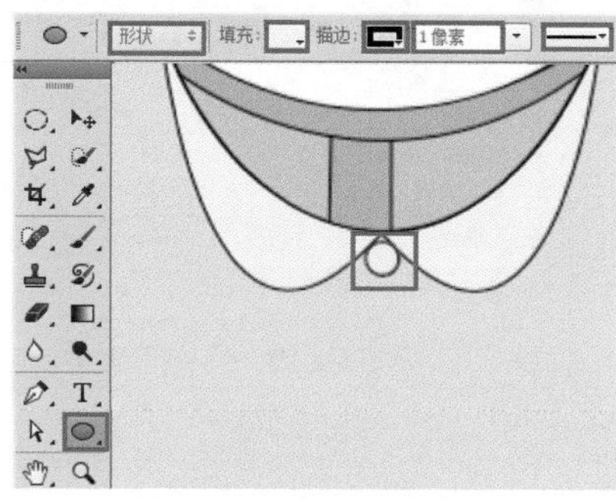
图 4-69

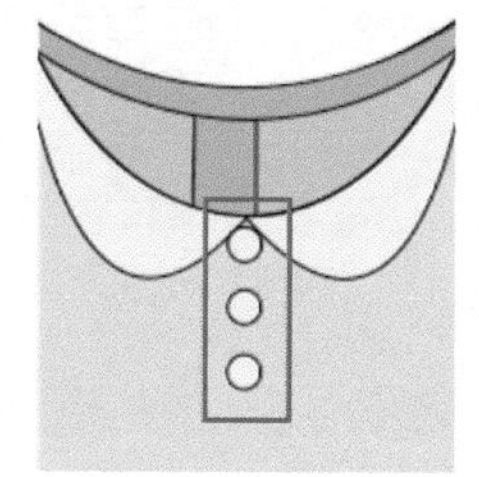
图 4-70

14> 接下来绘制衣领和裙边的缉明线。继续使用钢笔工具，在选项栏中设置绘制模式为“形状”，“填充”为无，“描边”为黑色，描边粗细为 0.5 像素，描边类型为虚线，接着在衣领和裙摆位置进行绘制，如图 4-71 和图 4-72 所示。

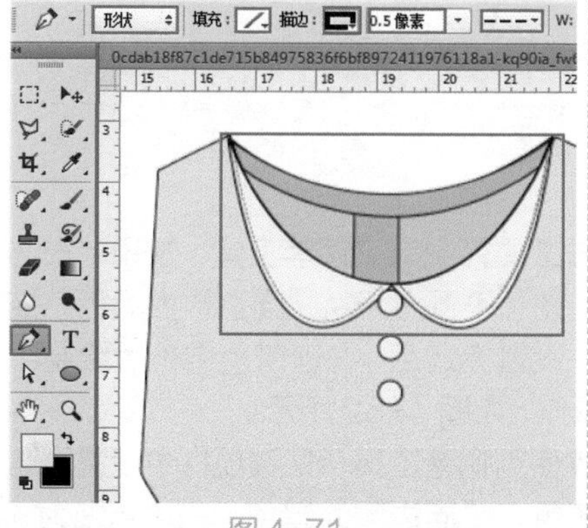
图 4-71

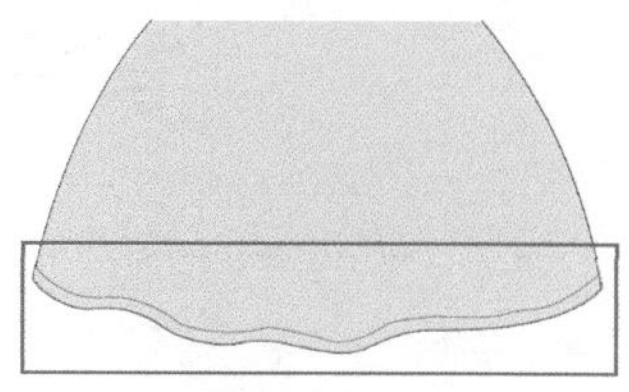
图 4-72

15> 接下来绘制花朵图案。新建一个图层，将前景色设置为红褐色，接着单击工具箱中的“画笔工具”按钮，在控制栏的“画笔预设选取器”中选中硬边缘笔尖，然后设置“大小”为 3 像素，接着在裙摆的左下角按住鼠标左键拖曳绘制一段曲线，如图 4-73 所示。接着继续进行绘制组合成一个花朵的形状，如图 4-74 所示。

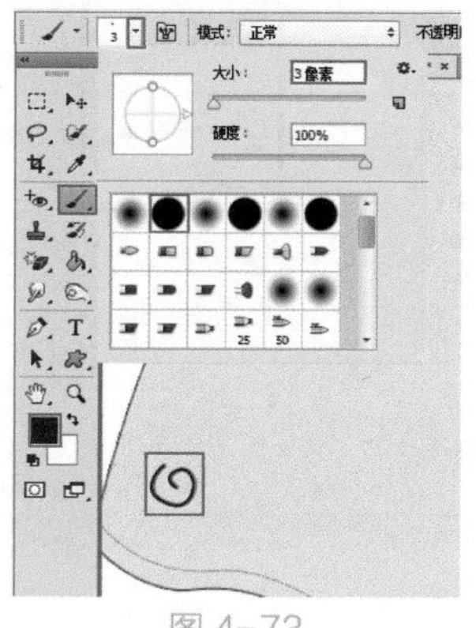
图 4-73

图 4-74

16> 接着选中该图层，使用快捷键 Ctrl+J 将图层进行复制，然后向右移动，如图 4-75 所示。

图 4-75

17> 选中左侧的花朵图层，选择画笔工具，将“前景色”设置为粉色，然后在花朵中涂抹进行填色，如图 4-76 所示。接着选中右侧的花朵图层，然后将“前景色”设置为黄色，在花朵中涂抹进行填色，效果如图 4-77 所示。

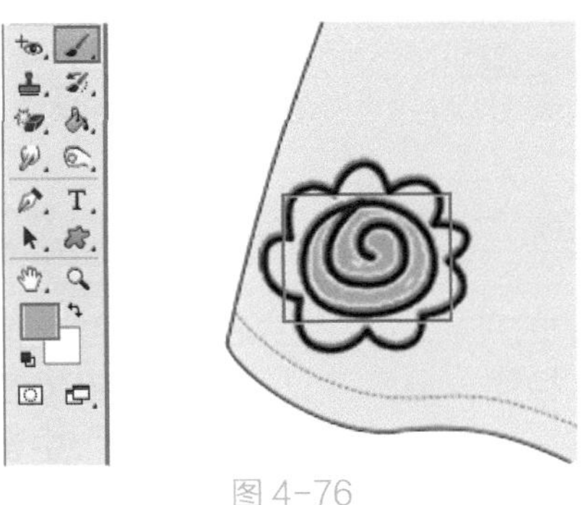

图 4-76

图 4-77

18> 选中粉色花朵图层，使用快捷键 Ctrl+J 将该图层进行复制，然后将其向右移动，接着将花朵适当旋转，如图 4-78 所示。使用同样的方式，将花朵进行复制，然后适当进行旋转，效果如图 4-79 所示。

图 4-78

图 4-79

19> 使用同样的方法，绘制星形，效果如图 4-80 所示。此处的印花制作完成后可以加选图层，使用快捷键 Ctrl+G 进行编组。

图 4-80

20> 接下来提亮印花明度。执行菜单“图层 > 新建调整图层 > 曲线”命令，在弹出的“新建图层”对话框中单击“确定”按钮，接着在弹出的“属性”面板上单击创建一个控制点，然后按住鼠标左键并向左上拖曳控制点，使画面整体变亮。为了使调色效果只针对印花图层组，单击“属性”面板底部的“创建剪贴蒙版”按钮，如图 4-81 所示。此时调色效果如图 4-82 所示。

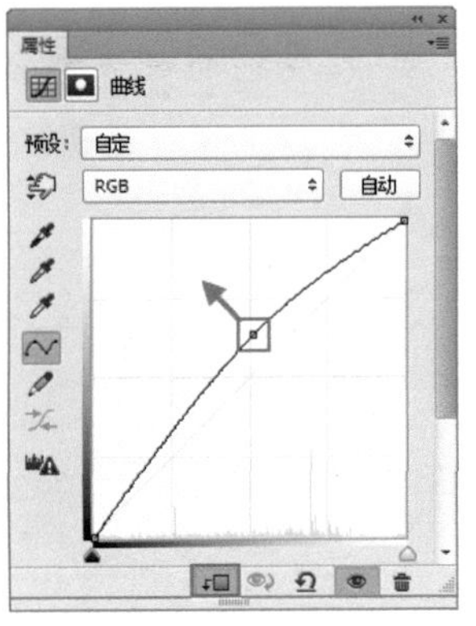

图 4-81

图 4-82

21> 接下来制作连衣裙的袖子部分。首先使用钢笔工具按照前面相同的方法绘制深粉色袖口后片，如图 4-83 所示。接着在选项栏中编辑一个水粉色的填充，绘制袖口前片，如图 4-84 所示。

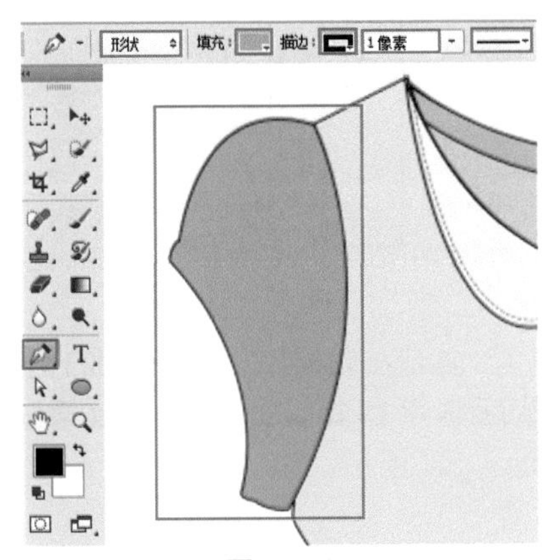

图 4-83

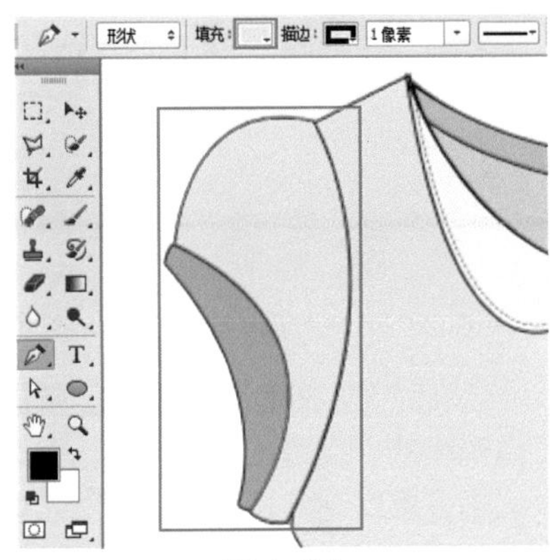

图 4-84

22> 使用同样的方法，在选项栏中编辑一个淡黄色填充，绘制袖口边缘，如图 4-85 和图 4-86 所示。此时左侧袖口绘制完成。

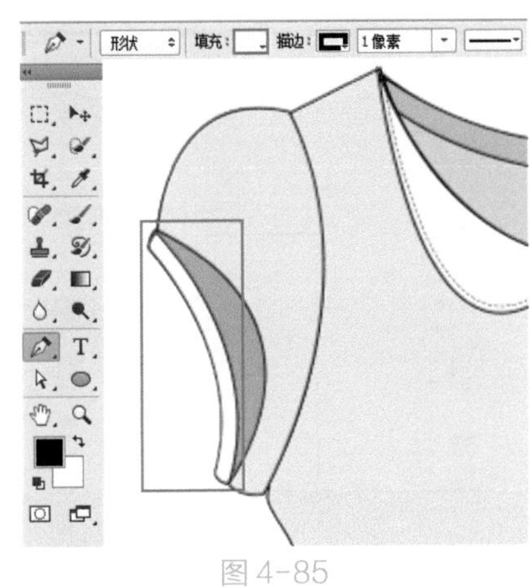

图 4-85

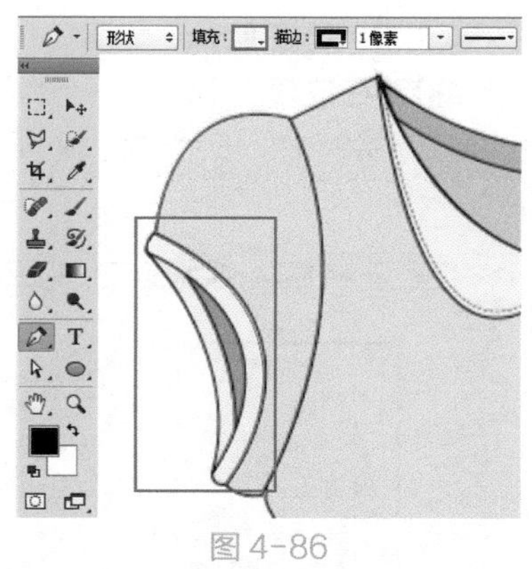

图 4-86

23> 复制左侧袖口，并移动到右侧，然后水平翻转，此时画面效果如图 4-87 所示。

图 4-87

24> 最后为连衣裙添加衣褶。单击工具箱中的“钢笔工具”按钮，在选项栏中设置绘制模式为 "形状"，“填充”为无，“描边”为黑色，描边粗细为 1 像素，描边类型为实线，设置完成后，在腰带下方按住鼠标左键向下拖曳，绘制完成后按Enter键确认，如图 4-88 所示。使用同样的方法，绘制其他衣褶部分，画面最终效果如图 4-89 所示。

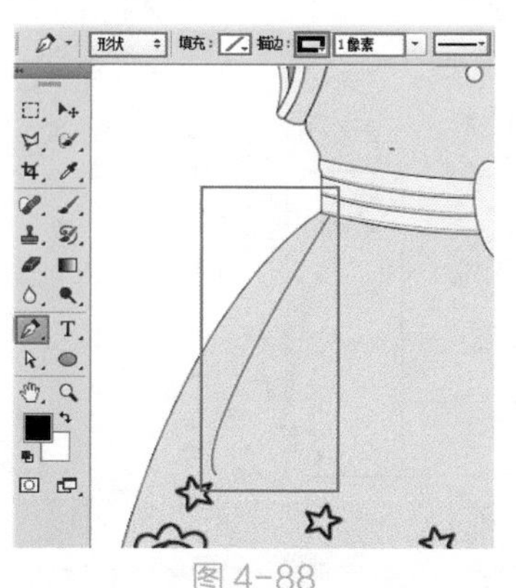

图 4-88

图 4-89

4.2.2 铅笔工具的使用方法

“铅笔工具”主要是用来绘制硬边的线条。铅笔工具较为擅长绘制像素画。它与画笔工具的使用方法基本相同。选择工具箱中的“铅笔工具”，设置合适的前景色，然后在选项栏中的“画笔预设选取器”中设置合适的笔尖以及笔尖大小，然后在画面中拖曳既可绘制出较硬的线条，如图 4-90 所示。

图 4-90

4.2.3 使用橡皮擦工具擦除局部

“橡皮擦工具”从名称上就能够看出，这是一种用于擦除图像的工具。橡皮擦工具能够以涂抹的方式将光标移动过的区域像素更改为背景色或透明。例如，一张图片中主体物是需要的，而背景是不需要的，这时就可以使用橡皮擦工具擦除背景，保留主体物。

使用橡皮擦工具时会遇到两种情况：一种是选择普通图层时；一种是选择“背景”图层时。当选择普通图层时，在选项栏中设置合适的笔尖大小，然后在画面中按住鼠标左键拖曳，光标经过的位置像素就会被擦除，变为透明，如图 4-91 所示。如果选择的是“背景”图层，被擦除的区域将更改为背景色，如图4-92 所示。

图 4-91

图 4-92

技巧提示：橡皮擦的类型

在橡皮擦工具选项栏中，从“模式”下拉列表中可以选择橡皮擦的种类。“画笔”和“铅笔”模式可将橡皮擦设置为像画笔工具和铅笔工具一样的工作。“块”是指具有硬边缘和固定大小的方形，这种方式的橡皮擦无法进行不透明度或流量的设置。

4.2.4 使用图案图章工具绘制图案

“图案图章工具”是通过涂抹的方式绘制预先选择好的图案。单击“图案图章工具”按钮，在选项栏中设置合适的笔尖大小，还可以对“模式”“不透明度”以及“流量”进行设置，然后在“图案拾取器”中选择合适的图案。接着在画面中按住鼠标左键进行涂抹，如图 4-93 所示。继续进行涂抹效果如图 4-94 所示。

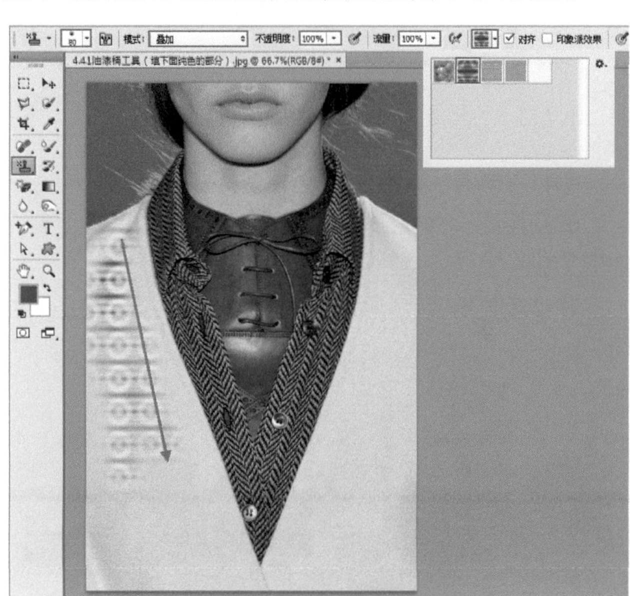

图 4-93

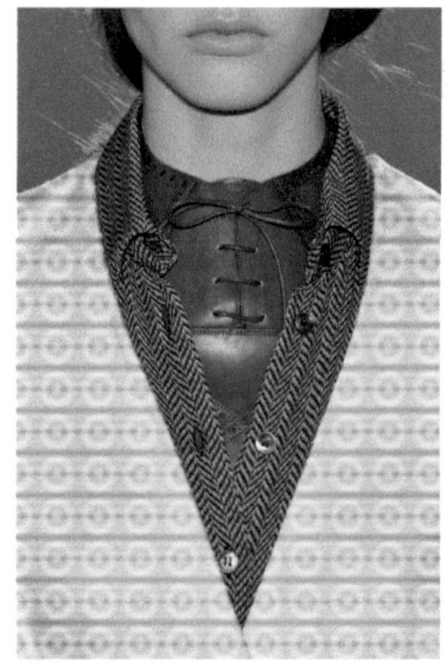

图 4-94

操作练习：使用图案图章工具制作印花手提包

文件路径	第 4 章 \ 使用图案图章工具制作印花手提包
难易指数	★★★★★
技术掌握	图案图章工具、载入图案库素材

案例效果

案例效果如图 4-95 所示。

图 4-95

思路剖析

①打开手提包素材，如图 4-96 所示。

②使用图案图章工具在手提包下半部分进行绘制，如图 4-97 所示。

③更换图案，绘制手提包其他部分的图案，如图 4-98 所示。

图 4-96

图 4-97

图 4-98

应用拓展

优秀设计作品，如图 4-99 和图 4-100 所示。

图 4-99 图 4-100

操作步骤

01 > 执行菜单“文件 > 打开”命令，打开素材“1.jpg”，如图 4-101 所示。然后在“图层”面板中使用快捷键 Ctrl+J 复制“背景”图层。执行菜单“编辑 > 预设 > 预设管理器”命令，在弹出的“预设管理器”对话框中将预设类型设置为“图案”，单击“载入”按钮，如图 4-102 所示。

图 4-101

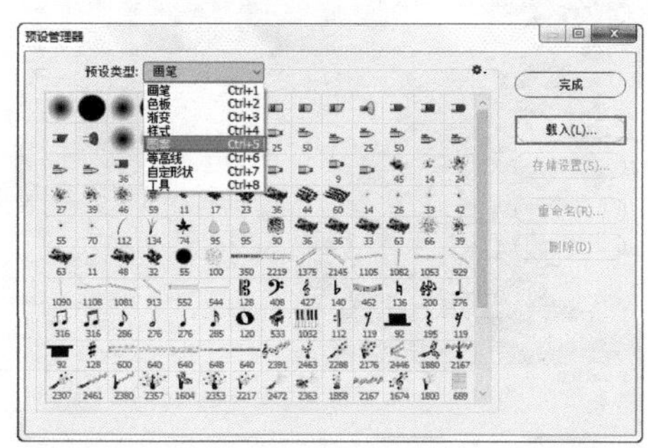

图 4-102

02 > 在弹出的“载入”对话框中选择“图案 .pat”，单击“载入”按钮，如图 4-103 所示。此时载入的图案会出现在所有图案的最后面，如图 4-104 所示。

图 4-103

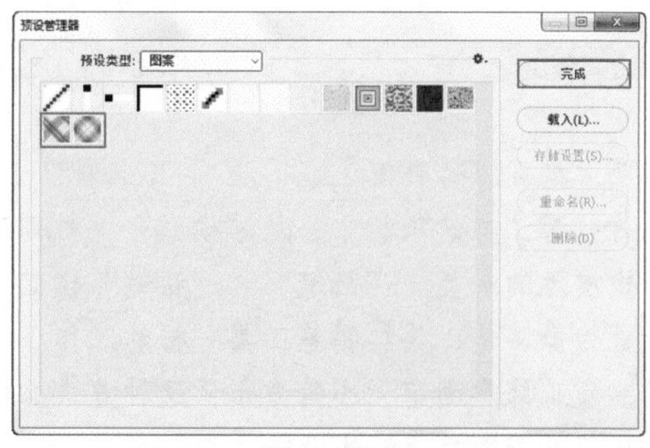

图 4-104

03> 单击工具箱中的“图案图章工具”按钮，在选项栏中的“画笔预设选取器”中设置合适的大小及硬度，设置“模式”为“正片叠底”，然后打开“图案拾取器”设置为刚载入的图案。接着将光标移到包的下半部分，按住鼠标左键进行细致的涂抹，效果如图 4-105 所示。接下来绘制手提包上部分。打开选项栏中的“图案拾取器”更换图案。然后继续按住鼠标左键在手提包上部分涂抹，涂抹细节部位时需减小画笔大小，最终效果如图 4-106 所示。

图 4-105

图 4-106

4.3 使用“画笔”面板设置笔尖

在前面的讲解中提到“画笔”工具的功能十分强大，正是因为“画笔”工具可以配合“画笔”面板使用。不仅如此，工具箱中的很多工具都能配合“画笔”面板一同使用。

执行菜单“窗口>画笔”命令，打开“画笔”面板，如图 4-107 所示。在面板左侧可以看到各种参数设置选项，单击选项名称即可切换到相对于的选项卡。当画笔选项名称左侧图标为☑形状时，表示此选项为启用状态。若不需要启用该选项，单击即可取消勾选。

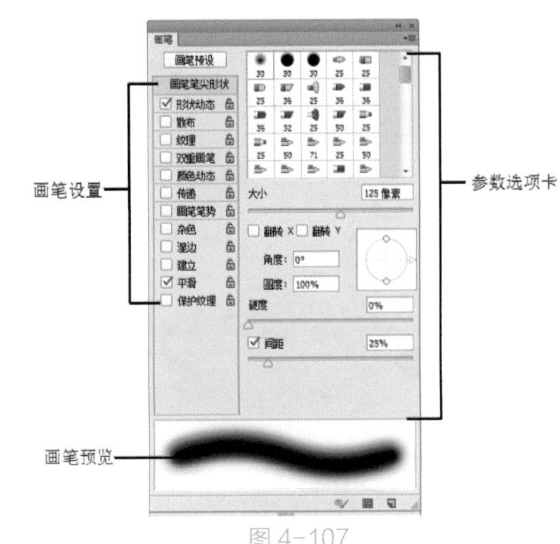

图 4-107

技巧提示：“画笔”面板的应用范围

“画笔”面板可以对画笔工具、铅笔工具、混合器画笔工具、橡皮擦工具、图章工具、加深工具、减淡工具、海绵工具、模糊工具、锐化工具、涂抹工具、历史记录画笔工具等多种画笔类工具的笔尖形状进行设置。

4.3.1 笔尖形状设置

在“画笔笔尖形状”选项面板中可以对画笔的大小、形状等基本属性进行设置。例如，在“画笔”面板中选择一个枫叶形状的画笔，设置画笔“大小”为 50 像素，“角度”为 0°，“圆度”为 100%，“间距”为 1%，在画面中按住鼠标左键并绘制，效果如图 4-108 所示。更改间距数值为 93%，可以看到笔触之间距离增大，而且可以看到每个枫叶的笔触，效果如图 4-109 所示。

- 大小：控制画笔的大小，可以直接输入像素值，也可以通过拖曳大小滑块来设置画笔大小。
- 翻转 X/Y：将画笔笔尖在其 X 轴或 Y 轴上进行翻转。
- 角度：指定椭圆画笔或样本画笔的长轴在水平方向旋转的角度。
- 圆度：设置画笔短轴和长轴之间的比率。当“圆度”值为 100% 时，表示圆形画笔；当“圆度”值为 0% 时，表示线性画笔；介于 0%~100% 的“圆度”值，表示椭圆画笔（呈“压扁”状态）。
- 硬度：控制画笔硬度中心的大小。数值越小，画笔的柔和度就越高。

- 间距：控制描边中两个画笔笔迹之间的距离。数值越高，笔迹之间的间距就越大。

图 4-108

图 4-109

4.3.2 形状动态

在“画笔”面板左侧列表中勾选“形状动态”复选框，进入“形状动态”参数设置页面，在这里可以进行大小/角度/圆度的“抖动”设置。所谓“抖动”就是指在一条连续绘制的笔触内包含不同大小/角度/圆度的笔触效果。

设置画笔“大小抖动”为 30%，“角度抖动”为 75%，“圆角抖动”为 75%，“最小圆度”为 25%，在画面中按住鼠标左键并绘制，可以得到大小不同、旋转角度不同的笔触，效果如图 4-110 所示。

- 控制：在“控制”下拉列表中可以设置各类“抖动”的方式，其中“关”选项表示不控制画笔笔迹的大小/角度/圆度的变换；“渐隐”选项是按照指定数量的步长在初始数值和最小数值之间渐隐画笔笔迹的大小/角度/圆度。

图 4-110

4.3.3 散布

在“画笔”面板左侧列表中勾选“散布”复选框，在这里设置散布数值可以调整笔触与绘制路径之间的距离以及笔触的数目，使绘制效果呈现出不规则的扩散分布。例如，设置“散布”数值为 280%，在画面中按住鼠标左键并绘制，可以绘制分散的笔触效果，如图 4-111 所示。

图 4-111

- 散布/两轴/控制：指定画笔笔迹在描边中的分散程度，该值越高，分散的范围越广。如果取消选中“两轴”复选框，那么散布只局限于竖方向上的效果，看起来有高有低，但彼此在横方向上的间距还是固定的。当勾选“两轴”选项时，画笔笔迹将以中心点为基准，向两侧分散。如果要设置画笔笔迹的分散方式，可以在“控制”下拉列表中进行选择。
- 数量：指定在每个间距间隔应用的画笔笔迹数量。数值越高，笔迹重复的数量越大。
- 数量抖动/控制：设置数量的随机性。如果要设置“数量抖动”的方式，可以在“控制”下拉列表中进行选择。

4.3.4 纹理

在“画笔”面板左侧列表中勾选“纹理”复选框，在这里可以设置图案与笔触之间产生的叠加效果，使绘制的笔触带有纹理感。首先在“纹理”下拉面板中设置合适的图案，然后设置“缩放”为 30%，该选项栏用来调整纹理的大小，接着设置“模式”为“线性加深”，该选项栏用来设置图案和画笔的混合模式。设置完成后，在画面中按住鼠标左键并绘制，可以看到笔触上叠加了图案，如图 4-112 所示。

图 4-112

- 设置纹理 / 反相：单击图案缩览图右侧的倒三角▾图标，可以在弹出的“图案”拾色器中选择一个图案，并将其设置为纹理。如果勾选“反相”复选框，可以基于图案中的色调来反转纹理中的亮点和暗点。
- 缩放：设置图案的缩放比例。数值越小，纹理越多。
- 为每个笔尖设置纹理：将选定的纹理单独应用于画笔描边中的每个画笔笔迹，而不是作为整体应用于画笔描边。如果取消勾选“为每个笔尖设置纹理”复选框，下面的“深度抖动”选项将不可用。
- 模式：设置用于组合画笔和图案的混合模式。
- 深度：设置油彩渗入纹理的深度。数值越大，渗入的深度就越长。
- 最小深度：当“深度抖动”选项下面的“控制”设置为“渐隐”“钢笔压力”“钢笔斜度”或“光笔轮”选项，并且勾选“为每个笔尖设置纹理”复选框时，“最小深度”选项用来设置油彩可渗入纹理的最小深度。
- 深度抖动 / 控制：当勾选“为每个笔尖设置纹理”复选框时，“深度抖动”选项用来设置深度的改变方式。然后要指定如何控制画笔笔迹的深度变化，可以从“控制”下拉列表中进行选择。

4.3.5 双重画笔

在“画笔”面板左侧列表中勾选“双重画笔”复选框，即可启用该功能，可以使绘制的线条呈现出两种画笔重叠的效果。在使用该功能之前首先设置“画笔笔尖形状”主画笔参数属性，然后启用“双重画笔”选项，并从“双重画笔”选项中选择另外一个笔尖（即双重画笔）。首先在“双重画笔”页面中设置合适的笔尖，然后设置笔尖的参数，接着在画面中按住鼠标左键并绘制，即可看到两种画笔效果结合的笔触效果，如图 4-113 所示。

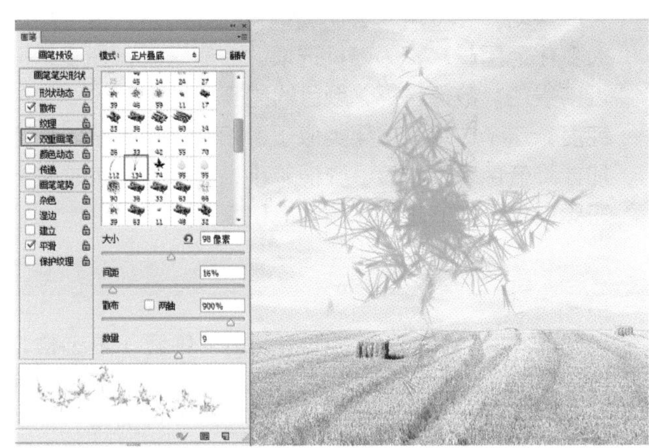

图 4-113

4.3.6 颜色动态

在“画笔”面板左侧列表中勾选“颜色动态”复选框，可以通过设置前景/背景颜色、色相、饱和度、亮度的抖动，在使用画笔绘制时一次性绘制出多种色彩。

首先设置合适的前景色与背景色，然后在画笔面板中勾选“应用每笔尖”复选框，设置“前景/背景抖动”“色相抖动”和“亮度抖动”，然后按住鼠标左键拖曳进行绘制，即可绘制出颜色变化丰富的笔触效果，如图 4-114 所示。

图 4-114

- 前景 / 背景抖动 / 控制：用来指定前景色和背景色之间的油彩变化方式。数值越小，变化后的颜色越接近前景色；数值越大，变化后的颜色越接近背景色。如果要指定如何控制画笔笔迹的颜色变化，可以在“控制”下拉列表中进行选择。

- 色相抖动：设置颜色变化范围。数值越小，颜色越接近前景色；数值越高，色相变化越丰富。
- 饱和度抖动：饱和度抖动会使颜色偏淡或偏浓，百分比越大变化范围越广，为随机选项。
- 亮度抖动：亮度抖动会使图像偏亮或偏暗，百分比越大变化范围越广，为随机选项。数值越小，亮度越接近前景色；数值越高，颜色的亮度值越大。
- 纯度：这个选项的效果类似于饱和度，用来整体地增加或降低色彩饱和度。数值越小，笔迹的颜色越接近于黑白色；数值越高，颜色饱和度越高。

4.3.7 传递

在“画笔”面板左侧列表中勾选“传递”复选框，可以使画笔笔触随机产生半透明效果。设置“不透明度抖动”为79%，然后在画面中按住鼠标左键拖曳，即可绘制出带有半透明的笔触效果，如图4-115所示。

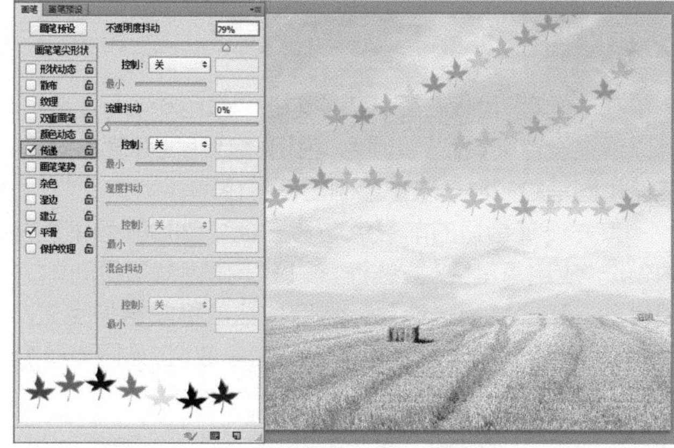

图4-115

- 不透明度抖动/控制：指定画笔描边中油彩不透明度的变化方式，最高值是选项栏中指定的不透明度值。如果要指定如何控制画笔笔迹的不透明度变化，可以从“控制”下拉列表中进行选择。
- 流量抖动/控制：用来设置画笔笔迹中油彩流量的变化程度。如果要指定如何控制画笔笔迹的流量变化，可以从“控制”下拉列表中进行选择。
- 湿度抖动/控制：用来控制画笔笔迹中油彩湿度的变化程度。如果要指定如何控制画笔笔迹的湿度变化，可以从“控制”下拉列表中进行选择。
- 混合抖动/控制：用来控制画笔笔迹中油彩混合的变化程度。如果要指定如何控制画笔笔迹的混合变化，可以从“控制”下拉列表中进行选择。

4.3.8 画笔笔势

在“画笔”面板左侧列表中勾选“画笔笔势”复选框，可以对“毛刷画笔”的角度、压力的变化进行设置。如图4-116所示为毛刷画笔。在选择毛刷画笔时画面左上角的位置有一个小缩览图，如图4-117所示。设置“倾斜X”为-53%，“倾斜Y”为-63%，接着按住鼠标左键拖曳进行绘制，可以看到笔触随着转折发生变化，如图4-118所示。

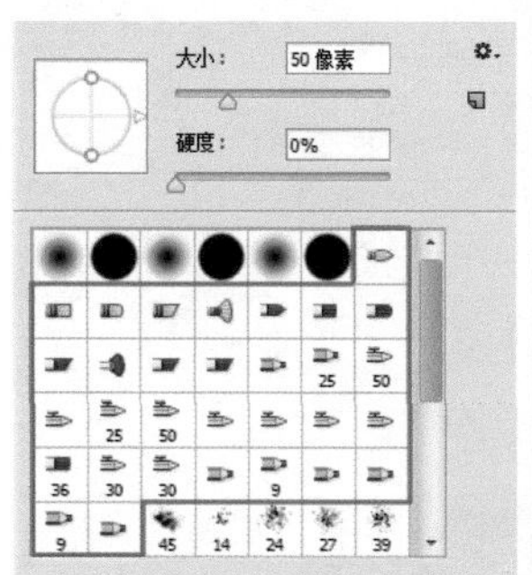

图4-116　图4-117

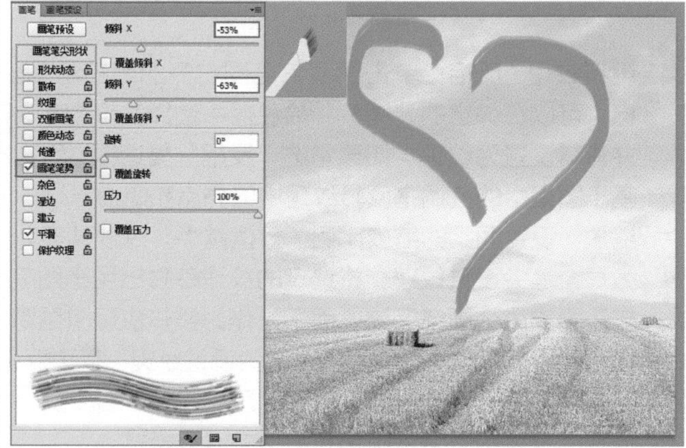

图4-118

- 倾斜X/倾斜Y：使笔尖沿X轴或Y轴倾斜。
- 旋转：设置笔尖旋转效果。
- 压力：压力数值越高绘制速度越快，线条效果越粗犷。

4.3.9 其他选项

在“画笔”面板左侧列表中还有“杂色”“湿边”“建立”“平滑”和“保护纹理”选项不需要进行参数设置，单击勾选即可启用。

- 杂色：可以为画笔增加随机的杂色效果。当使用柔边画笔时，该选项最容易出效果。
- 湿边：沿画笔描边的边缘增大油彩量，从而创建出水彩效果。

- 建立：将渐变色调应用于图像，同时模拟传统的喷枪技术。“画笔”面板中的“喷枪”选项与选项栏中的“喷枪”选项相对应。
- 平滑：在画笔描边中生成更平滑的曲线。当使用光笔进行快速绘画时，此选项最有效；但是它在描边渲染中可能会导致轻微的滞后。
- 保护纹理：将相同图案和缩放比例应用于具有纹理的所有画笔预设。勾选该复选框后，在使用多个纹理画笔绘画时，可以模拟出一致的画布纹理。

4.4 使用不同方式填充

“填充”指的是使画面整体或者局部覆盖上特定的颜色、图案或者渐变。在 Photoshop 中填充不仅能够用快捷键进行填充，还可以使用工具进行填充。不仅能够填充纯色，还可以填充渐变颜色与图案。

4.4.1 油漆桶工具

“油漆桶工具” 可以快速对选区中的部分、整个画布或者是颜色相近的色块内部填充纯色或图案。单击“油漆桶工具”按钮，首先在选项栏中设置“填充内容”“混合模式”“不透明度”以及“容差”，如图 4-119 所示。接着在画面中单击即可进行填充，如图 4-120 所示。如果选择空白图层，则会对整个图层进行填充。

- 填充内容：选择填充的模式，包含“前景”和“图案”两种模式。如果选择“前景”，则使用前景色进行填充；如果选择“图案”，则需要在右侧图案列表中选择合适的图案。

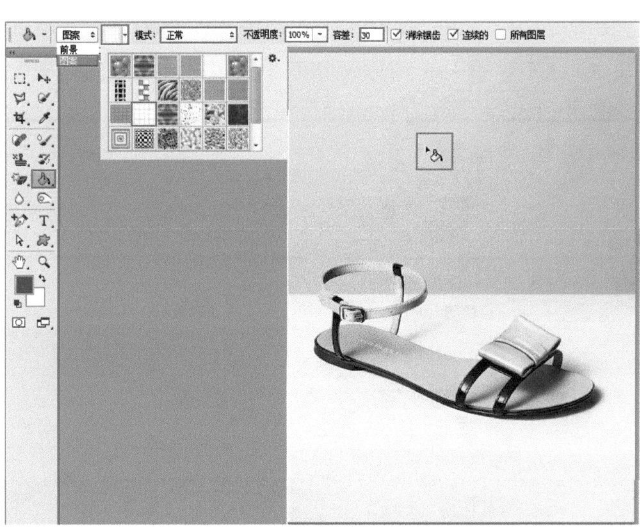

图 4-119

- 容差：用来定义必须填充的像素的颜色相似程度。设置较低的“容差”值会填充颜色范围内与鼠标单击处像素非常相似的像素；设置较高的“容差”值会填充更大范围的像素。

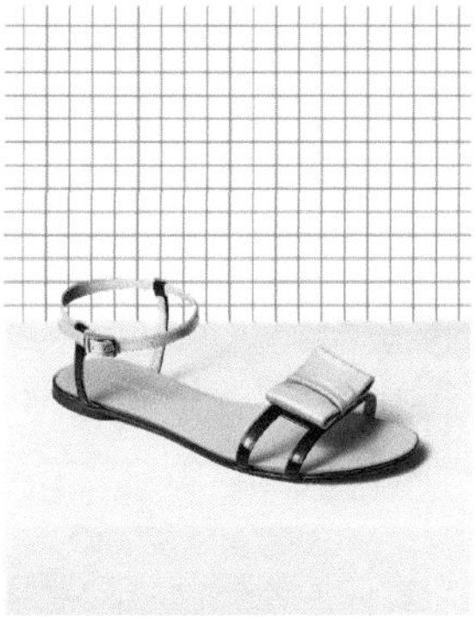

图 4-120

4.4.2 渐变工具

“渐变工具” 用于创建多种颜色间的过渡效果。在平面设计中，需要进行纯色填充时，不妨以同类色、渐变色替代纯色填充。因为渐变颜色变化丰富，能够使画面更具层次感。图4-121 ~ 图4-124 所示为使用到渐变色的设计作品。

图 4-121

图 4-122

图 4-123

图 4-124

渐变工具不仅可以填充图像，还可以对蒙版和通道进行填充。使用渐变工具有两个较为重要的知识点，一个是渐变工具的选项栏，另一个是“渐变编辑器”对话框。

1. 渐变工具选项栏

单击工具箱中的“渐变工具”按钮，其选项栏如图 4-125 所示。

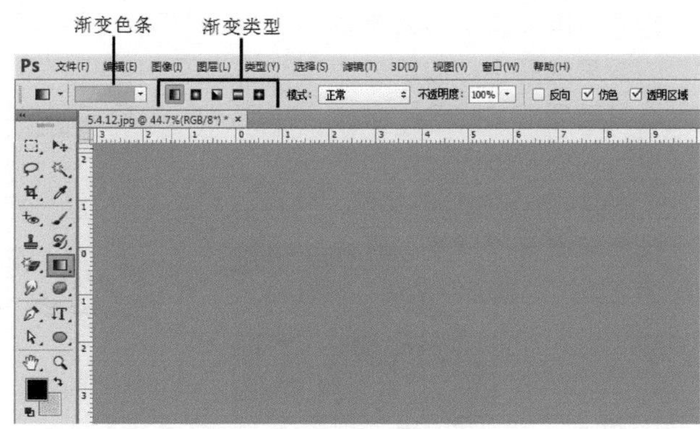

图 4-125

- 渐变色条：渐变色条分为左右两个部分，单击颜色部分可以打开“渐变编辑器”对话框；单击倒三角按钮，可以选择预设的渐变颜色。
- 渐变类型：激活“线性渐变”按钮，可以以直线方式创建从起点到终点的渐变；激活“径向渐变”按钮，可以以圆形方式创建从起点到终点的渐变；激活“角度渐变”按钮，可以创建围绕起点以逆时针扫描方式的渐变；激活“对称渐变”按钮，可以使用均衡的线性渐变在起点的任意一侧创建渐变；激活“菱形渐变”按钮，可以以菱形方式从起点向外产生渐变，终点定义菱形的一个角。图 4-126 所示为 5 种渐变类型的效果。

图 4-126

- 反向：转换渐变中的颜色顺序，得到反方向的渐变结果。图 4-127 和图 4-128 所示为正常渐变和反向渐变的效果。

图 4-127　　图 4-128

- 仿色：勾选该复选框时，可以使渐变效果更加平滑。主要用于防止打印时出现条带化现象，但在计算机屏幕上并不能明显地体现出来。

2. “渐变编辑器”对话框的使用方法

在选项栏中单击渐变色条的颜色部分可以打开“渐变编辑器”对话框。在“渐变编辑器”对话框中可以编辑渐变颜色。

（1）在“渐变编辑器”对话框的上半部分看到很多“预设”渐变，单击即可选择某一种渐变效果，如图 4-129 所示。若要更改渐变的颜色，可以双击色条下的“色标”，在弹出的“拾色器（色标颜色）”对话框选择一个合适的颜色，如图 4-130 所示。

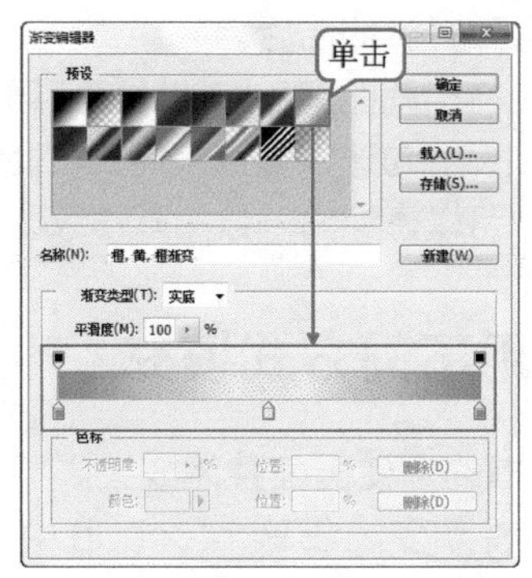

图 4-129

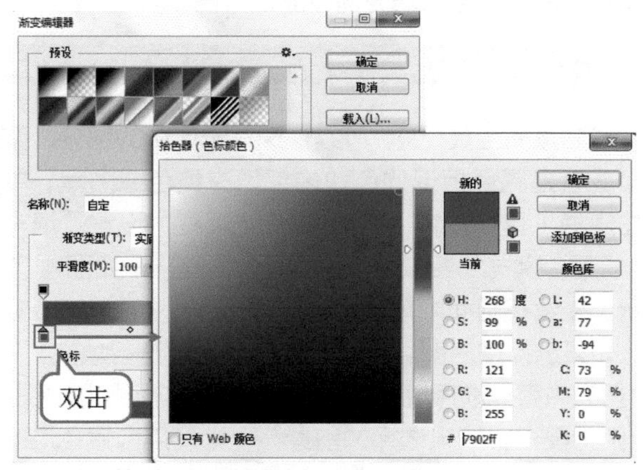

图 4-130

（2）按住鼠标左键并拖曳“色标”可以调整渐变颜色的变化，如图 4-131 所示。两个色标直接有一个滑块 ◆，拖曳滑块 ◆ 可以调整两个颜色之间的过渡效果，如图 4-132 所示。

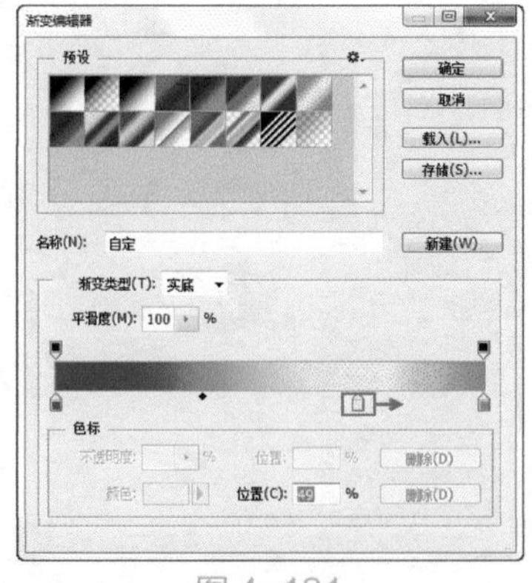

图 4-131

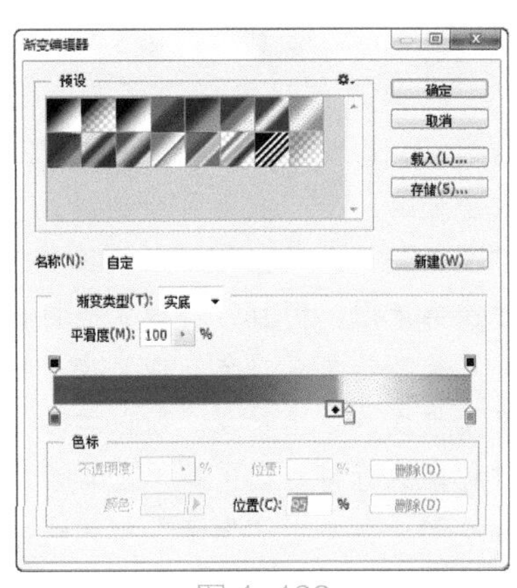

图 4-132

（3）将光标移动到渐变色条的下方，当光标变为☝形状后单击，即可添加色标，如图 4-133 所示。若要删除色标，可以单击需要删除的色标，然后按 Delete 键进行删除。若要制作半透明的渐变，可以单击选择渐变色条上方的色标，然后调整“不透明度”参数，如图 4-134 所示。

图 4-133

图 4-134

（4）设置完成后，在画面中按住鼠标左键并拖曳，如图 4-135 所示。释放鼠标后即可填充渐变颜色，如图 4-136 所示。

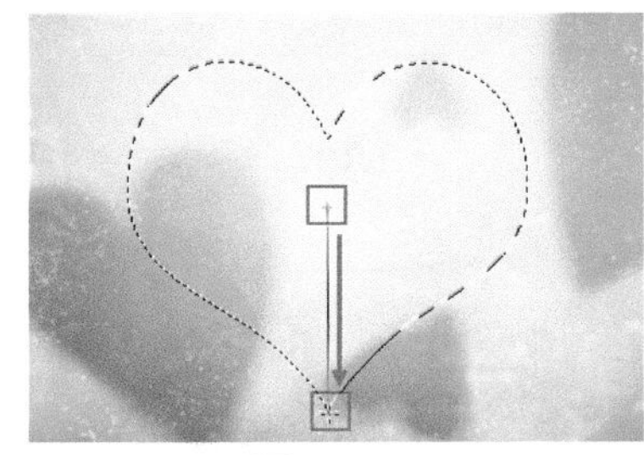

图 4-135

图 4-136

4.4.3 “填充”命令

“填充”命令可以在整个画面或者选区内进行纯色、图案、历史记录等内容进行填充的命令。执行菜单“编辑 > 填充”命令或按住 Shift+F5 快捷键，打开“填充”对话框，如图 4-137 所示。在这里首先需要设置填充的内容，还可以在填充颜色或图案的同时设置填充的不透明度和混合模式。

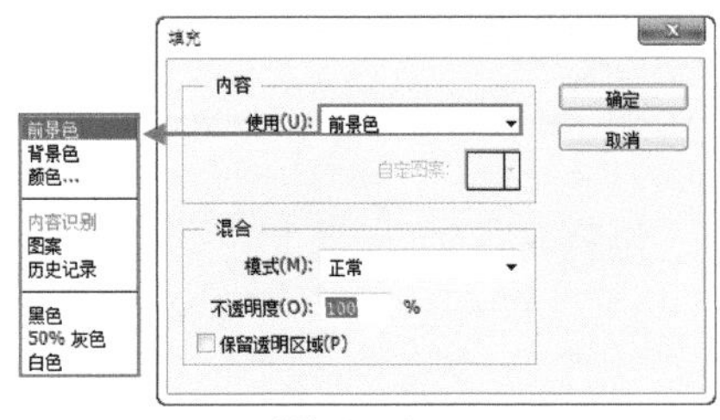

图 4-137

- 使用：在该下拉列表中可以选择填充的内容，包含前景色、背景色、颜色、内容识别、图案、历史记录、黑色、50% 灰色和白色。
- 模式：用来设置填充内容的混合模式。
- 不透明度：用来设置填充内容的不透明度。
- 保留透明区域：勾选该复选框以后，只填充图层中包含像素的区域，而透明区域不会被填充。

4.5 矢量绘图

在了解绘图工具之前，我们需要先了解一个概念——矢量图。矢量图是由线条和轮廓组成，不会因为放大或缩小使像素受损而影响清晰度。钢笔工具与形状工具都是矢量绘图工具，在平面设计制作过程中，尽量使用矢量绘图工具进行绘制，这样可以保证为了适应不同尺寸的打印要求时，对图像缩放不会使画面元素变模糊。除此之外，矢量绘图因其明快的色彩、动感的线条也常用于插画或者时装画的绘制。图 4-138~ 图 4-141 所示为优秀的作品欣赏。

图 4-138

图 4-139

图 4-140

图 4-141

4.5.1 使用钢笔工具绘制形状图层

“形状图层”是一种带有填充、

描边的实体对象。并且可以选择纯色、渐变或图案作为填充内容，可以对描边进行颜色、宽度等参数进行设置。

（1）在使用钢笔工具或者形状工具时，设置绘制模式为“形状”。在选项栏中可以进行“填充”颜色、“描边”颜色、“描边粗细”以及“描边类型”的设置，如图 4-142 所示。单击“填充”按钮，即可看见下拉面板，如图 4-143 所示。

形状　填充：　描边：　3点

图 4-142

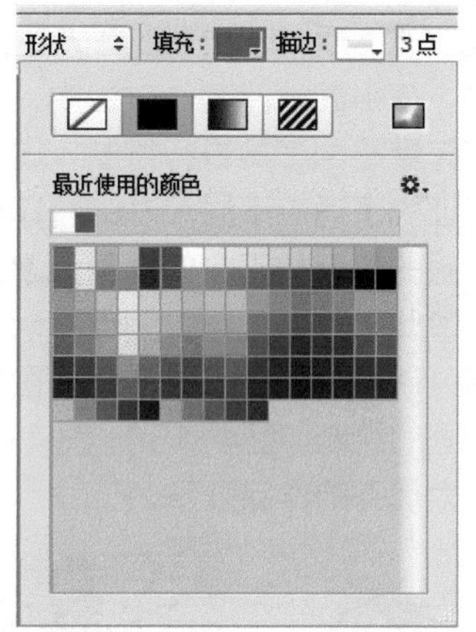

图 4-143

（2）在“填充”下拉面板中，不仅可以以纯色进行填充，还可以填充渐变的图案。在该面板中的上方有“无颜色”、“纯色”、“渐变”、“图案”4 个按钮。单击“无颜色”按钮，可以取消填充。单击“纯色”按钮，可以从颜色列表中选择预设颜色，或单击“拾色器”按钮可以在弹出的拾色器中选择所需颜色。单击“渐变”按钮，即可设置渐变效果的填充。单击“图案”按钮，可以选择某种图案，并设置合适的图案缩放数值，如图 4-144 所示。图 4-145 所示为 3 种形式填充的效果。

（3）单击“描边”按钮，同样可以打开下拉面板。在这里可以设置描边的颜色。颜色设置完成后，还可以设置描边的宽度、描边的类型，如图 4-146 所示。例如，制作出虚线描边效果，如图 4-147 所示。

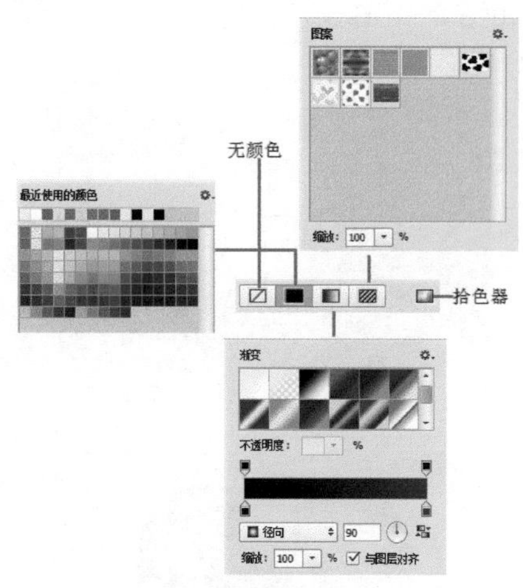

图 4-144

图 4-145

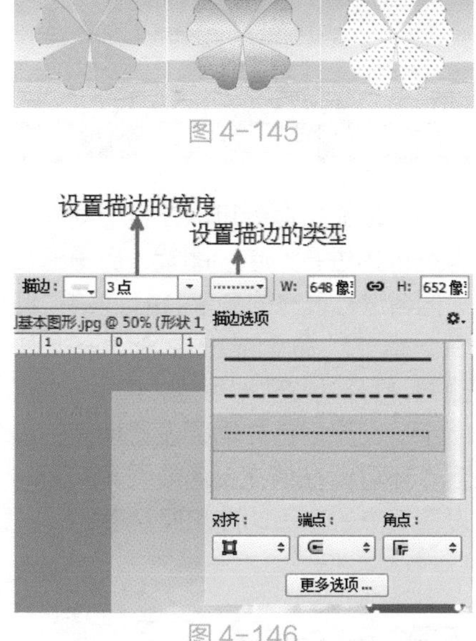

图 4-146

图 4-147

技巧提示：“像素”绘制模式

在此之前我们学习了两个绘制模式，除此之外，在绘制模式列表中还有一个“像素”绘制模式。“像素”模式只在使用形状工具时才能够使用，而且这种模式绘制出的对象不是矢量对象，而是完全由像素组成的位图对象。所以在使用这种模式时需要选中一个图层后进行绘制。在使用“像素”模式进行绘制时，可以在选项栏中设置绘制内容与背景的混合模式和图像的不透明度数值，如图4-148所示。

像素　模式：正常　不透明度：100%　消除锯齿

图 4-148

服装设计实战：吊带连衣裙

文件路径	第 4 章 \ 吊带连衣裙
难易指数	★★★★★
技术掌握	钢笔工具、自由变换、椭圆工具

案例效果

案例效果如图 4-149 所示。

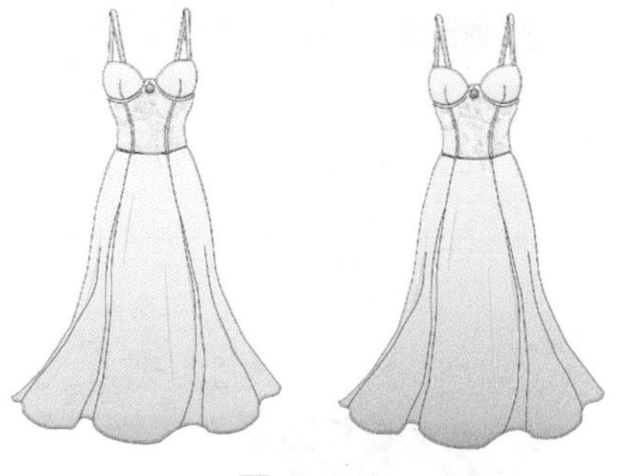

图 4-149

配色方案解析

本作品采用同类色搭配方式，以渐变色调为主，过渡柔和、淡雅，搭配蕾丝面料进行点缀，最能体现女性优雅、温柔的气质。图 4-150~图 4-153 所示为带有渐变色的服装设计作品。

图 4-150

图 4-151

图 4-152

图 4-153

其他配色方案

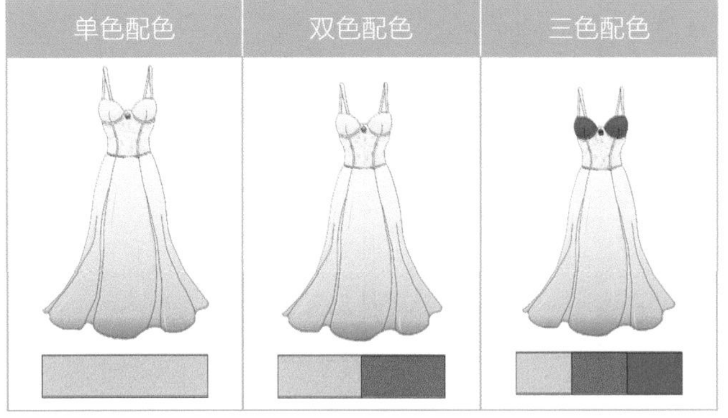

应用拓展

优秀的服装设计作品，如图 4-154 ~ 图 4-157 所示。

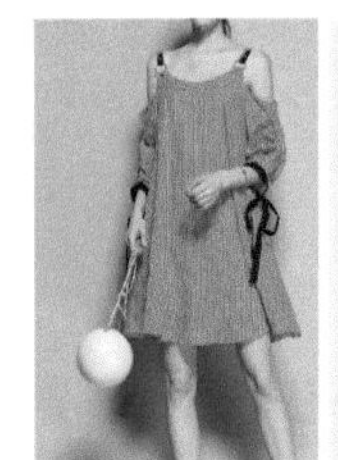
图 4-154

图 4-155

图 4-156

图 4-157

实用配色方案

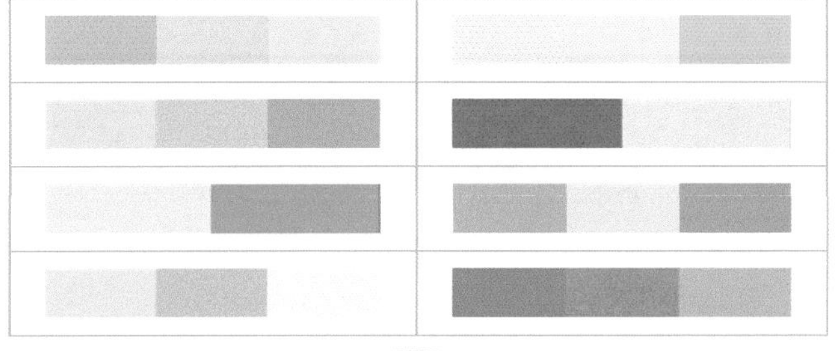

操作步骤

01> 执行菜单“文件 > 新建”命令，在弹出的“新建”对话框中设置“预设”为“国际标准纸张”，“宽度”为 210 毫米，“高度”为 297 毫米，“分辨率”为 300 像素 / 英寸，设置完成后单击“确定”按钮完成操作，如图 4-158 所示。效果如图 4-159 所示。

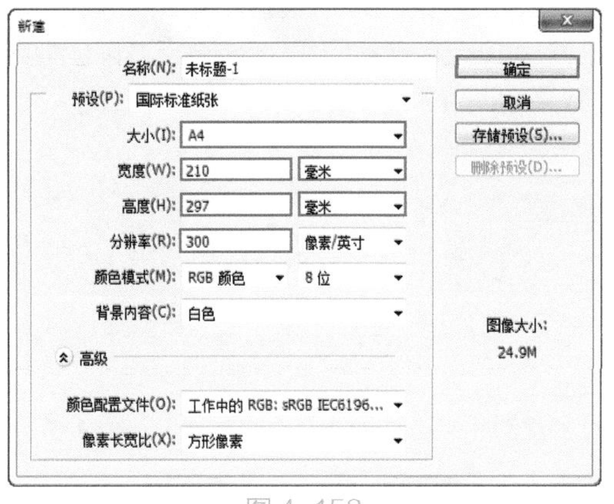

图 4-158

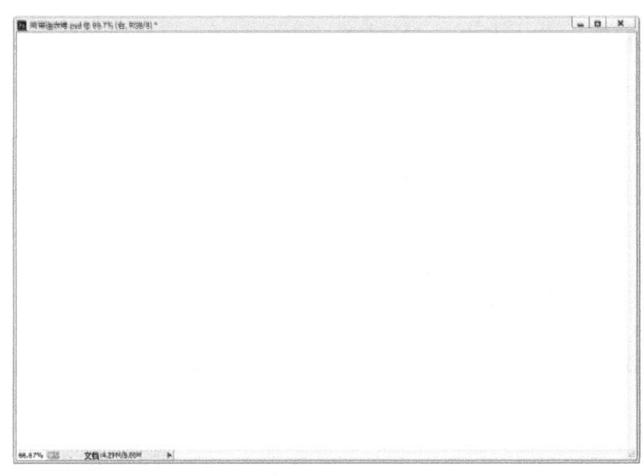
图 4-159

02> 单击工具箱中的“钢笔工具”按钮，在选项栏中设置绘制模式为“形状”，单击选项栏中的“填充”按钮，在打开的下拉面板中单击“渐变”按钮，然后在面板底部编辑一个由浅蓝色到白色的渐变，“描边”为黑色，描边粗细为 1 像素。设置完成后，在画面中绘制如图 4-160 所示的形状。选择该图层，使用快捷键 Ctrl+J 将该图层复制，执行菜单“编辑 > 变换路径 > 水平翻转”命令，然后将图形向右移动，效果如图 4-161 所示。

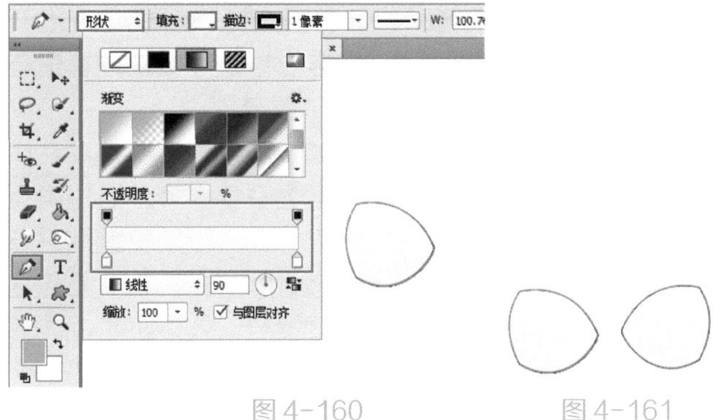

图 4-160　图 4-161

03> 使用钢笔工具绘制衣身部分，填充颜色为白色，如图 4-162 所示。接着执行菜单“文件 > 置入”命令，置

入蕾丝花纹素材“1.jpg”，按 Enter 键完成置入操作，并放置在衣身图层的上方，如图 4-163 所示。接着在“图层”面板中单击选择蕾丝图层，右击执行“创建剪贴蒙版”命令，效果如图 4-164 所示。

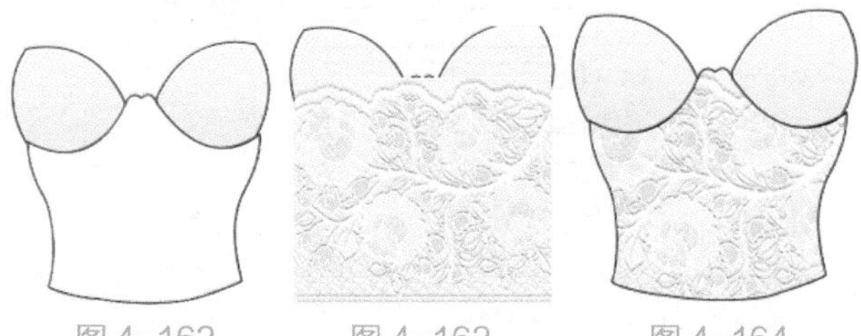

图 4-162　　图 4-163　　图 4-164

04> 单击工具箱中的“椭圆工具”按钮，在选项栏中设置绘制模式为“形状”，设置填充为蓝色系的渐变，设置“描边”为黑色，描边粗细为 0.3 点。设置完成后，按住 Shift 键拖动绘制一个正圆，如图 4-165 所示。

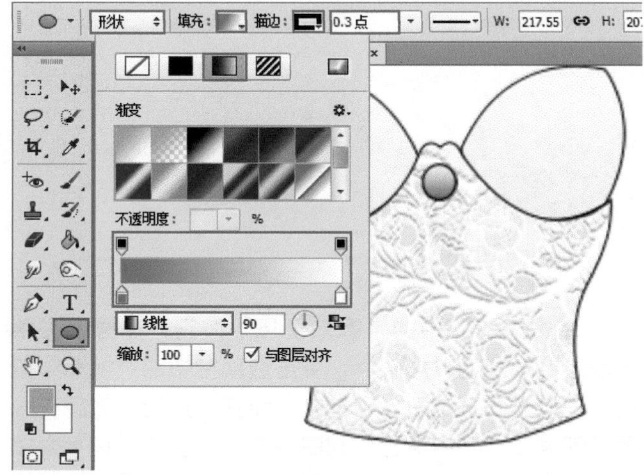

图 4-165

05> 单击工具箱中的“钢笔工具”按钮，在选项栏中设置绘制模式为“形状”，“填充”为无，“描边”为黑色，描边粗细为 1 像素，描边类型为实线。设置完成后，在画面中对连衣裙上身部分进行衣褶绘制，如图 4-166 所示。然后使用同样的方法，在连衣裙上身相应位置进行其他衣褶绘制，效果如图 4-167 所示。

06> 接下来为连衣裙上身部分绘制缉明线。在选项栏中设置“描边”为黑色，描边粗细为 0.5 像素，描边类型为虚线。设置完成后，在连衣裙相应的衔接位置处进行绘制，如图 4-168 所示。接着使用同样的方法，在连衣裙上身相应位置进行其他缉明线的绘制，效果如图 4-169 所示。

07> 接着制作肩带部分。使用钢笔工具绘制肩带后片的图形，如图 4-170 所示。然后使用同样的方法，绘制肩带前片，如图 4-171 所示。

08> 按住 Ctrl 键加选肩带两个图层，使用快捷键 Ctrl+G 进行编组。选择图层组，使用快捷键 Ctrl+J 进行复制，然后执行菜单“编辑 > 变换路径 > 水平翻转”命令，将肩带向右移动，如图 4-172 所示。接着在肩带上方绘制虚线作为缉明线，如图 4-173 所示。

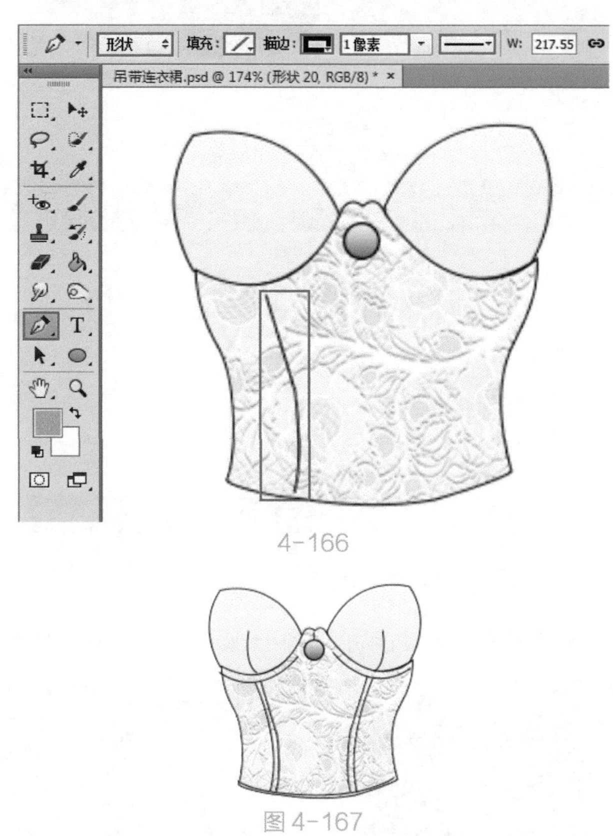

4-166

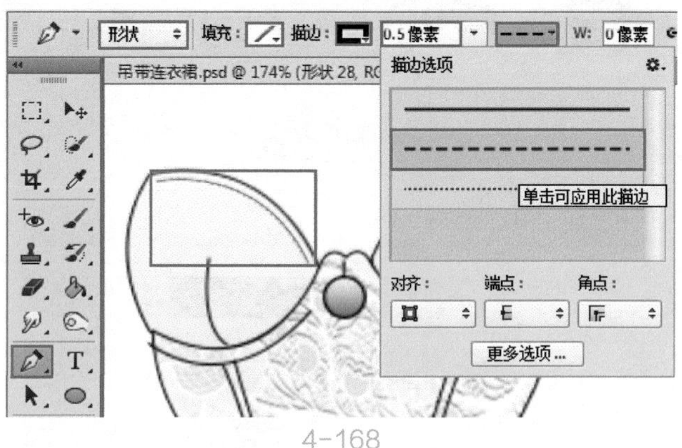

图 4-167

4-168

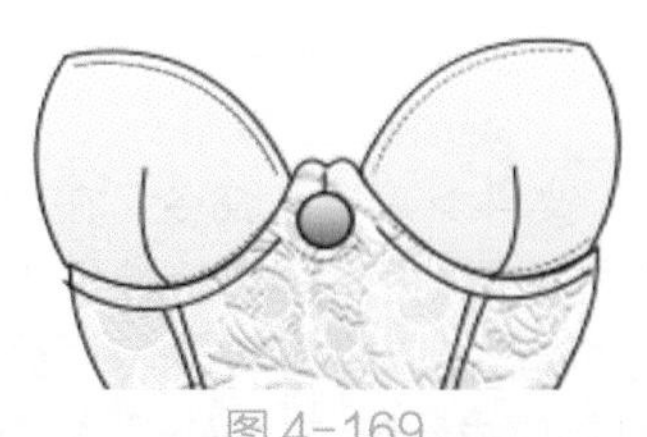

图 4-169

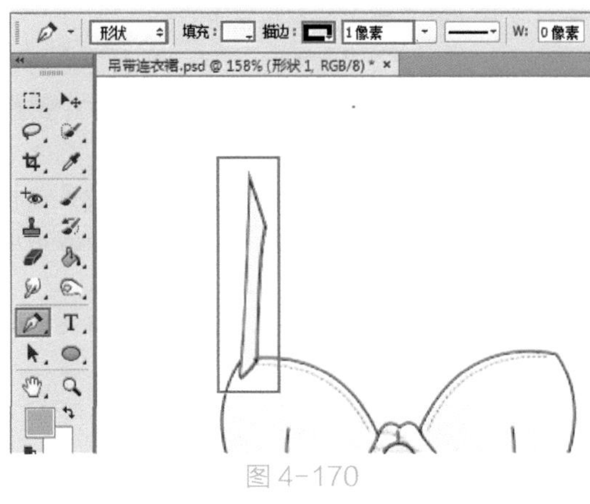

图 4-170

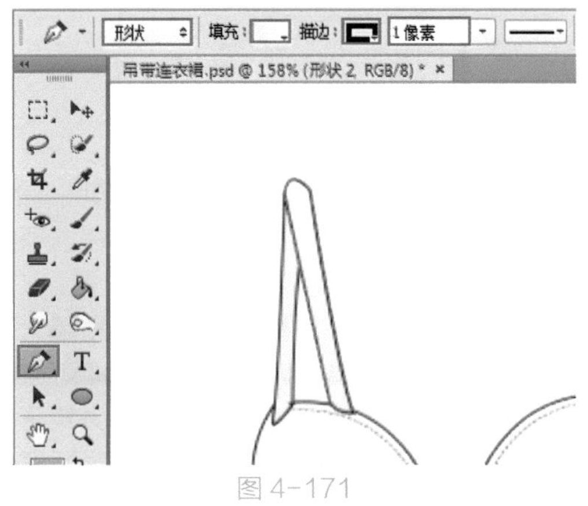

图 4-171

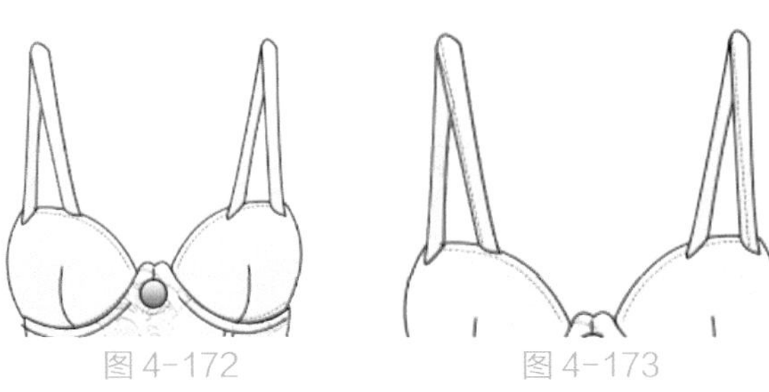

图 4-172　　图 4-173

09> 按住 Ctrl 键加选肩带图层，使用快捷键 Ctrl+G 进行编组，将图层组移动至“图层”面板的下方，效果如图 4-174 所示。

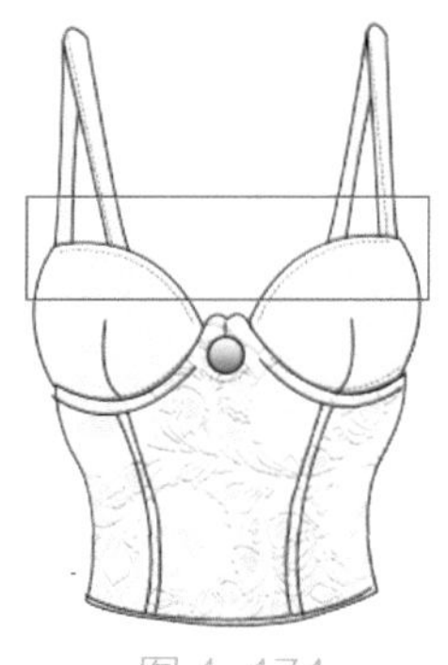

图 4-174

10> 接着使用同样的方法，制作裙摆部分，如图 4-175~图 4-177 所示。

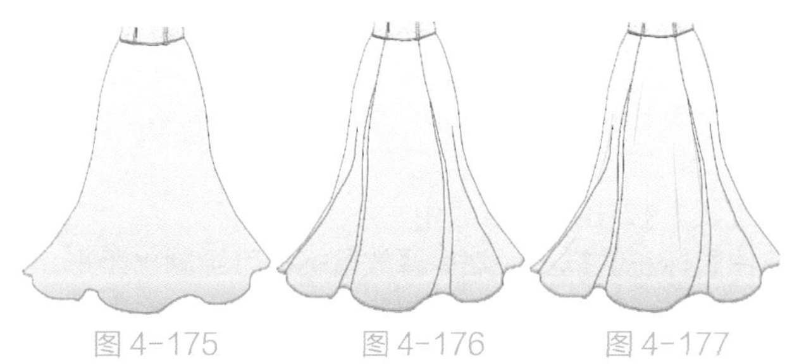

图 4-175　　图 4-176　　图 4-177

11> 加选裙子的图层，然后使用快捷键 Ctrl+G 进行编组，并将图层组命名为“左”。接着选择图层组，使用快捷键 Ctrl+J 将图层组进行复制，并命名为“右”，如图 4-178 所示。接着将“右”图层组向右侧移动，如图 4-179 所示。

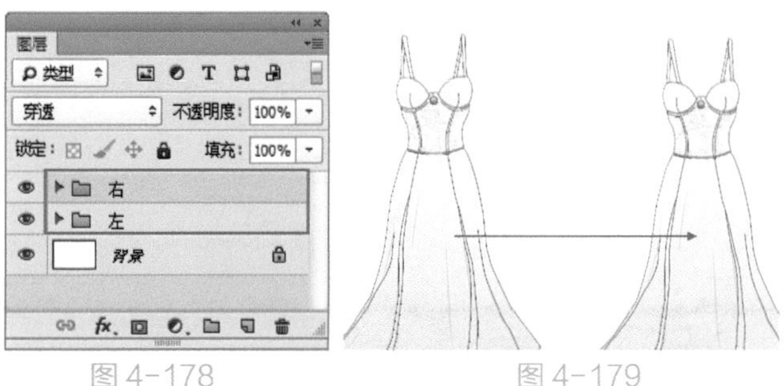

图 4-178　　图 4-179

12> 接下来为同款连衣裙进行调色。选择“右”图层组，执行菜单“图层 > 新建调整图层 > 色相 / 饱和度”命令，在弹出的“新建图层”对话框中单击“确定”按钮。接着在“属性”面板中设置“色相”为 -180，“饱和度”为 +30，然后单击面板底部的“创建剪贴蒙版”按钮，使调色效果只针对“右”图层组，如图 4-180 所示。此时画面效果如图 4-181 所示。

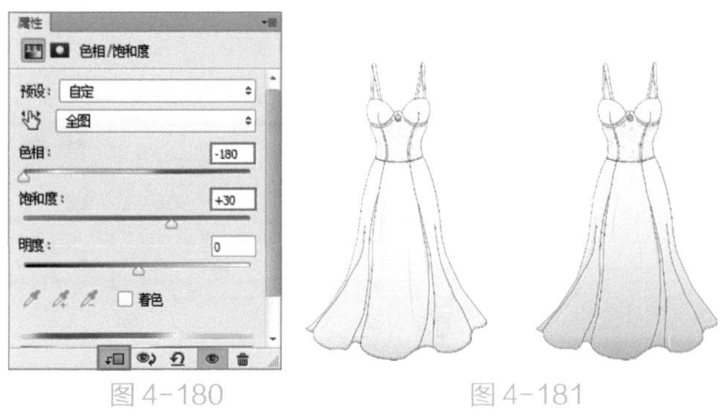

图 4-180　　图 4-181

4.5.2 使用形状工具绘制基本图形

使用形状工具组中的工具可以绘制一些基本图形，如圆形、矩形以及一些 Photoshop 中预设的图形。该工具组中的工具使用方法基本相同。图 4-182 所示为形状工具组。

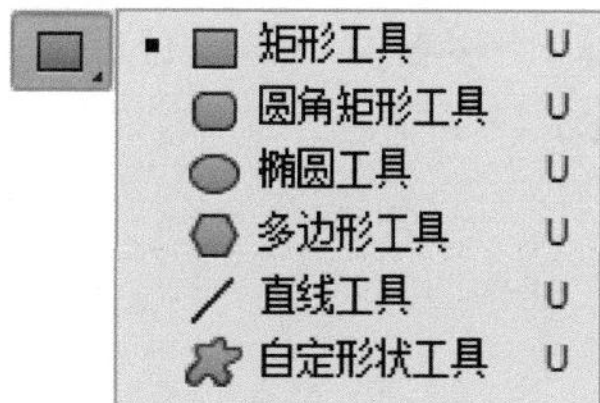

图 4-182

（1）“矩形工具” 可以绘制出正方形和矩形形状。单击工具箱中的“矩形工具”按钮，在画面中按住鼠标左键拖曳，然后释放鼠标即可绘制出矩形，如图 4-183 所示。绘制时按住 Shift 键可以绘制出正方形，如图 4-184 所示。选择矩形工具，在画面中单击，可以弹出“创建矩形”对话框，在该对话框中可以设置矩形的“宽度”和“高度”，如图 4-185 所示。

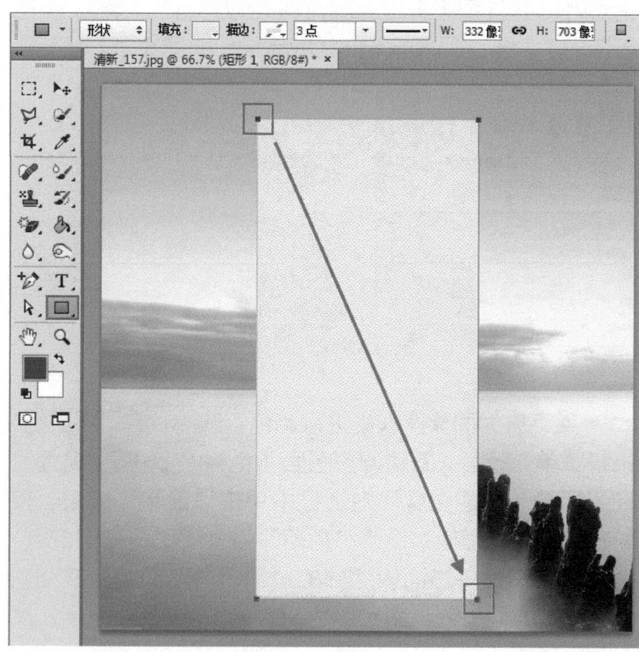
图 4-183

图 4-184　　图 4-185

技巧提示：矩形工具选项栏

在选项栏中单击图标，打开矩形工具的设置选项，在这里可以对矩形的尺寸以及比例进行精确的设置，如图4-186所示。

- 不受约束：选择该选项可以绘制出任意尺寸的矩形。方形：选择该选项可以绘制出正方形。
- 固定大小：单击该单选按钮后，可以在其后面的数值框中输入宽度（W）和高度（H）数值，然后在图像上单击即可创建固定矩形。
- 比例：单击该单选按钮后，可以在其后面的数值框中输入宽度（W）和高度（H）数值，此后创建的矩形始终保持这个比例。
- 从中心：以任何方式创建矩形时，勾选该复选框，鼠标单击点即为矩形的中心。

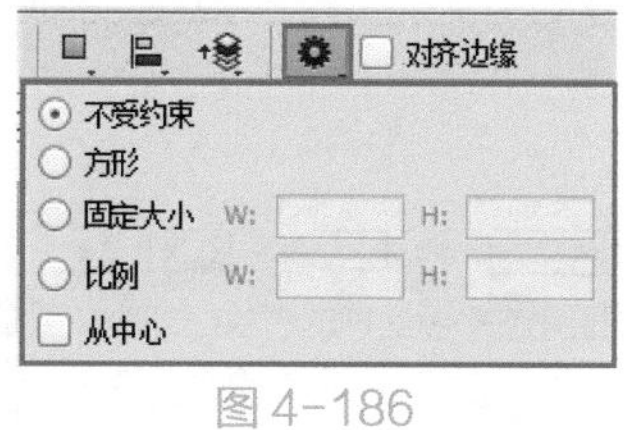

图 4-186

（2）“圆角矩形工具” 可以创建四角圆滑的矩形。单击工具箱中的“圆角矩形工具”按钮，在选项栏中可以对圆角矩形的四个圆角的“半径”进行设置，“半径”选项用来设置圆角的大小，数值越大，圆角越大。设置完成后，在画面中按住鼠标左键并拖曳，即可绘制出圆角矩形，如图 4-187 所示。也可以选择圆角矩形工具在画面中单击，在弹出的“创建圆角矩形”对话框中对每一个圆角半径进行设置，如图 4-188 所示。设置完成后，单击“确定”按钮，效果如图 4-189 所示。

图 4-187

图 4-188

图 4-189

（3）使用“椭圆工具”可以创建出椭圆和正圆形状。单击工具箱中的“椭圆工具”按钮，在画面中单击鼠标左键拖曳，释放鼠标左键后即可创建出椭圆形，如图 4-190 所示。如果要创建正圆形，可以按住 Shift 键的同时进行绘制，如图 4-191 所示。

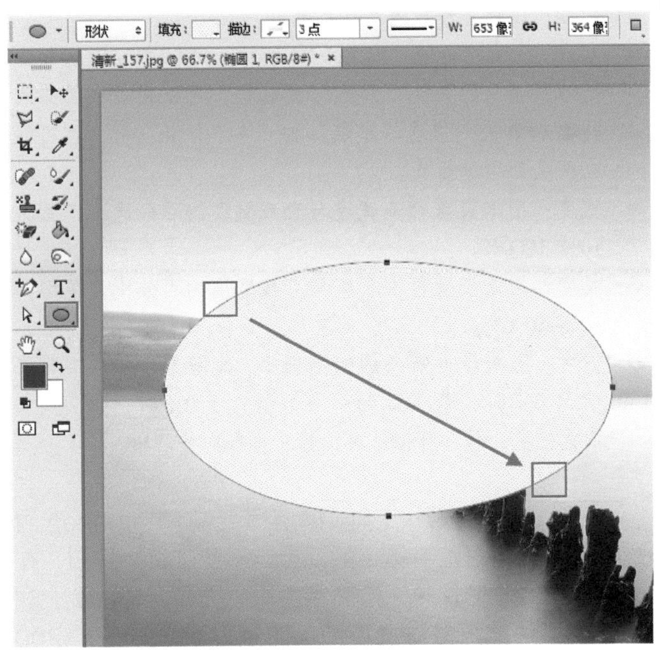

图 4-190

图 4-191

（4）“多边形工具”主要用于绘制各种边数的多边形；除此之外，使用该工具还可以用于绘制星形。单击工具箱中的“多边形工具”按钮，在选项栏中设置多边形的“边”数，接着在画面中按住鼠标左键并拖曳，释放鼠标后即可得到多边形，如图 4-192 所示。想要绘制星形需要单击选项栏中的图标，打开多边形工具的设置选项，勾选“星形”复选框，设置一定的缩进边依据即可得到星形，如图 4-193 所示。

图 4-192

图 4-193

技巧提示：多边形工具选项栏参数详解

单击选项栏中的图标，打开多边形工具的设置选项，在这里可以进行半径、平滑拐角以及星形的设置，如图4-194所示。

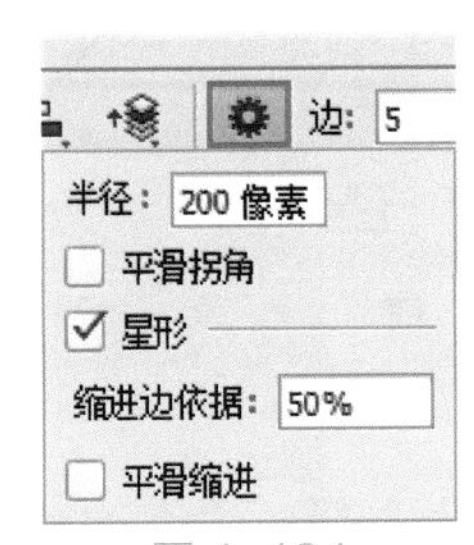

图 4-194

- 半径：用于设置多边形或星形的半径长度（单位为 cm），设置好半径以后，在画面中拖动鼠标即可创建出相应半径的多边形或星形。
- 平滑拐角：勾选该复选框以后，可以创建出具有平滑拐角效果的多边形或星形，如图 4-195 所示。
- 星形：勾选该复选框后，可以创建星形。“缩进边依据”

选项主要用来设置星形边缘向中心缩进的百分比，数值越高，缩进量就越大。图 4-196 所示为不同缩进数值产生的效果。

- 平滑缩进：勾选该复选框后，可以使星形的每条边向中心平滑缩进，如图 4-197 所示。

图 4-195

图 4-196

图 4-197

（5）“直线工具” 常用于绘制带有宽度的直线线条。单击工具箱中的“直线工具”按钮，在选项栏中通过设置“粗细”参数，去调整直线的宽度。设置完成后，在画面中按住鼠标左键拖曳进行绘制，如图 4-198 所示。除此之外，还可以在选项栏中单击 图标，在弹出的选项面板中可以进行箭头的设置，绘制出带有箭头的形状，如图 4-199 所示。

图 4-198

图 4-199

技巧提示：直线工具参数详解

- 粗细：设置直线或箭头线的粗细。
- 起点 / 终点：勾选“起点”复选框，可以在直线的起点处添加箭头；勾选“终点”复选框，可以在直线的终点处添加箭头；勾选“起点”和“终点”复选框，则可以在两头都添加箭头。
- 宽度：用来设置箭头宽度与直线宽度的百分比，范围为 10%~1000%。
- 长度：用来设置箭头长度与直线宽度的百分比，范围为 10%~5000%。
- 凹度：用来设置箭头的凹陷程度，范围为 -50%~50%。值为 0% 时，箭头尾部平齐；值大于 0% 时，箭头尾部向内凹陷；值小于 0% 时，箭头尾部向外凸出。

（6）“自定形状工具” 用于绘制 Photoshop 内置的形状。单击工具箱中的“自定形状工具”按钮，在选项栏中的“形状”下拉面板中可以选择合适形状。在画面中按住鼠标左键拖曳即可绘制形状，如图 4-200 所示。

图 4-200

服装设计实战：休闲牛仔衬衫

文件路径	第 4 章 \ 休闲牛仔衬衫	
难易指数	★★★★★	
技术掌握	钢笔工具、栅格化图层、创建剪贴蒙版、椭圆工具	

案例效果

案例效果如图 4-201 所示。

图 4-201

配色方案解析

牛仔面料一直是潮流的宠儿，本案例中的衬衫即选择了这种面料。采用单色搭配方式，以牛仔蓝色为主色，简洁、大方，点缀以金属扣，随性而又不失格调。图 4-202~ 图 4-205 所示为使用该配色方案的服装设计作品。

图 4-202　图 4-203

图 4-204　图 4-205

其他配色方案

单色配色	双色配色	三色配色

应用拓展

优秀的服装设计作品，如图 4-206~ 图 4-209 所示。

图 4-206

图 4-207

图 4-208

图 4-209

实用配色方案

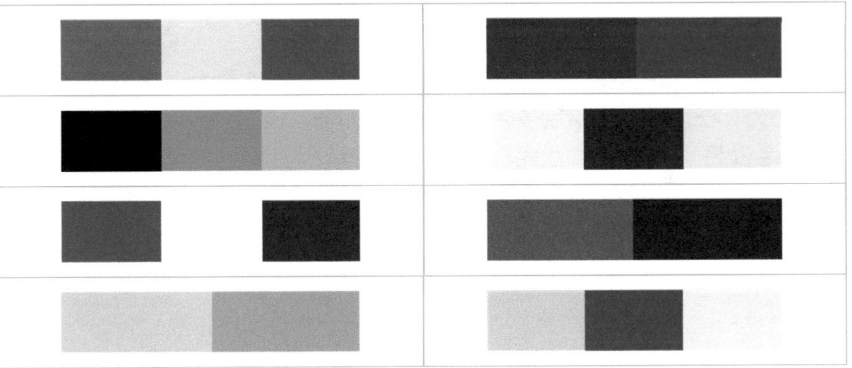

操作步骤

01> 执行菜单“文件 > 新建”命令，在弹出的“新建”对话框中设置“预设”为“国际标准纸张”，“宽度”为 210 毫米，“高度”为 297 毫米，“分辨率”为 300 像素 / 英寸，设置完毕后，单击“确定”按钮完成操作，如图 4-210 所示。效果如图 4-211 所示。

02> 首先绘制衬衫后片形状。单击工具箱中的“钢笔工具”按钮，在选项栏中设置绘制模式为“形状”，“填充”为白色，“描边”为黑色，描边粗细为 1 像素，描边类型为实线，设置完成后，在画面中进行绘制，如图 4-212 所示。继续绘制后片领口形状，如图 4-213 所示。

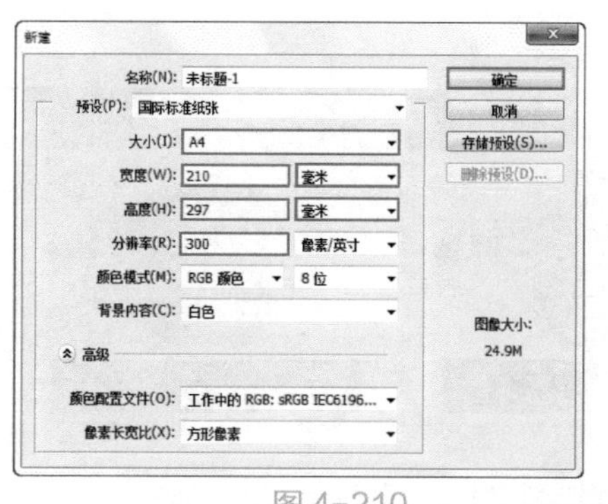

图 4-210

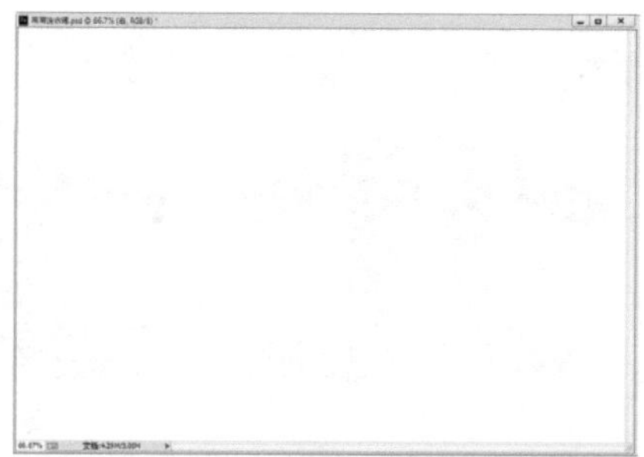

图 4-211

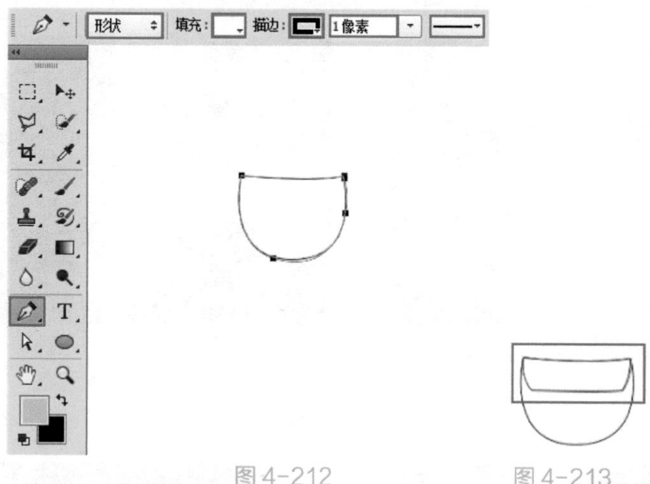

图 4-212　　图 4-213

03> 接着在画面中绘制衬衫的前片形状，如图 4-214 所示。接着将“填充”设置为无，在前片上方绘制多条黑色线条，如图 4-215 所示。

04> 继续将“填充”设置为白色，使用钢笔工具绘制左侧衣领部位，如图 4-216 所示。绘制完成后按 Enter 键完成此操作。复制衣领移动到右侧并水平翻转，效果如图 4-217 所示。

图 4-214　　图 4-215　　图 4-216　　图 4-217

05> 接下来绘制衣袖部分。单击工具箱中的“钢笔工具”按钮，在选项栏中设置绘制模式为“形状”，“填充”为白色，“描边”为黑色，描边粗细为 1 像素，描边选项为实线，设置完成后，在画面中衬衫的左侧位置绘制衣袖形状，如图 4-218 所示。使用同样的方法，绘制右侧衣袖部分，效果如图 4-219 所示。

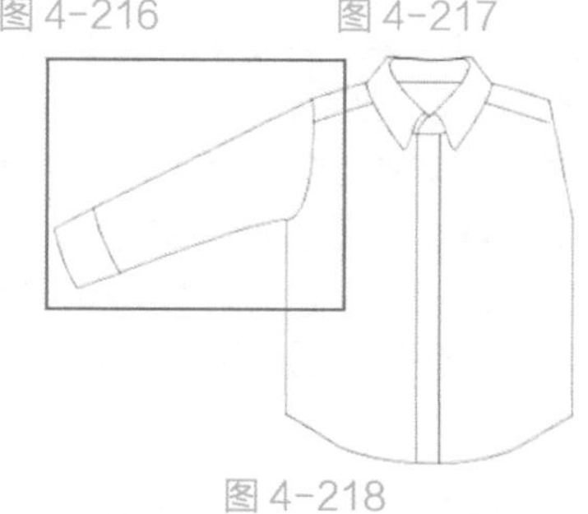

图 4-218

图 4-219

06> 接着在“图层”面板中选中所有图层，使用快捷键 Ctrl+G 进行编组，并命名为“休闲牛仔衫”，如图 4-220 所示。

图 4-220

07> 接下来为衬衫添加牛仔质感。执行菜单“文件 > 置入”命令，在弹出的对话框中选择“1.jpg”，单击“置入”按钮，如图 4-221 所示。接着将光标放置在素材一角处按住 Shift 键的同时，按住鼠标左键拖曳，等比例缩放该素材，使素材覆盖于衬衫上方，如图 4-222 所示。调整完成后，按 Enter 键完成置入。

08> 接着在“图层”面板中右击该图层，在弹出的快捷菜单中执行“栅格化图层”命令，如图 4-223 所示。

09> 接着在“图层”面板中设置图层混合模式为“正片叠底”，如图 4-224 所示。此时画面效果如图 4-225 所示。

10> 在“图层”面板中选中“1”图层，将光标定位在该图层上，右击选择“创建剪贴蒙版”命令，如图 4-226 所示。此时画面效果如图 4-227 所示。

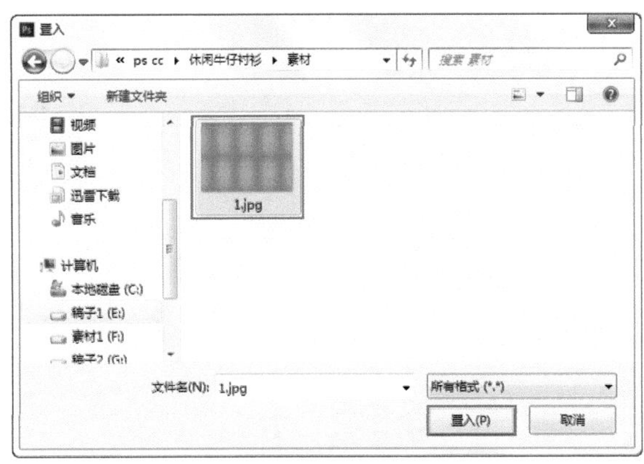

图 4-221

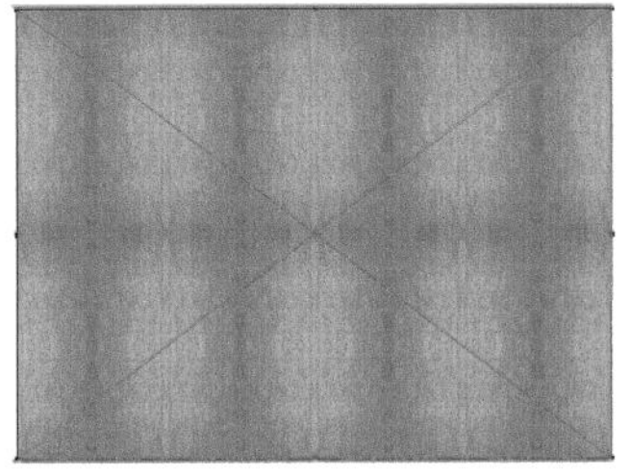

图 4-222

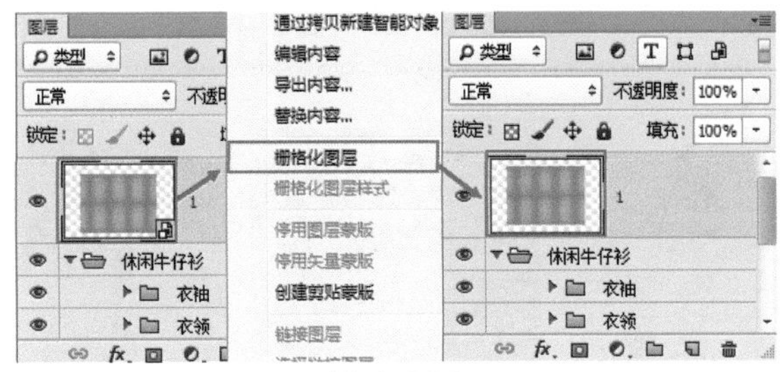

图 4-223

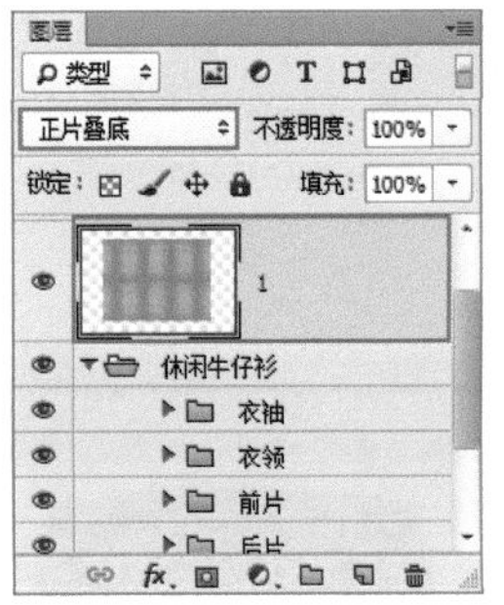

图 4-224

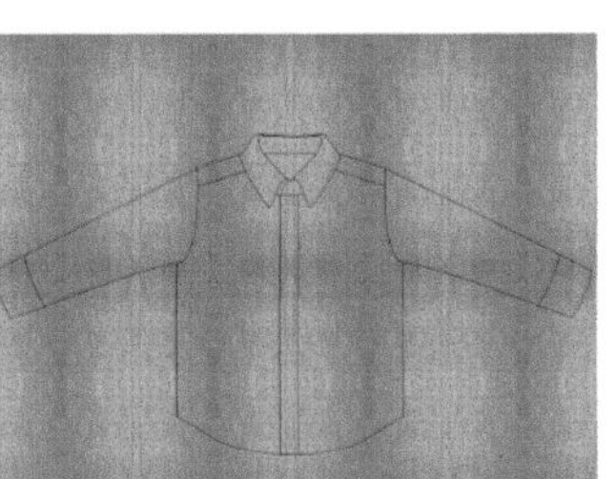

图 4-225

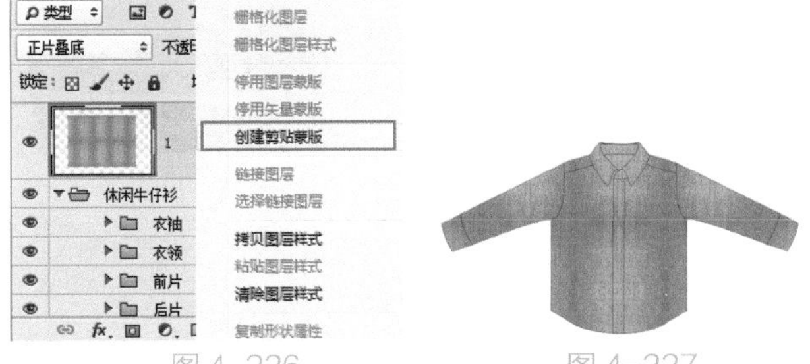

图 4-226

图 4-227

11> 接下来制作衬衫的纽扣。在工具箱中右击形状工具组，在形状工具组列表中选择椭圆工具，在选项栏中设置绘制模式为“形状”，填充一个由灰色到白色的线性渐变，“描边”为黑色，描边粗细为 1 像素，描边类型为实线。接着在画面中进行绘制，如图 4-228 所示。使用同样的方法，绘制其他纽扣，如图 4-229 所示。

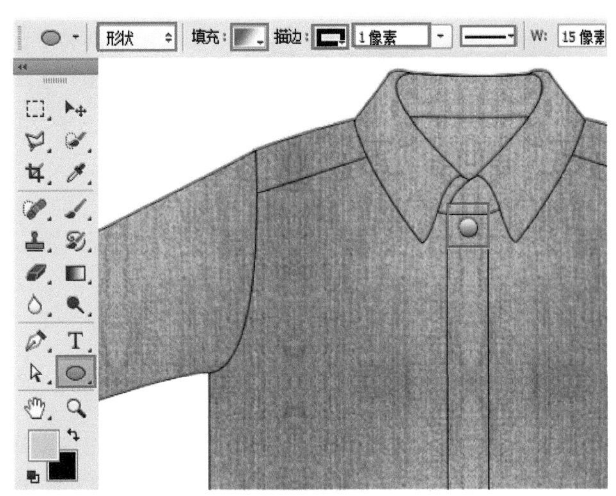

图 4-228

12> 最后绘制牛仔衬衫的缉明线。选择钢笔工具，在选项栏中设置绘制模式为“形状”，“填充”为无，“描边”为黑色，描边粗细为 0.5 像素，描边类型为虚线，接着在衣领位置进行绘制，如图 4-230 所示。使用同样的方法，绘制其他位置缉明线，画面最终效果如图 4-231 所示。

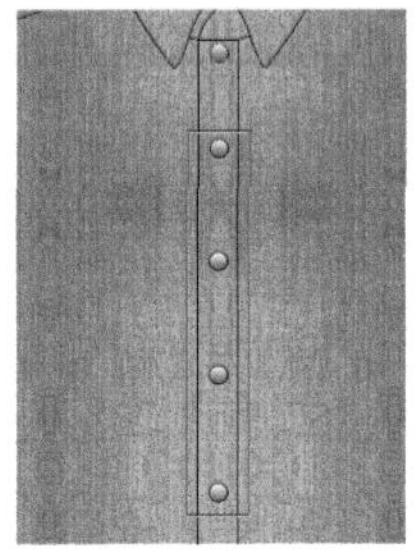

图 4-229

图 4-230　　图 4-231

4.5.3 路径的变换

路径也可以进行自由变换，变换之前，首先使用路径选择工具选择需要变换的路径，然后执行菜单“编辑 > 自由变换路径”命令或使用快捷键 Ctrl+T，调出界定框，如图 4-232 所示。接着可以进行变换操作，变换完成后按 Enter 键完成变换，如图 4-233 所示。

图 4-232

4-233

技巧提示：存储路径

在Photoshop中直接绘制出的路径为临时路径，想要将路径存储以备后用，可以在“路径”面板中将临时路径拖曳到“创建新路径”按钮上，该路径就会转换为工作路径，被存储在“路径”面板中。

技巧提示：路径运算

选区可以进行运算，路径同样可以进行运算。首先绘制一个形状，如图4-234所示。默认状态下，选项栏中的“路径操作”按钮为“新建图层”。单击该按钮，在弹出的下拉列表中选择一种运算方式，如图4-235所示。图4-236所示为不同运算方式产生的运算效果。

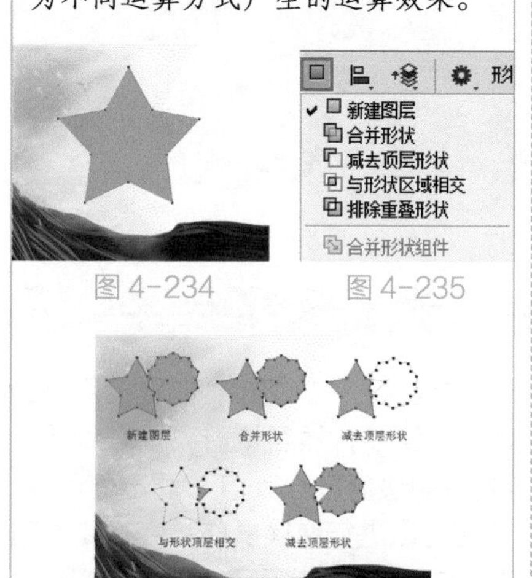

图 4-234　图 4-235

图 4-236

服装设计实战：春夏女装超短裙

文件路径	第 4 章 \ 春夏女装超短裙	
难易指数	★★★★★	
技术掌握	钢笔工具、椭圆工具	

案例效果

案例效果如 4-237 所示。

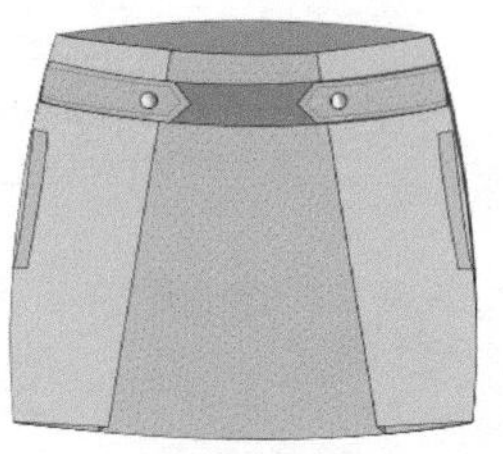
图 4-237

配色方案解析

本作品采用同类色搭配方式，以驼色和米色为主色。卡其色一直都是优雅的代名词，这两种颜色搭配在一起和谐又不古板，搭配简单的廓形，以同色腰带进行点缀，整体简洁大方。图 4-238~ 图 4-241 所示为使用该配色方案的服装设计作品。

图 4-238

图 4-239

图 4-240

图 4-241

其他配色方案

应用拓展

优秀的服装设计作品，如图 4-242~ 图 4-245 所示。

图 4-242

图 4-243

图 4-244

图 4-245

实用配色方案

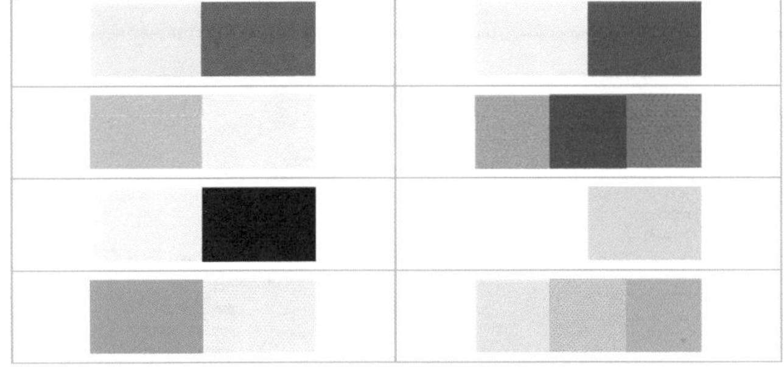

操作步骤

01＞ 执行菜单“文件＞新建”命令，在弹出的“新建”对话框中设置“预设”为“国际标准纸张”，“宽度”为210毫米，“高度”为297毫米，“分辨率”为300像素/英寸，设置完成毕后，单击“确定”按钮完成操作，如图4-246所示。效果如图4-247所示。

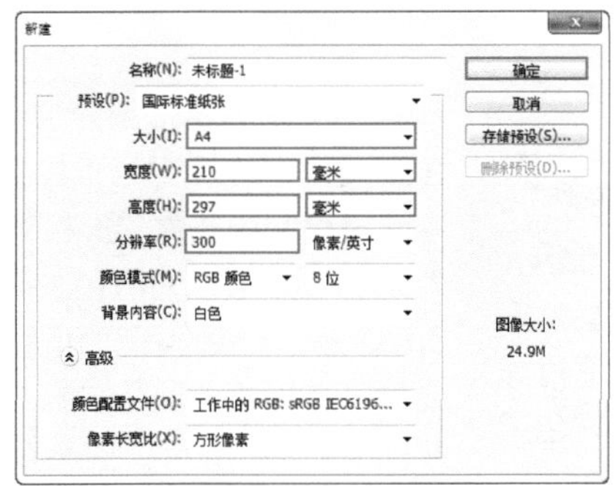

图 4-246

图 4-247

02＞ 首先绘制短裙后片形状。在工具箱中单击“钢笔工具”按钮，在选项栏中设置绘制模式为“形状”，“填充”为驼色，“描边”为黑色，描边粗细为1像素，描边类型为实线，如图4-248所示。设置完成后，在画面中绘制形状。绘制完成后按Enter键完成此操作，如图4-249所示。

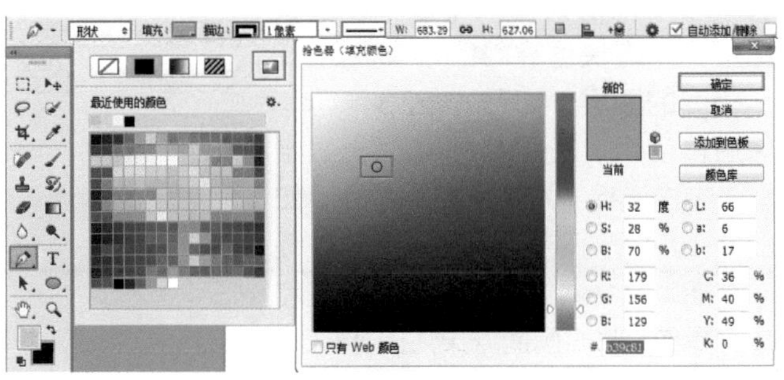

图 4-248

图 4-249

03＞ 接下来绘制短裙前片形状。继续使用钢笔工具。在不选中任何形状图层时，并在选项栏中设置“填充”为浅驼色，如图4-250所示。设置完成后，在画面中后片位置绘制前片形状，使其形成鲜明的前后位置关系，如图4-251所示。

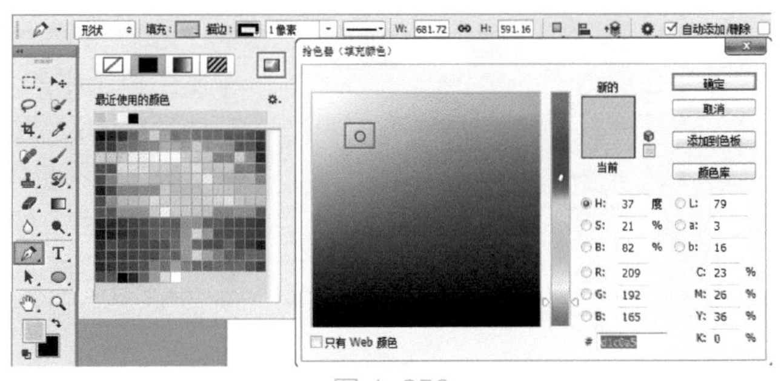

图 4-250

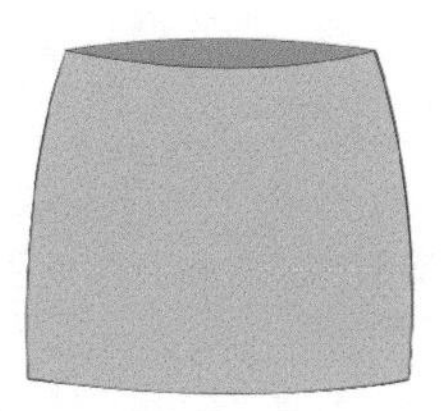

图 4-251

04> 继续使用钢笔工具，在不选中任何形状图层时，在选项栏中设置“填充”为驼色，设置完成后，在画面中的裙子上绘制分割线的形状，如图 4-252 所示。

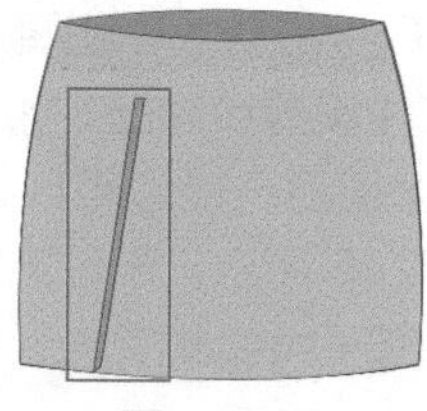

图 4-252

05> 在“图层”面板中选中该形状图层，使用快捷键 Ctrl+J 复制出一个相同的图层，如图 4-253 所示。然后再使用快捷键 Ctrl+T 调出界定框，右击选择“水平翻转”命令，如图 4-254 所示。接着按住鼠标左键向右拖曳至合适位置，按 Enter 键完成此操作。此时画面效果如图 4-255 所示。

图 4-253

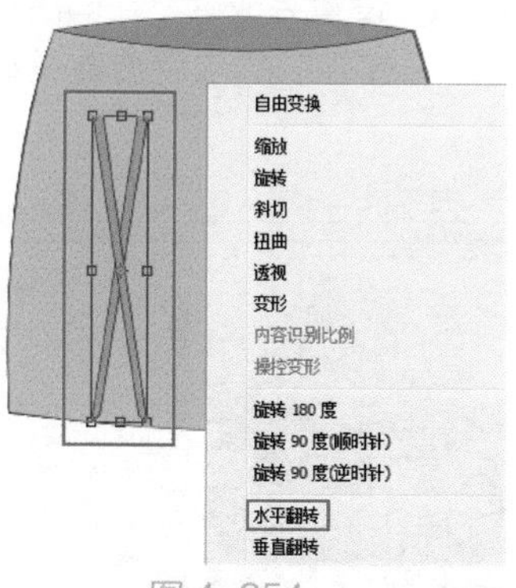

图 4-254

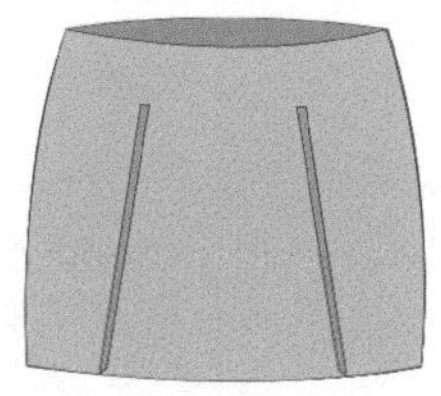

图 4-255

06> 接下来继续使用钢笔工具，在选项栏中设置“填充”为米色，然后在画面中相应位置绘制样式形状，如图 4-256 所示。在“图层”面板中选中该图层，使用快捷键 Ctrl+J 将图层进行复制，然后将该图层水平翻转，如图 4-257 所示。接着向右移动到合适位置，效果如图 4-258 所示。

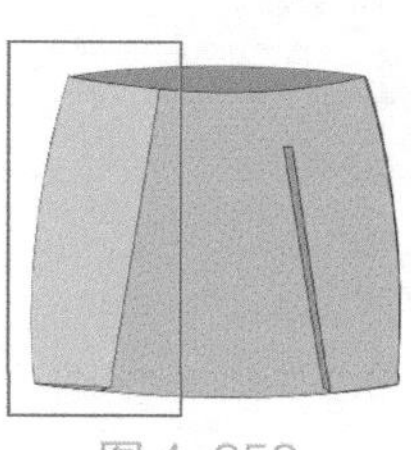

图 4-256

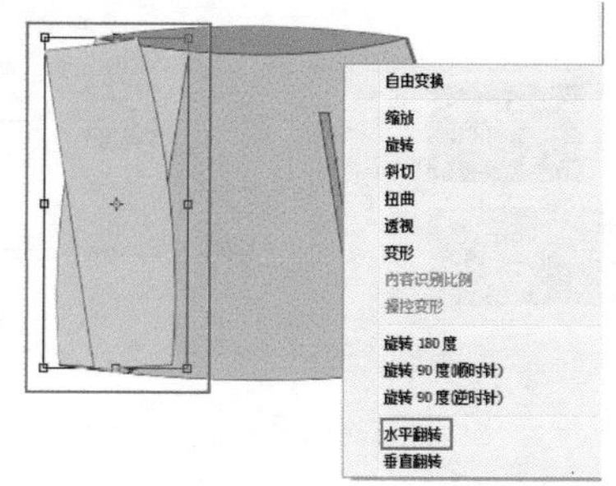

图 4-257

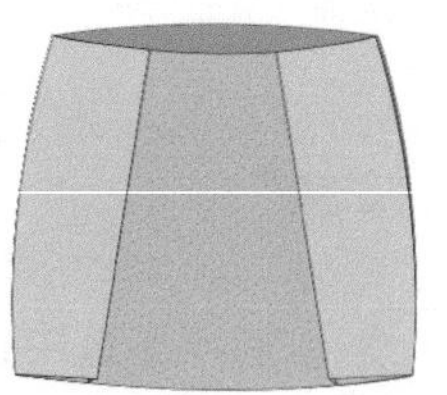

图 4-258

07> 使用同样的方法，绘制短裙两侧的衣兜形状，如图 4-259 所示。

08> 接下来为绘制短裙腰带部分。单击工具箱中的“钢笔工具”按钮，在选项栏中设置绘制模式为“形状”，“填充”为深驼色，“描边”为黑色，描边粗细为 1 像素，描边类型为实线。设置完成后，在画面中短裙腰口位置绘制腰带形状，如图 4-260 所示。

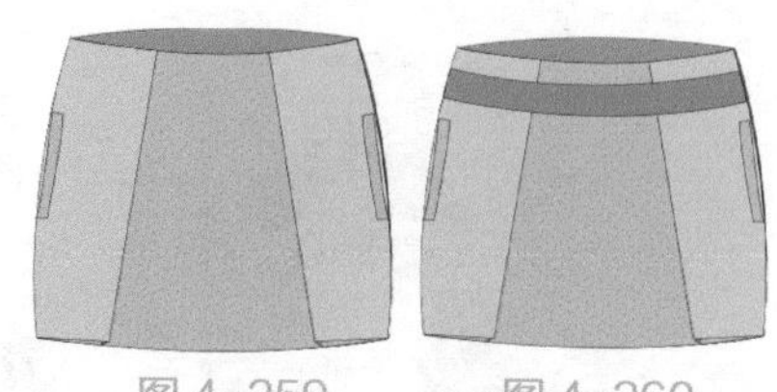

图 4-259　　图 4-260

09> 接着在选项栏中设置“填充”为驼色，然后在腰带左侧相应位置绘制形状，如图 4-261 所示。在“图层”面板中选中该图层，使用快捷键 Ctrl+J 将图层进行复制，然后将该图层水平翻转，如图 4-262 所示。接着向右移动到合适位置，效果如图 4-263 所示。

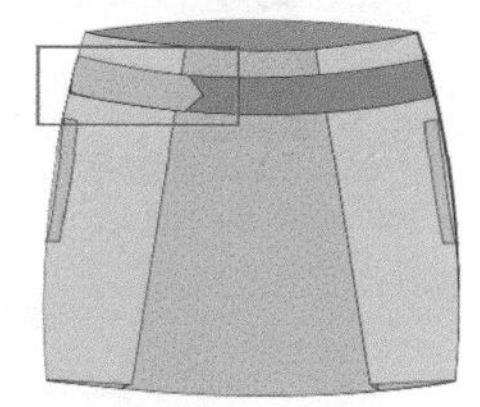

图 4-261

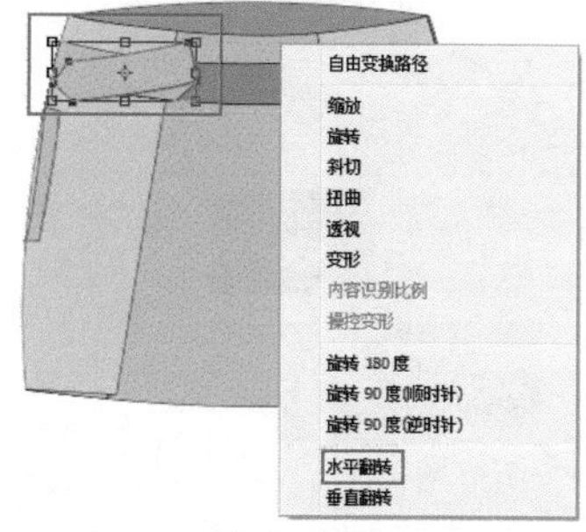

图 4-262

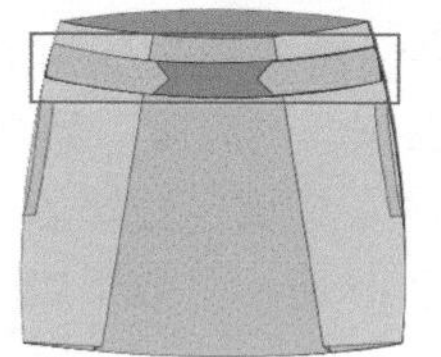

图 4-263

10> 接下来为腰带部分绘制缉明线。在工具箱中选择钢笔工具，在选项栏中设置绘制模式为“形状”，“填充”为无，“描边”为黑色，描边粗细为 0.5 像素，描边类型为虚线。设置完成后，在短裙的腰带位置进行绘制，如图 4-264 所示。接着在右侧腰带上方绘制缉明线，效果如图 4-265

所示。

图 4-264

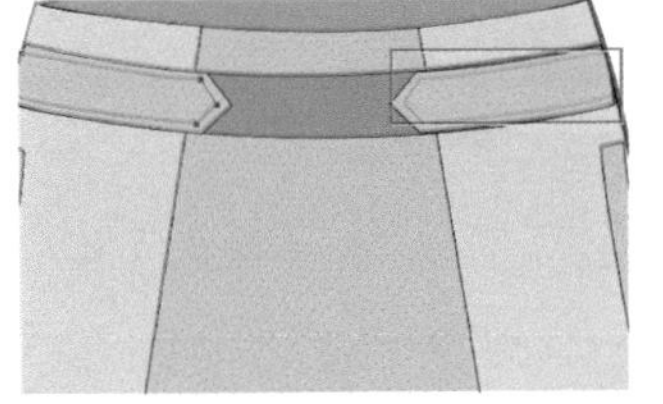

图 4-265

11> 接下来绘制纽扣。选择工具箱中的椭圆工具，在选项栏中设置绘制模式为“形状”，“填充”为渐变，并编辑一个由灰色到白色的渐变色条，设置“描边”为黑色，描边粗细为 0.5 像素，描边类型为实线，如图 4-266 所示。设置完成后，在短裙腰带位置进行绘制，在按住 Shift 键的同时，按住鼠标左键并拖曳至合适大小，如图 4-267 所示。

12> 接着在“图层”面板中选中纽扣形状图层，使用快捷键 Ctrl+J 复制出一个相同的形状图层，然后将圆形向右移动，最终效果如图 4-268 所示。

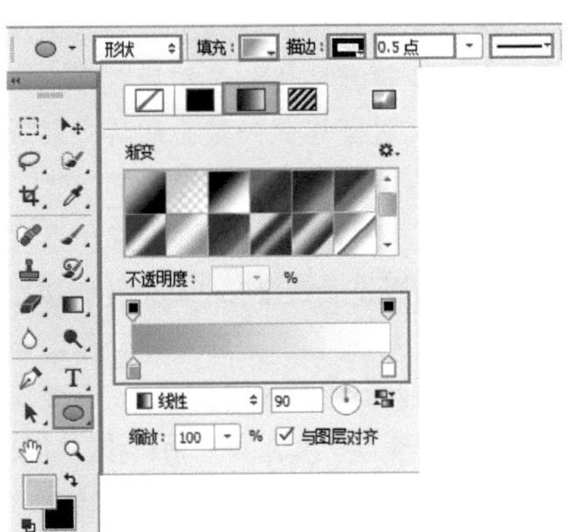

图 4-266

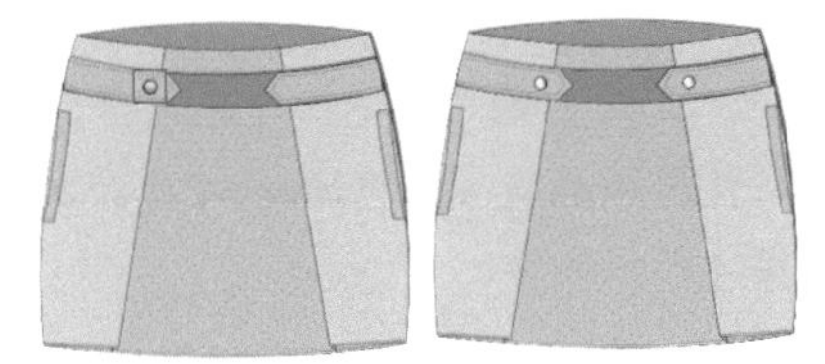

图 4-267　　图 4-268

4.5.4 填充路径

路径也能够进行填充，但是如果重新对路径的形态进行修改时，填充的位置不会随着路径而改变。

（1）先绘制路径，在使用矢量工具的状态下右击，执行“填充路径”命令，如图 4-269 所示。打开“填充子路径”对话框，在这里可以选择合适的填充内容、混合以及渲染的设置，如图 4-270 所示。

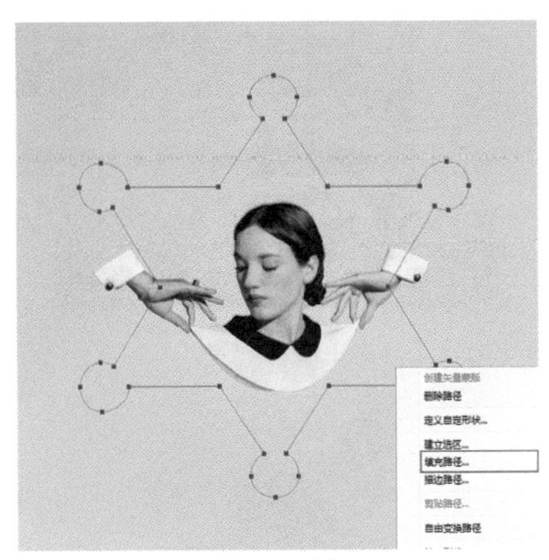

图 4-269

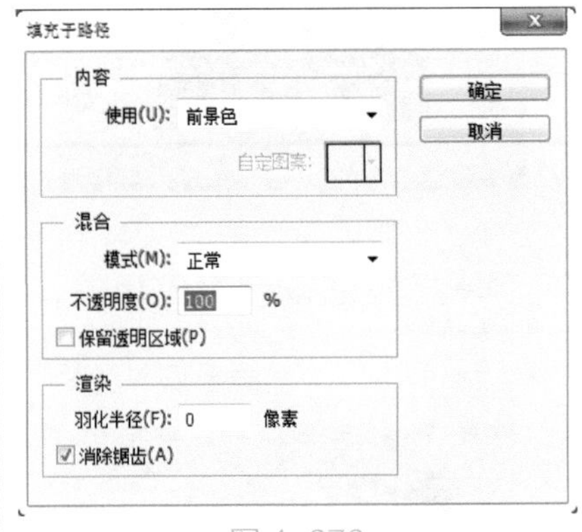

图 4-270

（2）在“填充子路径”对话框中可以对填充内容进行设置，这里包含多种类型的填充内容，并且可以设置当前填充内容的“混合模式”以及“不透明度”等属性，如图 4-271 所示。可以尝试使用“颜色”与“图案”填充路径，效果如图 4-272 和 4-273 所示。

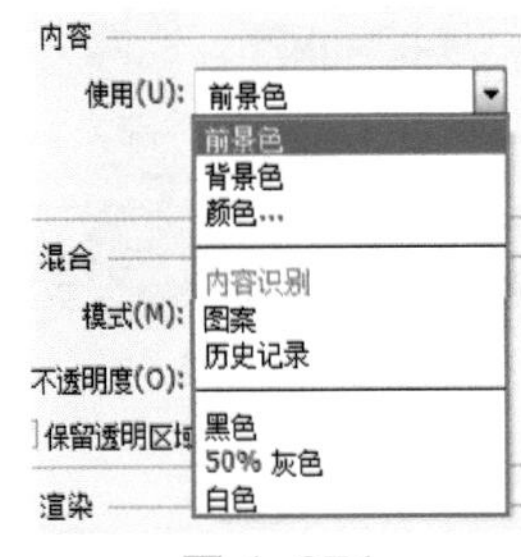

图 4-271

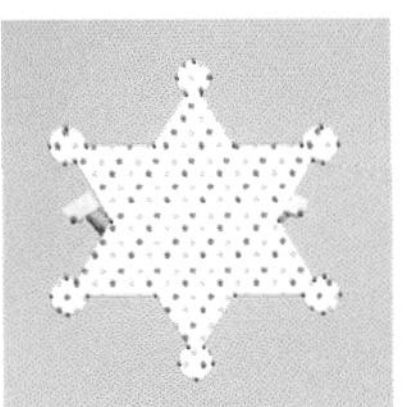

图 4-272　　图 4-273

4.5.5 描边路径

描边路径是非常常用的功能，假如想要绘制一条平滑的曲线光带效果，如果使用画笔工具进行绘制，手动肯定不会达到令人满意的效果。若使用“描边路径”命令制作起来就非常简单了，先使用钢笔工具绘制出路径，然后以画笔工具进行描边，这样制作出的光带效果就比较自然。

想要使用画笔工具进行描边，那么就需要设置合适的前景色，然后设置好画笔的笔尖以及粗细等参数。使用钢笔工具绘制路径，然后右击执行“描边路径”命令，如图 4-274 所示。在打开的“描边路径”对话框中选择合适的工具，如图 4-275 所示。单击“确定”按钮后即可以刚刚设置好的工具对路径进行描边，如图 4-276 所示。

如果勾选了“模拟压力”复选框，如图 4-277 所示。可以得到逐渐消去的描边效果，如图 4-278 所示。

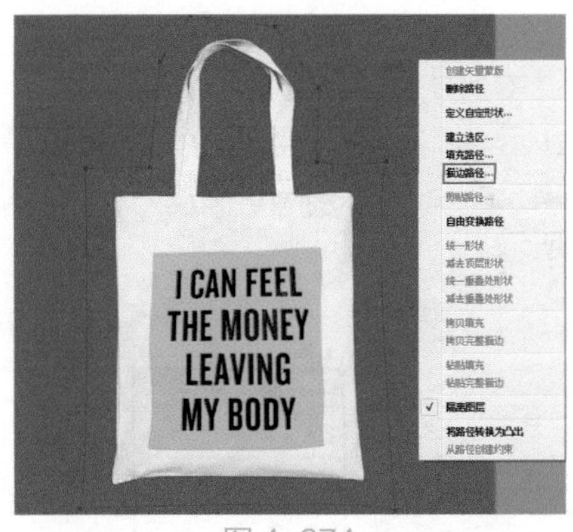

图 4-274

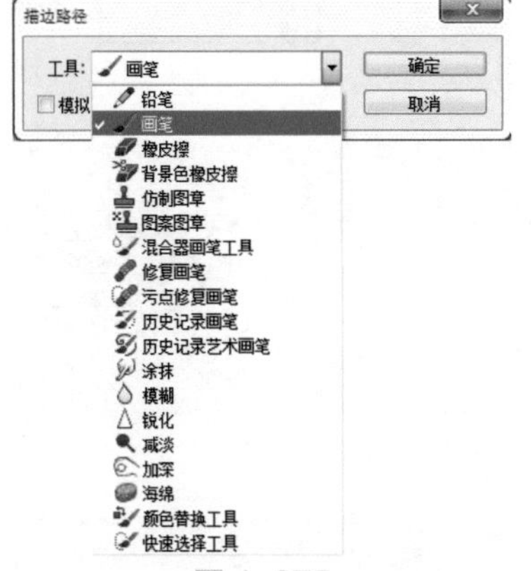

图 4-275

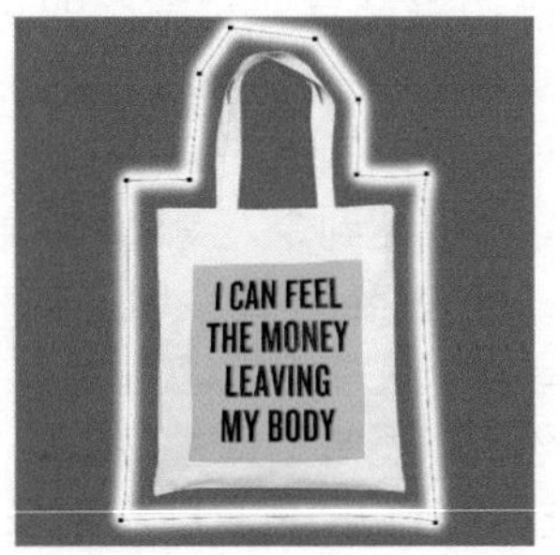

图 4-276

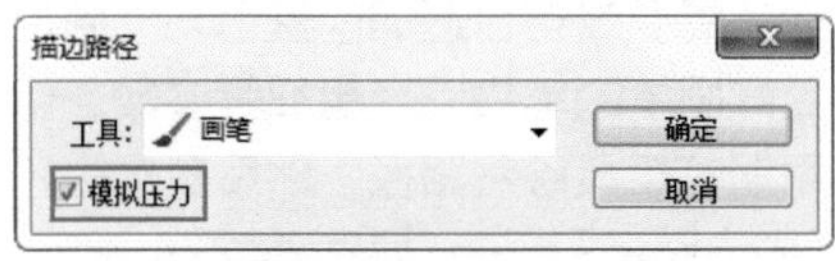

图 4-277

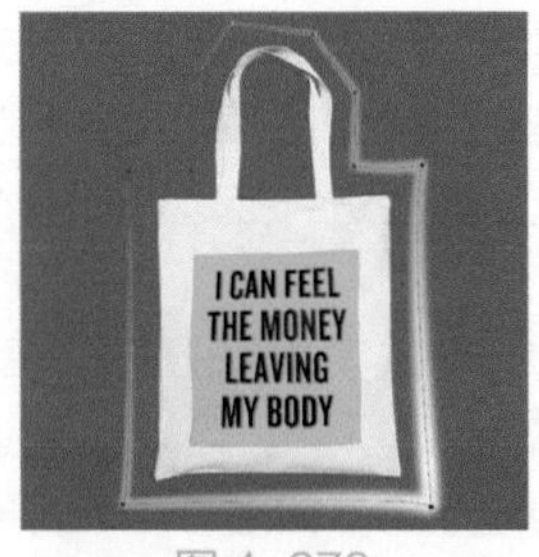

图 4-278

技巧提示：快速进行描边路径

如果设置好画笔的参数以后，在使用画笔状态下按Enter键可以直接为路径描边。

4.5.6 创建与使用矢量蒙版

“矢量蒙版”是通过矢量路径来控制图层的显示与隐藏，矢量路径内的图像显示，路径以外的部分隐藏。

（1）选择图层，使用矢量工具绘制一个闭合路径，如图 4-279 所示。执行菜单“图层 > 矢量蒙版 > 当前路径”命令，即可为该图层添加矢量蒙版，路径以内的部分显示，路径以外的部分被隐藏，如图 4-280 所示。此时矢量蒙版如图 4-281 所示。

图 4-279

图 4-280

图 4-281

（2）矢量蒙版可以进行进一步的编辑，选中已有的矢量蒙版，使用钢笔、形状等矢量工具可以对矢量蒙版中的路径进行形状的调整或者添加，如图 4-282 所示。图像效果如图 4-283 所示。

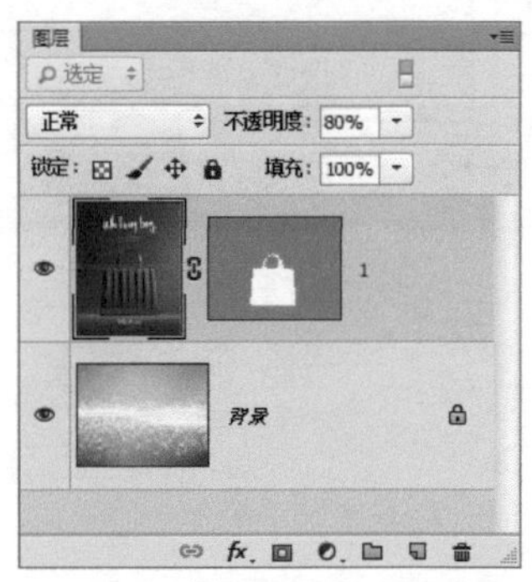

图 4-282

图 4-283

技巧提示：矢量蒙版的编辑

- 删除矢量蒙版：在蒙版缩览图上右击，然后在弹出的快捷菜单中选择“删除矢量蒙版”命令，即可删除矢量蒙版。
- 栅格化矢量蒙版：在 Photoshop 中可以将矢量蒙版转换为图层蒙版，这个过程就是栅格化。将矢量蒙版转换为图层蒙版，只需在蒙版缩览图上右击，然后在弹出的快捷菜单中选择“栅格化矢量蒙版”命令。矢量蒙版栅格化矢量蒙版后，蒙版就会转换为图层蒙版。
- 链接矢量蒙版：图层与矢量蒙版在默认情况下是链接在一起的（链接处有一个图标）。这样可以保证当对图层执行移动或变换时，矢量蒙版会随之变换。如果要取消链接，可以左键单击图标。需要恢复链接时，只需再次单击链接按钮即可。

4.6 创建文字

在平面设计中，文字是必不可少的设计元素。Photoshop 能够创建多种文字类型，例如创建点文字、段落文字、区域文字、路径文字等。想要创建这些文字就需要使用到文字工具组中的“横排文字工具”和“直排文字工具”，如图 4-284 所示。

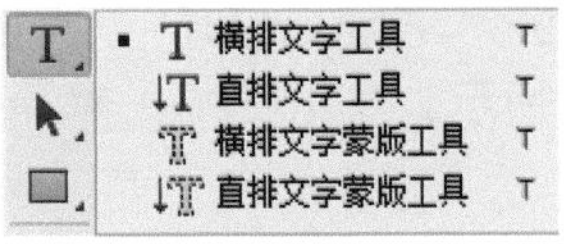

图 4-284

4.6.1 认识文字工具

在文字工具选项栏中，可以对文字进行最基础参数的设置。“横排文字工具”与“直排文字工具”的选项栏参数基本相同，单击工具箱中的“横排文字工具”按钮，其选项栏如图 4-285 所示。

图 4-285

- 切换文本取向：在选项栏中单击“切换文本取向”按钮，可以将横向排列的文字更改为直向排列的文字，也可以执行菜单“类型 > 取向 > 水平 / 垂直”命令。图 4-286 所示为横排文字效果；图 4-287 所示为直排文字效果。
- 设置字体系列：在选项栏中单击“设置字体系列”下拉按钮，并在下拉列表中选择合适的字体。图 4-288 和图 4-289 所示为不同字体时的效果。

图 4-286　图 4-287　图 4-288　图 4-289

- 设置字体大小：输入文字后，如果要更改字体的大小，可以直接在选项栏中输入数值，也可以在下拉列表中选择预设的字体大小。若要改变部分字符的大小则选中需要更改的字符后进行设置。图 4-290 所示为设置文字大小为 15 点的效果；图 4-291 所示为设置文字大小为 40 点的效果。
- 消除锯齿：输入文字后，可以在选项栏中为文字指定一种消除锯齿的方式。选择“无”方式时，Photoshop 不会应用消除锯齿；选择“锐利”方式时，文字的边缘最为锐利；选择“犀利”方式时，文字的边缘就比较锐利；选择“浑厚”方式时，文字会变粗一些；选择“平滑”方式时，文字的边缘会非常平滑。
- 设置文本对齐：文本对齐方式是根据输入字符时光标的位置来设置文本对齐方式。图 4-292 所示为“左对齐文本”效果；图 4-293 所示为“居中对齐文本”效果；图 4-294 所示为“右对齐文本”效果。

图 4-290　图 4-291

图 4-292　图 4-293

图 4-294

- 设置文本颜色：输入文本时，文本颜色默认为前景色。首先选中文字，然后单击选项栏中的“设置文本颜色”按钮，在打开的“拾色器”对话框中设置合适的颜色，如图 4-295 所示。设置完成后单击“确定”按钮，即可为文本

更改颜色，如图 4-296 所示。

- 创建文字变形：选中文本，单击该按钮即可在弹出的对话框中为文本设置变形效果。输入文字后，在文字工具的选项栏中单击“创建文字变形”按钮，打开“变形文字”对话框，如图 4-297 所示。图 4-298 所示为不同的变形文字效果。

图 4-295

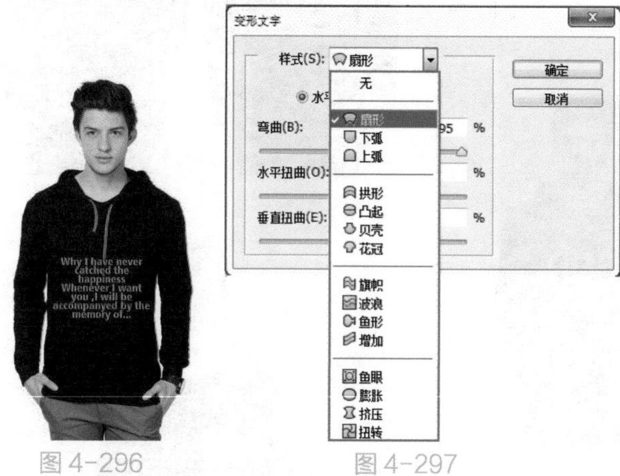

图 4-296　图 4-297

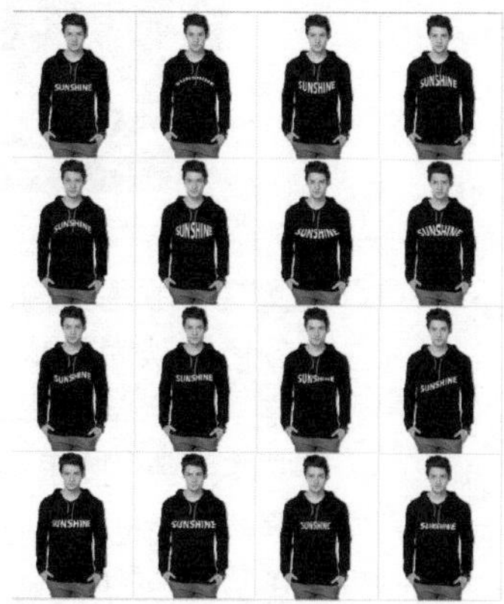

图 4-298

- 切换字符和段落面板：单击该按钮即可打开“字符”和“段落”面板。
- 取消所有当前编辑：在创建或编辑文字时，单击该按钮可以取消文字操作状态。
- 提交所有当前编辑：文字输入或编辑完成后，单击该按钮提交操作并退出文字编辑状态。

4.6.2 创建点文字

当输入较少文字时，我们可以选用点文字。点文字可以通过按 Enter 键进行换行。

（1）单击工具箱中的“横排文字工具”按钮，在选项栏中设置合适的字体、字号、颜色，然后在画面中单击，如图 4-299 所示。输入文字，如图 4-300 所示。输入到一行结束后需要按 Enter 键开始下一行文字的输入，如图 4-301 所示。

图 4-299

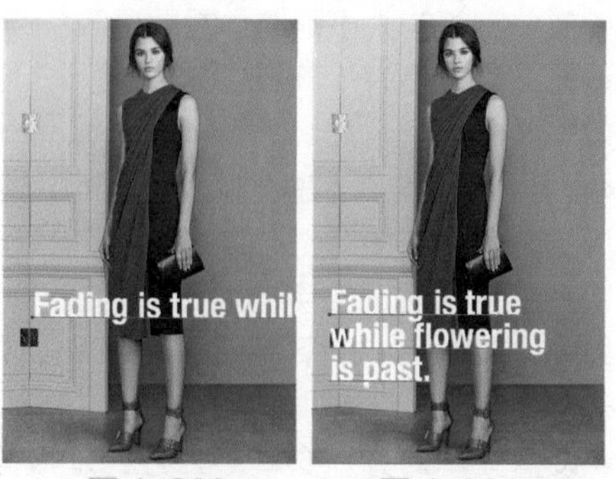

图 4-300　图 4-301

（2）直排文字工具与横排文字工具的使用方法一致。选择直排文字工具，在选项栏中设置合适的字体、字号、颜色，然后在画面中单击，接着输入文字，此时文字呈纵向排列，如图 4-302 所示。按 Enter 键可以进行换行，如图 4-303 所示。

图 4-302　　图 4-303

（3）输入完成的文字还可以进行进一步编辑，使用横排文字工具在文字上方单击插入光标，如图 4-304 所示。接着按住鼠标左键拖曳，光标经过的位置文字将会被选中，呈现出高亮显示，如图 4-305 所示。选中文字后可以在选项栏中设置字体、字号、颜色等参数，如图 4-306 所示。

图 4-304　　图 4-305

图 4-306

（4）文字调整完成后，单击选项栏中的“提交当前所有编辑”按钮✓，完成文字的编辑。

服装设计实战：男士运动 T 恤衫

文件路径	第 4 章 \ 男士运动 T 恤衫
难易指数	★★★★★
技术掌握	钢笔工具、椭圆工具、自定义形状工具、横排文字工具

案例效果

案例效果如图 4-307 所示。

图 4-307

配色方案解析

本作品采用了单色搭配无彩色的配色方案，即以黑白灰这类的无彩色打底，搭配某种纯色。配色简单又不容易出错。以淡灰色为主色，表现理性；以黄色进行点缀，表现活力。图 4-308~ 图 4-311 所示为使用该配色方案的服装设计作品。

图 4-308

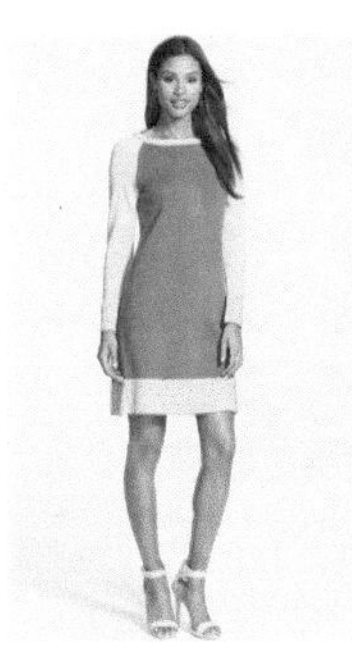

图 4-309

图 4-310

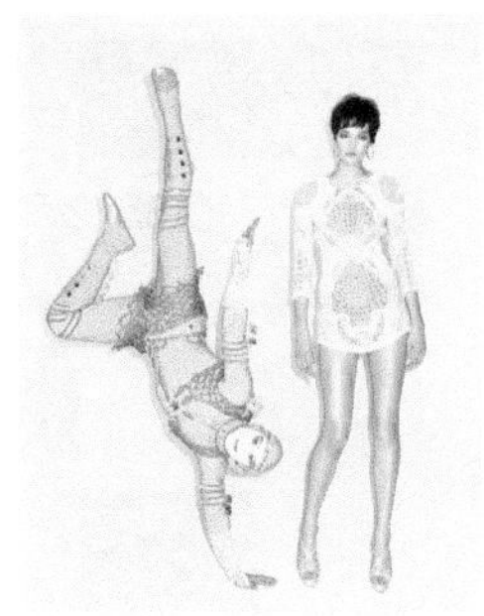

图 4-311

其他配色方案

应用拓展

优秀的服装设计作品，如图 4-312~ 图 4-315 所示。

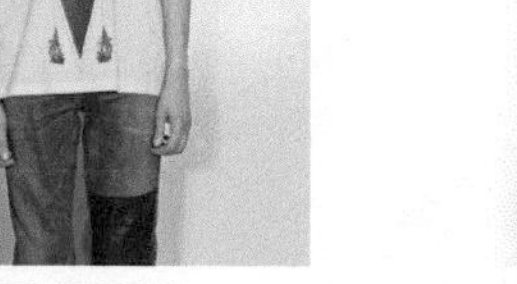

图 4-312

图 4-313

图 4-314

图 4-315

实用配色方案

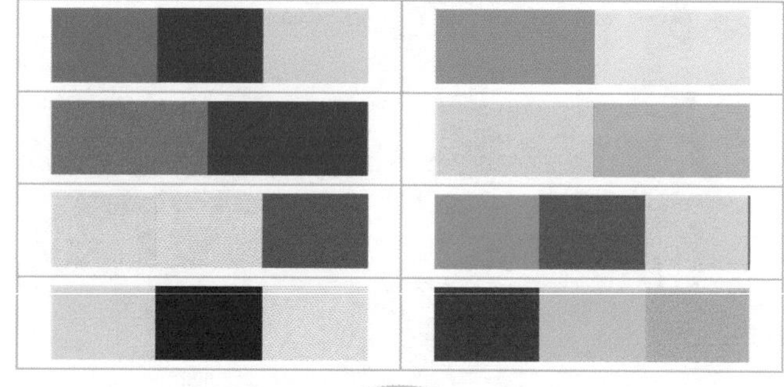

操作步骤

01> 执行菜单“文件 > 新建”命令，在弹出的“新建”对话框中设置“预设”为“国际标准纸张”，“宽度”为 210 毫米，“高度”为 297 毫米，“分辨率”为 300 像素 / 英寸，设置完成后，单击“确定”按钮完成操作，如图 4-316 所示。效果如图 4-317 所示。

02> 接下来绘制短袖后片。单击工具箱中的“钢笔工具”按钮，在选项栏中设置绘制模式为“形状”，“填充”为灰色，“描边”为黑色，描边粗细为 1 像素，描边类型为实线，如图 4-318 所示。设置完成后，在画面中进行绘制，如图 4-319 所示。

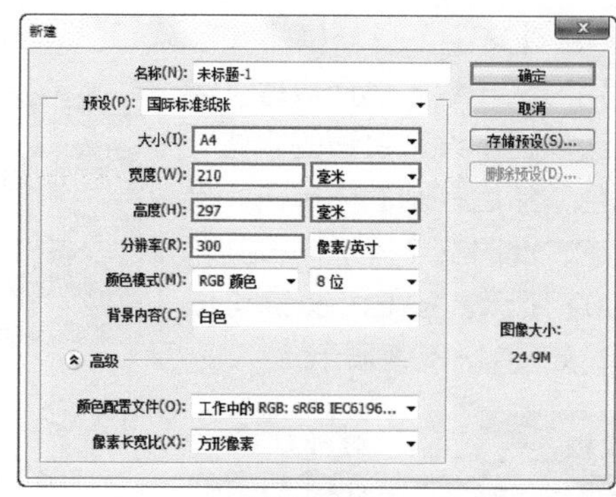

图 4-316

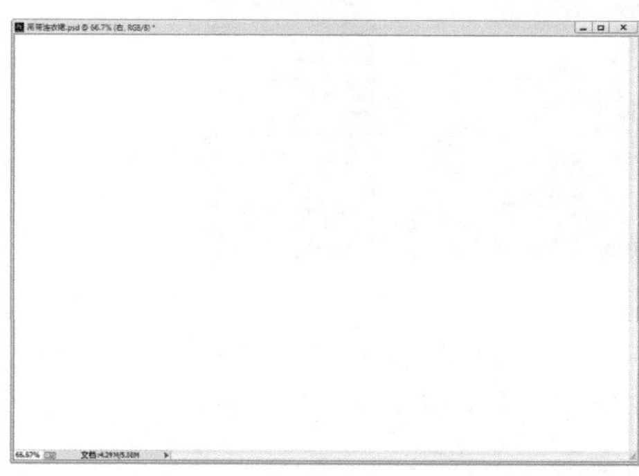

图 4-317

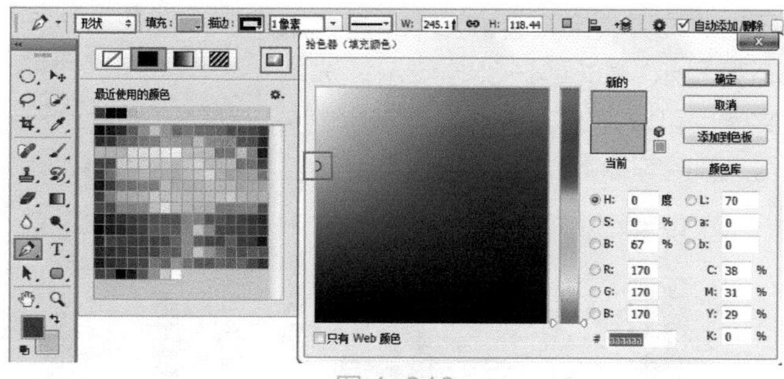

图 4-318

图 4-319

03> 接下来绘制后片领口形状。继续选择钢笔工具，在选项栏中设置“填充”为亮灰色，如图 4-320 所示。设置完成后，在画面中后片相应位置进行绘制，如图 4-321 所示。

04> 接下来绘制短袖前片。首先绘制前片领口形状。继续选择钢笔工具，在选项栏中设置“填充”为亮灰色。设置完成后，在画面中领口位置进行绘制，绘制完成后按 Enter 键完成此操作，如图 4-322 所示。然后绘制短袖前片形状。继续使用相同绘制方式，在画面中领口下方绘制前片形状。绘制完成后按 Enter 键完成此操作，如图 4-323 所示。

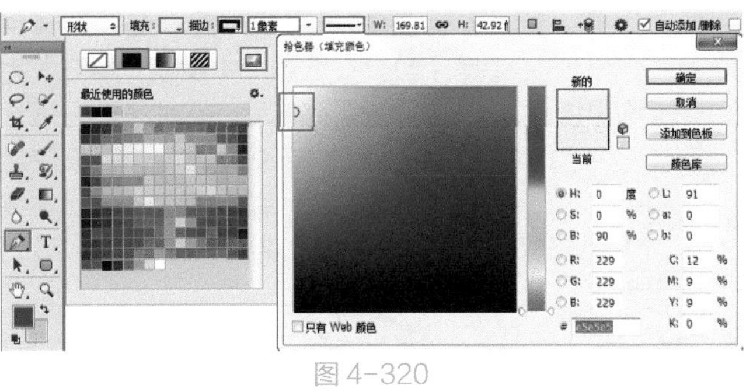

图 4-320

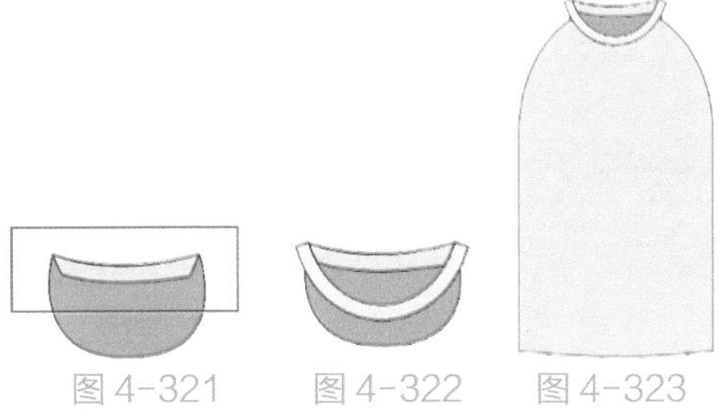

图 4-321　　图 4-322　　图 4-323

05> 接下来为短袖绘制图案。继续选择钢笔工具，在选项栏中设置“填充”为橙黄色，“描边”为黑色，描边粗细为 1 像素，描边类型为实线，如图 4-324 所示。设置完成后，在短袖前片左侧位置进行绘制。绘制完成后按 Enter 键完成此操作，如图 4-325 所示。

06> 接着使用相同绘制方式，绘制弧形图案，如图 4-326 所示。

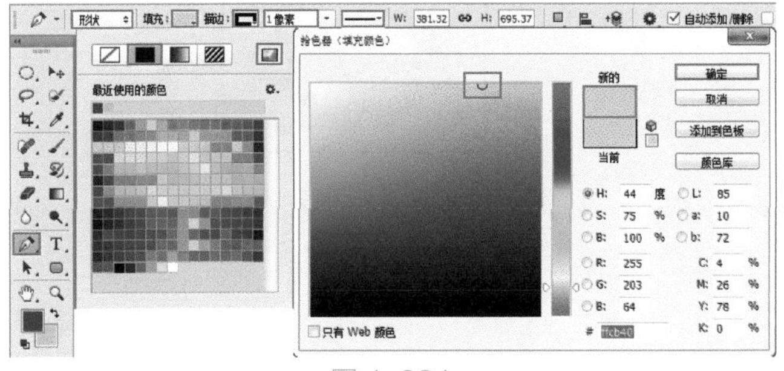

图 4-324

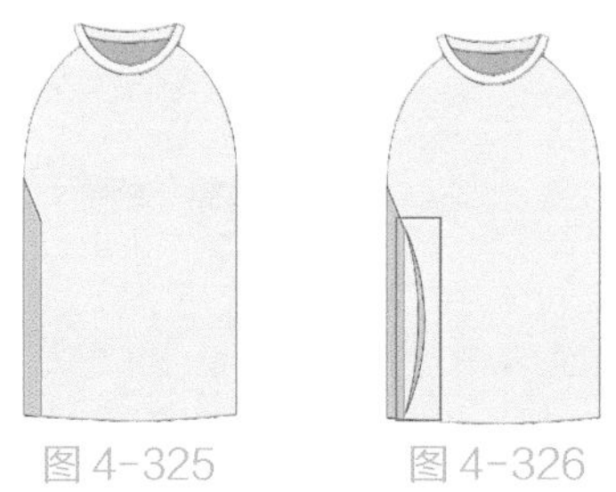

图 4-325　　图 4-326

07> 接下来在“图层”面板中选中两个黄色图形的图层，使用快捷键 Ctrl+G 进行编组。选择图层组，使用快捷键 Ctrl+J 进行复制。接着使用快捷键 Ctrl+T 调出界定框，然后右击执行“水平翻转”命令，如图 4-327 所示。接着按住鼠标左键向衣服的右侧移动，然后按 Enter 键完成此操作，效果如图 4-328 所示。

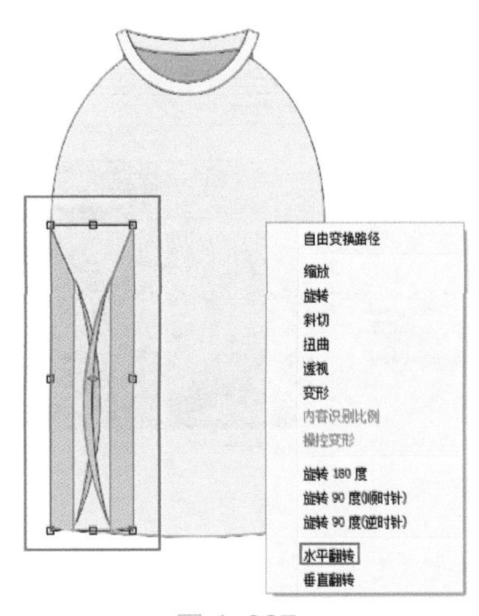

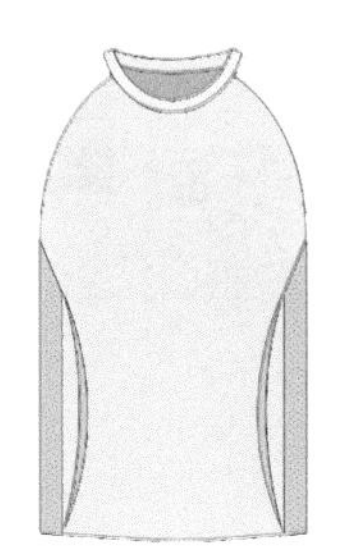
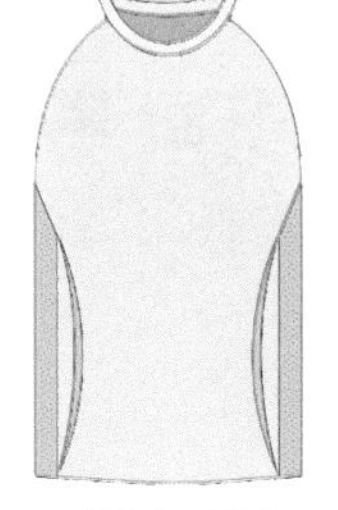

图 4-327　　图 4-328

08> 接下来绘制服装的品牌标志。在工具箱中右击形状工具组，在工具组列表中选择自定形状工具，在选项栏中设置绘制模式为“形状”，“填充”为橙黄色，“描边”为黑色，描边粗细为 1 像素，描边类型为实线，“形状”为三角形。设置完成后，在画面中短袖前片胸部位置，按住 Shift 键的同时，按住鼠标左键进行拖曳至合适大小。绘制完成后，按 Enter 键完成此操作，如图 4-329 所示。

图 4-329

09> 接着在工具箱中右击形状工具组，在工具组列表中选择椭圆工具，在选项栏中设置绘制模式为“形状”，“填充”为橙色，“描边”为黑色，描边粗细为 1 像素，描边类型为实线，如图 4-330 所示。设置完成后，在画面中三角形标志中进行绘制。按住 Shift 键的同时，按住鼠标左键进行拖曳至合适大小。绘制完成后，按 Enter 键完成此操作，如图 4-331 所示。

10> 继续选择椭圆工具，在选项栏中设置“填充”为橙黄色，然后使用相同绘制方式，在相应位置进行绘制，如图 4-332 所示。

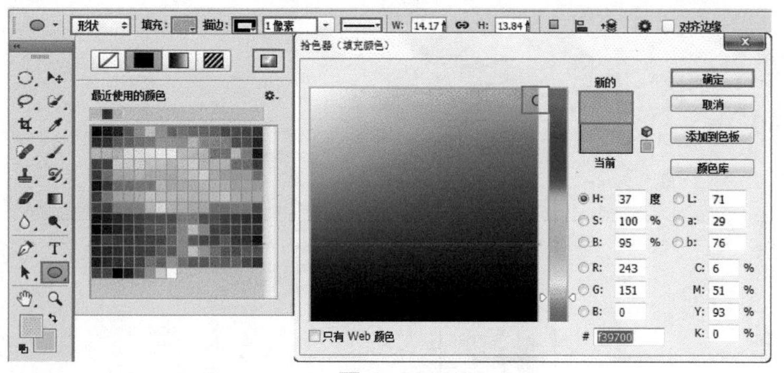

图 4-330

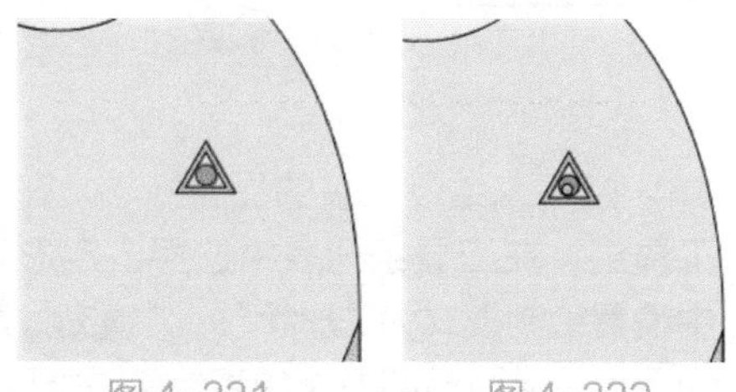
图 4-331　　图 4-332

11> 接下来绘制袖子。单击工具箱中的“钢笔工具”按钮，在选项栏中设置绘制模式为“形状”，“填充”为橙黄色，“描边”为黑色，描边粗细为 1 像素，描边类型为实线。设置完成后，在画面中短袖前片左上角进行绘制，如图 4-333 所示。

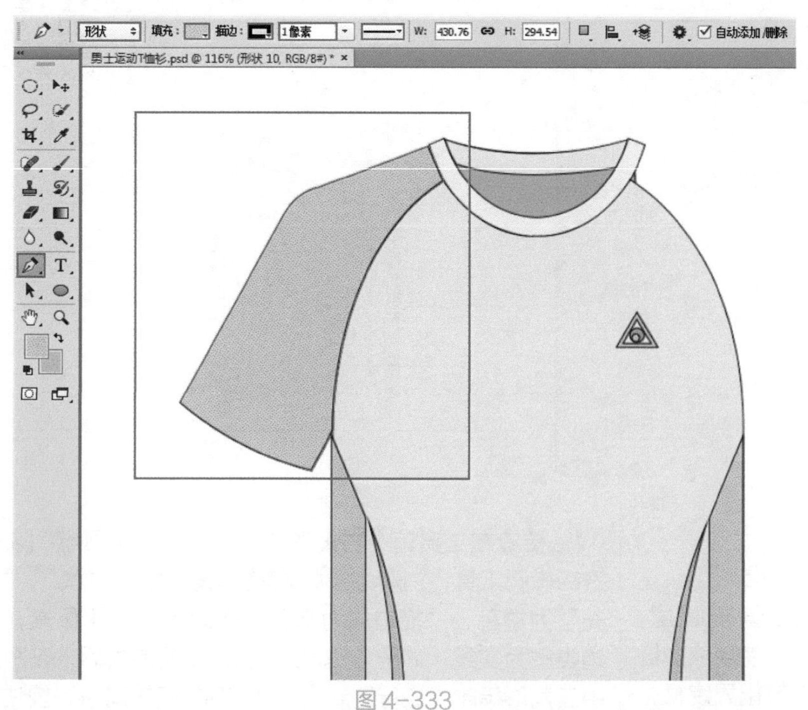

图 4-333

12> 为袖子添加图案。继续选择钢笔工具，在选项栏中设置“填充”为灰色。设置完成后，在袖子上方进行绘制，如图 4-334 所示。接着使用相同绘制方式，绘制其他图案。左侧袖子绘制完成，效果如图 4-335 所示。

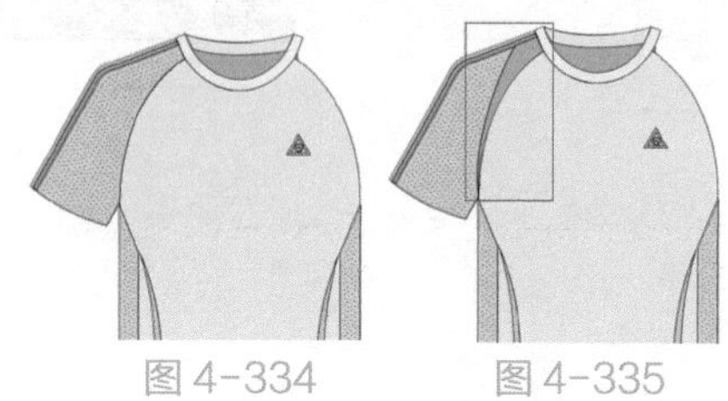
图 4-334　　图 4-335

13> 在“图层”面板中选中左侧袖子的 3 个图层，使用快捷键 Ctrl+G 进行编组。选择图层组，使用快捷键 Ctrl+J 进行复制。接着将 3 个图层水平翻转，如图 4-336 所示。然后向右移动，移动到合适位置后按 Enter 键完成此操作，其效果如图 4-337 所示。

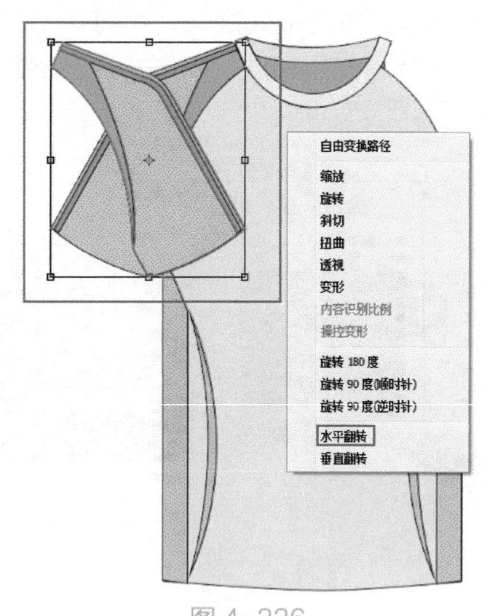

图 4-336

图 4-337

14> 接下来绘制缉明线。单击工具箱中的“钢笔工具”按钮，在选项栏中设置绘制模式为“形状”，“填充”为无，“描边”为黑色，描边粗细为 0.5 像素，描边类型为虚线。设置完成后，在短袖前片下方进行绘制。绘制完成后，按 Enter 键完成此操作，如图 4-338 所示。接着使用同样的方法，绘制领口、袖口等位置的缉明线，效果如图 4-339 所示。

图 4-338

15> 单击工具箱中的“横排文字工具”按钮，在选项栏中设置合适的字体、字号，颜色设置为黄色，接着在服装上单击鼠标左键并输入文字，文字输入完成后按 Ctrl+Enter 键完成操作，如图 4-340 所示。使用同样的方法，在上方输入一行稍小的文字，最终效果如图 4-341 所示。

图 4-339

图 4-340

图 4-341

4.6.3 创建段落文字

段落文字常用于大量文字排版时，在输入文字的过程中无需进行换行，当文字输入到文本框边界时会自动换行，非常便于管理。

（1）单击工具箱中的“横排文字工具”按钮 T，在选项栏中设置文字属性，然后在操作界面中按住鼠标左键并拖曳创建出文本框，如图 4-342 所示。文本框绘制完成后，在文本框中输入文字，效果如图 4-343 所示。

技巧提示：文字溢出

文本框内有无法被完全显示的文字时，这部分隐藏的字符被称之为“溢出”。此时文本框右下角的控制点会变为 ⊞ 形状，拖曳控制点调整文本框大小，即可显示溢出的文字。

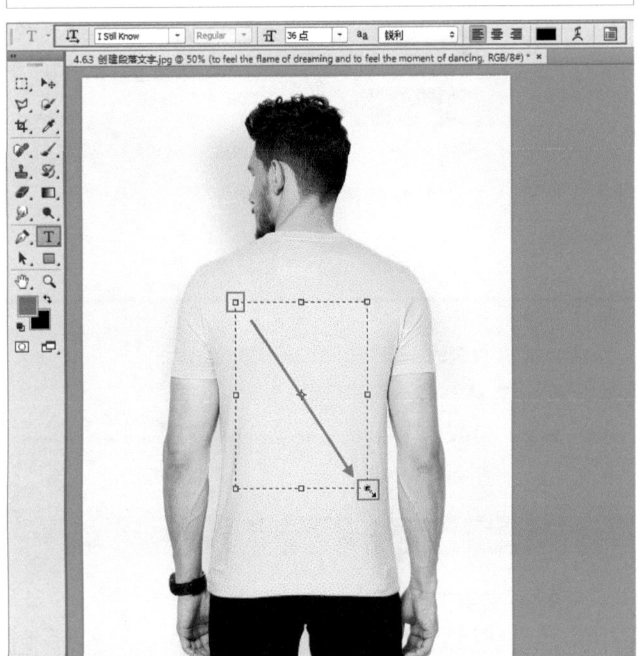

图 4-342

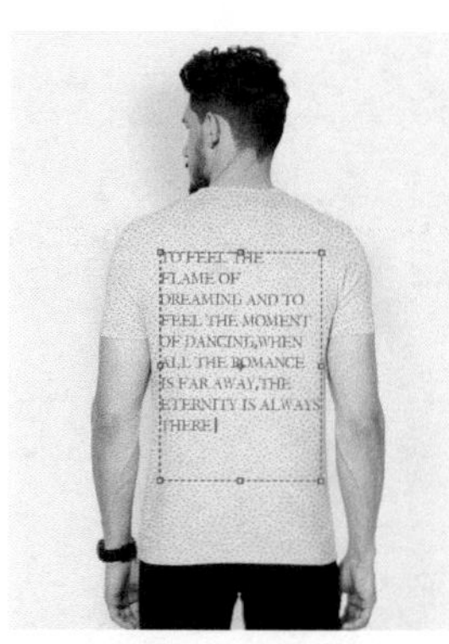

图 4-343

（2）文字输入完成后，单击选项栏中的“提交所有当前编辑”按钮✓。如果想要对段落文本的显示形态进行调整，可以在使用文字工具状态下，单击段落文本，使段落文本框显示出来。按住鼠标左键并拖曳，即可调整文本框的大小，如图 4-344 所示。

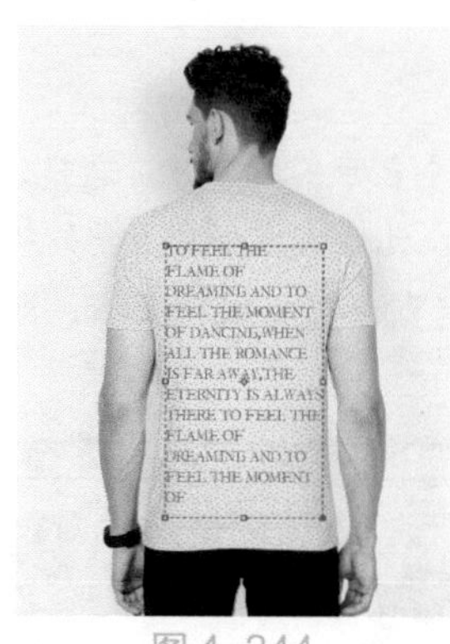
图 4-344

技巧提示：点文本和段落文本的相互转换

选择点文本，执行菜单“类型>转换为段落文本”命令，可以将点文本转换为段落文本。选择段落文本，执行菜单“类型>转换为点文本”命令，可以将段落文本转换为点文本。

4.6.4 创建路径文字

在需要文字按照特殊的路线分布时可以用到路径文字。路径文字是一种可以按照路径形态进行排列的文字对象。所以，路径文字常常用于制作不规则排列的文字效果。

（1）绘制一段路径，然后将文字工具移动到路径上，光标变为⌶形状，如图 4-345 所示。在路径上单击插入光标，接着输入文字，输入的文字会沿着路径的形态进行排列，如图 4-346 所示。

图 4-345

图 4-346

（2）如果改变路径的形态，那么文字效果也发生了更改，如图 4-347 所示。选择工具箱中的直接选择工具和路径选中工具，将光标移动至路径上方光标变为形状后，按住鼠标左键拖曳调整路径文字在路径上的位置，效果如图 4-348 所示。

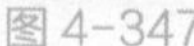
图 4-347

图 4-348

4.6.5 创建区域文字

段落文本的文本框只能是矩形，若要在一个特定形状中输入文字，我们可以先使用钢笔工具绘制闭合路径，然后在路径输入文字，这种文字类型为区域文字。

首先绘制一个闭合路径，这个路径的形状就是文字的外轮廓。选择横排文字工具，在选项栏中设置合适的字体、字号，接着将光标移动至路径内部，光标会改变为形状，如图 4-349 所示。单击鼠标左键，在路径内会出现闪烁的光标，接着继续输入文字，文字就会出现在路径的内部，如图 4-350 所示。

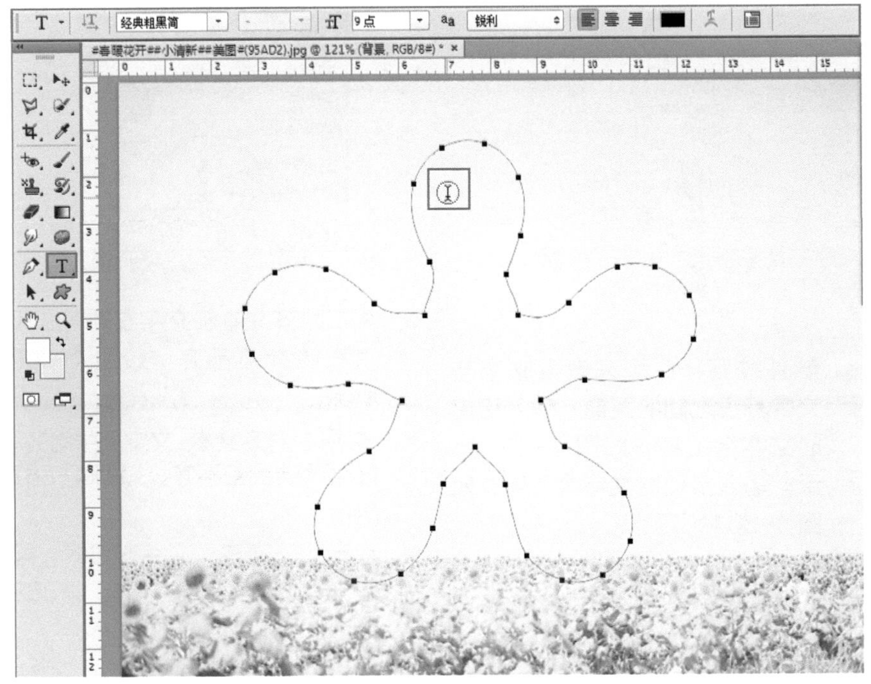

图 4-349

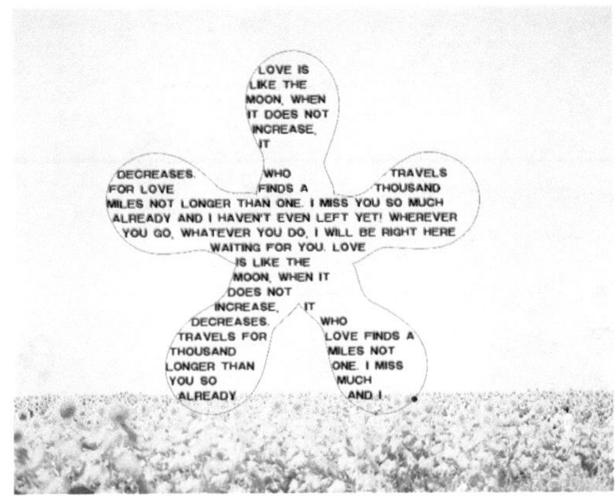

图 4-350

4.6.6 使用“字符”面板编辑文字属性

执行菜单“窗口 > 字符”命令，或者在文字工具处于选定状态的情况下，单击选项栏中的“面板”按钮，可以打开“字符”面板，如图 4-351 所示。

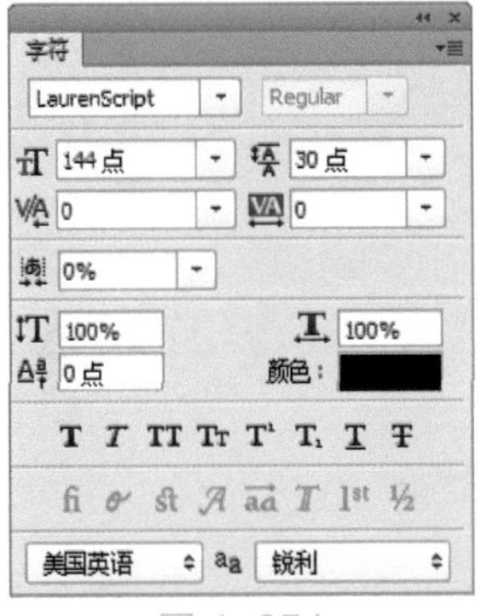

图 4-351

- 设置行距：行距就是上一行文字基线与下一行文字基线之间的距离。选择需要调整的文字图层，然后在“设置行距”数值框中输入行距数值或在其下拉列表中选择预设的行距值即可。图 4-352 所示的是设置行距为 50 点的效果；图 4-353 所示的是设置行距为 100 点的效果。

图 4-352　　图 4-353

- 字距微调：用于设置两个字符之间的字距微调。在设置时先要将光标插入到需要进行字距微调的两个字符之间；然后在数值框中输入所需的字距微调数量。输入正值时，字距会扩大，如图 4-354 所示；输入负值时，字距会缩小，如图 4-355 所示。
- 字距调整：字距用于设置文字的字符间距。输入负值时，字距会缩小，如图 4-356 所示。输入正值时，字距会扩大，如图 4-357 所示。

图 4-354　　图 4-355

图 4-356　　图 4-357

- 比例间距：比例间距是按指定的百分比来减少字符周围的空间。因此，字符本身并不会被伸展或挤压，而是字符之间的间距被伸展或挤压了。图 4-358 所示的是比例间距为 0% 时的文字效果；图 4-359 所示的是比例间距为 100% 时的文字效果。

图 4-358　　图 4-359

- 垂直缩放 / 水平缩放：用于设置文字的垂直或水平缩放比例，以调整文字的高度或宽度。图 4-360 所示为“垂直缩放”和“水平缩放”为 100% 时的文字效果；图 4-361 所示为“垂直缩放”为 150%、“水平缩放”为 100% 时的文字效果；图 4-362 所示为“垂直缩放”为 100%、“水平缩放”为 150% 时的文字效果。

图 4-360　　图 4-361

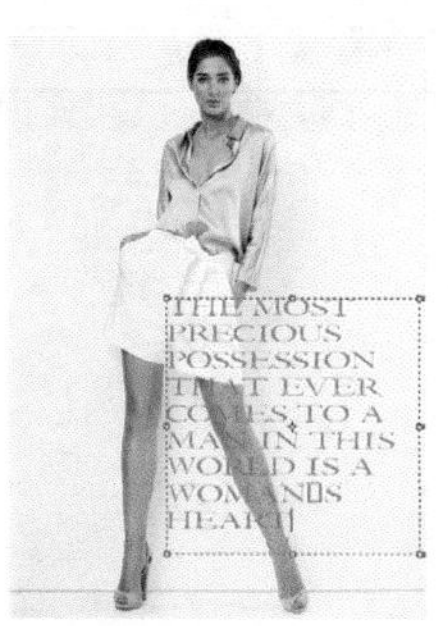

图 4-362

- 基线偏移：用来设置文字与文字基线之间的距离。输入正值时文字会上移，如图 4-363 所示。输入负值时文字会下移，如图 4-364 所示。

图 4-363　　图 4-364

- T *T* TT Tт T¹ T₁ T T 文字样式：设置文字的效果，共有仿粗体、仿斜体、全部大写字母、小型大写字母、上标、下标、下划线和删除线 9 种。
- fi ơ st A ad T 1st ½ Open Type 功能：fi标准连字、ơ上下文替代字、st自由连字、A花饰字、ad文体替代字、T标题替代字、1st序数字和½分数字。

4.6.7 使用“段落”面板编辑段落属性

对于段落文字可以通过“段落”面板进行编辑。在“段落”面板中可以对段落文字进行对齐方式、缩进、连字选项进行设置。执行菜单“窗口 > 段落”命令，打开“段落”面板，如图 4-365 所示。

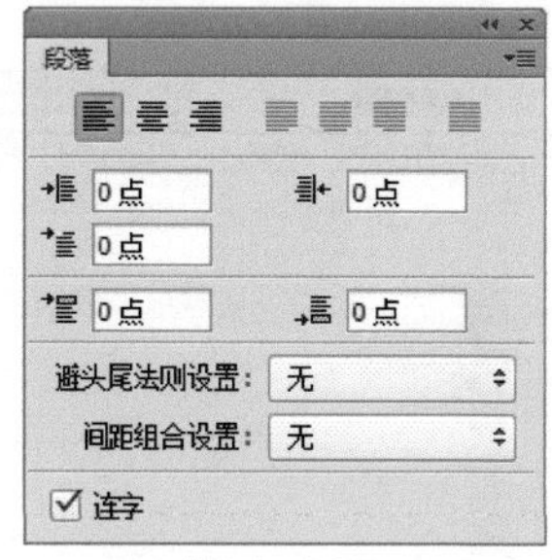

图 4-365

- 左对齐文本：文字左对齐，段落右端参差不齐，如图 4-366 所示。
- 居中对齐文本：文字居中对齐，段落两端参差不齐，如图 4-367 所示。
- 右对齐文本：文字右对齐，段落左端参差不齐，如图 4-368 所示。

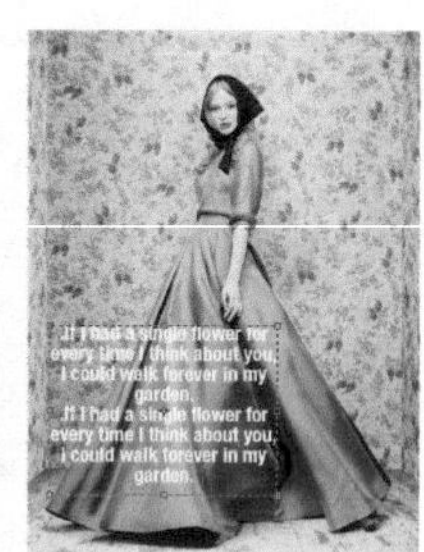

图 4-366　　图 4-367

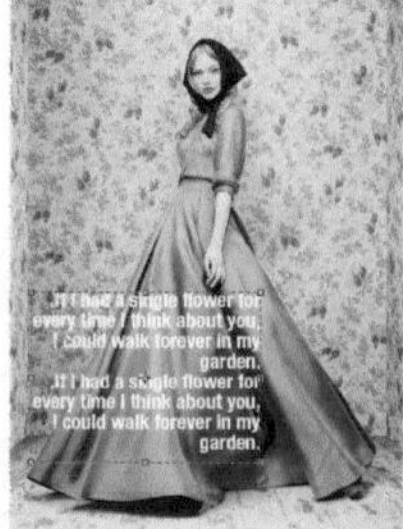

图 4-368

- 最后一行左对齐：最后一行左对齐，其他行左右两端强制对齐，如图 4-369 所示。
- 最后一行居中对齐：最后一行居中对齐，其他行左右两端强制对齐，如图 4-370 所示。
- 最后一行右对齐：最后一行右对齐，其他行左右两端强制对齐，如图 4-371 所示。
- 全部对齐：在字符间添加额外的间距，使文本左右两端强制对齐，如图 4-372 所示。

图 4-369

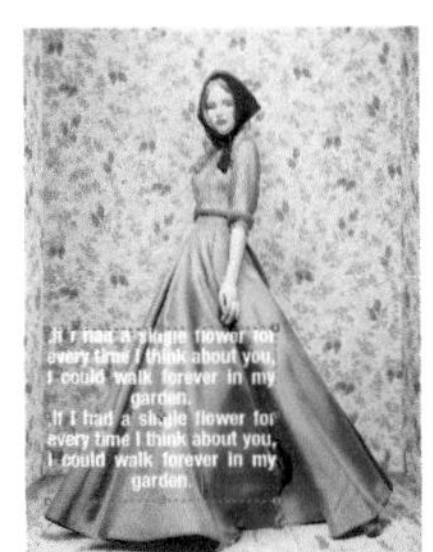
图 4-370

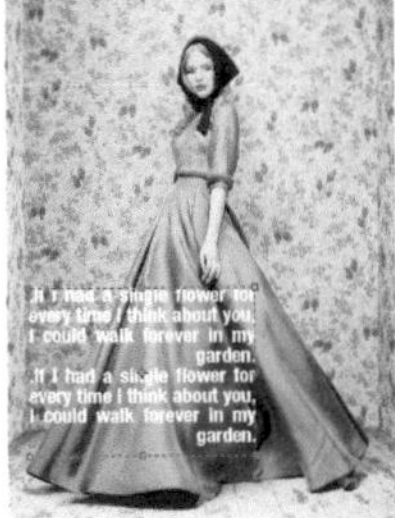
图 4-371

图 4-372

技巧提示：直排文字的对齐方式

使用直排文字工具创建出的文字对象，其对齐方式的按钮有所不同，为顶对齐文本，为居中对齐文本，为底对齐文本。

- 左缩进：用于设置段落文本向右（横排文字）或向下（直排文字）的缩进量。图 4-373 所示的是设置“左缩进”为 20 点时的段落效果。
- 右缩进：用于设置段落文本向左（横排文字）或向上（直排文字）的缩进量。图 4-374 所示的是设置“右缩进”为 50 点时的段落效果。
- 首行缩进：用于设置段落文本中每个段落的第 1 行向右（横排文字）或第 1 列文字向下（直排文字）的缩进量。图 4-375 所示的是设置“首行缩进”为 100 点时的段落效果。

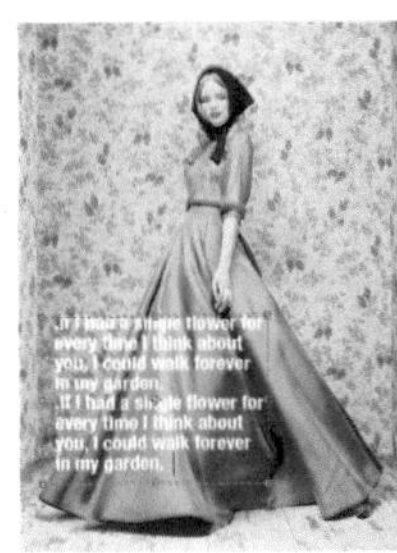
图 4-373

图 4-374

图 4-375

- 段前添加空格：设置光标所在段落与前一个段落之间的间隔距离。图 4-376 所示的是设置“段前添加空格”为 100 点时的段落效果。
- 段后添加空格：设置当前段落与另外一个段落之间的间隔距离。图 4-377 所示的是设置“段后添加空格”为 100 点时的段落效果。

图 4-376

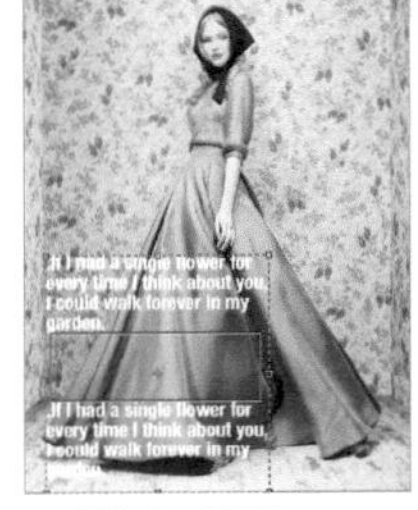
图 4-377

- 避头尾法则设置：不能出现在一行的开头或结尾的字符称为避头尾字符，Photoshop 提供了基于标准 JIS 的宽松和严格的避头尾集，宽松的避头尾设置忽略长元音字符和小平假名字符。选择“JIS 宽松”或“JIS 严格”选项时，可以防止在一行的开头或结尾出现不能使用的字母。
- 间距组合设置：间距组合用于设置日语字符、罗马字符、标点和特殊字符在行开头、行结尾和数字的间距文本编排方式。选择“间距组合 1”选项，可以对标点使用半角间距；选择“间距组合 2”选项，可以对行中除最后一个字符外的大多数字符使用全角间距；选择“间距组合 3”选项，可以对行中的大多数字符和最后一个字符使用全角间距；选择“间距组合 4”选项，可以对所有字符使用全角间距。
- 连字：勾选“连字”选项后，在输入英文单词时，如果段落文本框的宽度不够，英文单词将自动换行，并在单词之间用连字符连接起来。

4.6.8 将文字栅格化为普通图层

在创建文字后会自动生成文字图层，基于文字图层可以对文字属性进行更改，例如更改文字的字号、字体等。但是文字图层属于一种特殊图层，无法进行形态的编辑。若将文字图层栅格化，文字图层将会转换为普通图层。变为普通图层后，文字部分就变为了像素，不再具备文字属性。在文字图层上右击，接着在弹出的快捷菜单中选择“栅格化文字”命令，如图 4-378 所示。接着就可以将文字图层转换为普通图层，如图 4-379 所示。

图 4-378

图 4-379

4.6.9 将文字图层转换为形状图层

在制作创意文字时，可以先输入文字，然后将文字图层转换为形状图层，在此基础上对文字进行编辑、变形。选择文字图层，在文字图层上右击，接着在弹出的快捷菜单中选择“转换为形状”命令，如图 4-380 所示。此时文字图层变为了矢量的形状图层，如图 4-381 所示。接着就可以使用钢笔工具组和选择工具组中的工具对文字的形态进行编辑。

图 4-380

图 4-381

技巧提示：创建文字的工作路径

创建文字的工作路径可以对文字进行修改编辑。选中文字图层，如图4-382所示。在文字图层上右击执行“创建工作路径”命令，即可得到文字的路径，如图4-383所示。

图 4-382　　图 4-383

操作练习：品牌服饰宣传广告

文件路径	第 4 章 \ 品牌服饰宣传广告
难易指数	★★★★★
技术掌握	钢笔工具、矩形工具、横排文字工具、图层蒙版

案例效果

案例效果如图 4-384 所示。

图 4-384

思路剖析

①打开背景素材，使用矩形工具绘制合适形状及线条，并旋转到合适角度，增添画面层次感，如图 4-385 所示。

②使用横排文字工具制作文字信息，如图 4-386 所示。

③置入人物素材，利用钢笔工具进行抠图，同时调节曲线提升人物明度，如图 4-387 所示。

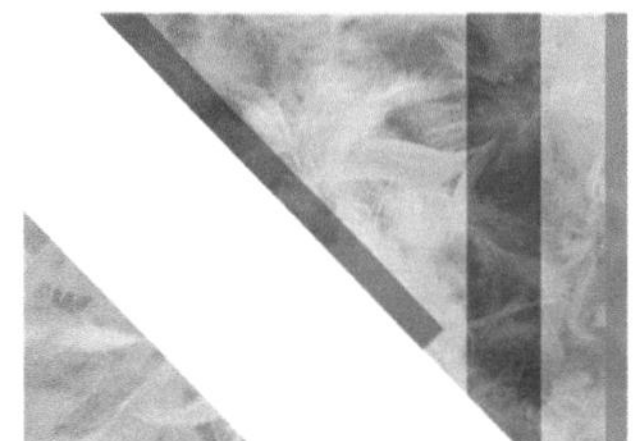

图 4-385

图 4-386

图 4-387

应用拓展

优秀设计作品，如图 4-388 和图 4-389 所示。

图 4-388

图 4-389

操作步骤

01> 执行菜单“文件 > 打开”命令，打开素材“1.jpg”，如图 4-390 所示。

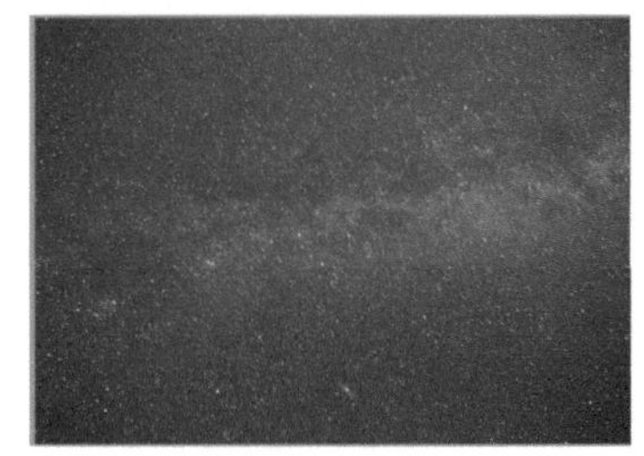

图 4-390

02> 在“图层”面板中设置该图层的“不透明度”为 35%，如图 4-391 所示。此时画面效果如图 4-392 所示。

图 4-391

图 4-392

03> 将羽毛素材“2.jpg”置入到文档中并将其栅格化，如图 4-393 所示，在“图层”面板中设置该图层的“不透明度”为 35%，如图 4-394 所示。效果如图 4-395 所示。

图 4-393

图 4-394

图 4-395

04> 在画面上绘制一个四边形。选择工具箱中的“矩形工具”，在选项栏中设置绘制模式为“形状”，“填充”为深蓝色，“描边”为无，然后在画面的右侧绘制出一个四边形，如图 4-396 所示。然后在“图层”面板中设置矩形图层的混合模式为“颜色加深”，“不透明度”为 50%，如图 4-397 所示。画面效果如图 4-398 所示。

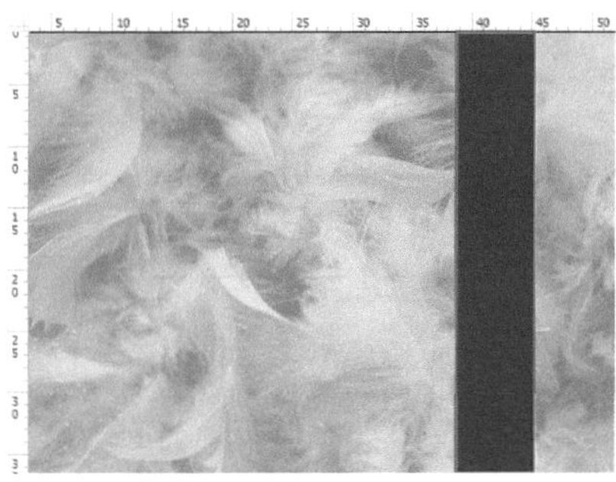

图 4-396

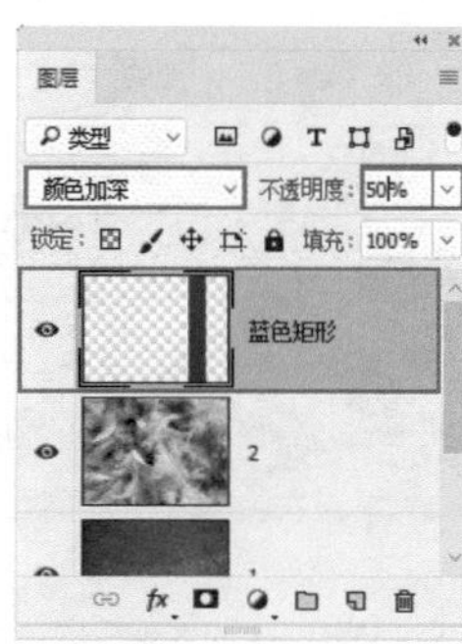
图 4-397

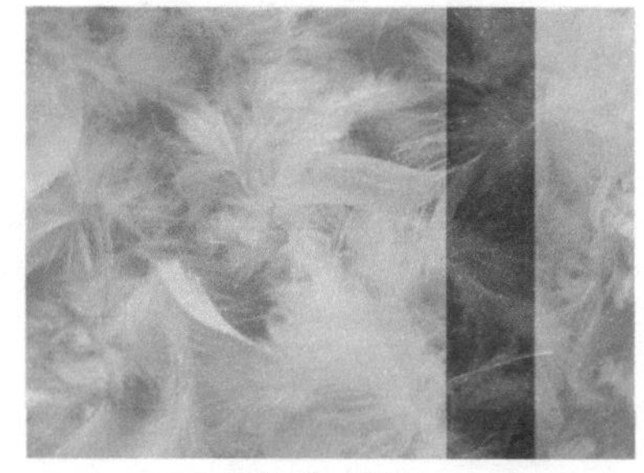
图 4-398

05> 使用同样的方法，设置绘制模式为“形状”，“填充”为蓝色，“描边”为无，在画面的最右侧绘制一个矩形，如图 4-399 所示。然后在“图层”面板中设置矩形的“不透明度”为 65%，如图 4-400 所示。此时效果如图 4-401 所示。

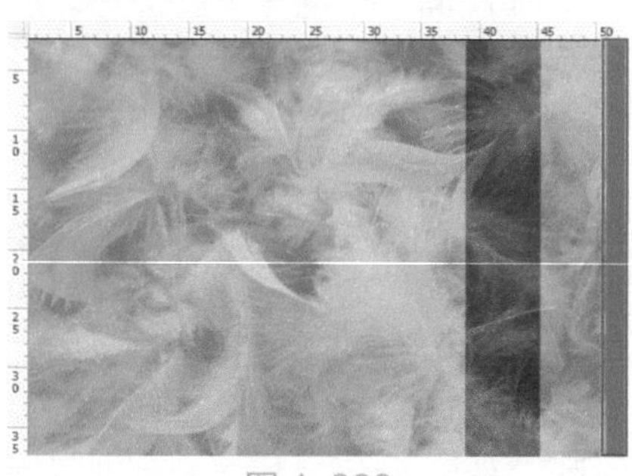
图 4-399

图 4-400

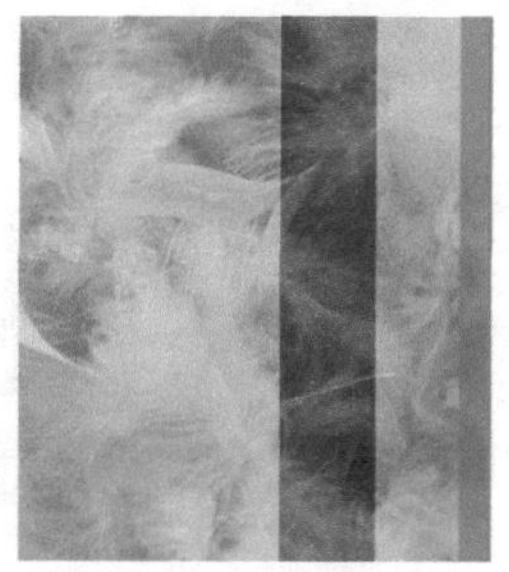
图 4-401

06> 选择工具箱中的“钢笔工具”，在选项栏中设置绘制模式为“形状”，“填充”为白色，“描边”为无，在画面中绘制一个斜着的白色多边形，如图 4-402 所示。使用同样的方法，在白色多边形的右上方绘制一个蓝灰色的四边形，如图 4-403 所示。

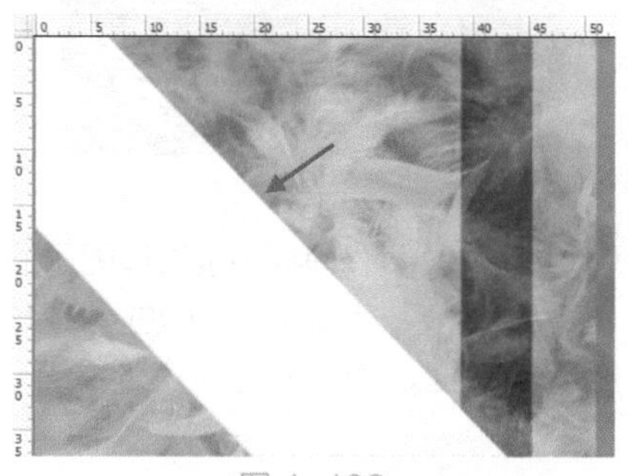
图 4-402

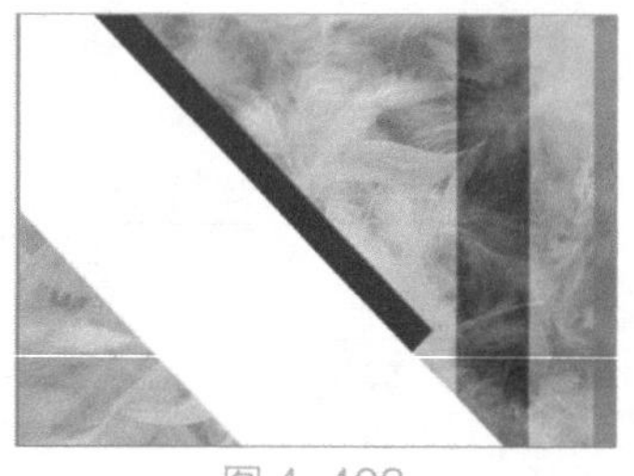
图 4-403

07> 在“图层”面板中设置蓝色形状的图层混合模式为“正片叠底”，“不透明度”为 50%，如图 4-404 所示。

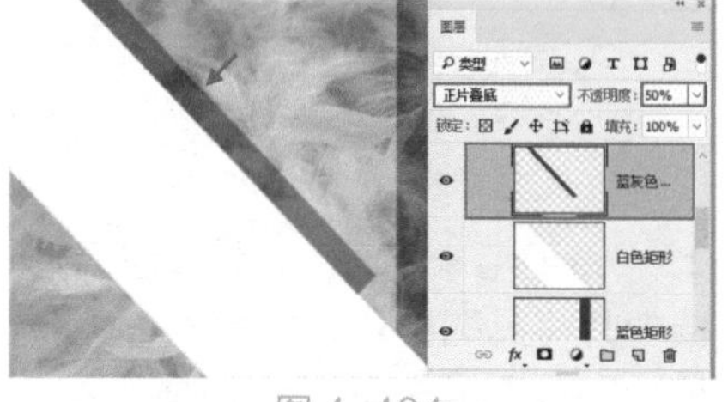
图 4-404

08> 将人物素材“3.jpg”置入到文档中，并将其栅格化，如图 4-405 所示。选择工具箱中的钢笔工具，设置绘制模式为“路径”，然后沿着人物边缘绘制路径，如图 4-406 所示。

图 4-405

图 4-406

09> 按 Ctrl+ Enter 键得到人物选区，如图 4-407 所示。

图 4-407

10> 单击“图层”面板底部的“添加图层蒙版”按钮，基于选区添加图层蒙版，如图 4-408 所示。效果如图 4-409 所示。

图 4-408

图 4-409

11> 利用图层蒙版隐藏右侧胳膊后方、头发位置处的背景。单击图层蒙版缩览图，然后选择工具箱中的“画笔工具”，在选项栏中单击打开“画笔预设”选取器，在“画笔预设”选取器中单击选择一个“柔边圆”画笔，设置画笔“大小”为 30 像素，“硬度”为 20%，如图 4-410 所示。将“前景色”设置为黑色。设置完成后，在画面中人物右侧胳膊后方和头发位置按住鼠标左键拖曳进行涂抹，如图4-411所示。画面效果如图4-412所示。

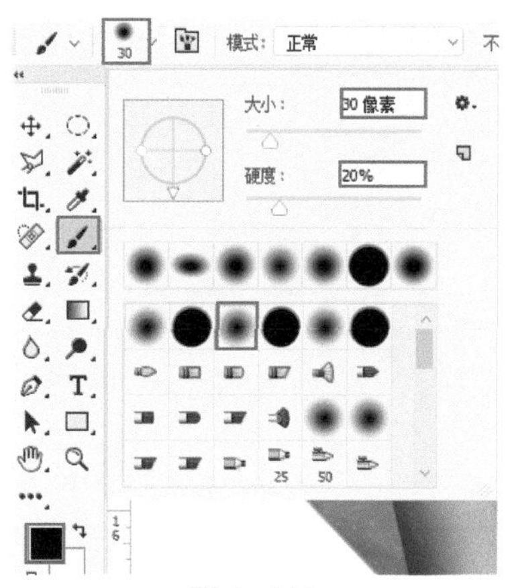

图 4-410

图 4-411

图 4-412

12> 接下来提高人物的亮度。执行菜单“图层 > 新建调整图层 > 曲线”命令，在弹出的“新建图层”对话框中单击“确定”按钮，在弹出的“属性”面板中的曲线中间位置单击添加一个控制点，将其向左上拖曳提高画面整体的亮度，然后在曲线下半部添加一个控制点将其向右下拖曳压暗画面亮度，此时画面明暗对比增加，然后单击“此调整剪切到此图层”按钮，曲线形状如图 4-413 所示。此时画面效果如图 4-414 所示。

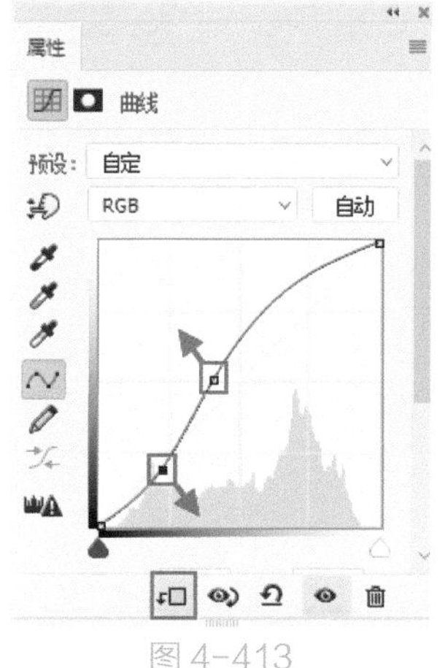

图 4-413

图 4-414

13> 在画面的左侧添加文字。在工具箱中选择“横排文字工具”，在选项栏中设置合适的字体、字号，并将文字颜色设为蓝色，然后在画面中白色形状的上方单击插入光标，输入文字，如图 4-415 所示。然后选择该图层，执行菜单“图层 > 图层样式 > 投影”命令，在弹出的“图层样式”对话框中设置“混合模式”为“正片叠底”，阴影颜色为深灰色，“不透明度”为 72%，“角度”为 120 度。勾选“使用全局光”复选框，设置“距离”为 4 像素，“扩展”为 0%，“大小”为 4 像素，如图 4-416 所示，设置完成后，单击“确定”按钮。此时文字效果如图 4-417 所示。

图 4-415

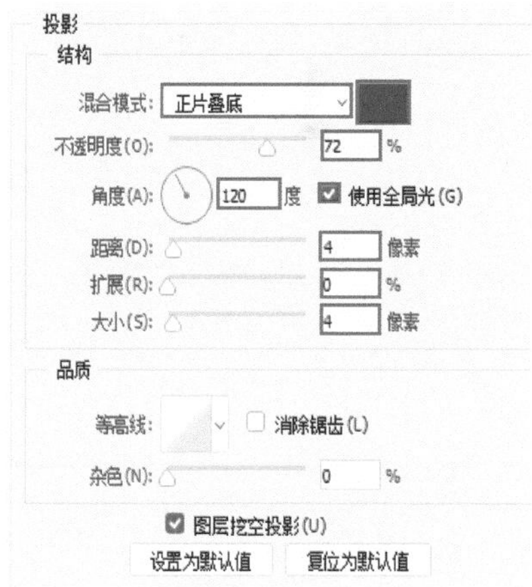

图 4-416

图 4-417

14> 使用同样的方法，在选项栏中选择合适的字体、字号，设置不同的文字颜色输入其他文字，如图 4-418 所示。

图 4-418

15> 在工具箱中选择矩形工具，设置绘制模式为“形状”，“填充”为黑色，“描边”为无，然后在文字“Bubble”的下方绘制一个黑色的矩形，如图 4-419 所示。使用同样的方法，绘制文字处的另外两个矩形，最终效果如图 4-420 所示。

图 4-419

图 4-420

第5章 图像修饰

本章概述

本章介绍了修饰、调色等常用图像编辑功能。在 Photoshop 中具有多种修饰工具与 20 余种颜色调整命令，通过这些技术既可以对画面进行修饰、调色，又可以辅助服装款式图的绘制。例如，灵活掌握并运用修饰及调色技术可以制作出同款不同色的服装效果。

本章要点

- 照片修饰工具的应用
- 熟练应用调色技术

佳作欣赏

5.1 图像修饰工具

图像修饰也是服装设计师经常接触的工作之一。当拿到服装效果图时，可能它并不完美。这时就需要对它进行修改，例如去除瑕疵、调整位置等。如果是多余场景，那么仿制图章工具、修复画笔工具等这些操作都是很普遍的，接着就可以进行润色，例如增加服装效果图的颜色饱和度、模糊或者锐化。经过处理的图片会更加精致，这样做出来的实际服装才能更加完美。在本节中主要讲解 4 个工具组中的工具，分别是减淡加深工具组，如图 5-1 所示；模糊锐化工具组，如图 5-2 所示；修复工具组，如图 5-3 所示；图章工具组中的仿制图章工具，如图 5-4 所示。

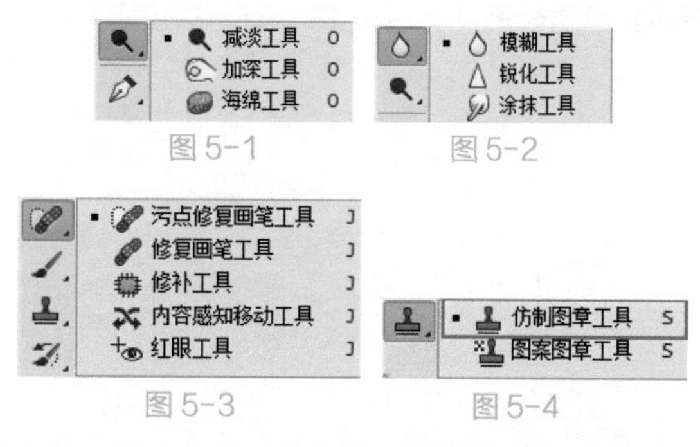

图 5-1　图 5-2

图 5-3　图 5-4

5.1.1 减淡工具

在学习减淡工具之前，首先考虑一个问题，当向一种颜色中添加白色会有什么样的结果？答案是颜色的色相没有变，但是颜色明度会提高，颜色会显得更加“浅”，也更加“亮”。使用“减淡工具”在画面中按住鼠标左键拖曳即可提高涂抹区域的亮度。在服装设计中，常会选用同类色的配色方案，这时不妨使用减淡工具在主色调的基础上进行涂抹调色，制作出同类色配色的效果。

打开一张图片，如图 5-5 所示。单击工具箱中的“减淡工具”按钮，在选项栏中先设置合适的笔尖，然后设置“范围”，该选项用来选择减淡操作针对的色调区域是“中间调”还是“阴影”或是“高光”，例如要调整绿色位置的颜色，就设置“范围”为“中间调”（因为这个颜色相对于整个画面中的其他颜色来说属于比较亮的颜色）。然后设置“曝光度”选项，该选项可用于控制颜色减淡的强度，数值越大，在画面中涂抹时对画面减淡的程度也就越强。如果勾选“保护色调”复选框可以在使画面内容变亮的同时，保证色相不会更改。设置完成后，在画面中涂抹，即可看到颜色减淡的效果。继续进行涂抹，效果如图 5-6 和图 5-7 所示。

图 5-5

图 5-6

图 5-7

5.1.2 加深工具

“加深工具”与“减淡工具”的功能相反。使用加深工具在画面中涂抹的方式对图像局部进行加深处理。使用加深工具之前，也需要在选项栏中选择合适的“范围”和“曝光度”参数，然后进行涂抹，如图 5-8 所示。加深效果如图 5-9 所示。

图 5-8

图 5-9

5.1.3 海绵工具

在学习“海绵工具”之前，需要了解颜色“饱和度”这一概念。颜色饱和度是色彩三要素之一，颜色饱和度越高，画面越鲜艳，视觉冲击力就越强；反之，饱和度越低，颜色越接近灰色。使用“海绵工具”可以增加或减少画面中颜色的饱和度，其使用方法和“减淡工具”相似。

打开一张图片，单击工具箱中的“海绵工具”按钮，如图 5-10 所示。在选项栏中设置工具模式，选择“加色”选项时，可以增加色彩的饱和度，如图 5-11 所示。选择“去色”选项时，可以降低色彩的饱和度，如图 5-12 所示。勾选“自然饱和度”复选框可以在增加饱和度的同时防止颜色过度饱和而产生溢色现象。

图 5-10

图 5-11

图 5-12

服装设计实战：深 V 领女式上衣

文件路径	第 5 章\深 V 领女式上衣	
难易指数	★★★★★	
技术掌握	钢笔工具、图层样式、加深工具、减淡工具	

案例效果

案例效果如图 5-13 所示。

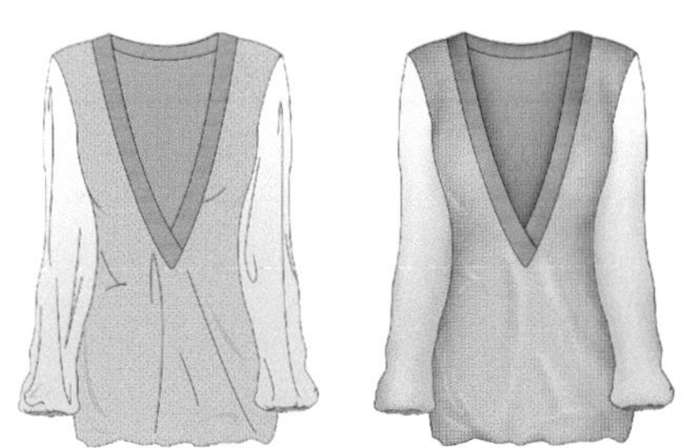

图 5-13

配色方案解析

本作品采用同类色与渐变效果相结合的搭配方式，暖色调的衣服与深 V 领相结合，表现女性性感、成熟的美感。渐变衣袖进行强化细节，整体优雅、性感、美观。图 5-14~ 图 5-17 所示为使用同类色配色方案的服装设计作品。

图 5-14

图 5-15

图 5-16

图 5-17

其他配色方案

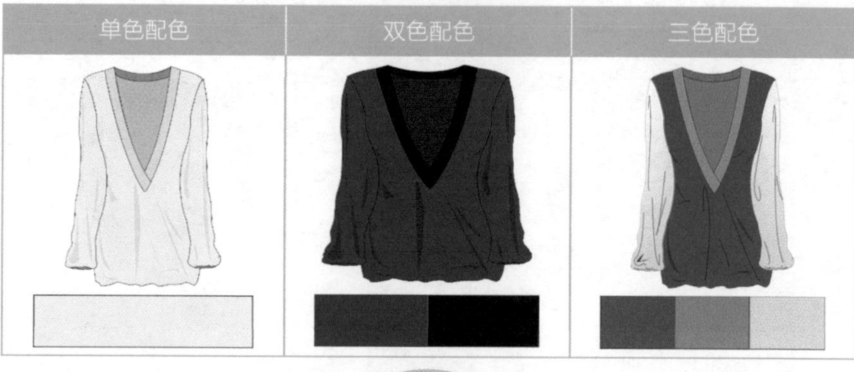

应用拓展

优秀服装设计作品，如图 5-18~ 图 5-21 所示。

图 5-18

图 5-19

图 5-20

图 5-21

实用配色方案

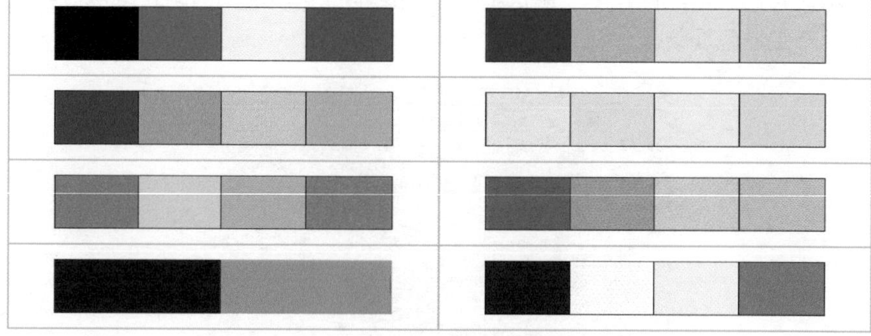

操作步骤

01 > 执行菜单“文件 > 新建”命令，在弹出的“新建”对话框中设置“宽度”为 210 毫米，“高度”为 297 毫米，“分辨率”为 300 像素 / 英寸，设置完成后，单击“确定”按钮完成操作，如图 5-22 和图 5-23 所示。

02 > 绘制上衣后片形状。单击工具箱中的“钢笔工具”按钮，在选项栏中设置绘制模式为“形状”，“填充”为无，“描边”为黑色，描边粗细为 1 像素，描边类型为实线，然后在画面中进行绘制，如图 5-24 所示。选中该图层，单击选项栏中的“填充”按钮，在下拉面板中单击“纯色”，接着单击“拾色器”按钮，在打开的“拾色器”对话框中设置颜色为卡其色，设置完成后，单击“确定”按钮，如图 5-25 所示。图形效果如图 5-26 所示。

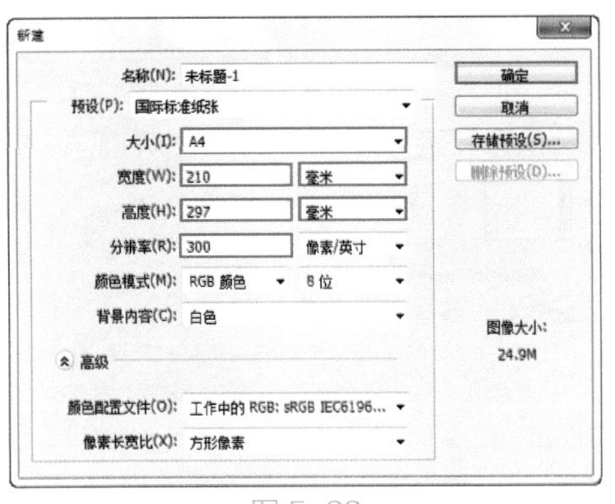

图 5-22

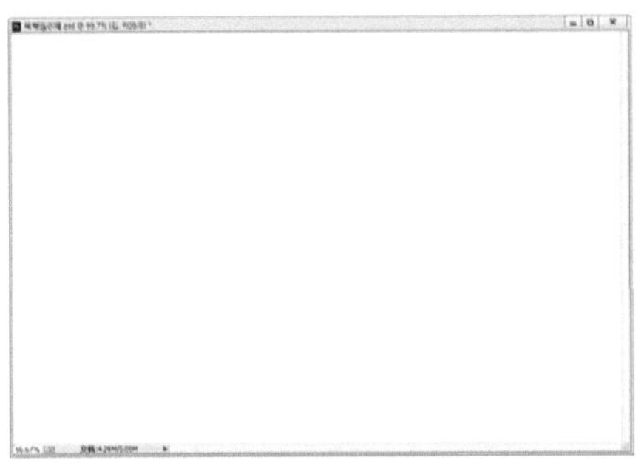

图 5-23

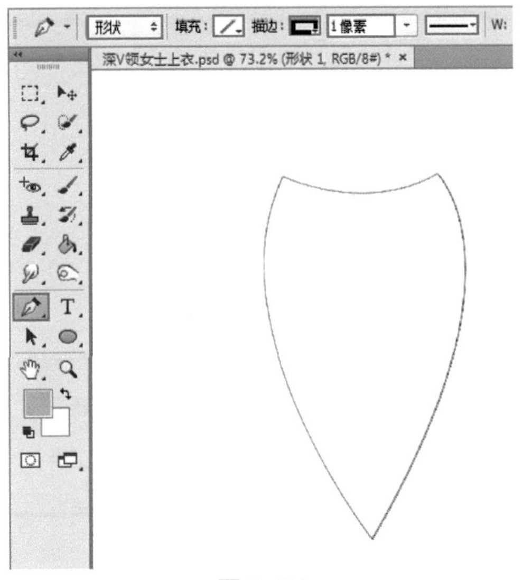

图 5-24

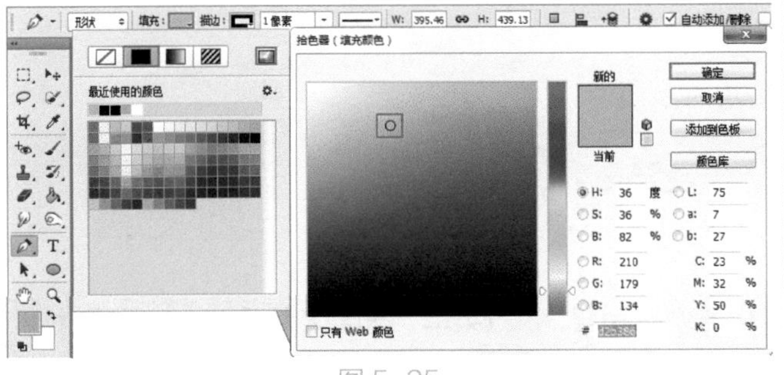

图 5-25

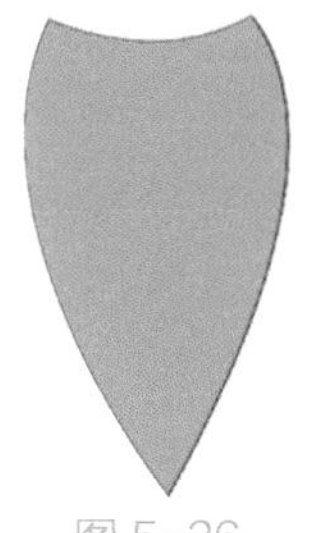

图 5-26

03> 接下来为后片布料添加图案。执行菜单“编辑 > 预设 > 预设管理器”命令，在弹出的“预设管理器”对话框中设置“预设类型”为“图案”，单击“载入”按钮。接着在弹出的对话框中选择“1.pat”，单击“载入”按钮，如图 5-27 所示。载入完成后，单击“完成”按钮完成此操作。

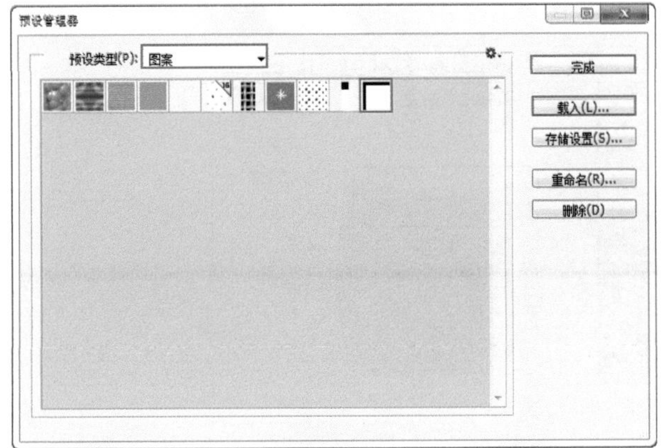

图 5-27

04> 接下来在“图层”面板中选中该图层，执行菜单“图层 > 图层样式 > 图案叠加”命令，在弹出的“图层样式”对话框中勾选“图案叠加”复选框，设置“混合模式”为“正片叠底”，“不透明度”为 15%，“图案”为“1.pat”，“缩放”为 80%，如图 5-28 所示。设置完成后，单击“确定”按钮完成此操作。此时画面效果如图 5-29 所示。

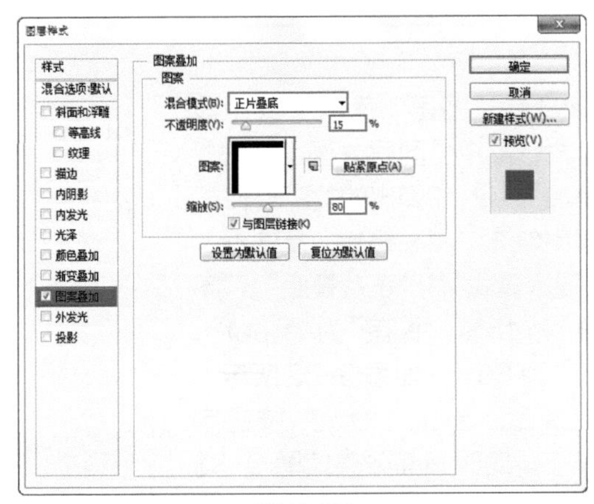

图 5-28

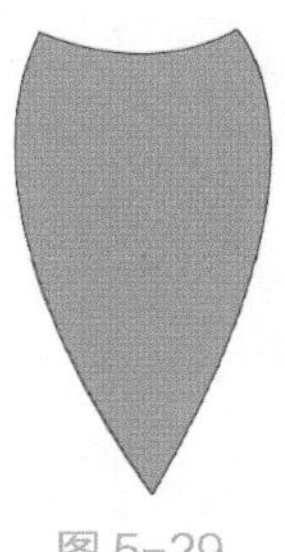

图 5-29

05> 继续选择钢笔工具，在选项栏中设置“填充”为明度、纯度相对略高的黄棕色，设置完成后，在画面中领口位置进行绘制，如图 5-30 所示。接下来绘制上衣前片。继续使用钢笔工具绘制上衣前片，在选项栏中设置“填充”为沙棕色，效果如图5-31所示。

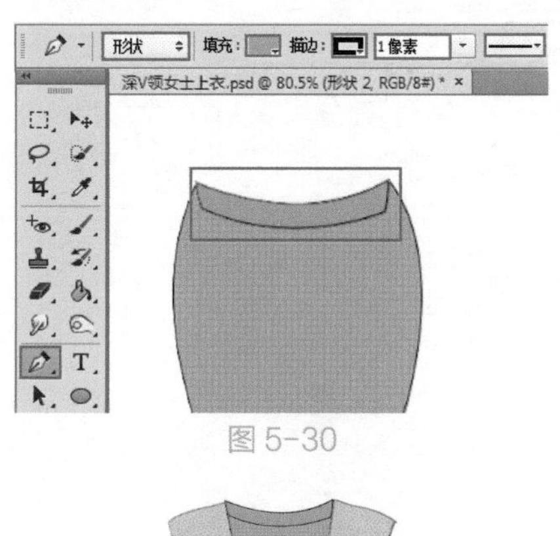

图 5-30

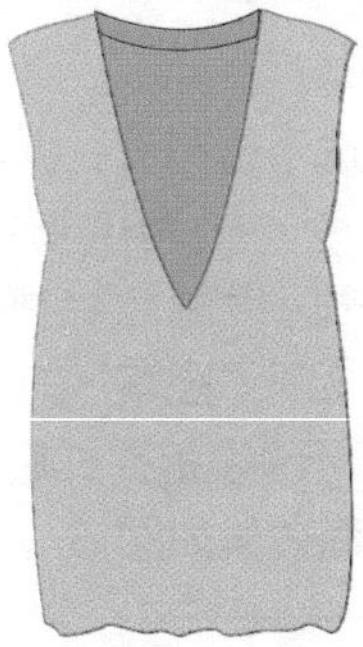

图 5-31

06> 接着在“图层”面板中选中该图层，执行菜单“图层 > 图层样式 > 图案叠加”命令，在弹出的“图层样式”对话框中勾选“图案叠加”复选框，设置“混合模式”为“正片叠底”，“不透明度”为 15%，“图案”为“1.pat”，“缩放”为 80%，如图 5-32 所示。设置完成后，单击“确定”按钮完成此操作。此时画面效果如图 5-33 所示。

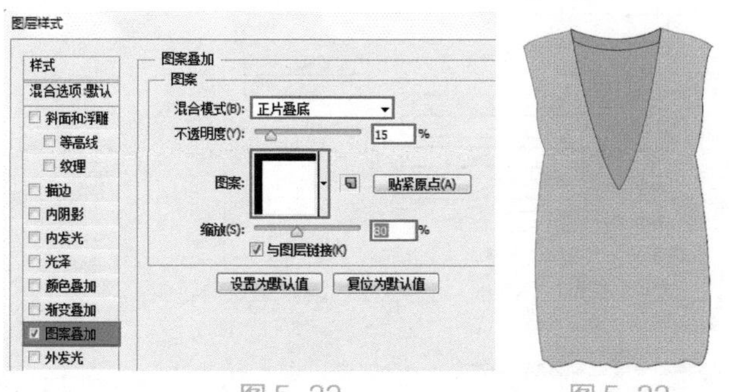

图 5-32　　图 5-33

07> 接下来绘制领口。继续选择钢笔工具”，在选项栏中设置“填充”为偏灰的土黄色，在画面中领口位置进行绘制，如图 5-34 所示。接着执行菜单“编辑 > 预设 > 预设管理器”命令，在弹出的“预设管理器”对话框中设置“预设类型”为“图案”，单击“载入”按钮。接着在弹出的对话框中选择“2.pat”，单击“载入”按钮，如图 5-35 所示。载入完成后，单击“完成”按钮完成此操作。

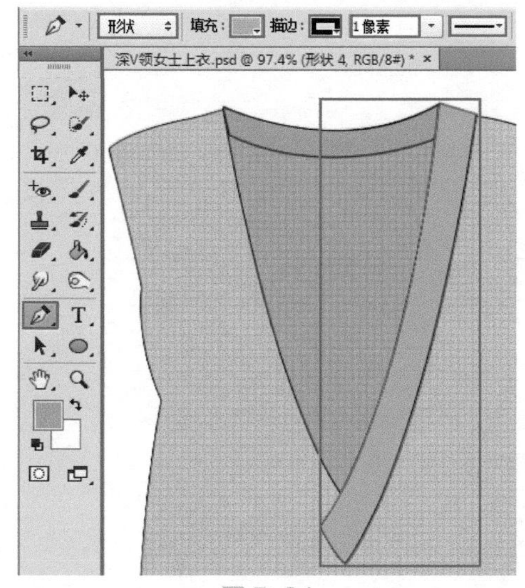

图 5-34

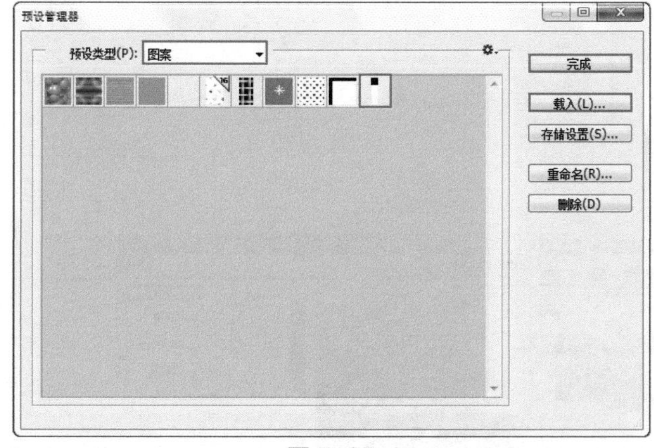

图 5-35

08> 在“图层”面板中选中该图层，执行菜单“图层 > 图层样式 > 图案叠加”命令，在弹出的“图层样式”对话框中勾选“图案叠加”复选框，设置“混合模式”为“正片叠底”，“不透明度”为40%，“图案”为“2.pat”，“缩放”为80%，如图5-36所示。设置完成后，单击“确定”按钮完成此操作。此时画面效果如图5-37所示。

09> 选中衣领形状图层，使用快捷键Ctrl+J复制出一个相同的形状图层，如图5-38所示。

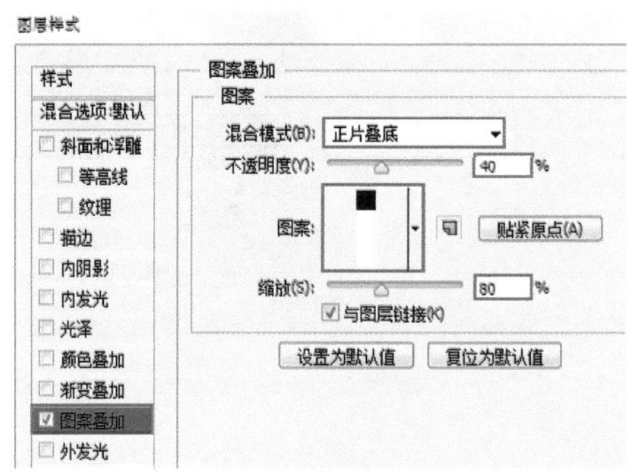

图5-36

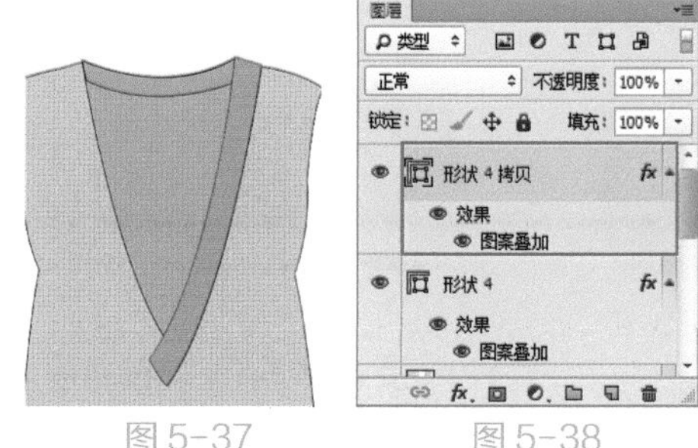

图5-37　图5-38

10> 然后按快捷键Ctrl+T调出界定框，右击执行“水平翻转”命令，如图5-39所示。接着将光标定位在界定框以内，按住鼠标左键向左侧领口位置平移拖曳，按Enter键完成此操作，如图5-40所示。

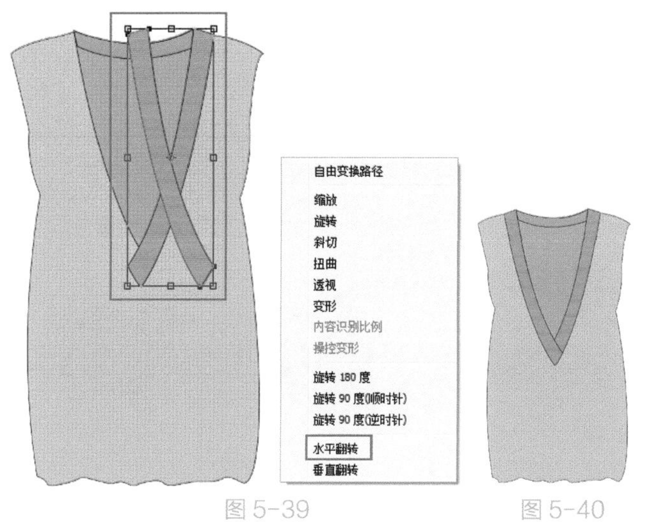

图5-39　图5-40

11> 接下来绘制衣袖。单击工具箱中的“钢笔工具”按钮，在选项栏中设置绘制模式为“形状”，“填充”为渐变，并编辑一个由浅黄色到白色的渐变色条，再设置“描边”为黑色，描边粗细为1像素，描边类型为实线，如图5-41所示。设置完成后，在画面中上衣左侧进行绘制，如图5-42所示。

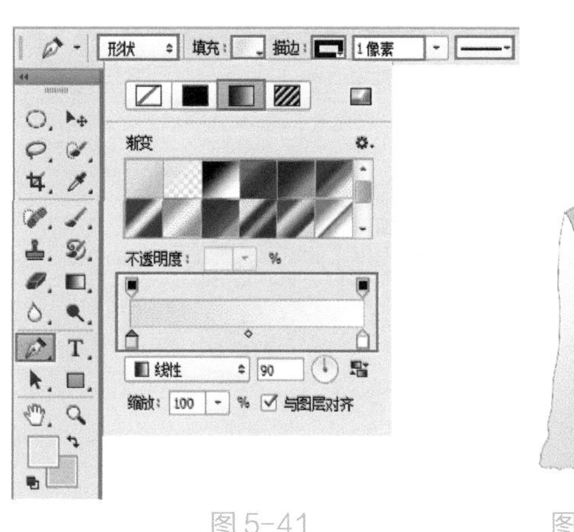

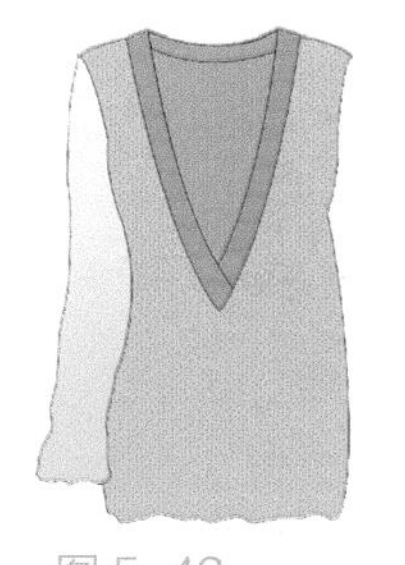

图5-41　图5-42

12> 继续使用钢笔工具绘制袖口，效果如图5-43所示。接下来绘制右侧袖子。在“图层”面板中选中左侧袖子及袖口的两个图层，按住鼠标左键将其拖曳到“新建图层”按钮上进行图层的复制，如图5-44所示。

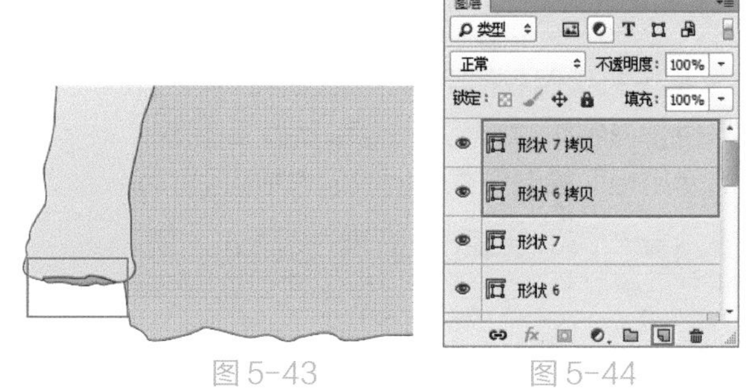

图5-43　图5-44

13> 接着按快捷键Ctrl+T调出界定框，将光标定位在画面中右击，并在弹出的快捷菜单中选择“水平翻转”命令，如图5-45所示。接着将图形向右移动，调整完成后按Enter键确定变换，如图5-46所示。

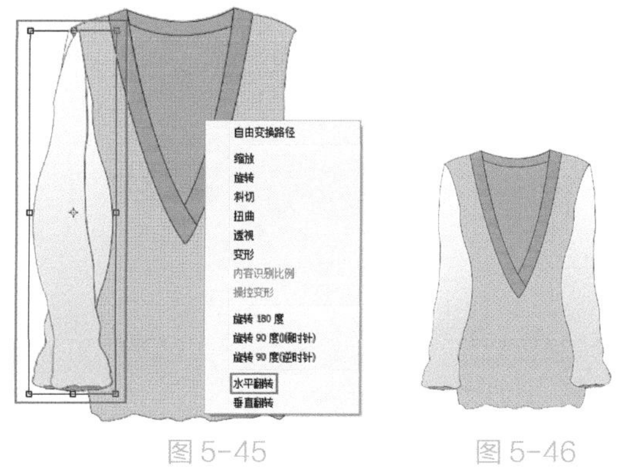

图5-45　图5-46

14> 接下来绘制衣褶。单击工具箱中的“钢笔工具”按钮，在选项栏中设置绘制模式为“形状”，“填充”为无，“描边”为黑色，描边粗细为 1 像素，描边类型为实线，设置完成后，在画面中进行绘制，如图 5-47 所示。绘制完成后，按 Enter 键完成此操作。接着使用相同绘制方式在衣袖、衣身位置进行绘制，如图 5-48 所示。

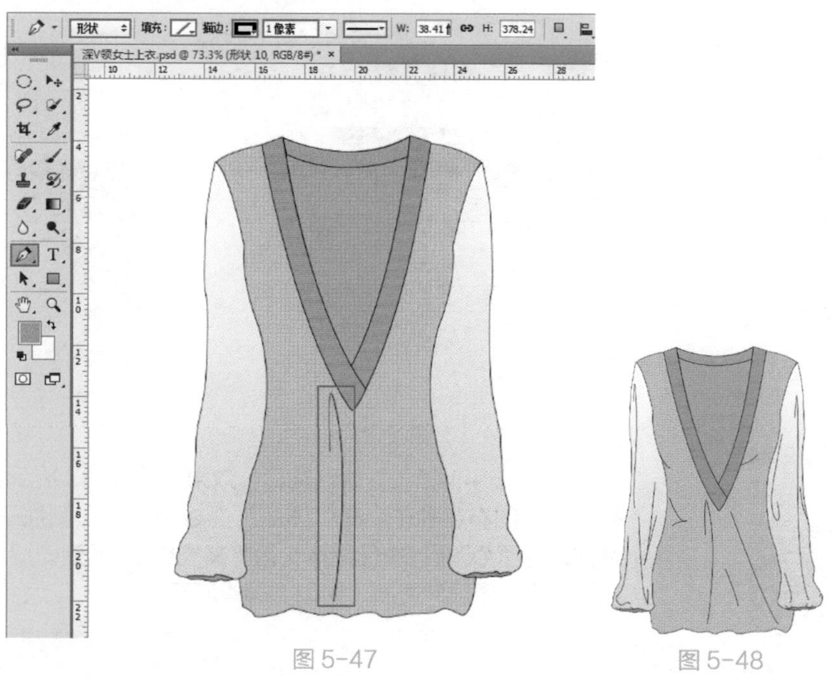

图 5-47　　图 5-48

15> 接下来绘制衣褶阴影。继续选择钢笔工具，在选项栏中设置“填充”为黄棕色，“描边”为无。设置完成后，在相应位置进行绘制，如图 5-49 所示。接着使用相同绘制方式绘制其他衣褶阴影形状，效果如图 5-50 所示。

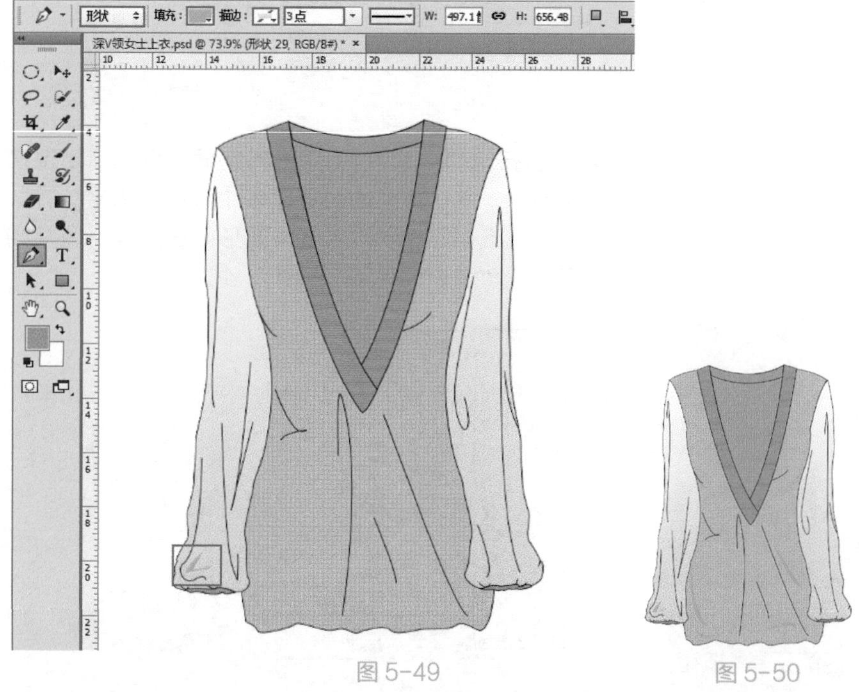

图 5-49　　图 5-50

16> 加选绘制服装的图层，使用快捷键 Ctrl+G 进行编组。选中图层组，使用快捷键 Ctrl+J 将图层进行复制，如图 5-51 所示。然后将复制的上衣移动到画面的右侧，如图 5-52 所示。

图 5-51

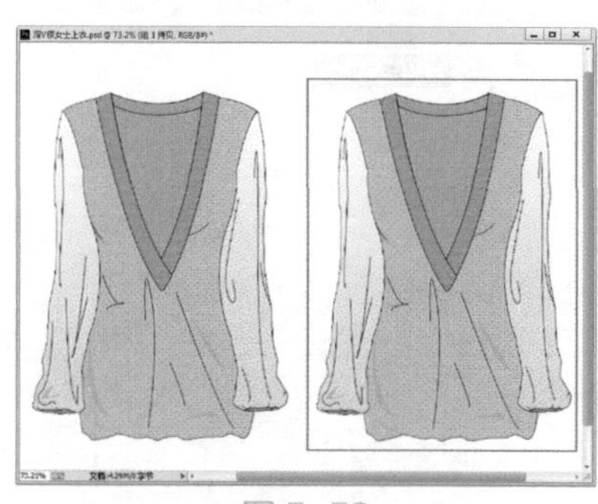

图 5-52

17> 接着将右侧上衣的褶皱和阴影图层删除。然后分别将后片、前片和袖子合并为独立图层（合并图层快捷键 Ctrl+E），如图 5-53 和图 5-54 所示。

图 5-53

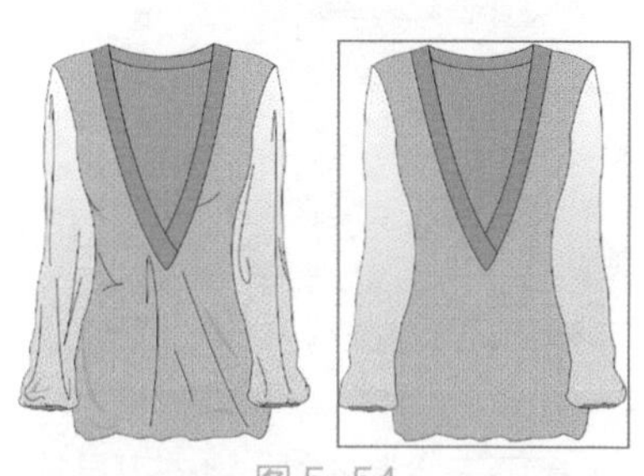

图 5-54

18> 接下来制作服装的立体效果。选中“前片”图层，单击工具箱中的“加深工具”按钮，在选项栏中设置笔尖大小为 80，“范围”为“中间调”，“曝光度”为 40%，设置完成后，在前片阴影的位置涂抹加深其颜色，如图 5-55 所示。继续在其他位置进行涂抹，效果如图 5-56 所示。

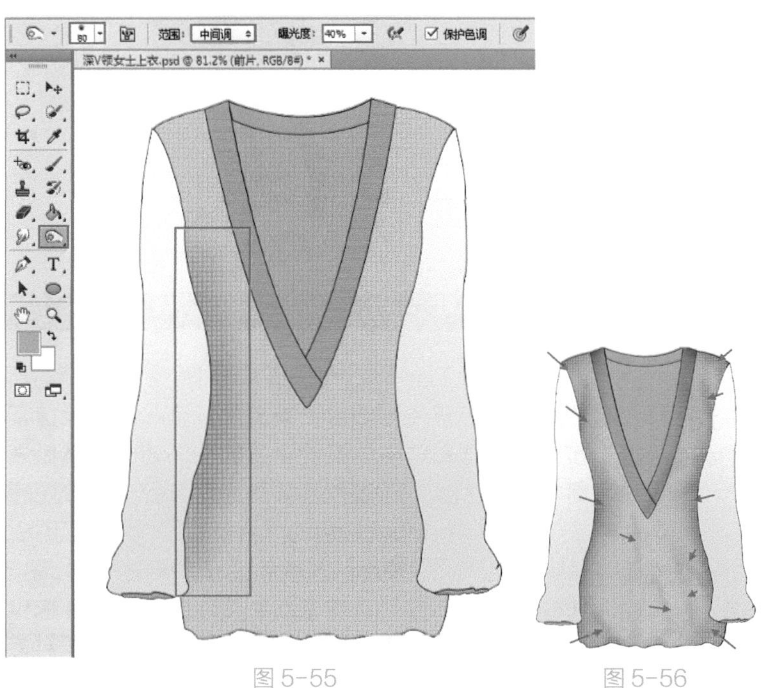

图 5-55　　图 5-56

19> 接着单击工具箱中的“减淡工具”按钮，在选项栏中设置合适的笔尖大小，设置“范围”为“中间调”，“曝光度”为 50%，设置完成后，在衣服高光的位置按住鼠标左键拖曳涂抹提高亮度。效果如图 5-57 所示。

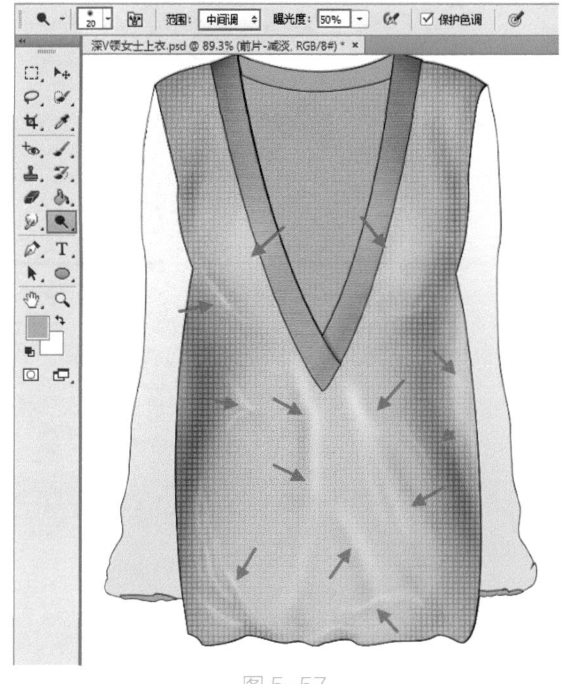

图 5-57

20> 继续使用同样的方法，调整衣袖和后片的明度，制作出立体效果，如图 5-58 所示。

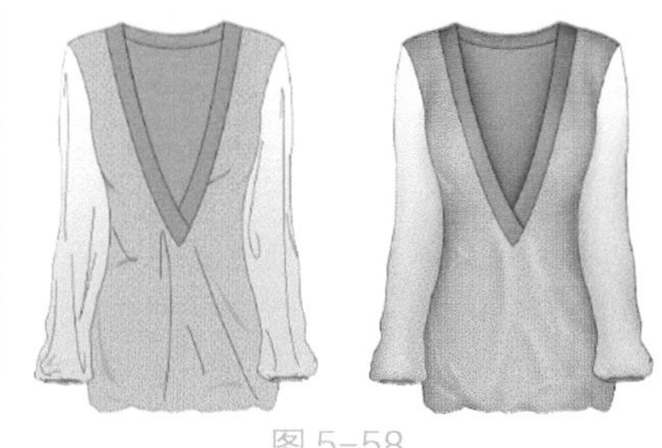

图 5-58

5.1.4 模糊工具

当我们看到“模糊工具”这个名字的时候，就知道这个工具是用来做什么的了；没错，它就是用来进行模糊处理的。那么，为什么要进行模糊呢，不都想要一张清晰度高的图像么？事实上，恰当地运用模糊可以增加画面层次，还可以起到强化主体物、隐藏瑕疵的目的。

单击工具箱中的“模糊工具”按钮，在选项栏中可以通过调整“强度”数值来设置模糊的强度，如图 5-59 所示。接着在画面中涂抹即可使局部变得更加模糊。涂抹的次数越多，该区域就越模糊，如图 5-60 所示。使用模糊工具制作图像边缘虚化、景深的效果，或者对人像进行磨皮处理。

图 5-59

图 5-60

5.1.5 锐化工具

遇到清晰度不够的图像就需要进行适当的锐化。“锐化工具”用于增强图像局部的清晰度。打开一张图片，单击工具箱中的“锐化工具”按钮，在选项栏中通过设置“强度”的数值可以控制涂抹时画面锐化强度。勾选“保护细节”复选框后，再进行锐化处理时将对图像的细节进行保护。如图 5-61 所示。设置完成后，在需要锐化的位置涂抹。涂抹的次数越多，锐化效果越强，效果如图 5-62 所示。

图 5-61

图 5-62

5.1.6 涂抹工具

“涂抹工具”可以模拟手指划过湿油漆时所产生的效果。打开一张图片，单击工具箱中的“涂抹工具”按钮，在选项栏中先设置合适的画笔大小，然后通过设置“强度”数值来设置颜色展开的衰减程度，通过设置“模式”来设置涂抹位置颜色的混合模式。若勾选“手指绘画”复选框后，可以使用前景颜色进行涂抹绘制，如图 5-63 所示。设置完成后，在画面中按住鼠标左键并拖曳可拾取鼠标单击处的颜色，并沿着拖曳的方向展开这种颜色，如图 5-64 所示。

图 5-63

图 5-64

5.1.7 污点修复画笔工具

“污点修复画笔工具”是一款简单、有效的修复工具，它常用于去除画面中较小的瑕疵。例如，去除面部不太密集的斑点、细纹。

打开一张图片，单击工具箱中的“污点修复画笔工具”按钮，调整画笔大小到刚好能够覆盖瑕疵处即可。然后在瑕疵上单击鼠标左键，或者按住鼠标左键拖曳覆盖到要修复的区域，如图 5-65 所示。释放鼠标后 Photoshop 可以自动从所修饰区域的周围进行取样，使用正确的内容填充瑕疵本身，如图 5-66 所示。去除污点后的效果如图 5-67 所示。

图 5-65

图 5-66

图 5-67

- 模式：在设置修复图像的混合模式时，除“正常”“正片叠底”等常用模式外，还有一个“替换”模式，该模式可以保留画笔描边边缘处的杂色、胶片颗粒和纹理。
- 近似匹配：可以使用选区边缘周围的像素来查找要用作选定区域修补的图像区域。
- 创建纹理：可以使用选区中的所有像素创建一个用于修复该区域的纹理
- 内容识别：可以使用选区周围的像素进行修复。

5.1.8 修复画笔工具

使用“修复画笔工具”，首先需要在画面中取样，然后可以将样本像素的纹理、光照、透明度和阴影与所修复的像素进行匹配，使修复后的像素与源图像更好地融合，从而完成瑕疵的去除。

单击工具箱中的“修复画笔工具”按钮，在选项栏中设置合适的画笔大小，然后按住 Alt 键进行取样，在需要修复的位置进行涂抹，如图 5-68 所示。接着在需要修复的位置上按住鼠标左键进行涂抹，释放鼠标即可看到修复效果，如图 5-69 所示。在修复过程中可以随时进行取样，修复后的图像效果如图 5-70 所示。

图 5-68

图 5-69

图 5-70

- 源：设置用于修复像素的源。选择“取样”选项时，可以使用当前图像的像素来修复图像；选择“图案”选项时，可以使用某个图案作为取样点。
- 对齐：勾选该复选框后，可以连续对像素进行取样，即使释放鼠标也不会丢失当前的取样点；取消勾选“对齐”复选框后，则会在每次停止并重新开始绘制时使用初始取样点中的样本像素。

5.1.9 修补工具

“修补工具”可以使用图像中的部分内容覆盖修复特定区域。单击工具箱中的“修补工具”按钮，在画面中绘制出需要修补的区域，如图 5-71 所示。然后将光标定位到选区中，接着按住鼠标左键拖曳将其移动至可以替换修补区域的位置上，如图 5-72 所示。释放鼠标后即可进行自动修复，如图 5-73 所示。

图 5-71

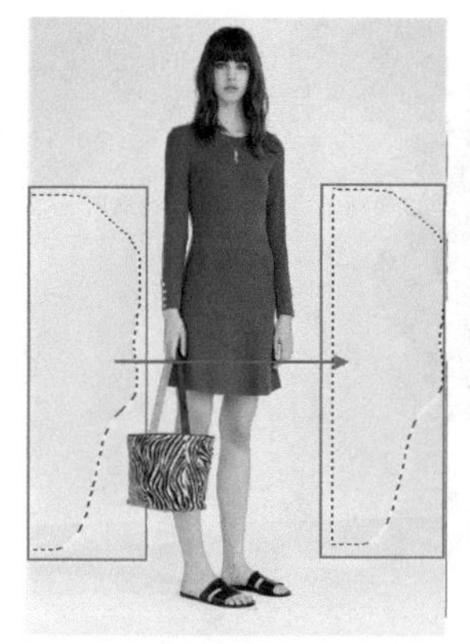

图 5-72

图 5-73

- 修补：创建选区后，选择“源”选项时，将选区拖曳到要修补的区域，释放鼠标就会使用当前选区中的图像修补原来选中的内容；选择“目标”选项时，则会将选中的图像复制到目标区域。
- 透明：勾选该复选框后，可以使修补的图像与原始图像产生透明的叠加效果。该选项适用于修补具有清晰分明的纯色背景或渐变背景。
- 使用图案：使用修补工具创建选区后，单击“使用图案”按钮，可以使用图案修补选区内的图像。

5.1.10 内容感知移动工具

“内容感知移动工具”是一个非常神奇的移动工具，它可以将选区中的像素“移动”到其他位置，而原来位置将会被智能填充，并与周围像素融为一体。

单击工具箱中的“内容感知移动工具”按钮，在图像上按住鼠标左键绘制需要移动的区域，将光标放在区域内，如图 5-74 所示。接着按住鼠标左键向其他区域移动，如图 5-75 所示。释放鼠标后 Photoshop 会自动将影像与四周的景物融合在一起，而原始的区域则会进行智能填充，如图 5-76 所示。

图 5-74

图 5-75

图 5-76

技巧提示：内容感知移动工具的模式

当选项栏中的模式设置为“移动”时，选择的对象将被移动。当设置为“扩展”时，选择移动的对象将被移动并复制，原来位置的内容不会被删除，新的位置还会出现该对象。

5.1.11 红眼工具

“红眼”问题是闪光灯摄影中非常常见的问题。在光线较暗的环境中使用闪光灯进行拍照，经常会造成黑眼球变红的情况，也就是通常所说的“红眼”。单击工具箱中的“红眼工具”按钮，将光标移动到红眼处，接着单击鼠标左键即可去除红眼，如图 5-77 所示。图 5-78 所示为完成效果。

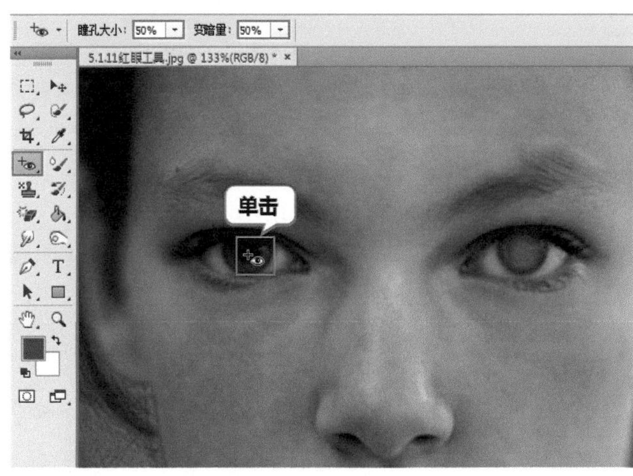

图 5-77

图 5-78

5.1.12 仿制图章工具

“仿制图章工具”可以对画面中的部分内容进行取样，以画笔绘制的方式绘制到其他区域。仿制图章工具是较为方便的图像修饰工具，使用频率非常高。

打开一张图片，通过仿制图章工具去除画面中的文字。例如，单击工具箱中的“仿制图章工具”按钮，按住 Alt 键在画面中单击取样，如图 5-79 所示。然后在需要修复的地方按住鼠标左键进行涂抹，效果如图 5-80 所示。继续进行涂抹，完成效果如图 5-81 所示。

图 5-79

图 5-80　　图 5-81

5.1.13 颜色替换工具

“颜色替换工具”是一款比较“初级”的调色工具，它通过手动涂抹的方式进行颜色的调整。例如，在图像编辑过程中，需要将画面局部更改为不同的配色方案时，不妨使用颜色替换工具进行颜色的调整。

单击工具箱中的“颜色替换工具”按钮，在选项栏中设置合适的画笔大小、模式、限制以及容差，然后设置合适的前景色。接着将光标移动到需要替换颜色的区域进行涂抹，被涂抹的区域颜色发生了变化，如图 5-82 所示。效果如图 5-83 所示。

图 5-82

图 5-83

- 模式：选择替换颜色的模式，包括色相、饱和度、颜色和明度。当选择“颜色”模式时，可以同时替换色相、饱和度和明度。
- 取样：用来设置颜色的取样方式。激活“取样：连续”按钮后，在拖曳鼠标时，可以对颜色进行取样；激活“取样：一次”按钮后，只替换包含第1次单击的颜色区域中的目标颜色；激活“取样：背景色板”按钮后，只替换包含当前背景色的区域。
- 限制：当选择“不连续”选项时，可以替换出现在光标下任何位置的样本颜色；当选择“连续”选项时，只替换与光标下的颜色接近的颜色；当选择“查找边缘”选项时，可以替换包含样本颜色的连接区域，同时保留形状边缘的锐化程度。
- 容差：选取较低的百分比可以替换与所点按像素非常相似的颜色，而增加该百分比可替换范围更广的颜色。
- 消除锯齿：勾选“消除锯齿”复选框，可以使选区边缘变得柔和。

操作练习：使用颜色替换工具更改局部颜色

文件路径	第 4 章 \ 使用颜色替换工具更改局部颜色
难易指数	★★★★★
技术要点	颜色替换工具

案例效果

案例对比效果如图 5-84 和图 5-85 所示。

图 5-84　图 5-85

思路剖析

①打开素材，如图 5-86 所示。

②选择颜色替换工具，并设置合适颜色和绘制模式，如图 5-87 所示。

③在画面中裙摆位置进行涂抹，如图 5-88 所示。

图 5-86

图 5-87

图 5-88

应用拓展

优秀设计作品，如图 5-89 和图 5-90 所示。

图 5-89

图 5-90

操作步骤

01> 执行菜单“文件 > 打开”命令，或按快捷键 Ctrl+O，在弹出的“打开”对话框中选择素材“1.jpg”，单击“打开”按钮，如图 5-91 所示。先将前景色设置为蓝色，然后单击工具箱中的“颜色替换工具”按钮，在选项栏中设置合适的画笔大小，设置“模式”为“色相”，选择“取样：连续”，“限制”为“连续”，“容差”为 15%，在画面中按住鼠标左键并拖曳绘制，如图 5-92 所示。

图 5-91

图 5-92

02> 涂抹过的区域变为灰蓝色，继续在画面中绘制，注意在绘制的过程中不要将画笔中心位置触碰到背景，如图 5-93 所示。将所要替换的颜色区域全部涂抹，最终效果如图 5-94 所示。

图 5-93

图 5-94

5.1.14 混合器画笔工具

“混合器画笔工具”可以将特定颜色与图像像素进行混合，是一款用于模拟绘画效果的工具。这个工具可以让不懂绘画的人也能轻松画出漂亮的画面，具有绘画功底的人则可以“如虎添翼”。

选择工具箱中的混合器画笔工具，在选项栏中可以调节笔触的颜色、潮湿度、混合颜色等，如图 5-95 所示。设置完成后，在画面中进行涂抹，即可使画面产生手绘感的效果，如图 5-96 所示。

- “每次描边后载入画笔”和“每次描边后清理画笔”：控制了每一笔涂抹结束后对画笔是否更新和清理。类似于画家在绘画时一笔过后是否将画笔在水中清洗的选项。
- 潮湿：控制画笔从画布拾取的油彩量。较高的设置会产生较长的绘画条痕。

- 载入：设置画笔上的油彩量。载入速率较低时，绘画描边干燥的速度会更快。
- 混合：控制画布油彩量同画笔上的油彩量的比例。当混合比例为 100% 时，所有油彩将从画布中拾取；当混合比例为 0% 时，所有油彩都来自储槽。
- 流量：设置画笔的流动速率。

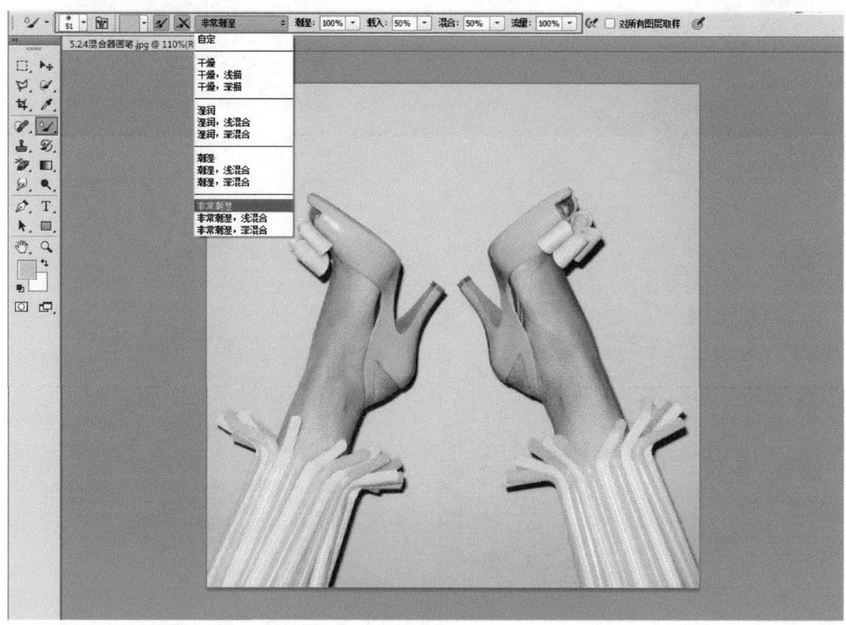

图 5-95

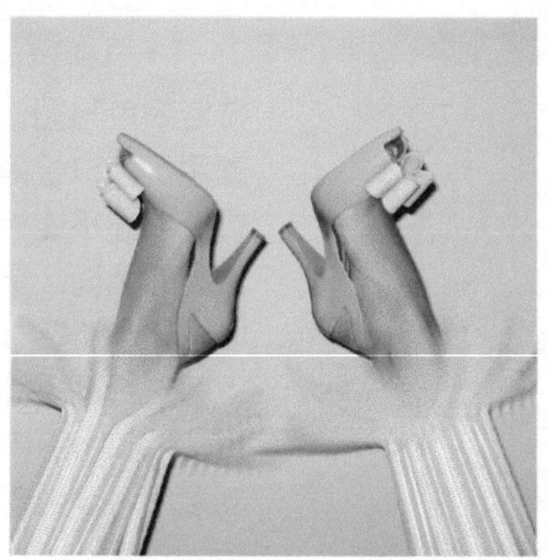

图 5-96

5.2 调色技术

对于专业的图像处理软件，Photoshop 的调色功能是非常强大的。在 Photoshop 中提供了多种调色命令，与此同时还提供了两种使用命令的方法。首先执行菜单“图像 > 调整”命令，看一下子菜单中的命令，如图 5-97 所示。接着执行菜单“图层 > 新建调整图层”命令，看一下子菜单中的命令，如图 5-98 所示。此时我们将两个菜单做一下对比，可以发现这些命令绝大部分是相同的，那么为什么 Photoshop 要“多此一举”呢？跟着下面的操作，我们一同发现其中的秘密。

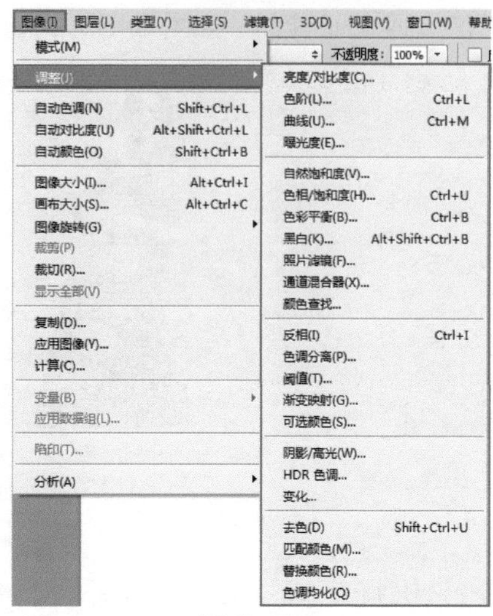

图 5-97

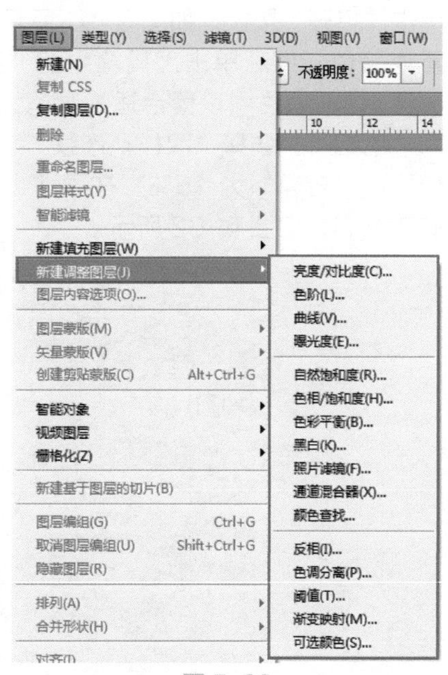

图 5-98

（1）打开一张图片，如图 5-99 所示。接着执行菜单“图像 > 调整 > 色相 / 饱和度”命令，弹出“色相 / 饱和度”对话框，在该对话框中调整任意参数后单击“确定”按钮，如图 5-100 所示。画面效果如图 5-101 所示。此时可以发现画面中的颜色、色调发生了变化，如果觉得效果不满意，那么只能进行“撤销”操作。如果操作的步骤太多了，可能就无法还原到之前的效果了。

图 5-99

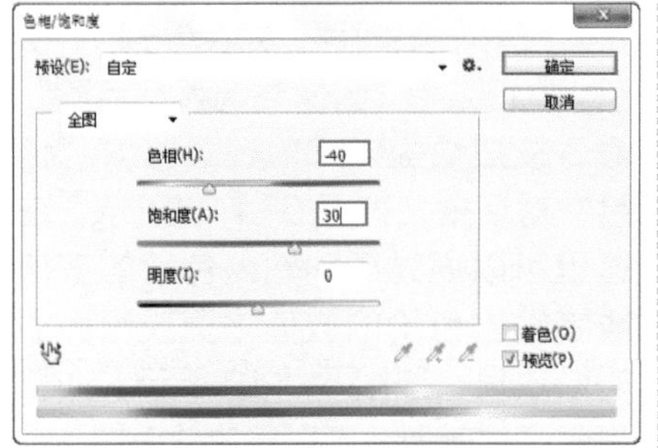

图 5-100

图 5-101

（2）如果对图像执行菜单“图层 > 新建调整图层 > 色相 / 饱和度”命令，随即会打开“属性”面板，在该面板中可以看到与“色相 / 饱和度”对话框同样的参数选项，接着调整同样的参数，如图 5-102 所示。此时画面的效果也与图 5-103 相同，但是不同的是在“图层”面板中会生成一个调整图层。

（3）调整图层与普通图层的属性相同，也可以显示 \ 隐藏、删除、调整不透明度等。这就方便了我们显示或隐藏调色效果。而且调整图层还带有图层蒙版，使用黑色的画笔在蒙版中涂抹，可以隐藏画面中的调色效果，如图 5-104 所示。如果对调整的参数不满意，也无需撤销，只需要双击调整图层的缩览图，还可以再次打开“属性”面板，在该面板中可以重新调整参数即可，如图 5-105 和图 5-106 所示。

图 5-102

图 5-103

图 5-104

图 5-105

图 5-106

经过操作，我们可以发现使用“调整”命令进行调色是直接作用于像素，一旦做出更改很难被还原。而“新建调整图层”命令，则是一种可以逆转、可以编辑的调色方式。在这里我们比较推荐使用“新建调整图层”的方式进行调色，因为会对后期的调整、编辑都起到了极大的帮助。

5.2.1 自动调色

在“图像”菜单中提供了 3 个可以快速自动调整图像颜色的命令，即“自动色调”“自动对比度”和“自动颜色”命令，如图 5-107 所示。这些命令会自动检测图像明暗以及偏色问题，无需设置参数就可以进行自动的校正。通常用于校正数码相片出现的明显的偏色、对比过低、颜色暗淡等常见问题，如图 5-108 和图 5-109 所示。

技巧提示：图像颜色模式

图像的颜色模式是指将某种颜色表现为数字形式的模型，或者说是一种记录图像颜色的方式。执行菜单“图像>模式”命令，在子菜单中可以看到多种颜色模式：位图模式、灰度模式、双色调模式、索引颜色模式、RGB颜色模式、CMYK颜色模式、Lab颜色模式和多通道模式。

在制作UI设计方案，或者处理数码照片时一般比较常用RGB颜色模式；涉及到需要印刷的产品时需要使用CMYK颜色模式；而Lab颜色模式是色域最宽的色彩模式，也是最接近真实世界颜色的一种色彩模式。单击某一项即可进行颜色模式的切换。

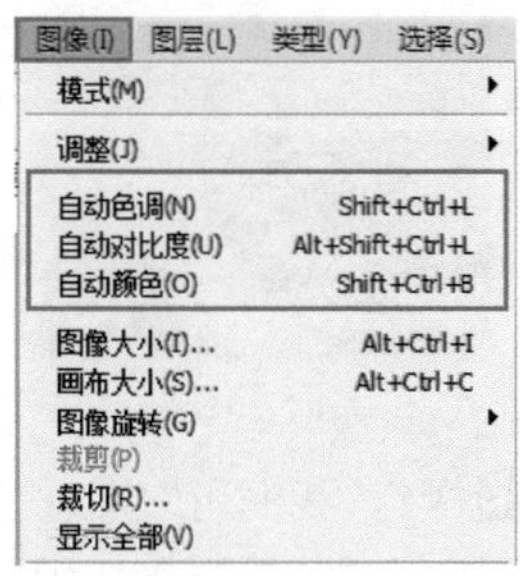

图 5-107

图 5-108

图 5-109

5.2.2 亮度 / 对比度

画面中高光位置足够亮，而阴影位置足够暗，这样画面中的颜色才能有对比，在视觉上才能有一定的冲击力。“亮度 / 对比度”命令就能够调整图像的明暗程度和对比度。

打开一张图片，如图 5-110 所示。接着执行菜单“图像 > 调整 > 亮度 / 对比度”命令，打开“亮度 / 对比度”对话框，在这里可以进行参数的设置，调整完成后单击“确定”按钮完成操作，如图 5-111 所示。此时画面效果如图 5-112 所示。

图 5-110

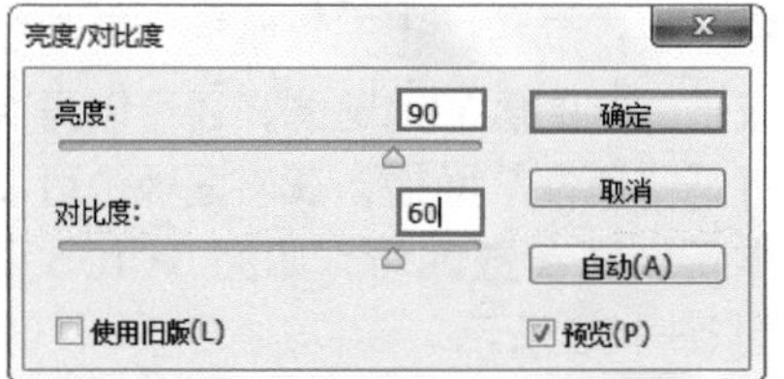

图 5-111

图 5-112

- 亮度：用来设置图像的整体亮度。数值为负值时，表示降低图像的亮度，如图 5-113 所示。数值为正值时，表示提高图像的亮度，如图 5-114 所示。

图 5-113

图 5-114

- 对比度：用于设置图像亮度对比的强烈程度。数值为负值时，表示降低对比度，如图 5-115 所示。数值为正值时，表示增加对比度，如图 5-116 所示。

图 5-115

图 5-116

5.2.3 色阶

“色阶”就是用直方图描述出的整张图片的明暗信息。Photoshop 中的“色阶”命令是可以调整图像的阴影、中间调和高光的强度级别，从而校正图像的色调范围和色彩平衡。“色阶”命令不仅作用于整个图像的明暗调整，还可以作用于图像的某一范围或者各个通道、图层进行调整。

打开一张图片，如图 5-117 所示。执行菜单“图像 > 调整 > 色阶”命令或按快捷键 Ctrl+L，打开“色阶”对话框，如图 5-118 所示。在这里可以通过调整输入色阶的数值或者输出色阶的数值来更改画面的明暗效果，如图 5-119 所示。如果需要调整颜色，可以更改“通道”，并对单独通道进行调整，即可更改画面颜色。

图 5-117

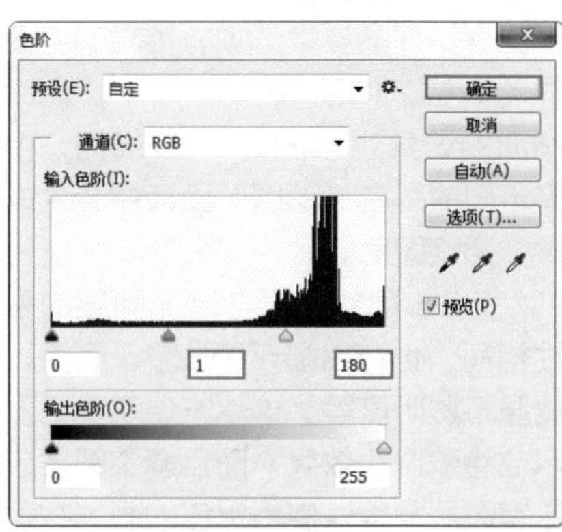

图 5-118

图 5-119

- 预设：单击“预设”下拉列表，可以选择一种预设的色阶调整选项来对图像进行调整。
- 通道：在“通道”下拉列表中可以选择一个通道，通过控制某个通道的明暗程度，调整图像中这一通道颜色的含量，以校正图像的颜色。
- 在图像中取样以设置黑场：使用该吸管在图像中单击取样，可以将单击点处的像素调整为黑色，同时图像中比该单击点暗的像素也会变成黑色，如图 5-120 所示。

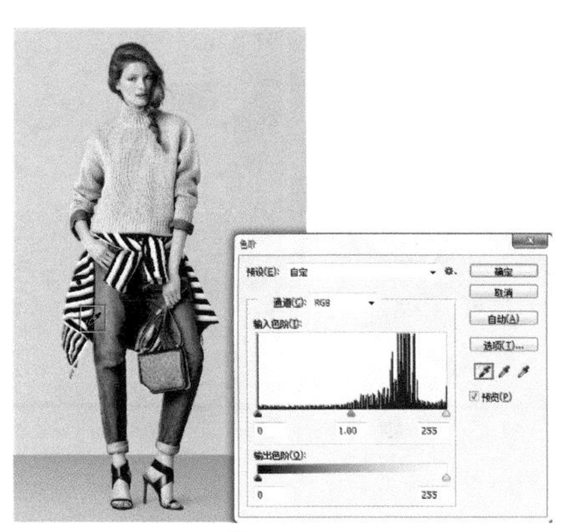

图 5-120

- 在图像中取样以设置灰场：使用该吸管在图像中单击取样，可以根据单击点像素的亮度来调整其他中间调的平均亮度，如图 5-121 所示。
- 在图像中取样以设置白场：使用该吸管在图像中单击取样，可以将单击点处的像素调整为白色，同时图像中比该单击点亮的像素也会变成白色，如图 5-122 所示。

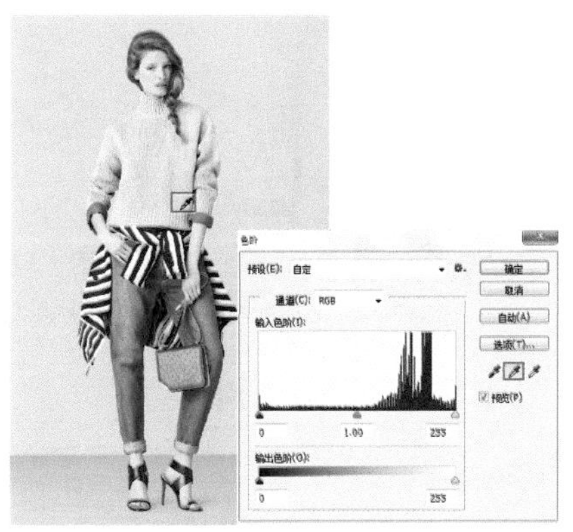

图 5-121

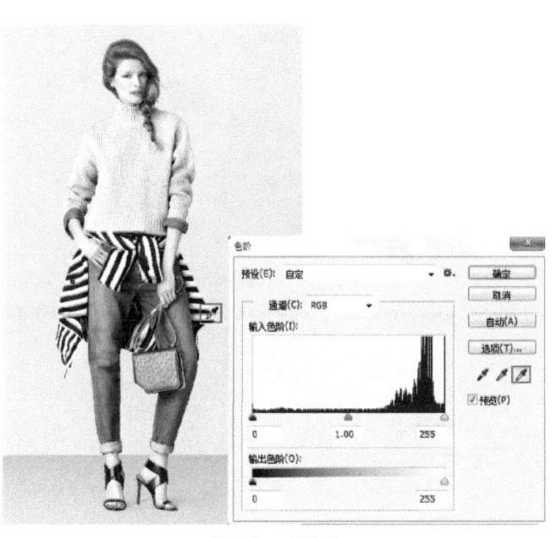

图 5-122

- 输入色阶：可以通过拖曳滑块来调整图像的阴影、中间调和高光，同时也可以直接在对应的输入框中输入数值。例如向左拖曳中间调滑块时，可以使图像变亮，如图 5-123 所示。向右拖曳中间调滑块时，可以使图像变暗，如图 5-124 所示。

图 5-123

图 5-124

- 输出色阶：可以设置图像的亮度范围，从而降低对比度，如图 5-125 和图 5-126 所示。

图 5-125

图 5-126

5.2.4 曲线

打开一张图片，如图 5-127 所示。执行菜单“图像 > 调整 > 曲线”命令或按快捷键 Ctrl+M，打开“曲线”对话框，在倾斜的直线上单击即可添加控制点，然后进行拖曳调整曲线形状。在曲线上半部分添加控制点可以调整画面的亮部区域；曲线下半部分添加控制点可以调整暗部区域；在曲线中段添加控制点则可以调整画面中间调区域。将控制点向左上角调整即可使画面变亮，如果将控制点向右下调整则可以使画面变暗。也可以在曲线上添加多个控制点，如图 5-128 所示。

随着曲线形态的变化画面的明暗以及对比度都会发生变化，如图 5-129 所示。如果想要调整画面颜色，就需要在“通道”下拉列表中选择某个通道，然后进行曲线形状的调整。

图 5-127

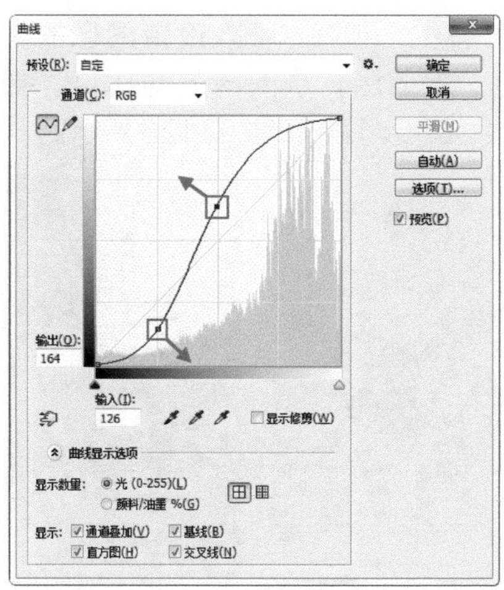

图 5-128

图 5-129

- 预设：在“预设”下拉列表中共有 9 种曲线预设效果，选中即可自动生成调整效果。
- 通道：在“通道”下拉列表中可以选择一个通道来对图像进行调整，以校正图像的颜色。
- 在曲线上单击并拖动可修改曲线 ：选择该工具后，将光标放置在图像上，曲线上会出现一个圆圈，表示光标处的色调在曲线上的位置，拖曳鼠标左键可以添加控制点以调整图像的色调。向上调整表示提亮，向下调整则为压暗，如图 5-130 所示。
- 编辑点以修改曲线 ：使用该工具在曲线上单击，可以添加新的控制点，通过拖曳控制点可以改变曲线的形状，从而达到调整图像的目的。图 5-131 所示为调整曲线形状。图 5-132 所示为调整曲线后的效果。

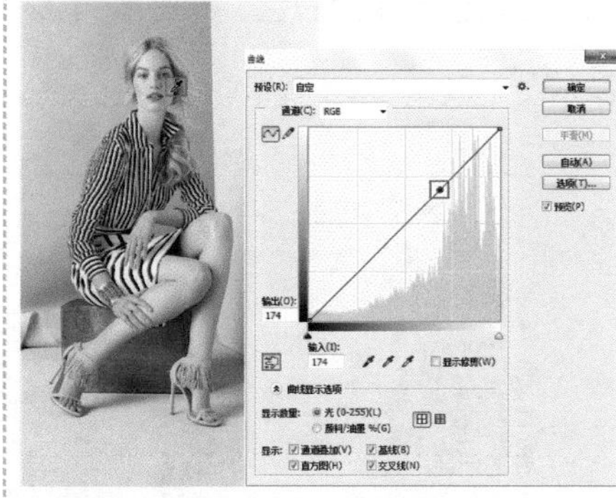

图 5-130

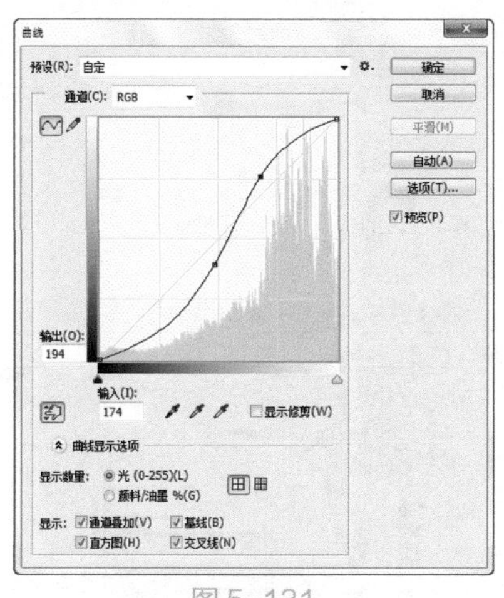

图 5-131

图 5-132

- 通过绘制来修改曲线 ：使用该工具可以以手绘的方式自由绘制出曲线，绘制好曲线后单击“编辑点以修改曲线”按钮 ，可以显示出曲线上的控制点。
- 输入 / 输出：“输入”即“输入色阶”，显示的是调整前的像素值；“输出”即“输出色阶”，显示的是调整以后的像素值。

服装设计实战：女士阔腿九分裤

文件路径	第 5 章 \ 女士阔腿九分裤
难易指数	★★★★★
技术掌握	钢笔工具、图层样式、曲线

案例效果

案例效果如图 5-133 所示。

图 5-133

配色方案解析

裤子宽松的阔腿裤带着休闲、优雅的气质，带有格子图案避免了纯色的单调感，给人文艺、干练的感觉。此类暗色调邻近色搭配方式多用于秋冬季节的服装中。图 5-134~ 图 5-137 所示为使用该配色方案的服装设计作品。

图 5-134　　图 5-135

图 5-136　　图 5-137

其他配色方案

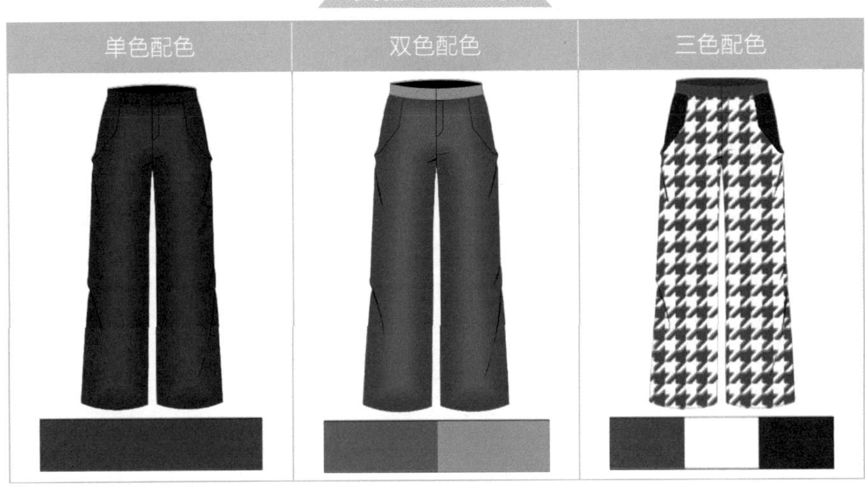

应用拓展

优秀服装设计作品，如图 5-138~ 图 5-141 所示。

图 5-138

图 5-139

图 5-140

图 5-141

实用配色方案

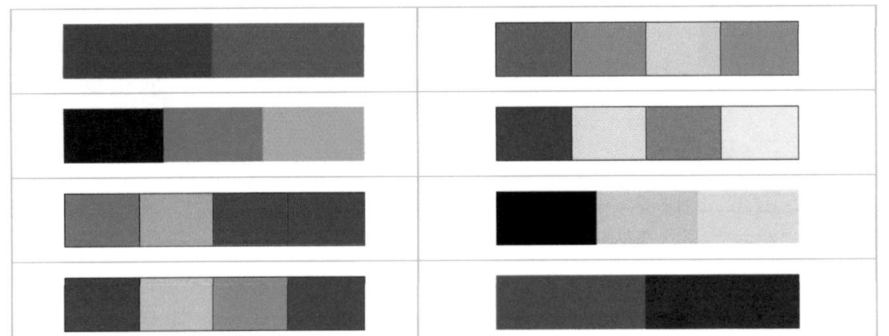

操作步骤

01> 执行菜单“文件 > 新建”命令，在弹出的“新建”对话框中设置“预设”为“国际标准纸张”，“宽度”为 210 毫米，“高度”为 297 毫米，“分辨率”为 300 像素 / 英寸，设置完成后，单击“确定”按钮完成操作，如图 5-142 和图 5-143 所示。

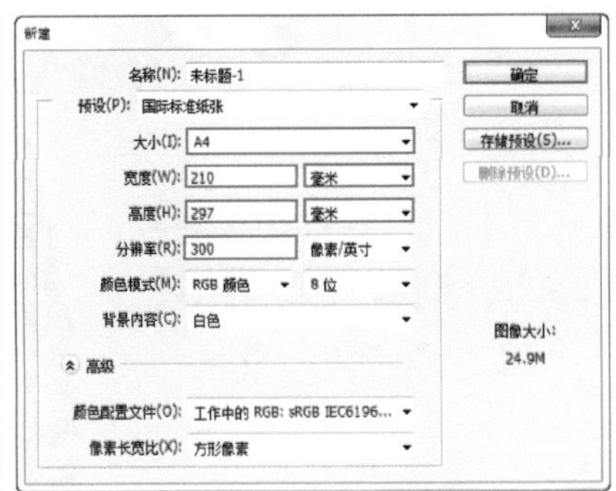

图 5-142

图 5-143

02> 单击工具箱中的“钢笔工具”按钮，在选项栏中设置绘制模式为“形状”，为了不影响绘制先将填色设置为无，“描边”为黑色，描边粗细为 1 像素，描边类型为实线。然后绘制左裤腿的形状，如图 5-144 所示。接着在选项栏中设置填充为深灰色，如图 5-145 所示。

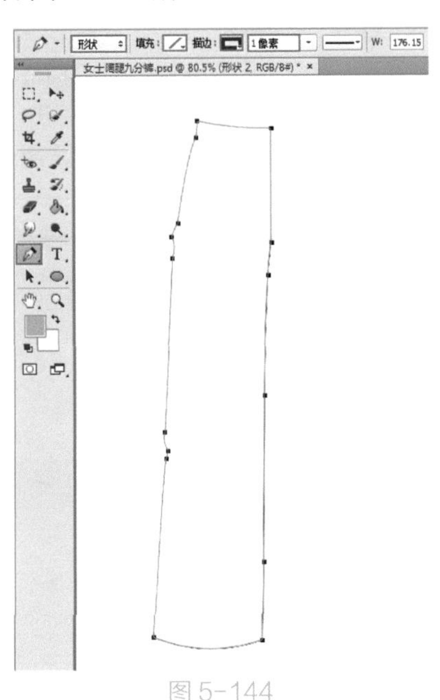

图 5-144

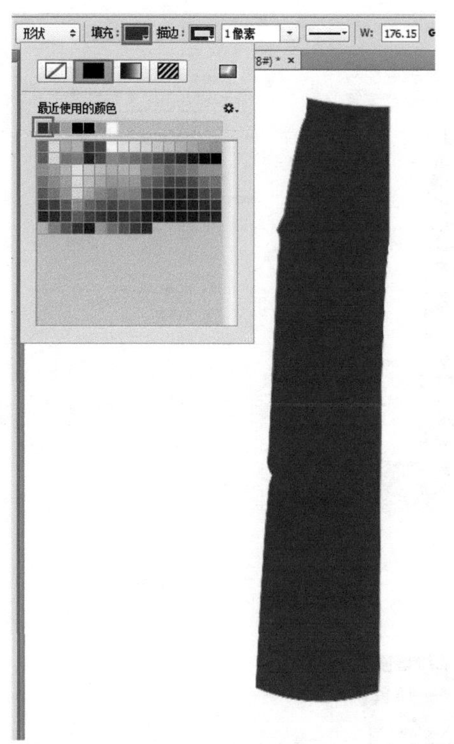

图 5-145

03> 选中裤腿图层，使用快捷键 Ctrl+J 将该图层进行复制，然后执行菜单“编辑 > 变换路径 > 水平翻转”命令，将图形进行水平翻转，然后将图形向右拖曳，效果如图 5-146 所示。接下来为阔腿裤增添图案。执行菜单“编辑 > 预设 > 预设管理器”命令，在弹出的“预设管理器”对话框中设置“预设类型”为“图案”，单击“载入”按钮。接着在弹出的对话框中选择“1.pat”，单击“载入”按钮，载入完成后，单击“完成”按钮完成此操作，如图 5-147 所示。

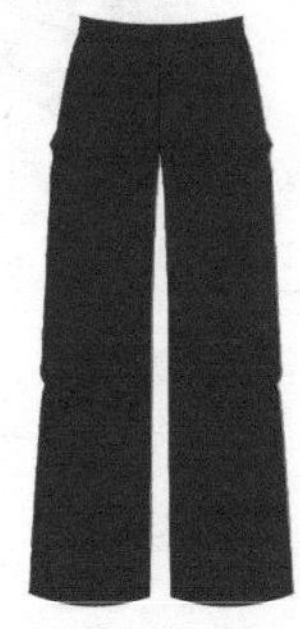

图 5-146

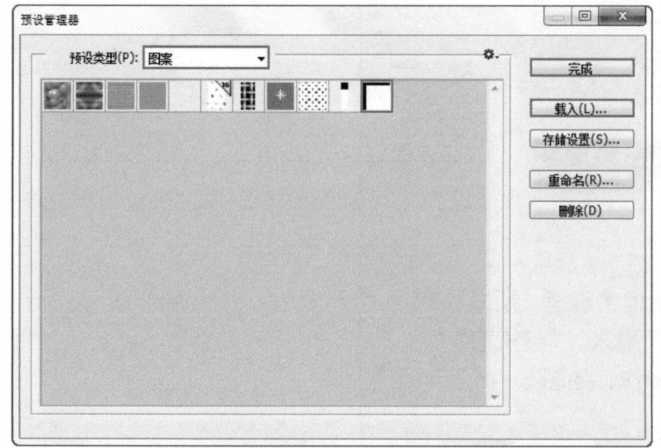

图 5-147

04> 选中形状图层，执行菜单“图层 > 图层样式 > 图案叠加”命令，设置“图案叠加”的“混合模式”为“颜色加深”，“不透明度”为 40%，“图案”为“1.pat”，“缩放”为 185%，如图 5-148 所示。接着单击窗口左侧列表框中的“内发光”，接着设置“内发光”的“混合模式”为“滤色”，“不透明度”为 15%，颜色为白色，“方法”为“精准”，“源”为“居中”，“大小”为 62 像素，“范围”为 35%，如图 5-149 所示。设置完成后，单击“确定”按钮，效果如图 5-150 所示。

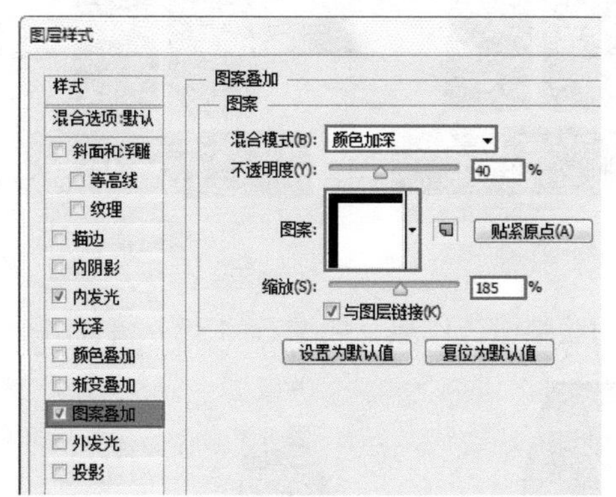

图 5-148

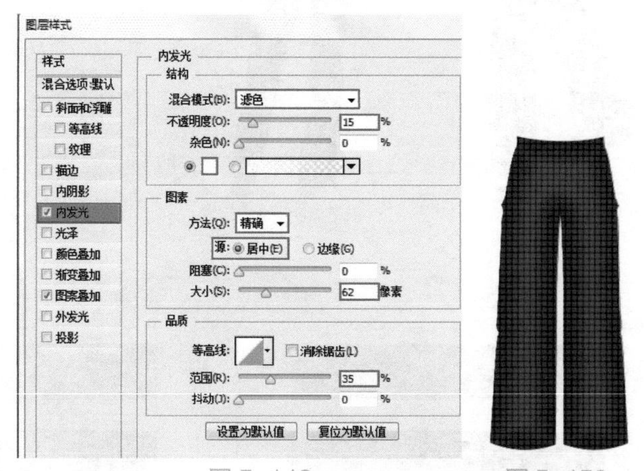

图 5-149　　图 5-150

05> 接着选择工具箱中的钢笔工具，在选项栏中设置绘制模式为“形状”，“填充”为黑色，“描边”为黑色，描边粗细为 1 像素，描边样式为实线，然后在裤腰位置绘制后片的形状，如图 5-151 所示。接着在 "图层" 面板中将后片图层移动至前片图层的下方，效果如图 5-152 所示。

06> 继续使用钢笔工具绘制裤腰的图形，效果如图 5-153 所示。接下来绘制兜部线条。继续选择工具箱中的钢笔工具，在选项栏中设置“填充”为无，“描边”为黑色，描边粗细为 1 像素，描边类型为实线，设置完成后，在画面中相应位置进行绘制。绘制完成后，按 Enter 键完成此操作，如图 5-154 所示。

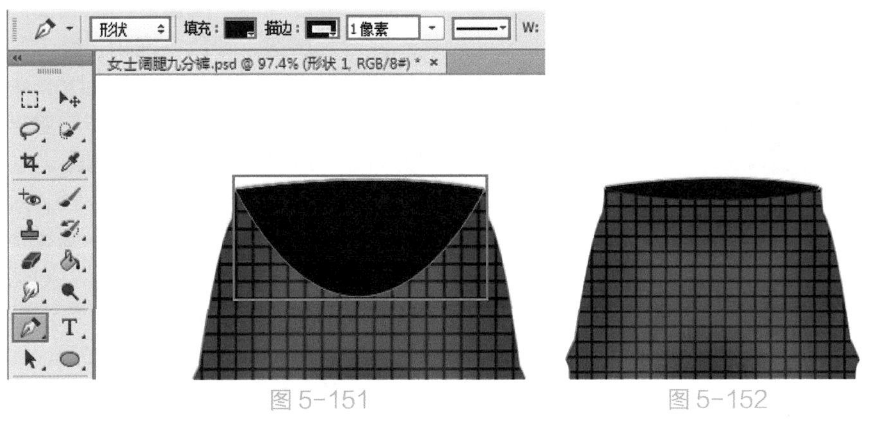

图 5-151　　图 5-152

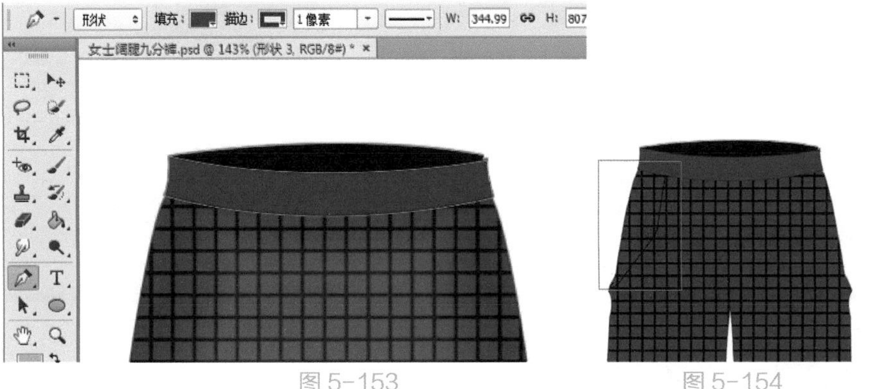

图 5-153　　图 5-154

07> 在“图层”面板中选中该图层，使用快捷键 Ctrl+J 复制出一个相同的形状图层。然后使用快捷键 Ctrl+T 调出界定框，将光标定位在画面中，右击选择“水平翻转”命令，如图 5-155 所示。接着再将光标定位在界定框内，按住鼠标左键进行拖曳至右侧相应位置，按 Enter 键完成此操作，如图 5-156 所示。

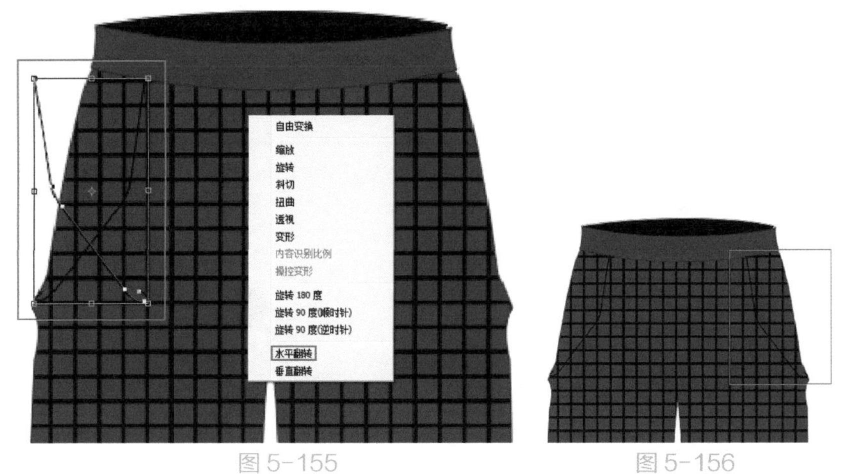

图 5-155　　图 5-156

08> 继续使用钢笔工具在画面中相应位置绘制其他线条形状，效果如图 5-157 所示。

图 5-157

09> 接下来为阔腿裤增添裤褶效果。继续选择工具箱中的钢笔工具，在选项栏中设置“填充”为比阔腿裤前片略深的灰色，“描边”为无，设置完成后，在画面中相应位置进行绘制，按 Enter 键完成此操作，如图 5-158 所示。接着使用相同绘制方式，分别在膝盖、裤腿等位置绘制其他裤褶形状，效果如图 5-159 所示。

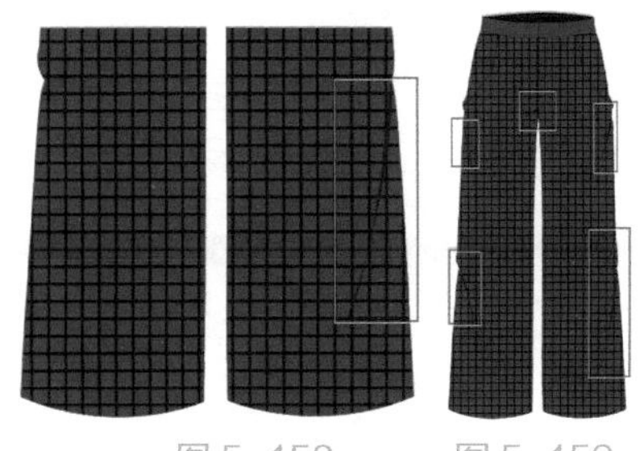

图 5-158　　图 5-159

10> 接下来制作同款不同色的阔腿裤。在“图层”面板中选中阔腿裤的所有图层，使用快捷键 Ctrl+G 进行编组，并命名为“左”。再使用快捷键 Ctrl+J，复制出一个相同的图层组，并命名为“右”，如图 5-160 所示。在“图层”面板中单击“右”图层组，然后按住鼠标左键拖曳至右侧，如图 5-161 所示。

图 5-160

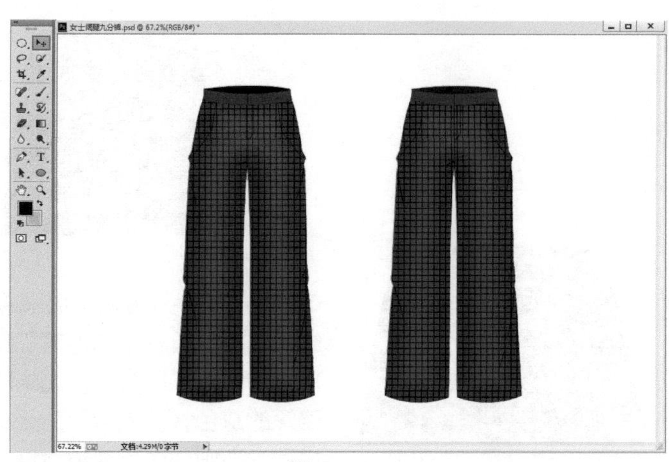

图 5-161

11> 接下来改变同款阔腿裤色调。执行菜单“图层 > 新建调整图层 > 曲线”命令，在打开的“属性”面板中设置通道为“红”，如图 5-162 所示。此时画面效果如图 5-163 所示。

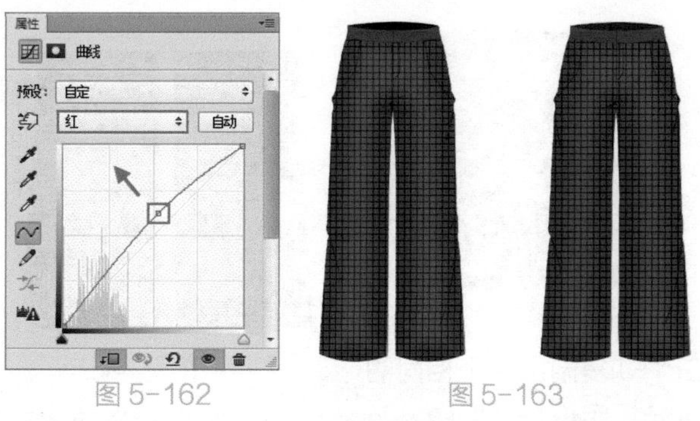

图 5-162　　图 5-163

12> 接着设置通道为“绿”，如图 5-164 所示。此时画面效果如图 5-165 所示。

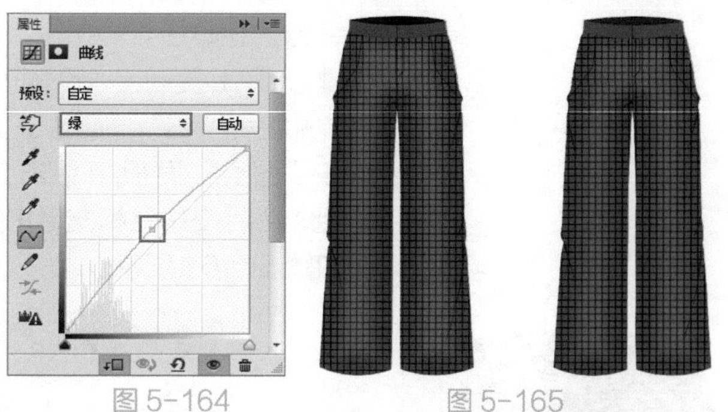

图 5-164　　图 5-165

13> 接着在“图层”面板中选中该调整图层，并将光标定位在该图层上，右击选择“创建剪贴蒙版”命令，使调色效果只针对“右”图层组起作用。最终效果如图 5-166 所示。

图 5-166

5.2.5 曝光度

“曝光的”一词来源于摄影。当画面曝光度不足，图像晦暗无力，画面沉闷；当曝光度过高时，图像泛白，画面高光部分无层次，彩色不饱和，整个画面像褪了色似的。在 Photoshop 中可以通过“曝光度”命令校正图像常见的曝光过度、曝光不足的问题。

打开一张图片，如图 5-167 所示。接着执行菜单“图像 > 调整 > 曝光度”命令，打开“曝光度”对话框，调整参数，如图 5-168 所示。设置完成后，单击“确定”按钮，此时画面效果如图 5-169 所示。

图 5-167

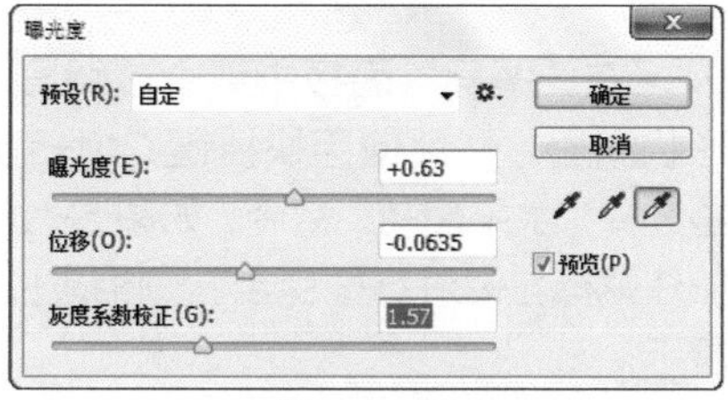

图 5-168

图 5-169

- 预设：Photoshop 预设了 4 种曝光效果，分别是“减 1.0”“减2.0”“加 1..0”和“加 2.0”。
- 曝光度：调整画面的曝光度。向左

拖曳滑块，可以降低曝光效果，如图5-170所示；向右拖曳滑块，可以增强曝光效果，如图5-171所示。

图 5-170

图 5-171

- 位移：该选项主要对阴影和中间调起作用，可以使其变暗，但对高光基本不会产生影响。
- 灰度系数校正：使用一种乘方函数来调整图像灰度系数，可以增加或减少画面的灰度系数。

5.2.6 自然饱和度

"饱和度"是画面颜色的鲜艳程度。使用"自然饱和度"能够增强或减弱画面中颜色的饱和度，调整效果细腻、自然，不会造成因饱和度过高出现的溢色状况。

打开一张图片，如图5-172所示。接着执行菜单"图像>调整>自然饱和度"命令，打开"自然饱和度"对话框，调整"自然饱和度"和"饱和度"数值，如图5-173所示。设置完成后，单击"确定"按钮，此时画面效果如图5-174所示。

图 5-172

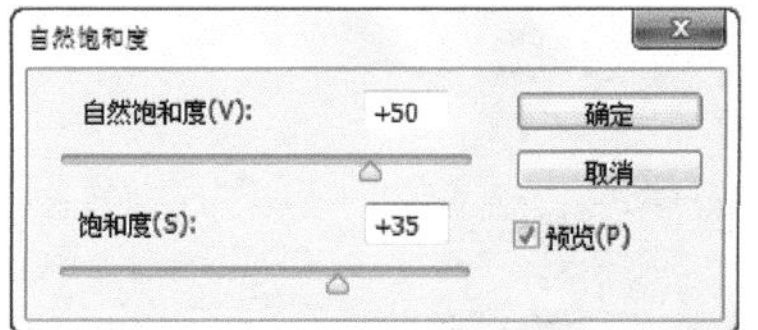

图 5-173

图 5-174

- 自然饱和度：向左拖曳滑块，可以降低颜色的饱和度，如图5-175所示；向右拖曳滑块，可以增加颜色的饱和度，如图5-176所示。

图 5-175　　图 5-176

- 饱和度：向左拖曳滑块，可以增加所有颜色的饱和度，如图5-177所示；向右拖曳滑块，可以降低所有颜色的饱和度，如图5-178所示。

图 5-177　　图 5-178

5.2.7 色相/饱和度

颜色的三要素包括色相、明度与纯度。在Photoshop中，"色相/饱和度"命令就是对色彩三要素进行调整的。"色相/饱和度"可以对画面整体进行颜色调整，还可以对画面中单独的颜色进行调整。

打开一张图片，如图5-179所示。接着执行菜单"图像>调整>色相/饱和度"命令或按快捷键Ctrl+U，打开"色相/饱和度"对话框，如图5-180所示。调整色相数值，画面效果如图5-181所示。

图 5-179

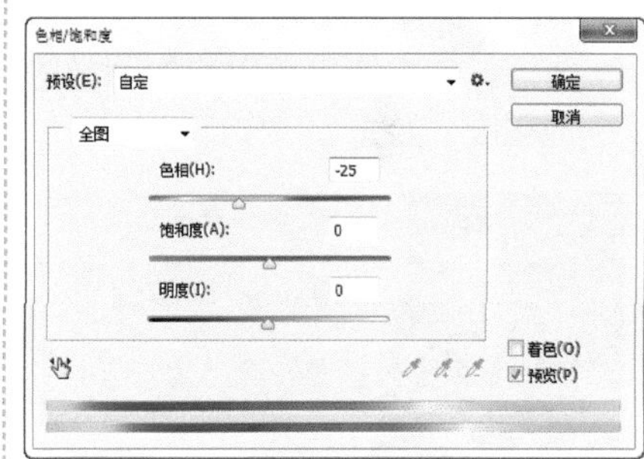

图 5-180

图 5-181

- 预设：在"预设"下拉列表中提

供了 8 种色相及饱和度预设，如图 5-182 所示。

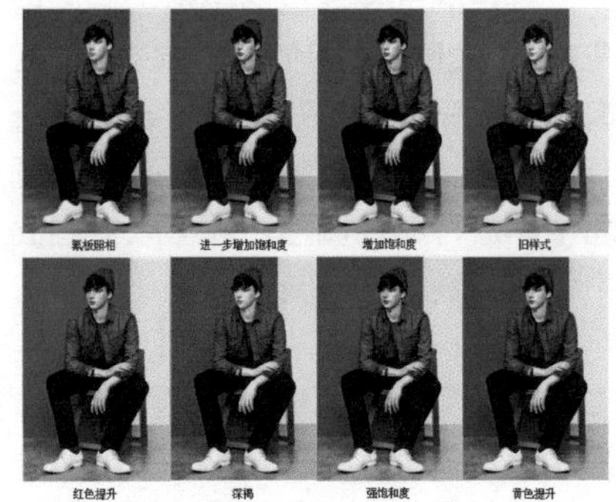

图 5-182

- 通道下拉列表：在通道下拉列表中可以选择“全图”“红色”“黄色”“绿色”“青色”“蓝色”和“洋红”通道进行调整。选择好通道后，拖曳下面的“色相”“饱和度”和“明度”的滑块，可以对该通道的色相、饱和度以及明度进行调整。
- 在图像上单击并拖动可修改饱和度：使用该工具在图像上单击设置取样点后，如图 5-183 所示。按住鼠标左键并向左拖曳鼠标可以降低图像的饱和度，如图 5-184 所示；向右拖曳可以增加图像的饱和度，如图 5-185 所示。

图 5-183

图 5-184

图 5-185

- 着色：勾选该复选框后，图像会整体偏向于单一的红色调，还可以通过拖曳 3 个滑块来调节图像的色调，如图 5-186 所示。

图 5-186

服装设计实战：女士铅笔裤

文件路径	第 5 章 \ 女士铅笔裤	
难易指数	★★★★★	
技术掌握	钢笔工具、椭圆工具、色相 / 饱和度	

案例效果

案例效果如图 5-187 所示。

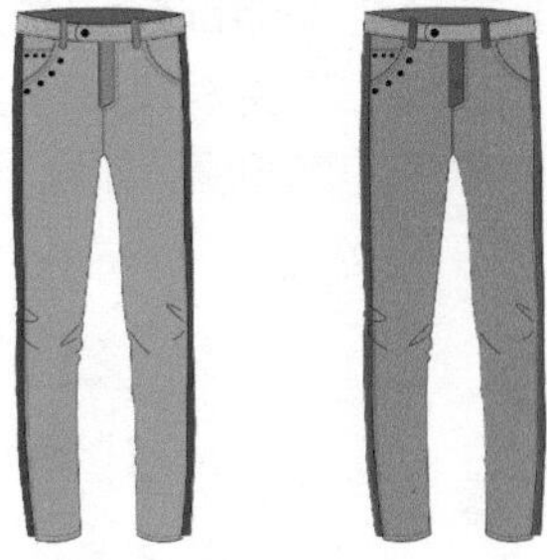

图 5-187

配色方案解析

本作品采用双色对比的颜色搭配方案，由色相相同、明度不同的两种颜色组成裤子主体部分，搭配撞色腰带，和谐又不失变化。以此可以延伸出多种不同的配色方案。图 5-188~图 5-191 所示为使用此类配色方案的服装设计作品。

图 5-188

图 5-189

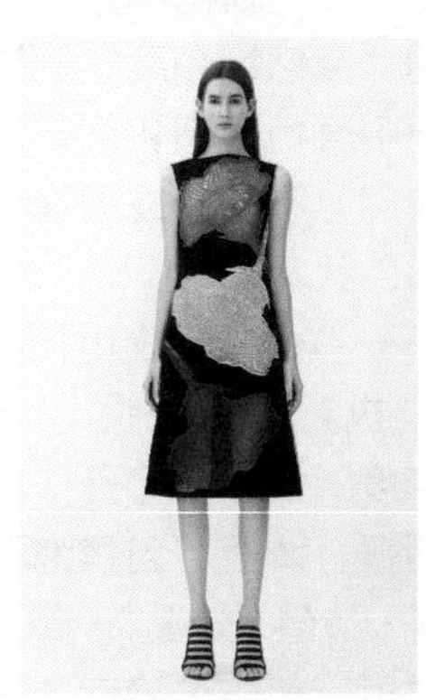

图 5-190

图 5-191

其他配色方案

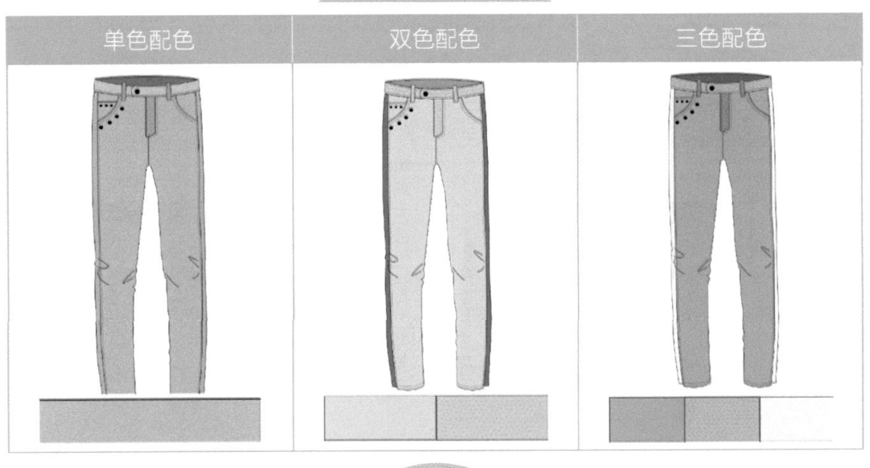

应用拓展

优秀服装设计作品，如图 5-192~ 图 5-195 所示。

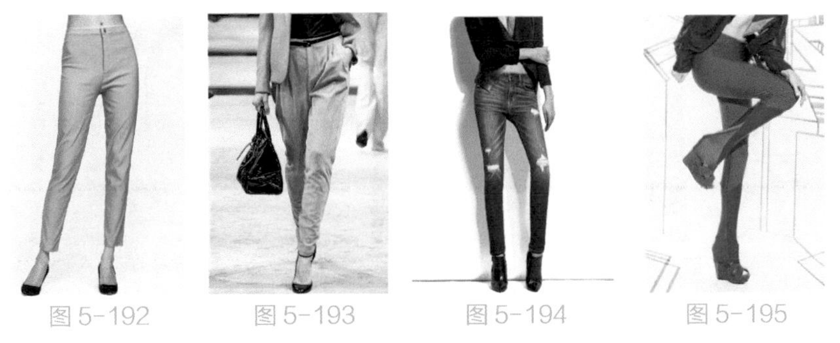

图 5-192　图 5-193　图 5-194　图 5-195

实用配色方案

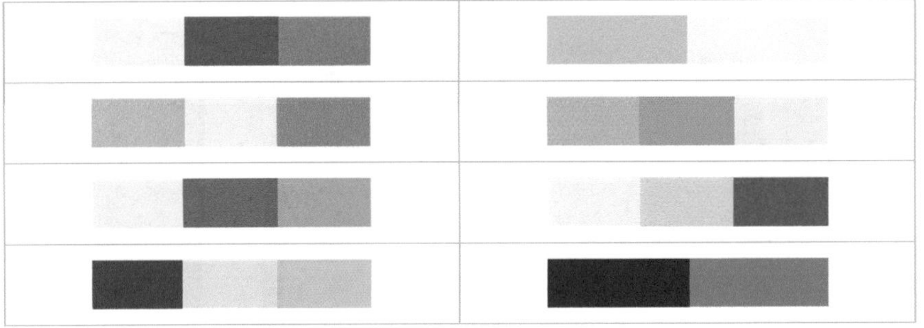

操作步骤

01> 新建一个 A4 大小的空白文档。接下来绘制裤子后片形状。单击工具箱中的“钢笔工具”按钮，在选项栏中设置绘制模式为“形状”，为了不影响绘制先将“填充”为无，接着设置“描边”为黑色，描边粗细为 1 像素，描边类型为实线，设置完成后，在画面中进行绘制，如图 5-196 所示。选中该形状图层，单击选项栏中的“填充”按钮，在下拉面板中单击“纯色”按钮，接着单击“拾色器”按钮，在弹出的“拾色器”对话框中设置颜色为深蓝色，设置完成后，单击“确定”按钮，如图 5-197 所示。效果如图 5-198 所示。

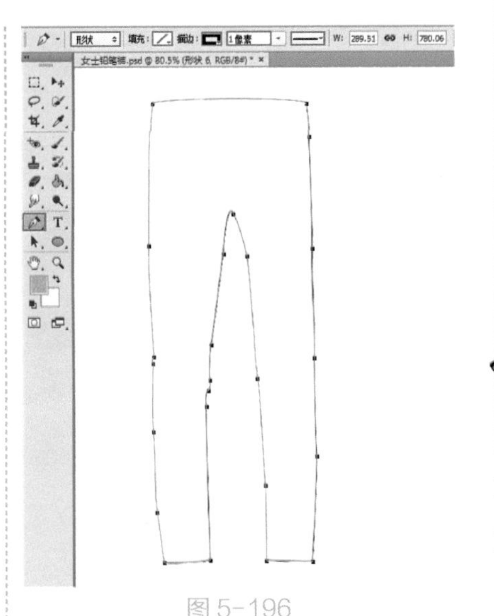

图 5-196

图 5-197

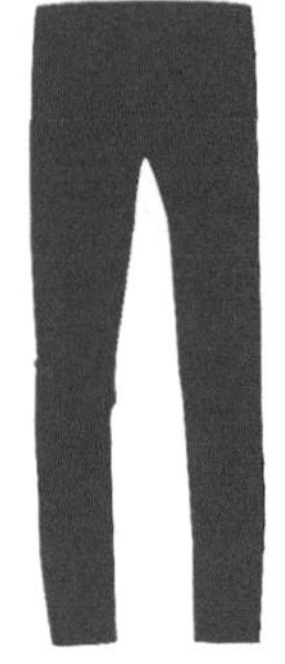

图 5-198

02> 继续使用钢笔工具绘制裤腰位置的图形，如图 5-199 所示。接下来绘制裤子前片。继续选择工具箱中的钢笔工具，在选项栏中设置“填充”为天青色，设置完成后，在画面中裤子后前位置进行绘制，如图 5-200 所示。

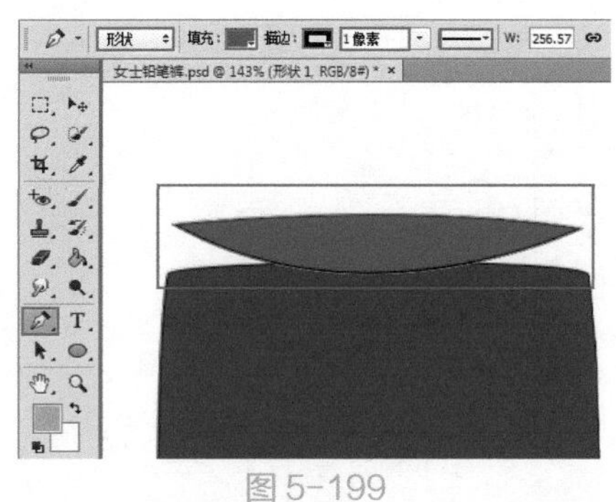

图 5-199

图 5-200

03> 接下来绘制裤子腰带。继续选择工具箱中的钢笔工具，在选项栏中设置“填充”为浅橙色，设置完成后，在画面中腰部位置进行绘制，如图 5-201 所示。继续使用钢笔工具绘制门襟图形，效果如图 5-202 所示。

04> 单击工具箱中的“钢笔工具”按钮，在选项栏中设置“填充”为无，“描边”为黑色，描边粗细为 1 像素，描边类型为实线，设置完成后，在口袋位置绘制一段弧线，按 Enter 键完成此操作，如图 5-203 所示。接着使用相同绘制方式绘制其他线条，按 Enter 键完成此操作，如图 5-204 所示。

05> 接下来为裤子前片绘制缉明线。继续选择钢笔工具，在选项栏中设置“填充”为无，“描边”为黑色，描边粗细为 0.5 像素，描边类型为虚线。设置完成后，在画面中裤子前片的相应位置进行绘制，按 Enter 键完成此操作，如图 5-205 所示。接着使用相同绘制方式在裤子裤腿、裤兜等相应位置绘制其他缉明线，效果如图 5-206 所示。

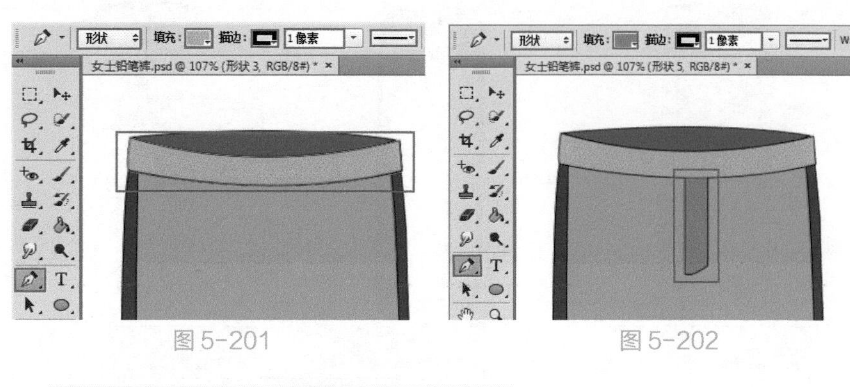

图 5-201　　图 5-202

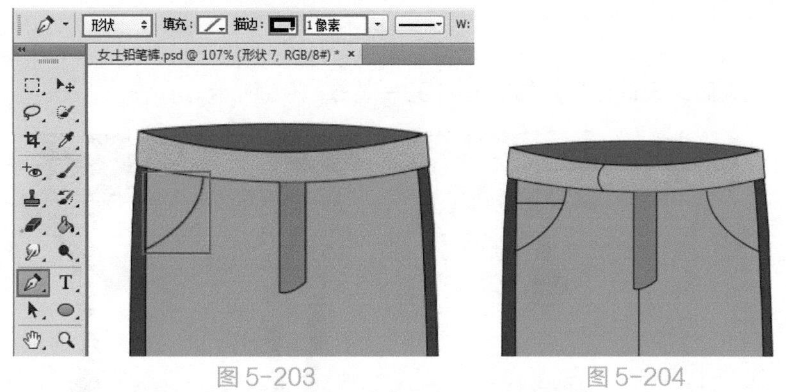

图 5-203　　图 5-204

图 5-205　　图 5-206

06> 接下来绘制裤袢带。继续选择钢笔工具，在选项栏中设置“填充”为青蓝色，“描边”为黑色，描边粗细为 1 像素，描边类型为实线，设置完成后，在画面中腰带偏左侧位置进行绘制，按 Enter 键完成此操作，如图 5-207 所示。在“图层”面板中选中该图层，使用快捷键 Ctrl+J 复制出一个相同的形状图层，如图 5-208 所示。

07> 然后使用快捷键 Ctrl+T 调出界定框，将光标定位在画面中，右击选择“水平翻转”命令，如图 5-209 所示。然后将光标定位在界定框内，按住鼠标左键平移拖曳至右侧相应位置，如图 5-210 所示。

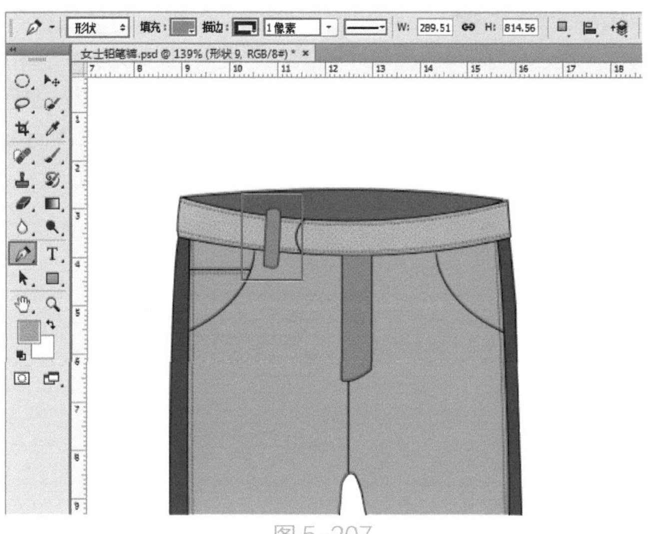

图 5-207

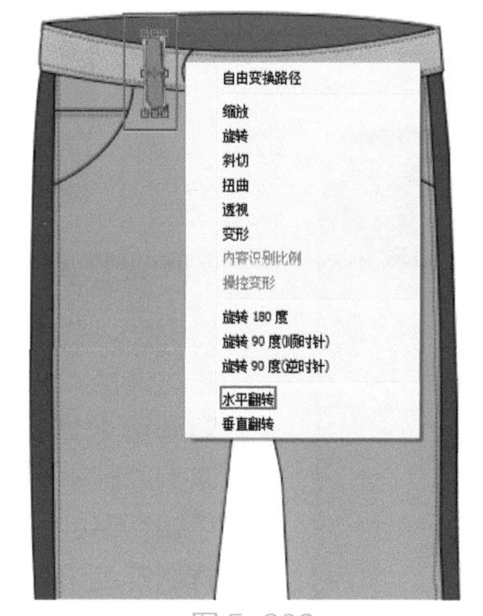

图 5-208　　图 5-209

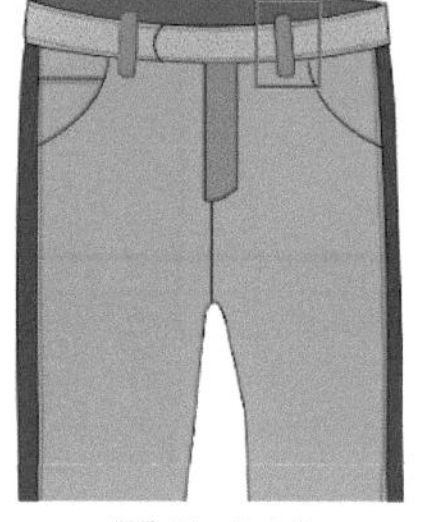

图 5-210

08> 接下来绘制裤子缉明线。单击工具箱中的“钢笔工具”按钮，在选项栏中设置“填充”为无，“描边”为黑色，描边粗细为 0.5 像素，描边类型为虚线，设置完成后，在画面中相应位置进行绘制，按 Enter 键完成此操作，如图 5-211 所示。接着使用相同绘制方式绘制其他缉明线，效果如图 5-212 所示。

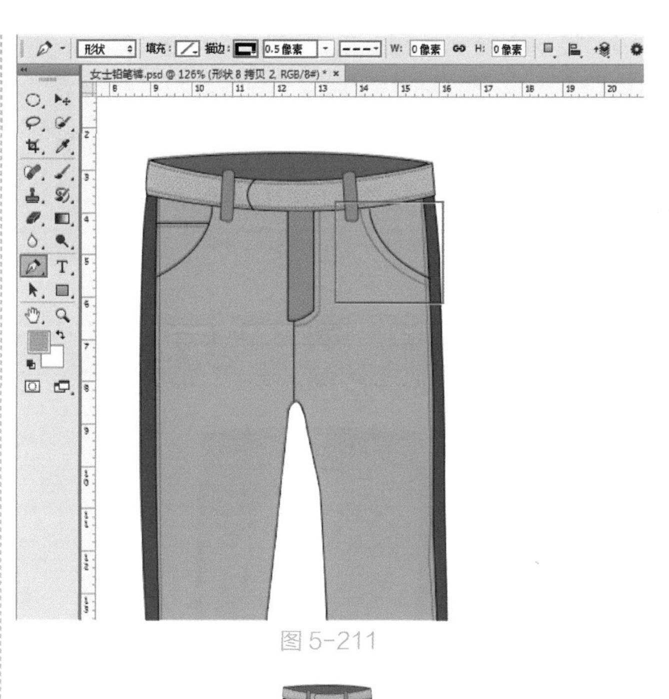

图 5-211

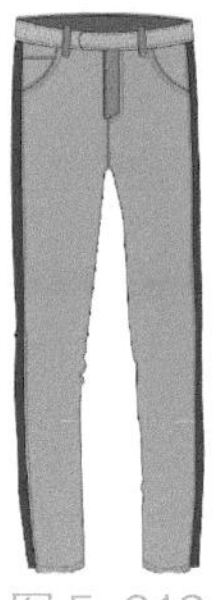

图 5-212

09> 接下来绘制装饰纽扣。在工具箱中右击形状工具组，在工具组列表中选择椭圆工具，在选项栏中设置绘制模式为“形状”，“填充”为黑色，“描边”为无。设置完成后，在画面中相应位置按住 Shift 键的同时按住鼠标左键并拖曳绘制正圆形，如图 5-213 所示。接着使用相同绘制方式绘制其他纽扣装饰形状，效果如图 5-214 所示。

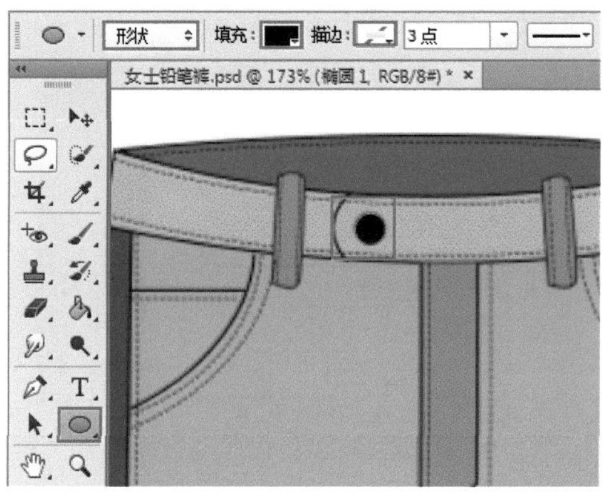

图 5-213

10> 接下来绘制裤褶。单击工具箱中的“钢笔工具”按钮，在选项栏中设置“填充”为无，“描边”为黑色，描边粗细为 1 像素，描边类型为实线，设置完成后，在裤子上相应位置进行绘制，如图 5-215 所示。接着使用相同绘制方式在裤子的膝盖处绘制其他衣褶，效果如图 5-216 所示。

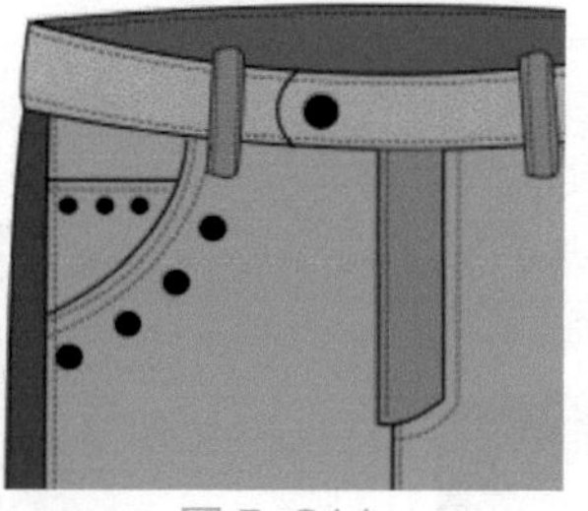

图 5-214

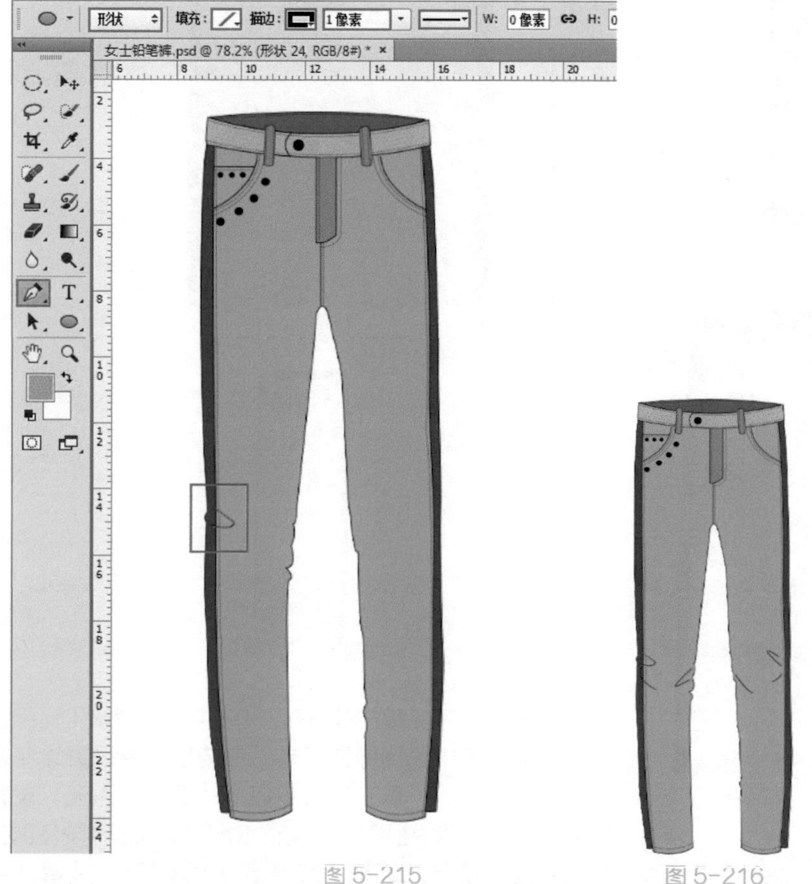

图 5-215　　图 5-216

11> 接下来制作同款不同色的女士铅笔裤。在“图层”面板中选中铅笔裤的所有图层，使用快捷键 Ctrl+G 进行编组，接着将复制的裤子拖曳至画面的右侧，如图 5-217 和图 5-218 所示。

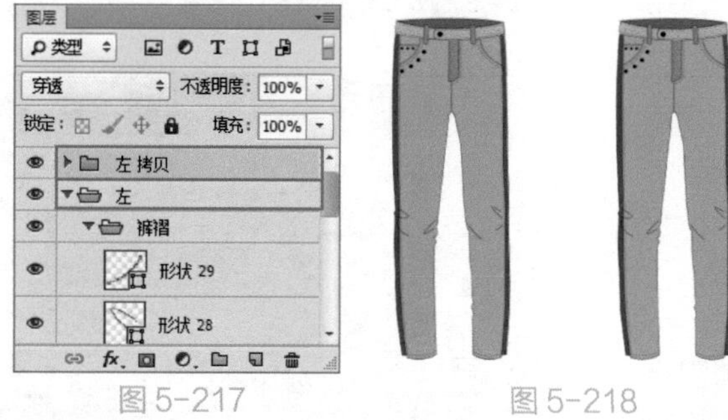

图 5-217　　图 5-218

12> 接下来为右侧的裤子调整颜色。执行菜单“图层 > 新建调整图层 > 色相/饱和度”命令，在打开的“属性”面板中设置“色相”为 +60，“饱和度”为 -20，“明度”为 0，如图 5-219 所示。此时画面效果如图 5-220 所示。

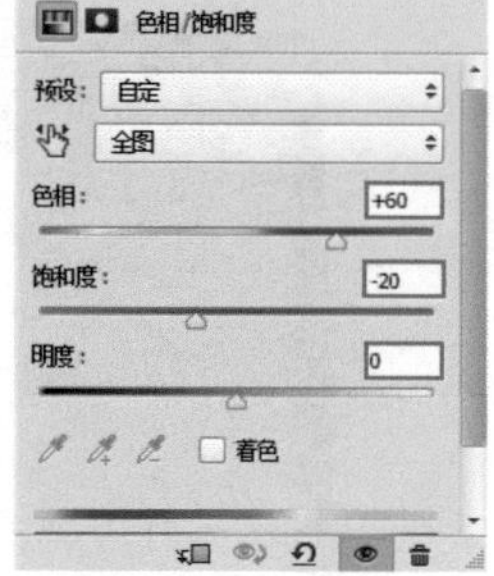

图 5-219

图 5-220

13> 接着在“图层”面板中选中该调整图层，并将光标定位在该图层上，右击选择“创建剪贴蒙版”命令，此时画面效果如图 5-221 所示。接下来为同款不同色的裤子腰带调整一个色调和谐的颜色。在“图层”面板中找到并选中铅笔裤前片的腰带形状图层。在选项栏中设置“填充”为其他颜色，最终效果如图 5-222 所示。

图 5-221

图 5-222

5.2.8 色彩平衡

“色彩平衡”常用于校正图像的偏色情况，它的工作原理是通过“补色”校正偏色。我们还可以根据自己的喜好利用色彩平衡对画面进行调色。

打开一张图片，如图 5-223 所示。接着执行菜单“图像 > 调整 > 色彩平衡”命令，打开“色彩平衡”对话框，进行参数的设置，单击“确定”按钮，如图 5-224 所示。此时画面效果如图 5-225 所示。

图 5-223

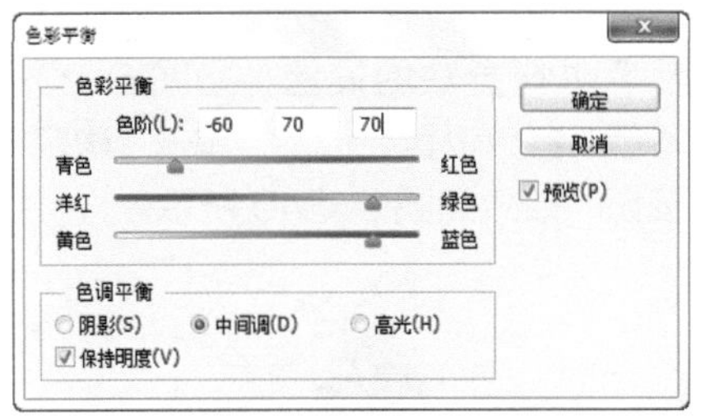

图 5-224

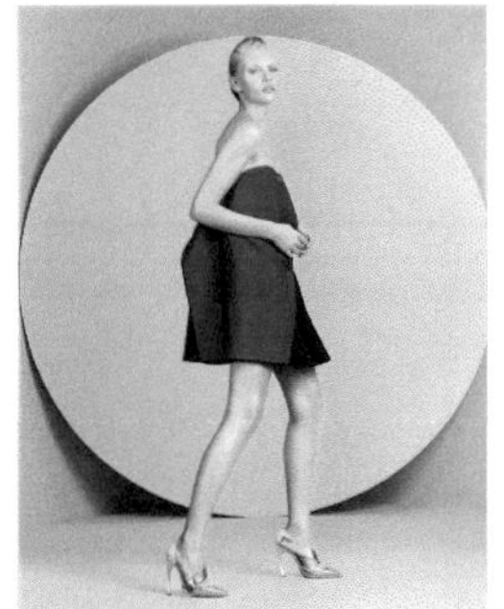

图 5-225

- 色彩平衡：用于调整“青色－红色”“洋红－绿色”和“黄色－蓝色”在图像中所占的比例，可以手动输入，也可以拖曳滑块来进行调整。比如，向左拖曳“黄色－蓝色”滑块，可以在图像中增加黄色，同时减少其补色蓝色，如图 5-226 所示；反之，可以在图像中增加蓝色，同时减少其补色黄色，如图 5-227 所示。

图 5-226

图 5-227

- 色调平衡：选择调整色彩平衡的方式，包含“阴影”“中间调”和“高光”3 个选项。图 5-228 所示为选中“阴影”单选按钮时的调色效果；图 5-229 所示为选中“中间调”单选按钮时的调色效果；图 5-230 所示为选中“高光”单选按钮时的调色效果。

图 5-228

图 5-229

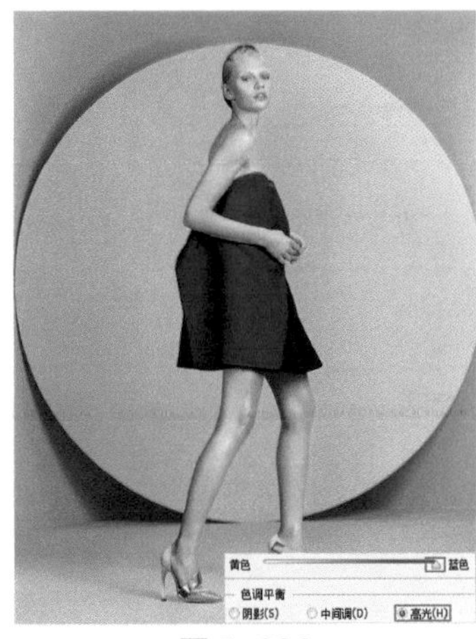

图 5-230

- 保持明度：如果勾选该复选框，还可以保持图像的色调不变，以防止亮度值随着颜色的改变而改变。

5.2.9 黑白

“黑白”命令可以将画面中的颜色丢弃，使图像以黑白颜色显示。“黑白”命令有一个非常大的优势，就是可以控制每一种色调转换为灰度时的明暗程度或者制作单色图像。

打开一张图片，如图 5-231 所示。执行菜单“图像 > 调整 > 黑白”命令或按快捷键 Alt+Shift+Ctrl+B，打开“黑白”对话框，如图 5-232 所示。默认情况下，打开该对话框后图片会自动变为黑白，效果如图 5-233 所示。

图 5-231

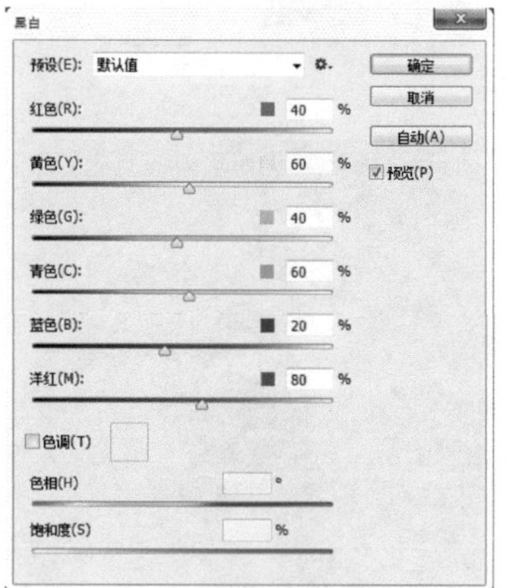

图 5-232

图 5-233

- 预设：在“预设”下拉列表框中提供了 12 种黑色效果，可以直接选择相应的预设来创建黑白图像。
- 颜色：这 6 个选项用来调整图像中特定颜色的灰色调。例如，在这张图像中，向左拖曳“红色”滑块，可以使由红色转换而来的灰度色变暗，如图 5-234 所示；向右拖曳，则可以使灰度色变亮，如图 5-235 所示。

图 5-234

图 5-235

- 色调：勾选“色调”复选框，可以为黑色图像着色，以创建单色图像。另外，还可以调整单色图像的色相及饱和度。图 5-236 和图 5-237 所示为设置不同色调的效果。

图 5-236

图 5-237

5.2.10 照片滤镜

“暖色调”与“冷色调”这两个词想必大家都不陌生，没错，颜色是有温度的。蓝色调通常给人寒冷、冰凉的感受，被称之为冷色调；黄色或红色为暖色调，给人温暖、和煦的感觉。“照片滤镜”可以轻松改变图像的“温度”。

打开一张图片，如图 5-238 所示。执行菜单“图像 > 调整 > 照片滤镜”命令，打开“照片滤镜”对话框，然后进行参数的设置，如图 5-239 所示。参数设置完成后，单击“确定”按钮，效果如图 5-240 所示。

图 5-238

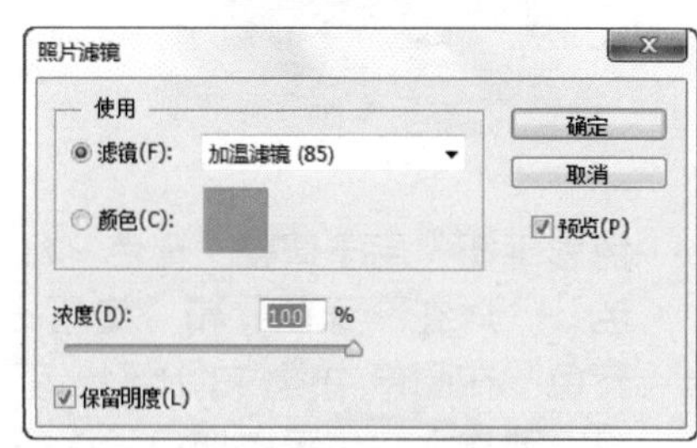

图 5-239

图 5-240

- 滤镜：在“滤镜”下拉列表中可以选择一种预设的效果应用到图像中。图 5-241 所示为加温滤镜（LBA）效果；图 5-242 所示为冷却滤镜（90）效果。

图 5-241

图 5-242

- 颜色：选中“颜色”单选按钮，可以自行设置滤镜颜色。图5-243 所示为“颜色”为青色时的效果；图 5-244 所示为“颜色”为洋红色的效果。

图 5-243

图 5-244

- 浓度：设置“浓度”数值可以调整滤镜颜色应用到图像中的颜色百分比。数值越高，应用到图像中的颜色浓度就越大，如图5-245 所示；数值越小，应用到图像中的颜色浓度就越低，如图 5-246 所示。
- 保留明度：勾选该复选框后，可以保留图像的明度不变。

图 5-245

图 5-246

5.2.11 通道混合器

打开一张图片，如图 5-247 所示。执行菜单“图形 > 调整 > 通道混合器”命令，打开“通道混合器”对话框，然后进行参数的设置，单击“确定”按钮，如图 5-248 所示。“通道混合器”命令是通过混合当前通道颜色与其他通道的颜色像素，从而改变图像的颜色，效果如图 5-249 所示。

图 5-247

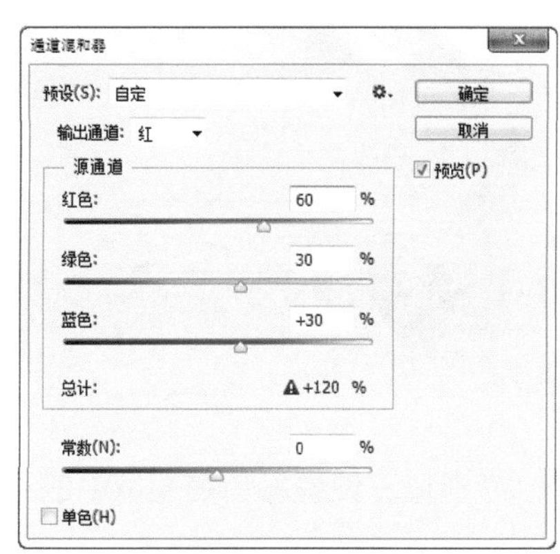

图 5-248

第5章 图像修饰

图 5-249

- 预设：Photoshop 提供了 6 种制作黑白图像的预设效果。
- 输出通道：在“输出通道”下拉列表中可以选择一种通道来对图像的色调进行调整。图 5-250 所示为设置通道为“绿色”的调色效果；图 5-251 所示为设置通道为“蓝色”的调色效果。

图 5-250

图 5-251

- 源通道：设置颜色在图像中的百分比。
- 总计：显示源通道的计数值。如果计数值大于 100%，则有可能会丢失一些阴影和高光细节。
- 常数：用来设置输出通道的灰度值，负值可以在通道中增加黑色，正值可以在通道中增加白色。
- 单色：勾选该复选框后，可以制作黑白图像。

5.2.12 颜色查找

“颜色查找”集合了预设的调色效果，使用方法非常简单。打开一张图片，如图 5-252 所示。执行菜单“图像 > 调整 > 颜色查找”命令，在打开的对话框中可以选择用于颜色查找的方式，即 3DLUT 文件、摘要和设备链接。并在每种方式的下拉列表中选择合适的类型，如图 5-253 所示。选择完成后可以看到图像整体颜色发生了风格化的效果，如图 5-254 所示。

图 5-252

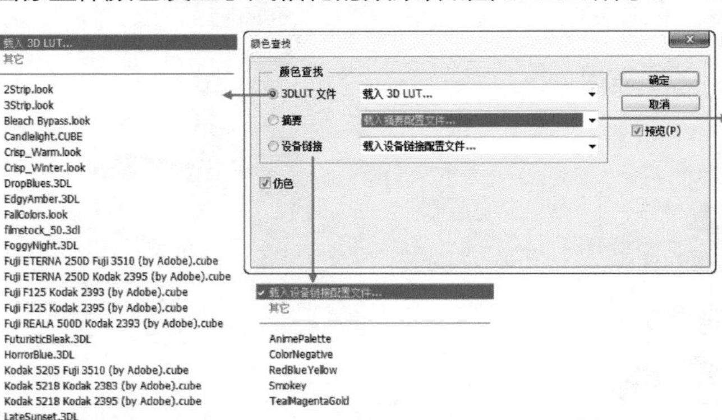

图 5-253

图 5-254

5.2.13 反相

“反相”就是将图像中的颜色转换为它的补色。例如，在通道抠图时就会时常将黑白两色进行反选。打开一张图片，如图 5-255 所示。执行菜单“图层 > 调整 > 反相”命令或者使用快捷键 Ctrl+I，即可得到“反相”效果，如图 5-256 所示。“反相”命令是可逆的过程，再次执行该命令可以得到原始效果。

图 5-255

图 5-256

5.2.14 色调分离

“色调分离”是将图像中每个通道的色调级数目或亮度值指定级别，然后将其余的像素映射到最接近的匹配级别。

打开一张图片，如图 5-257 所示。执行菜单“图像 > 调整 > 色调分离”命令，在打开的“色调分离”对话框中可以进行“色阶”数量的设置，“色阶”值越小，分离的色调就越多；“色阶”值越大，保留的图像细节就越多。设置完成后，单击“确定”按钮，如图 5-258 所示。此时画面效果如图 5-259 所示。

图 5-257

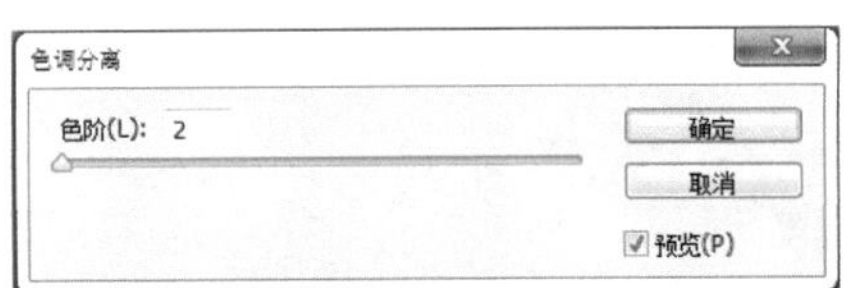

图 5-258

图 5-259

5.2.15 阈值

“阈值”常用于将彩色的图像转换为只有黑白两色的图像。当执行该命令后，所有比设置的阈值色阶亮的像素将转换为白色，而比阈值暗的像素转换为黑色。

打开一张图片，如图 5-260 所示。执行菜单“图像 > 调整 > 阈值”命令，打开“阈值”对话框，然后拖曳滑块调整阈值色阶，当阈值越大时黑色像素分布就越广。设置完成后，单击“确定”按钮，如图 5-261 所示。此时画面效果如图 5-262 所示。

图 5-260

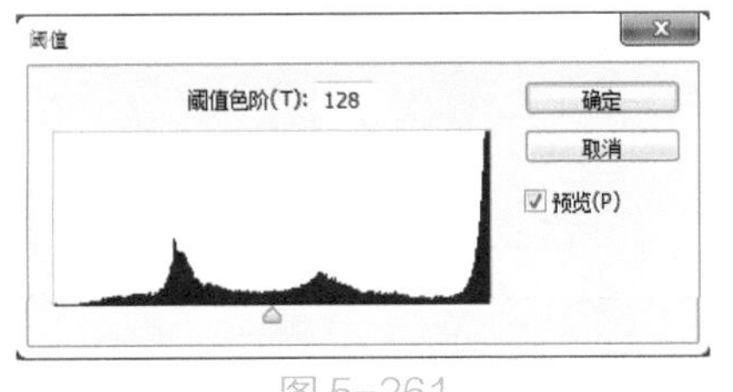

图 5-261

图 5-262

5.2.16 渐变映射

“渐变映射”命令可以根据图像的明暗关系将渐变颜色映射到图像中不同亮度的区域中。

打开一张图片，如图 5-263 所示。执行菜单“图像 > 调整 > 渐变映射”命令，打开“渐变映射”对话框，接着单击渐变色条，在打开的“渐变编辑器”对话框中编辑一个合适的渐变颜色，如图 5-264 所示。设置完成后，单击“确定”按钮，此时画面效果如图 5-265 所示。

- 仿色：勾选该复选框后，Photoshop 会添加一些随机的杂色来平滑渐变效果。
- 反向：勾选该复选框后，可以反转渐变的填充方向，映射出的渐变效果也会发生变化。

图 5-263

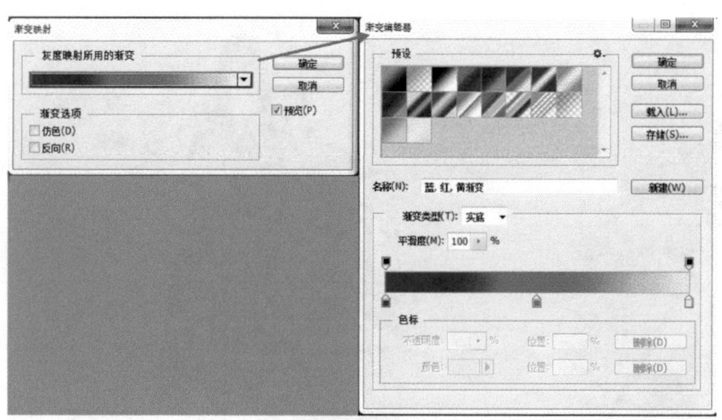

图 5-264

图 5-265

5.2.17 可选颜色

图 5-266

“可选颜色”命令是非常常用的调色命令，使用该命令可以单独对图像中的红、黄、绿、青、蓝、洋红、白色、中性色以及黑色中各种颜色所占的百分比进行调整。

打开一张图片，如图 5-266 所示。执行菜单“图像 > 调整 > 可选颜色”命令，打开“可选颜色”对话框，如图 5-267 所示。在“颜色”下拉列表中选中需要调整的颜色，然后拖曳下方的滑块，控制各种颜色的百分比。设置完成后，单击“确定”按钮，效果如图 5-268 所示。

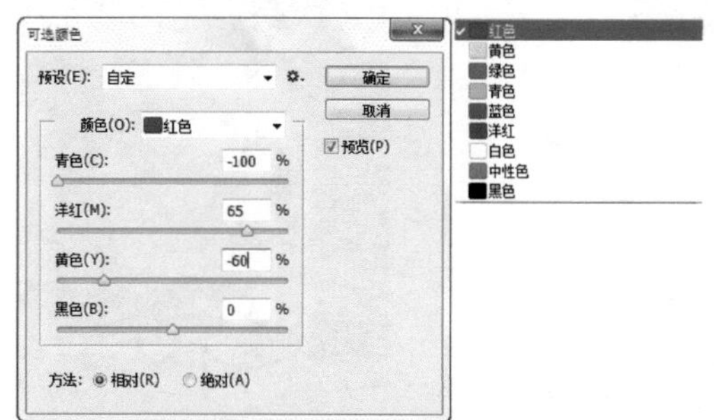

图 5-267

图 5-268

- 颜色：在“颜色”下拉列表中选择要修改的颜色，然后在下面的颜色进行调整，可以调整该颜色中青色、洋红、黄色和黑色所占的百分比。图 5-269 所示的是设置“颜色”为黑色的调色效果；图 5-270 所示的是设置“颜色”为中性色的调色效果。

图 5-269

图 5-270

- 方法：选择“相对”方式，可以根据颜色总量的百分比来修改青色、洋红、黄色和黑色的数量；选择“绝对”方式，可以采用绝对值来调整颜色。

5.2.18 阴影 / 高光

“阴影 / 高光”命令也是一个用来调整画面明度的命令，使用该命令可以通过对画面中暗部区域和高光区域的明暗分别进行调整，常用于还原图像阴影区域过暗或高光区域过亮造成的细节损失问题。

打开一张图片，如图 5-271 所示。接着执行菜单“图像 > 调整 > 阴影 / 高光”命令，打开“阴影 / 高光”对话框，如图 5-272 所示。勾选“显示更多选项”复选框后，可以显示“阴影 / 高光”的完整选项，如图 5-273 所示。

- 阴影：“数量”选项用来控制阴影区域的亮度，值越大，阴影区域就越亮；“色调宽度”选项用来控制色调的修改范围，值越小，修改的范围就只针对较暗的区域；“半径”选项用来控制像素是在阴影中还是在高光中，如图 5-274 所示。修改效果如图 5-275 所示。

图 5-271

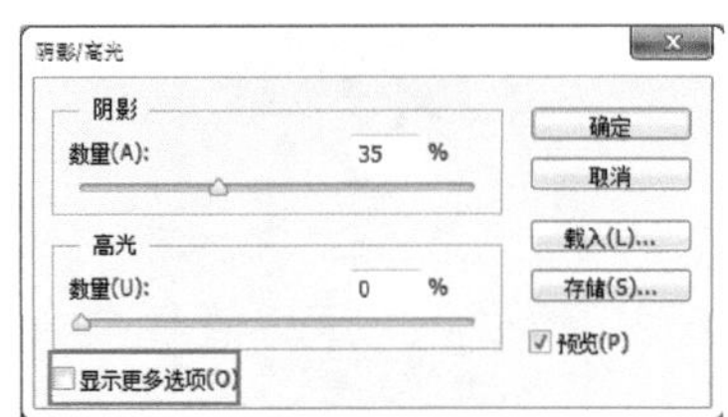

图 5-272

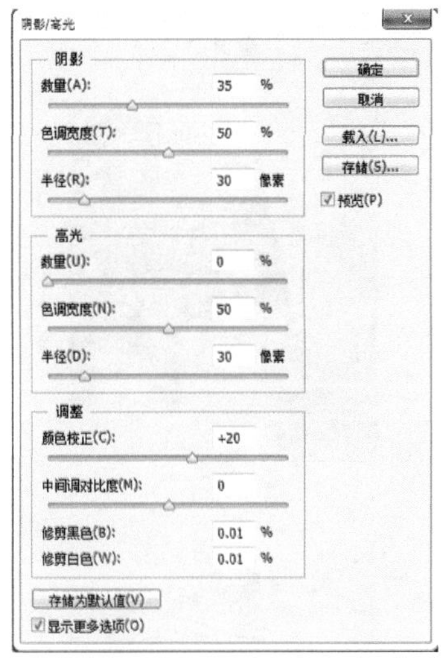

图 5-273

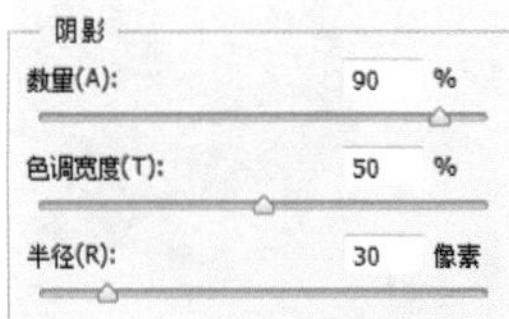

图 5-274

图 5-275

- 高光：“数量”选项用来控制高光区域的黑暗程度，值越大，高光区域越暗；“色调宽度”选项用来控制色调的修改范围，值越小，修改的范围就只针对较亮的区域；“半径”选项用来控制像素是在阴影中还是在高光中，如图 5-276 所示。修改效果如图 5-277 所示。
- 调整：“颜色校正”选项用来调整已修改区域的颜色；“中间调对比度”选项用来调整中间调的对比度；“修剪黑色”和“修剪白色”选项决定了在图像中将多少阴影和高光剪到新的阴影中。

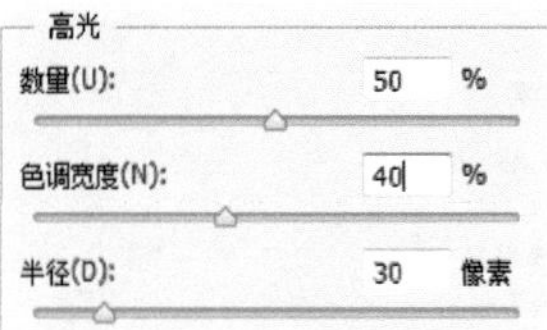

图 5-276

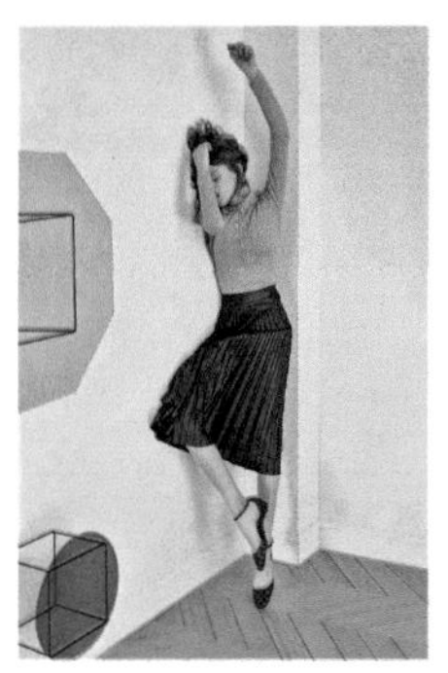

图 5-277

5.2.19 HDR 色调

HDR 的全称为 High Dynamic Range，即高动态范围。其特点是：亮的地方可以非常亮，暗的地方可以非常暗，过渡区域的细节都很明显。“HDR 色调”命令常用于风景照片的处理。当拍摄风景照片时，明明看着非常漂亮，但拍摄下来后无论是从色彩还是意境上就差了许多，这时我们就可以将图像制作成 HDR 风格。在 Photoshop 中有这样一个命令专门用来制作 HDR 效果。

打开一张图片，如图 5-278 所示。接着执行菜单“图像 > 调整 >HDR 色调”命令，打开“HDR 色调”对话框。在该对话框中可以使用预设选项，也可以自行设定参数，如图 5-279 所示。HDR 色调效果如图 5-280 所示。

图 5-278

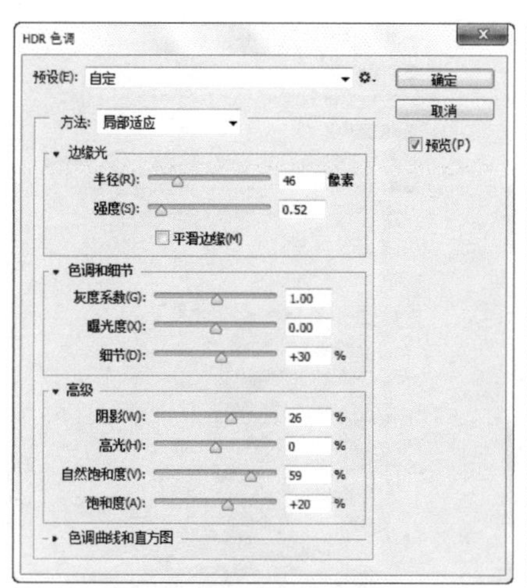

图 5-279

图 5-280

- 边缘光：该选项组用于调整图像边缘光的强度。当“强度”不同时，对比效果如图 5-281 和图 5-282 所示。
- 色调和细节：调节该选项组中的选项可以使图像的色调和细节更加丰富细腻。不同“细节”数值的画面效果对比如图 5-283 和图 5-284 所示。

图 5-281

图 5-282

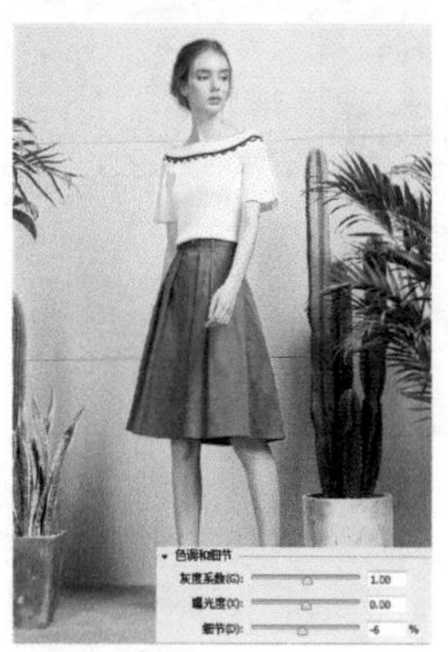

图 5-283

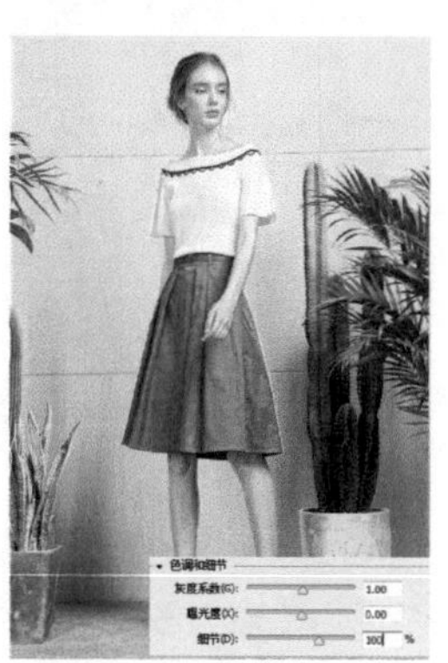

图 5-284

5.2.20 变化

“变化”命令可以快速地更改图像的色彩倾向，是一个较为直观的调色方式。其操作方法也很简单，首先从“阴影”“中间调”“高光”或是“饱和度”这几个部分中的某一个进行调整，然后在对话框的下半部分即可看到增加某种颜色所产生的效果，单击其中某一项可为图像添加该项颜色信息。

打开一张图片，如图 5-285 所示。执行菜单“图像 > 调整 > 变化”命令，打开“变化”对话框。单击各种调整缩览图，可以进行相应的调整，比如单击“加深洋红”缩览图，可以应用一次加洋红色效果。在使用“变化”命令时，单击调整缩览图产生的效果是累积性的，如图 5-286 所示。使用“变化”命令制作的调色效果如图 5-287 所示。

图 5-285

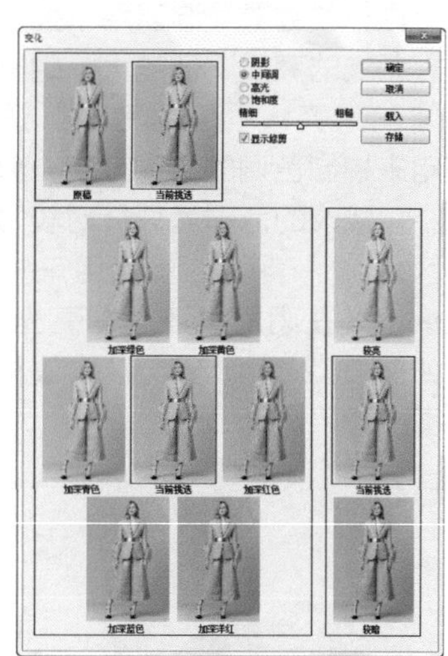

图 5-286

图 5-287

- 饱和度/显示修剪：专门用于调节图像的饱和度。另外，勾选“显示修剪”选项，可以警告超出了饱和度范围的最高限度。
- 精细-粗糙：该选项用来控制每次进行调整的数量。特别注意，每移动一格，调整数量会双倍增加。

5.2.21 去色

“去色”命令可以快速将彩色图像变为黑白图像，使用该命令可以在保留图像原始明度的前提下将色彩的饱和度降为0，将图像变为没有颜色的灰度图像。打开一张图片，如图5-288所示。接着执行菜单“图像>调整>去色”命令，图像变为黑白效果，如图5-289所示。

图5-288　　图5-289

5.2.22 匹配颜色

“匹配颜色”命令能够以一个素材图像颜色为样本，对另一个素材图像颜色进行匹配融合，使二者达到统一或者相似的色调效果。

首先打开一张色彩倾向较为明显的图片，如图5-290所示。置入一张图片并栅格化，如图5-291所示。接着执行菜单“图像>调整>匹配颜色”命令，打开“匹配颜色”对话框，设置“源”为本文档，因为要将“人物”图层的颜色与“背景”图层的颜色进行匹配，所以需要先设置“图层”为“背景”，接着通过设置“渐隐”的参数设置颜色的浓度，如图5-292所示。设置完成后单击“确定”按钮，效果如图5-293所示。

图5-290

图5-291

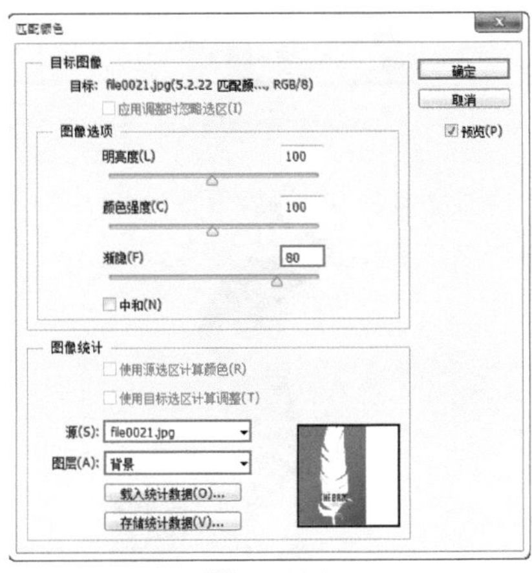

图5-292

图5-293

- 目标：这里显示要修改的图像的名称以及颜色模式。
- 应用调整时忽略选区：如果目标图像（即被修改的图像）中存在选区，勾选该复选框，Photoshop将忽视选区的存在，会将调整应用到整个图像。如果取消勾选该复选框，那么调整只针对选区内的图像。
- 渐隐：该选项有点类似于图层蒙版，它决定了有多少源图像的颜色匹配到目标图像的颜色中。
- 使用源选区计算颜色：该选项可以使用源图像中的选区图像的颜色来计算匹配颜色。
- 使用目标选区计算调整：该选项可以使用目标图像中的选区图像的颜色来计算匹配颜色（注意，这种情况必须选择源图像为目标图像）。
- 源：该选项用来选择源图像，即将颜色匹配到目标图像的图像。

5.2.23 替换颜色

如果要更改画面中某个区域的颜色，以常规的方法是先得到选区，然后填充其他颜色。而使用“替换颜色”命令可以免去很多麻烦，可以通过在画面中单击拾取的方式，直接对图像中指定颜色进行色相、饱和度以及明度的修改，从而起到替换某一颜色的目的。

接下来使用“替换颜色”将图像背景更改颜色。打开图片，如图 5-294 所示。执行“对象 > 调整 > 替换颜色”命令，打开“替换颜色”窗口，默认情况下选择的是“添加到取样”，然后设置“容差参数”数值，接着将光标移动到图像背景的位置单击拾取颜色，此时可以缩览图中白色的区域代表被选中（也就是会被替换的部分），如图 5-295 所示。

图 5-294

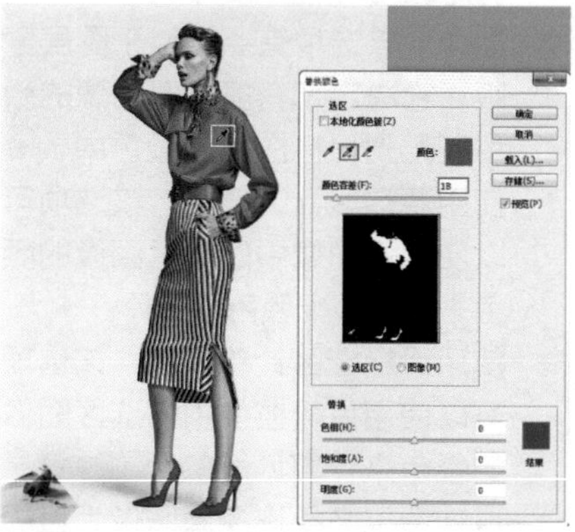

图 5-295

接着在“替换”选项卡中，通过更改“色相”“饱和度”和“明度”选项去调整替换的颜色，通过“结果”选项观察替换颜色的效果，如图 5-296 所示。设置完成后单击“确定”按钮，此时图像背景效果如图 5-297 所示。

- 本地化颜色簇：该选项主要用来同时在图像上选择多种颜色。
- 吸管：利用吸管工具可以选中被替换的颜色。使用“吸管工具”在图像上单击，可以选中单击点处的颜色，同时在“选区”缩略图中也会显示出选中的颜色区域（白色代表选中的颜色，黑色代表未选中的颜色），如图 5-298 所示。使用“添加到取样”在图像上单击，可以将单击点处的颜色添加到选中的颜色中，如图 5-299 所示。使用“从取样中减去”在图像上单击，可以将单击点处的颜色从选定的颜色中减掉，如图 5-300 所示。

图 5-296

图 5-297

图 5-298

图 5-299

图 5-300

- 颜色容差：该选项用来控制选中颜色的范围。数值越大，选中的颜色范围越广。图 5-301 所示为“颜色容差”为 15 的效果；图 5-302 所示为“颜色容差”为 80 的效果。

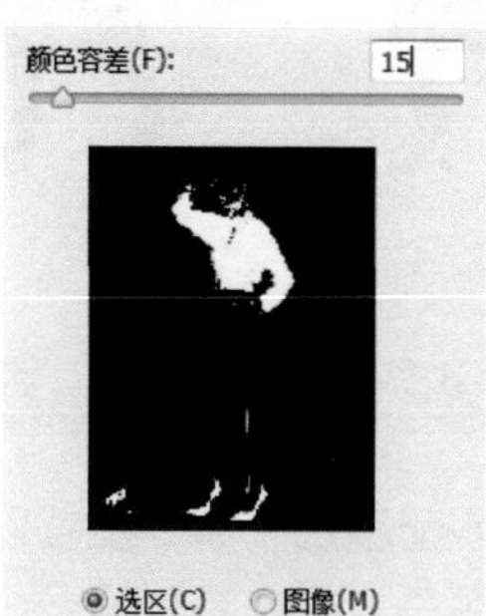

图 5-301

图 5-302

- 选区/图像：选择“选区”方式，可以以蒙版方式进行显示，其中白色表示选中的颜色，黑色表示未选中的颜色，灰色表示只选中了部分颜色，如图 5-303 所示；选择“图像”方式，则只显示图像，如图 5-304 所示。

图 5-303

图 5-304

- 替换：该选项卡中包括 3 个选项，这 3 个选项与“色相/饱和度”命令的 3 个选项相同，可以调整选定颜色的色相、饱和度和明度。调整完成后，画面选区部分即可变成替换的颜色。图 5-305 所示为更改颜色的效果。

图 5-305

5.2.24 色调均化

“色调均化”命令是使各个阶调范围的像素分布尽可能均匀，以达到色彩均化的目的。执行该命令后，图像会自动重新分布图像中像素的亮度值，以便它们更均匀地呈现所有范围的亮度级。

（1）打开一张图片，如图 5-306 所示。接着执行菜单“图像 > 调整 > 色调均化”命令，效果如图 5-307 所示。

图 5-306

图 5-307

（2）如果图像中存在选区，如图 5-308 所示。执行“色调均化”命令后会弹出“色调均化”对话框，如图 5-309 所示。

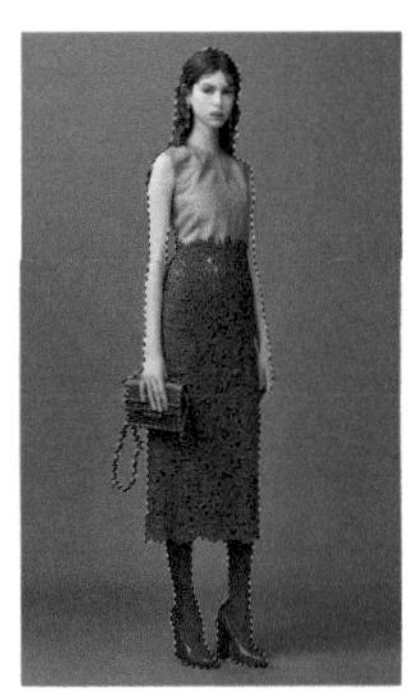

图 5-308

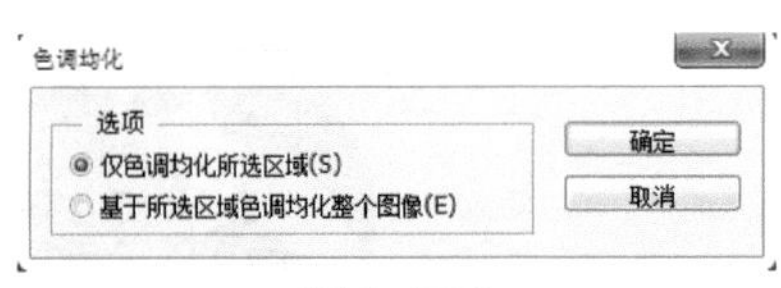

图 5-309

（3）若选中“仅色调均化所选区域”单选按钮，效果如图 5-310 所示。若选中“基于所选区域色调均化整个图像”单选按钮，效果如图 5-311 所示。

图 5-310

图 5-311

操作练习：使用阈值制作彩色绘画印花

文件路径	第 5 章\使用阈值制作彩色绘画印花	
难易指数	★★★★★	
技术掌握	阈值、混合模式	

案例效果

案例效果如图 5-312 所示。

图 5-312

思路剖析

①打开服装素材，置入人物素材，如图 5-313 所示。

②使用“阈值”制作出剪影效果，如图 5-314 所示。

③置入图案素材并创建剪贴蒙版，为绘画效果增添色彩，如图 5-315 所示。

图 5-313

图 5-314

图 5-315

应用拓展

优秀服装设计作品，如图5-316~图 5-318 所示。

图 5-316

图 5-317

图 5-318

操作步骤

01> 执行菜单“文件 > 打开”命令，打开背景素材“1.jpg”，如图 5-319 所示。执行菜单“文件 > 置入”命令，置入人物素材“2.jpg”，接着执行菜单“图层 > 栅格化 > 智能对象”命令，将该图层栅格化为普通图层，如图 5-320 所示。

图 5-319

图 5-320

02> 执行菜单“图层 > 新建调整图层 > 阈值”命令，在弹出的“属性”面板中设置“阈值色阶”为 113，如图 5-321 所示。效果如图 5-322 所示。接着在该调整图层上右击执行“创建剪贴蒙版”命令。

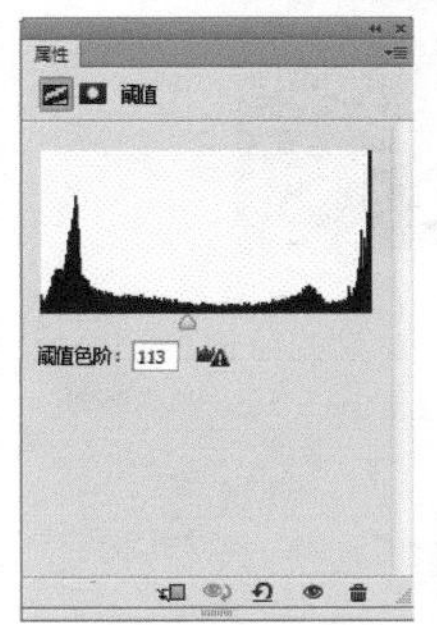

图 5-321　图 5-322

03> 再次执行菜单“文件 > 置入”命令，在弹出的“置入”对话框中选择素材“3.jpg”，单击“置入”按钮。按 Enter 键完成置入，接着执行菜单“图层 > 栅格化 > 智能对象”命令，将该图层栅格化为普通图层，如图 5-323 所示。接着在该调整图层上右击执行“创建剪贴蒙版”命令。

图 5-323

04> 在“图层”面板中设置图层混合模式为“滤色”，如图 5-324 所示。效果如图 5-325 所示。

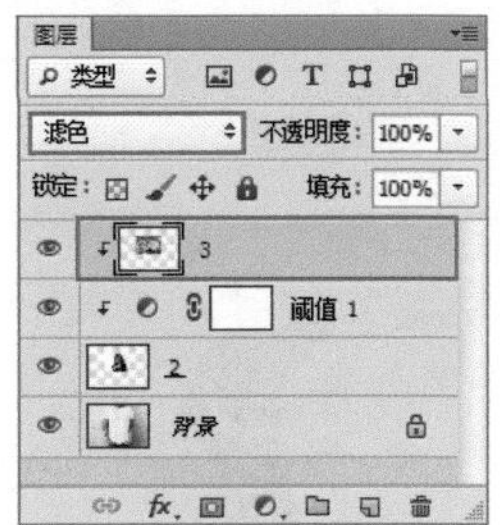

图 5-324

图 5-325

05> 将这几个图层放在一个图层组中，然后设置该图层组的混合模式为“正片叠底”，如图 5-326 所示。效果如图 5-327 所示。

图 5-326

图 5-327

5.3 使用“液化”滤镜调整图像

“液化”是修饰图像和创建艺术效果的强大工具，尤其是人像照片的后期处理就更离不开“液化”滤镜了。例如，使用“液化”滤镜中的向前变形工具可以调整服装形态，使用膨胀工具则可以对人像五官进行放大。

（1）打开一张图片，经过观察可以发现服装裙摆略微不规整，如图 5-328 所示。想要“规整裙摆”非常简单，执行菜单“滤镜 > 液化”命令，打开“液化”对话框，单击“向前变形工具”按钮，设置合适的画笔大小，将光标移动至裙摆的位置，然后按住鼠标左键自左向右拖曳。在拖曳过程中需要缓慢些，掌握变形的程度，如图 5-329 所示。

（2）接着单击“膨胀工具”按钮，将笔尖大小调整到比眼睛稍大一些，然后在眼睛的上方单击，即可放大眼睛。注意不要单击次数过多，或者长时间按着鼠标左键，眼睛效果会不自然，如图 5-330 所示。调整完成后单击“确定”按钮，效果如图 5-331 所示。

图 5-328

图 5-329

图 5-330

图 5-331

“液化”对话框左侧工具箱中有多个可以对图像进行变形的工具，下面就来逐一认识一下。

- 向前变形工具：在图像上按住鼠标左键并拖曳，即可向前推动像素。
- 重建工具：用于恢复变形的图像，类似于撤销。在变形区域单击或拖曳进行涂抹时，可以使变形区域的图像恢复到原来的效果。

- 平滑工具：在图像上按住鼠标左键并拖曳可用于平滑画面效果。
- 顺时针旋转扭曲工具：按住鼠标左键并拖曳可以顺时针旋转像素，如图 5-332 所示；如果按住 Alt 键进行操作则可以逆时针旋转像素，如图 5-333 所示。

图 5-332

图 5-333

- 褶皱工具：按住鼠标左键可以使像素向画笔区域的中心移动，使图像产生内缩效果，如图 5-334 所示。

图 5-334

- 膨胀工具：按住鼠标左键可以使像素向画笔区域中心以外的区域移动，使图像产生向外膨胀的效果，如图 5-335 所示。

图 5-335

- 左推工具：按住鼠标左键并向上拖曳时像素会向左移动，如图 5-336 所示；按住鼠标左键并向下拖曳时像素会向右移动，如图 5-337 所示。

图 5-336

图 5-337

- 冻结蒙版工具：使用该工具在画面中按住鼠标左键并拖曳涂抹，被涂抹的区域会覆盖上半透明的红色蒙版，这个区域不会受到工具变形的效果。
- 解冻蒙版工具：使用该工具在冻结区域涂抹，可以将其解冻。

第6章 特效

本章概述

本章介绍了几种常用于制作特殊效果的功能。使用图层混合模式可以制作多个图层内容重叠混合的效果。使用图层样式则可以为图层中的内容模拟阴影、发光、描边、浮雕等的特殊效果。滤镜则更是功能强大，可用于模拟多种有趣的绘画效果以及肌理质感。除此之外，Photoshop 还可以制作 3D 立体效果。

本章要点

- 设置图层不透明度与混合模式
- 图层样式的综合使用
- 尝试使用各种滤镜

佳作欣赏

6.1 图层混合与图层样式

在此之前我们学习了一些关于图层较为基础的操作，随着学习进度的不断向前，我们需要了解图层更加高级的功能——图层的混合模式与图层样式。

6.1.1 图层不透明度

在 Photoshop 中包含两种透明度设置——“不透明度”与“填充”。“不透明度”的概念非常好理解，就是制作图层的半透明效果，数值越小图层越透明。通常制作光泽感、半透明质感会需要调整不透明度。“填充”的概念就有点抽象了，当我们降低“填充”数值时只影响图层中绘制的像素和形状，而图层中的图层样式不会改变。通常制作边缘发光效果会使用到该功能。

（1）背景图层无法设置不透明度。选择一个除背景外的其他图层，可以随意添加几个图层样式。在“图层”面板中，将“不透明度”数值设置为 50%，如图 6-1 所示。该图层以及图层上的样式等内容均变为半透明的效果，如图 6-2 所示。

（2）如果将此图层的“填充”数值设置为 0%，如图 6-3 所示。那么图层主体部分变为透明，而样式效果则没有发生任何变化，如图 6-4 所示。

图 6-1

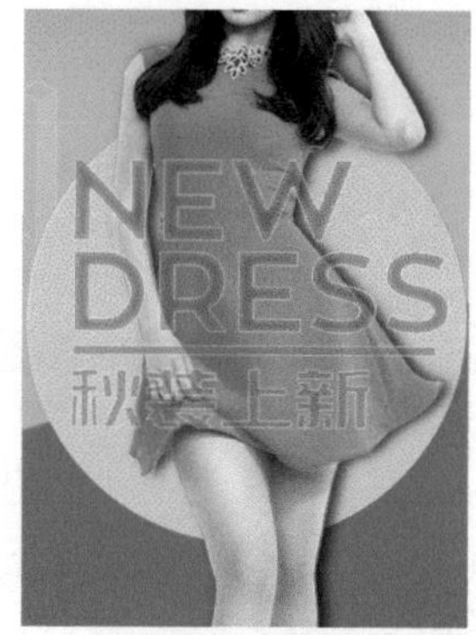

图 6-2

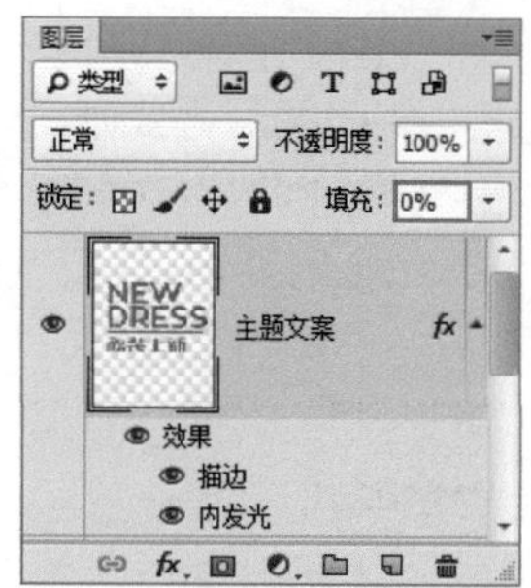

图 6-3

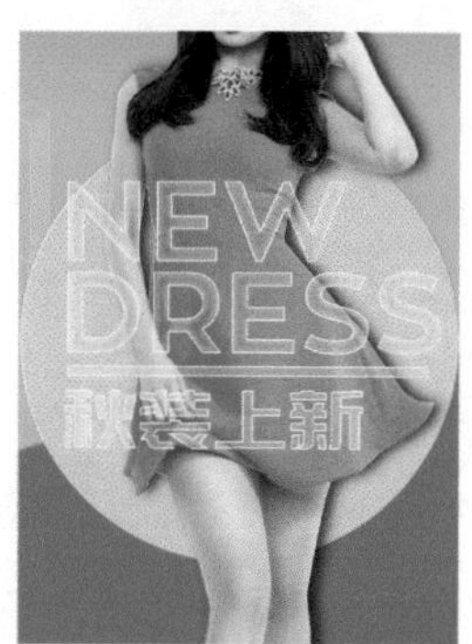

图 6-4

6.1.2 图层混合模式

所谓的“混合模式”就是指一个图层与其下方图层的色彩叠加方式。默认情况下，图层的混合模式为“正常”，当更改混合模式后会产生类似半透明或者色彩改变的效果。虽然改变了图像的显示效果但是不会对图层本身内容造成实质性的破坏。

（1）首先打开一张图片，如图6-5所示。然后置入一个图片，如图 6-6 所示。

图 6-5

图 6-6

（2）选择上层的图层，单击 " 图层 " 面板中的混合模式按钮，然后在下拉菜单中可以看到很多种混合模式，如图 6-7 所示。将光标移动至任意一个混合模式上单击鼠标左键即可进行设置。图 6-8 所示为正片叠底效果。

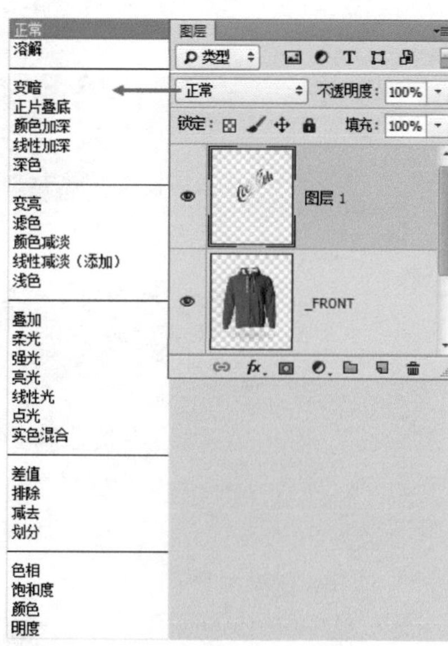

图 6-7

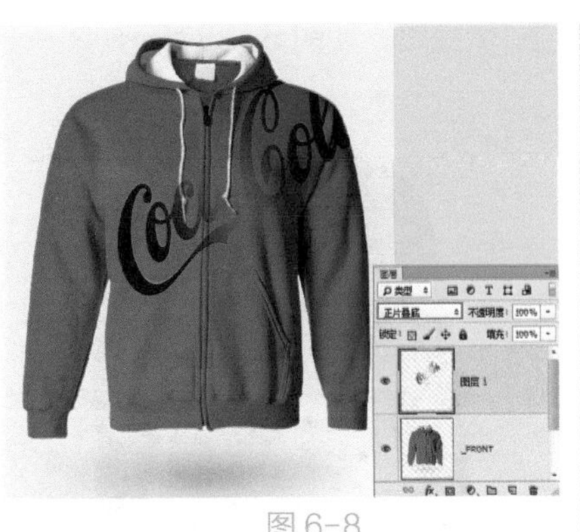

图 6-8

接下来可以设置为其他混合模式，查看效果。

- 正常：默认的混合模式，当前图层不与下方图层产生任何混合效果，图层不透明度为 100% 完全遮盖下面的图像。
- 溶解：当图层为半透明时，选择该选项则可以创建像素点状效果，如图 6-9 所示。

图 6-9

- 变暗：两个图层中较暗的颜色将作为混合色保留。比混合色亮的像素将被替换，而比混合色暗的像素保持不变，如图 6-10 所示。

图 6-10

- 正片叠底：任何颜色与黑色混合产生黑色，任何颜色与白色混合保持不变，如图 6-11 所示。

图 6-11

- 颜色加深：通过增加上下层图像之间的对比度来使像素变暗，与白色混合后不产生变化，如图 6-12 所示。

图 6-12

- 线性加深：通过减小亮度使像素变暗，与白色混合不产生变化，如图 6-13 所示。

图 6-13

- 深色：通过比较两个图像的所有通道的数值的总和，然后显示数值较小的颜色，如图 6-14 所示。

图 6-14

- 变亮：使上方图层的暗调区域变为透明，通过下方的较亮区域使图像更亮，如图 6-15 所示。

图 6-15

- 滤色：与黑色混合时颜色保持不变，与白色混合时产生白色，如图 6-16 所示。

图 6-16

- 颜色减淡：通过减小上下层图像之间的对比度来提亮底层图像的像素，如图 6-17 所示。

图 6-17

- 线性减淡（添加）：根据每一个颜色通道的颜色信息，加亮所有通道的基色，并通过降低其他颜色的亮度来反映混合颜色，此模式对黑色无效，如图 6-18 所示。

图 6-18

- 浅色：该选项与“深色”的效果相反。可根据图像的饱和度，用上方图层中的颜色直接覆盖下方图层中的高光区域颜色，如图 6-19 所示。

图 6-19

- 叠加：此选项的图像最终效果取决于下方图层，上方图层的高光区域和暗调将不变，只是混合了中间调，如图 6-20 所示。

图 6-20

- 柔光：应用该选项可使颜色变亮或变暗让图像具有非常柔和的效果。亮于中性灰底的区域将更亮，暗于中性灰底的区域将更暗，如图 6-21 所示。

图 6-21

- 强光：此选项和“柔光”的效果类似，但其程序远远大于“柔光”效果，适用于图像增加强光照射效果。如果上层图像比 50% 灰色亮，则图像变亮；如果上层图像比 50% 灰色暗，则图像变暗，如图 6-22 所示。
- 亮光：通过增加或减小对比度来加深或减淡颜色，具体取决于上层图像的颜色。如果上层图像比 50% 灰色亮，则图像变亮；如果上层图像比 50% 灰色暗，则图像变暗，如图 6-23 所示。

图 6-22

图 6-23

- 线性光：通过减小或增加亮度来加深或减淡颜色，具体取决于上层图像的颜色。如果上层图像比 50% 灰色亮，则图像变亮；如果上层图像比 50% 灰色暗，则图像变暗，如图 6-24 所示。

图 6-24

- 点光：根据上层图像的颜色来替换颜色。如果上层图像比 50% 灰色亮，则替换比较暗的像素；

如果上层图像比 50% 灰色暗，则替换较亮的像素，如图 6-25 所示。

图 6-25

- 实色混合：将上层图像的 RGB 通道值添加到底层图像的 RGB 值。如果上层图像比 50% 灰色亮，则使底层图像变亮；如果上层图像比 50% 灰色暗，则使底层图像变暗，如图 6-26 所示。

图 6-26

- 差值：上方图层的亮区将下方图层的颜色进行反相，暗区则将颜色正常显示出来，效果与原图像是完全相反的颜色，如图 6-27 所示。
- 排除：创建一种与“差值”模式相似，但对比度更低的混合效果，如图 6-28 所示。
- 减去：从目标通道中相应的像素上减去源通道中的像素值，如图6-29 所示。

图 6-27

图 6-28

图 6-29

- 划分：比较每个通道中的颜色信息，然后从底层图像中划分上层图像，如图 6-30 所示。
- 色相：使用底层图像的明亮度、饱和度以及上层图像的色相来创建结果色，如图 6-31 所示。
- 饱和度：使用底层图像的明亮度、色相以及上层图像的饱和度来创建结果色。在饱和度为 0 的灰度区域应用该模式不会产生任何变化，如图 6-32 所示。

图 6-30

图 6-31

图 6-32

- 颜色：使用底层图像的明亮度以及上层图像的色相、饱和度来创建结果色。这样可以保留图像中的灰阶，对于为单色图像上色或给彩色图像着色非常有用，如图 6-33 所示。
- 明度：使用底层图像的色相、饱和度以及上层图像的明亮度来创建结果色，如图 6-34 所示。

图 6-33

图 6-34

技巧提示：如何在多种混合模式选项中选择其中的一种？

通常设置混合模式时不会一次成功，需要进行多次尝试。此时可以先选择一个混合模式，然后滚动鼠标中轮即可快速更改混合模式，这样就可以非常方便地查看每一个混合模式的效果了。

操作练习：服装印花

文件路径	第 6 章\服装印花	
难易指数	★★★★★	
技术掌握	混合模式	

案例效果

案例效果如图 6-35 所示。

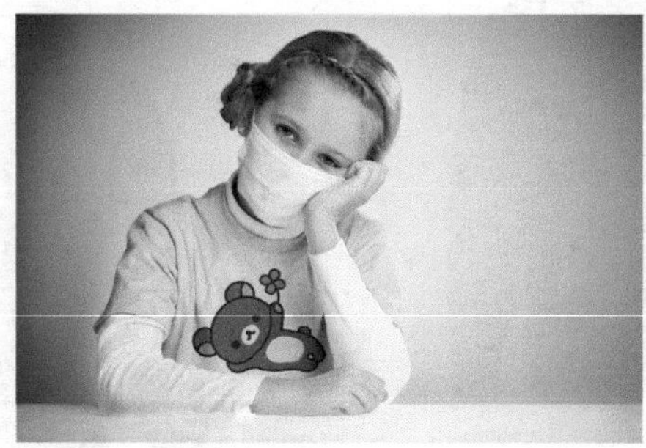
图 6-35

思路剖析

①打开服装素材图片，如图 6-36 所示。
②置入卡通素材并栅格化，如图 6-37 所示。
③设置卡通素材的混合模式，使其与服装相互融合，如图 6-38 所示。

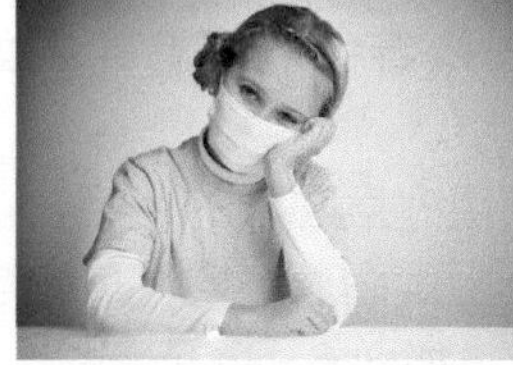
图 6-36

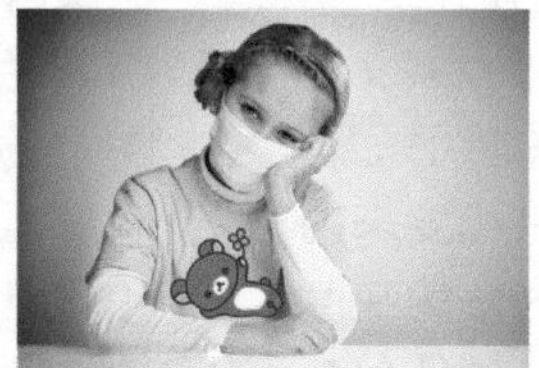
图 6-37

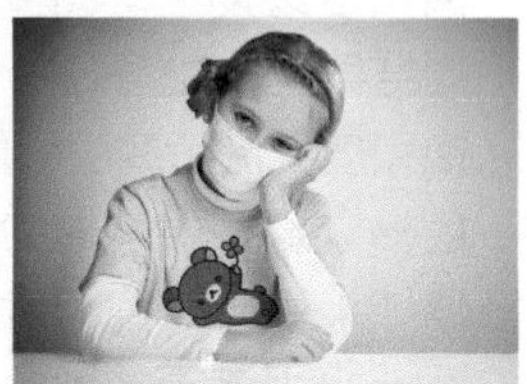
图 6-38

应用拓展

优秀服装设计作品，如图 6-39 和图 6-40 所示。

图 6-39

图 6-40

操作步骤

01> 执行菜单“文件 > 打开”命令，打开素材“1.jpg”，如图 6-41 所示。

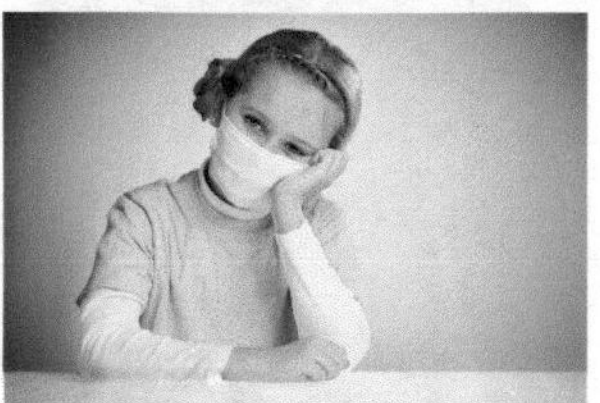
图 6-41

02> 接着执行菜单“文件 > 置入”命令，然后将小熊素材“2.png”置入到文档中，如图 6-42 所示。最后按 Enter 键确定置入操作。在“图层”面板中选择该图层，右击选择“栅格化图层”命令，将该图层转换为普通图层，如图 6-43 所示。

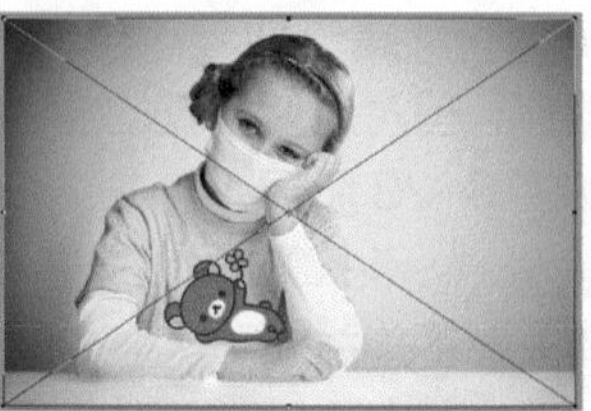
图 6-42

图 6-43

03> 在“图层”面板中单击选择小熊素材图层，然后设置图层的混合模式为“正片叠底”，如图 6-44 所示。效果如图 6-45 所示。

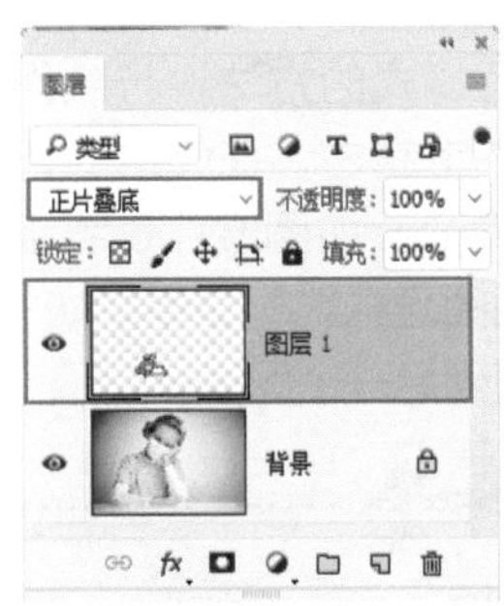

图 6-44

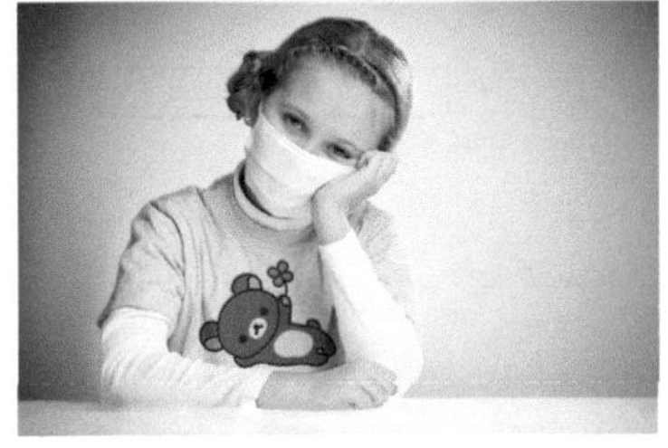
图 6-45

6.1.3 图层样式

“图层样式”是一种为图层内容模拟特殊效果的功能。图层样式的使用方法十分简单，可以为普通图层、文本图层和形状图层应用图层样式。为图层添加图层样式具有快速、精准和可编辑的优势，所以在服装设计中图层样式是非常常用的功能之一。例如，制作带有描边的文字、水晶按钮、凸起等效果时，都会使用到图层样式。图 6-46 所示为原图和不同图层样式的展示效果。

图 6-46

虽然不同图层样式效果不同，但是添加与编辑图层样式的方法确是相同的，操作方法如下。

（1）选择一个图层，如图 6-47 所示。执行菜单“图层 > 图层样式”命令，在子菜单中可以看到多种图层样式命令，如图 6-48 所示。选择某个命令即可打开“图层样式”对话框，并打开与之相对应的选项卡，如图 6-49 所示。在“图层”面板底部单击“添加图层样式”按钮 fx，在弹出的下拉菜单中选择一种样式，也可以为图层添加图层样式。

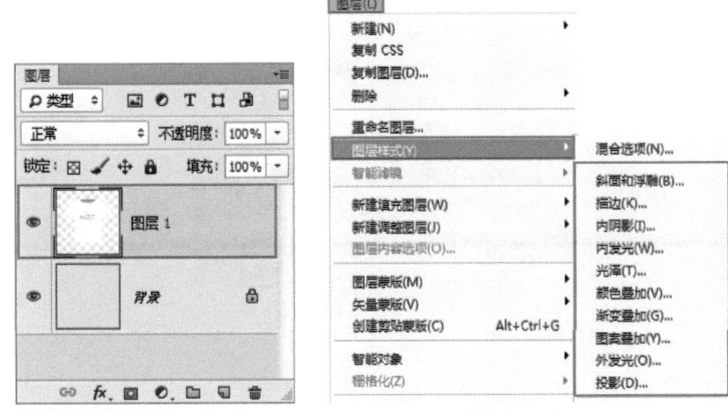

图 6-47　　图 6-48

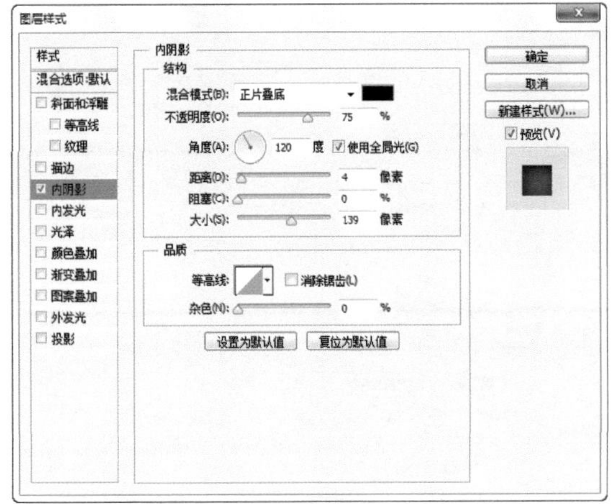

图 6-49

（2）在“图层样式”对话框左侧列表框中可以看到所有图层样式的名称，当我们还需要添加其他图层样式时，就可以选择相应的图层样式名称，即可显示相对应的选项卡，如图 6-50 所示。启用的样式名称前面的复选框内有☑标记。参数设置完成后单击“确定”按钮，即可为图层添加样式，效果如图 6-51 所示。

（3）如果想要对图层已有的图层样式进行编辑，可以在“图层”面板中双击该样式的名称，如图 6-52 所示。即可弹出“图层样式”对话框，然后对图层样式进行编辑，如图 6-53 所示。

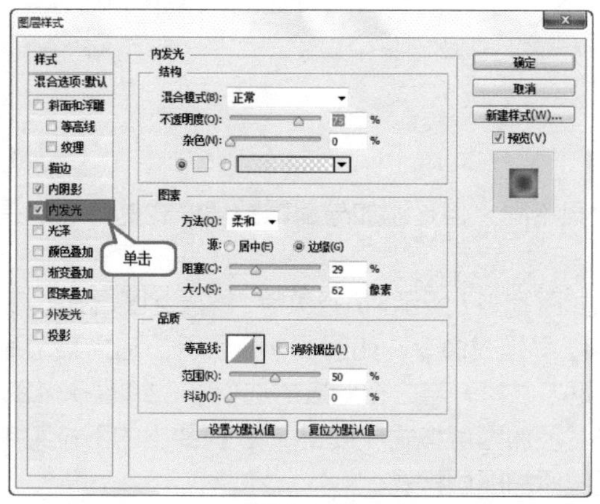

图 6-50

图 6-51

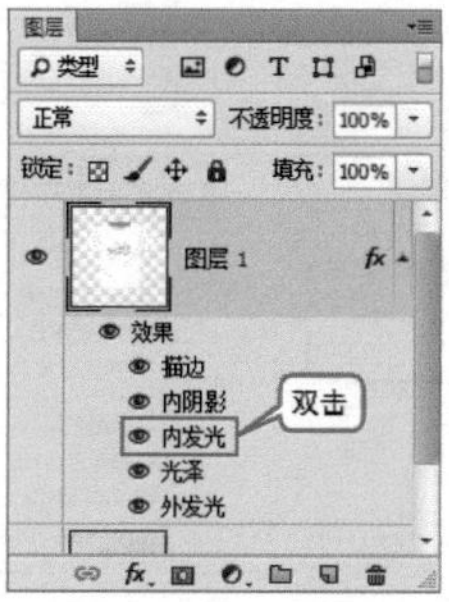

图 6-52

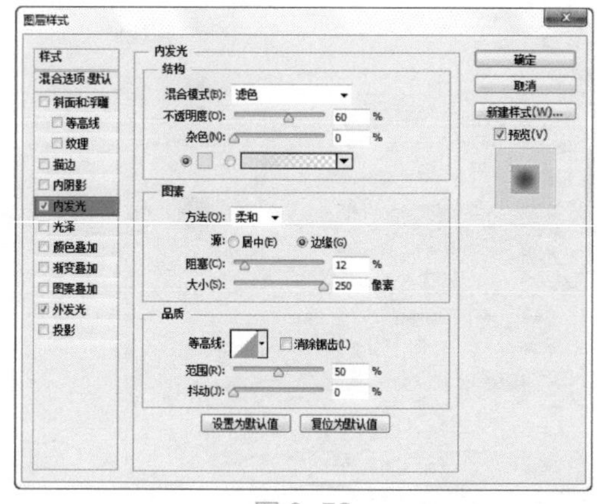
图 6-53

（4）如果要删除某个图层中的所有样式，在“图层”面板中选择图层，然后执行菜单“图层＞图层样式＞清除图层样式”命令。或者将 fx 图标拖曳到“删除”按钮上，即可删除图层样式。“栅格化图层样式”可以将图层样式的效果应用到该图层的原始内容中，栅格化后的图层样式就不能再次编辑更改图层样式。在想要栅格化的图层名称上右击，在弹出的快捷菜单中选择“栅格化图层样式”命令即可，如图 6-54 和图 6-55 所示。

图 6-54

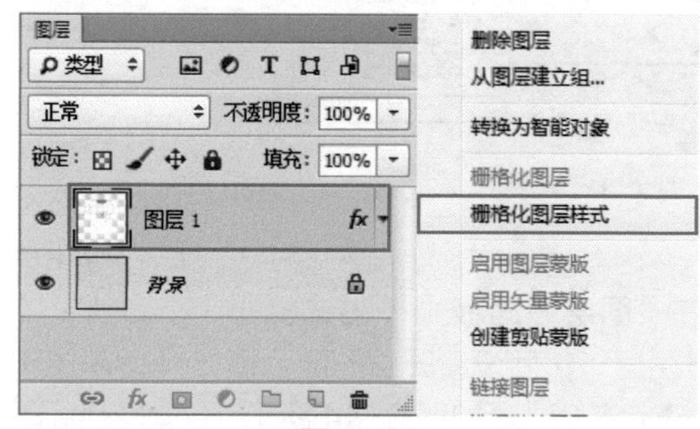

图 6-55

（5）当文档中包括多个带有相同图层样式的对象，则可以通过复制并粘贴图层样式的方法进行制作。在想要复制图层样式的图层名称上右击，在弹出的快捷菜单中选择“拷贝图层样式”命令，如图 6-56 所示。接着右击目标图层，执行“粘贴图层样式”命令，如图 6-57 所示。即可将图层样式复制到另一个图层上。

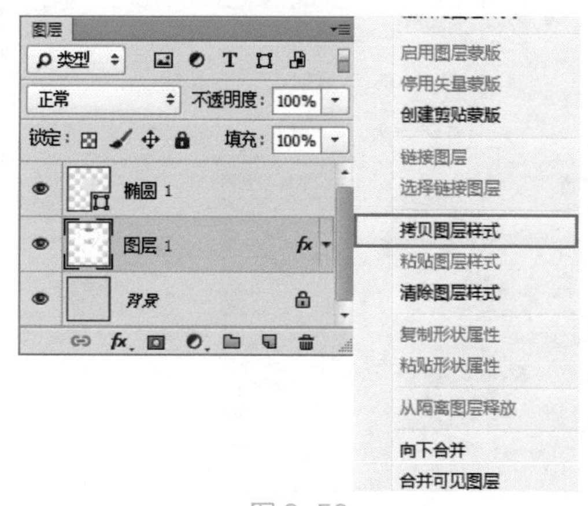

图 6-56

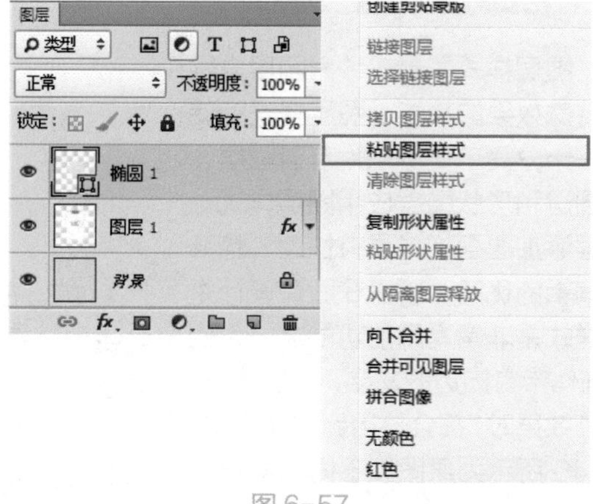

图 6-57

6.1.4 “斜面和浮雕”图层样式

“斜面和浮雕”可以说是Photoshop图层样式中最复杂的一个，使用该样式可以为图层模拟出由于受光而产生的高光和阴影感，从而营造出立体感的浮雕效果。图6-58所示为未添加图层样式的效果。选择图层，执行菜单“图层>图层样式>斜面和浮雕”命令，在弹出的对话框中可以对“斜面和浮雕”的结构以及阴影属性进行设置，设置完成后单击“确定”按钮完成样式的添加，如图6-59所示。“斜面和浮雕”样式效果如图6-60所示。

图6-58

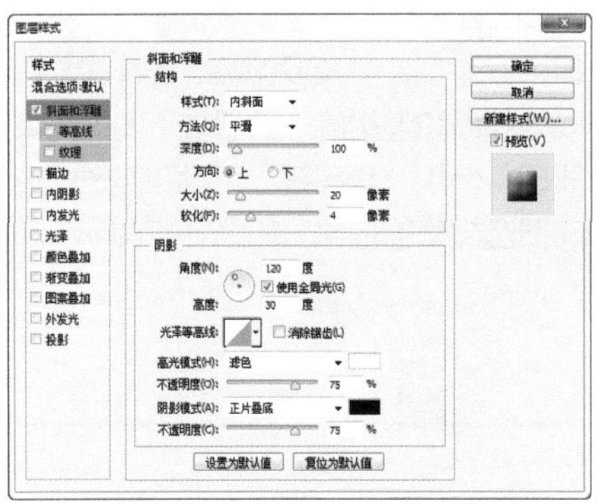

图6-59

图6-60

- 样式：在该下拉列表中选择斜面和浮雕的样式。选择“外斜面”选项可以在图层内容的外侧边缘创建斜面；选择“内斜面”选项可以在图层内容的内侧边缘创建斜面；选择“浮雕效果”选项可以使图层内容相对于下层图层产生浮雕状的效果；选择“枕状浮雕”选项可以模拟图层内容的边缘嵌入到下层图层中产生的效果；选择“描边浮雕”选项可以将浮雕应用于图层的“描边”样式的边界，如果图层没有“描边”样式，则不会产生效果，如图6-61所示。

图6-61

- 方法：用来选择创建浮雕的方法。选择“平滑”选项可以得到比较柔和的边缘；选择“雕刻清晰”选项可以得到最精确的浮雕边缘；选择“雕刻柔和”选项可以得到中等水平的浮雕效果，如图6-62所示。

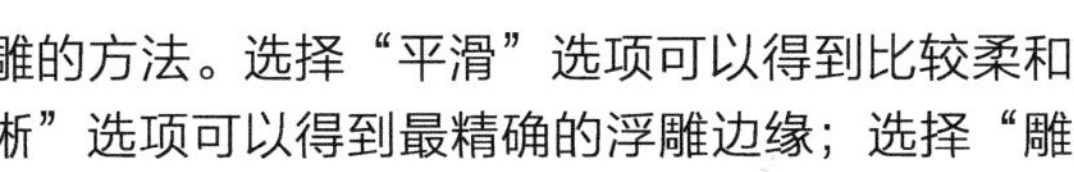

图6-62

- 深度：用来设置浮雕斜面的应用深度。该值越高，浮雕的立体感越强，如图6-63和图6-64所示。

图6-63

图6-64

- 方向：用来设置高光和阴影的位置。该选项与光源的角度有关，如图6-65和图6-66所示。

图 6-65

图 6-66

- 大小：该选项表示斜面和浮雕的阴影面积的大小，如图 6-67 和图 6-68 所示。

图 6-67

图 6-68

- 软化：用来设置斜面和浮雕的平滑程度。
- 角度：用来设置光源的发光角度。
- 高度：用来设置光源的高度。
- 使用全局光：如果勾选该复选框，那么所有浮雕样式的光照角度都将保持在同一个方向。
- 光泽等高线：选择不同的等高线样式，可以为斜面和浮雕的表面添加不同的光泽质感，也可以自己编辑等高线样式，如图 6-69~图 6-72 所示。

图 6-69

图 6-70

图 6-71

图 6-72

- 消除锯齿：当设置了光泽等高线时，斜面边缘可能会产生锯齿，勾选该复选框可以消除锯齿。
- 高光模式 / 不透明度：这两个选项用来设置高光的混合模式和不透明度，后面的色块用于设置高光的颜色。
- 阴影模式 / 不透明度：这两个选项用来设置阴影的混合模式和不透明度，后面的色块用于设置阴影的颜色。

在“图层样式”对话框左侧列表框中“斜面和浮雕”样式下还包含“等高线”与“纹理”样式的设置。单击“等高线”选项，切换到“等高线”选项卡，如图 6-73 所示。在“等高线”下拉面板中设置了许多预设的等高线样式，可以为斜面和浮雕的表面添加不同的光泽质感，使用“等高线”可以在浮雕中创建凹凸起伏的效果，如图 6-74 所示。

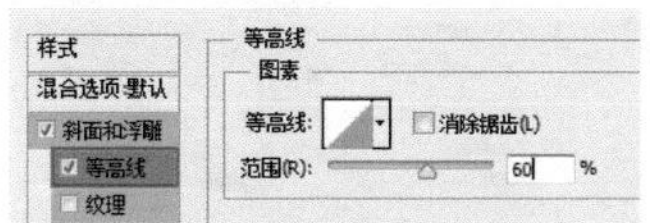

图 6-73

图 6-74

“纹理”可以给图像增加纹理质感。勾选“纹理”复选框，切换到“纹理”设置页面，单击“图案”倒三角按钮，在下拉面板中选择图案。通过“缩放”和“深度”选项设置图案的大小和纹理的密度，如图 6-75 所示。效果如图 6-76 所示。

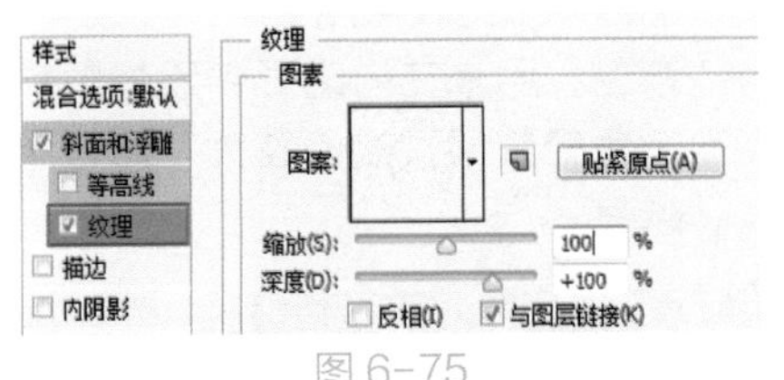

图 6-75

图 6-76

技巧提示：纹理中的图案

“图案”选项中的纹理图案就是图案库，可以通过自定义图案或载入下载的图案提供所需的纹理。

6.1.5 “描边”图层样式

“描边”图层样式的使用频率非常高，使用“描边”图层样式可以为图层添加单色、渐变以及图案的描边效果。选择图层，执行菜单“图层 > 图层样式 > 描边”命令，在弹出的对话框中可以对“描边”的样式、粗细、不透明度以及位置进行设置，设置完成后单击“确定”按钮完成样式的添加，如图 6-77 所示。图 6-78 所示为不同“填充类型”的效果。为图形添加描边效果可以起到突出、强调的作用。

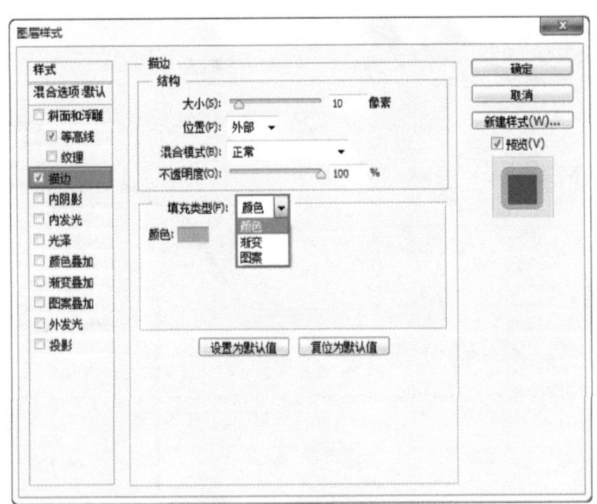

图 6-77

图 6-78

6.1.6 “内阴影”图层样式

“内阴影”图层样式主要用于模拟图层向内凹陷的效果，该样式可以为图层由边缘向内添加阴影。例如，制作一个相框内的照片，这时就可以为照片添加“内阴影”图层样式，使相框的边缘产生阴影效果，使照片产生向内凹陷，低于相框内边缘的效果。图 6-79 和图 6-80 所示为对比效果。

图 6-79

图 6-80

打开一张图片，并选择图层，如图 6-81 所示。接着执行菜单“图层 > 图层样式 > 内阴影”命令，在弹出的对话框中可以对“内阴影”的结构以及品质进行设置，设置完成后单击“确定”按钮完成样式的添加，如图 6-82 所示。“内阴影”图层样式效果如图 6-83 所示。

图 6-81

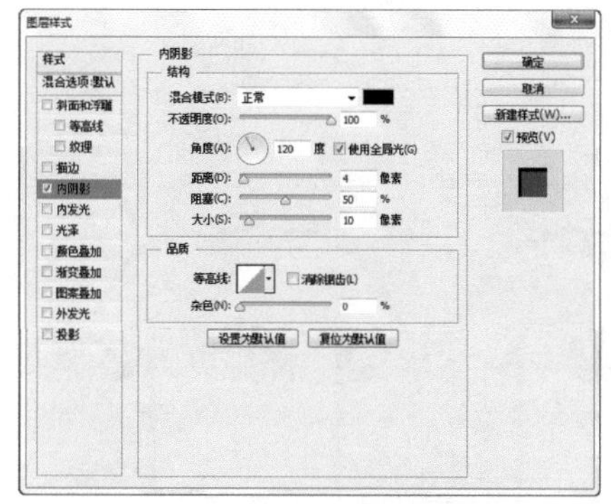

图 6-82

图 6-83

“内阴影”与“投影”的参数选项十分相似，不同的是“投影”是通过“扩展”选项来控制投影边缘的渐变范围，“内阴影”是通过“阻塞”来控制的。“阻塞”选项可以模糊之前收缩内阴影的边界。“大小”选项与“阻塞”选项是相互关联的，“大小”数值越高，可设置的“阻塞”范围就越大，如图 6-84 和图 6-85 所示。

- 混合模式：用来设置内阴影与下面图层的混合方式，默认设置为“正片叠底”模式。
- 颜色：单击“混合模式”选项右侧的颜色块，可以设置内阴影的颜色。

图 6-84

图 6-85

- 不透明度：用来设置内阴影的不透明度。数值越低，投影越淡。
- 角度：用来设置投影应用于图层时的光照角度，指针方向为光源方向，相反方向为内阴影方向。
- 使用全局光：当勾选该复选框后，可以保持所有光照的角度一致；取消勾选该复选框后，可以为不同的图层分别设置光照角度。
- 距离：用来设置内阴影偏移图层内容的距离。
- 阻塞：用于模糊之前收缩内阴影的边界。
- 大小：用来设置内阴影的模糊范围。该值越高，模糊范围越广；反之，内阴影越清晰。
- 等高线：以调整曲线的形状来控制投影的形状，可以手动调整曲线形状也可以选择内置的等高线预设。
- 消除锯齿：混合等高线边缘的像素，使内阴影更加平滑。该选项对于尺寸较小且具有复杂等高线的内阴影比较实用。
- 杂色：用来在内阴影中添加颗粒杂色的效果，数值越大，颗粒感越强。

6.1.7 “内发光”图层样式

顾名思义，“内发光”可以为图层的内部添加光晕效果。打开一张图片，并选择图层，如图 6-86 所示。执行菜单“图层 > 图层样式 > 内发光”命令，在弹出的对话框中可以对“内发光”的颜色、大小、不透明度等属性进行设置，设置完成后单击“确定”按钮完成样式的添加，如图 6-87 所示。“内发光”图层样式效果如图 6-88 所示。

图 6-86

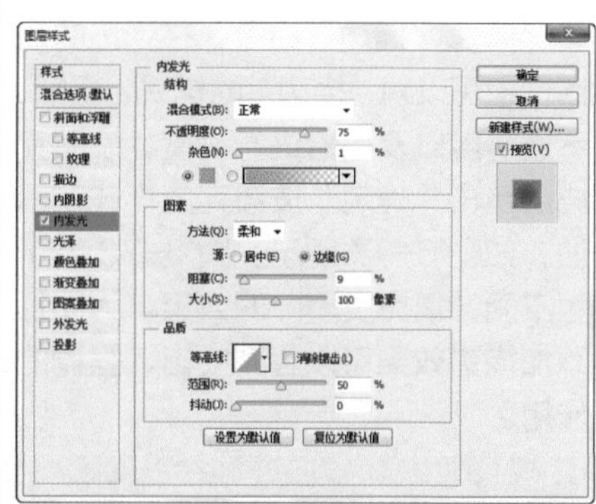

图 6-87

图 6-88

- 杂色：在发光效果中添加随机的杂色效果，使光晕产生颗粒感。
- 发光颜色：单击“杂色”选项下面的颜色块，可以设置发光颜色；单击颜色块后面的渐变条，可以在“渐变编辑器”对话框中选择或编辑渐变色，如图 6-89 和图 6-90 所示。

图 6-89

图 6-90

- 方法：用来设置发光的方式。选择“柔和”方法，发光效果比较柔和；选择“精确”选项，可以得到精确的发光边缘。
- 源：控制光源的位置。
- 阻塞：用来在模糊之前收缩发光的杂边边界。
- 大小：用来设置光晕范围的大小，如图 6-91 和图 6-92 所示。

图 6-91

图 6-92

- 等高线：用来控制发光的形状。
- 范围：控制发光中作为等高线目标的部分和范围。
- 抖动：改变渐变的颜色和不透明度的应用。

6.1.8 “光泽”图层样式

在 UI 设计中，经常需要利用图层样式模拟不同的质感效果。当制作金属、玻璃、塑料这些对象时，就可以使用到光泽样式。打开一张图片，并选择图层，如图 6-93 所示。执行菜单“图层 > 图层样式 > 光泽”命令，在弹出的对话框中可以对“光泽”的颜色、混合模式、不透明度、角度、距离、大小等参数进行设置，设置完成后单击“确定”按钮完成样式的添加，如图 6-94 所示。“光泽”效果如图 6-95 所示。

图 6-93

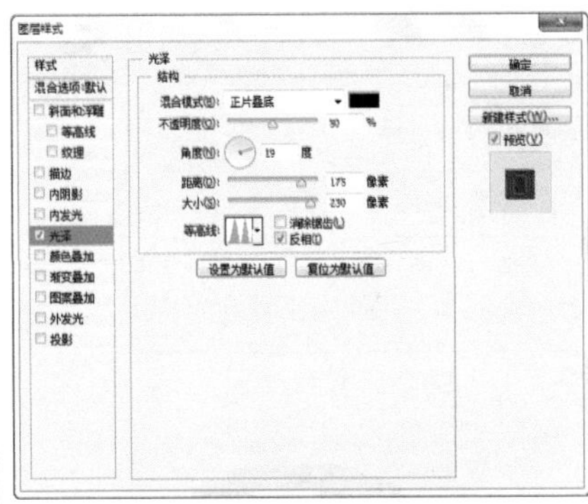

图 6-94

图 6-95

6.1.9 “颜色叠加”图层样式

“颜色叠加”图层样式可以为所选图层覆盖上某种颜色，而且还能够以不同的混合模式以及不透明度为图层进行着色。打开一张图片，并选择图层，如图 6-96 所示。执行菜单“图层 > 图层样式 > 颜色叠加”命令，在弹出的对话框中可以对“颜色叠加”的颜色、混合模式、不透明度进行设置，设置完成后单击“确定”按钮完成样式的添加，如图 6-97 所示。“颜色叠加”样式效果如图 6-98 所示。

图 6-96

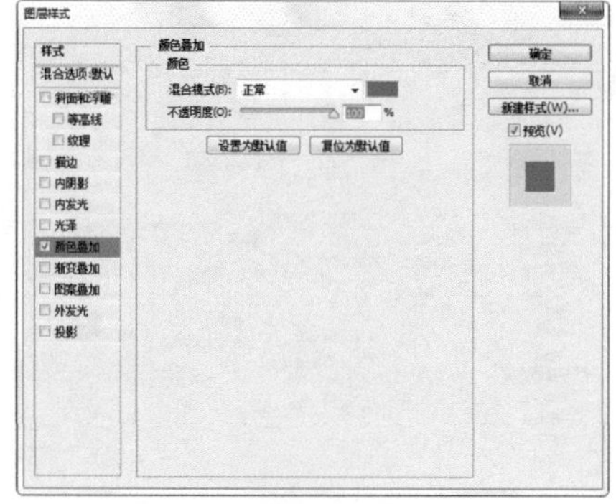

图 6-97

图 6-98

操作练习：使用颜色叠加制作数码印花

文件路径	第 6 章 \ 使用颜色叠加制作数码印花
难易指数	★★★★★
技术掌握	颜色叠加、混合模式

案例效果

案例效果如图 6-99 所示。

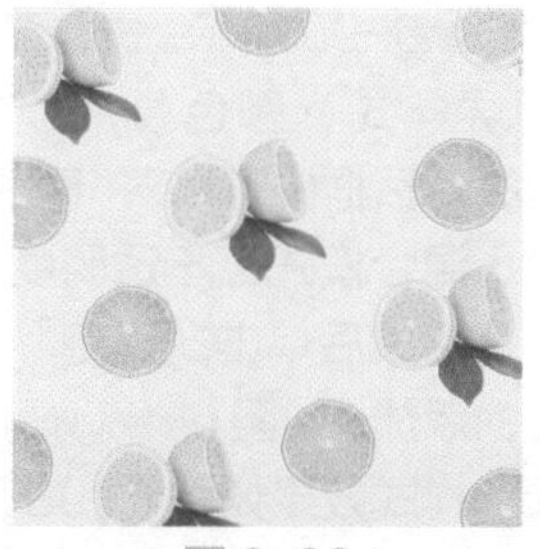

图 6-99

思路剖析

①创建空白文档并填充合适颜色作为背景，置入水果素材并将其摆放在画面中合适位置，如图 6-100 所示。

②置入另外一种水果素材，如图 6-101 所示。

③对水果素材使用“颜色叠加”图层样式，使面料图案的色调和谐统一，如图 6-102 所示。

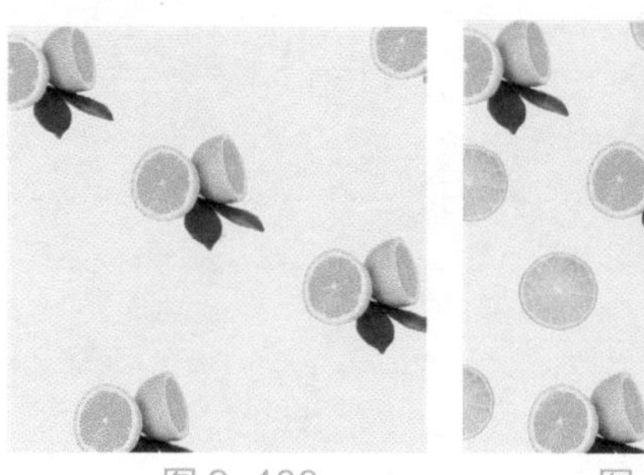

图 6-100

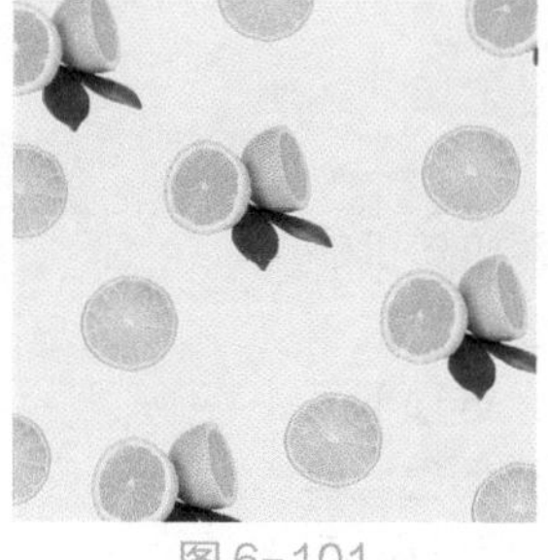

图 6-101

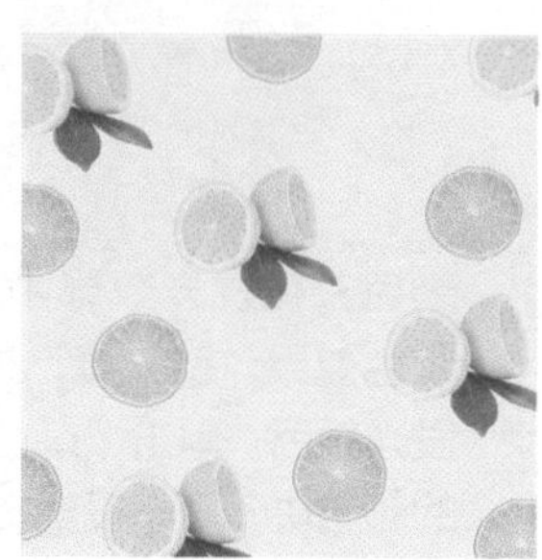

图 6-102

应用拓展

优秀服装面料设计方案，如图 6-103 和图 6-104 所示。

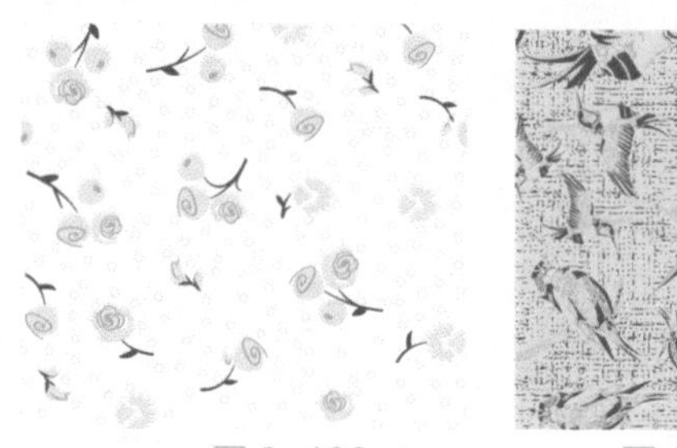

图 6-103　图 6-104

操作步骤

01> 执行菜单“文件 > 新建”命令，在弹出的“新建”对话框中设置“宽度”为 1000 像素，“高度”为 1000 像素，“分辨率”为 300 像素 / 英寸，设置完成后单击“确定”按钮，如图 6-105 所示。

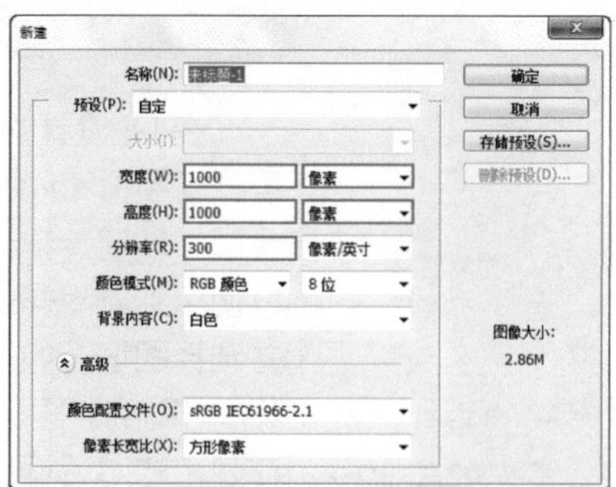

图 6-105

02> 设置背景颜色。单击工具箱底部的“前景色”按钮，在弹出的“拾色器（前景色）”对话框中设置颜色为浅绿色，设置完成后单击“确定”按钮，如图 6-106 所示。接着使用快捷键 Alt+Delete 进行快速填充，此时画面效果如图 6-107 所示。

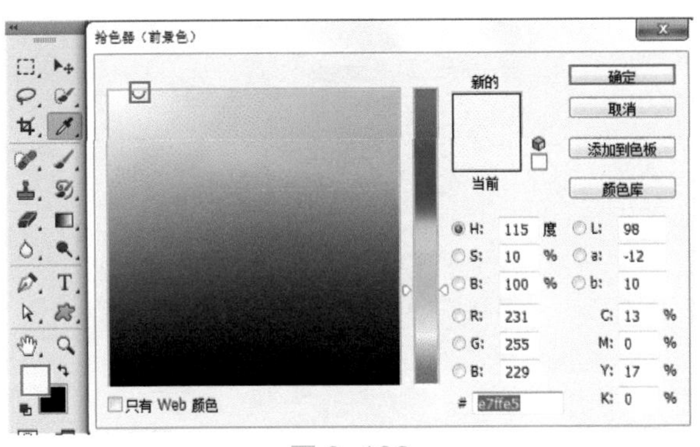

图 6-106

图 6-107

03> 接下来置入素材。执行菜单“文件 > 置入”命令，在弹出的对话框中选择素材“1.png”，单击“置入”按钮。接着将置入的黄色柠檬素材摆放在画面中合适位置，调整完成后按 Enter 键完成置入，如图 6-108 所示。在“图层”面板中右击该图层，在弹出的快捷菜单中执行“栅格化图层”命令，栅格后的图层如图 6-109 所示。

图 6-108　　图 6-109

04> 在“图层”面板中单击选中置入的素材图层，使用快捷键 Ctrl+J 复制出一个相同的图层，然后调整黄色柠檬的位置，如图 6-110 所示。接着继续复制柠檬并调整位置，效果如图 6-111 所示。

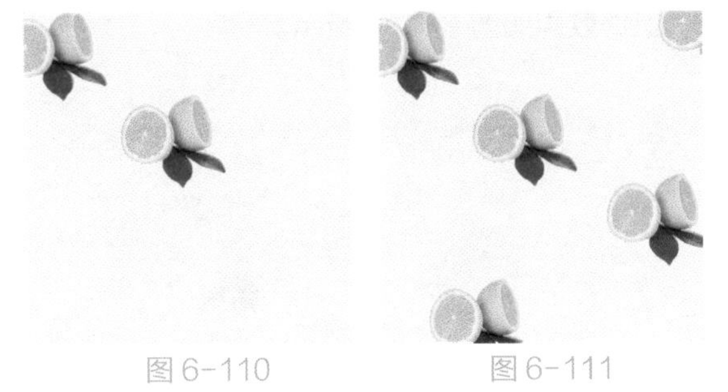

图 6-110　　图 6-111

05> 继续使用同样的方法，置入绿色柠檬素材“2.png”，并制作印花图案效果，如图 6-112 所示。

06> 接下来对图层进行分类编组，以方便下面的步骤操作。按住 Ctrl 键单击加选黄色柠檬图层，然后使用快捷键 Ctrl+G 进行编组。使用同样的方法，将绿色柠檬图层加选后进行编组，如图 6-113 所示。

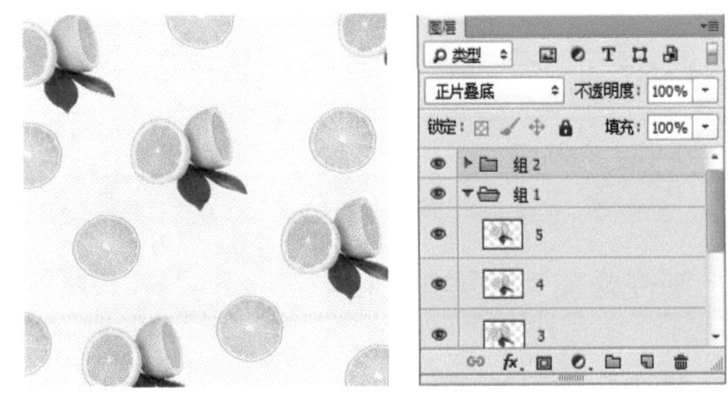

图 6-112　　图 6-113

07> 在“图层”面板中选中黄色柠檬组，然后执行菜单“图层 > 图层样式 > 颜色叠加”命令，在弹出的“图层样式”对话框中，设置“混合模式”为色相，颜色为橄榄绿色，“不透明度”为 100%，设置完成后单击“确定”按钮，如图 6-114 所示。此时画面效果如图 6-115 所示。

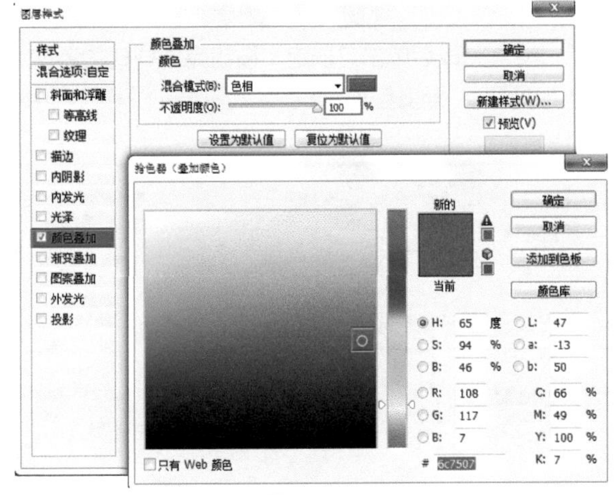

图 6-114

08> 接着在“图层”面板中选中“组 2”，并在“图层”面板中设置图层混合模式为“正片叠底”，如图 6-116

所示。最终效果如图 6-117 所示。

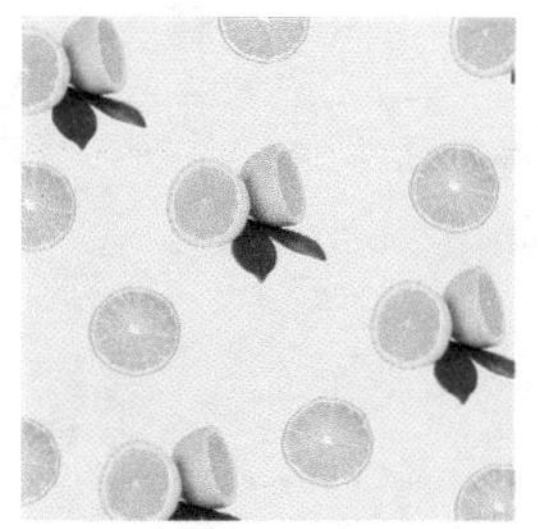

图 6-115

图 6-116

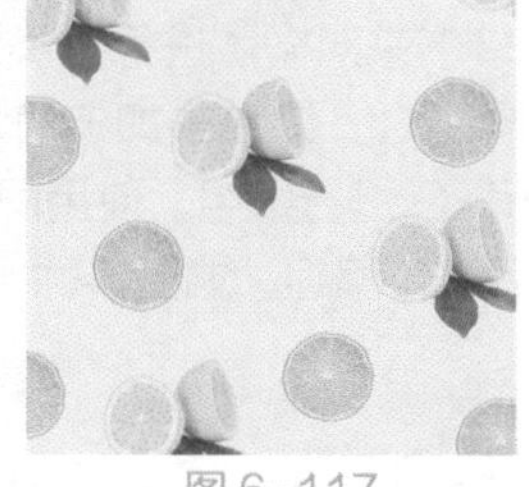

图 6-117

6.1.10 “渐变叠加”图层样式

“渐变叠加”图层样式和“颜色叠加”图层样式比较相似。“渐变叠加”图层样式能够以不同的混合模式以及不透明度使图层表面附着各种各样的渐变效果。打开一张图片，并选择图层，如图 6-118 所示。执行菜单“图层 > 图层样式 > 渐变叠加”命令，在弹出的对话框中可以对“渐变叠加”的渐变颜色、混合模式、不透明度进行设置，设置完成后单击“确定”按钮完成样式的添加，如图6-119所示。“渐变叠加”图层样式效果如图6-120所示。

图 6-118

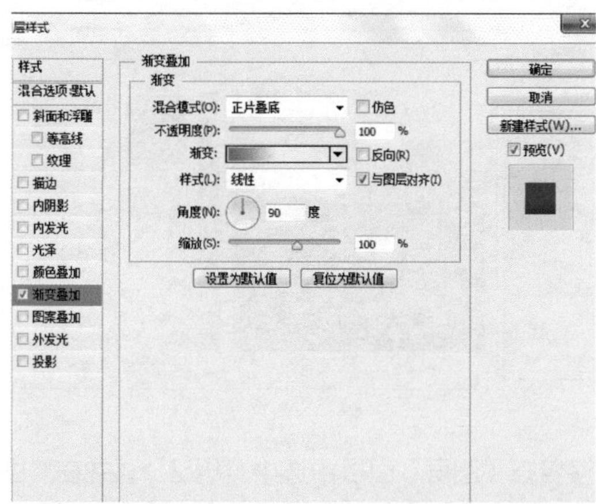

图 6-119

图 6-120

6.1.11 “图案叠加”图层样式

“图案叠加”图层样式可以用于为图层覆盖某种图案，而且能够以不同的混合模式和不透明度进行图案的叠加。选择图层，如图 6-121 所示。打开一张图片，并选择“图层 > 图层样式 > 图案叠加”命令，在弹出的对话框中可以对“图案叠加”的图案类型、混合模式、不透明度进行设置，设置完成后单击“确定”按钮完成样式的添加，如图 6-122 所示。“图案叠加”图层样式效果如图 6-123 所示。

图 6-121

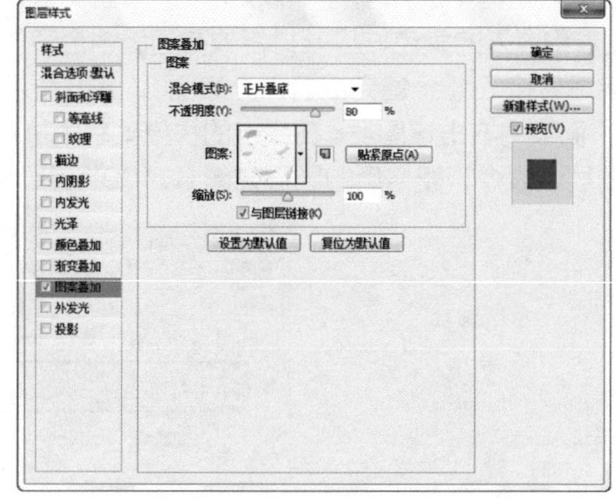

图 6-122

图 6-123

6.1.12 “外发光”图层样式

图 6-124

“外发光”图层样式与“内发光”图层样式比较相似。“外发光”图层样式可以为图像由边缘向外添加发光效果。对于制作光效、发光效果非常好用，经常配合“填充”一起使用。

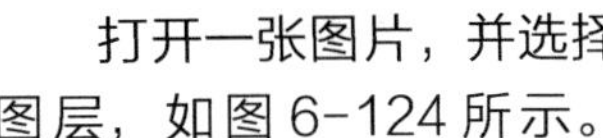

打开一张图片，并选择图层，如图 6-124 所示。执行菜单“图层 > 图层样式 > 外发光”命令，在弹出的对话框中可以对“外发光”的颜色、混合模式、不透明度以及大小进行设置，设置完成后单击“确定”按钮完成样式的添加，如图 6-125 所示。“外发光”图层样式效果，如图 6-126 所示。

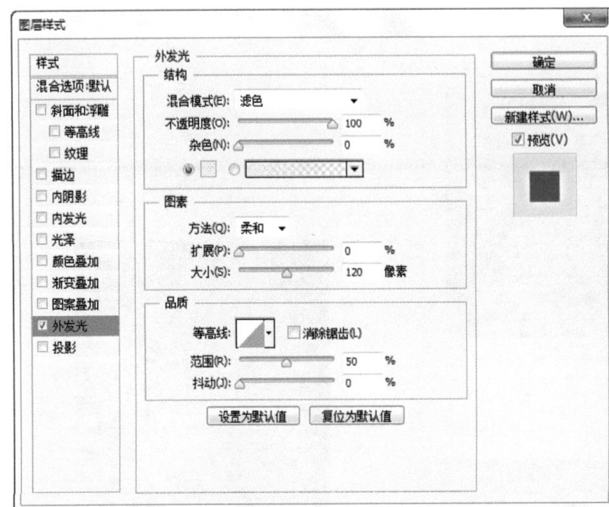

图 6-125

图 6-126

6.1.13 “投影”图层样式

在真实世界中，有光的地方就会有阴影，“投影”图层样式就是用于模拟对象受光照之后在对象后方产生的阴影效果。投影能够让对象更加真实、立体，所以“投影”图层样式的使用频率也非常高。

图 6-127

打开一张图片，并选择图层，如图 6-127 所示。执行菜单“图层 > 图层样式 > 投影”命令，在弹出的对话框中可以对“投影”的结构以及品质进行设置，设置完成后单击“确定”按钮完成样式的添加，如图 6-128 所示。“投影”图层样式效果如图 6-129 所示。

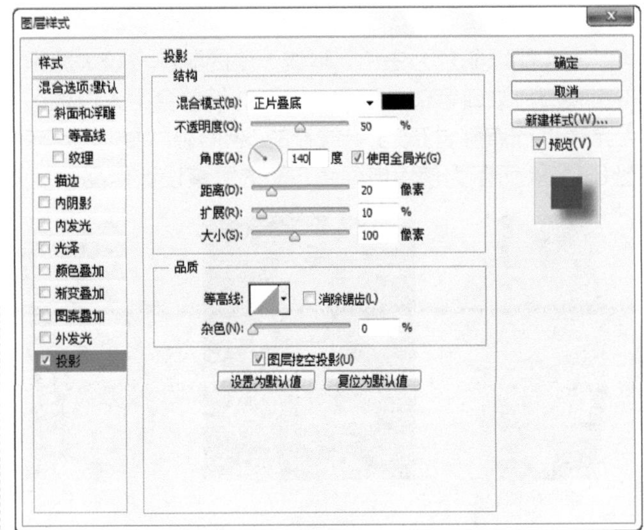

图 6-128

图 6-129

服装设计实战：女士针织开衫

文件路径	第 6 章 \ 女士针织开衫
难易指数	★★★★★
技术掌握	钢笔工具、载入图案库、“图案叠加”图层样式

案例效果

案例效果如图 6-130 所示。

图 6-130

配色方案解析

本作品以驼色为主色，稍浅一些的驼色占较大面积，稍深一些的驼色分布在领口、袖口等部分。驼色搭配针织总会给人以温暖、柔和之感，搭配波点元素进行点缀，打破了针织衫的“老旧感”，更适合年轻人穿着。图 6-131~图 6-134 所示为使用该配色方案的服装设计作品。

图 6-131

图 6-132

图 6-133

图 6-134

其他配色方案

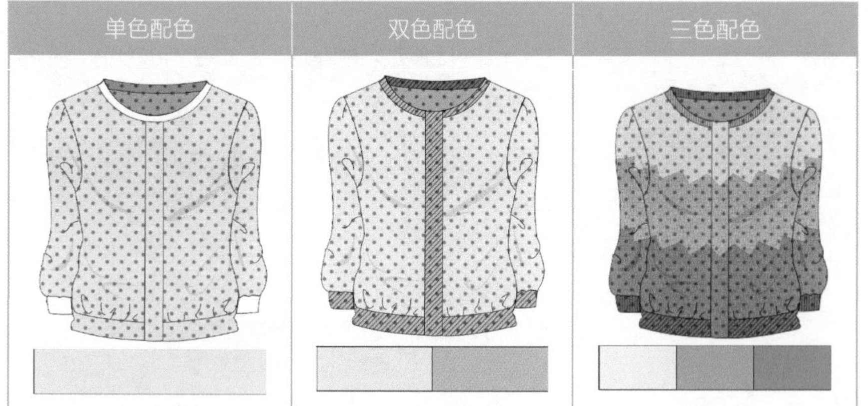

应用拓展

优秀服装设计作品，如图 6-135~ 图 6-138 所示。

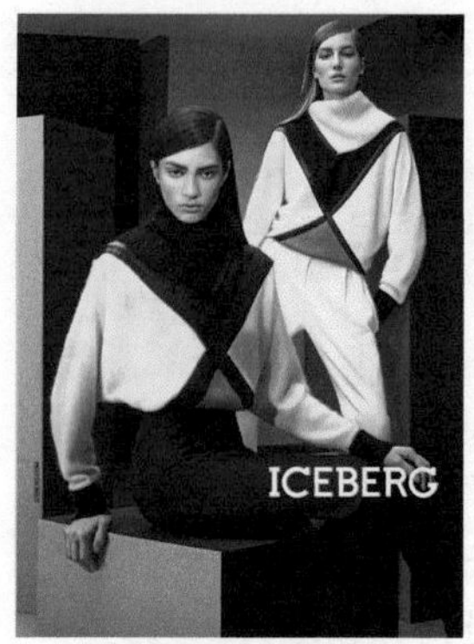

图 6-135

图 6-136

图 6-137

图 6-138

实用配色方案

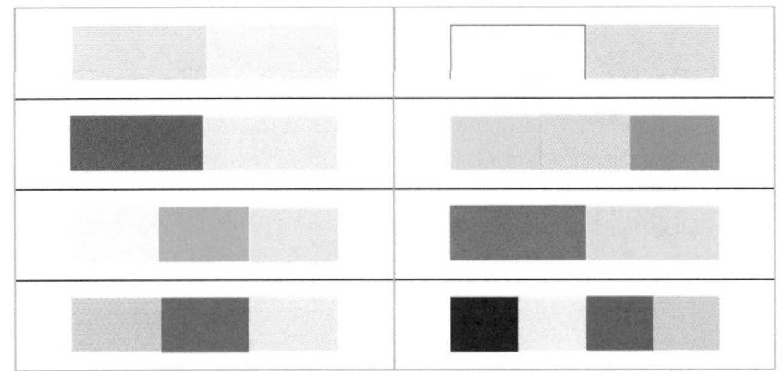

操作步骤

01> 执行菜单“文件 > 新建”命令，在弹出的“新建”对话框中设置“预设”为“国际标准纸张”，“宽度”为 210 毫米，“高度”为 297 毫米，“分辨率”为 300 像素 / 英寸，设置完成后单击“确定”按钮，如图 6-139 和图 6-140 所示。

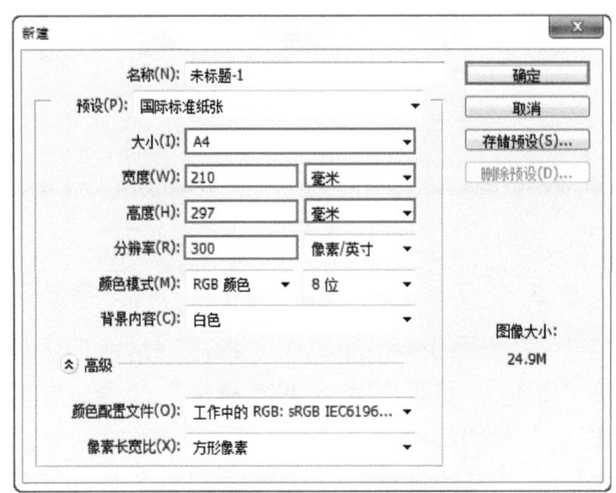

图 6-139

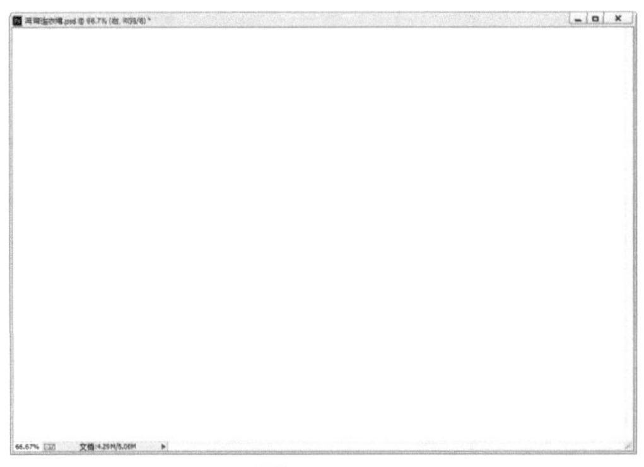

图 6-140

02> 首先绘制针织开衫后片。单击工具箱中的“钢笔工具”按钮，在选项栏中设置绘制模式为“形状”，“填充”为蓝灰色，“描边”为黑色，描边粗细为 1 像素，描边类型为实线，如图 6-141 所示。设置完成后在画面中进行绘制，按 Enter 键完成此操作，效果如图 6-142 所示。

03> 在选项栏的“填充”中编辑一个较深的灰色，同样的方法绘制领口位置，效果如图 6-143 所示。

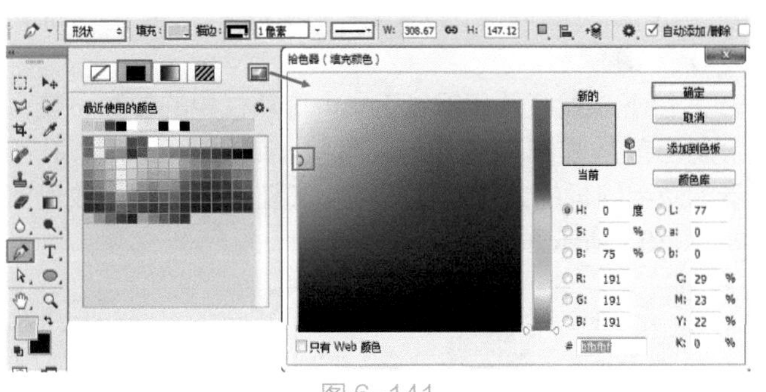

图 6-141

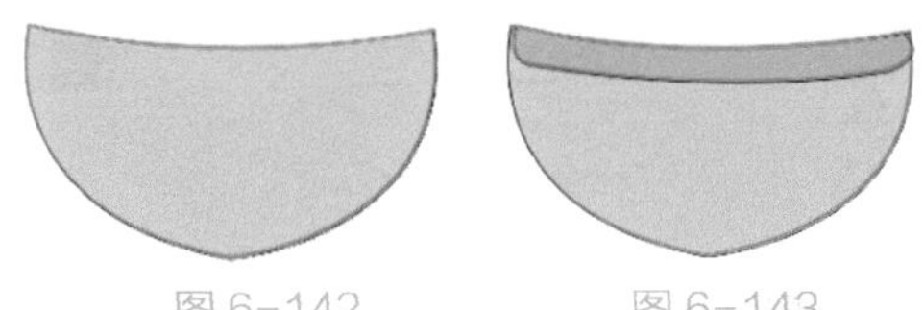

图 6-142　　图 6-143

04> 在制作领口之前先载入图案素材。执行菜单“编辑 > 预设 > 预设管理器”命令，在弹出的“预设管理器”对话框中设置“预设类型”为“图案”，单击“载入”按钮。接着在弹出的对话框中选择“1.pat”，单击“载入”按钮，完成载入操作，如图 6-144 所示。

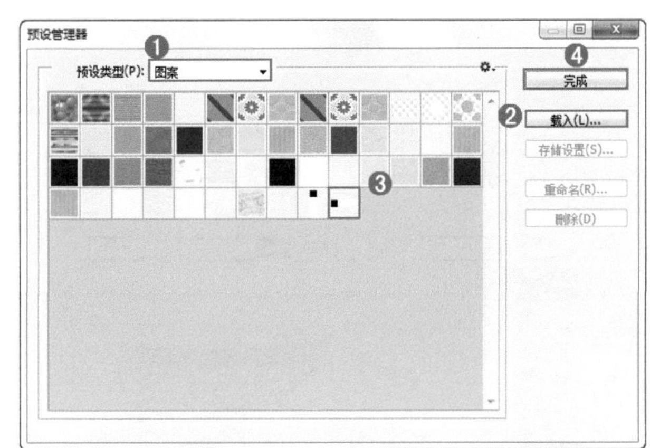

图 6-144

05> 接下来在“图层”面板中选中该图层，执行菜单“图层 > 图层样式 > 图案叠加”命令，在弹出的“图层样式”对话框中设置“混合模式”为“正片叠底”，“不透明度”为 60%，“图案”为“1.pat”，“缩放”为 165%。设置完成后单击“确定”按钮完成此操作，如图 6-145 所示。此时画面中领口的效果如图 6-146 所示。

06> 接着制作针织衫前片部分。单击工具箱中的“钢笔工具”按钮，设置绘制模式为“形状”，“填充”为白色，“描边”为黑色，描边粗细为 1 像素，描边类型为实线，设置完成后在画面中绘制针织衫左侧部分，如图 6-147

所示。继续使用钢笔工具绘制针织衫右侧部分，效果如图 6-148 所示。

07> 接着使用同样的方法绘制出两侧衣袖，效果如图 6-149 所示。

08> 接下来继续使用钢笔工具，选项栏中的参数不变，绘制出前片领口和开衫下部形状，效果如图 6-150 所示。使用同样的方法绘制开衫中部及袖口形状，效果如图 6-151 所示。

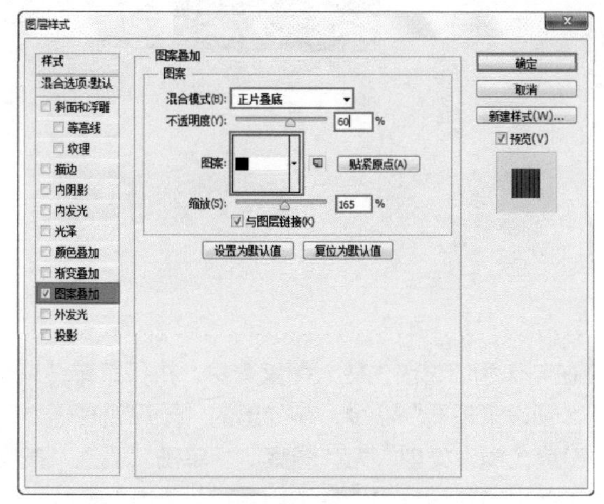

图 6-145

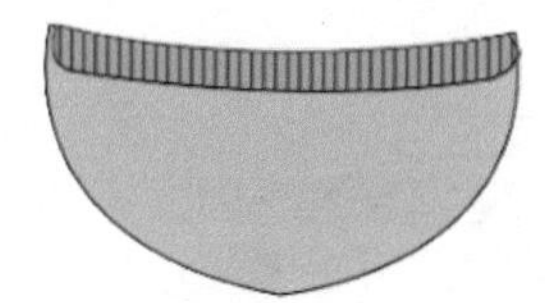
图 6-146

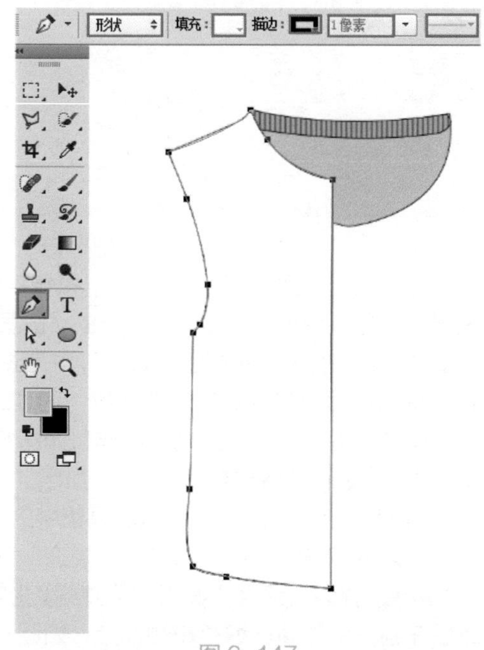

图 6-147

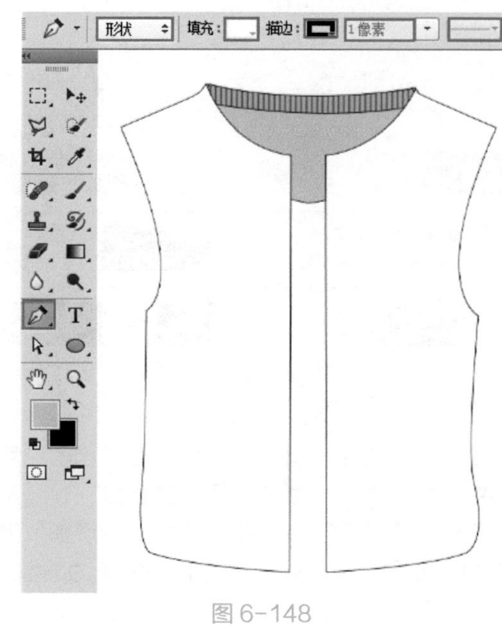

图 6-148

图 6-149　图 6-150　图 6-151

09> 接下来为领口处添加花纹。单击前片领口图层，执行菜单“图层 > 图层样式 > 图案叠加”命令，在弹出的“图层样式”对话框中勾选“图案叠加”复选框，设置“混合模式”为“正片叠底”，“不透明度”为 100%，单击“图案”，在下拉面板中选择新载入的图案，设置“缩放”为 149%。设置完成后单击“确定”按钮，如图 6-152 所示。此时画面中前片领口效果如图 6-153 所示。

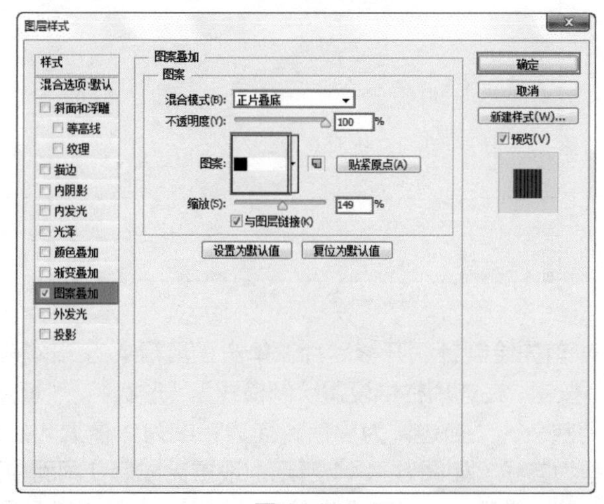

图 6-152

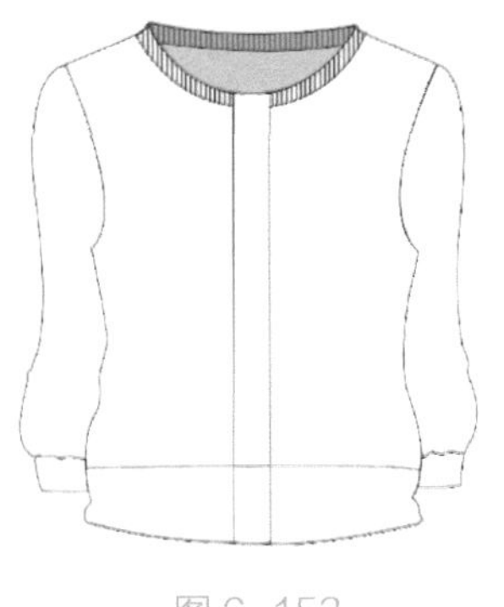

图 6-153

10> 单击左侧袖口图层，执行菜单“图层 > 图层样式 > 图案叠加”命令，在弹出的“图层样式”对话框中勾选“图案叠加”复选框，设置“混合模式”为“正片叠底”，“不透明度”为 60%，单击“图案”，在下拉面板中选择新载入的图案，设置“缩放”为 165%，设置完成后单击“确定”按钮，如图 6-154 所示。此时画面中袖口效果如图 6-155 所示。

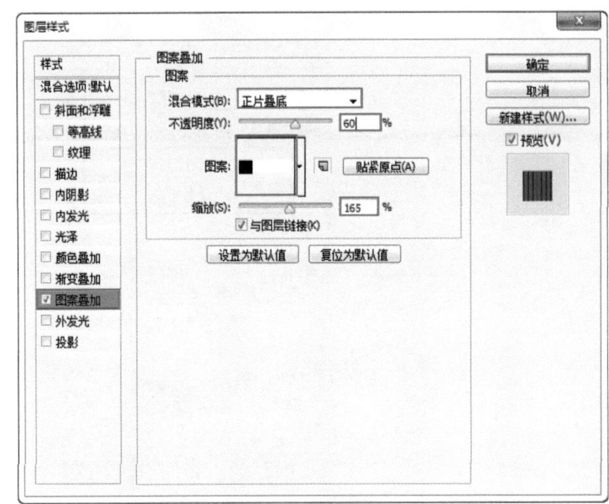

图 6-154

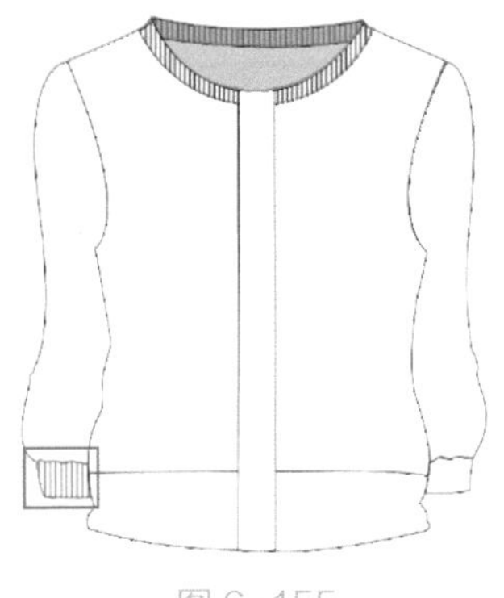

图 6-155

11> 选择左侧袖口图层并右击，在弹出的快捷菜单中执行“拷贝图层样式”命令，如图 6-156 所示。接着选择右侧的袖口图层并右击，在弹出的快捷菜单中执行“粘贴图层样式”命令，如图 6-157 所示。此时右侧的袖口被添加了图层样式，效果如图 6-158 所示。

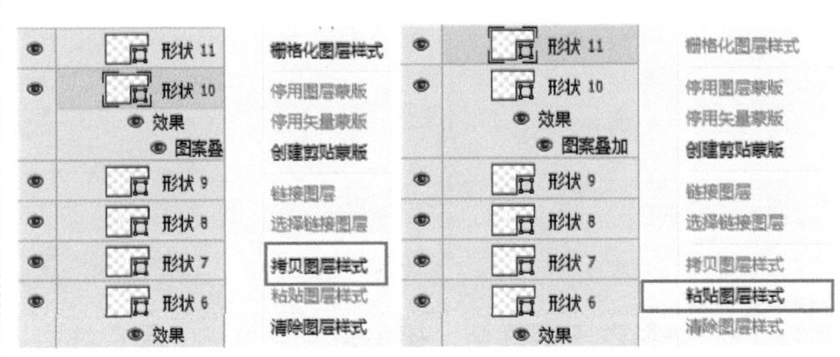

图 6-156　　图 6-157

图 6-158

12> 接着为衣襟及开衫下部添加花纹。载入图案“2.pat”，依次单击衣襟及开衫下部两个图层，执行菜单“图层 > 图层样式 > 图案叠加”命令，在弹出的“图层样式”对话框中勾选“图案叠加”复选框，设置“混合模式”为“正片叠底”，“不透明度”为 100%，单击“图案”，在下拉面板中选择新载入的图案，设置“缩放”为 149%，设置完成后单击“确定”按钮，如图 6-159 所示。此时画面效果如图 6-160 所示。

13> 在“图层”面板中将绘制完成的开衫下部图层置于所有前片图层最下方，此时效果如图 6-161 所示。

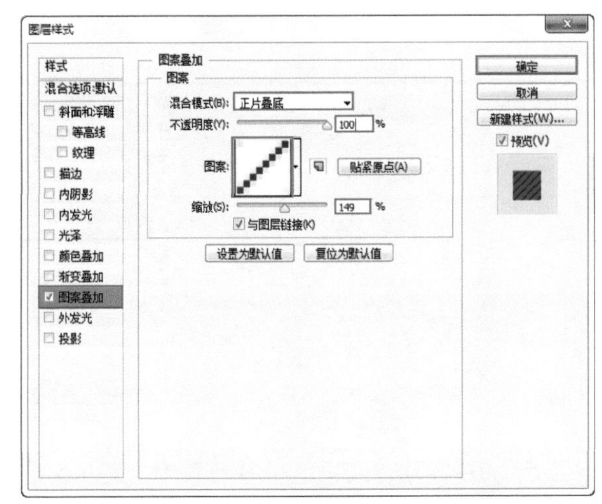

图 6-159

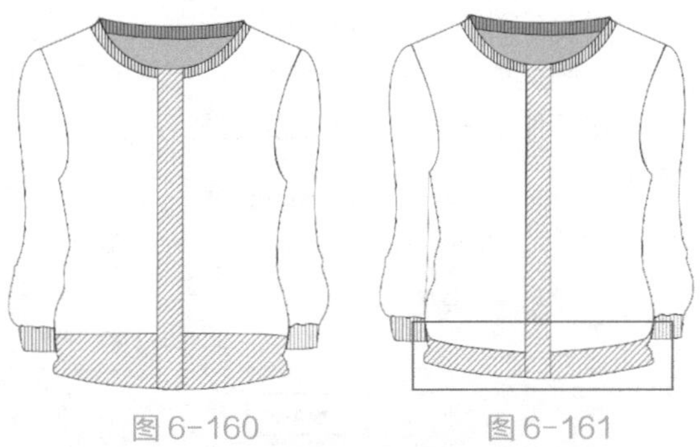

图 6-160　　图 6-161

14> 此时开衫过于平面化。接下来绘制开衫的黑色线条衣褶部分。单击工具箱中的"钢笔工具"按钮，在选项栏中设置绘制模式为"形状"，"填充"为"无"，"描边"为黑色，描边粗细为 1 像素，描边类型为实线，设置完成后在画面中进行绘制，如图 6-162 所示。继续绘制灰色衣褶，将"填充"设置为浅灰色，"描边"设置为无，设置完成后在画面中进行绘制，如图 6-163 所示。

15> 接着在"图层"面板中选中所有构成衣服的图层，使用快捷键 Ctrl+G 进行编组，并命名为"组 1"，如图 6-164 所示。

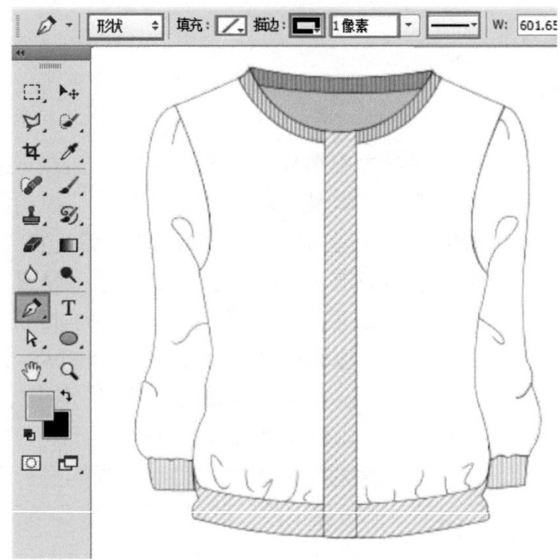

图 6-162

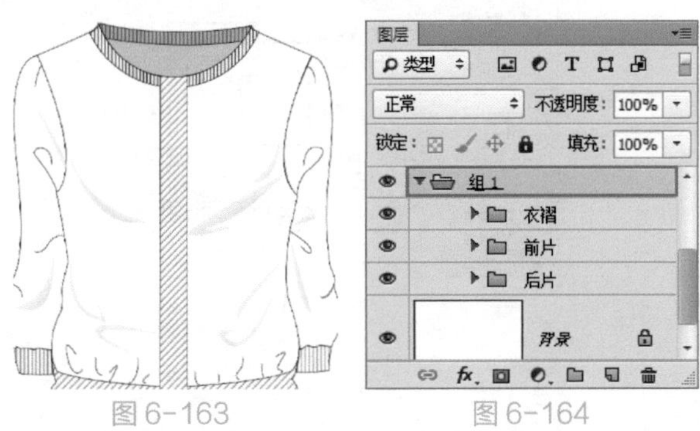

图 6-163　　图 6-164

16> 最后为开衫添加针织质感。执行菜单"文件 > 置入"命令，在弹出的对话框中选择素材"3.jpg"，单击"置入"按钮，接着适当调整图片的大小使素材覆盖于针织开衫上方，调整完成后按 Enter 键完成置入，如图 6-165 所示。选择该图层，执行菜单"图层 > 栅格化 > 智能对象"命令，将智能图层转换为普通图层。

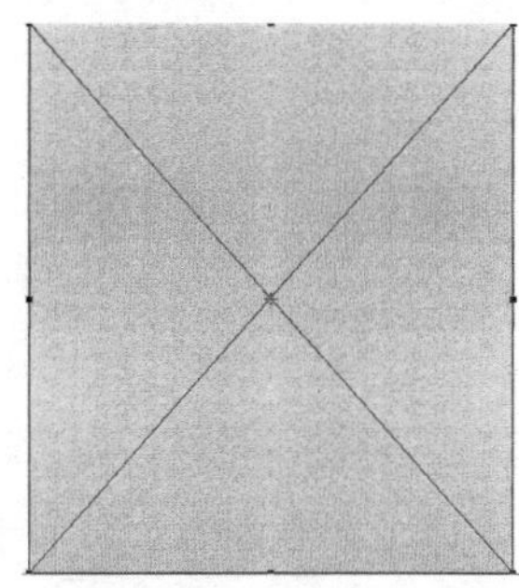

图 6-165

17> 接着在"图层"面板中设置图层混合模式为"线性加深"，如图 6-166 所示。此时画面效果如图 6-167 所示。

图 6-166

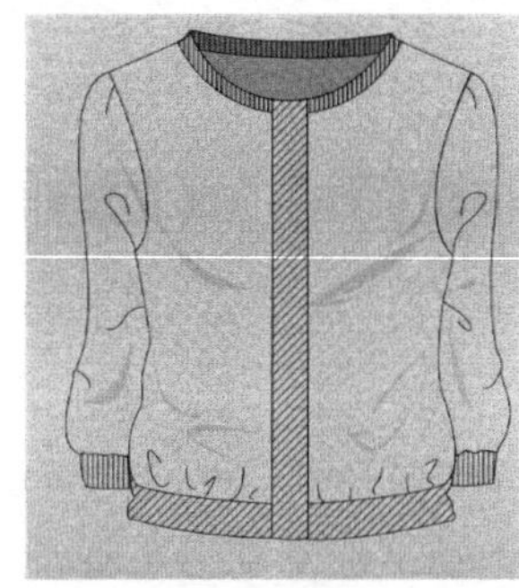

图 6-167

18> 接着执行菜单"图层 > 图层样式 > 图案叠加"命令，在弹出的"图层样式"对话框中设置"混合模式"为"正片叠底"，"不透明度"为 50%，"图案"为波点状，"缩放"为 226%。设置完成后单击"确定"按钮，如图 6-168 所示。此时画面效果如图 6-169 所示。

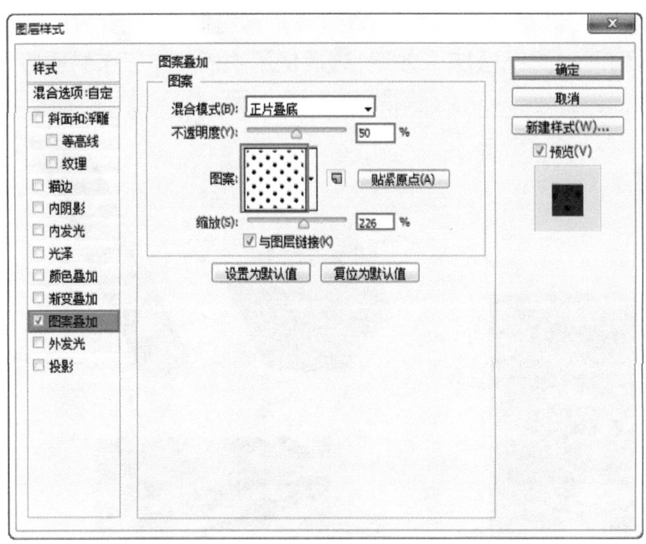

图 6-168

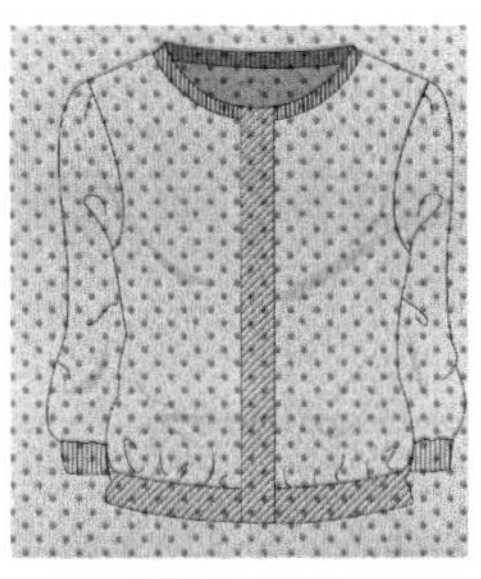

图 6-169

19> 最后在“图层”面板中选中素材 1 图层，将光标定位在该图层上，右击选择“创建剪切蒙版”命令，如图 6-170 所示。画面最终效果如图 6-171 所示。

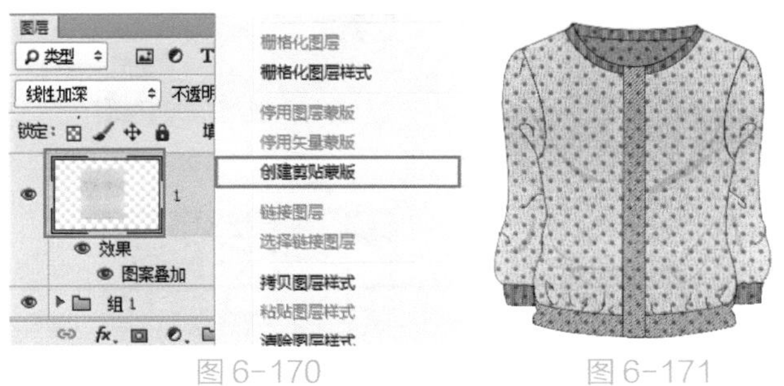

图 6-170　　图 6-171

6.2 模拟特殊效果的滤镜

Photoshop 中的滤镜都在“滤镜”菜单下，单击菜单栏中的“滤镜”按钮，在下拉菜单中即可看到滤镜以及滤镜组的名称，如图 6-172 所示。特殊滤镜组都是独立的滤镜，单击某一项特殊滤镜菜单即可弹出具有独立的操作界面以及工具的滤镜对话框。“滤镜组”名称后方都带有▸，这表示子命令中包含了多个滤镜。在 Photoshop 中还可以安装第三方滤镜，这类滤镜被称之为“外挂滤镜”。

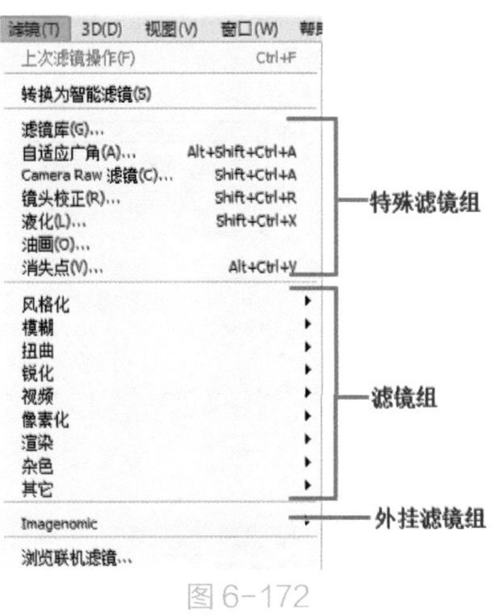

图 6-172

6.2.1 使用滤镜库

在 Photoshop 中有很多滤镜，它将一部分滤镜整合在一起，作为一个“滤镜库”。在“滤镜库”对话框中可以为图层添加一个滤镜效果，也可以添加多个滤镜效果。滤镜库的使用方法非常简单，操作方法如下。

（1）选择一个图层，执行菜单“滤镜 > 滤镜库”命令，打开“滤镜库”对话框，在滤镜库中共包含 6 组效果，单击效果组前面的▷图标，可以展开该效果组。在展开的滤镜组中可以看到多种带有滤镜效果的缩览图，单击某个滤镜缩览图即可为当前画面应用滤镜效果，而且“滤镜库”对话框变为当前滤镜对话框。然后在右侧参数设置区可以适当调节参数，在左侧的浏览区可以看见当前设置的画面效果。调整完成后单击“确定”按钮，如图 6-173 所示。

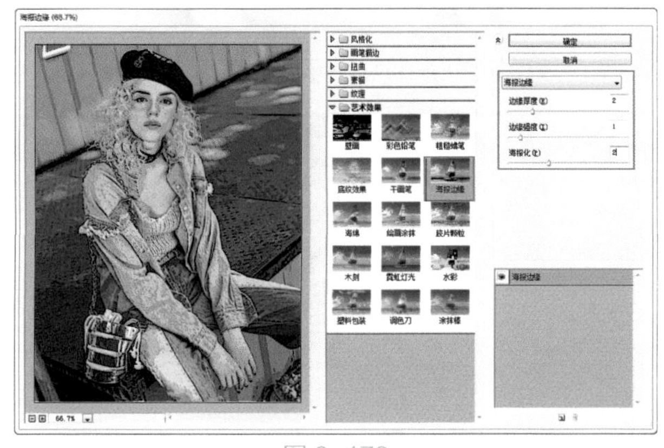

图 6-173

（2）在滤镜库中可以同时为一个图像添加多个滤镜，或者重复应用某一个滤镜效果。如果想要为图片添加多个滤镜效果，可以在当前滤镜对话框中右下角处单击“新

建效果图层”按钮，新建一个效果层。然后选择另一个滤镜，并调整参数，如图 6-174 所示。设置完成后单击“确定”按钮，即可看到两种滤镜叠加的效果，如图 6-175 所示。

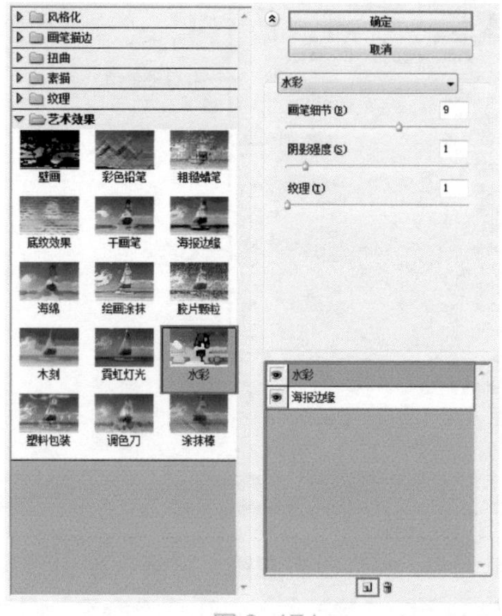

图 6-174

图 6-175

技巧提示：滤镜库中滤镜效果的删除、显示与隐藏

在“滤镜库”对话框中，选择添加的效果层，然后单击“删除效果图层”按钮可以将其删除。单击“指示效果显示与隐藏”图标可以显示与隐藏滤镜效果。

操作练习：使用滤镜制作几何图形面料

文件路径	第 6 章 \ 使用滤镜制作几何图形面料	
难易指数	★★★★★	
技术掌握	钢笔工具、自由变换、滤镜、盖印	

案例效果

案例效果如图 6-176 所示。

图 6-176

思路剖析

①使用钢笔工具绘制几何图形，并运用自由变换调整图形角度，如图 6-177 所示。

②更改图形颜色，构成立体感图形，并反复复制几何图形，如图 6-178 所示。

③继续进行复制图片组合成平铺效果，最后使用滤镜制作出布料质感，如图 6-179 所示。

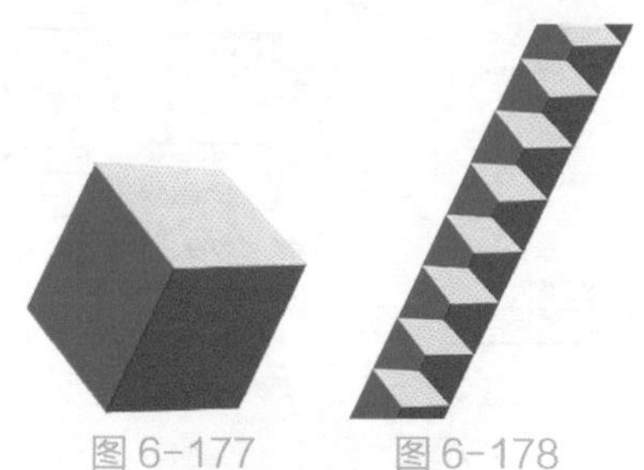
图 6-177　图 6-178

图 6-179

应用拓展

优秀服装设计作品，如图 6-180~图 6-182 所示。

图 6-180

图 6-181

图 6-182

操作步骤

01> 执行菜单“文件 > 新建”命令，在弹出的“新建”对话框中设置“宽度”为 1000 像素，“高度”为 1000 像素，“分辨率”为 300 像素 / 英寸，设置完毕后单击“确定”按钮，如图 6-183 所示。

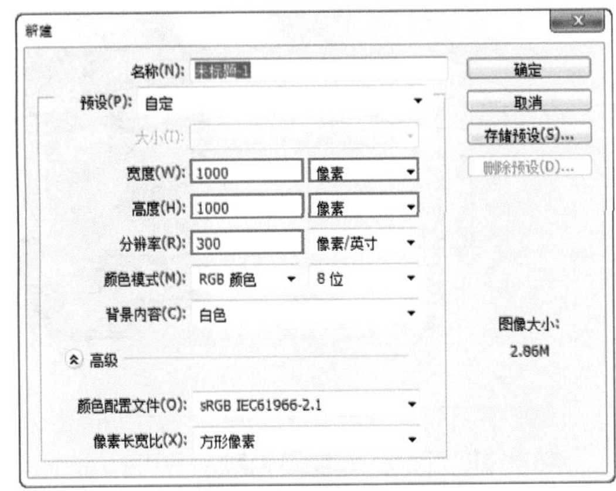

图 6-183

02> 绘制几何图形。单击工具箱中的“钢笔工具”按钮，在选项栏中设置绘制模式为“形状”，“填充”为深蓝色，“描边”为无颜色，然后绘制一个平行四边形，如图 6-184 所示。在“图层”面板中选中该图层，使用快捷键 Ctrl+J 复制出一个相同的图层，如图 6-185 所示。

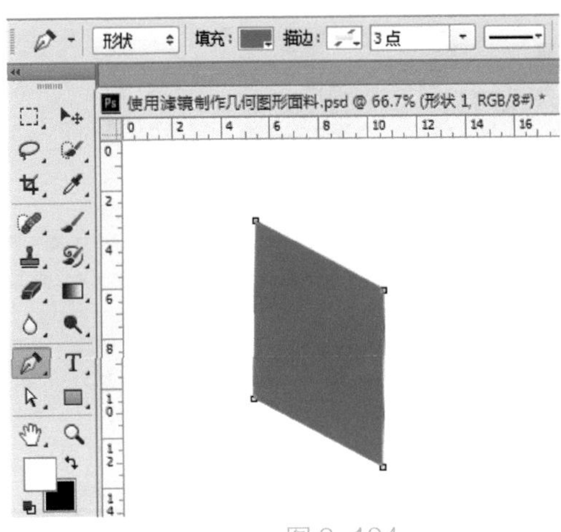

图 6-184

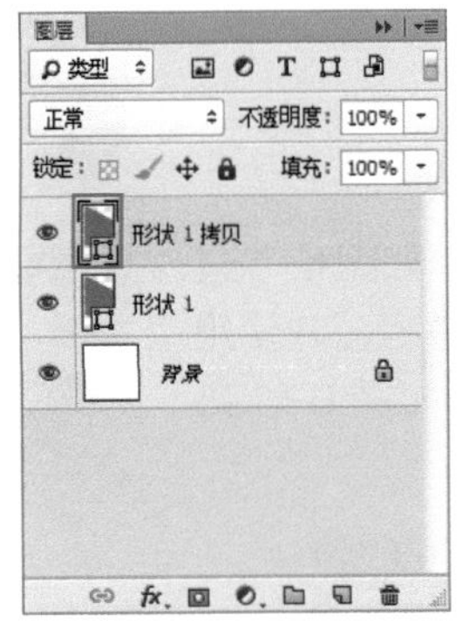

图 6-185

03> 接着单击选择复制的图层，使用快捷键 Ctrl+T 调出界定框。对复制的图层进行调整，在画面中右击选择“水平翻转”命令，如图 6-186 所示。然后将光标定位到界定框内，按住鼠标左键并拖曳，使两个平行四边形形成对称状态，如图 6-187 所示。

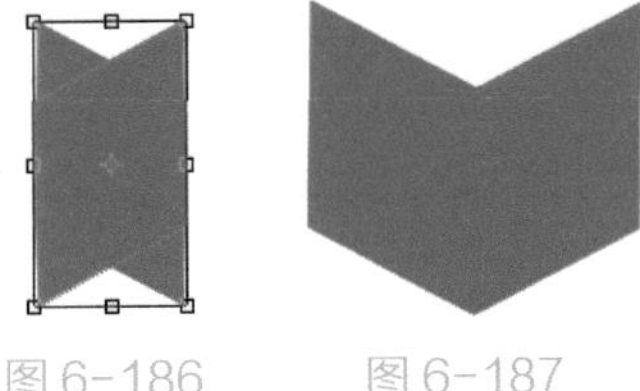

图 6-186 图 6-187

04> 单击工具箱中的“钢笔工具”按钮，在选项栏中设置“填充”为洋红色，如图 6-188 所示。然后再根据透视原理，使用钢笔工具在画面中绘制几何图形顶部形状，并在选项栏中设置“填充”为黄色，如图 6-189 所示。

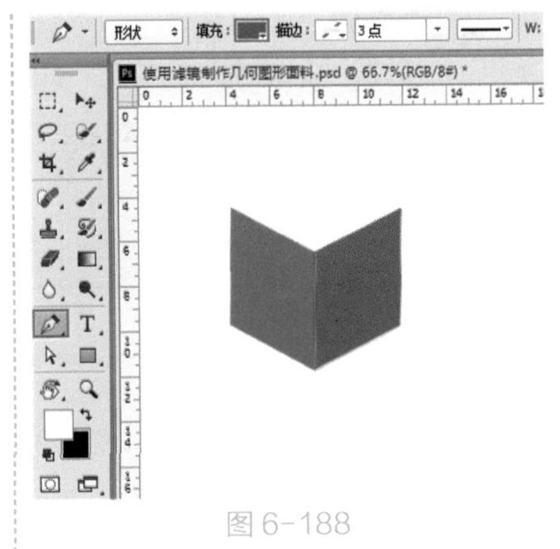

图 6-188

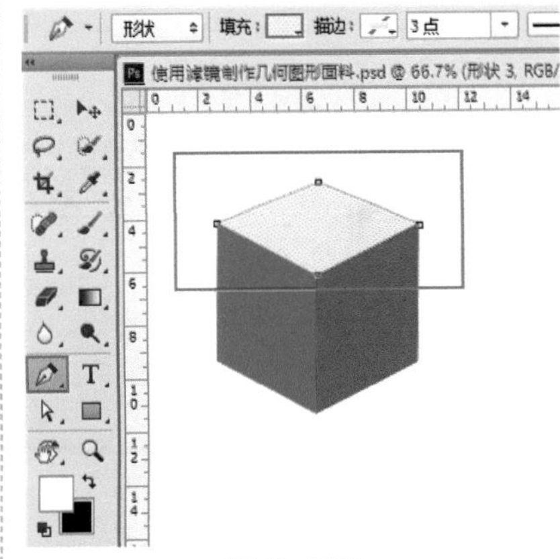

图 6-189

05> 在“图层”面板中，加选 3 个图形图层，使用快捷键 Ctrl+G 将 3 个图形进行编组，如图 6-190 所示。选中图层组，然后使用快捷键 Ctrl+T 调出界定框，接着拖曳控制点将其进行旋转，旋转完成后按 Enter 键完成旋转操作。此时画面效果如图 6-191 所示。

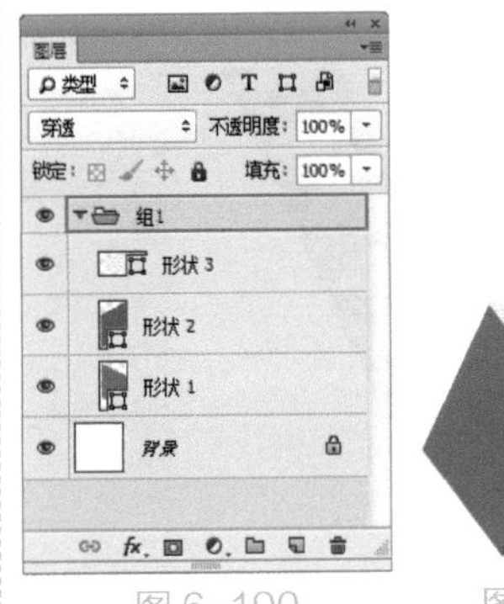

图 6-190 图 6-191

06> 接下来反复复制几何图形成印花图案。在“图层”面板中单击选中

组，使用快捷键 Ctrl+J 复制出一个相同的组，如图 6-192 所示。然后适当移动图形的位置，如图 6-193 所示。

图 6-192

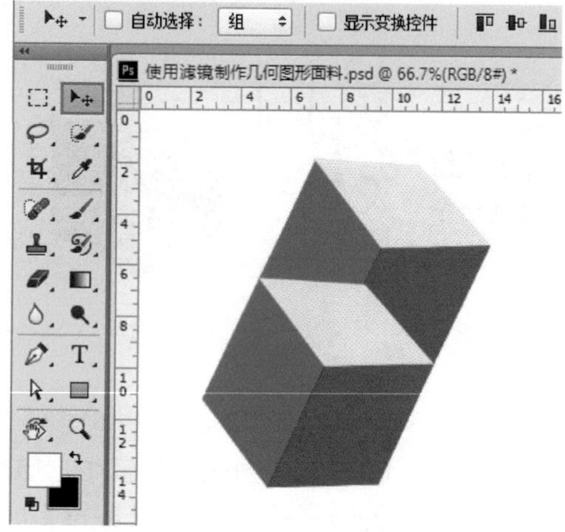

图 6-193

07> 反复重复上一步变换操作制作印花图案，如图 6-194 所示。然后在“图层”面板中单击选中所有组，并使用快捷键 Ctrl+G 将所有组进行再次编组，如图 6-195 所示。

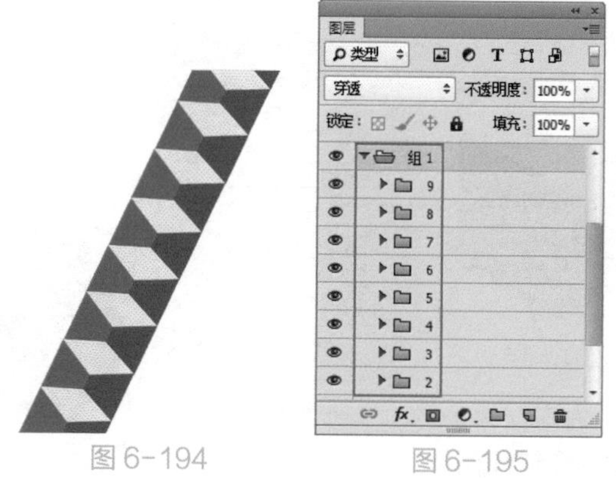

图 6-194　　图 6-195

08> 在“图层”面板中，单击选中“组 1”，反复使用快捷键 Ctrl+J 复制出多个相同的组，如图 6-196 所示。然后单击工具箱中的“移动工具”按钮，在画面中按住鼠标左键对复制组进行拖曳，使几何图案衔接吻合，如图 6-197 所示。

图 6-196　　图 6-197

09> 接下来为面料增添质感。使用快捷键 Ctrl+Alt+Shift+E 将当前画面效果盖印为独立图层。选中该图层，接着执行菜单“滤镜 > 滤镜库”命令，单击打开“纹理”滤镜组，然后选择“纹理化”滤镜，接着在对话框右侧设置“纹理”为“画布”，“缩放”为 100%，“凸现”为 5，设置完成后单击“确定”按钮，如图 6-198 所示。最终效果如图 6-199 所示。

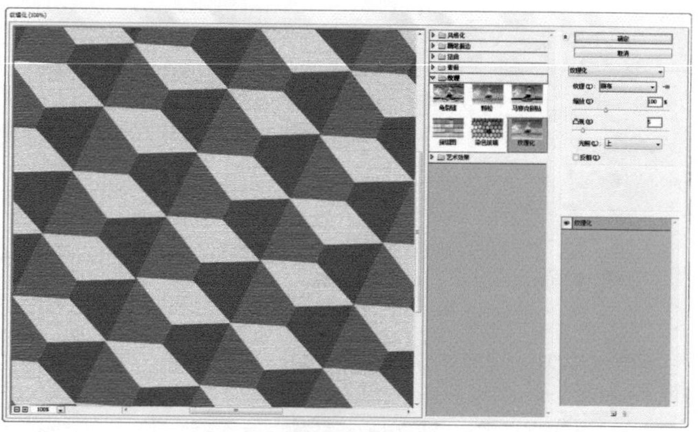

图 6-198

图 6-199

6.2.2 使用滤镜轻松制作油画效果

“油画”滤镜可以为图像模拟出油画效果，通过对画笔的样式，光线的亮度和方向的调整使油画更真实。打开一张图片，如图 6-200 所示。接着执行菜单“滤镜 > 油画”命令，打开“油画”对话框，在该对话框中设置“画笔”和“光照”选项，设置完成后单击“确定”按钮，如图 6-201 所示。油画效果如图 6-202 所示。

图 6-200

图 6-201

图 6-202

- 样式化：通过调整参数调整笔触样式。
- 清洁度：通过调整参数设置纹理的柔化程度。
- 缩放：设置纹理缩放程度。
- 硬毛刷细节：设置画笔细节程度。数值越大，毛刷纹理越清晰。
- 角方向：设置光线的照射方向。

6.2.3 使用滤镜组

“滤镜”菜单的下半部分为滤镜组，每一个滤镜组中都有若干个滤镜，使用滤镜组中的滤镜的方法基本相同，执行相应命令，设置参数，单击“确定”按钮完成滤镜操作。也有一些滤镜无需参数设置，执行命令后可以直接为图像添加滤镜效果。

打开一张图片，如图 6-203 所示。接着单击菜单栏中的“滤镜”按钮，然后将光标移动到滤镜组的名称上，会显示子菜单中的命令。然后将光标移动至滤镜名称上单击，即可选中该滤镜。例如，执行菜单“滤镜 > 风格化 > 拼贴”命令，如图 6-204 所示。在弹出的对话框中进行参数设置，设置完成后单击“确定”按钮，如图 6-205 所示。滤镜效果被应用到图像上，效果如图 6-206 所示。

图 6-203

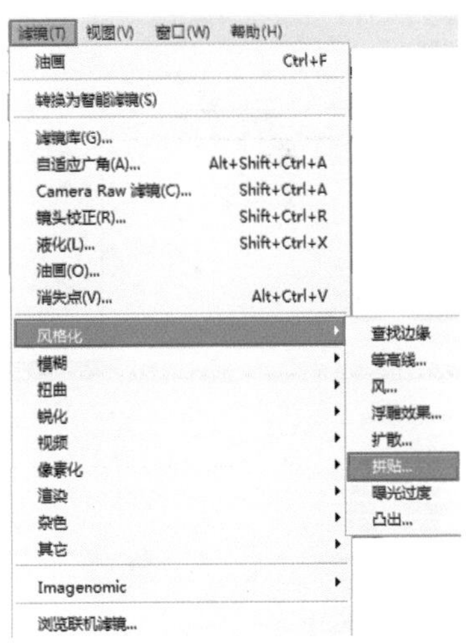

图 6-204

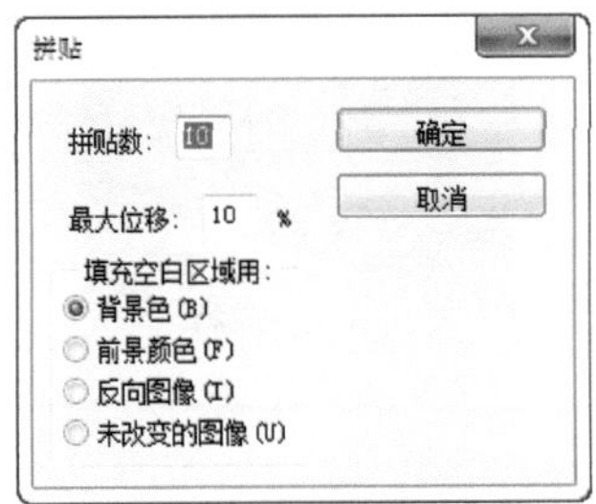

图 6-205

图 6-206

6.2.4 认识“风格化”滤镜组

“风格化”滤镜组中的滤镜可以通过置换图像的像素和增加图像的对比度产生不同的作品风格效果。执行菜单“滤镜 > 风格化”命令，可以看到滤镜组中的滤镜，如图 6-207 所示。打开一张图片，如图 6-208 所示。

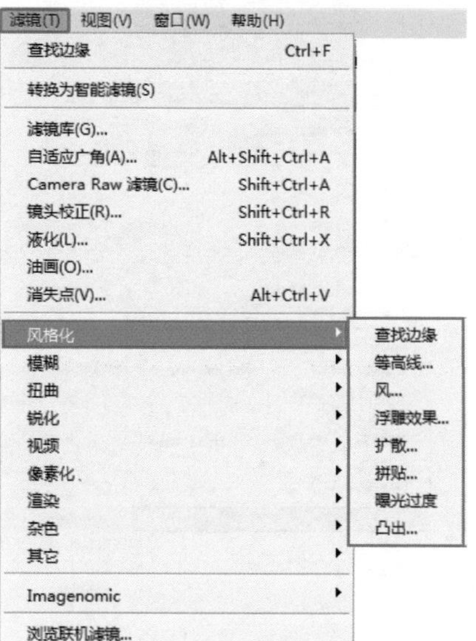

图 6-207

图 6-208

- 查找边缘：该滤镜可以自动识别图像像素对比度变换强烈的边界，并在查找到的图像边缘勾勒出轮廓线，同时硬边会变成线条，柔边会变粗，从而形成一个清晰的轮廓，如图 6-209 所示。
- 等高线：该滤镜用于自动识别图像亮部区域和暗部区域的边界，并用颜色较浅较细的线条勾勒出来，使其产生线稿的效果，如图 6-210 所示。

图 6-209

图 6-210

- 风：选择该滤镜可通过移动像素位置，产生一些细小的水平线条来模拟风吹效果，如图 6-211 所示。

图 6-211

- 浮雕效果：该滤镜可以将图像的底色转换为灰色，使图像的边缘凸出来生成在木板或石板上凹陷或凸起的浮雕效果，如图 6-212 所示。
- 扩散：该滤镜可以分散图像边缘的像素，让图像形成一种类似于透过磨砂玻璃观察物体时的模糊效果，如图 6-213 所示。

图 6-212

图 6-213

- 拼贴：该滤镜可以将图像分解为一系列块状，并使其偏离其原来的位置，以产生不规则拼砖的图像效果，如图 6-214 所示。

图 6-214

- 曝光过度：该滤镜可以混合负片和正片图像，类似于将摄影照片短暂曝光的效果，如图 6-215 所示。
- 凸出：该滤镜可以使图像生成具有凸出感的块状或者锥状的立体效果。使用该滤镜可以轻松为图像构建 3D 效果，如图 6-216 所示。

图 6-215

图 6-216

6.2.5 认识“模糊”滤镜组

“模糊”滤镜组中的滤镜可以对图像边缘进行模糊柔化或晃动虚化的处理。在该滤镜组中有部分滤镜没有设置对话框。“模糊”滤镜组中的滤镜使用频率非常高，例如制作柔和的过渡边缘、制作景深效果时都需要进行模糊。执行菜单“滤镜 > 模糊”命令，可以看到滤镜组中的滤镜，如图 6-217 所示。打开一张图片，如图 6-218 所示。

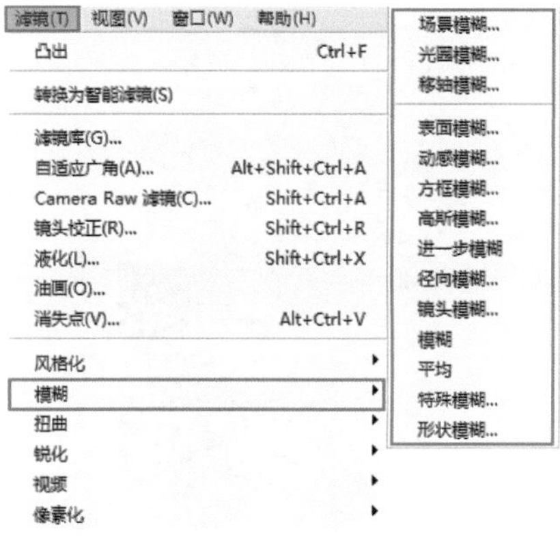

滤镜(T) 视图(V) 窗口(W) 帮助(H)
凸出 Ctrl+F
转换为智能滤镜(S)
滤镜库(G)...
自适应广角(A)... Alt+Shift+Ctrl+A
Camera Raw 滤镜(C)... Shift+Ctrl+A
镜头校正(R)... Shift+Ctrl+R
液化(L)... Shift+Ctrl+X
油画(O)...
消失点(V)... Alt+Ctrl+V
风格化
模糊
扭曲
锐化
视频
像素化

场景模糊...
光圈模糊...
移轴模糊...
表面模糊...
动感模糊...
方框模糊...
高斯模糊...
进一步模糊
径向模糊...
镜头模糊...
模糊
平均
特殊模糊...
形状模糊...

图 6-217

图 6-218

- 场景模糊：使用“场景模糊”滤镜可以固定多个点，从这些点向外进行模糊。执行菜单“滤镜 > 模糊 > 场景模糊”命令，在画面中单击创建多个“图钉”，选中每个图钉并通过调整模糊数值即可使画面产生渐变的模糊效果，如图 6-219 所示。

图 6-219

- 光圈模糊：该滤镜可将一个或多个焦点添加到图像中。可以根据不同的要求而对焦点的大小与形状、图像其余部分的模糊数量以及清晰区域与模糊区域之间的过渡效果进行相应设置，如图 6-220 所示。
- 移轴模糊：移轴效果是一种特殊的摄影效果，使用大场景来表现类似微观的世界，让人感觉非常有趣，如图 6-221 所示。
- 表面模糊：该滤镜可以在不修改边缘的情况下进行模糊图像。经常用该滤镜消除画面中细微的杂点，如图 6-222 所示。

图 6-220

图 6-221

图 6-222

- 动感模糊：该滤镜可以沿指定的方向，产生类似于运动的效果。该滤镜常用来制作带有动感的画面，如图 6-223 所示。
- 方框模糊：该滤镜可以基于相邻像素的平均颜色值来模糊图像，生成的模糊效果类似于方块模糊，如图 6-224 所示。
- 高斯模糊：“高斯模糊”效果可以均匀柔和地将画面进行模糊，使画面看起来具有朦胧感，如图 6-225 所示。

图 6-223

图 6-224

图 6-225

- 进一步模糊：该滤镜没有任何参数可以设置，使用该滤镜只会让画面产生轻微的、均匀的模糊效果，如图 6-226 所示。

图 6-226

- 径向模糊："径向模糊"是指以指定点的中心点为起始点创建旋转或缩放的模糊效果，如图 6-227 所示。

图 6-227

- 镜头模糊：该滤镜通常用来制作景深效果。如果图像中存在 Alpha 通道或图层蒙版，则可以将其指定"源"，从而产生景深模糊效果，如图 6-228 所示。

图 6-228

- 模糊：该滤镜用于在图像中有显著颜色变化的地方消除杂色，它可以通过平衡已定义的线条和遮蔽区域的清晰边缘旁边的像素来使图像变得柔和（该滤镜没有参数设置对话框），如图 6-229 所示。
- 平均：该滤镜可以查找图像或选区的平均颜色，再用该颜色填充图像或选区，以创建平滑的外观效果，如图 6-230 所示。
- 特殊模糊：该滤镜可以将图像的细节颜色呈现更加平滑的模糊效果，如图 6-231 所示。

图 6-229

图 6-230

图 6-231

- 形状模糊：该滤镜可以以形状来创建特殊的模糊效果，如图 6-232 所示。

图 6-232

6.2.6 认识“扭曲”滤镜组

“扭曲”滤镜组中的滤镜可以通过更改图像纹理和质感的方式扭曲图像效果，例如“波纹”滤镜可以模拟水波的效果、“水波”滤镜可以制作同心圆的涟漪效果。执行菜单“滤镜 > 扭曲”命令，即可看到相应的滤镜，其中包括“波浪”“波纹”“极坐标”“挤压”“切变”“球面化”“水波”“旋转扭曲”和“置换”，如图 6-233 所示。打开一张图片，如图 6-234 所示。

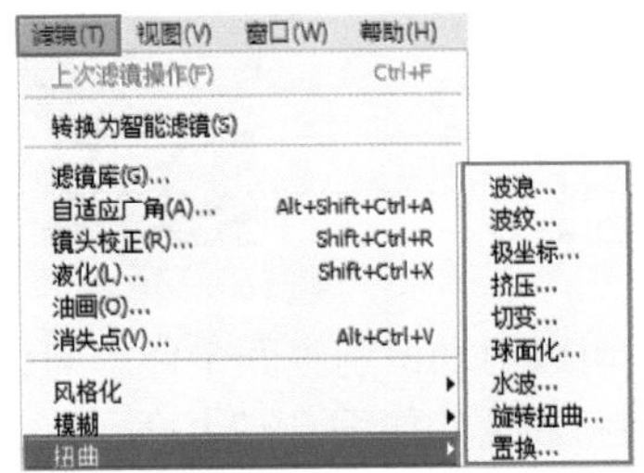

图 6-233

图 6-234

- 波浪：该滤镜是一种通过移动像素位置达到图像扭曲效果的滤镜。该滤镜可以在图像上创建类似于波浪起伏的效果，如图 6-235 所示。

图 6-235

- 波纹：该滤镜似水波的涟漪效果，常用于制作水面的倒影，如图 6-236 所示。

图 6-236

- 极坐标：该滤镜可以说是一种“极度变形”的滤镜，它可以将图像从拉直到弯曲，从弯曲至拉直。平面坐标转换到极坐标或从极坐标转换到平面坐标，如图 6-237 所示。

图 6-237

- 挤压：该滤镜可以将图像进行挤压变形。在弹出的对话框中，“数量”用于调整图像扭曲变形的程度和形式，如图 6-238 所示。

图 6-238

- 切变：该滤镜是将图像沿一条曲线进行扭曲，通过拖曳调整框中的曲线可以应用相应的扭曲效果，如图 6-239 所示。

图 6-239

- 球面化：该滤镜可以使图像产生映射在球面上的突起或凹陷的效果，如图 6-240 所示。

图 6-240

- 水波：该滤镜可以使图像按各种设定产生抖动的扭曲，并按同心环状由中心向外排布，产生的效果就像透过荡起阵阵涟漪的湖面一样，如图 6-241 所示。

图 6-241

- 旋转扭曲：该滤镜是以画面中心为圆点，按照顺时针或逆时针的方向旋转图像，产生类似旋涡的旋转效果，如图 6-242 所示。

- 置换：该滤镜需要两个图像文件才能完成，一个是进行置换变形的图像文件，另一个则是决定如何进行置换变形的文件，且该文件必须是PSD格式的文件。执行此滤镜时，它会按照这个“置换图”的像素颜色值，对原图像文件进行变形。选择需要执行滤镜操作的图层，执行菜单“滤镜>扭曲>置换”命令，在“置换”对话框中设置合适的参数，然后单击“确定”按钮，如图6-243所示。接着在弹出的“选取一个置换图”对话框中选择PSD格式文件（用于置换的文件必须是.psd格式文件），如图6-244和图6-245所示。最后单击“确定”按钮，此时画面效果如图6-246所示。

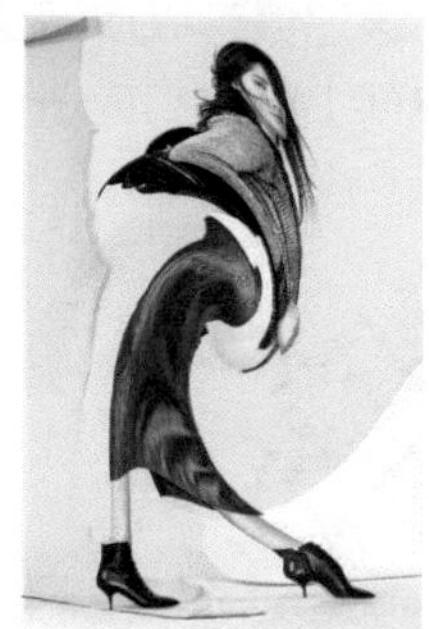

图6-242

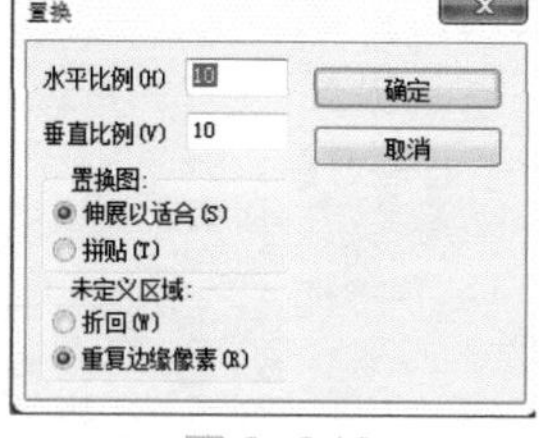

图6-243

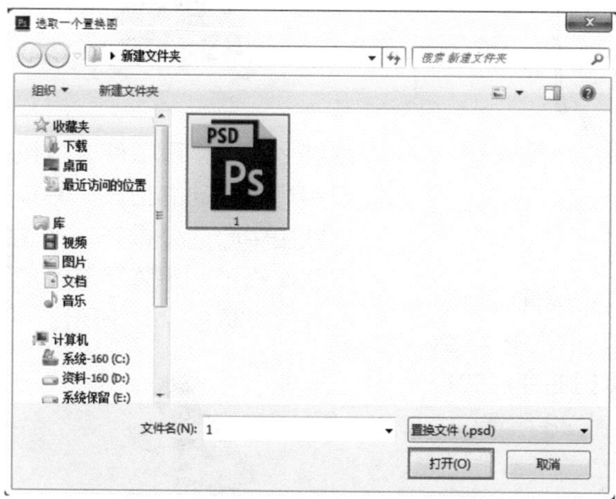

图6-244

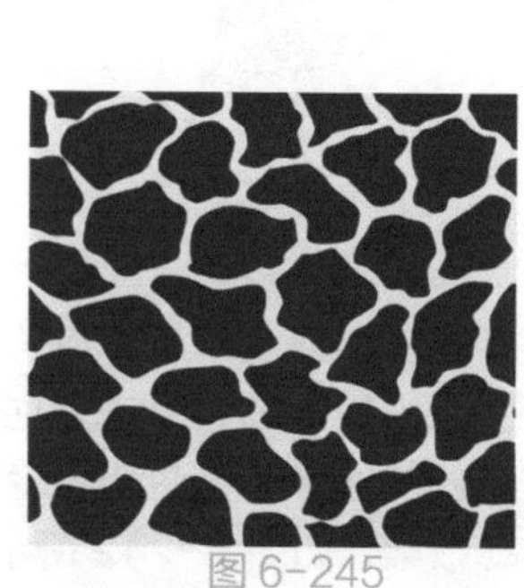

图6-245

图6-246

6.2.7 认识“锐化”滤镜组

对于一张模糊的图片，进行“锐化”可以增加像素与像素之间的对比度，从而使图像看起来更加清晰、锐利。在Photoshop中，锐化有很多种方式，执行菜单“滤镜>锐化”命令，在子菜单中包括“USM锐化”“防抖”“进一步锐化”“锐化”“锐化边缘”和“智能锐化”滤镜，如图6-247所示。打开一张图片，如图6-248所示。

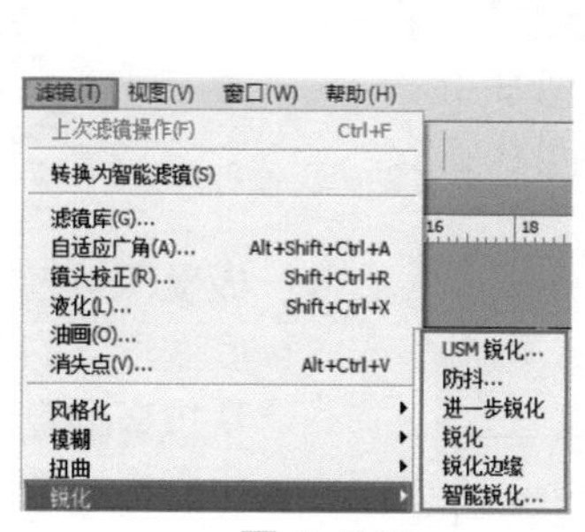

图6-247

图6-248

- USM锐化：该滤镜可以自动识别画面中色彩对比明显的区域，并对其进行锐化，如图6-249所示。
- 防抖：该滤镜可以弥补由于使用相机拍摄时抖动而产生的图像抖动虚化问题，如图6-250所示。

图6-249

图6-250

- 进一步锐化：该滤镜可以通过增加像素之间的对比度使图像变得清晰，但锐化效果不是很明显（与“模糊”滤镜组中的“进一步模糊”滤镜类似），如图6-251所示。
- 锐化：该滤镜没有参数设置对话框，并且其锐化程度一般都比较小，如图6-252所示。
- 锐化边缘：该滤镜同样没有参数设置对话框，该滤镜会锐化图像的边缘，如图6-253所示。
- 智能锐化：该滤镜的参数比较多，也是实际工作中使用频率最高的一种锐化滤镜，如图6-254所示。

图 6-251

图 6-252

图 6-253

图 6-254

6.2.8 认识“像素化”滤镜组

“像素化”滤镜组中的滤镜可以通过将图像分成一定的区域，将这些区域转变为相应的色块再由色块构成图像，能够创造出独特的艺术效果。执行菜单“滤镜 > 像素化”命令，在子菜单中包括“彩块化”“彩色半调”“点状化”“晶格化”“马赛克”“碎片”和“铜板雕刻”滤镜，如图 6-255 所示。在制作一些抽象的艺术效果时，可以考虑用到该滤镜组中的滤镜。打开一张图片，如图 6-256 所示。

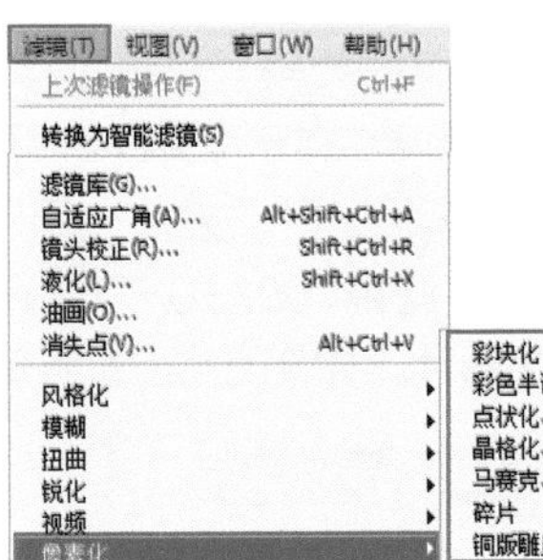

图 6-255

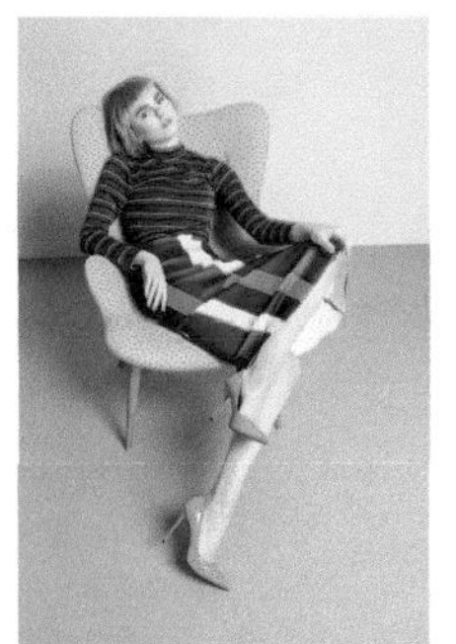

图 6-256

- 彩块化：该滤镜可以将纯色或相近色的像素结成相近颜色的像素块，使图像产生手绘的效果。由于“彩块化”在图像上产生的效果不明显，在使用该滤镜时，可以通过重复按快捷键 Ctrl+F 多次使用该滤镜加强画面效果。“彩块化”常用来制作手绘图像、抽象派绘画等艺术效果，如图 6-257 所示。
- 彩色半调：该滤镜可以在图像中添加网版化的效果，模拟在图像的每个通道上使用放大的半调网屏的效果。应用“彩色半调”滤镜后，在图像的每个颜色通道都将转化为网点。网点的大小受到图像亮度的影响，如图 6-258 所示。

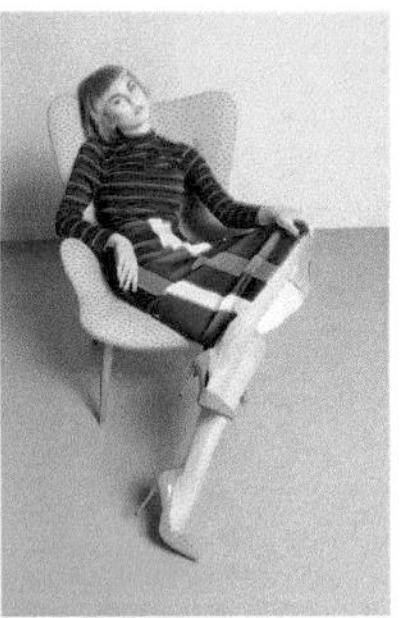

图 6-257

图 6-258

- 点状化：“点状化”效果可模拟制作对象的点状色彩效果。可以将图像中颜色相近的像素结合在一起，变成一个个的颜色点，并使用背景色作为颜色点之间的画布区域，如图 6-259 所示。

图 6-259

- 晶格化：该滤镜可以使图像中颜色相近的像素结块形成多边形纯色晶格化效果，如图 6-260 所示。
- 马赛克：该滤镜是比较常用的滤镜效果。使用该滤镜会将原有图像处理为以单元格为单位，而且每一个单元的所有像素颜色统一，从而使图像丧失原貌，只保留图像的轮廓，创建出类似于马赛克瓷砖的效果，如图 6-261 所示。

图 6-260

图 6-261

- 碎片：该滤镜可以将图像中的像素复制四次，然后将复制的像素平均分布，并使其相互偏移，产生一种类似与重影的效果，如图 6-262 所示。

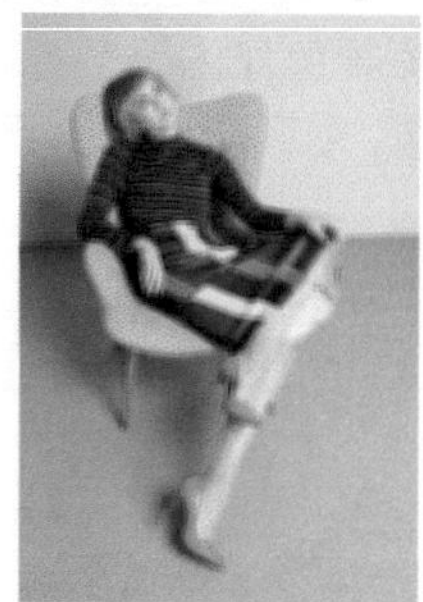
图 6-262

- 铜版雕刻：该滤镜可以将图像用点、线条或笔画的样式转换为黑白区域的随机图案或彩色图像中完全饱和颜色的随机图案，如图 6-263 所示。

图 6-263

6.2.9 认识“渲染”滤镜组

“渲染”滤镜组中的滤镜可以改变图像的光感效果，主要用来在图像中创建 3D 形状、云彩照片、折射照片和模拟光反射效果。例如“镜头光晕”滤镜可以为画面添加类似于阳光光晕的效果、“云彩”滤镜可以制作出云雾、云朵的效果。执行菜单“滤镜 > 渲染”命令，在子菜单中包括“分层云彩”“光照效果”“镜头光晕”“纤维”“云彩”滤镜，如图 6-264 所示。打开一张图片，如图 6-265 所示。

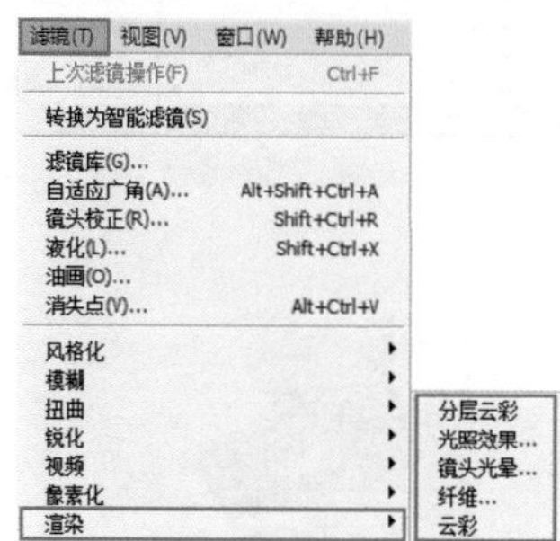

图 6-264

图 6-265

- 分层云彩：该滤镜使用随机生成的介于前景色与背景色之间的值，将云彩数据和原有的图像像素混合，生成云彩照片。多次应用该滤镜可创建出与大理石纹理相似的照片，如图 6-266 所示。
- 光照效果：该滤镜通过改变图像的光源方向、光照强度等是图像产生更加丰富的光效。“光照效果”不仅可以在 RGB 图像上产生多种光照效果。也可以使用灰度文件的凹凸纹理图产生类似 3D 的效果，并存储为自定样式在其他图像中使用，如图 6-267 所示。

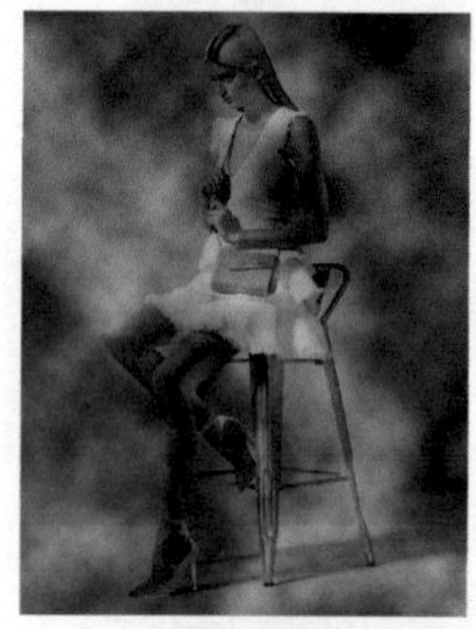
图 6-266

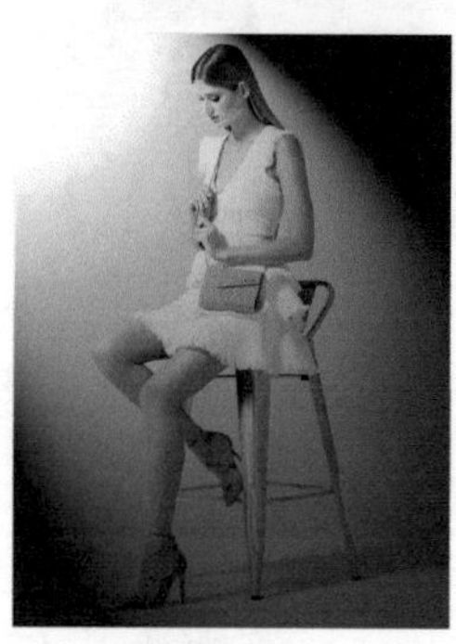
图 6-267

- 镜头光晕：该滤镜可以模拟亮光照射到相机镜头所产生的折射效果，使图像产生炫光的效果。常用于创建星光、强烈的日光以及其他光芒效果，如图 6-268 所示。

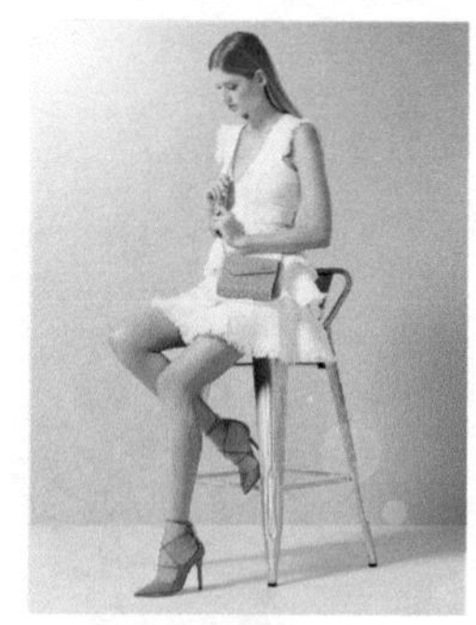
图 6-268

- 纤维：该滤镜可以根据前景色和背景色来创建类似编织的纤维效果，原图像会被纤维效果代替，如图 6-269 所示。
- 云彩：该滤镜可以根据前景色和背景色随机生成云彩图案，如图6-270 所示。

图 6-269

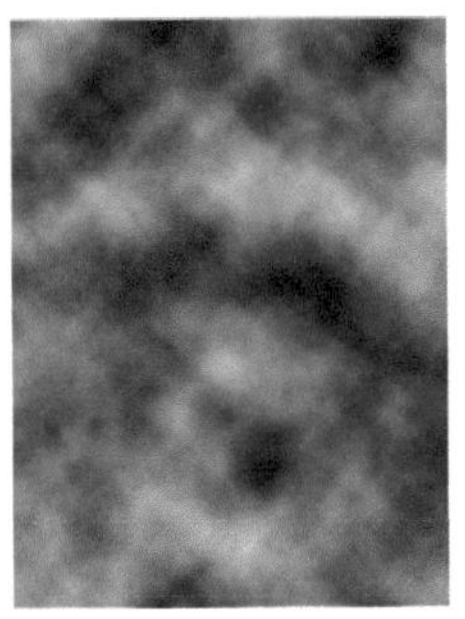

图 6-270

6.2.10 认识“杂色”滤镜组

“杂色”滤镜组中的滤镜可以为图像添加或去掉杂点，例如当图像中有噪点时，就可以使用“减少杂色”滤镜，需要制作画面颗粒质感时可以使用“添加杂色”滤镜。执行菜单“滤镜 > 杂色”命令，在子菜单中包括“减少杂色”“蒙尘与划痕”“去斑”“添加杂色”和“中间值”滤镜，如图 6-271 所示。打开一张图片，如图 6-272 所示。

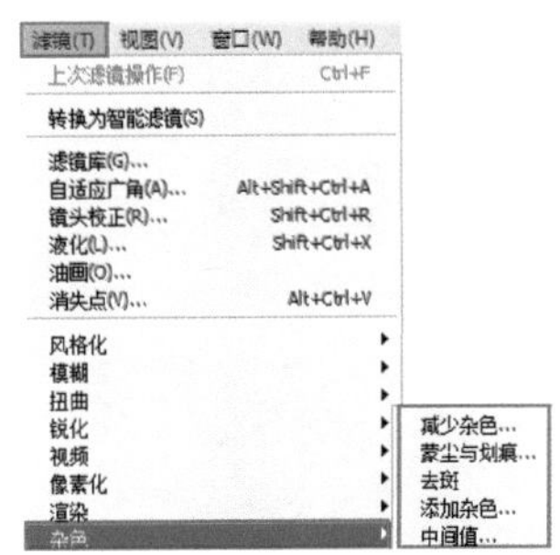

图 6-271

- 减少杂色：该滤镜是通过融合颜色相似的像素实现杂色的减少，而且该滤镜还可以针对单个通道的杂色减少进行参数设置，如图 6-273 所示。

图 6-272　图 6-273

- 蒙尘与划痕：该滤镜可以根据亮度的过渡差值，找出与图像反差较大的区域，并用周围的颜色填充这些区域，以有效地去除图像中的杂点和划痕。但是该滤镜会降低图像的清晰度，如图 6-274 所示。
- 祛斑：该滤镜自动探测图像中颜色变化较大的区域，然后模糊除边缘以外的部分，使图像中杂点减少。该滤镜可以用于为人物磨皮，如图 6-275 所示。

图 6-274　图 6-275

- 添加杂色：该滤镜可以在图像中添加随机像素，减少羽化选区或渐进填充中的条纹，使经过重大修饰的区域看起来更真实。并可以使混合时产生的色彩具有散漫的效果，如图 6-276 所示。
- 中间值：该滤镜可以搜索图像中亮度相近的像素，扔掉与相邻像素差异太大的像素，并用搜索到的像素的中间亮度值替换中心像素，使图像的区域平滑化。在消除或减少图像的动感效果时非常有用，如图 6-277 所示。

图 6-276　图 6-277

6.2.11 认识“其它”滤镜组

执行菜单“滤镜 > 其它”命令，在子菜单中包括“高反差保留”“位移”“自定”“最大值”和“最小值”滤镜，如图 6-278 所示。打开一张图片，如图 6-279 所示。

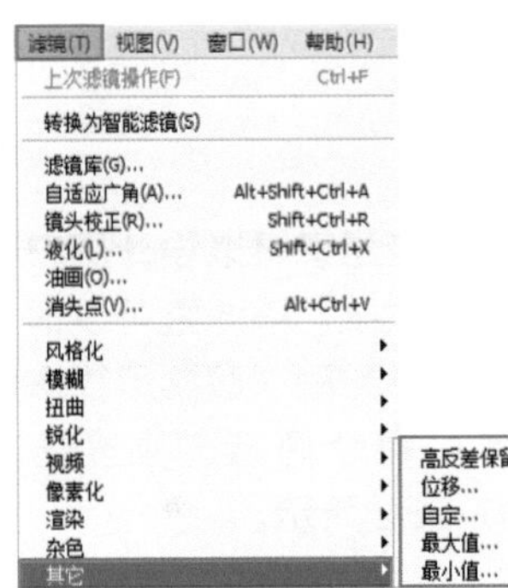

图 6-278

图 6-279

- 高反差保留：该滤镜可以自动分析图像中的细节边缘部分，并且会制作出一张带有细节的图像，如图 6-280 所示。
- 位移：该滤镜可以在水平或垂直方向上偏移图像，如图 6-281 所示。

图 6-280

图 6-281

- 自定：该滤镜可以设计用户自己的滤镜效果。该滤镜可以根据预定义的“卷积”数学运算来更改图像中每个像素的亮度值，如图 6-282 所示。

图 6-282

- 最大值：该滤镜可以在指定的半径范围内，用周围像素的最高亮度值替换当前像素的亮度值。“最大值”滤镜具有阻塞功能，可以展开白色区域阻塞黑色区域，如图 6-283 所示。
- 最小值：该滤镜具有伸展功能，可以扩展黑色区域，而收缩白色区域，如图 6-284 所示。

图 6-283

图 6-284

技巧提示：重复上一步滤镜操作

“滤镜”菜单下的第一个命令就是“上次滤镜操作”命令，执行该命令或使用快捷键Ctrl+F，即可将上一次应用的滤镜以及参数应用到当前图像上。

服装设计实战：印花女士上衣

文件路径	第 6 章\印花女士上衣	
难易指数	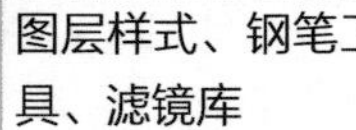	
技术掌握	图层样式、钢笔工具、滤镜库	

案例效果

案例效果如图 6-285 所示。

图 6-285

配色方案解析

本作品采用同类色颜色搭配方式，以明度不同的棕咖色作为服装的主体颜色，上身两侧以及袖子部分为深色，前片中部区域为浅色，这种颜色搭配能够使穿着者身形显得更瘦一些。并采用绘画感的人物印花作为点缀，风格感十足。图 6-286~图 6-289 所示为使用该配色方案的服装设计作品。

图 6-286

图 6-287

图 6-288

图 6-289

其他配色方案

应用拓展

优秀服装设计作品，如图 6-290~ 图 6-293 所示。

图 6-290　图 6-291　图 6-292　图 6-293

实用配色方案

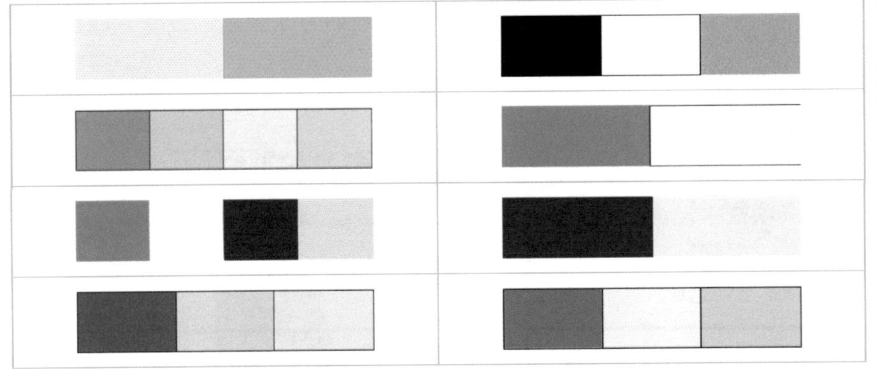

操作步骤

01> 新建一个 A4 大小的空白文档。接着绘制上衣前片形状。单击工具箱中的“钢笔工具”按钮，在选项栏中设置绘制模式为“形状”，为了不影响绘制，先将“填充”设置为“无”，接着设置“描边”为黑色，粗细为 1 像素，描边类型为实线，然后在画面中绘制衣服的前片，如图 6-294 所示。双击该形状图层的缩览图，在弹出的“拾色器（填充颜色）”对话框中设置颜色为黄褐色，设置完成后单击“确定”按钮，如图 6-295 所示。此时图形效果如图 6-296 所示。

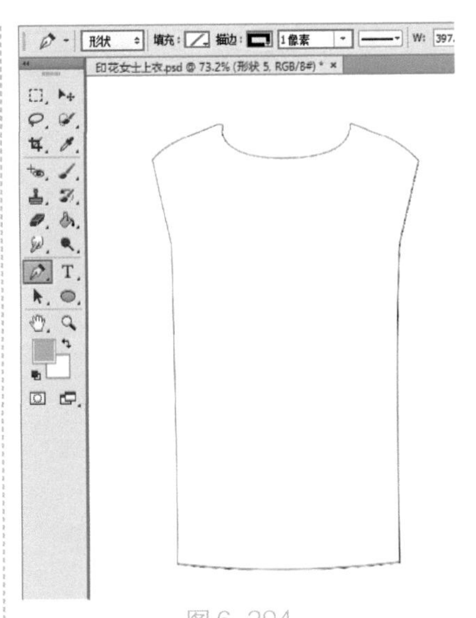

图 6-294

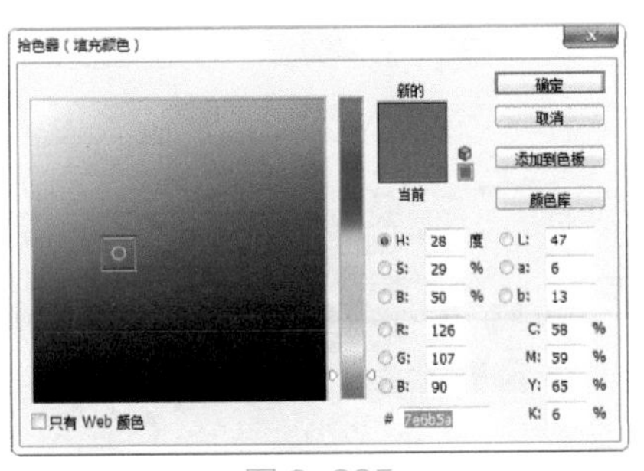

图 6-295

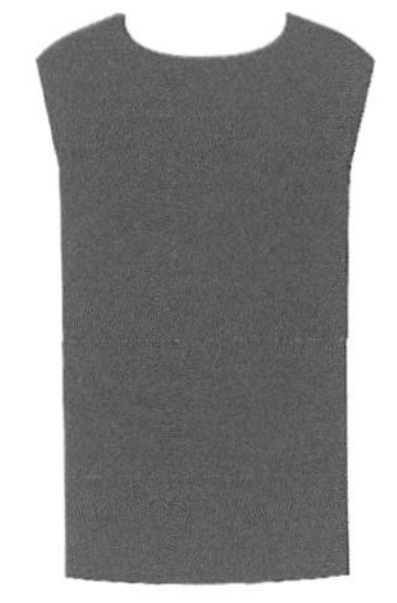

图 6-296

02> 继续使用钢笔工具绘制前片中部图形，效果如图 6-297 所示。

03> 在制作领口之前先载入图案素材。执行菜单“编辑 > 预设 > 预设管理器”命令，在弹出的“预设管理器”对话框中设置“预设类型”为“图案”，单击“载入”按钮。接着在弹出的对话框中选择“1.pat”，单击“载入”按钮，完成载入操作，如图 6-298 所示。

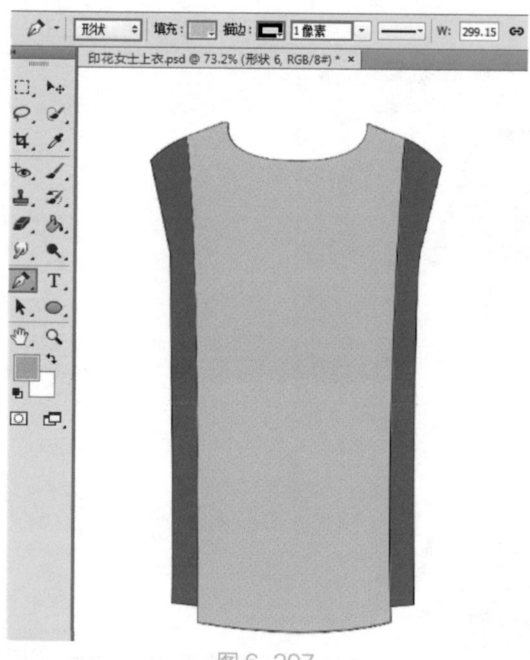

图 6-297

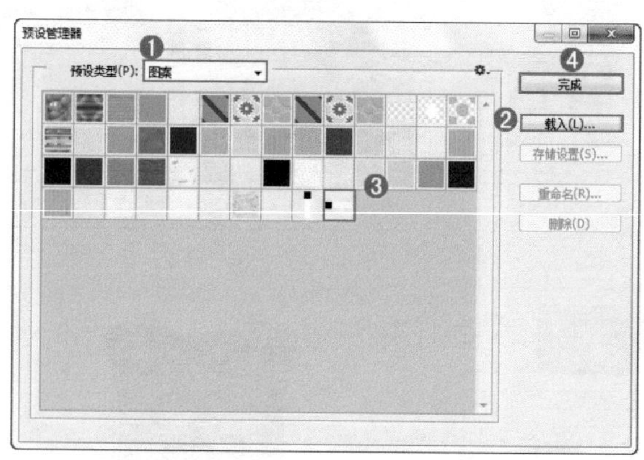

图 6-298

04> 单击工具箱中的“钢笔工具”按钮，在选项栏中设置绘制模式为“形状”，“填充”为深褐色，“描边”为黑色，描边粗细为 1 像素，描边类型为实线，然后在领口的位置绘制图形，如图 6-299 所示。

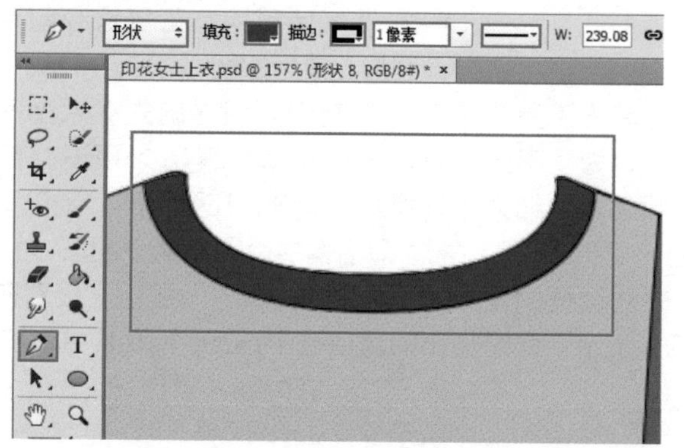

图 6-299

05> 选中该图形，执行菜单“图层 > 图层样式 > 图案叠加”命令，在弹出的“图层样式”对话框中设置“混合模式”为“颜色加深”，“不透明度”为 40%，“图案”为“1.pat”，“缩放”为 150%，如图 6-300 所示。设置完成后单击“确定”按钮，效果如图 6-301 所示。

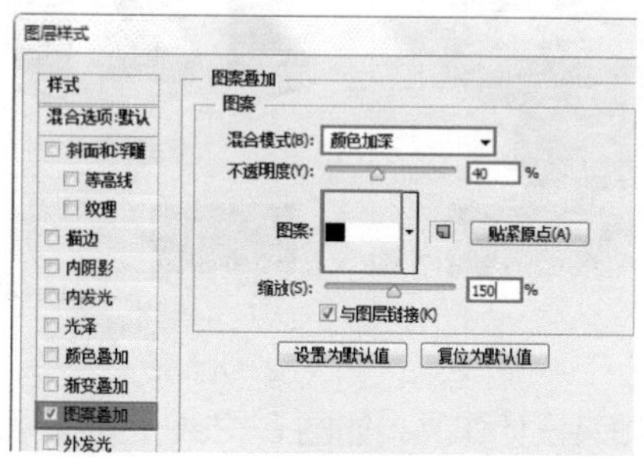

图 6-300

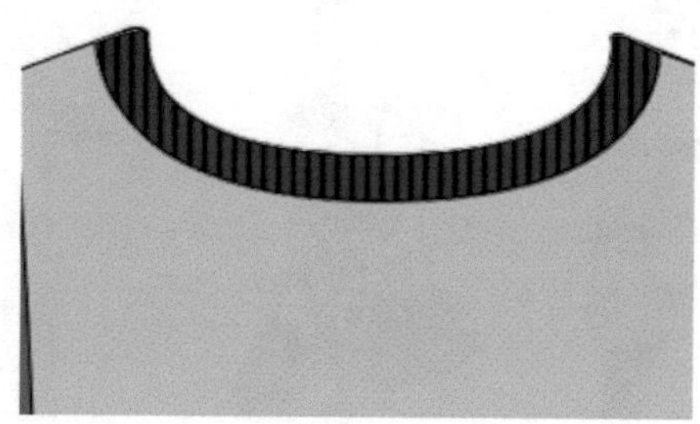

图 6-301

06> 接下来绘制袖子。单击工具箱中的“钢笔工具”按钮，在选项栏中设置绘制模式为“形状”，“填充”为黄褐色，“描边”为黑色，描边粗细为 1 像素，设置完成后，在衣服的左侧绘制袖子图形，如图 6-302 所示。继续使用钢笔工具绘制袖口的图形，如图 6-303 所示。

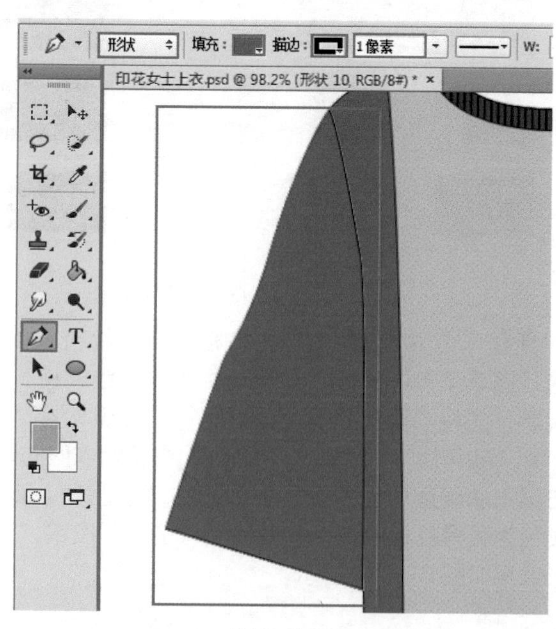

图 6-302

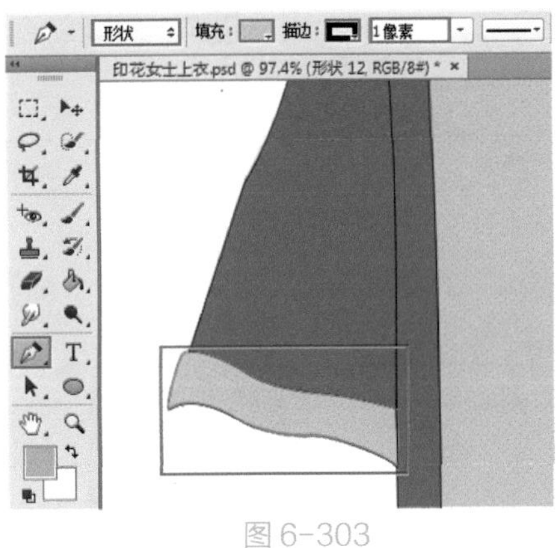

图 6-303

07> 选中袖口图层，执行菜单“图层 > 图层样式 > 图案叠加”命令，在弹出的“图层样式”对话框中设置“混合模式”为“颜色加深”，“不透明度”为 80%，“图案”为 1.pat，“缩放”为 190%，如图 6-304 所示。设置完成后单击“确定”按钮，效果如图 6-305 所示。

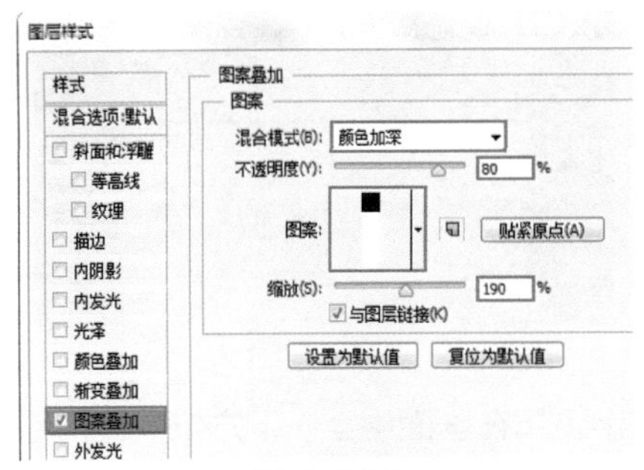

图 6-304

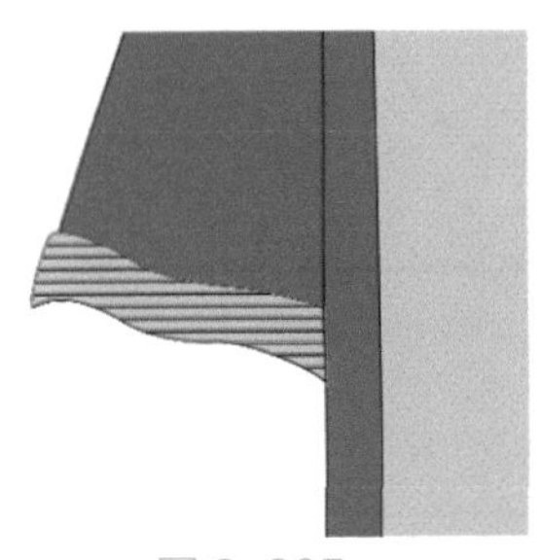

图 6-305

08> 按住 Ctrl 键加选袖子和袖口两个图层，使用快捷键 Ctrl+G 进行编组。选择图层组，使用快捷键 Ctrl+J 将其进行复制，然后移动到衣服的右侧，如图 6-306 所示。在加选两个图层的状态下，执行菜单“编辑 > 变换 > 水平翻转”命令，然后将袖子调整到合适，效果如图 6-307 所示。

图 6-306

图 6-307

09> 继续使用钢笔工具绘制后片的图形，如图 6-308 所示。按住 Ctrl 键加选后片的图层，使用快捷键 Ctrl+G 进行编组，然后将图层组移动到袖子和前片图层的下方，效果如图 6-309 所示。

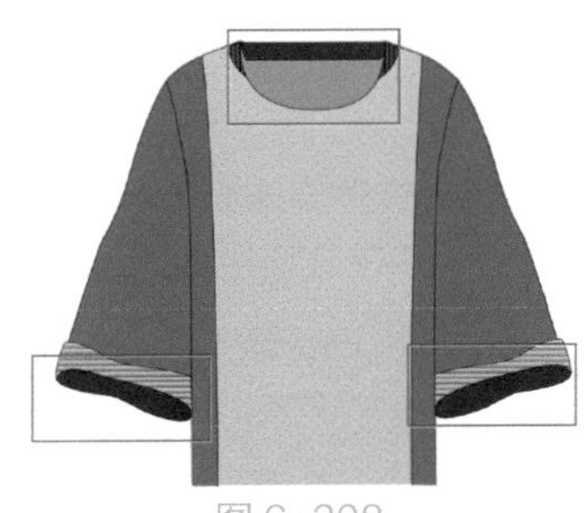

图 6-308

图 6-309

10> 接下来绘制衣袖两侧的褶皱线。单击工具箱中的“钢笔工具”按钮，在选项栏中设置绘制模式为“形状”，“填充”为无，“描边”为黑色，描边粗细为 1 像素，描边类型为实线。然后在衣袖位置绘制直线，绘制完成后按Enter键完成此操作，如图6-310 所示。使用同样的方法绘制另一段线条，效果如图 6-311 所示。

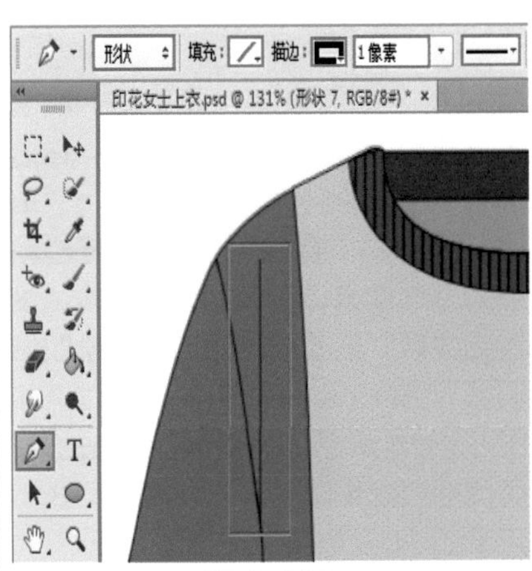

图 6-310

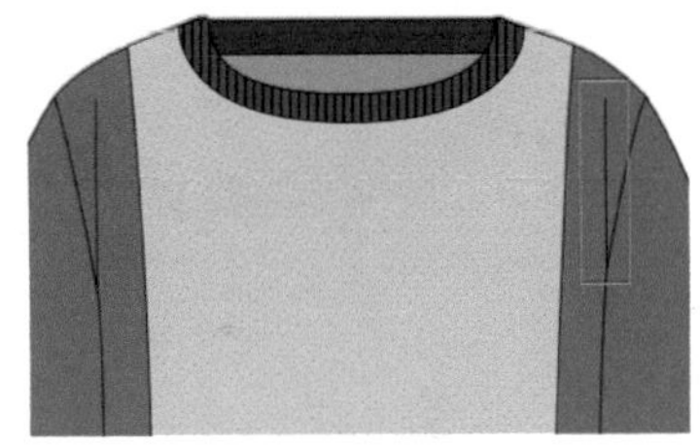

图 6-311

11> 接下来为上衣添加衣褶。单击工具箱中的“钢笔工具”按钮，在选项栏中设置绘制模式为“形状”，“填充”为浅褐色，“描边”为无，设置完成后在画面中进行绘制，如图 6-312 所示。同样的方法并切换“填充”颜色绘制上衣其他衣褶部分，效果如图 6-313 所示。

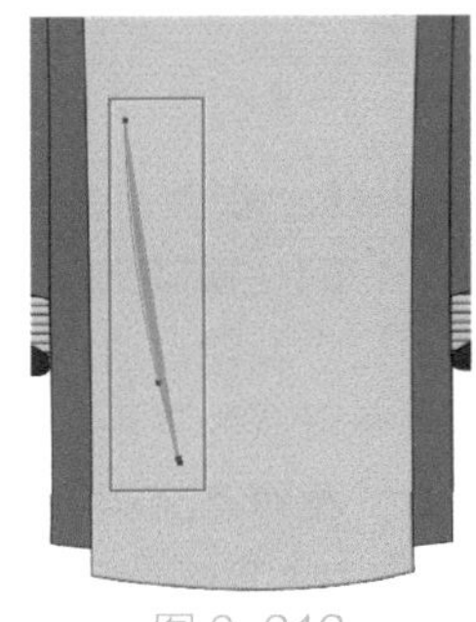

图 6-312

图 6-313

12> 接下来绘制领口缉明线。单击工具箱中的“钢笔工具”按钮，在选项栏中设置绘制模式为“形状”，“填充”为无，“描边”为黑色，描边粗细为 0.5 像素，描边类型为虚线，设置完成后，沿着前片领口弧度绘制缉明线，按 Enter 键完成此操作，如图 6-314 所示。按相同的方法绘制两侧袖口处缉明线，效果如图 6-315 所示。

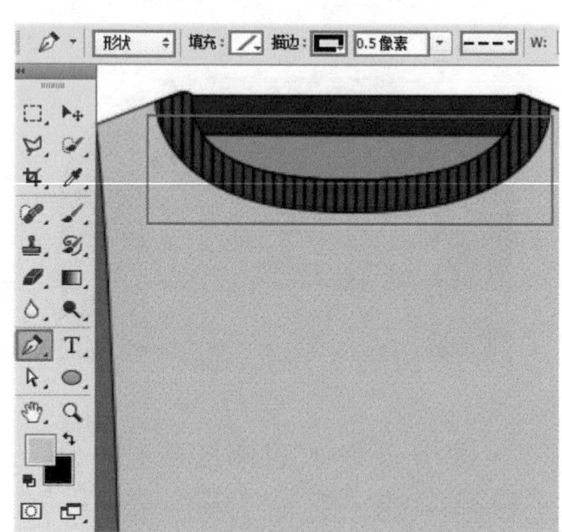
图 6-314

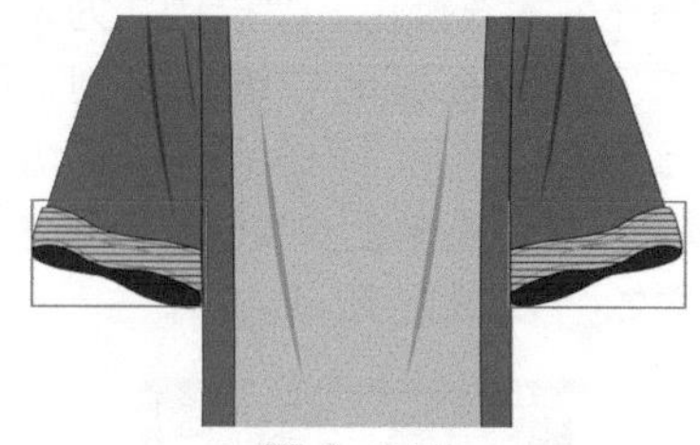
图 6-315

13> 接下来在上衣上方添加文字。单击工具箱中的“横排文字工具”按钮，在选项栏中设置合适的字体、字号，文字颜色设置为灰色，设置字符对齐方式为“左对齐文本”，设置完成后，在画面中上衣的胸前位置单击，接着输入文字，如图 6-316 所示。

图 6-316

14> 接着单击选项栏中的“创建字体变形”按钮，在“变形文字”对话框中设置“样式”为“扇形”，选中“水平”单选按钮，设置“弯曲”为 +50%，设置完成后单击“确定”按钮，如图 6-317 所示。此时文字效果如图 6-318 所示。文字输入完成后按快捷键 Ctrl+Enter 完成输入。

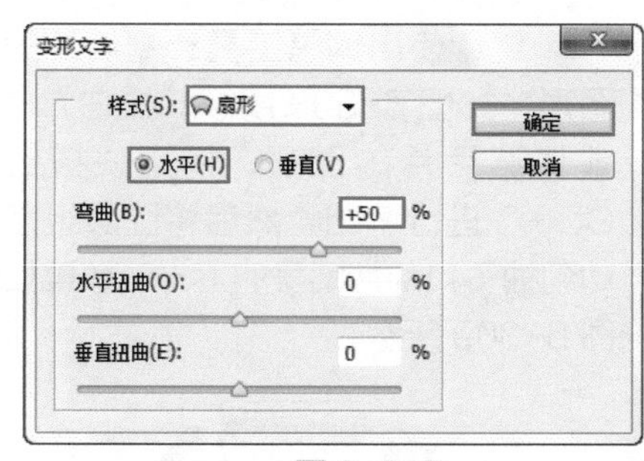

图 6-317

Great artist

图 6-318

15> 使用同样的方法，继续使用横排文字工具在画面中上衣下方位置输入合适的文字，并在选项栏中设置合适的字体、字号及颜色，如图 6-319 所示。

图 6-319

16> 最后在上衣的中部位置添加图案。执行菜单“文件 > 置入”命令，置入素材“2.jpg”，接着调整图片大小后按 Enter 键完成置入，并将该图层栅格化，如图 6-320 所示。

图 6-320

17> 在“图层”面板中单击选中该图层，并设置该图层的混合模式为“正片叠底”，如图 6-321 所示。此时画面效果如图 6-322 所示。

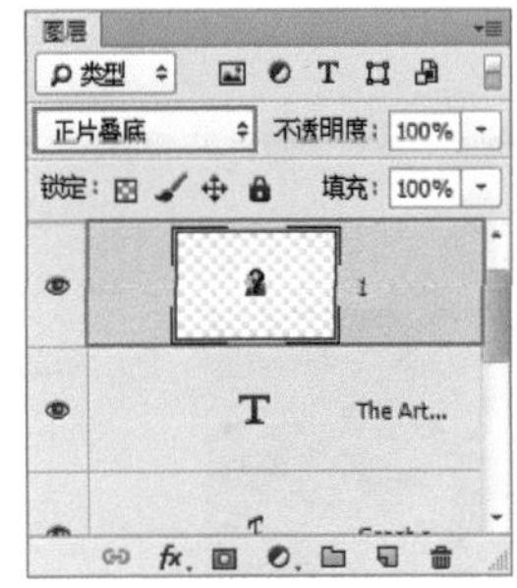

图 6-321

图 6-322

18> 接下来为图案添加艺术效果。执行菜单“滤镜 > 滤镜库”命令，在弹出的对话框中单击打开“艺术效果”滤镜组，然后单击选择“木刻”滤镜，并在对话框右侧设置“色阶数”为 5，“边缘逼真度”为 3，设置完成后单击“确定”按钮，如图 6-323 所示。最终画面效果如图 6-324 所示。

图 6-323

图 6-324

第7章 服装面料设计

本章概述

服装包含款式、色彩和面料三个要素。其中材料是最基本的要素。服装材料是指构成服装的一切材料，它可分为服装面料和服装辅料。常见的面料有雪纺、蕾丝、羊毛、丝绸、棉麻、呢绒、皮革。

本章要点

- 认识常见服装面料
- 熟悉常见的面料图案
- 学习几款常见的服装面料效果图制作

佳作欣赏

7.1 服饰面料与色彩搭配

服装面料与色彩搭配之间有着密切关系。决定服装整体造型的魅力就得益于，用料的选择和合理的色彩搭配，同样的色彩应用在不同材质的面料上，所呈现的光泽也会有所不同。灵活利用服装材质和色彩搭配，符合穿着者所处环境、喜好因素，会更加完善服装整体细节。

7.1.1 雪纺

设计理念：服装设计选用独特露出大片肌肤的性感剪裁，不必费心搭配，仅用一条宽金属腰带就将服装整体的曲线美与质感一览无遗地展现出来，如图 7-1 所示。

图 7-1

色彩点评：服装整体选用奶白色作为主色调，飞扬的衣襟给人以牛奶般丝滑感受，金属材质腰带给整体服装增添了一丝摩登气息。

❶雪纺面料质地柔软、轻薄透明，手感滑爽富有弹性，外观清淡爽洁，具有良好的透气感和悬垂性，用于着装舒适飘逸。

❷白色是一种塑造性极强的颜色，通过简单的细节改动就可以变化风格。既可以高洁淡雅，又可以时尚摩登。

RGB=253,253,253 CMYK=1,1,1,0

RGB=47,44,36 CMYK=77,74,81,54

RGB=13,9,6 CMYK=88,85,87,76

服装整体设计为奶白色叠层款式喇叭袖 V 领长裙，服装材质色彩搭配清淡简洁，搭配琥珀色挂饰项链为整体服装增添了一分慵懒知性，如图 7-2 所示。

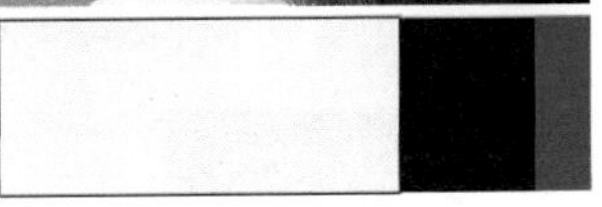

图 7-2

服装整体采用奶白色露肩款式雪纺质地长裙，领口处装饰香槟色细钻流苏，清新淡雅的同时更添异域风情，如图 7-3 所示。

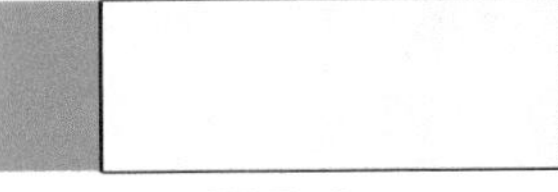

图 7-3

7.1.2 蕾丝

设计理念：服装整体款式定义为半透明蕾丝长裙，设计师将版型巧妙地设置为紧身款式，搭配蕾丝元素透明纱质的朦胧质感，将腿部线条修饰得更加笔直修长，服装整体造型营造出一种晨雾般的虚幻美感，如图 7-4 所示。

图 7-4

色彩点评：紫灰色蕾丝元素半透明长裙搭配金色高跟鞋，通常以低调奢华的视觉感受呈现在大众的面前。

❶喜欢蕾丝又想要性感风，大可尝试一下镂空款式，若隐若现的镂空打底衫更提升性感指数。

❷层叠的搭配使服装整体更具有质感。镂空长裙里搭一件内衬短裙将层次感立刻凸现出来，透露出神秘悠扬的性感。

RGB=179,176,195 CMYK=35,30,15.0

RGB=174,135,41 CMYK=40,50,95,0

服装选取蕾丝透视上装与雪纺裙拼接作为款式，服装整体造型富有层次感，给人以舒适和谐的过渡感，深 V 设计尽显性感风情，如图 7-5 所示。

服装整体采用蕾丝材质，裙摆处做了下摆不对称设计，胸口处 M 形抹胸在半透明蕾丝网纱的衬托下更显娇媚诱人身姿，如图 7-6 所示。

图 7-5

图 7-6

7.1.3 羊毛

设计理念：图中围巾以淡蓝色与白色拼接作为色彩搭配。围巾材质为羊毛绒，具有很好的保暖性能和美观性，纽扣点缀其间为围巾搭配服装整体造型更添休闲感和独特的俏皮气息，如图 7-7 所示。

色彩点评：浅蓝色与白色作为色彩搭配，可以为原本干燥乏味的秋冬季节增添一抹清新饱满的亮色。

❶羊绒材质柔软亲肤令人爱不释手，做工精细，走线精美，可与多种材质风格服装搭配。

图 7-7

❷毛线过于厚重，纱巾过于轻薄，羊绒材质正好介于两者中间，无论是从实用角度还是美观方面都是不错的选择。

RGB=184,202,204　CMYK=33,16,19,0

RGB=242,244,239　CMYK=7,4,8,0

RGB=27,28,22　CMYK=83,78,85,66

羊毛材质衣物可与多种元素风格图案进行搭配。无论是经典复古的波点图样，还是充满现代感的斑马纹图样，羊毛材质都融入了自己特有的风格质感，如图 7-8 所示。

图 7-8

服装整体款式设计定义为墨绿色高领针织毛衣，整体款式简洁，质地柔软功能保暖，适合秋冬季节穿着，如图 7-9 所示。

图 7-9

7.1.4 丝绸

设计理念：服装整体选用丝绸材质，款式定义为胸前交叉连体衣裤。墨绿色丝绸给人以如同山水画中行云流水的泼墨一笔，服装整体造型散发出职业知性的美感气息，如图 7-10 所示。

图 7-10

色彩点评：墨绿色明度较低、饱和度高，深绿泛乌有光泽，是一种深沉内敛的颜色，是一种具有浓郁秋冬气息的颜色。

❶墨绿色连衣裤搭配比例和谐，交叉设计出彩，高腰设计凸显立体感。

❷丝绸元素围巾的加入，使得服装整体造型更具有垂感，拉升视觉比例。

RGB=71,90,97　CMYK=78,63,57,12

RGB=29,27,30　CMYK=84,81,76,63

RGB=233,236,236　CMYK=11,6,7,0

RGB=120,154,218　CMYK=58,36,0,0

丝绸以它独特的材质手感和魅力，在亲肤睡衣也占有一席之地。光滑的丝绸和轻薄的蕾丝也是经久不衰的黄金搭档，如图 7-11 所示。

图 7-11

丝绸具有光泽感的特性融入到商务服装，总能给人意想不到的效果。灯笼袖玫紫色衬衫的设计更添宫廷风韵，服装整体造型低调华贵，如图 7-12 所示。

图 7-12

7.1.5 棉麻

设计理念：牛仔蓝色棉麻质地衬衫与深蓝色牛仔裤搭配，营造出了一种轻松休闲的假日气息。棉麻面料以它独特的穿着舒适性和款型的随意感赢得了众多的喜爱与追捧，如图 7-13 所示。

图 7-13

色彩点评：牛仔蓝色一眼看上去就给人以轻松愉悦的视觉感受。搭配深蓝色休闲牛仔裤，整体造型更是率性十足。

1 休闲风格服装搭配手包显得更加轻盈舒适，搭配大款斜挎包更适宜短途出行。

2 休闲衬衫的衣扣系得过严密会显得太正式，不符合服装整体风格穿着。

3 佩戴合适的首饰可以为休闲服装增光添彩，金属质地或运动手绳都是不错的选择。

RGB=125,159,206　CMYK=56,33,8,0

RGB=74,91,111　CMYK=79,65,49.6

RGB=189,193,171　CMYK=31,21,35,0

黑白配色为普通的廓形款式 T 恤衫赋予了新的含义，棉麻质地赋予了它更深刻的层次质感，如图 7-14 所示。

图 7-14

简单的颜色应用在简单的材质面料上，两种极简元素拼凑在一起却能碰撞出奇妙的火花，服装整体款式简洁穿着舒适随性，如图 7-15 所示。

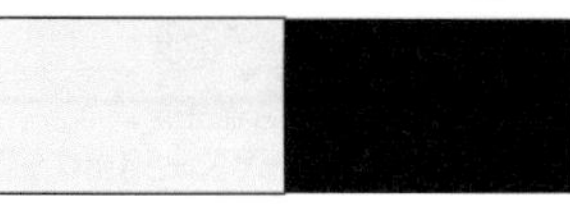

图 7-15

7.1.6 呢绒

设计理念：服装整体选用驼色作为主体色调，蓝棕拼色格子内衬打底，整体服装凸显浓郁的英伦气息，如图 7-16 所示。

图 7-16

色彩点评：驼色明度较低，是一种低调优雅的颜色，带有蓝色的内衬恰恰打破了服装整体沉闷的气息，给人耳目一新的视听感受。

❶呢绒面料防皱耐磨，手感柔软，高雅挺括，富有弹性，保暖性强。洗涤较为困难，不适合用于制作夏装。

❷呢绒面料通常适用于制作礼服、西装、大衣等正规、高档的服装。

❸呢绒面料组织细密版型挺括，适于各种风格款式衣物搭配，适合秋冬季穿着。

RGB=104,86,74 CMYK=64,65,69,18

RGB=146,163,183 CMYK=49,32,22,0

RGB=228,208,197 CMYK=13,21,21,0

RGB=95,50,25 CMYK=58,80,99,41

服装外套为经典千鸟格图案作为主体，黑色短裙作为内搭，黑色鱼嘴高跟鞋作为陪衬。细节极简由精，突出呢绒大衣主体风格简约干练，如图 7-17 所示。

服装以剪裁独特的墨绿色呢绒斗篷作为主体，白衬衫和高开叉中裙作为陪衬，整体造型个性独特、风格分明，给人以摩登复古的感觉，如图 7-18 所示。

图 7-17

图 7-18

7.1.7 皮革

设计理念：服装整体形态风格一反传统皮衣带给我们帅气拉风的印象，粉嫩的色彩倒给人俏皮甜美的感觉，皮夹克上镶嵌有对称红唇图样更添性感风情，如图 7-19 所示。

色彩点评：服装以粉红色夹克为主体，白色蕾丝内衬与粉色蕾丝裙做陪衬，凸显整体造型青春可爱，活力十足。

❶皮外套总是能带来上品的时髦感，下搭格子半身及膝裙制造复古感觉。一双平底高筒靴的精致点缀，高雅的情致瞬间展示。

❷纯色宽松长袖 T 恤，搭配做旧牛仔铅笔裤和高帮系带帆布鞋，简单随意的搭配十分亲切，外搭一件长袖短款皮衣，少女也帅气。

图 7-19

RGB=240,142,180 CMYK=7,57,9,0

RGB=224,66,126 CMYK=15,86,26,0

RGB=110,59,60 CMYK=58,81,71,27

RGB=252,254,251 CMYK=1,0,2,0

别具风格的黑色皮衣裙外套，整体风格极具欧美气息，搭配黑色描金长筒靴，出街穿搭时装范指数提升，如图 7-20 所示。

图 7-20

服装整体造型选用驼色皮革材质面料与黑色太空棉材质面料拼接而成，服装整体细节层次丰富，给人时尚摩登的视觉感受，如图 7-21 所示。

图 7-21

7.2 服装图案与色彩搭配

图案是经过预先设计而形成的一种艺术形式，通过修饰加工和风格匹配，而形成一种特立独行的服饰搭配元素。服装设计的魅力得益于图案的多元化来增强艺术气息，成为人们追求个性美的一种特殊要求。图案元素越多融入到现代服装设计中，图案元素设计就会成为服装风格的重要组成部分。

7.2.1 条纹

设计理念：服装整体设计为黑色竖条纹卡通图案太空棉连衣短裙。整体风格偏向欧美，给人以轻松休闲的穿搭视觉感受，如图 7-22 所示。

色彩点评：竖条纹图案律动感十足，兔子图案个性突出，酒红色小包和枚红色针织帽色彩跳跃，搭配服装整体风格活泼可爱。

图 7-22

条纹图案是经久不衰的图案款式，它总能赋予单一颜色一种新的生命延展力，能够将服装整体风格都带动起来。

运用合理的穿着搭配法，竖条纹在视觉干扰下会有一定的收缩视觉效果。

RGB=34,38,57　CMYK=89,86,63,44

RGB=234,241,246　CMYK=10,4,3,0

RGB=135,20,27　CMYK=48,100,100,23

RGB=229,31,76　CMYK=11,95,59,0

服装巧妙地运用条纹图案带来的视觉干扰效果，横条纹显得宽松平整，竖条纹显瘦百搭。合理运用条纹图案风格，更为整体气质加分，如图 7-23 所示。

图 7-23

服装并没有大范围使用条纹图案，仅在头饰和胳膊处添加条纹元素，就将整体造型变换为甜美学院风格。白色与深蓝色的交融搭配，更易带给人甜美可人的视觉感受，如图 7-24 所示。

图 7-24

7.2.2 格子

设计理念：服装仅用一件黑色纯棉衬衣与不规则下摆红黑格子短裙相搭配，就能够营造出简约摩登的时尚外形。漆皮短靴更为整体造型增添了一抹亮色，如图 7-25 所示。

图 7-25

色彩点评： 服装整体由黑红白三色组合而成，服装整体款式简约时尚，筒袜的颜色和裙子的颜色相呼应，形成浓郁的英伦气息。

①服装整体搭配简洁轻快，所以更适宜携带小容量的包饰，以衬托整体轻盈的服装主题。

②亮面漆皮短靴更是映衬服装风格，使得服装整体细节更加充实，内涵风格完整。

RGB=15,15,18 CMYK=88,84,81,72

RGB=247,39,61 CMYK=1,93,69,0

RGB=228,235,252 CMYK=13,7,0,0

服装运用纯白色简约花纹图案针织毛衣，与墨绿棕色格子包臀百褶裙相搭配，轻松营造出了甜美学院风格。整体配色和谐经典，造型简洁大方，如图 7-26 所示。

图 7-26

服装以葡萄紫、粉红、白 3 种颜色设定了不规则图案，呢绒大衣的版型设定决定服装整体风格走向，给人以甜美优雅、步履轻快的印象，如图 7-27 所示。

图 7-27

7.2.3 豹纹

设计理念： 豹纹图样被誉为流行中的经典，性感的象征。将豹纹元素运用到内衣当中尤为合适，豹纹与粉色相结合，形成了一次成熟与可爱的撞击，迸发出女性独有的魅力，如图 7-28 所示。

图 7-28

色彩点评： 将粉色融入到豹纹元素中并不冲突，并且缓和了豹纹的生硬感，营造出女人特有的娇媚可爱。

①外搭材质为薄纱，质地轻盈舒适，并且中和了豹纹的生硬感，使整体造型更具有成熟魅力。

②在凸显性感的同时，融入的粉色元素使整体细节更加完整丰满，体现女性的多样美。

RGB=37,17,10 CMYK=76,85,90,70

RGB=192,170,145 CMYK=30,35,43,0

RGB=241,125,164 CMYK=6,65,14,0

豹纹与波点都是经典的流行图案，两种元素融合在一起又孕育出了一种新的流行风尚。浅棕色与绿色对比明显，服装整体风格个性鲜明，新意十足，如图 7-29 所示。

图 7-29

服装以皮革材质长款豹纹拼接皮衣作为主调，条纹针织内衬和烟灰色围巾作为辅助，整体造型简约而不简单，凸显女性成熟与知性美，如图 7-30 所示。

图 7-30

7.2.4 拼接

设计理念：上衣以风衣的剪裁版型，推陈出新形成了一种全新的呢绒与皮革拼接的面料形式，功能保暖性依旧，却多给人以睿智、优雅的形象气质，如图 7-31 所示。

图 7-31

色彩点评：服装整体色调呈为全黑，但不同质感的面料创造出相当有层次感的视觉感受，整体细节丰韵饱满，风格大气简约。

①呢绒硬挺的材质与皮革柔软的版型形成鲜明的对比，使整体造型不会过于生硬，却有着女子独有的英气。

②肩包和马丁靴的搭配也恰到好处，搭配皮裤会为服装整体更添帅气质感，并与皮革元素呼应，紧扣主题。

RGB=21,23,41 CMYK=92,92,67,57

RGB=86,90,102 CMYK=74,65,53,9

服装整体造型定义为吊带、皮革、毛呢拼接短裙，黑色与酒红色是极具性感韵味的颜色搭配，服装款式别出心裁，拼接手法为整体服装更添质感，如图 7-32 所示。

服装整体选用呢绒、牛仔、羽绒 3 种材质拼接而成，整体外形充满律动感，酷劲十足，功能保暖。整体配色偏深，给人以青春叛逆的视觉效果，如图 7-33 所示。

图 7-32

图 7-33

7.2.5 波点

设计理念：服装整体款式定义为厚雪纺材质、抹胸材质连衣长裙，服装整体形态类似于含苞欲放的花朵，添加经典波点元素为整体服装增添优雅古典气质，如图 7-34 所示。

色彩点评：深灰色与米色搭配为整体视觉感受增添柔和感，高腰设计拉长比例，更显修长曲线。

①大波点裙最能衬托小女人般的轻盈和妩媚，典雅的知性气息铺洒开来。

②波点难穿，它的先锋和怀旧让它难以不时髦，又很难穿时髦，合理搭配也可以宜动宜静。

图 7-34

RGB=226,218,199 CMYK=14,15,23,0

RGB=65,56,61 CMYK=76,57,67,37

服装整体款式设定为茧型大波点羽绒外套，服装版型挺括造型可爱，搭配奶嘴形状的毛毡帽更是甜美加分，如图 7-35 所示。

图 7-35

服装整体款式设定为翻领款式小波点棉服外套，服装造型简约百搭，性能保暖十足。搭配松糕鞋，更给人以轻松休闲的感觉，如图 7-36 所示。

图 7-36

7.2.6 卡通

设计理念：服装整体采用大面积卡通图案布满服饰表面，体现出一种青春玩味的不羁风格。服装面料版型舒适大方，符合现代年轻人的审美个性，如图 7-37 所示。

图 7-37

色彩点评：服装整体以卡通图案为主，风格偏向于欧美漫画，充满 20 世纪 70~80 年代的复古风情，同时又融入了现代流行元素。

❶卡通元素可以应用于多种材质面料的衣物，为服装整体增添休闲趣味的神韵。

❷卡通元素适合于松糕鞋、手表等具有运动气息的配饰，更添青春活力、甜美气息。

RGB=241,240,253　CMYK=7,7,0,0

RGB=181,106,125　CMYK=36,68,39,0

RGB=214,233,241　CMYK=20,4,6,0

RGB=249,235,111　CMYK=8,7,64,0

服装整体版型为简约的白色 T 恤作为打底，印有卡通风格图像作为服装风格，整体风格简约大方，面料透气舒适，适于日常穿着，如图 7-38 所示。

图 7-38

服装整体搭配以运动风格为主，灰色棉质卫衣印有极具欧美风情的夸张红唇图案，为原本平淡无奇的搭配添加了亮眼的一笔，风格嘻哈时尚，如图 7-39 所示。

图 7-39

7.2.7 碎花

设计理念：服装以洋红色高领长款毛衣作为主色调，鹅黄色碎花短裙作为重点突出，整体形象给人以清新自然的印象，搭配斜挎包给人以秋季清爽的温暖感，如图 7-40 所示。

图 7-40

色彩点评：选用明度高的纯色毛衣作为底色能够更好地突出碎花短裙的风格样式，使服装整体风格井然有序，相互陪衬。

❶碎花元素不适合大面积应用，碎花单品搭配简单的装饰，就能打造温婉可人的气质形象。

❷手拎小包、挎包作为碎花元素陪衬装饰都是不错的选择，衬托服装风格轻盈自然。

RGB=208,46,33　CMYK=23,94,97,0

RGB=215,190,107　CMYK=22,27,65,0

RGB=95,186,175　CMYK=63,9,38,0

RGB=53,30,14　CMYK=70,81,96,62

服装整体版式定义为雪纺材质、衬衫灯笼袖、跨市碎花连衣裙，碎花图案由上至下、由浅入深，给人以柔和的过渡感，清新自然的搭配风格，如图 7-41 所示。

图 7-41

服装上身选用棉质网纱拼接衬衣作为打底，充分烘托出深蓝色碎花喇叭裤的独特风格韵味，服装整体造型给人以大气婉约的视觉感受，如图 7-42 所示。

图 7-42

7.3 皮质面料

文件路径	第 7 章 \ 皮质面料	
难易指数	★★★★★	
技术掌握	滤镜、可选颜色、曲线、仿制图章工具	

案例效果

案例效果如图 7-43 所示。

图 7-43

思路剖析

①使用“云彩”滤镜制作面料基本颜色，如图 7-44 所示。

②使用“浮雕效果”滤镜为面料增添质感，如图 7-45 所示。

③使用可选颜色调整面料颜色，再使用“位移镜滤”制作可以无缝连接的图案面料，如图 7-46 所示。

图 7-44

图 7-45

图 7-46

思维拓展

皮革质感面料设计，如图 7-47~图 7-49 所示。

图 7-47

图 7-48

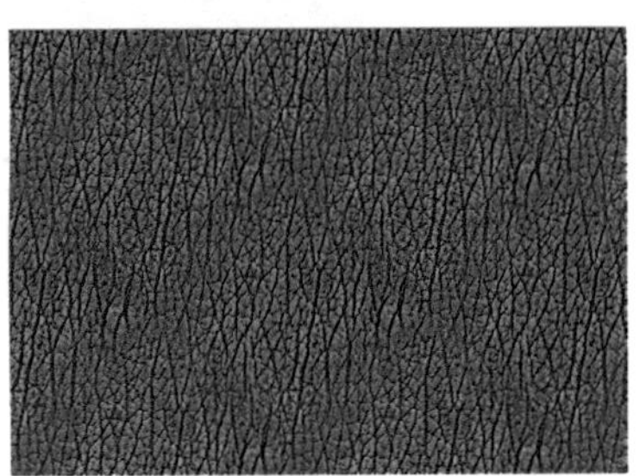

图 7-49

操作步骤

01＞ 执行菜单“文件＞新建”命令，在弹出的“新建”对话框中设置“宽度”为 1000 像素，“高度”为 1000 像素，“分辨率”为 300 像素 / 英寸，设置完成后单击“确定”按钮，如

图 7-50 所示。

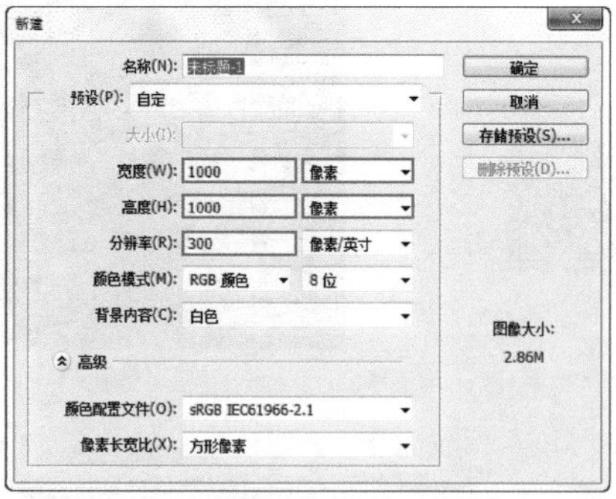

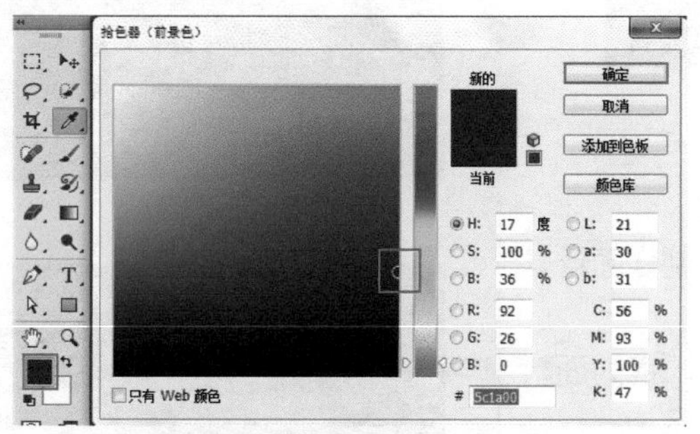

图 7-50

02> 设置面料颜色。单击工具箱底部的“前景色”图标，在弹出的“拾色器(前景色)”对话框中设置颜色为红棕色，设置完成后单击“确定”按钮，如图 7-51 所示。接着使用快捷键 Alt+Delete 进行快速填充，画面如图 7-52 所示。

图 7-51

图 7-52

03> 接下来为面料增添质感。在“图层”面板中单击选中“背景”图层，使用快捷键 Ctrl+J 复制出一个相同的图层，如图 7-53 所示。

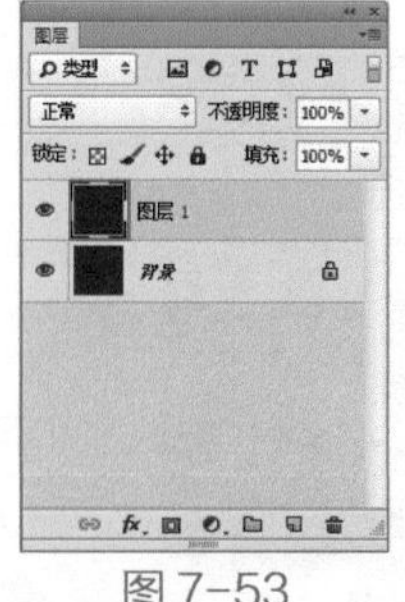

图 7-53

04> 单击工具箱底部的“背景色”图标，在弹出的“拾色器(背景色)”对话框中设置一个明度比“前景色”略浅的颜色，设置完成后单击“确定”按钮，如图 7-54 所示。执行菜单“滤镜 > 渲染 > 云彩”命令，画面效果如图 7-55 所示 。

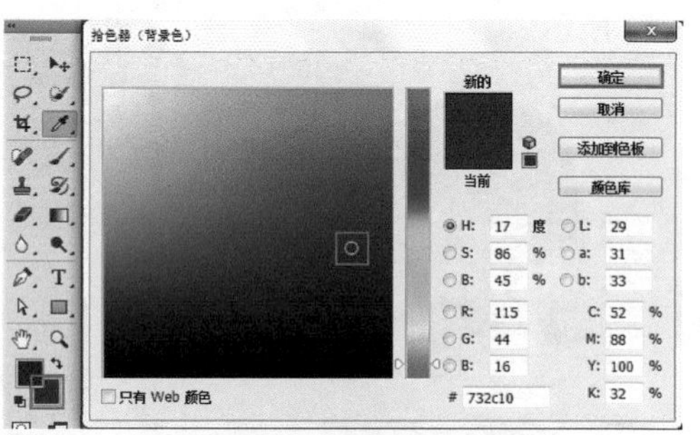

图 7-54

图 7-55

05> 执行菜单“滤镜 > 滤镜库”命令，在弹出的“滤镜库”对话框中单击打开“纹理”滤镜组，单击选择“杂色玻璃”滤镜，设置“单元格大小”为 8，“边框粗细”为 3，“光照强度”为 0，设置完成后单击“确定”按钮，如图 7-56 所示。

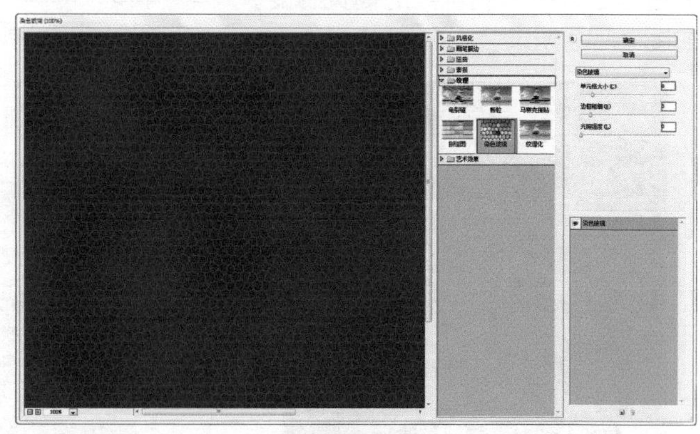

图 7-56

06> 执行菜单“滤镜 > 风格化 > 浮雕效果”命令，在弹出的“浮雕效果”对话框中设置“角度”为 135 度，“高度”为 6 像素，“数量”为 165%，设置完成后单击“确定”按钮完成此操作，如图 7-57 所示。此时画面效果如图 7-58 所示。

07> 执行菜单“滤镜 > 模糊 > 高斯模糊”命令，在弹出的“高斯模糊”对话框中设置“半径”为 1.3 像素，设置完成后单击“确定”按钮，如图 7-59 所示。此时画面效果如图 7-60 所示。

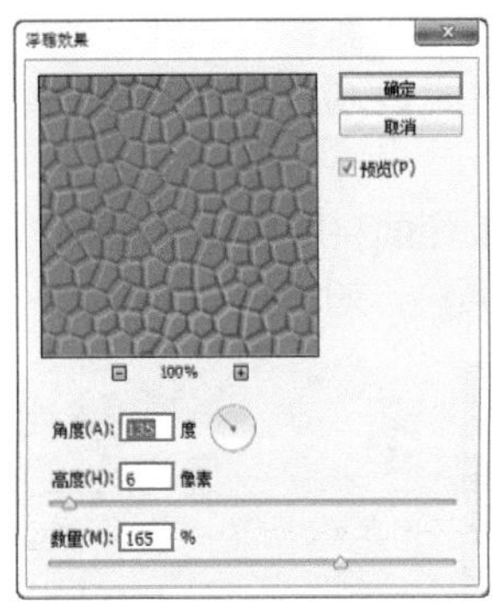

图 7-57

图 7-58

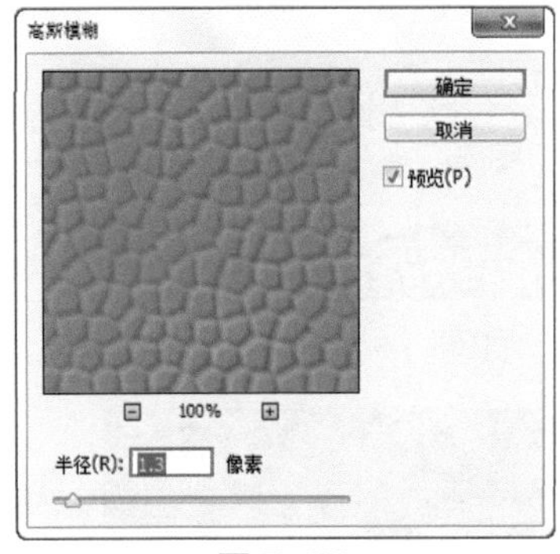

图 7-59

图 7-60

08> 接下来调整画面色调。执行菜单“图层 > 新建调整图层 > 可选颜色”命令，在打开的“属性”面板中设置“颜色”为“中性色”，“青色”为 -25%，“洋红”为 +25%，“黄色”为 +85%，“黑色”为 +65%，如图 7-61 所示。此时画面效果如图 7-62 所示。

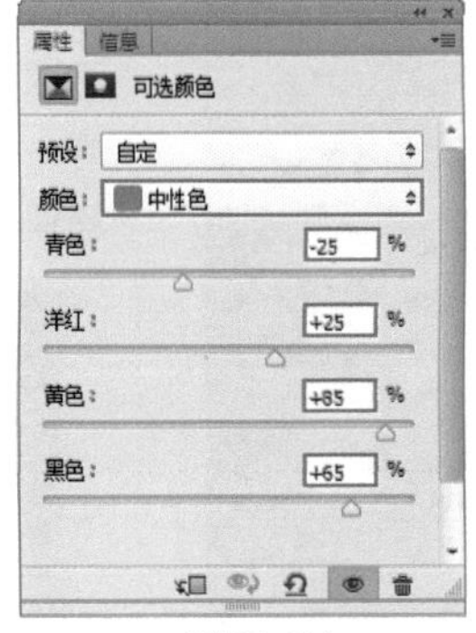

图 7-61

图 7-62

09> 执行菜单“图像 > 新建调整图层 > 曲线”命令，在打开的“属性”面板中单击添加两个控制点调整曲线形态，增强画面对比度，曲线形状如图 7-63 所示。此时画面效果如图 7-64 所示。

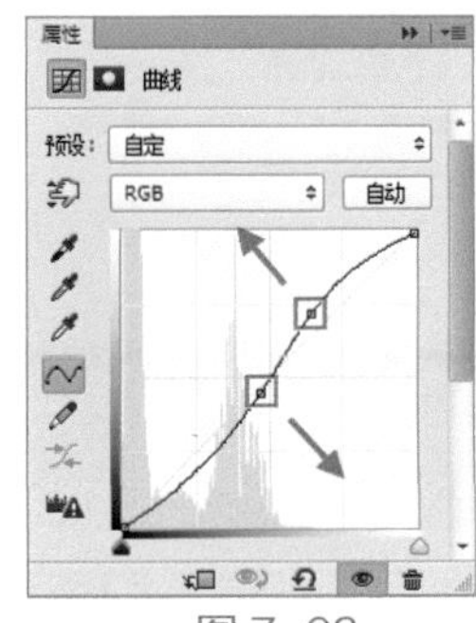

图 7-63

图 7-64

10> 接下来需要使用“位移”滤镜制作无缝连接的图案面料。首先使用快捷键 Ctrl+Alt+Shift+E 将所有图层进行盖印。然后选中该图层，执行菜单“滤镜 > 其它 > 位移”命令，在弹出的“位移”对话框中设置“水平”为 +740 像素右移，“垂直”为 +320 像素下移，设置完成后单击“确定”按钮，如图 7-65 所示。此时画面效果如图 7-66 所示。

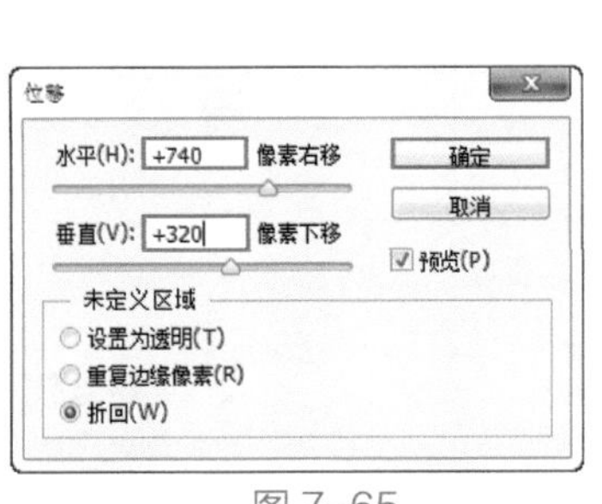

图 7-65

图 7-66

11> 单击工具箱中的“仿制图章工具”按钮，在选项栏中设置画笔大小为 150，“不透明度”为 100%，接着按住 Alt 键进行吸取其他部分作为源，接着在衔接位置按住鼠标左键拖曳进行修复，如图 7-67 所示。继续进行修复，案例效果如图 7-68 所示。

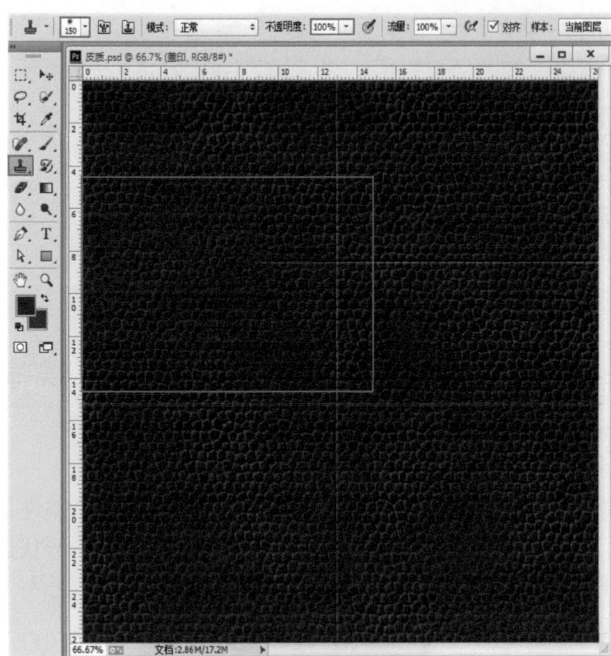

图 7-67

图 7-68

7.4 皮草面料

文件路径	第 7 章 \ 皮草面料	
难易指数	★★★★★	
技术掌握	分层云彩、波纹、位移、仿制图章工具	

案例效果

案例效果如图 7-69 所示。

图 7-69

思路剖析

①使用前景色填充设置面料颜色，如图 7-70 所示。

②使用“云彩分层”滤镜制作面料颜色效果，如图 7-71 所示。

③使用“波纹”滤镜制作面料质感，再使用“位移”滤镜制作无缝连接的图案面料，如图 7-72 所示。

图 7-70

图 7-71

图 7-72

应用拓展

皮草质感面料设计，如图 7-73~ 图 7-75 所示。

图 7-73

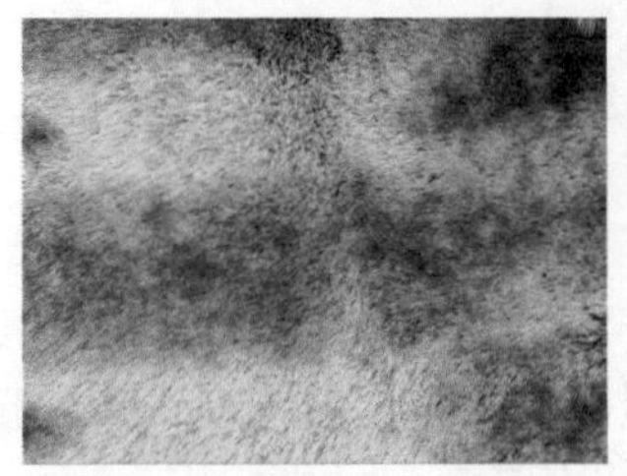

图 7-74

图 7-75

操作步骤

01> 执行菜单“文件 > 新建”命令，在弹出的“新建”对话框中设置“宽度”为 1000 像素，“高度”为 1000 像素，“分辨率”为 300 像素 / 英寸，设置完成后单击“确定”按钮，如图 7-76 所示。

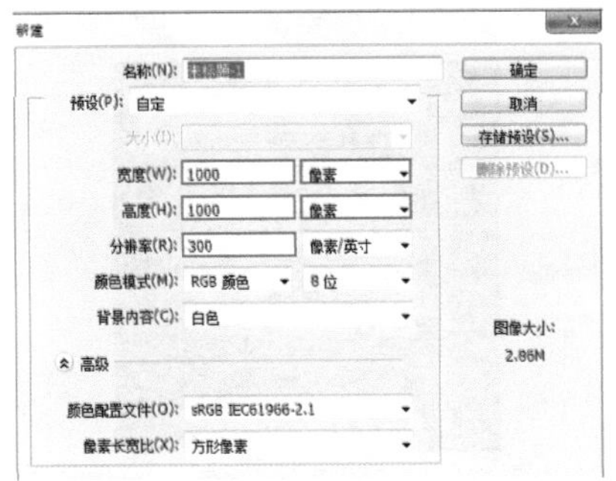

图 7-76

02> 设置面料颜色。单击工具箱底部的“前景色”图标，在弹出的“拾色器（前景色）”对话框中设置颜色为深卡其色，设置完成后单击“确定”按钮，如图 7-77 所示。接着使用快捷键 Alt+Delete 进行快速填充，此时画面效果如图 7-78 所示。

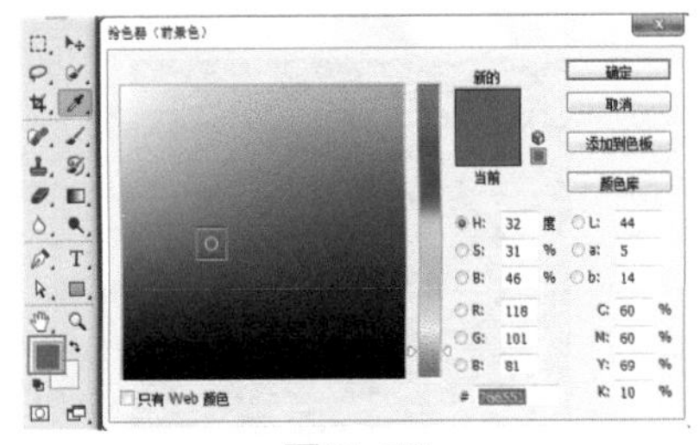

图 7-77

图 7-78

03> 接下来为面料增添质感。创建一个新图层，将“前景色”设置为白色，“背景色”设置为黑色。接着使用快捷键 Ctrl+Delete 进行快速填充，如图 7-79 所示。然后选中该图层，执行菜单“滤镜 > 渲染 > 分层云彩”命令，画面效果如图 7-80 所示 。

图 7-79

图 7-80

04> 在“图层”面板中设置该图层的混合模式为“滤色”，如图 7-81 所示。此时画面效果如图 7-82 所示。

图 7-81

图 7-82

05> 执行菜单“滤镜 > 扭曲 > 波纹”命令，在弹出的“波纹”对话框中设置“数量”为 830%，“大小”为“大”，设置完成后单击“确定”按钮，如图 7-83 所示。此时画面效果如图 7-84 所示。

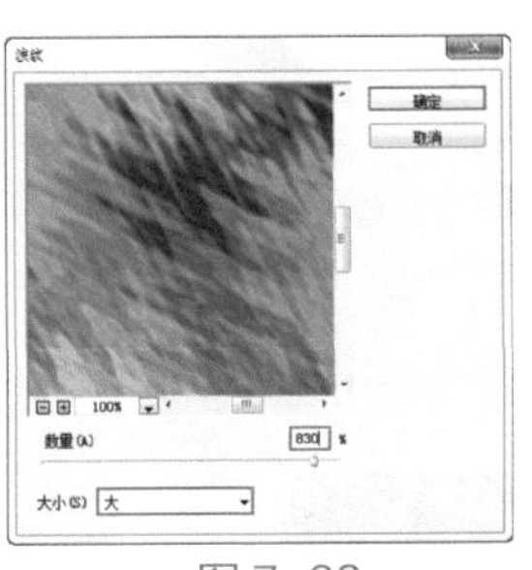

图 7-83

图 7-84

06> 使用“位移”滤镜制作无缝连接的图案面料。首先使用快捷键 Ctrl+Alt+Shift+E 将所有图层进行盖印。然后单击选择该图层，执行菜单“滤镜 > 其它 > 位移”命令，在弹出的“位移”对话框中，设置“水平”为 800 像素右移，“垂直”为 800 像素下移，设置完成后单击“确定”按钮，如图 7-85 所示。此时画面效果如图 7-86 所示。

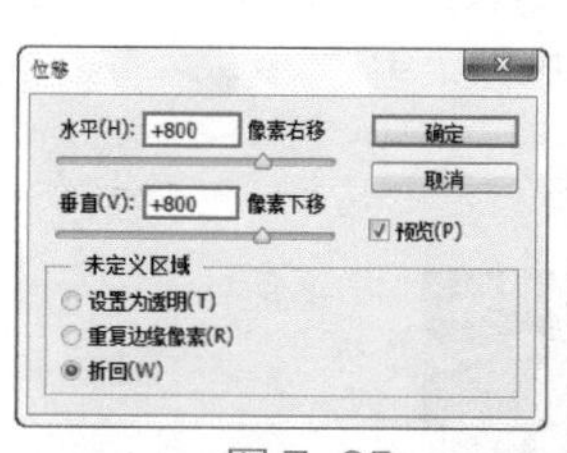

图 7-85

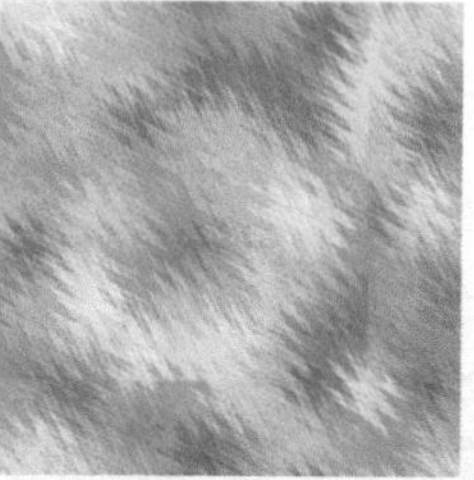
图 7-86

07> 位移后的图片有生硬的衔接边缘，使用快捷键 Ctrl+Alt+Shift+E 盖印当前画面效果。下面使用仿制图章工具进行修复。单击工具箱中的“仿制图章工具”按钮，在选项栏中设置画笔大小为 60，接着按住 Alt 键进行吸取其他部分作为源，再在接缝位置进行反复涂抹进行修复，如图 7-87 所示。继续进行修复，最终案例效果如图 7-88 所示。

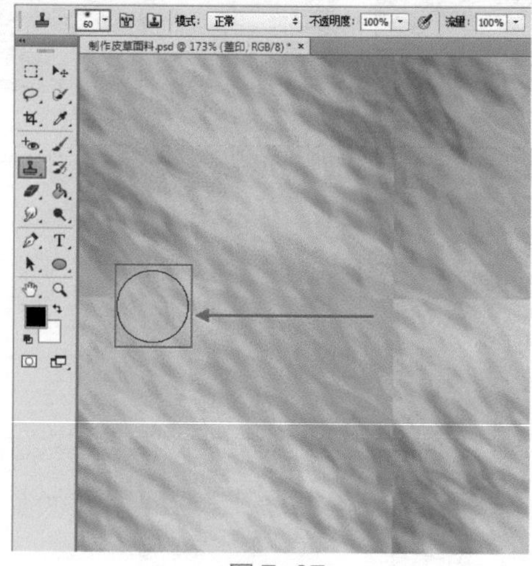
图 7-87

图 7-88

7.5 绸缎面料

文件路径	第 7 章 \ 绸缎面料
难易指数	★★★★★
技术掌握	图层样式、加深工具、减淡工具

案例效果

案例效果如图 7-89 所示。

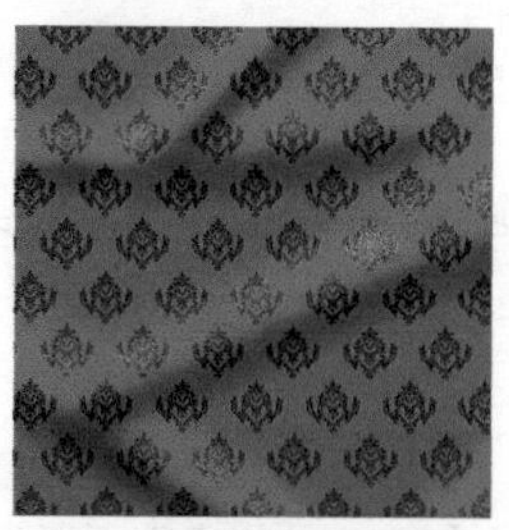
图 7-89

思路剖析

①为图层填充红色，使用滤镜为画面添加杂色，增强面料质感，如图 7-90 所示。

②置入素材，并反复复制粘贴制作面料图案，如图 7-91 所示。

③使用加深工具、减淡工具绘制面料褶皱感，如图 7-92 所示。

图 7-90

图 7-91

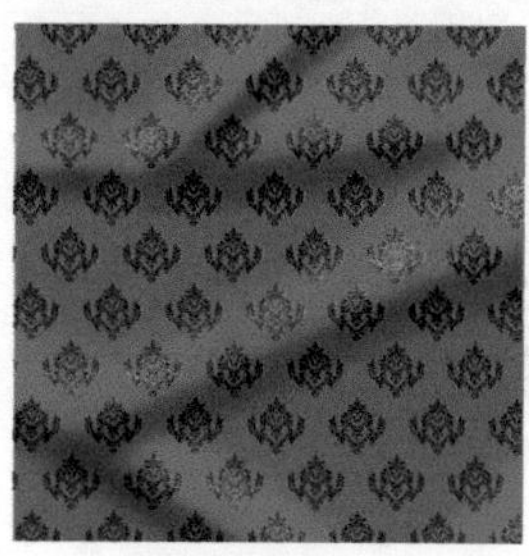
图 7-92

思维拓展

绸缎面料设计，如图 7-93~ 图 7-95 所示。

图 7-93

图 7-94

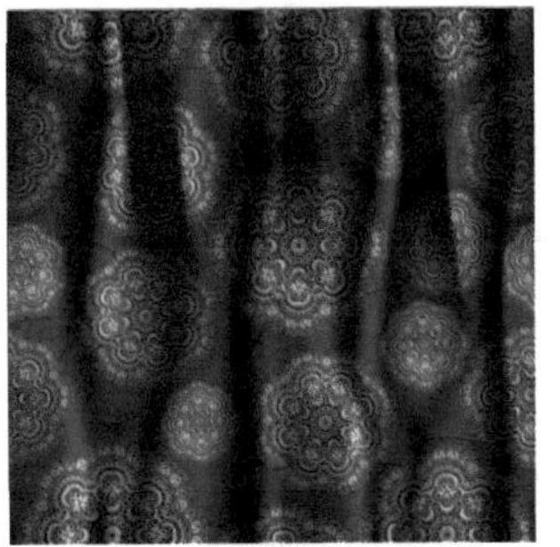

图 7-95

操作步骤

01> 执行菜单“文件 > 新建”命令，在弹出的“新建”对话框中设置“宽度”为 1000 像素，“高度”为 1000 像素，“分辨率”为 300 像素 / 英寸，设置完成后单击“确定”按钮，如图 7-96 所示。

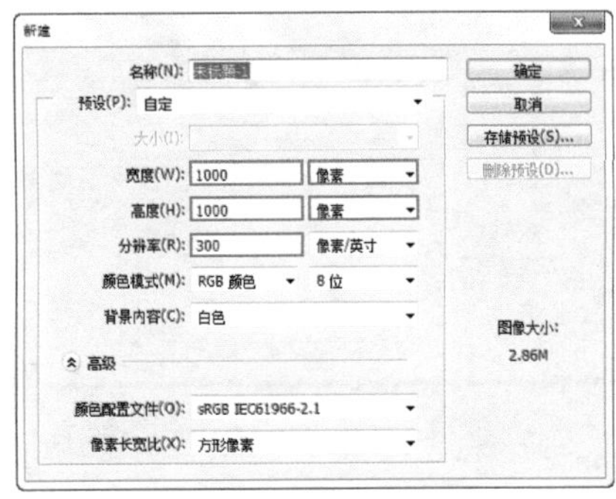

图 7-96

02> 设置面料颜色。单击工具箱底部的“前景色”图标，在弹出的“拾色器（前景色）”对话框中设置颜色为红色，设置完成后单击“确定”按钮，如图 7-97 所示。接着使用快捷键 Alt+Delete 进行快速填充，此时画面如图 7-98 所示。

03> 接下来为面料增添质感。在“图层”面板中选中“背景”图层，使用快捷键 Ctrl+J 复制出一个相同的图层，如图 7-99 所示。

04> 执行菜单“滤镜 > 杂色 > 添加杂色”命令，在弹出的“添加杂色”对话框中设置“数量”为 7%，“分布”为“平均分布”，设置完成后单击“确定”按钮，如图 7-100 所示。此时画面效果如图 7-101 所示。

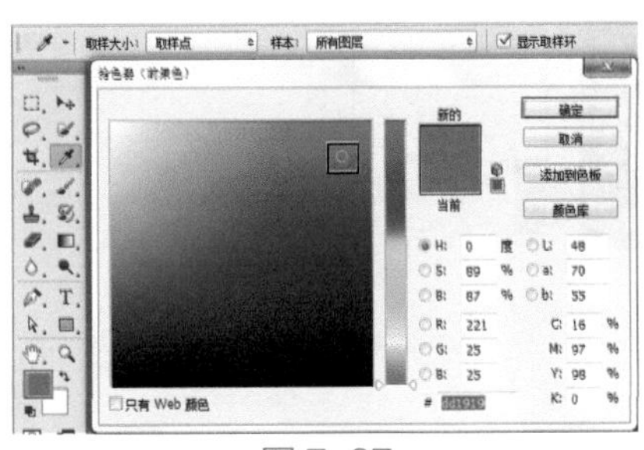

图 7-97

图 7-98

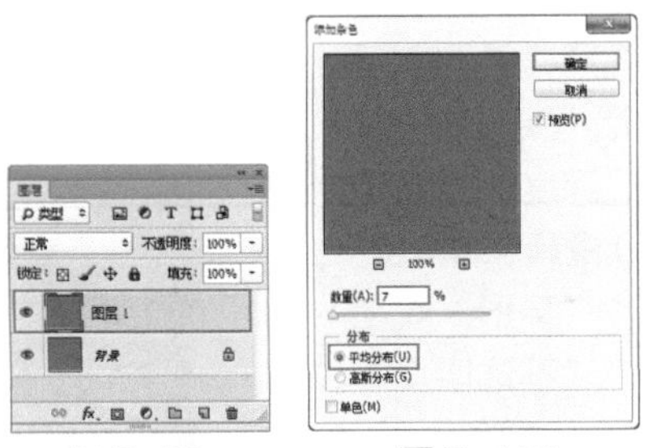

图 7-99　　图 7-100

图 7-101

05> 制作花纹图案。执行菜单“文件 > 置入”命令，置入花纹素材“1.png”并栅格化，将其摆放在画面左上角位置，按 Enter 键完成此操作，如图 7-102 所示。选择花纹图层按住 Alt+Shift 键向右平移并复制，如图 7-103 所示。使用同样的方法进行平移并复制，效果如图 7-104 所示。

图 7-102

图 7-103

图 7-104

06> 在“图层”面板中按住 Ctrl 键加选花纹图层，单击工具箱中的“移动工具”按钮，然后单击选项栏中的“垂直居中对齐”按钮，再单击“水平居中分布”按钮，如图 7-105 所示。接着在加选图层的状态下使用快捷键 Ctrl+E 进行合并，如图 7-106 所示。

07> 选中花纹图层，使用快捷键 Ctrl+J 将花纹图层进行复制，然后向下移动并适当调整位置，效果如

图 7-107 所示。继续进行花纹的复制，效果如图 7-108 所示。最后可以将花纹图层加选，使用快捷键 Ctrl+E 进行合并。

图 7-105

图 7-106

图 7-107

图 7-108

08> 选中花纹图层，执行菜单“图层 > 图层样式 > 斜面和浮雕”命令，在弹出的“图层样式”对话框中设置“样式”为“外斜面”，“方法”为“平滑”，“深度”为 1%，“方向”为“上”，“大小”和“软化”为 0 像素，“角度”为 90 度，“高度”为 30 度，“光泽等高线”为“环形 - 双”，“高光模式”为“滤色”，颜色为白色，“不透明度”为 75%，“阴影模式”为“正片叠底”，颜色为黑色，“不透明度”为 75%，如图 7-109 所示。设置完成后单击“确定”按钮，此时画面效果如图 7-110 所示。

09> 接下来为布料增添褶皱感。使用 Ctrl+Alt+Shift+E 将所有图层进行盖印。然后单击工具箱中的“加深工具”按钮，接着在选项栏中设置画笔大小为 90，“范围”为“阴影”，“曝光度”为 20%，设置完成后选中需要绘制的图层，在画面中相应位置按住鼠标左键拖曳，绘制褶皱暗面效果，如图 7-111 所示。

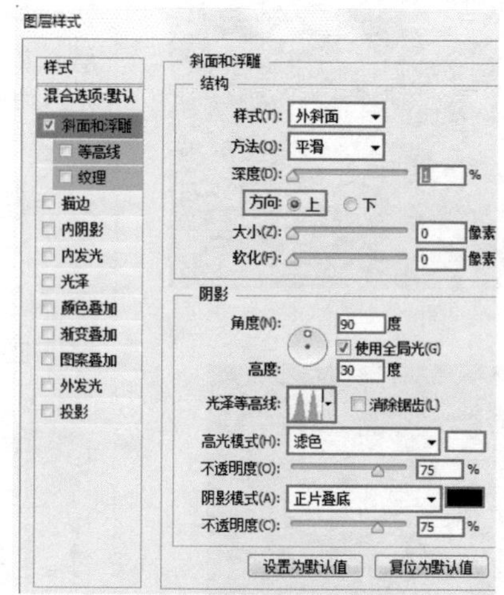

图 7-109

图 7-110

图 7-111

10> 单击工具箱中的“减淡工具”按钮，在选项栏中设置画笔大小为 170，“范围”为“中间调”，“曝光度”

为 15%，设置完成后选中需要绘制的图层，在画面中相应位置按住鼠标左键拖曳，绘制褶皱亮面效果，如图 7-112 所示。最终完成效果如图 7-113 所示。

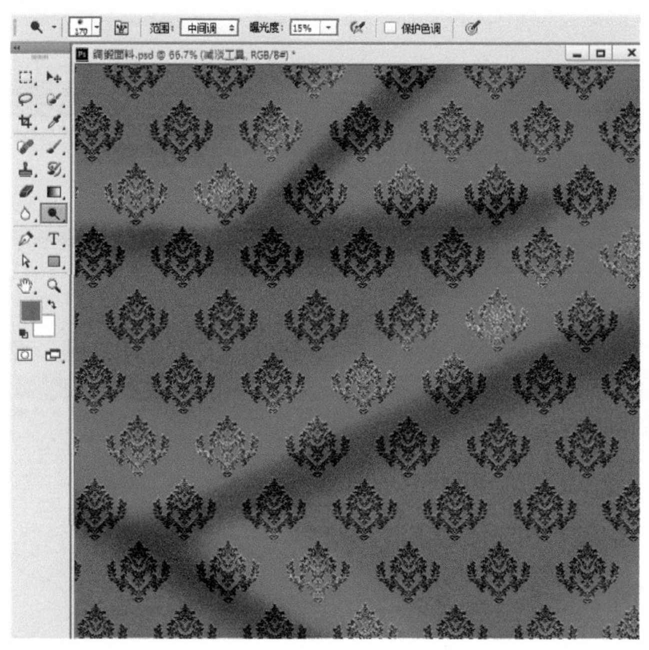
图 7-112

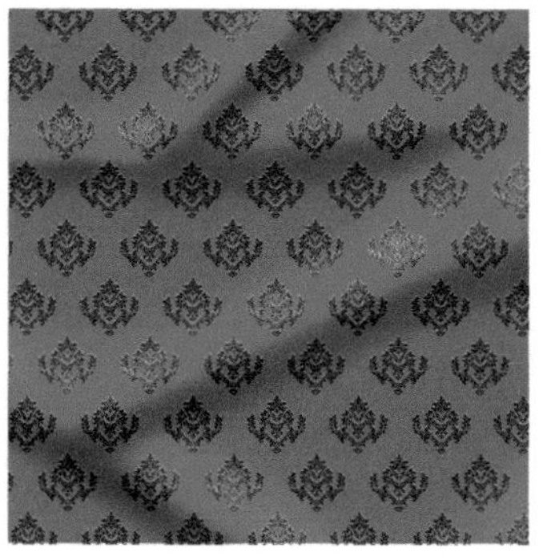
图 7-113

第8章

服装款式图设计

本章概述

服装款式图是指着重以平面图形特征表现的、含有细节说明的设计图。服装款式图是服装设计师意念构思的表达，能够快速记录设计思路以及灵感。服装款式图在生产中起着非常重要的作用，主要是用于作为样图，规范指导。

本章要点

- 认识常见的服装类型
- 学习多种类型款式图的绘制

佳作欣赏

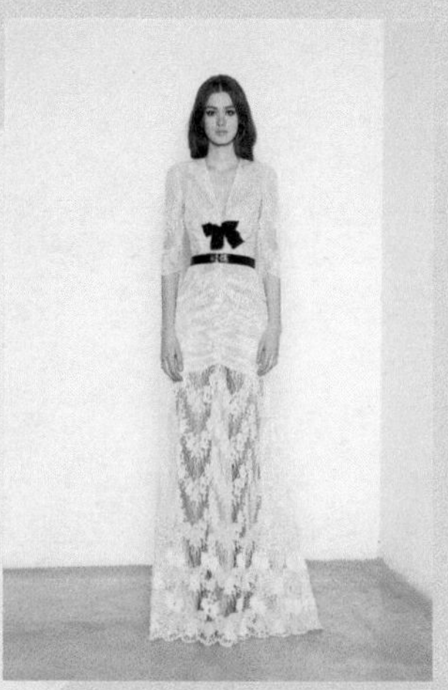

8.1 服装类型

服装是穿在人体皮肤表面起保护和装饰美观作用的制品。服装穿着效果取决于穿着环境、服装风格与穿着对象等因素。服装的分类方式比较多，可以按照性别、用途、面料、工艺等多种方式进行分类。下面就来介绍几种常见的服装类型。

8.1.1 女装

设计理念：服装整体设计充分展现女性的柔情美和奢华美。宝石蓝色丝缎面料如同肌肤般顺滑，低胸和短裙设计也显露出女性独特的曲线美。服装整体色彩面料搭配女人味十足，如图 8-1 所示。

图 8-1

色彩点评：宝蓝色丝缎材质不仅可以凸显女性富丽堂皇的美之外，陪衬肤色会更显白皙。金色镂空高跟鞋更是为女性专属的华美气质锦上添花。

1. 服装在记录历史变革的同时，也映衬着一种民族的精神，传承着当地的历史文化风俗，女装更是其中不可缺少的一部分。
2. 女装款式新颖而富有时代感，交替性强，每隔一定时期流行一种款式。
3. 采用的面料、辅料和工艺，对织物的结构、质地、色彩、花型等要求也较高，讲究装饰配套。在款式、造型、色彩、纹样、缀饰等方面不断变化创新、标新立异。

RGB=87,142,224　CMYK=69,40,0,0

RGB=189,133,1074　CMYK=32,54,56,0

RGB=252,251,252　CMYK=1,2,1,0

服装整体色调搭配柔和，充分显示女性的柔婉气质。对称图形短裙将整体侧重点放在纤细的腿部线条上，显得十分娇柔孱弱，如图 8-2 所示。

图 8-2

服装整体只选用了一种颜色，却在细节处别有用心，女性优雅曼妙的 S 形曲线、颇具少女心的灯笼袖，将不同的两种女性美进行了完美的交融，如图 8-3 所示。

图 8-3

8.1.2 男装

设计理念：西装是最为凸显男性沉稳底蕴的服装，服装整体以藏蓝色西服为整体色彩基调，深蓝色衬衫陪衬，拼色手拎包与黑色短靴都起到了很好的点缀作用，将男性绅士风度进行完整的诠释，如图 8-4 所示。

图 8-4

色彩点评：服装整体深色调作为主体，用深色表达的男装更具有深沉内敛的成熟气质。并且服装色彩搭配颜色相近，互不冲突给人以舒适的融合感，富有层次。

1. 成功男士对于男装的衣着品质要求较高，剪裁得体的设计、硬朗商务的款式轮廓，为男性上班族提升了更多的自信从容。
2. 衬衫可以是白色、蓝色，给人以正式、商务的印象。领带和手提包是商务西服中必不可少的配饰。

RGB=69,86,116　CMYK=81,69,44,4

RGB=102,134,180　CMYK=66,45,17,0

RGB=6,9,15　CMYK=92,87,81,74

RGB=12,8,7　CMYK=100,91,62,43

服装整体搭配给人以坚毅阳刚的感觉，颇具韩范，皮质外套和多层内搭形成了丰富细腻的层次，如图 8-5 所示。

图 8-5

将条纹服装和貂毛领皮质夹克组合到一起，给人以英气与奢华共存的感受，将两种完全独立的元素进行了完美的融合，如图 8-6 所示。

图 8-6

8.1.3 童装

设计理念：服装整体以西瓜红色衬衫裙为底色，花式披风做点缀，给人以俏皮可爱、欢乐童贞的印象，如图 8-7 所示。

色彩点评：衬衫与披风进行了强烈的明暗对比，整体造型显得更加生动，活泼可爱。

图 8-7

❶不同年龄段童装的色彩搭配也会随着年龄的增长出现不同的风格变化和材质要求。

❷儿童装款式是否受欢迎，取决于色彩搭配的合理性。

RGB=201,87,86　CMYK=26,78,60,0

RGB=214,183,159　CMYK=20,32,37,0

RGB=22,17,23　CMYK=86,86,77,69

RGB=243,227,216　CMYK=6,14,15,0

婴儿睡眠时间长，眼睛适应光线弱，服装的色彩不宜太过刺激，采用明度饱和度适中或较深的色调，非常耐脏，如图 8-8 所示。

图 8-8

儿童皮肤娇嫩，对服装面料材质要求较高，多采用无公害材质面料为主。服装整体色调搭配和谐，图案样式鲜艳亮眼，如图 8-9 所示。

图 8-9

8.1.4 婚纱

设计理念：整套婚纱给人带来厚重、正式的印象，推陈出新极具现代感的婚纱，塑造出一个美丽端庄颇具性感的现代新娘，如图 8-10 所示。

图 8-10

色彩点评：婚纱整体采用白色作为主色调，柔软的体感蕾丝材质包裹全身，深 V 领与高开叉设计别出新裁，整体剪裁精细，颇具性感。

❶婚纱的颜色多数为白色、米色、

香槟色为主，现代婚纱保有传统的风格轮廓并作出属于自己的创新个性风格。

②婚纱选用垂感材质上乘的面料，塑造出整体线条分明的立体造型。

RGB=236,233,236　CMYK=9,9,6,0

RGB=140,120,107　CMYK=53,55,57,1

这套婚纱礼服更加注重对于细节的处理，选用香槟色欧根纱材质，硬挺的纱质剪裁能够更加立体地诠释出鱼尾裙摆效果，如图 8-11 所示。

图 8-11

这套婚纱礼服在鱼尾款式婚纱的基础上做出改良，使用较轻质地的薄纱堆积而成放射感裙摆，搭配白色使整体设计更添仙气，如图 8-12 所示。

图 8-12

8.1.5　礼服

设计理念：服装整体设计理念来源于夜空下的沙漠，既有夜空的静谧感，又有沙漠的凄冷美，将两种元素碰撞结合形成另外一种奇妙的美，别具一格，如图 8-13 所示。

图 8-13

色彩点评：黑色与黄沙色借助纱质材料进行了完美的过渡交合。颜色和谐舒适，互不干扰，给人以高贵冷艳的视觉感受。

①黑色给人神秘、高贵的感觉，更凸显女人性感本色。在黑色基础上巧用心机，便能制造出迥然不同的视觉效果。

②长至膝部的礼服裙，更能体现稳重与大气感，别具韵味。

③完美的发型搭配会让服装整体更为完美夺目，所以发饰搭配也是至关重要的一步。

RGB=36,34,35　CMYK=82,79,76,59

RGB=166,150,137　CMYK=42,41,44,0

服装整体使用大面积黑色，男士礼服内衬搭配白色衬衫，配有黑色领结搭配深色系袜子和黑皮鞋。整体造型传统、正式、稳重、大气，如图 8-14 所示。

要想装扮的亮眼出挑，最好将服装的主题色与流行色结合起来。服装整体配色充满阿拉伯风情与现代元素的结合，形成了这套高贵典雅又充满异域风情的礼服，如图 8-15 所示。

图 8-14

图 8-15

8.1.6　泳装

设计理念：服装整体设计灵感来源于绅士燕尾小礼服。服装把印有礼服图案的元素充分运用在泳装上，标新立异，一改人们对传统泳装或过于开放或过于保守的印象，为整体造型更多添一份女子的率性，如图 8-16 所示。

色彩点评：服装整体搭配无论款式还是颜色，都是按照传统礼服有所改良，所以色彩搭配简洁和谐，并带有俏皮感。

①泳装采用不缩水、不鼓胀的材质布料制成。

简式泳装显得较为别致，它的衣身呈一体状。这种泳装能降低胸部和臀部的透明度，高裁的底边能使腿显得长一些。

图 8-16

RGB=250,250,251 CMYK=2,2,1,0

RGB=10,41,50 CMYK=94,79,69,50

RGB=133,76,66 CMYK=52,76,73,15

RGB=254,16,16 CMYK=0,95,91,0

服装整体设计类似于一道将要开启的大门的图案，十分吸引注意力。与印满花朵或色彩鲜艳的泳装相比，这套泳装更具有创新意义，吸引眼球，如图 8-17 所示。

图 8-17

服装整体图案设计类似于正在运行的金属器械，色调鲜艳明亮，立体感逼真。穿着舒适，并且充满未来科技感，如图 8-18 所示。

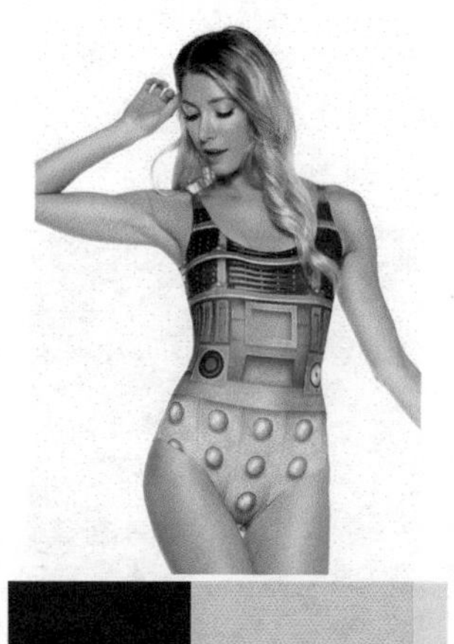

图 8-18

8.1.7 内衣

设计理念：成熟的女人如同红酒，发酵越多越香醇。设计师充分抓住了女性性感符号的要点。款式虽然简洁普通，却充满了成熟女性的独特韵味，如图 8-19 所示。

图 8-19

色彩点评：酒红色最能凸显女性魅力的颜色之一，将水溶蕾丝与浓郁饱满的颜色相互交融，撞击出非同凡响的性感火花。

内衣多以蕾丝作为装饰，蕾丝不仅外观优美，并且质地轻软，适合贴身穿着。

内衣款式简单传统，任何颜色都能驾驭搭配，也是舒适的内衣款式。

RGB=150,7,26 CMYK=45,100,100,15

服装选用粉白色来诠释整体色调，以宫廷风塑身衣作为灵感，毛绒的细节修饰展现女性魅力的同时又凸显可爱俏皮的气质，如图 8-20 所示。

图 8-20

服装借用豹纹为主要元素，亮点在以束腰设计，展现女性纤细的腰肢曲线，拉长身体比例。丝袜的合理运用使得整体散发出浓厚的性感气息，如图 8-21 所示。

图 8-21

8.2 女士休闲长款 T 恤

文件路径	第 8 章 \ 女士休闲长款 T 恤
难易指数	★★★★★
技术掌握	钢笔工具、“图案叠加”图层样式

案例效果

案例效果如图 8-22 所示。

图 8-22

配色方案解析

本作品采用同类色与渐变色相结合的搭配方式，以粉色为主色，表现清新、可爱的感觉，以条纹作为点缀，打破单纯颜色带来的枯燥感。图 8-23~ 图 8-26 所示为使用同类色配色方案的服装设计作品。

图 8-23

图 8-24

图 8-25

图 8-26

其他配色方案

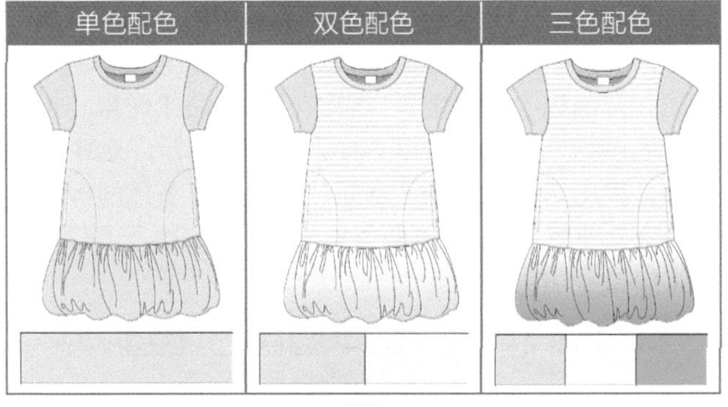

应用拓展

优秀服装设计作品，如图 8-27~ 图 8-30 所示。

图 8-27

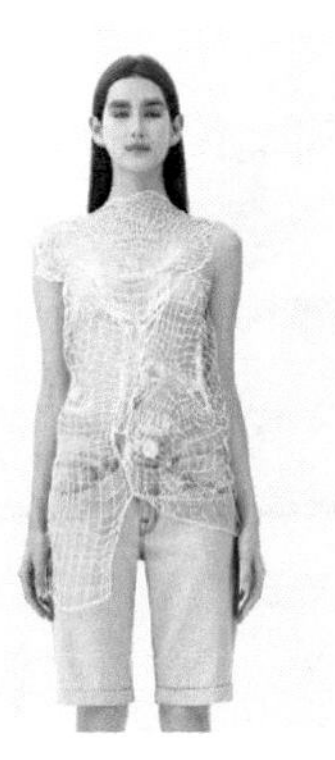

图 8-28

图 8-29

图 8-30

实用配色方案

操作步骤

01> 新建一个空白文档。单击工具箱中的“钢笔工具”按钮，在选项栏中设置绘制模式为“形状”，“填充”为无，“描边”为黑色，“描边粗细”为 1 像素，接着在画面中绘制前片的形状，如图 8-31 所示。选中形状图层，单击选项栏中的“填充”按钮，在下拉面板中设置填充为纯色，然后设置颜色为浅粉色，如图 8-32 所示。效果如图 8-33 所示。

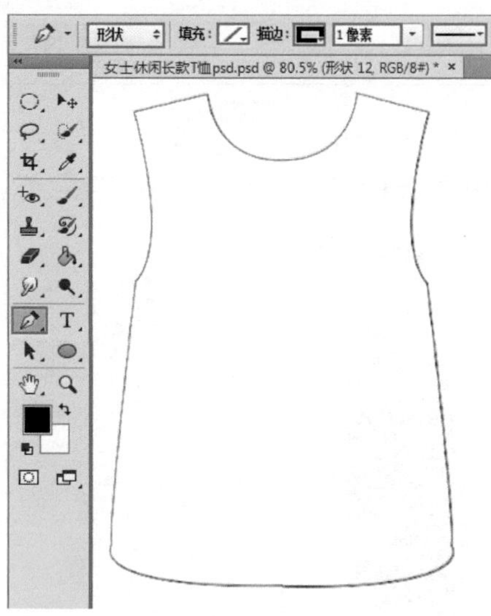

图 8-31

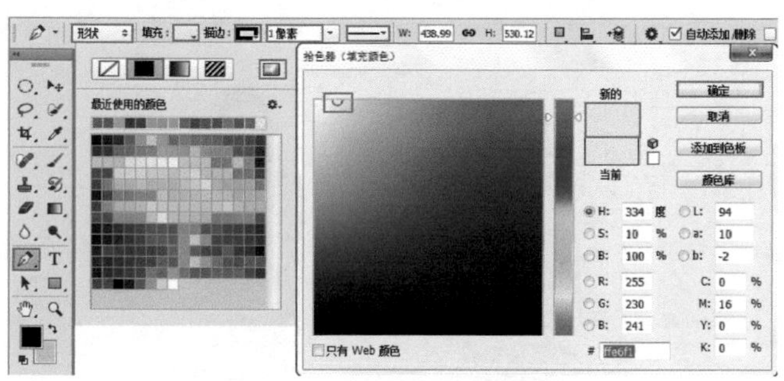

图 8-32

图 8-33

02> 接下来为 T 恤制作条纹效果。执行菜单“编辑 > 预设 > 预设管理器”命令，在弹出的“预设管理器”对话框中设置“预设类型”为“图案”，单击“载入”按钮。接着在弹出的对话框中选择“1.pat”，单击“载入”按钮，载入完成后单击“完成”按钮，如图 8-34 所示。

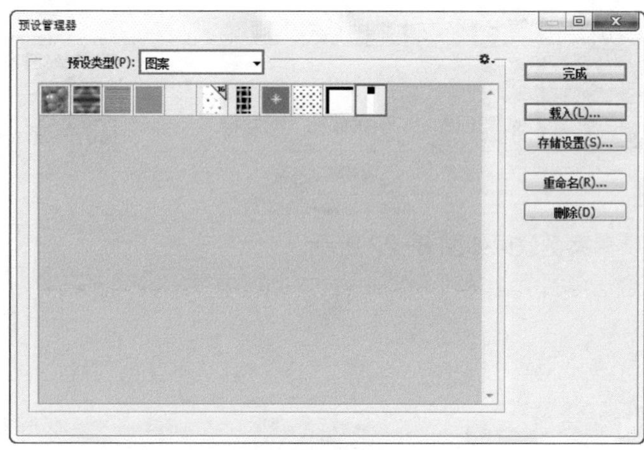

图 8-34

03> 在“图层”面板中选中该图层，执行菜单“图层 > 图层样式 > 图案叠加”命令，在弹出的“图层样式”对话框中设置“混合模式”为“变亮”，“不透明度”为 70%，“图案”为“1.pat”，“缩放”为 360%，设置完成后单击“确定”按钮，如图 8-35 所示。此时画面效果如图 8-36 所示。

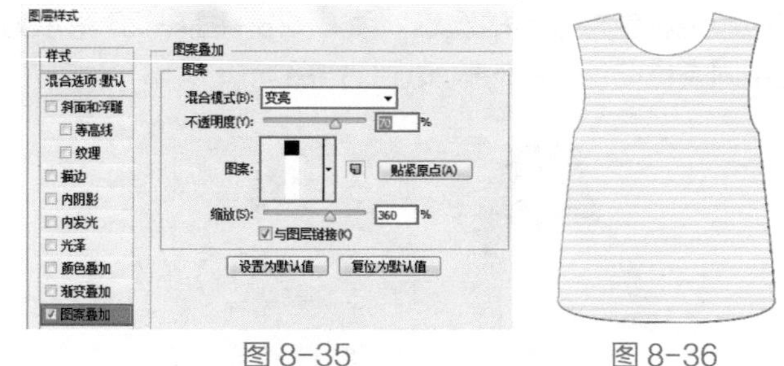

图 8-35　　图 8-36

04> 单击工具箱中的“钢笔工具”按钮，在选项栏中设置“填充”为渐变，编辑一个粉色到白色的渐变，然后设置“描边”为黑色，描边粗细为 1 像素，如图 8-37 所示。设置完成后在前片下方绘制荷叶边形状，如图 8-38 所示。

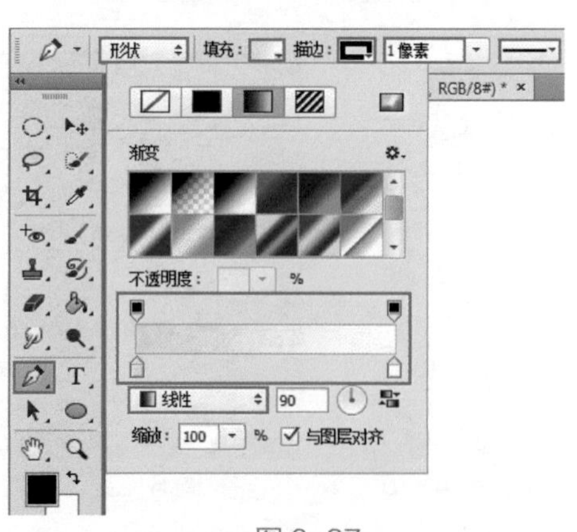

图 8-37

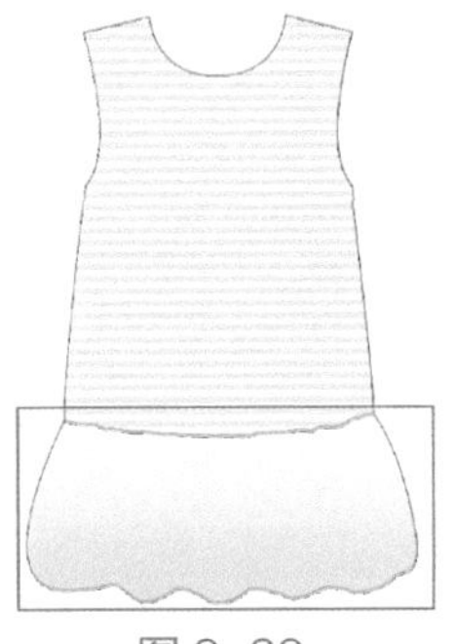

图 8-38

05> 继续选择钢笔工具，在选项栏中设置“填充”为粉色，然后绘制衣领的形状，如图 8-39 所示。衣服前片绘制完成后按住 Ctrl 键单击加选 3 个形状图层，使用快捷键 Ctrl+G 进行编组，命名为“前片”，如图 8-40 所示。

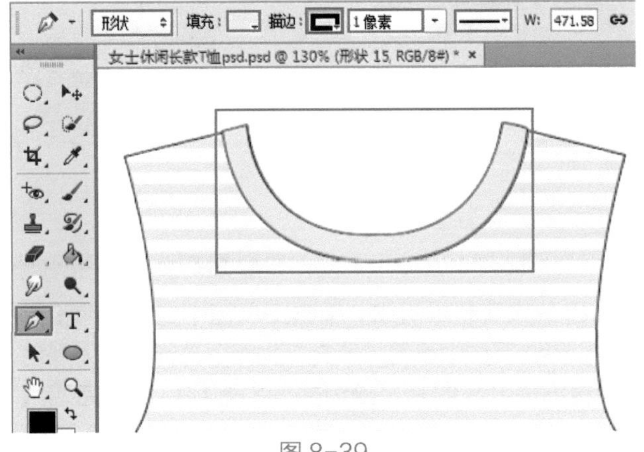

图 8-39

图 8-40

06> 接下来制作衣服的后片。单击工具箱中的“钢笔工具”按钮，在选项栏中设置绘制模式为“形状”，“填充”为浅玫瑰红，“描边”为黑色，描边粗细为 1 像素，描边类型为实线，如图 8-41 所示。设置完成后，在画面中进行绘制，如图 8-42 所示。绘制完成后按 Enter 键完成此操作。

07> 接下来绘制后片领口形状。继续选择钢笔工具，在选项栏中设置“填充”为粉色，设置完成后，在画面中领口位置进行绘制，如图 8-43 所示。

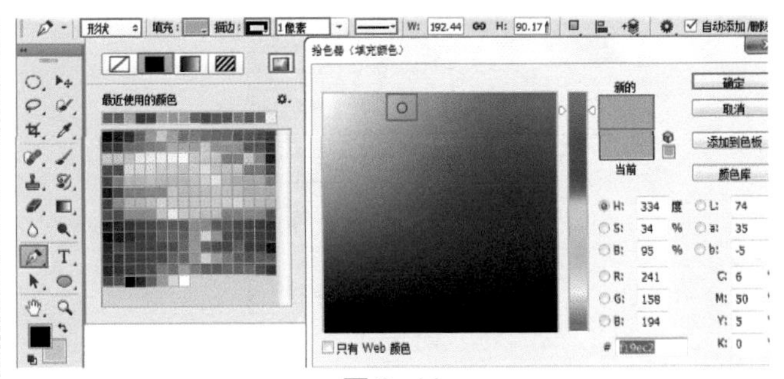

图 8-41

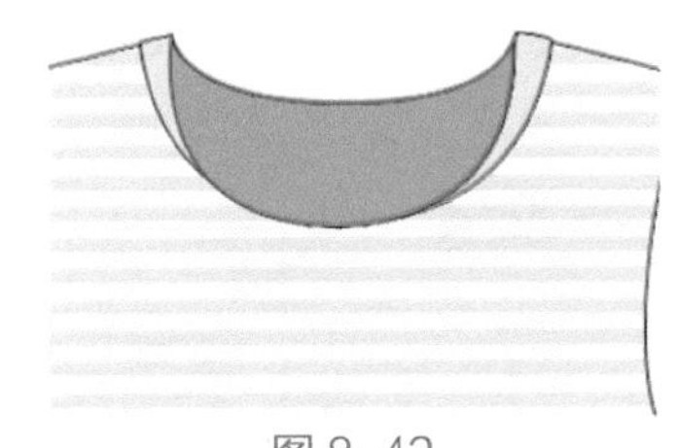

图 8-42

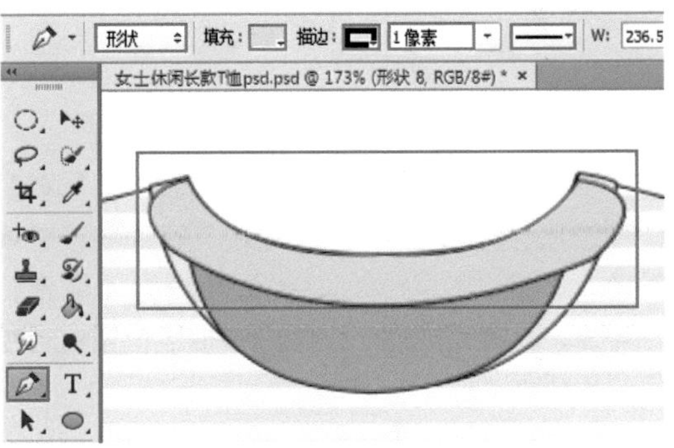

图 8-43

08> 接下来绘制商标。单击工具箱中的“矩形工具”按钮，在选项栏中设置绘制模式为“形状”，“填充”为白色，“描边”为黑色，描边粗细为 1 像素，描边类型为实线。接着在衣领位置按住鼠标左键拖曳绘制一个矩形作为衣服标签，如图 8-44 所示。加选后片的图层，使用快捷键 Ctrl+G 进行编组，然后将图层组命名为“后片”，如图 8-45 所示。

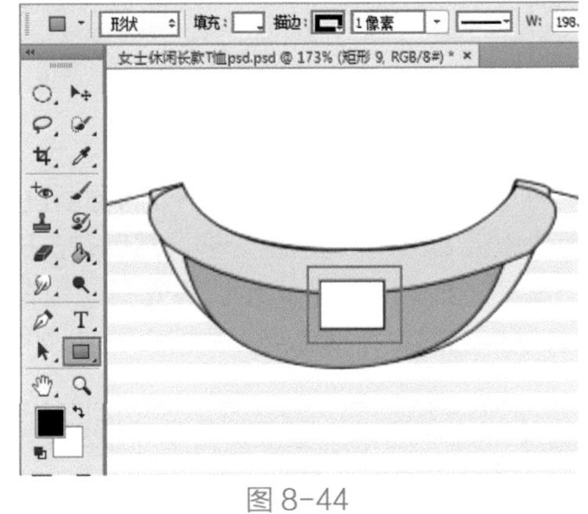

图 8-44

图 8-45

09> 在“图层”面板中将“后片”图层组移动至“前片”图层组的下方，如图 8-46 所示。此时画面效果如图 8-47 所示。

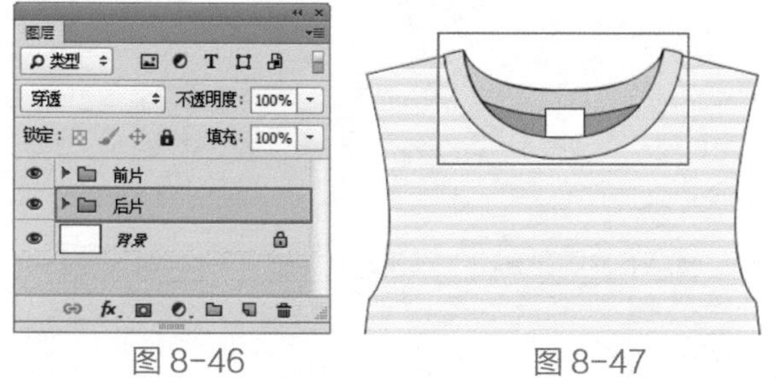

图 8-46　　图 8-47

10> 接下来绘制 T 恤袖子。单击工具箱中的“钢笔工具”按钮，在选项栏中设置绘制模式为“形状”，“填充”为浅粉色，“描边”为黑色，描边粗细为 1 像素，描边类型为实线，设置完成后，在画面中相应位置进行绘制，如图 8-48 所示。

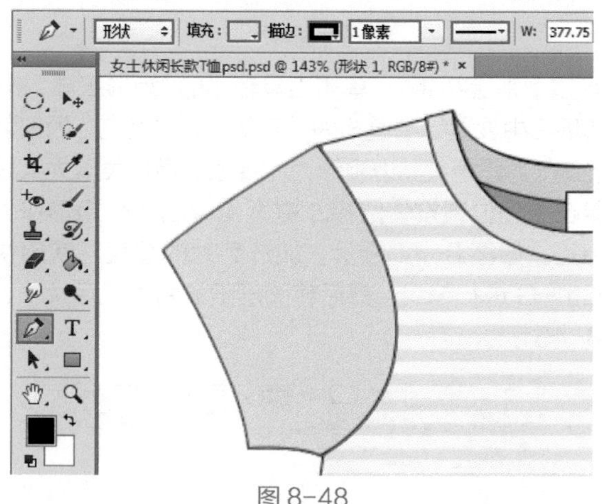

图 8-48

11> 选中袖子图层，使用快捷键 Ctrl+J 将图层进行复制，然后使用快捷键 Ctrl+T 调出界定框，然后右击执行“水平翻转”命令，如图 8-49 所示。将光标定位在界定框以内，按住鼠标左键进行拖曳至右侧相应位置，如图 8-50 所示。

12> 接着加选袖子的两个图层，使用快捷键 Ctrl+G 进行编组，然后将图层组命名为“袖子”，接着将该图层组移动至“前片”图层组下方，如图 8-51 所示。效果如图 8-52 所示。

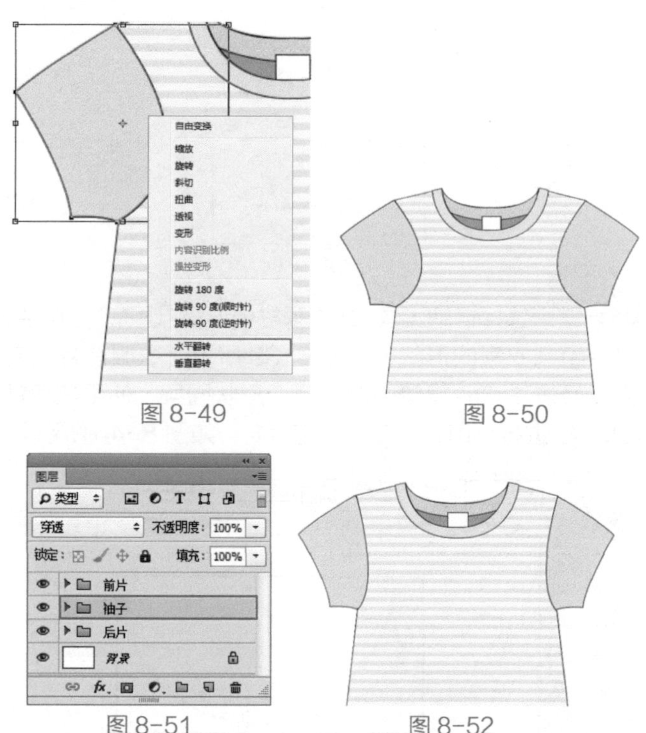

图 8-49　　图 8-50

图 8-51　　图 8-52

13> 接下来绘制缉明线。单击工具箱中的“钢笔工具”按钮，在选项栏中设置“填充”为无，“描边”为黑色，描边粗细为 0.5 像素，描边类型为虚线，设置完成后，绘制一条曲线，按 Enter 键完成此操作。如图 8-53 所示。接着绘制一个闭合路径作为衣兜，如图 8-54 所示。

14> 接着加选两个缉明线图层，使用快捷键 Ctrl+J 将图层进行复制，并将其水平翻转，然后向右移动，效果如图 8-55 所示。

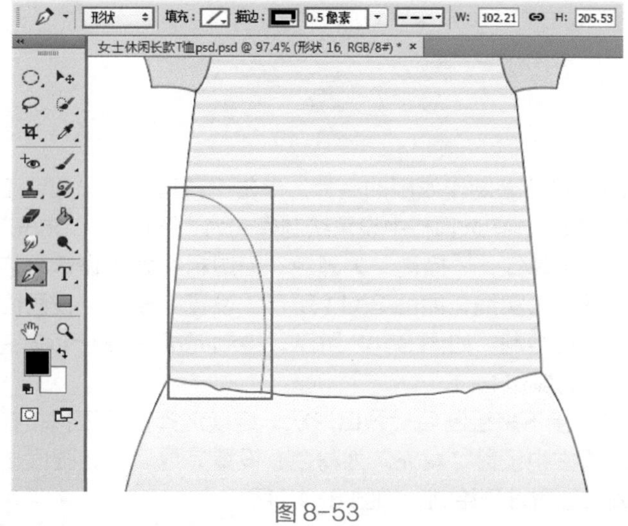

图 8-53

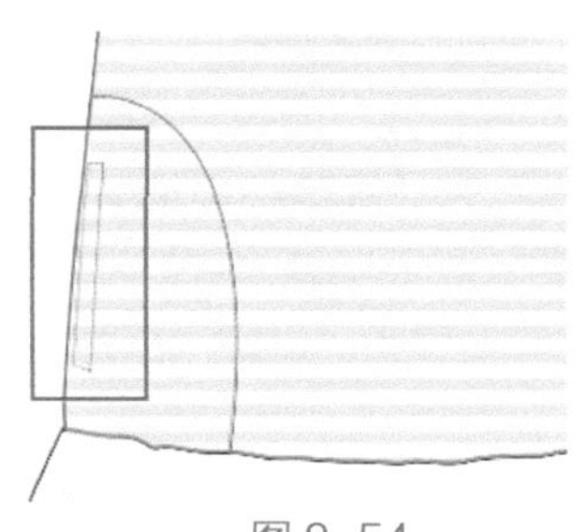

图 8-54

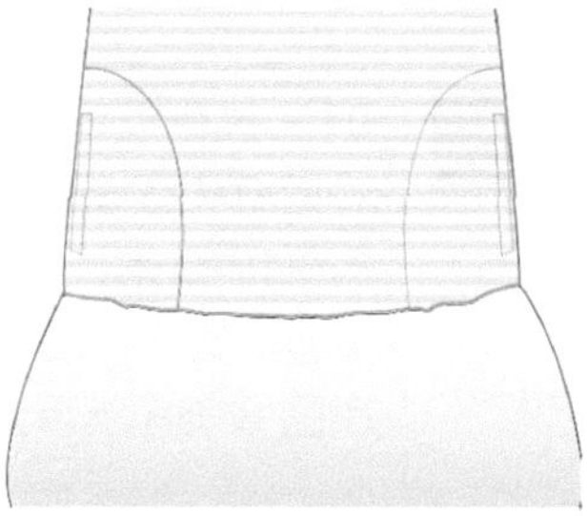

图 8-55

15> 接下来绘制衣褶。单击工具箱中的“钢笔工具”按钮，在选项栏中设置绘制模式为“形状”，“填充”为无，“描边”为黑色，描边粗细为 1 像素，描边类型为实线，设置完成后，在画面中 T 恤下摆位置进行绘制，按 Enter 键完成此操作，如图 8-56 所示。接着使用相同的方法，绘制其他衣褶形状，最终效果如图 8-57 所示。

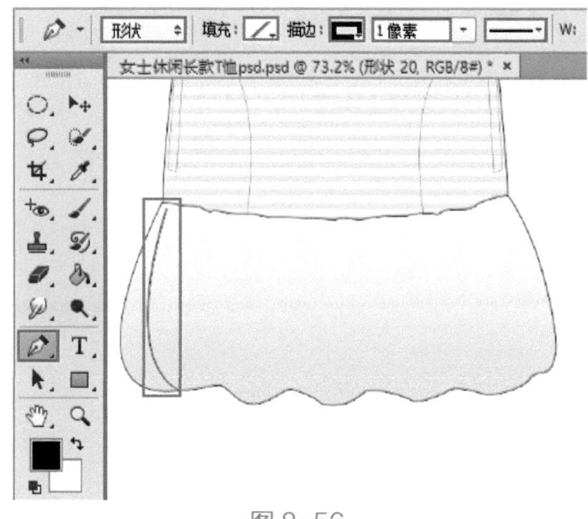

图 8-56

图 8-57

8.3 可爱女童上衣

文件路径	第 8 章 \ 可爱女童上衣
难易指数	★★★★★
技术掌握	钢笔工具、载入图案预设、椭圆工具、圆角矩形工具

案例效果

案例效果如图 8-58 所示。

图 8-58

配色方案解析

女童装的颜色大多选择纯度较高的艳丽颜色，或者是高明度、高饱和度的柔和色彩。本作品采用对比色的色彩搭配方式，以蓝色为主色，清爽而干净。以黄色作为点缀，将儿童的天真烂漫诠释得恰到好处。图 8-59~图 8-62 所示为使用该配色方案的服装设计作品。

图 8-59

图 8-60

图 8-61

图 8-62

其他配色方案

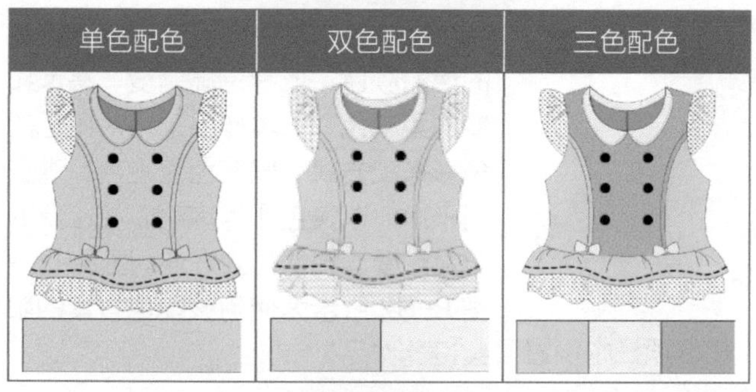

应用拓展

优秀服装设计作品，如图 8-63~ 图 8-66 所示。

图 8-63

图 8-64

图 8-65

图 8-66

实用配色方案

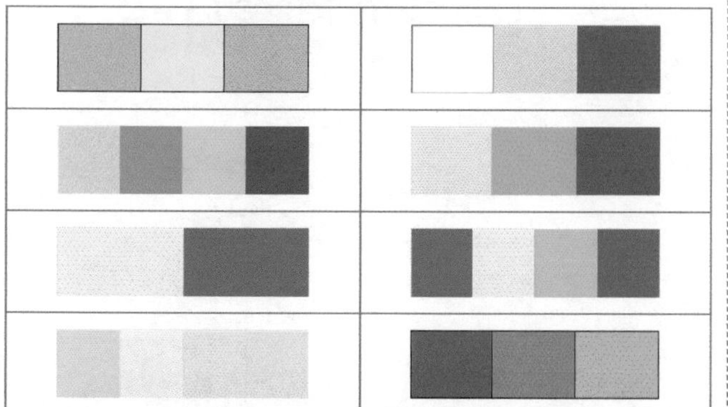

操作步骤

01> 执行菜单“文件 > 新建”命令，在弹出的“新建”对话框中设置“预设”为“国际标准纸张”，“宽度”为 210 毫米，“高度”为 297 毫米，“分辨率”为 300 像素 / 英寸，设置完成后单击“确定”按钮，如图 8-67 和图 8-68 所示。

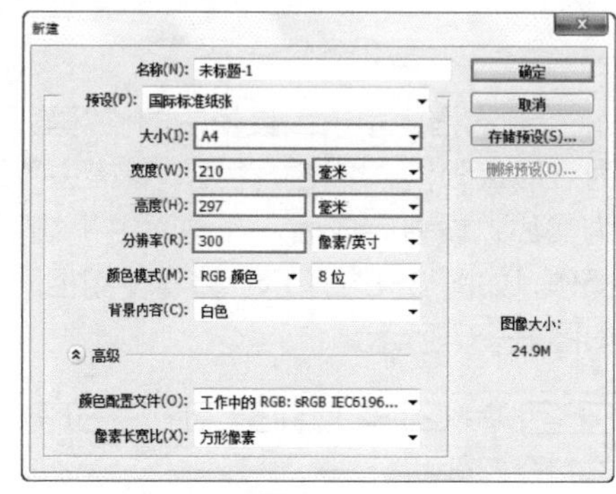

图 8-67

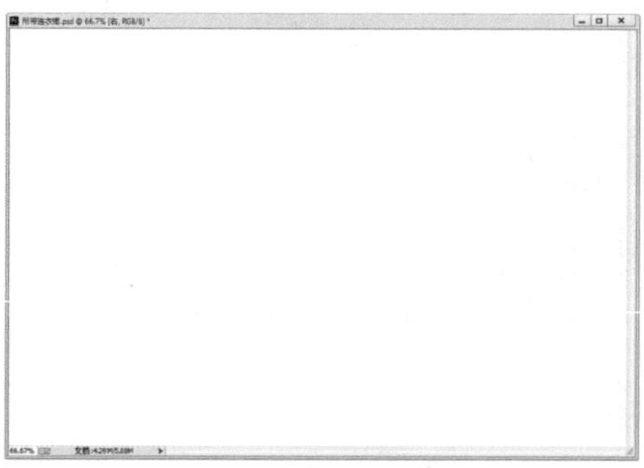
图 8-68

02> 绘制上衣后片。单击工具箱中的“钢笔工具”按钮，在选项栏中设置绘制模式为“形状”，“填充”为青蓝色，“描边”为黑色，描边粗细为 1 像素，描边类型为实线，如图 8-69 所示。设置完成后，在画面中进行绘制，如图 8-70 所示。

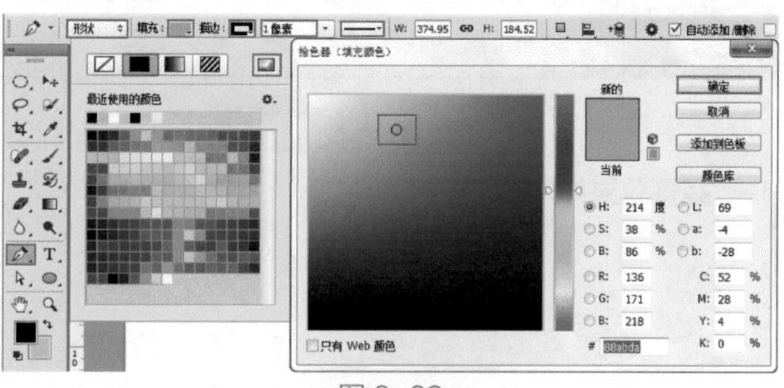

图 8-69

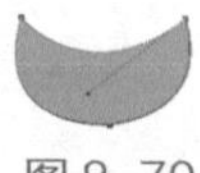
图 8-70

03> 绘制后片布料衔接处。继续选择钢笔工具，在选项栏中设置“填充”为黑色，“描边”为黑色，描边粗细为 1 像素，描边类型为实线，设置完成后，在后片衣领位置绘制一条直线，按 Enter 键完成此操作，如图 8-71 所示。然后使用相同绘制方式绘制另一条直线，效果如图 8-72 所示。

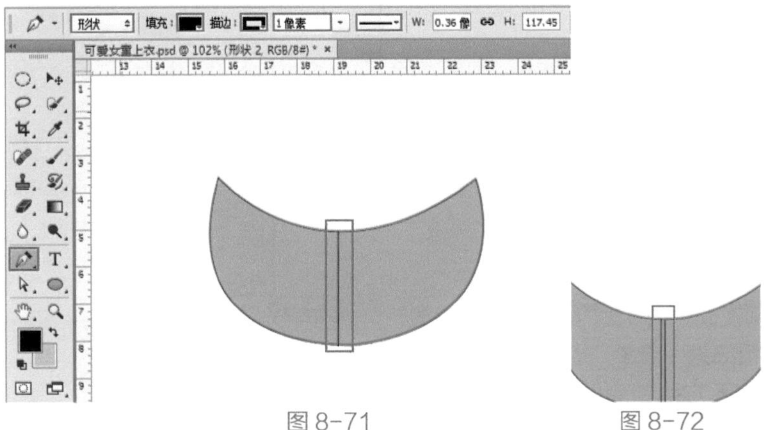

图 8-71　　图 8-72

04> 继续选择钢笔工具，在选项栏中设置“填充”为明黄色，“描边”为黑色，描边粗细为 1 像素，描边类型为实线，如图 8-73 所示。设置完成后，在画面中后片领口位置绘制相应形状，按 Enter 键完成此操作，如图 8-74 所示。

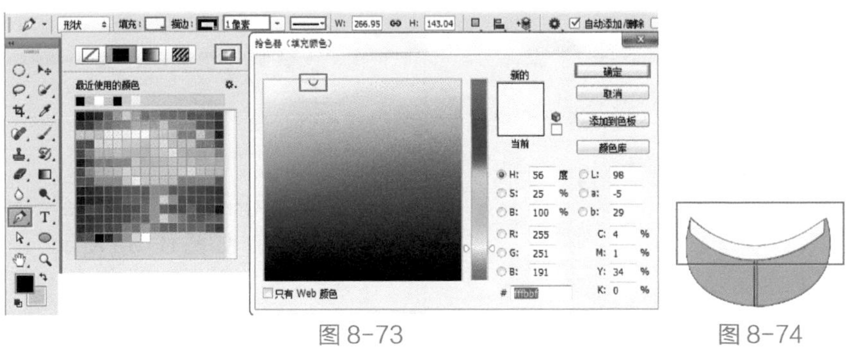

图 8-73　　图 8-74

05> 绘制上衣前片。继续选择钢笔工具，在选项栏中设置“填充”为天青色，“描边”为黑色，描边粗细为 1 像素，描边类型为实线，如图 8-75 所示。设置完成后，在画面中绘制上衣前片形状，按 Enter 键完成此操作，其效果如图 8-76 所示。

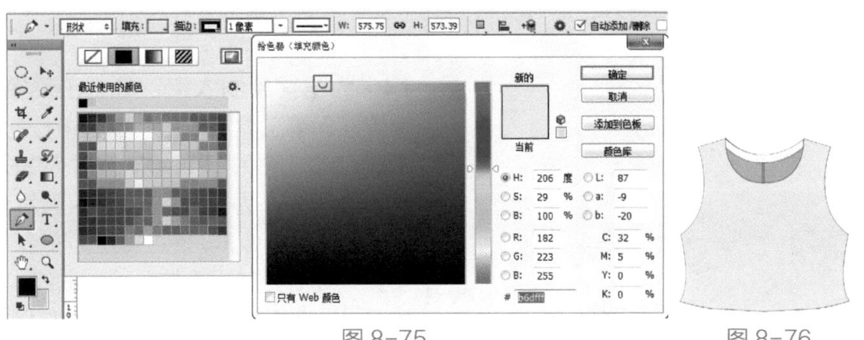

图 8-75　　图 8-76

06> 使用同样的方法，在画面中的上衣前片下方绘制裙摆形状，如图 8-77 所示。在选项栏中设置“填充”为无，“描边”为黑色，描边粗细为 5 像素，描边类型为虚线，设置完成后，在裙摆边缘绘制缉明线，效果如图 8-78 所示。绘制完成后按 Enter 键完成此操作。

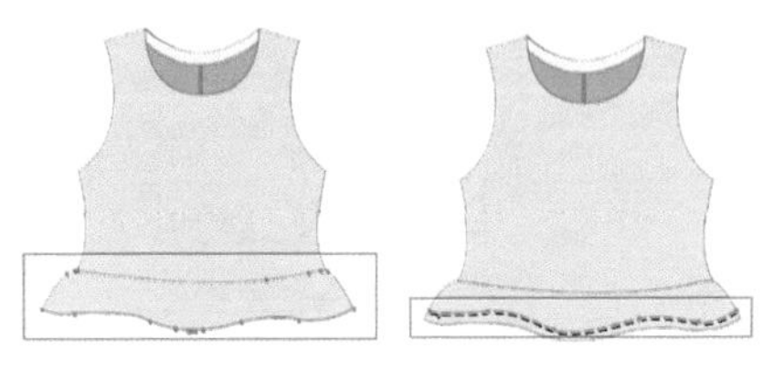

图 8-77　　图 8-78

07> 移动图层位置，使上衣前片覆盖于裙摆。在“图层”面板中选中裙摆图层与裙摆缉明线图层，然后将光标定位在该图层上，按住鼠标左键向下拖曳至上衣前片形状图层下方，如图 8-79 所示。此时画面效果如图 8-80 所示。

图 8-79

图 8-80

08> 绘制底层裙摆。执行菜单“编辑 > 预设 > 预设管理器”命令，在弹出的“预设管理器”对话框中设置“预设类型”为“图案”，单击“载入”按钮，接着在弹出的对话框中选择“1.pat”，单击“载入”按钮，载入完成后单击“完成”按钮，完成此操作，如图 8-81 所示。

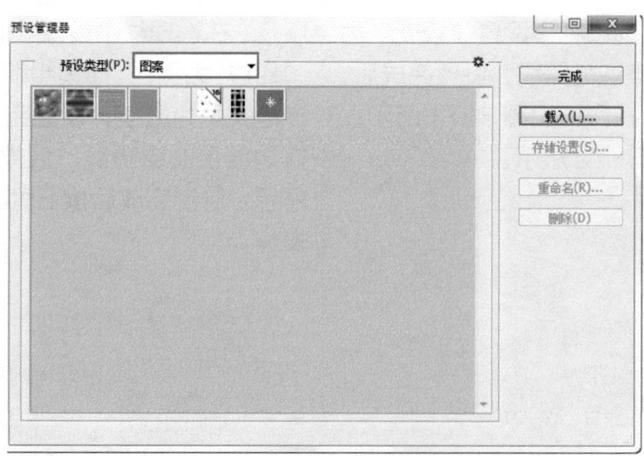

图 8-81

09> 继续选择钢笔工具，在选项栏中设置绘制模式为“形状”，“填充”为图案，选择图案为“1.pat”，“描边”为黑色，描边粗细为 1 像素，描边类型为实线，如图 8-82 所示。设置完成后，在画面中上衣下方绘制底层裙摆形状，如图 8-83 所示。

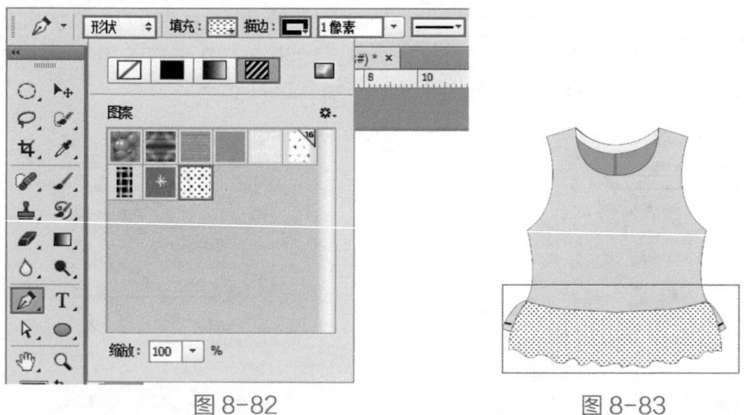

图 8-82　　图 8-83

10> 接着在“图层”面板中选中该形状图层，并将光标定位在该图层上，按住鼠标左键向下拖曳至上层裙摆图层下方，如图 8-84 所示。此时画面效果如图 8-85 所示。

11> 继续选择钢笔工具，不选中任何图层，在选项栏中设置“填充”为无，“描边”为黑色，描边粗细为 1 像素，描边类型为实线，设置完成后，在上衣前片左侧位置绘制曲线，如图 8-86 所示。绘制完成后按 Enter 键完成此操作。

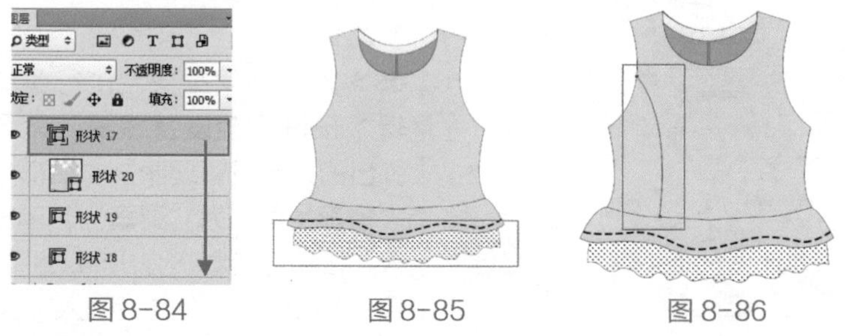

图 8-84　　图 8-85　　图 8-86

12> 在“图层”面板中选中该图层，使用快捷键 Ctrl+J 复制出一个相同的图层，然后使用快捷键 Ctrl+T 调出界定框，然后右击执行“水平翻转”命令，如图 8-87 所示。按住鼠标左键将线条向右移动，按 Enter 键完成此操作，如图 8-88 所示。

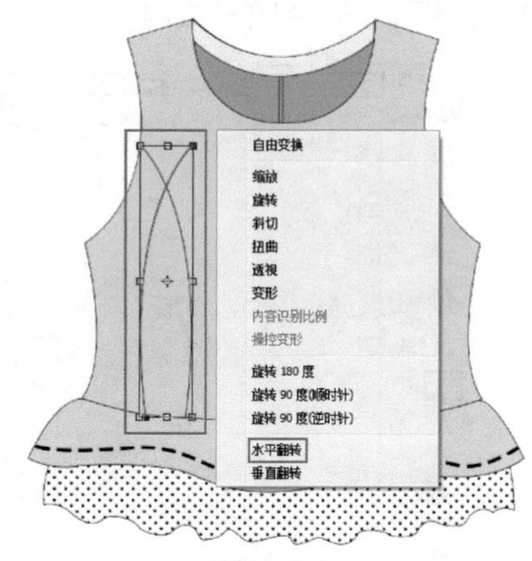

图 8-87

图 8-88

13> 接着使用相同的方法，绘制另一组曲线形状，如图 8-89 所示。

图 8-89

14> 为裙摆绘制衣褶。单击工具箱中的“钢笔工具”按钮，不选中任何图层，在选项栏中设置绘制模式为“形状”，“填充”为无，“描边”为黑色，描边粗细为 1 像素，描边类型为实线，设置完成后，在裙摆位置绘制曲线，按 Enter 键完成此操作，如图 8-90 所示。接着使用相同的方法，绘制其他衣褶，效果如图 8-91 所示。

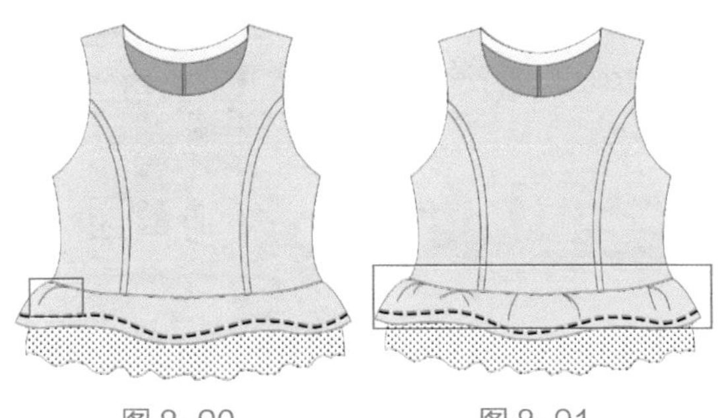
图 8-90　　图 8-91

15> 绘制衣褶的阴影。继续选择钢笔工具，在选项栏中设置“填充”为灰色，“描边”为无，设置完成后，在裙摆相应位置绘制曲线形成阴影形状，如图 8-92 所示。接着使用相同的方法，绘制其他阴影形状，效果如图 8-93 所示。

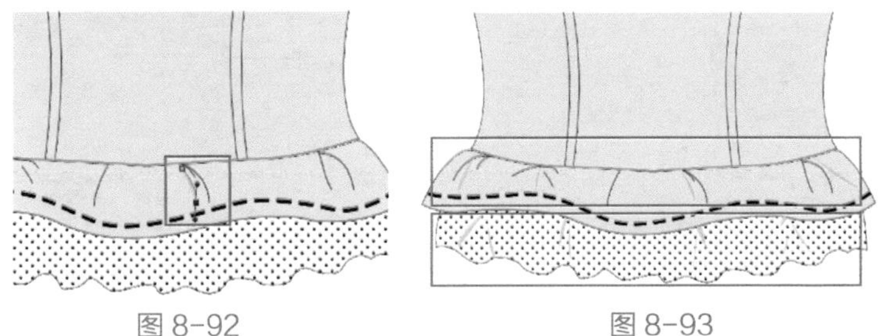
图 8-92　　图 8-93

16> 绘制衣领形状。继续选择钢笔工具，在选项栏中设置绘制模式为“形状”，“填充”为明黄色，“描边”为黑色，描边粗细为 1 像素，描边类型为实线，如图 8-94 所示。设置完成后，在画面中绘制衣领形状，如图 8-95 所示。

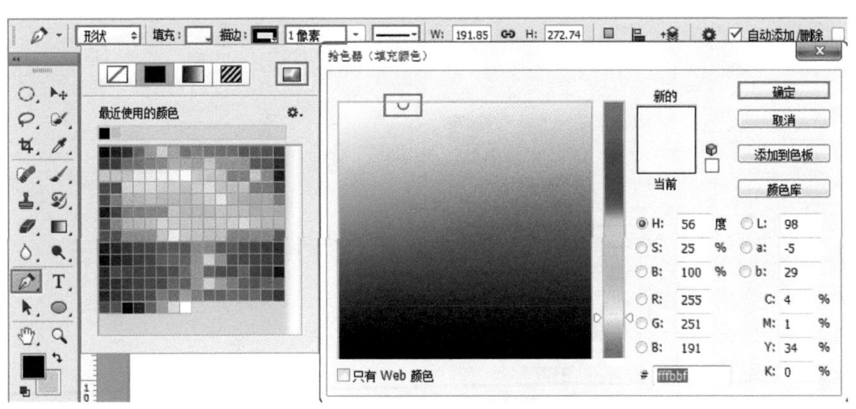

图 8-94

图 8-95

17> 在“图层”面板中选中衣领“形状”图层，使用快捷键 Ctrl+J 复制出一个相同的图层，然后再使用快捷键 Ctrl+T 调出界定框，然后右击执行“水平翻转”命令，如图 8-96 所示。接着将衣领向右移动，按 Enter 键完成此操作，如图 8-97 所示。

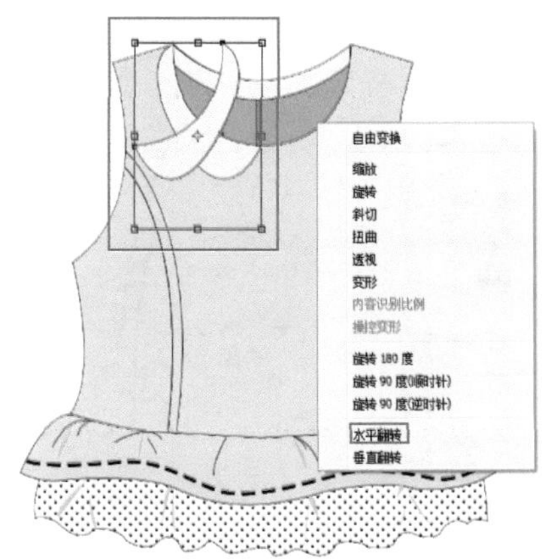

图 8-96

图 8-97

18> 接下来绘制衣领缉明线。继续选择钢笔工具，在选项栏中设置“填充”为无，“描边”为黑色，描边粗细为 0.5 像素，描边类型为虚线，设置完成后，在上衣衣领位置沿着边缘绘制曲线，按 Enter 键完成此操作，如图 8-98 所示。

19> 接着在“图层”面板中选中该缉明线图层，使用快捷键 Ctrl+J 复制出一个相同的图层，再使用快捷键 Ctrl+T 调出界定框，然后右击执行“水平翻转”命令，如图 8-99 所示。接着将光标定位在界定框内，按住鼠标左键向右拖曳至相应位置，按

Enter 键完成此操作，如图 8-100 所示。

20> 在“图层”面板中选中所有前片图层，使用快捷键 Ctrl+G 进行编组，并将该组命名为“前片”，如图 8-101 所示。

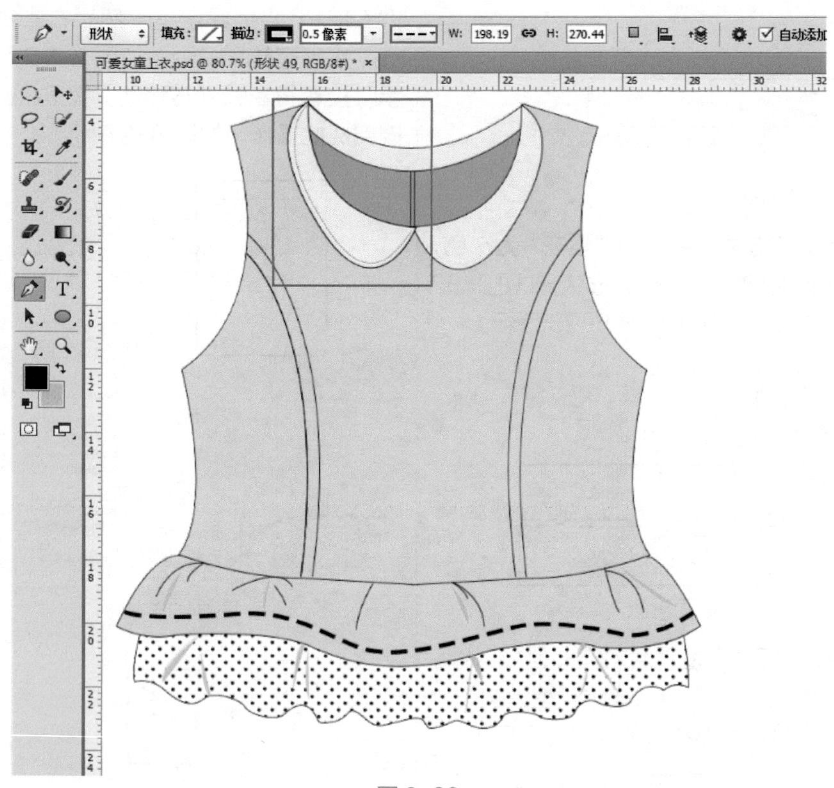

图 8-98

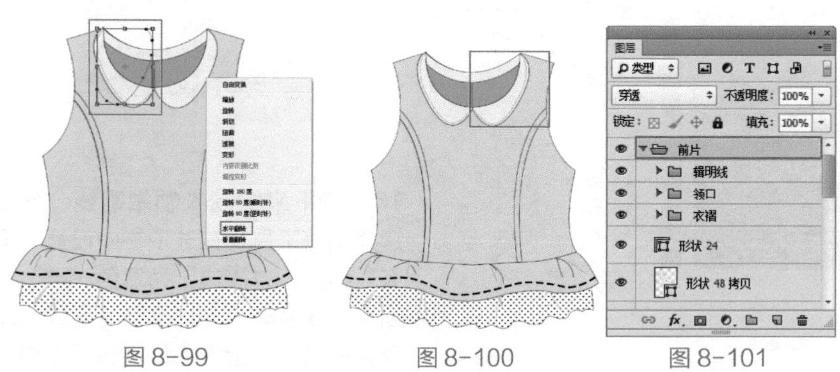

图 8-99　　图 8-100　　图 8-101

21> 接下来绘制衣袖。单击工具箱中的“钢笔工具”按钮，在选项栏中设置绘制模式为“形状”，“填充”为图案，选择新载入的图案，“描边”为黑色，描边粗细为 1 像素，描边类型为实线，如图 8-102 所示。设置完成后，在画面中上衣左侧绘制衣袖摆形状，按 Enter 键完成此操作，如图 8-103 所示。

22> 接着在“图层”面板中选中该衣袖图层，使用快捷键 Ctrl+J 复制出一个相同的图层。再使用快捷键 Ctrl+T 调出界定框，然后右击执行“水平翻转”命令，如图 8-104 所示。接着将衣袖移动至衣服的右侧，按 Enter 键完成此操作，如图 8-105 所示。

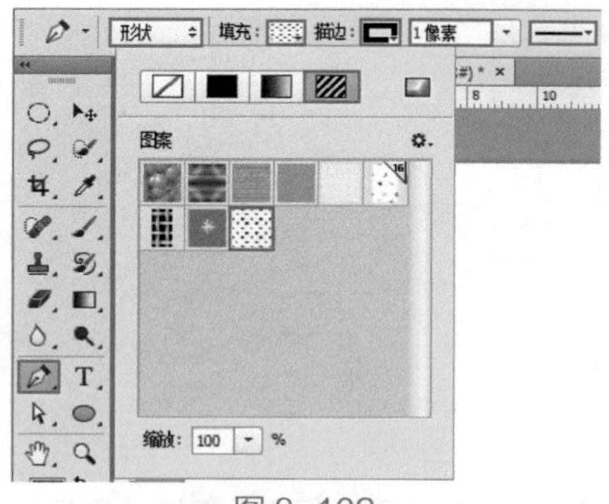

图 8-102

图 8-103

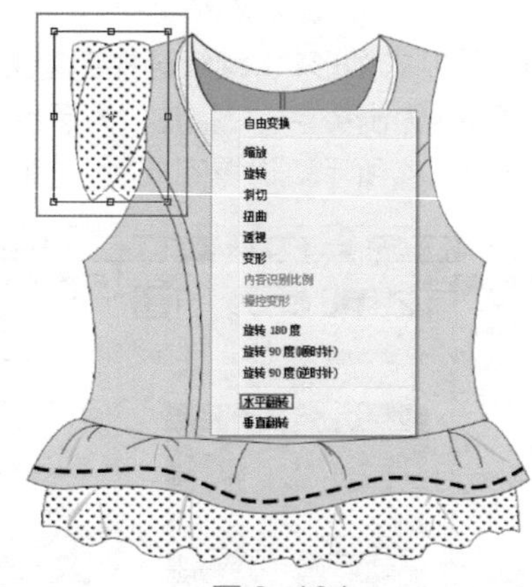

图 8-104

图 8-105

23> 接下来为衣袖绘制衣褶。继续选择钢笔工具，在选项栏中设置“填充”为无，“描边”为黑色，描边粗细为 1 像素，描边类型为实线，设置完成后，在衣袖上方绘制曲线，如图 8-106 所示。绘制完成后按 Enter 键完成此操作。然后使用相同的方法，绘制其他衣褶图形，如图 8-107 所示。

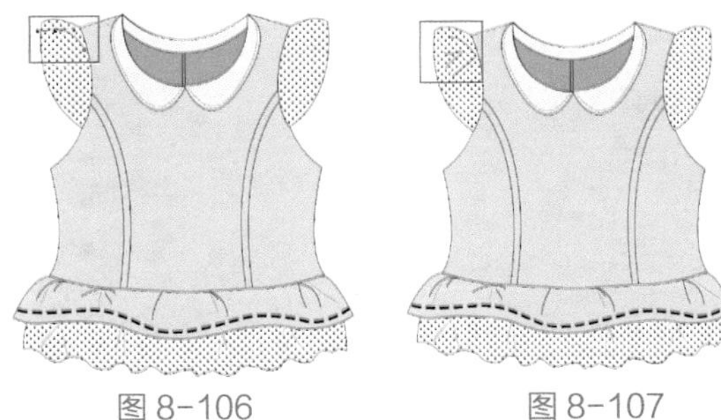
图 8-106　　图 8-107

24> 接下来绘制衣袖衣褶的阴影。继续选择钢笔工具，在不选中任何图层的情况下，在选项栏中设置“填充”为灰色，“描边”为无，设置完成后，在相应位置绘制形状，如图 8-108 所示。

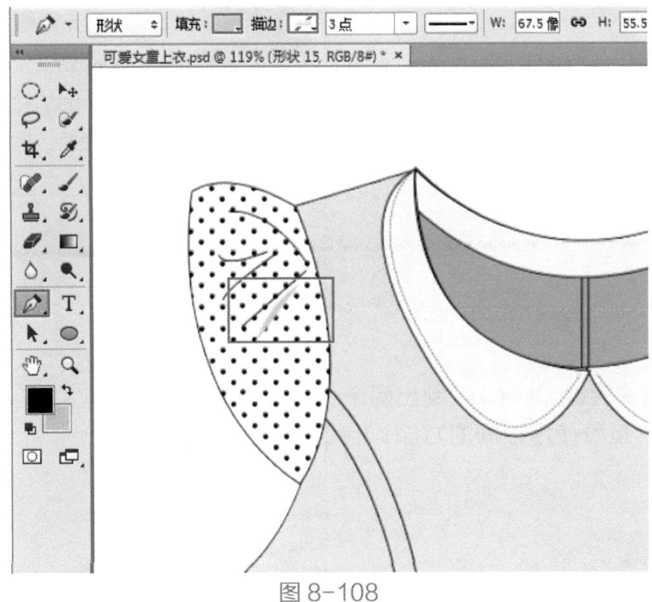

图 8-108

25> 接着在“图层”面板中选中左侧衣袖的 5 个图层，使用快捷键 Ctrl+G 进行编组，命名为“组 1”，然后在“图层”面板中选中该组，使用快捷键 Ctrl+J 复制出一个相同的组，命名为“组 2”，如图 8-109 所示。接着使用快捷键 Ctrl+T 调出界定框，然后右击执行“水平翻转”命令，如图 8-110 所示。接着向右移动调整其位置，按 Enter 键完成此操作，如图 8-111 所示。

图 8-109

26> 在“图层”面板中选中所有有关袖子的图层，使用快捷键 Ctrl+G 进行编组，命名为“袖子”。接着在“图层”面板中选中该组，并将光标定位在该组上，按住鼠标左键向下拖曳至“前片”组下方，如图 8-112 所示。此时画面效果如图 8-113 所示。

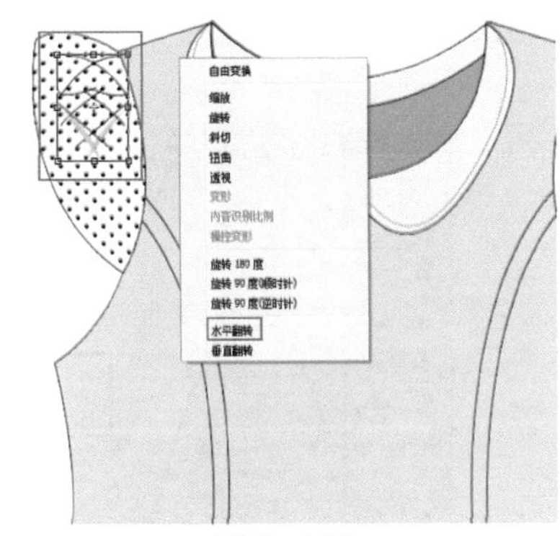

图 8-110

图 8-111

图 8-112

图 8-113

27> 新建一个图层，选择工具箱中的椭圆选框工具，在衣领下方按住 Shift 键的同时按住鼠标左键拖曳绘制一个正圆形选区，如图 8-114 所示。接着将前景色设置为黑色，使用快捷键 Alt+Delete 进行填充，如图 8-115 所示。接着选中该图层，使用快捷键 Ctrl+J 将图层进行复制，

并将其向右移动，如图 8-116 所示。

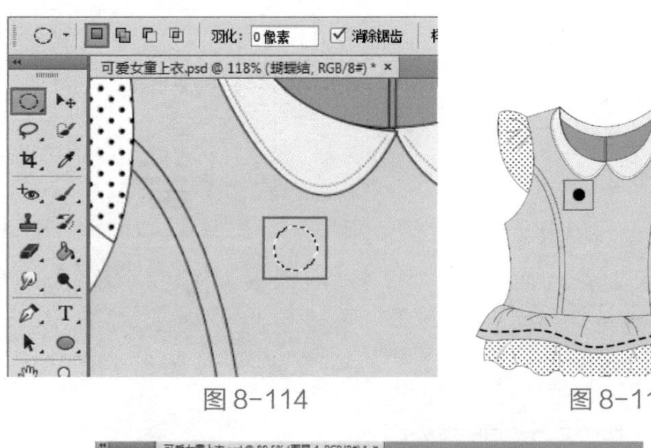

图 8-114　　　　图 8-115

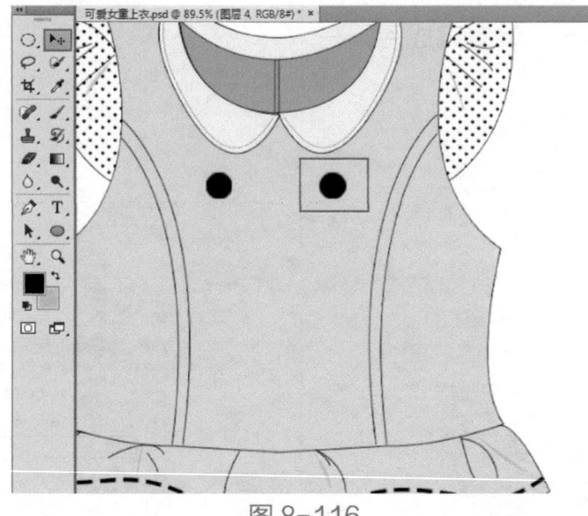

图 8-116

28> 在“图层”面板中选中两个纽扣图层，使用快捷键 Ctrl+J 复制出两个相同的图层，然后向下移动，如图 8-117 所示。接着使用相同的方法，制作第三组纽扣，效果如图 8-118 所示。

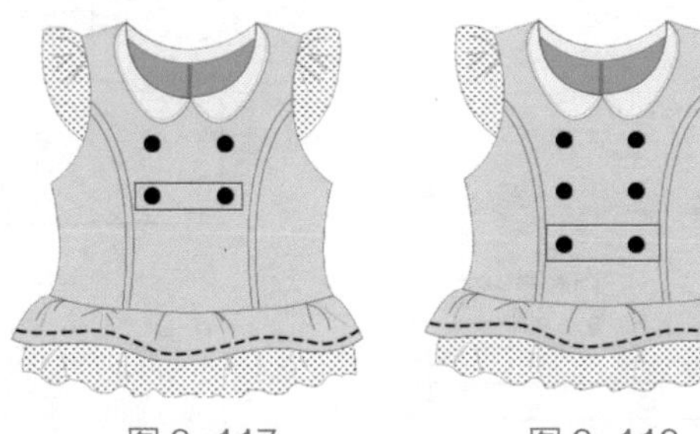

图 8-117　　　　图 8-118

29> 继续使用钢笔工具绘制蝴蝶结，如图 8-119~ 图 8-121 所示。

图 8-119　　　　图 8-120　　　　图 8-121

30> 接着按住 Ctrl 键单击加选 3 个图层，然后使用快捷键 Ctrl+G 进行编组。再使用快捷键 Ctrl+J 将图层复制一份，接着将蝴蝶结向右移动并适当旋转，最终效果如图 8-122 所示。

图 8-122

8.4 甜美风格女士睡裙

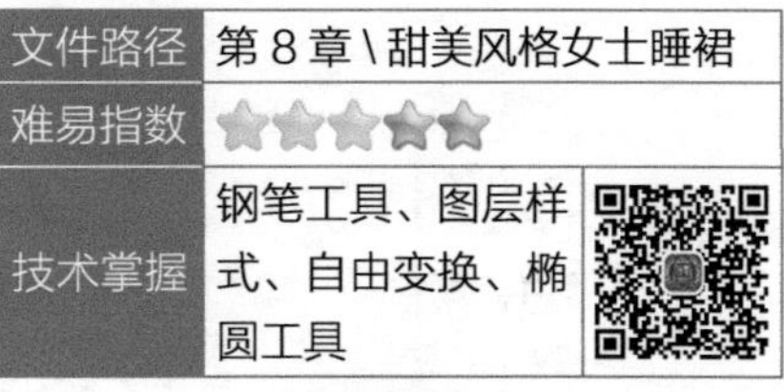

文件路径	第 8 章 \ 甜美风格女士睡裙
难易指数	★★★★★
技术掌握	钢笔工具、图层样式、自由变换、椭圆工具

案例效果

案例效果如图 8-123 所示。

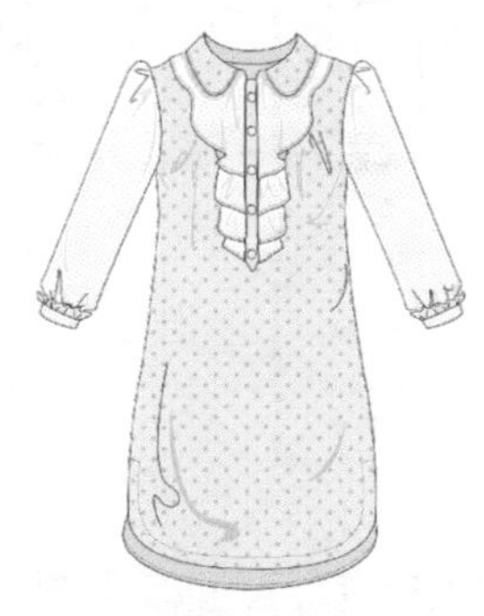

图 8-123

配色方案解析

甜美、可爱是女士睡衣以及居家服比较常见的风格特点，此类服装用色往往较为淡雅，多采用高明度、高饱和度的色彩，例如浅粉色、浅蓝色、浅黄色等。柔和的色彩更容易使人放松，也有利于睡眠。本案例中的服装以淡蓝色为主色，搭配波点元素作为点缀，荷叶边衣领以及蓬蓬袖营造出唯美的公主气质。图 8-124~ 图 8-127 所示为使用该配色方案的服装设计作品。

图 8-124

图 8-125

图 8-126

图 8-127

其他配色方案

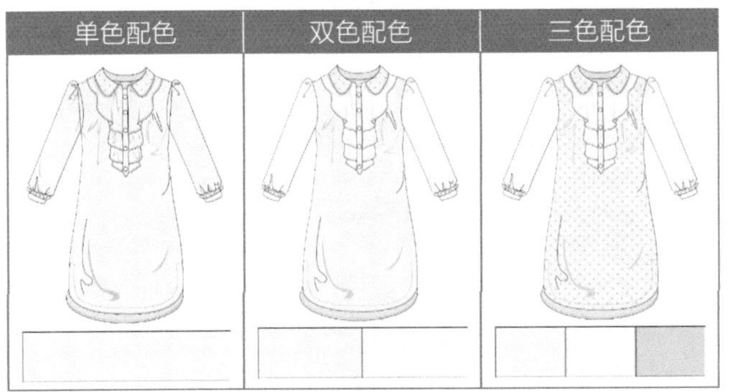

应用拓展

优秀服装设计作品，如图 8-128~ 图 8-131 所示。

图 8-128

图 8-129

图 8-130

图 8-131

实用配色方案

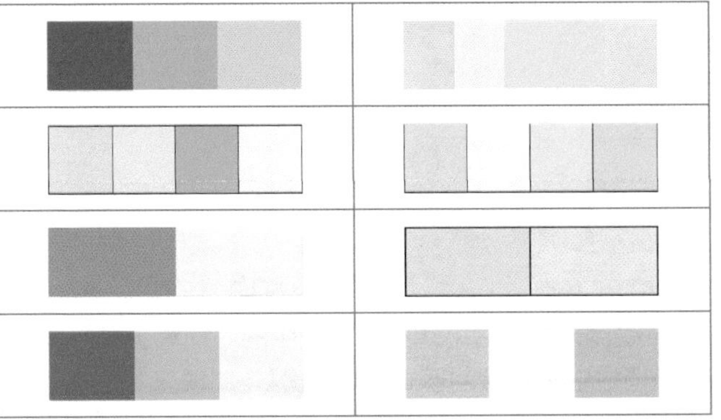

操作步骤

01> 新建一个空白文档。首先绘制睡裙后片。单击工具箱中的“钢笔工具”按钮，在选项栏中设置绘制模式为“形状”，为了不影响绘制操作先将“填充”设置为“无”，“描边”为黑色，描边粗细为 1 像素，描边类型为实线，设置完成后，在画面中进行绘制，如图 8-132 所示。绘制完成后，双击“图层”面板中的形状图层缩览图，在弹出的“拾色器”对话框中设置颜色为浅蓝色，如图 8-133 所示。

02> 此时图形效果如图 8-134 所示。 继续使用钢笔工具绘制领口的形状，效果如图 8-135 所示。

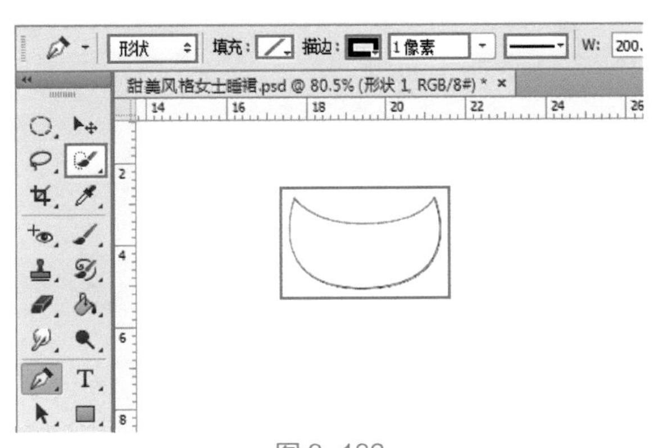

图 8-132

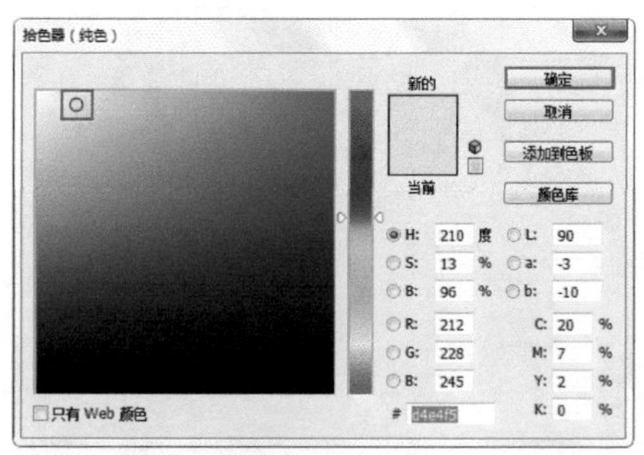

图 8-133

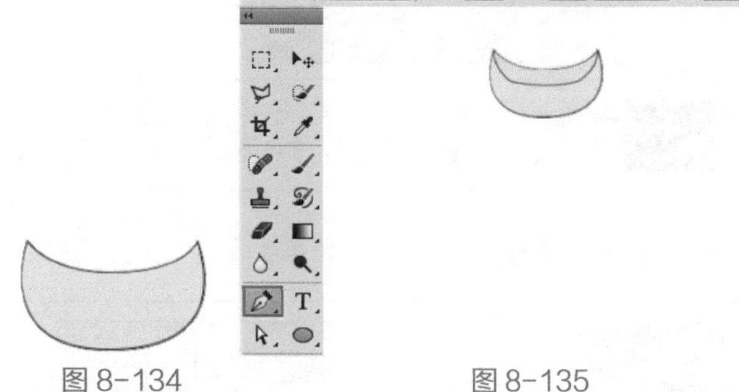

图 8-134　　图 8-135

03> 绘制睡裙前片。单击工具箱中的"钢笔工具"按钮，在选项栏中设置绘制模式为"形状"，"填充"为淡蓝色，"描边"为黑色，描边粗细为 1 像素，描边类型为实线，设置完成后，在画面中进行绘制，如图 8-136 所示。

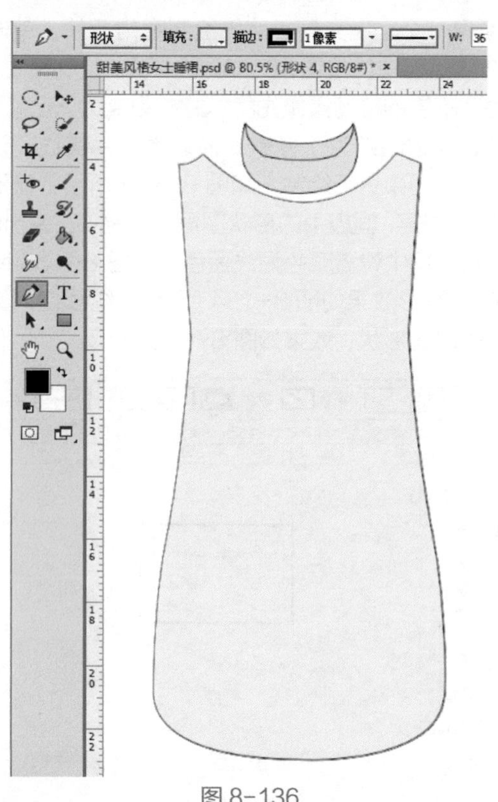

图 8-136

04> 继续使用钢笔工具在裙子底部绘制一个图形，如图 8-137 所示。在"图层"面板中将该图层移动至前片图层后方，效果如图 8-138 所示。

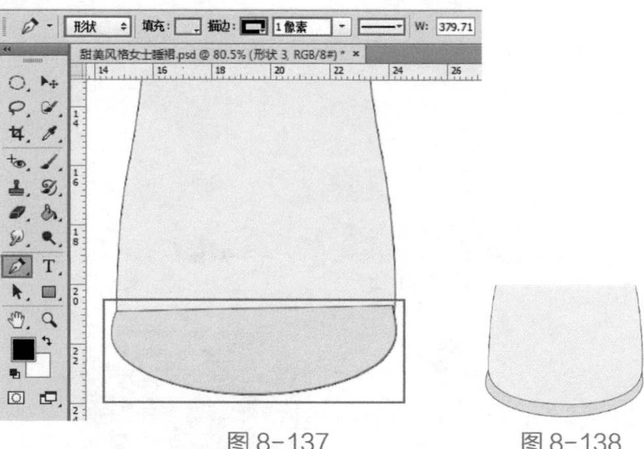

图 8-137　　图 8-138

05> 接下来为前片添加图案。执行菜单"编辑 > 预设 > 预设管理器"命令，在弹出的"预设管理器"对话框中设置"预设类型"为"图案"，单击"载入"按钮，如图 8-139 所示。接着在弹出的"载入"对话框中选择"2.pat"，单击"载入"按钮，如图 8-140 所示。

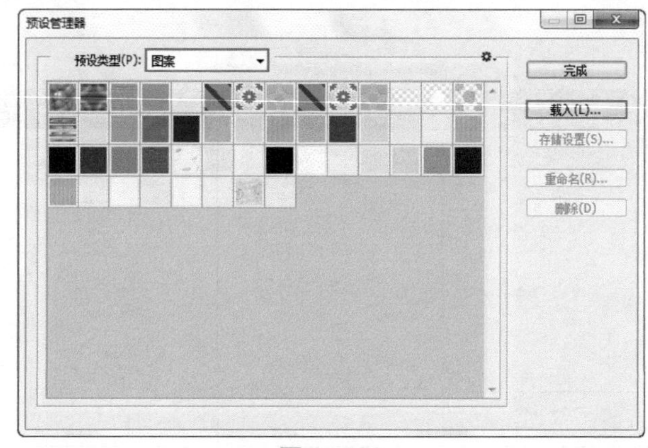

图 8-139

图 8-140

06> 载入完成后，单击“完成”按钮完成此操作，如图 8-141 所示。

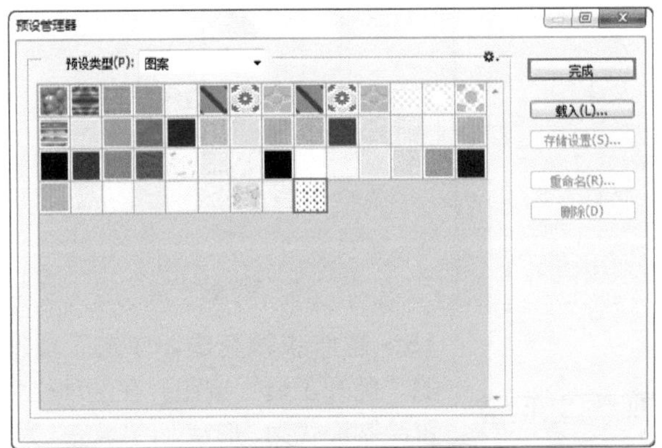

图 8-141

07> 在“图层”面板中选中前片图层，执行菜单“图层 > 图层样式 > 图案叠加”命令，在弹出的“图层样式”对话框中设置“混合模式”为“颜色加深”，“不透明度”为 77%，选择新载入的图案素材，“缩放”为 187%。设置完成后，单击“确定”按钮完成此操作，如图 8-142 所示。此时画面效果如图 8-143 所示。

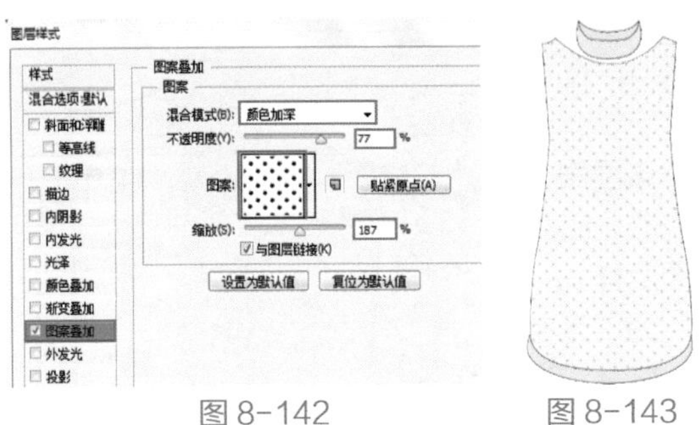

图 8-142　　图 8-143

08> 使用相同的方法，绘制花边中间部分，如图 8-144 所示。

图 8-144

09> 接着制作花边部分。单击工具箱中的“钢笔工具”按钮，在选项栏中设置绘制模式为“形状”，“填充”设置为一个由黄色到白色的渐变，“描边”为黑色，描边粗细为 1 像素，描边类型为实线，如图 8-145 所示。设置完成后，在画面中进行绘制，如图 8-146 所示。

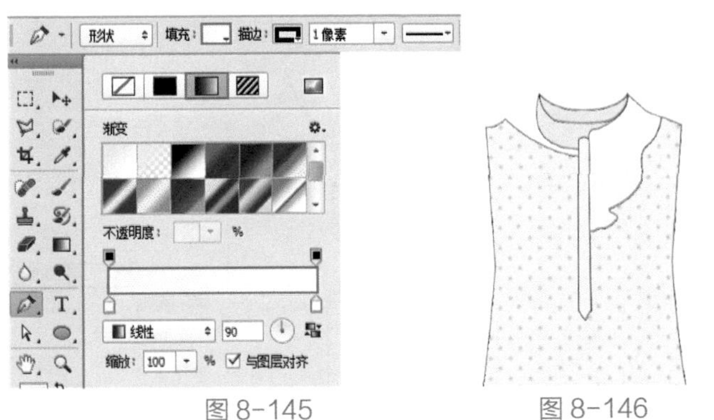

图 8-145　　图 8-146

10> 接着绘制花边阴影部分。继续选择钢笔工具，在选项栏中设置“填充”为黄色，设置完成后，在画面中进行绘制，如图 8-147 所示。此时将该图层置于花边图层底部，此时画面效果如图 8-148 所示。

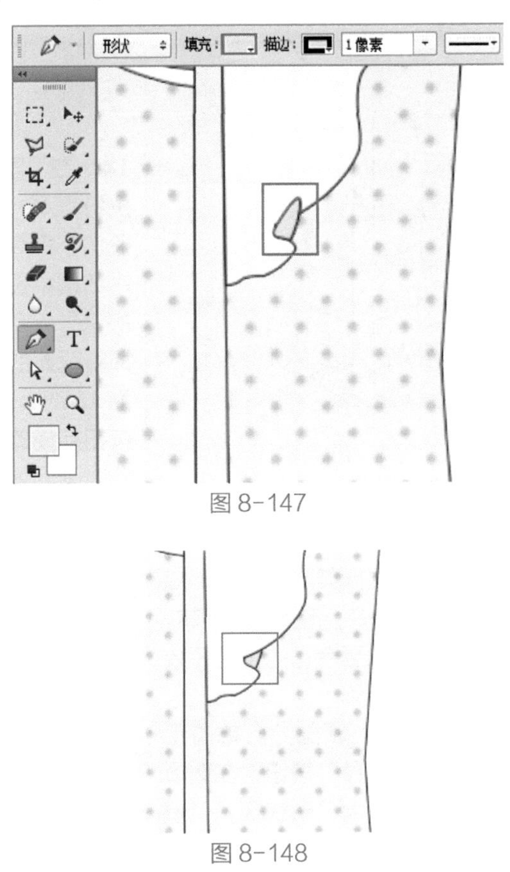

图 8-147

图 8-148

11> 按上述绘制花边方法，继续绘制较小花边并调整“图层”面板中各花边图层位置，效果如图 8-149 所示。此时右侧花边绘制完成。左侧花边同右侧花边绘制方法相同，效果如图 8-150 所示。

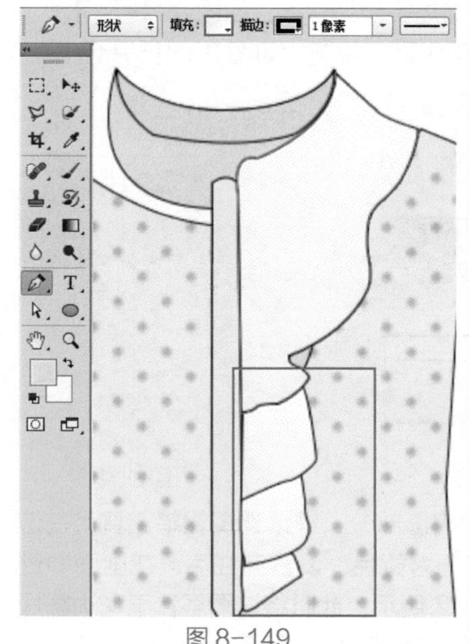

图 8-149

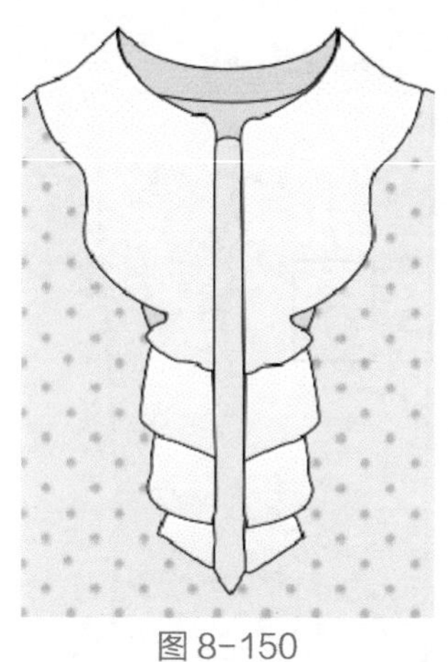

图 8-150

12> 按住Ctrl键单击加选花边图层，并使用快捷键 Ctrl+G 进行编组。然后选中图层组，执行菜单“编辑 > 变换 > 水平翻转”命令，将其水平翻转，接着将其向左移动至合适的位置，效果如图 8-151 所示。

13> 接下来制作衣领部分。单击工具箱中的“钢笔工具”按钮，在选项栏中设置绘制模式为“形状”，“填充”为淡蓝色，“描边”为黑色，描边粗细为 1 像素，描边类型为实线，设置完成后，在左侧衣领上方进行绘制，如图 8-152 所示。

图 8-151

图 8-152

14> 在“图层”面板中选中该图层，执行菜单“图层 > 图层样式 > 图案叠加”命令，在弹出的“图层样式”对话框中设置“混合模式”为“颜色加深”，“不透明度”为 77%，选择新载入的“图案”，并设置“缩放”为 187%，设置完成后，单击“确定”按钮完成此操作，如图 8-153 所示。此时画面效果如图 8-154 所示。

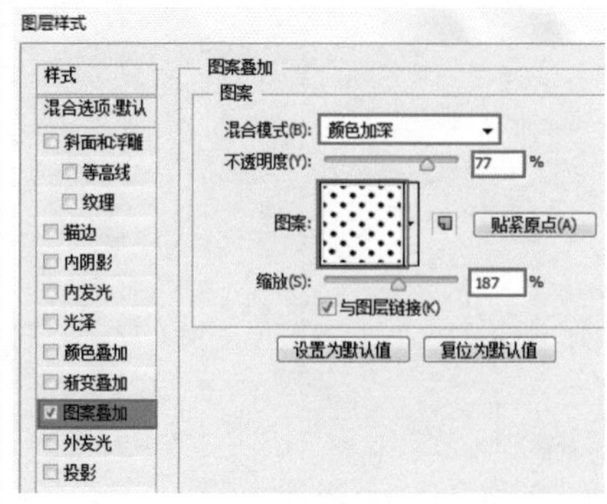

图 8-153

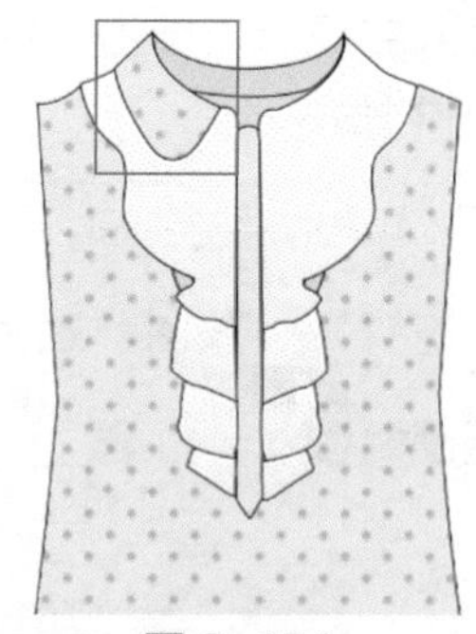

图 8-154

15> 制作衣领花边。单击工具箱中的“椭圆工具”按钮，在选项栏中设置绘制模式为“形状”，“填充”为无，“描边”为蓝色，描边粗细为 1 像素，描边类型为实线，设置完成后，按住 Shift 键在衣领边按住鼠标左键拖曳绘制正圆形，如图 8-155 所示。按此方法继续绘制同心圆，如图 8-156 所示。加选 3 个圆形图层，使用快捷键 Ctrl+E 合并图层。

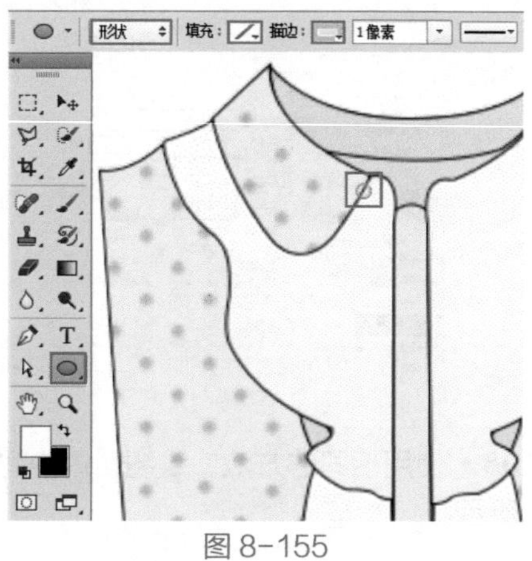

图 8-155

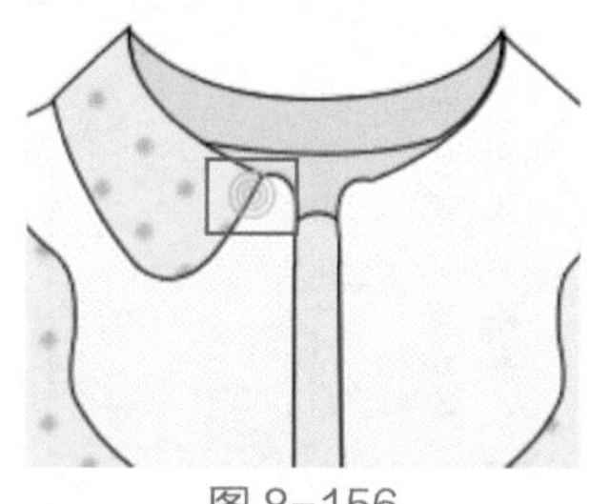

图 8-156

16> 选中同心圆图层，使用快捷键 Ctrl+J 将图层进行复制，然后适当移动其位置，如图 8-157 所示。继续进行复制，并调整合适的位置，效果如图 8-158 所示。加选同心圆图层，使用快捷键 Ctrl+G 将其进行编组。

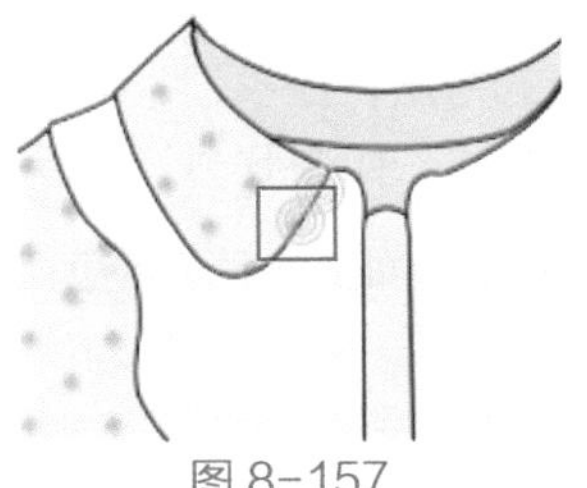
图 8-157

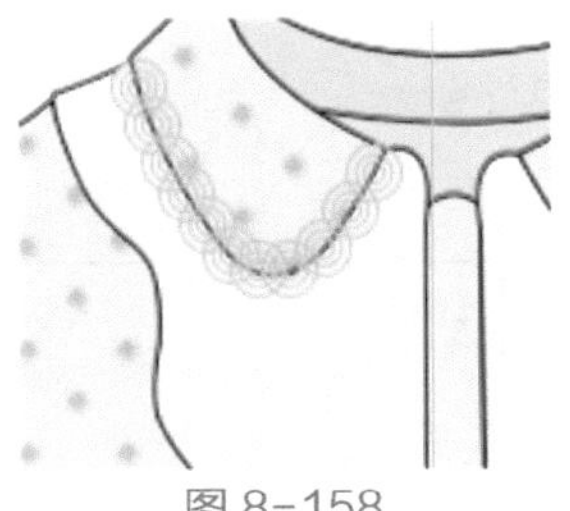
图 8-158

17> 选中同心圆图层组，将其移动至衣领图层的下方，画面效果如图 8-159 所示。

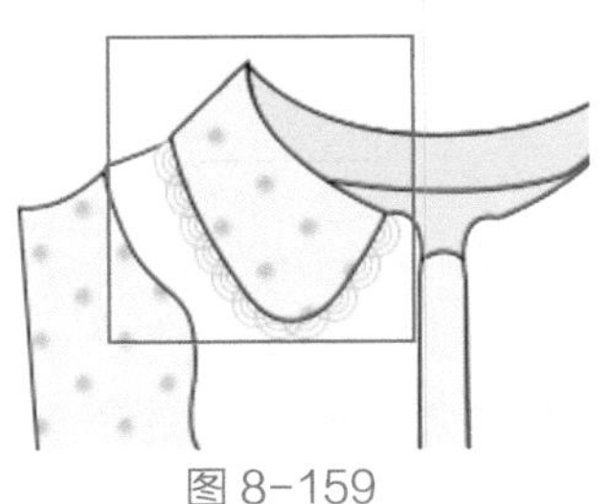
图 8-159

18> 加选衣领图层和同心圆图层组，使用 Ctrl+J 快捷键将其复制一份，在加选的状态下使用快捷键 Ctrl+T 调出界定框，然后右击执行“水平翻转”命令，如图 8-160 所示 。接着将其移动至衣服的右侧，位置调整完成后按 Enter 键，画面效果如图 8-161 所示。

19> 单击工具箱中的“钢笔工具”按钮，在选项栏中设置绘制模式为“形状”，“填充”设置一个由黄色到白色的渐变，“描边”为黑色，描边粗细为 1 像素，描边类型为实线，如图 8-162 所示。设置完成后，在画面中进行绘制。接着设置“填充”为蓝色，在袖口处继续进行绘制，如图 8-163 所示。

20> 加选衣袖的两个图层，使用快捷键 Ctrl+G 进行编组。再使用快捷键 Ctrl+J 复制左侧衣袖。再使用快捷键 Ctrl+T 调出界定框，在画面中右击执行“水平翻转”命令，效果如图 8-164 所示。接着将衣袖向右平移至衣服的右侧，位置调整完成后按Enter键，画面效果如图8-165 所示。

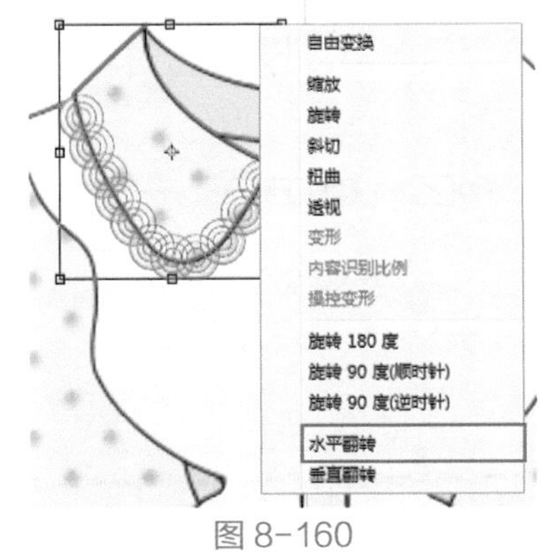

图 8-160

图 8-161

图 8-162

图 8-163

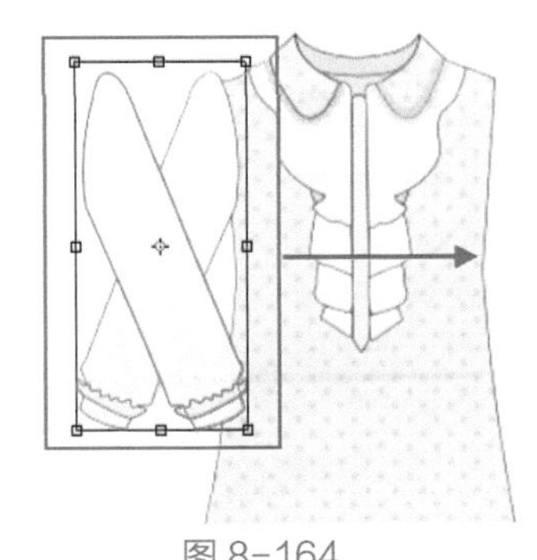
图 8-164

图 8-165

21> 接下来为睡裙添加衣褶。单击工具箱中的“钢笔工具”按钮，在选项栏中设置绘制模式为“形状”，“填充”为淡黄色，“描边”为无，描边粗细为 3 像素，描边类型为实线，设置完成后，在画面中进行绘制，如图 8-166 所示。继续在衣领花边的其他位置绘制褶皱，如图 8-167 所示。

22> 将“填充”设置为淡蓝色，在睡裙前片上方进行绘制，如图 8-168 所示。接着将设置“填充”为无，“描

边”为黑色，继续在睡裙上方绘制衣褶，如图 8-169 所示。

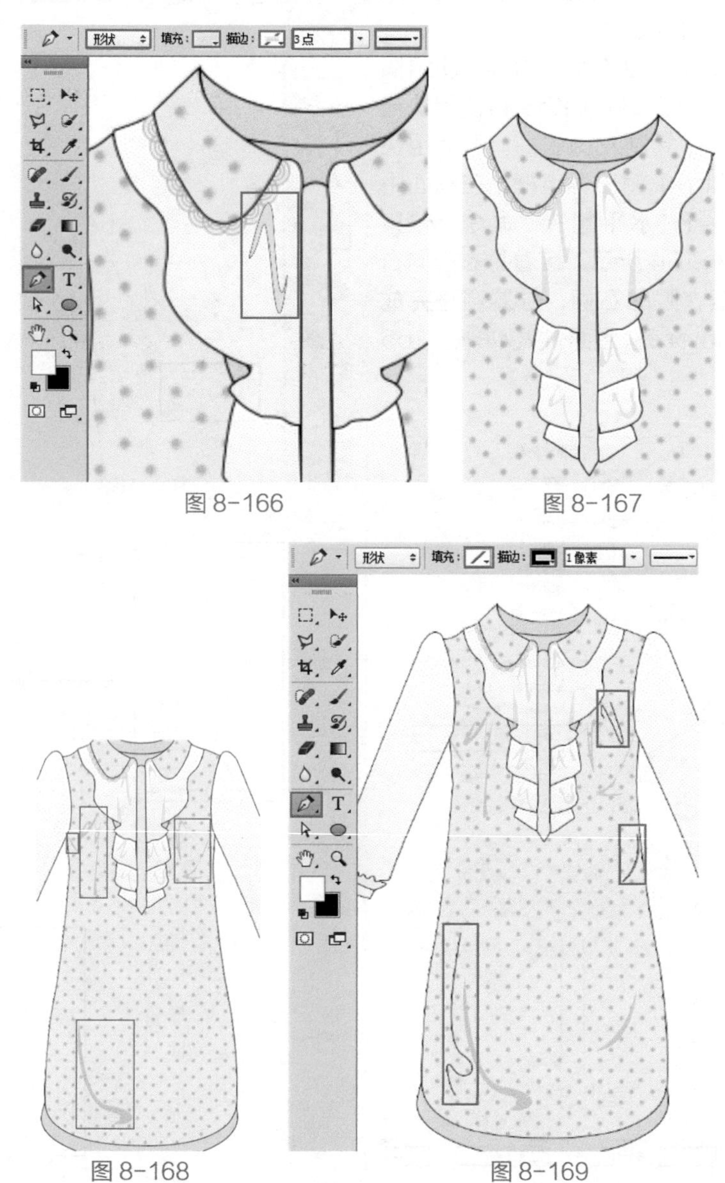

图 8-166　图 8-167

图 8-168　图 8-169

23> 在衣袖位置按同样的方法继续绘制衣褶，效果如图 8-170 所示。

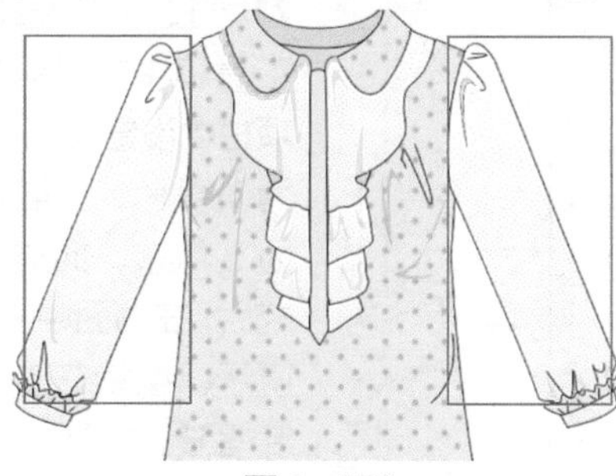

图 8-170

24> 绘制缉明线。单击工具箱中的“钢笔工具”按钮，在选项栏中设置绘制模式为“形状”，“填充”为无，“描边”为黑色，描边粗细为 0.5 像素，描边类型为虚线，设置完成后，在裙子下方位置绘制缉明线，按 Enter 键完成此操作，如图 8-171 所示。使用相同的方法，在衣领、花边等位置绘制缉明线，如图 8-172 所示。

图 8-171

图 8-172

25> 绘制睡裙的纽扣。单击工具箱中的“椭圆工具”按钮，在选项栏中设置绘制模式为“形状”，“填充”为淡黄色，“描边”为黑色，描边粗细为 1 像素，描边类型为实线，在画面中进行绘制，如图 8-173 所示。复制多个纽扣图层并将复制的图层向下拖曳，使纽扣之间距离相同，如图 8-174 所示。

26> 此时女士睡裙绘制完成，效果如图 8-175 所示。

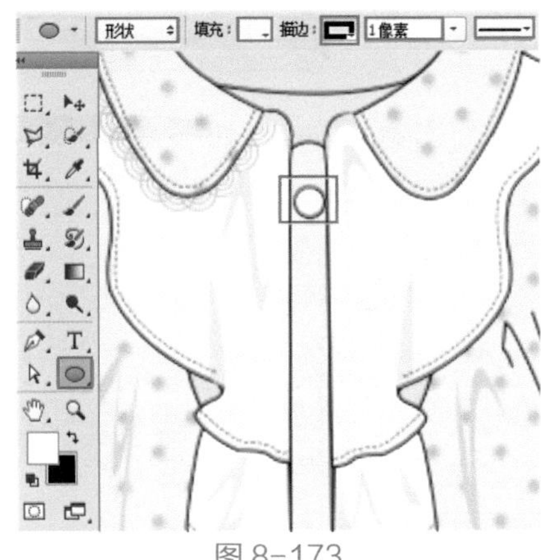

图 8-173

图 8-174　　图 8-175

8.5 男士休闲短裤

文件路径	第 8 章 \ 男士休闲短裤	
难易指数	★★★★★	
技术掌握	钢笔工具、椭圆工具、圆角矩形工具、剪贴蒙版	

案例效果

案例效果如图 8-176 所示。

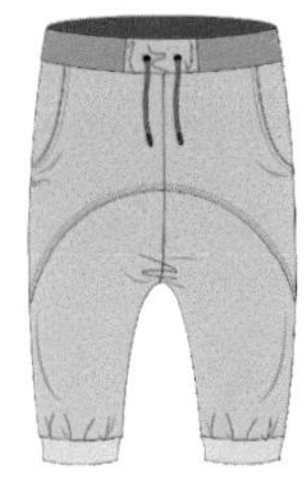
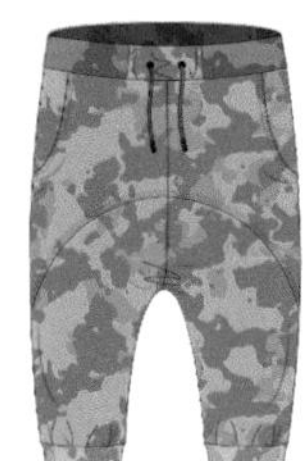
图 8-176

配色方案解析

本作品采用同类色的色彩搭配方式，以驼色为主色，表现休闲、舒适，以迷彩元素作为点缀，宽松的廓形，融入了欧美嘻哈元素 。图 8-177~ 图 8-180 所示为使用该配色方案的服装设计作品。

图 8-177　　图 8-178

图 8-179　　图 8-180

其他配色方案

应用拓展

优秀服装设计作品，如图 8-181~ 图 8-184 所示。

图 8-181　　图 8-182

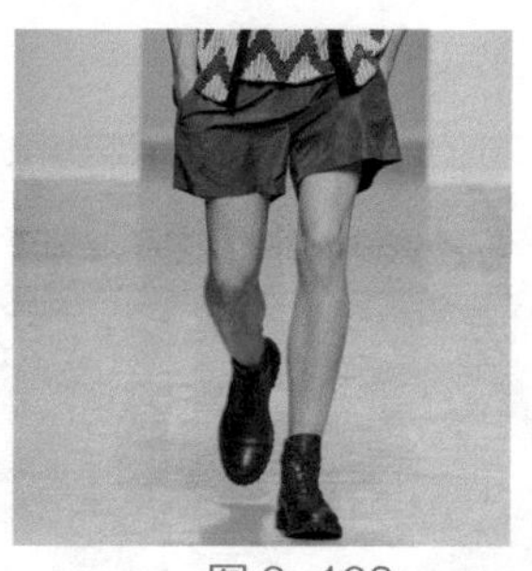

图 8-183

图 8-184

实用配色方案

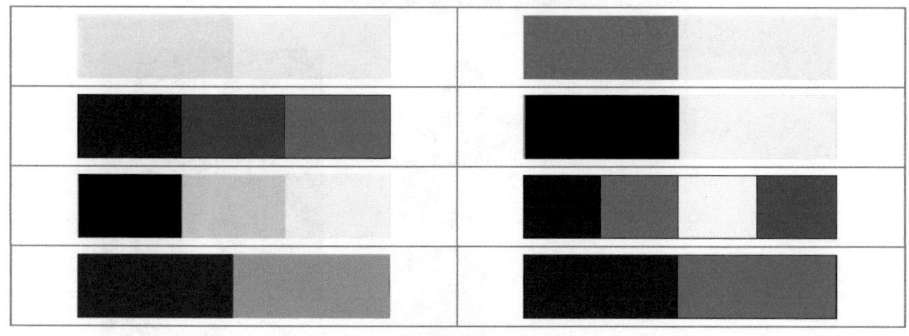

操作步骤

01> 新建一个 A4 大小的空白文档。首先绘制短裤后片。单击工具箱中的“椭圆工具”按钮，在选项栏中设置绘制模式为“形状”，“填充”为深棕色，“描边”为黑色，描边粗细为 1 像素，描边类型为实线，如图 8-185 所示。设置完成后，在画面中按住鼠标左键并拖曳，得到椭圆形状，如图 8-186 所示。

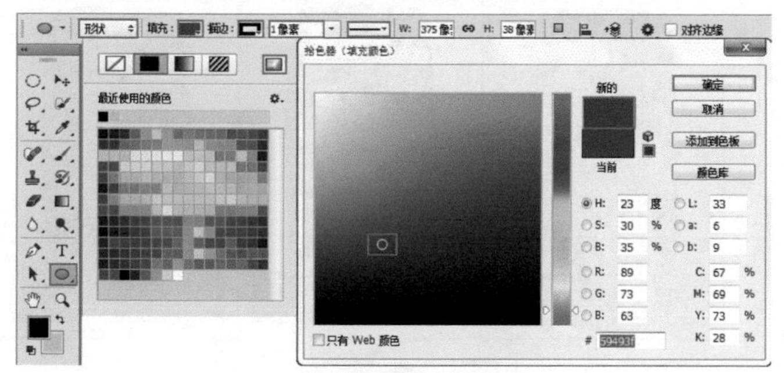

图 8-185　图 8-186

02> 接下来绘制短裤前片。单击工具箱中的“钢笔工具”按钮，在选项栏中设置绘制模式为“形状”，为了不影响绘制先将“填充”设置为无，然后设置“描边”为黑色，描边粗细为 1 像素，描边类型为实线，设置完成后，在画面中绘制短裤前片形状，如图 8-187 所示。

03> 接着双击该形状图层的缩览图，在弹出的“拾色器（纯色）”对话框中设置颜色为驼色，设置完成后，单击“确定”按钮，如图 8-188 所示。效果如图 8-189 所示。

04> 接下来绘制短裤裤脚。继续选择钢笔工具，在选项栏中设置“填充”为浅驼色，设置完成后，在画面中短裤裤脚位置进行绘制，如图 8-190 所示。然后使用相同的方法，在右侧裤脚位置进行绘制，如图 8-191 所示。

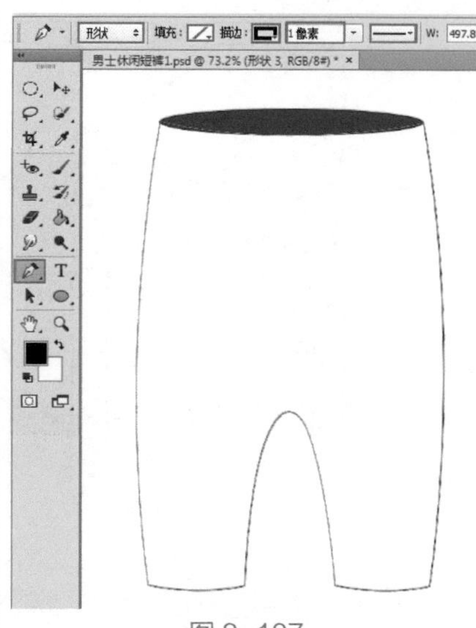

图 8-187

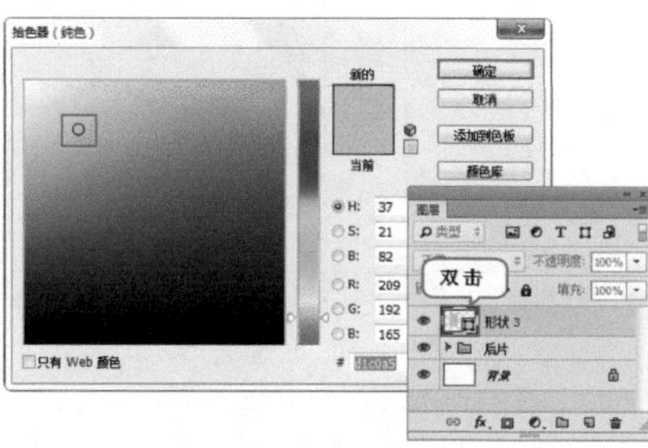

图 8-188

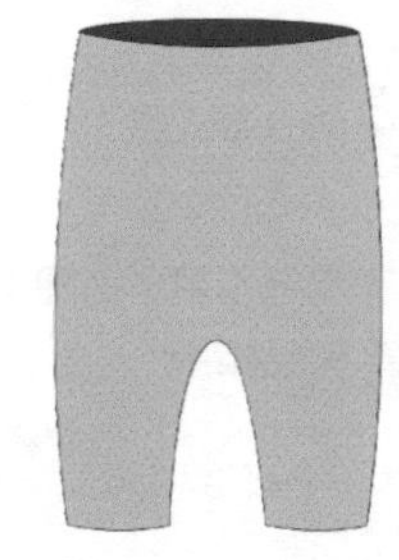

图 8-189

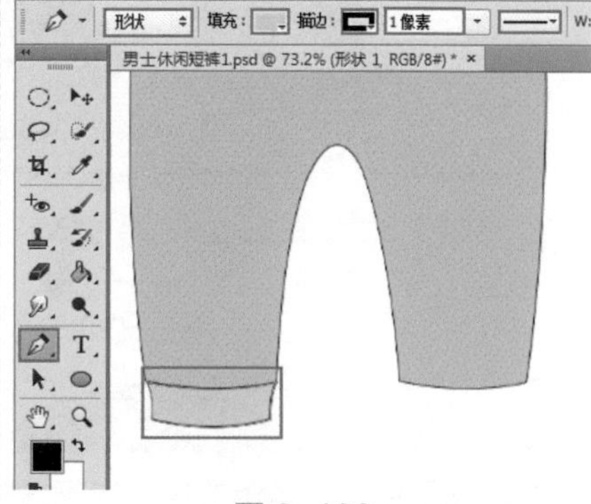

图 8-190

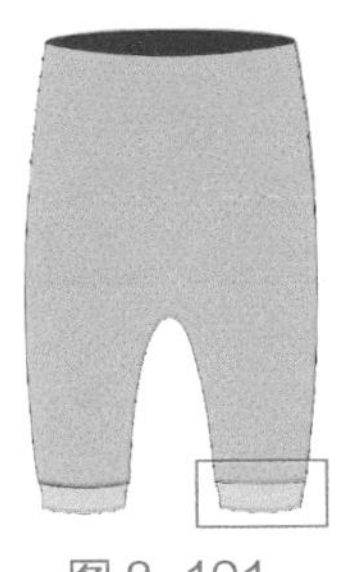

图 8-191

05> 接下来绘制短裤腰带部分。继续选择钢笔工具，在选项栏中设置“填充”为深驼色，如图 8-192 所示。设置完成后，在画面中裤腰位置进行绘制，如图 8-193 所示。

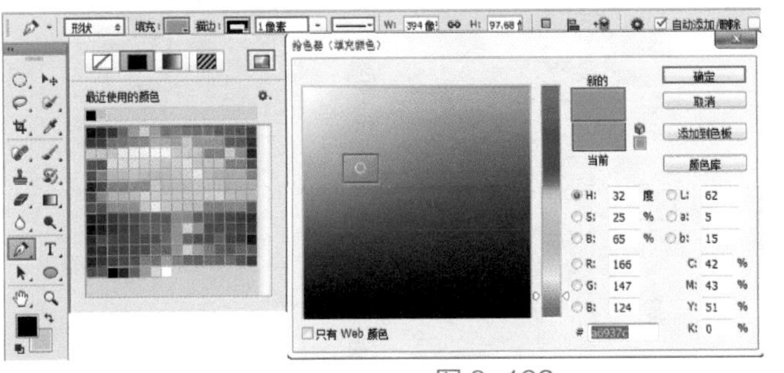

图 8-192

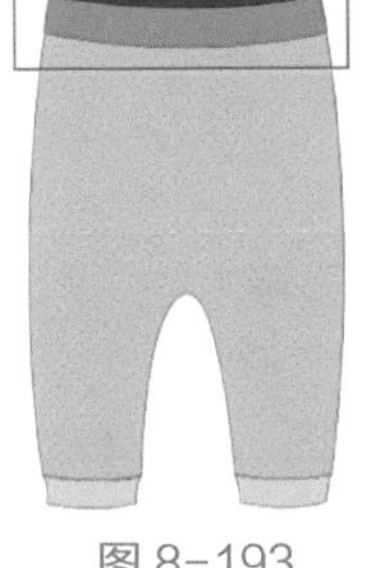

图 8-193

06> 继续选择钢笔工具，在选项栏中设置“填充”为驼色，如图 8-194 所示。设置完成后，在腰带中间位置进行绘制，如图 8-195 所示。

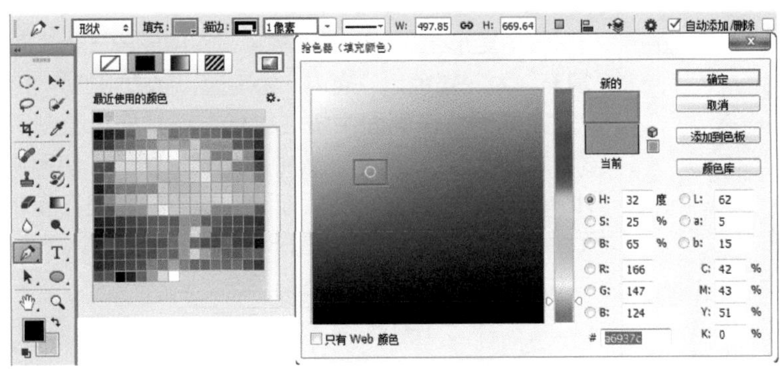

图 8-194

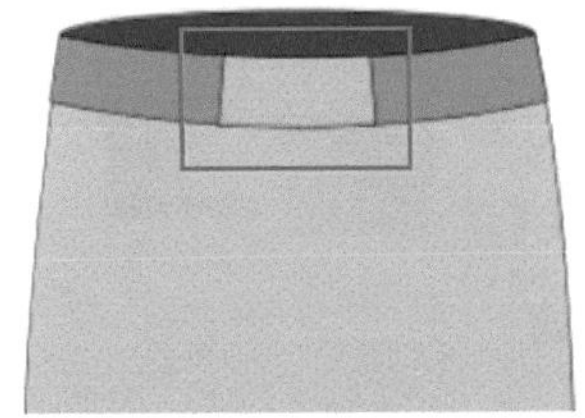

图 8-195

07> 接下来绘制布料衔接线条。继续选择钢笔工具，在选项栏中设置“填充”为无，“描边”为黑色，描边粗细为 1 像素，描边类型为实线，设置完成后，在画面中相应位置进行绘制，按 Enter 键完成此操作，如图 8-196 所示。接着使用相同的方法，绘制短裤前片衔接线条，如图 8-197 所示。

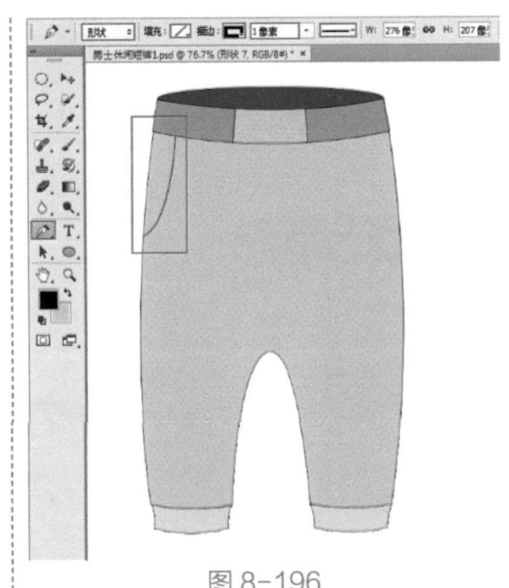

图 8-196

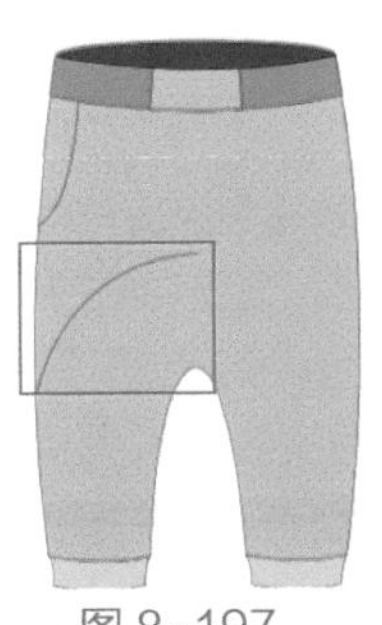

图 8-197

08> 在“图层”面板中加选布料衔接的两个线条形状图层，如图 8-198 所示。

图 8-198

09> 在选中两个图层的状态下，使用快捷键 Ctrl+T 调出界定框，在画面中右击执行“水平翻转”命令，如图 8-199 所示。接着将两个线条向右移动调整其位置，按 Enter 键完成此操作，效果如图 8-200 所示。

10> 接着单击工具箱中的“钢笔工具”按钮，在选项栏中设置绘制模式为“形状”，“填充”为无，“描边”为黑色，描边粗细为 1 像素，描边类型为实线，设置完成后，在画面中相应位置进行绘制，按 Enter 键完成此操作，如图 8-201 所示。

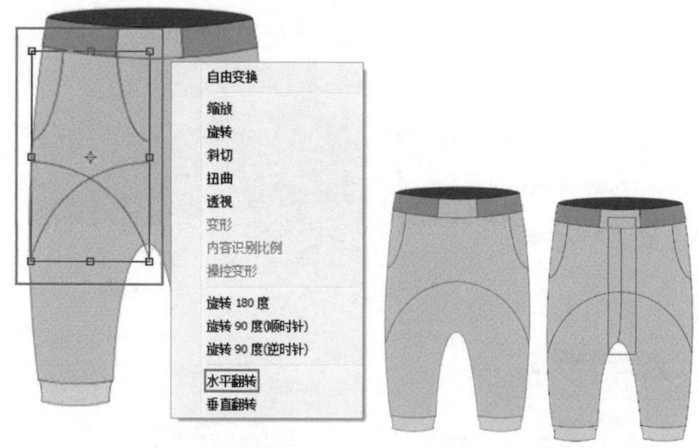

图 8-199　　图 8-200　　图 8-201

11> 接下来绘制短裤抽绳部分。单击工具箱中的“椭圆工具”按钮，在选项栏中设置绘制模式为“形状”，“填充”为黑色，“描边”为黑色，“描边粗细”为 1 像素，描边类型为实线，设置完成后，在画面中按住 Shift 键的同时按住鼠标左键并拖曳绘制正圆形，如图 8-202 所示。

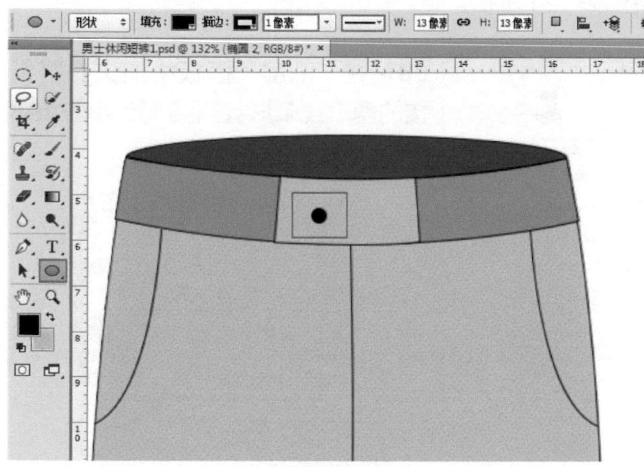

图 8-202

12> 在“图层”面板中选中该椭圆“形状”图层，使用快捷键 Ctrl+J 复制出一个相同的椭圆形状图层，如图 8-203 所示。然后向右移动，效果如图 8-204 所示。

13> 单击工具箱中的“钢笔工具”按钮，在选项栏中设置绘制模式为“形状”，“填充”为相对略深的驼色，“描边”为黑色，描边粗细为 1 像素，描边类型为实线，设置完成后，在相应位置进行绘制，按 Enter 键完成此操作，如图 8-205 所示。

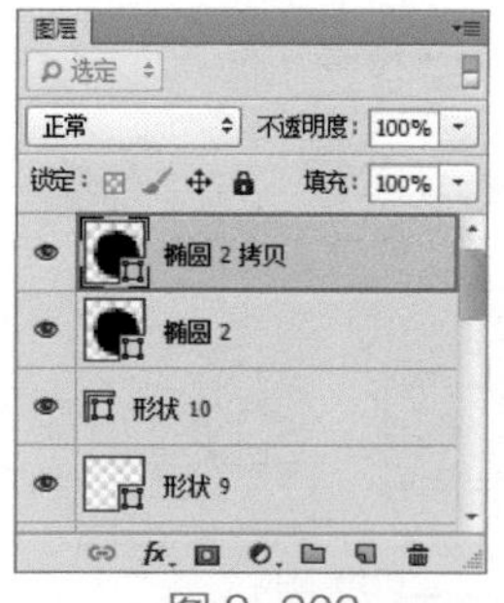

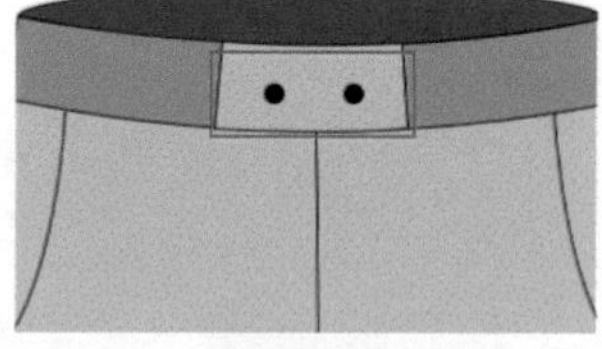

图 8-203　　图 8-204

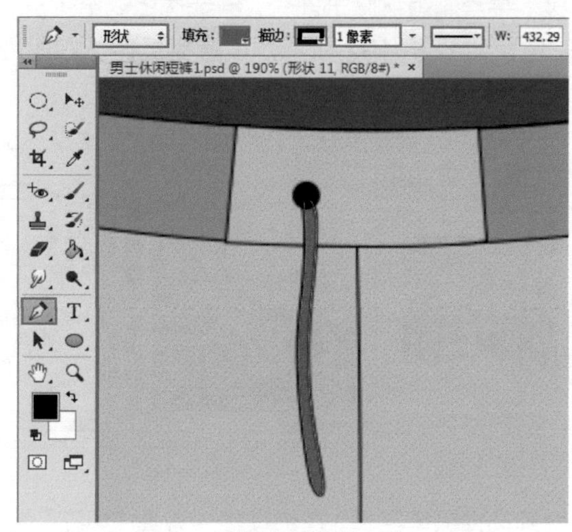

图 8-205

14> 在工具箱中右击“形状”工具组，在工具组列表中选择圆角矩形工具，在选项栏中设置绘制模式为“形状”，“填充”为深褐色，“描边”为黑色，描边粗细为 1 像素，设置完成后，在画面中按住鼠标左键并拖曳绘制圆角矩形，如图 8-206 所示。选中圆角矩形图层，使用快捷键 Ctrl+T 调出界定框，然后拖动控制点将其进行旋转，按 Enter 键完成此操作，如图 8-207 所示。

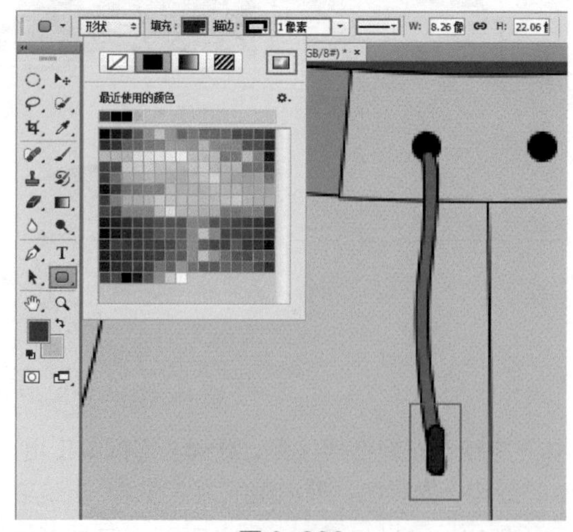

图 8-206

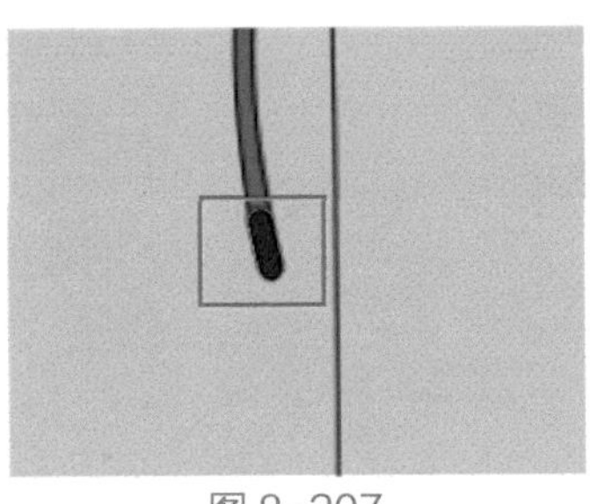

图 8-207

15> 在“图层”面板中加选抽绳的两个图层并将其进行复制，如图 8-208 所示。然后向右移动图形，效果如图 8-209 所示。

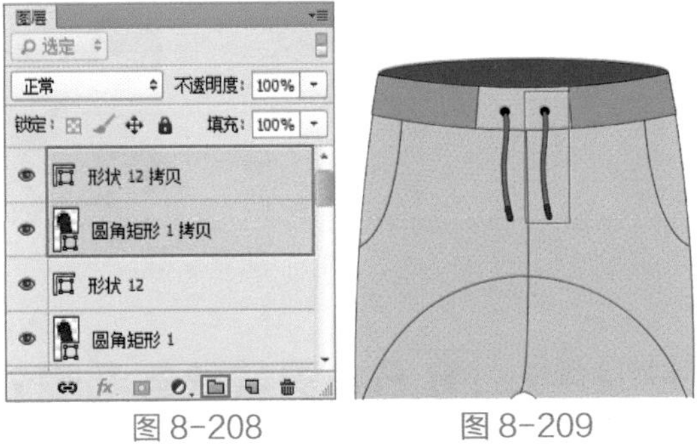

图 8-208　　图 8-209

16> 接下来为短裤绘制缉明线。单击工具箱中的“钢笔工具”按钮，在选项栏中设置绘制模式为“形状”，“填充”为无，“描边”为黑色，描边粗细为 0.5 像素，描边类型为虚线，设置完成后，在画面中衔接线条相应位置进行绘制，如图 8-210 所示。接着使用相同的方法，绘制其他缉明线，效果如图 8-211 所示。

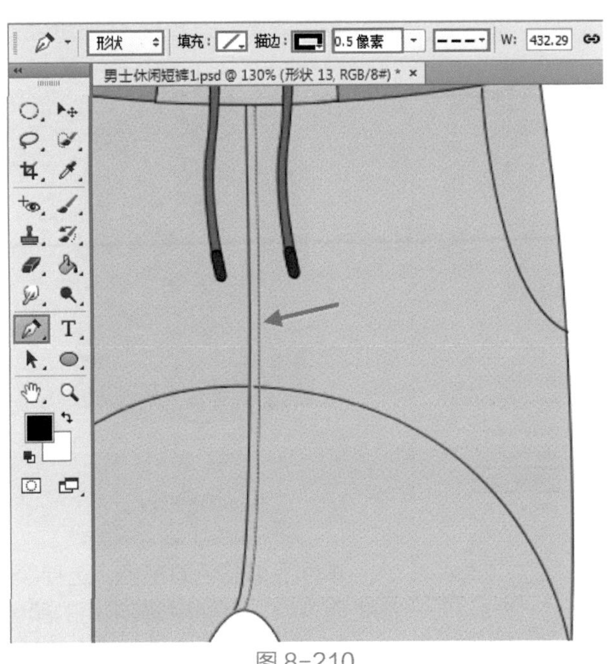

图 8-210

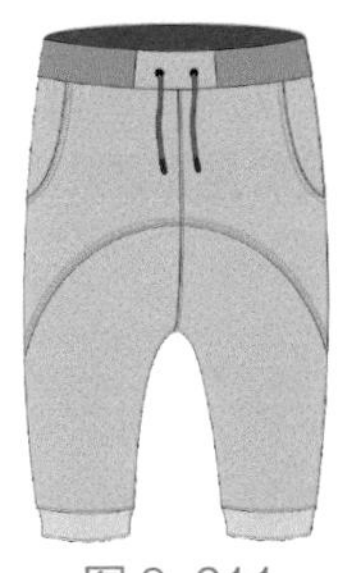

图 8-211

17> 接下来绘制短裤裤褶。继续选择钢笔工具，在选项栏中设置“填充”为无，“描边”为黑色，描边粗细为 1 像素，描边类型为实线，设置完成后，在画面中短裤相应位置绘制裤褶形状。按 Enter 键完成此操作，如图 8-212 所示。接着使用相同的方法，绘制其他裤褶形状，效果如图 8-213 所示。

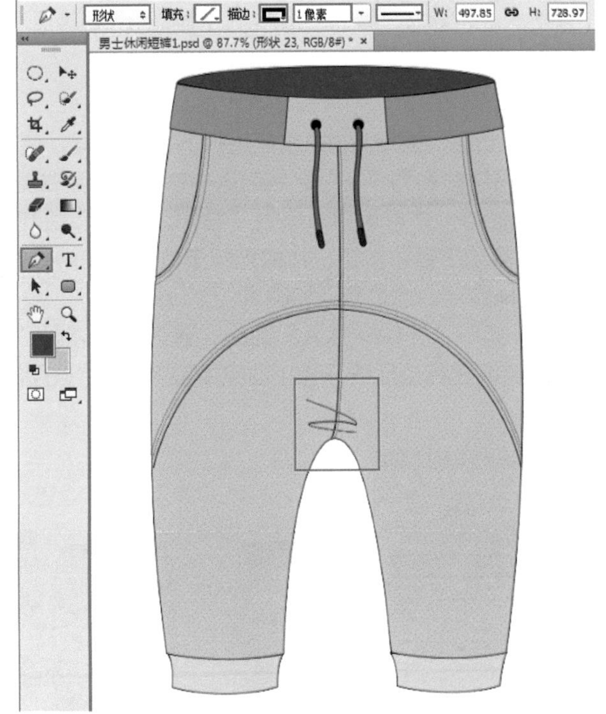

图 8-212

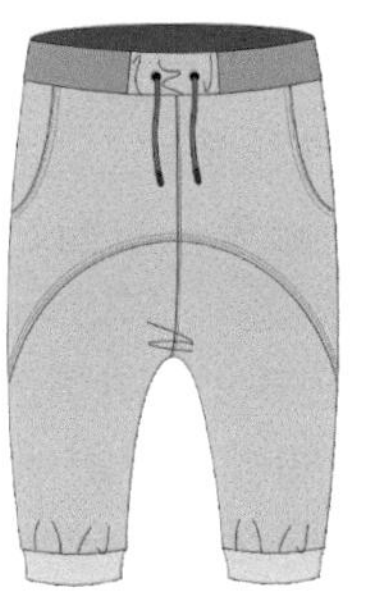

图 8-213

18> 接下来绘制短裤裤褶阴影形状。继续选择钢笔工具，在选项栏中设置“填充”为深驼色，“描边”为无，设置完成后，在画面中裤褶位置进行阴影绘制，如图 8-214 所示。接着使用相同的方法，绘制其他阴影部分，效果如图 8-215 所示。

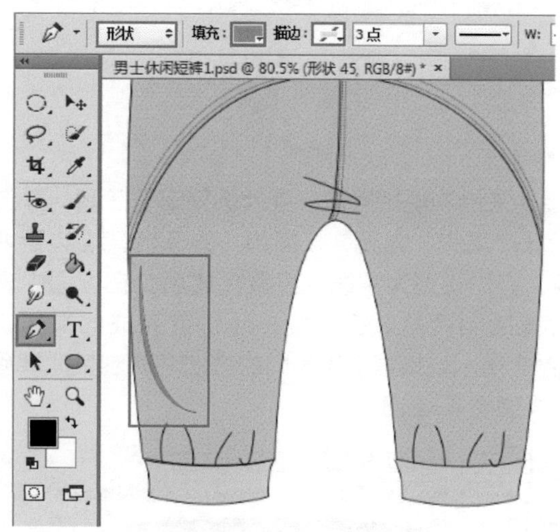

图 8-214

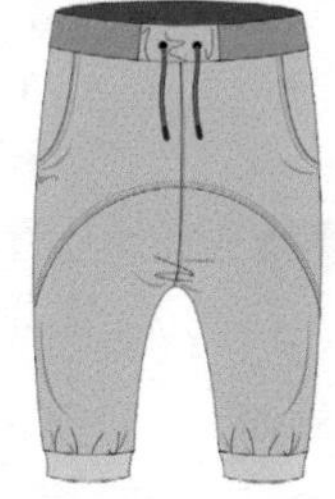
图 8-215

19> 在“图层”面板中选中绘制短裤的所有图层，使用快捷键 Ctrl+G 进行编组，并将组命名为“左”。然后选中该组，使用快捷键 Ctrl+J 复制出一个相同的图层组，并将该组命名为“右”，如图 8-216 所示。接着单击工具箱中的“移动工具”按钮，并将光标定位在画面中复制的图层上，按住鼠标左键向右拖曳至合适位置，如图 8-217 所示。

20> 执行菜单“文件 > 置入”命令，置入图案素材“1.jpg”，接着调整素材的大小，调整完成后按 Enter 键完成置入，并将该图层栅格化，如图 8-218 所示。

图 8-216

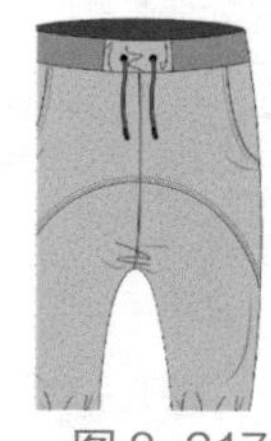
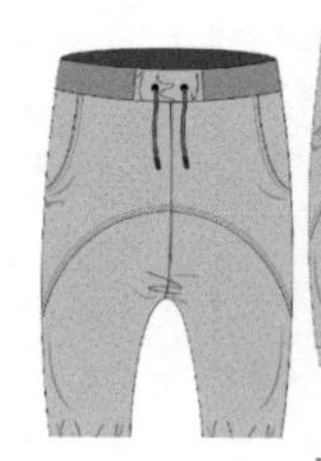
图 8-217

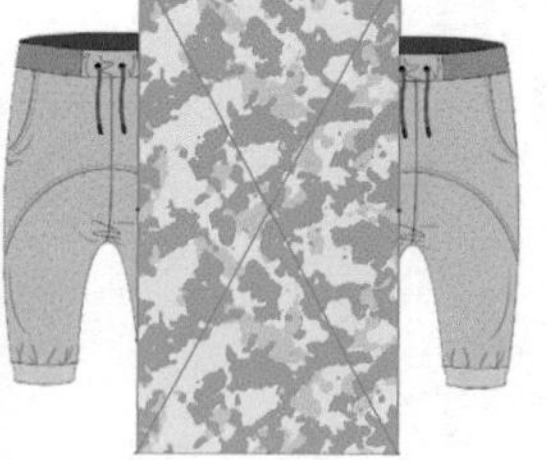
图 8-218

21> 在“图层”面板中选中置入的素材图层，并将光标定位在该图层上，右击执行“创建剪贴蒙版”命令，如图 8-219 所示。此时画面效果如图 8-220 所示。

22> 在“图层”面板中设置图层混合模式为“正片叠底”，如图 8-221 所示。最终效果如图 8-222 所示。

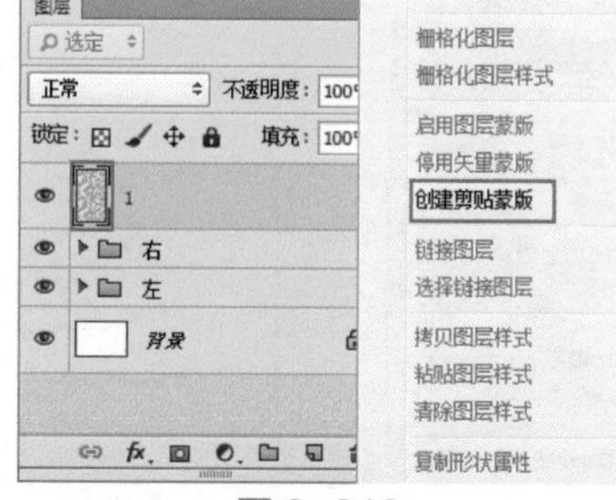

图 8-219

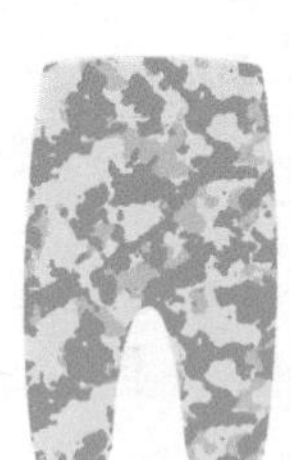
图 8-220

图 8-221

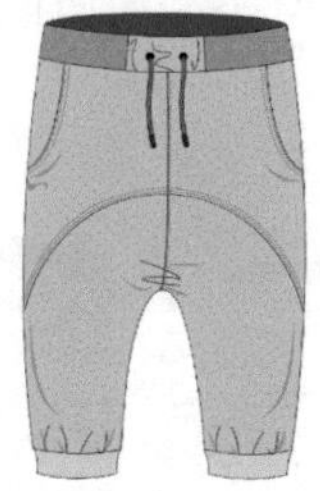
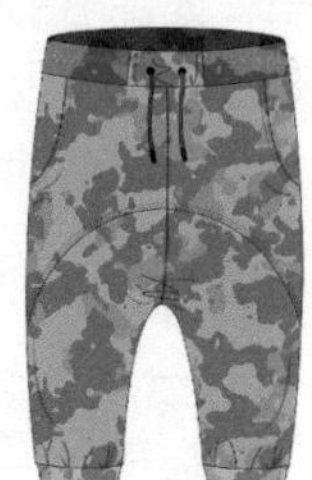
图 8-222

8.6 男款秋冬毛呢外套

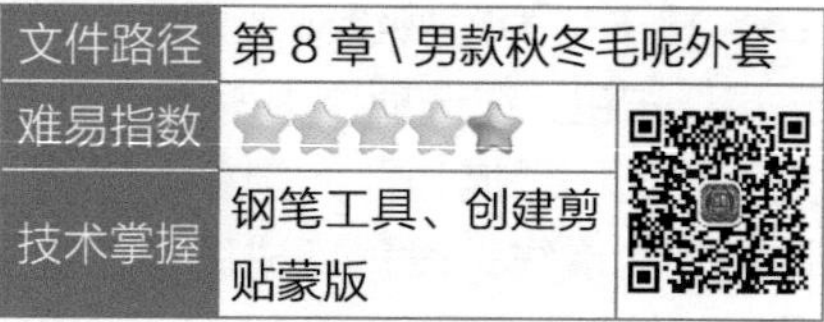

文件路径	第 8 章 \ 男款秋冬毛呢外套
难易指数	★★★★★
技术掌握	钢笔工具、创建剪贴蒙版

案例效果

案例效果如图 8-223 所示。

图 8-223

配色方案解析

本作品以驼色为主色，这种颜色高贵而沉稳，是秋冬服装常用的颜色，毛呢面料搭配深色双排纽扣，增添了服装的正式感。服装整体为暖色调，在给人以温暖感的同时，还体现了男士的绅士气息。图 8-224~ 图 8-227 所示为使用该配色方案的服装设计作品。

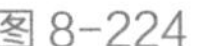

图 8-224

图 8-225

图 8-226

图 8-227

其他配色方案

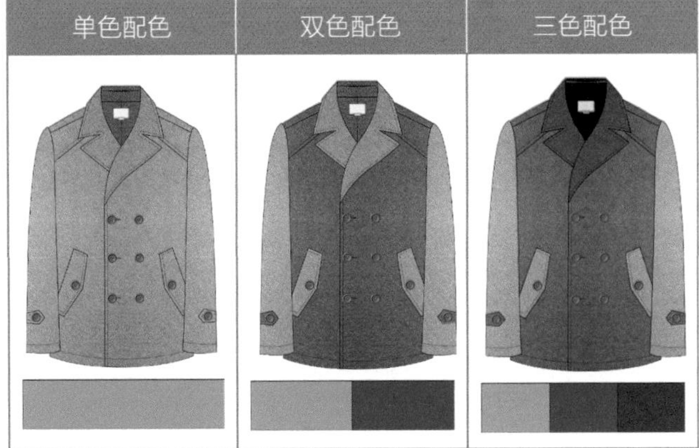

应用拓展

优秀服装设计作品，如图 8-228~ 图 8-231 所示。

图 8-228

图 8-229

图 8-230

图 8-231

实用配色方案

操作步骤

01> 新建一个 A4 大小的空白文档。首先绘制外套后片形状。单击工具箱中的“钢笔工具”按钮，在选项栏中设置绘制模式为“形状”，“填充”为灰色，“描边”为黑色，描边粗细为 1 像素，描边类型为实线，如图 8-232 所示。设置完成后，在画面中进行绘制，如图 8-233 所示。

02> 在后片位置绘制拼接花纹。继续选择钢笔工具，在选项栏中设置“填充”为无，“描边”为灰色系渐变，描边粗细为 5 像素，描边类型为实线，如图 8-234 所示。设置完成后，在后片领口位置绘制形状，按 Enter 键完成此操作，如图 8-235 所示。

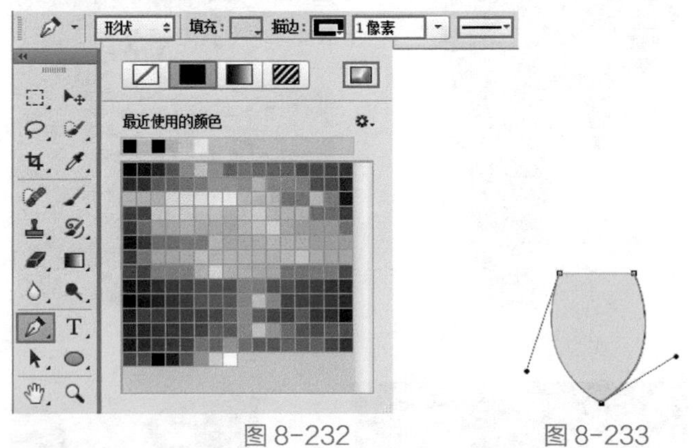

图 8-232　　图 8-233

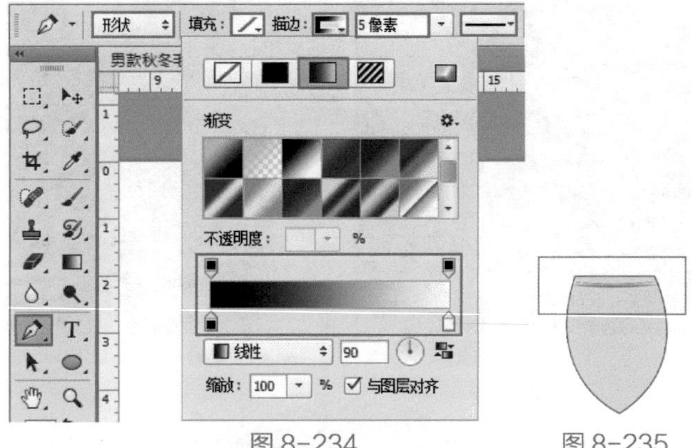

图 8-234　　图 8-235

03> 在选项栏中设置“填充”为无，“描边”为黑色，描边粗细为 1 像素，描边类型为实线，设置完成后，在画面中后片位置绘制一条横线，如图 8-236 所示。接着使用相同的方法，在后片领口位置绘制一条竖线，如图 8-237 所示。

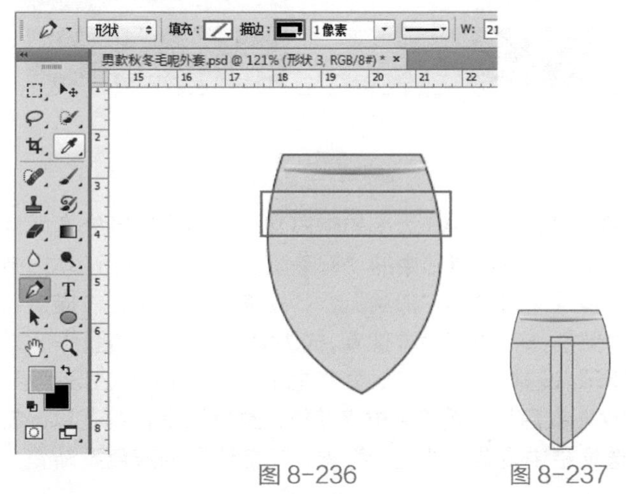

图 8-236　　图 8-237

04> 接下来绘制外套前片形状。单击工具箱中的“钢笔工具”按钮，在选项栏中设置绘制模式为“形状”，“填充”为白色，“描边”为黑色，描边粗细为 1 像素，描边类型为实线，如图 8-238 所示。设置完成后，在画面中绘制外套左侧形状，如图 8-239 所示。绘制完成后，按 Enter 键完成此操作。

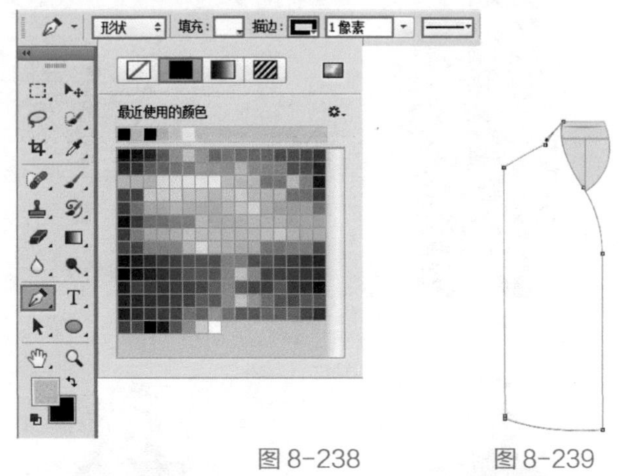

图 8-238　　图 8-239

05> 继续使用钢笔工具绘制衣领部分，效果如图 8-240 所示。接着在选项栏中设置“描边”为黑色，描边粗细为 0.5 像素，描边类型为虚线，设置完成后，沿着衣领边缘进行绘制缉明线，如图 8-241 所示。

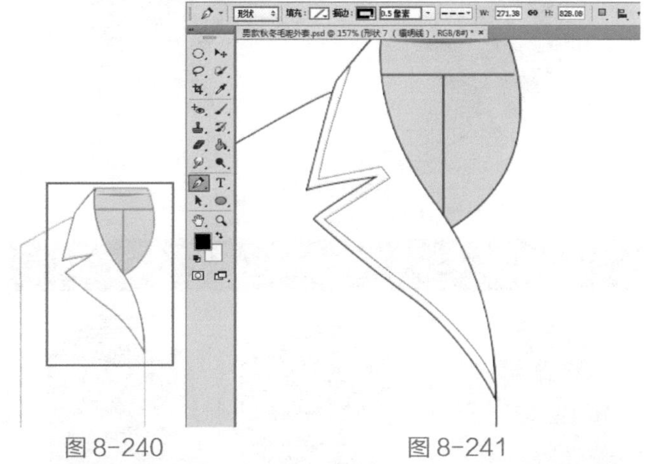

图 8-240　　图 8-241

06> 接下来绘制外套前片右侧部分。在“图层”面板中按住 Ctrl 键单击加选左前片的 3 个图层，然后按住鼠标左键拖曳到“新建图层”按钮上方进行图层的复制，如图 8-242 所示。

07> 接着使用快捷键 Ctrl+T 调出界定框，然后右击执行“水平翻转”命令，如图 8-243 所示。接着将光标定位到界定框内，按住鼠标左键向右

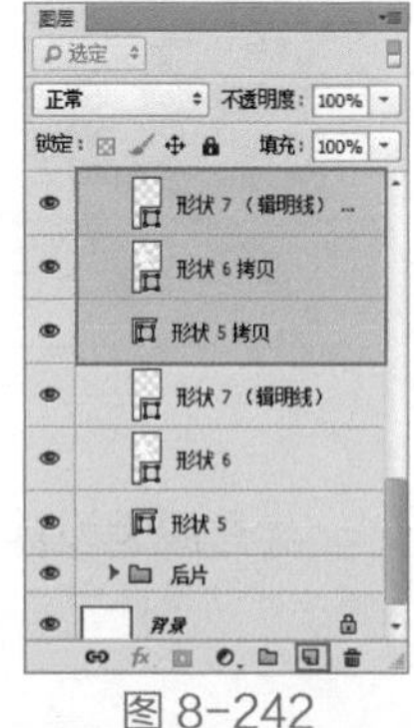

图 8-242

拖曳至相应位置，按 Enter 键完成此操作。此时画面效果如图 8-244 所示。

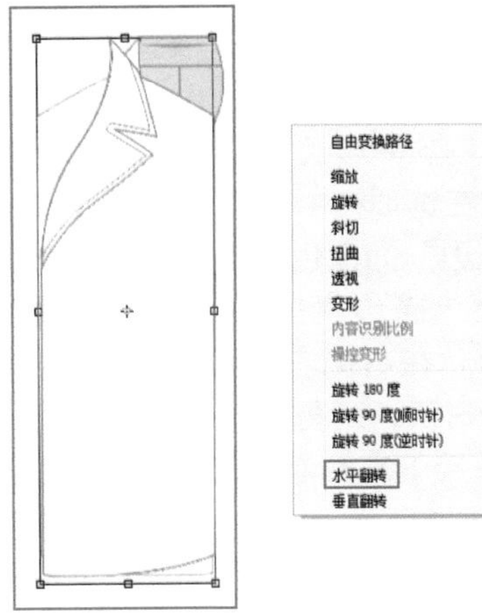

图 8-243

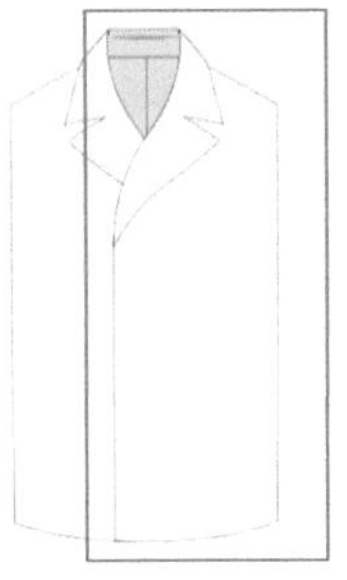

图 8-244

08> 接下来绘制布料衔接形状。单击工具箱中的“钢笔工具”按钮，在选项栏中设置绘制模式为“形状”，“填充”为无，“描边”为黑色，描边粗细为 1 像素，描边类型为实线，设置完成后，在画面中外套左肩位置绘制形状，如图 8-245 所示。接着使用相同的方法，绘制左肩下方衔接形状，如图 8-246 所示。

图 8-245

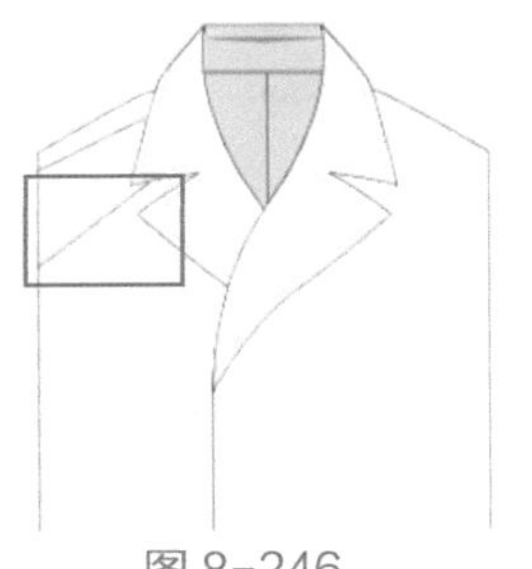

图 8-246

09> 接下来绘制缉明线。继续选择钢笔工具，在选项栏中设置“描边”为黑色，描边粗细为 0.5 像素，描边类型为虚线，设置完成后，在画面中左肩位置进行绘制，如图 8-247 所示。

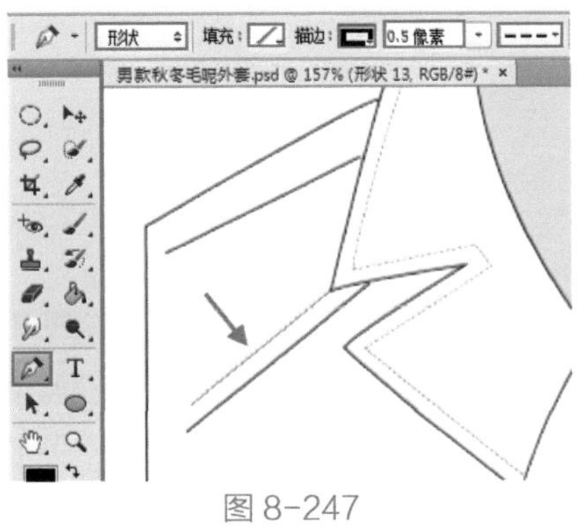

图 8-247

10> 在“图层”面板中加选左肩布料衔接形状图层与缉明线图层，然后按住鼠标左键拖曳到“新建图层”按钮上将图层进行复制，如图 8-248 所示。

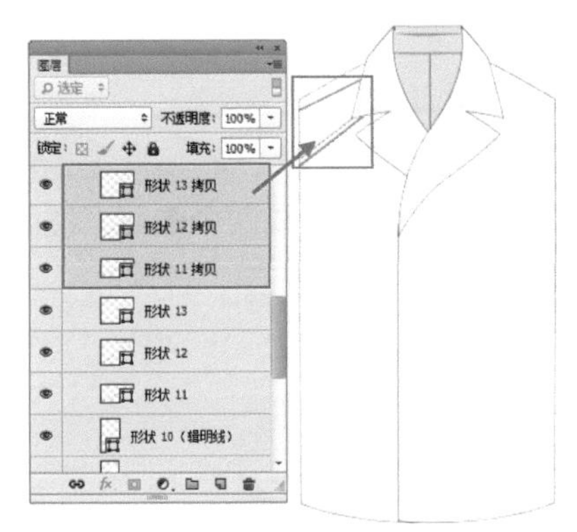

图 8-248

11> 使用快捷键 Ctrl+T 调出界定框，右击执行“水平翻转”命令，如图 8-249 所示。然后将其向右移动，按 Enter 键完成此操作。此时画面效果如图 8-250 所示。

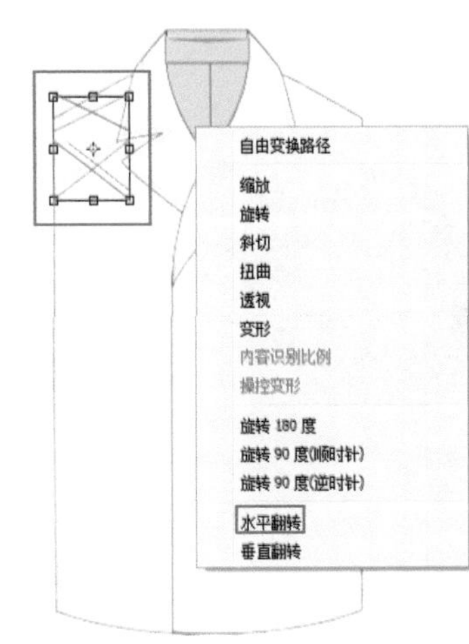

图 8-249

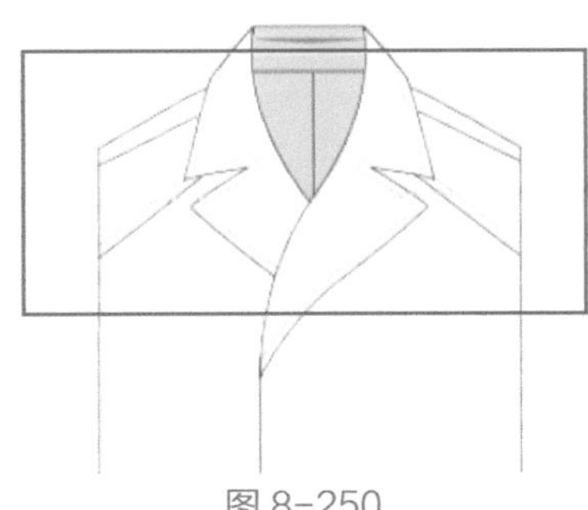

图 8-250

12> 接下来为外套绘制缉明线。单击工具箱中的“钢笔工具”按钮，在选项栏中设置绘制模式为“形状”，“填充”为无，“描边”为黑色，描边粗细为 0.5 像素，描边类型为虚线，设置完成后，在画面中衣服边缘进行形状绘制，如图 8-251 所示。接着使用相同的方法，在外套底部进行绘制，如图 8-252 所示。

13> 接下来为外套绘制衣兜形状。选择钢笔工具，在选项栏中设置绘制模式为“形状”，“填充”为无，“描边”为黑色，描边粗细为 1 像素，描边类型为实线，设置完成后，在画面中外套前片左侧下方绘制衣兜形状，如图 8-253 所示。接着在衣兜内侧绘制缉明线，如图 8-254 所示。

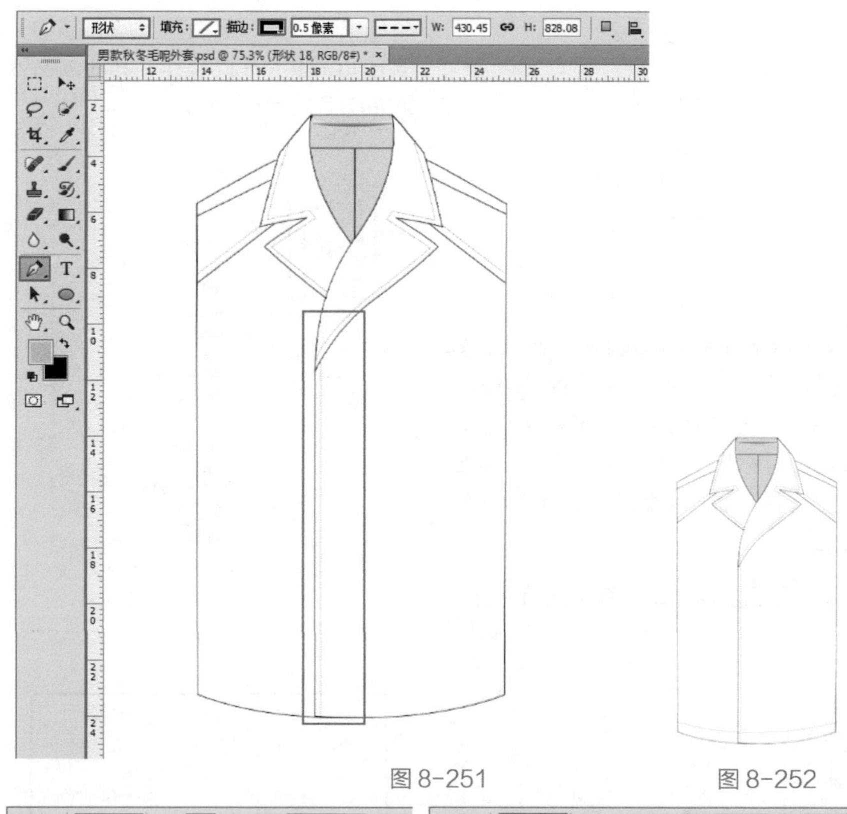

图 8-251　　图 8-252

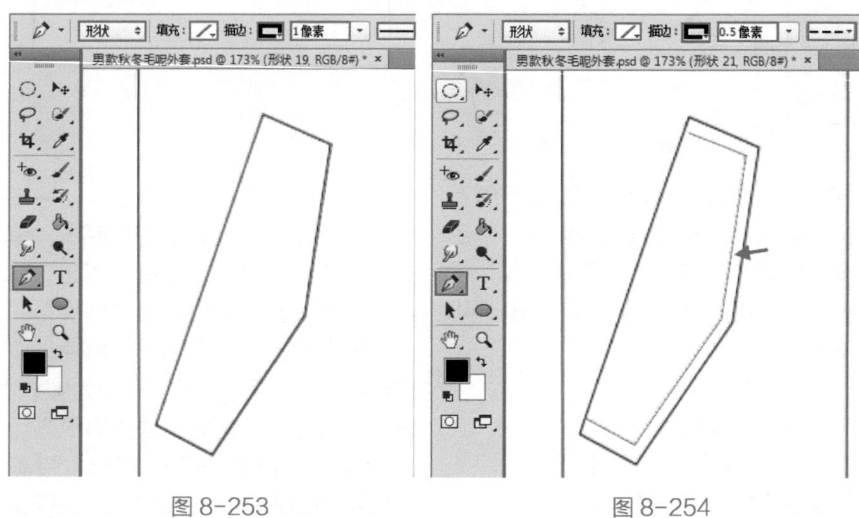

图 8-253　　图 8-254

14> 在“图层”面板中按住 Ctrl 键单击加选衣兜和缉明线两个图层，然后复制一份并水平翻转放置在衣服的另一侧，如图 8-255 所示。

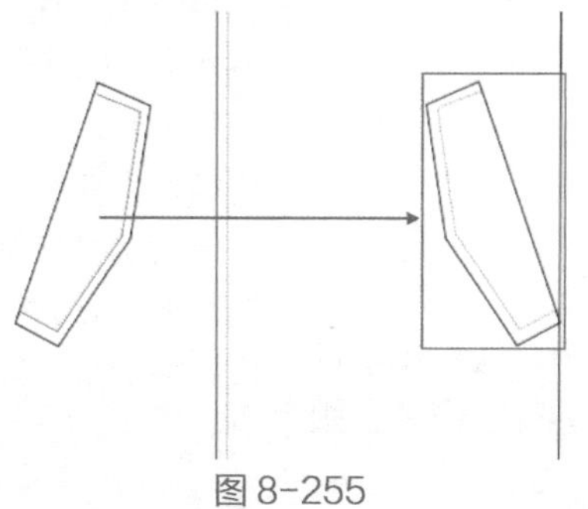

图 8-255

15> 接下来绘制衣袖部分。单击工具箱中的“钢笔工具”按钮，在选项栏中设置绘制模式为“形状”，“填充”为白色，“描边”为黑色，描边粗细为 1 像素，描边类型为实线，设置完成后，在画面中外套左侧位置绘制衣袖形状，如图 8-256 所示。接着在选项栏中设置“填充”为无，“描边”为黑色，描边粗细为 0.5 像素，描边类型为实线，设置完成后，在右侧衣袖袖口位置绘制缉明线形状，如图 8-257 所示。

16> 接下来绘制袖口装饰形状。在选项栏中设置“填充”为无，“描边”为黑色，描边粗细为 1 像素，描边类型为实线，设置完成后，在袖口位置绘制装饰形状，如图 8-258 所示。

17> 接下来制作右侧袖子及装饰。在“图层”面板中选中左侧袖子及装饰的 3 个图层并将其进行复制，如图 8-259 所示。在加选图层的状态下，将其水平翻转后移动到衣服的右侧，效果如图 8-260 所示。

18> 在“图层”面板中选中所有图层，使用快捷键 Ctrl+G 进行编组，并命名为“男款秋冬毛呢外套”，如图 8-261 所示。

19> 接下来为外套制作毛呢质感。执行菜单“文件 > 置入”命令，置入素材“1.jpg”，调整大小后，按 Enter 键完成置入，如图 8-262 所示。在“图层”面板中右击该图层，在弹出的快捷菜单中执行“栅格化图层”命令，将其进行栅格化。

20> 在“图层”面板中设置该图层的混合模式为“线性加深”，如图 8-263 所示。此时画面效果如图 8-264 所示。

21> 在“图层”面板中选中 1 图层，右击执行“创建剪贴蒙版”命令，如图 8-265 所示。此时画面效果如图 8-266 所示。

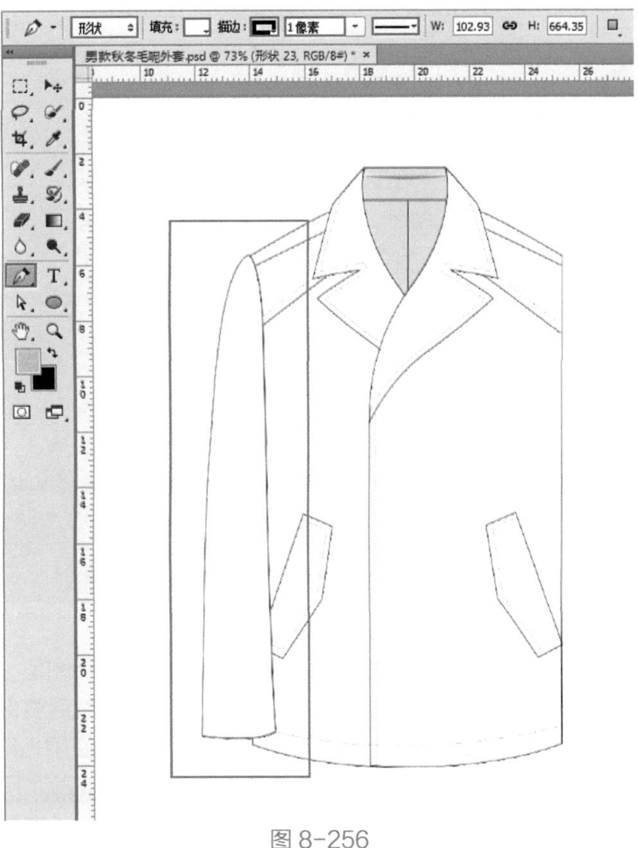

图 8-256

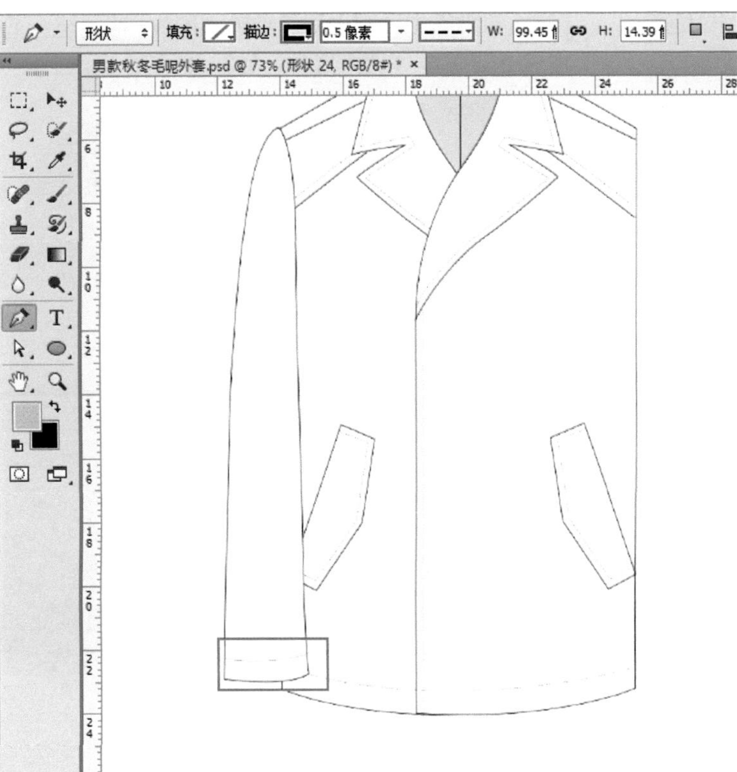

图 8-257

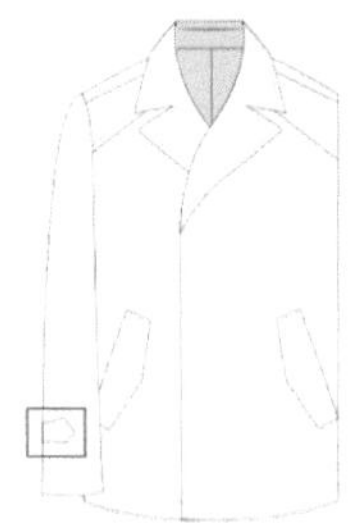

图 8-258

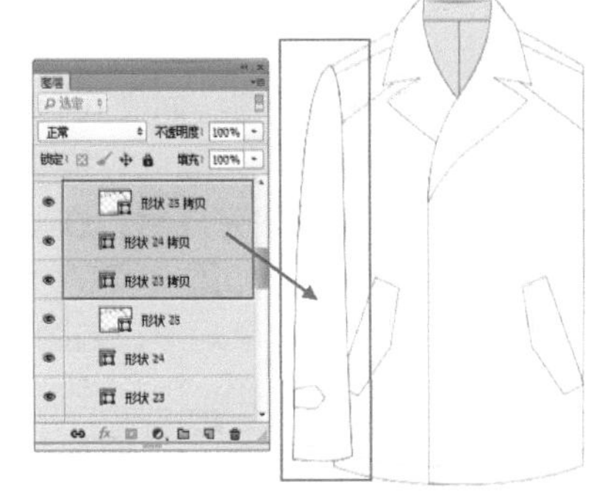

图 8-259

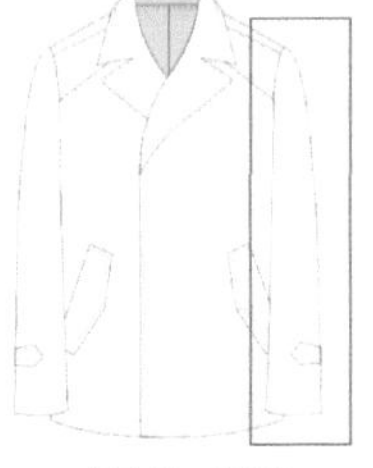

图 8-260

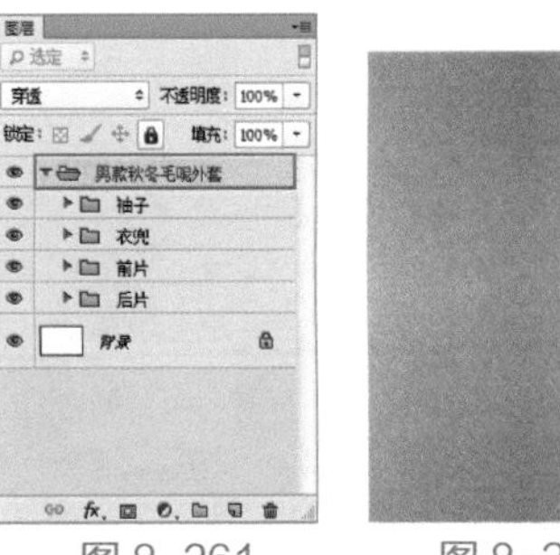

图 8-261　　图 8-262

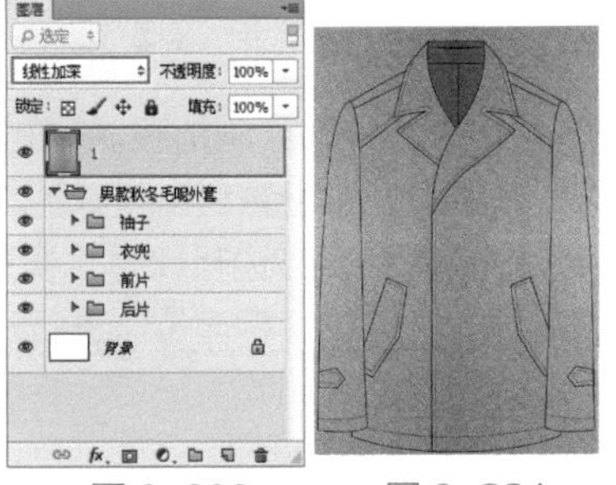

图 8-263　　图 8-264

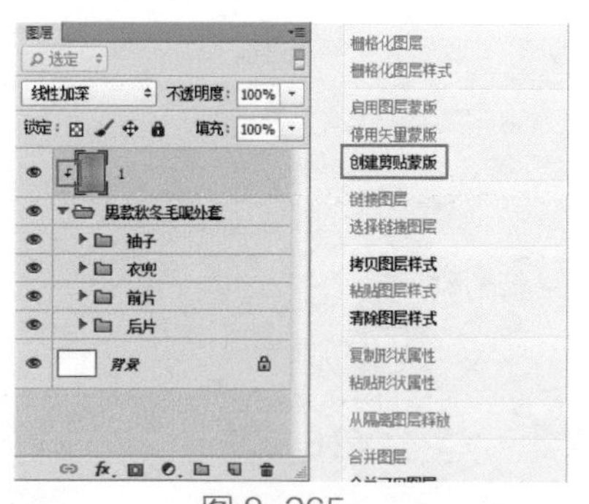

图 8-265

图 8-266

22> 接下来绘制标签。单击工具箱中的“矩形工具”按钮，在选项栏中设置绘制模式为“形状”，“填充”为亮灰色，“描边”为黑色，描边粗细为 1 像素，描边类型为实线，设置完成后，在画面中外套后片领口位置绘制标签形状，如图 8-267 所示。接着使用相同的方法，绘制另外一个矩形，如图 8-268 所示。

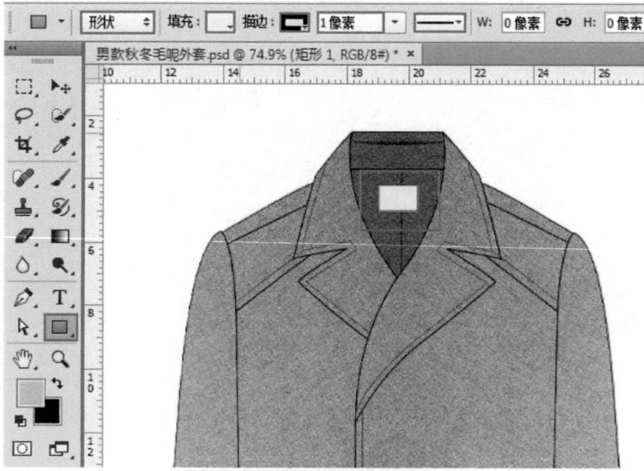

图 8-267

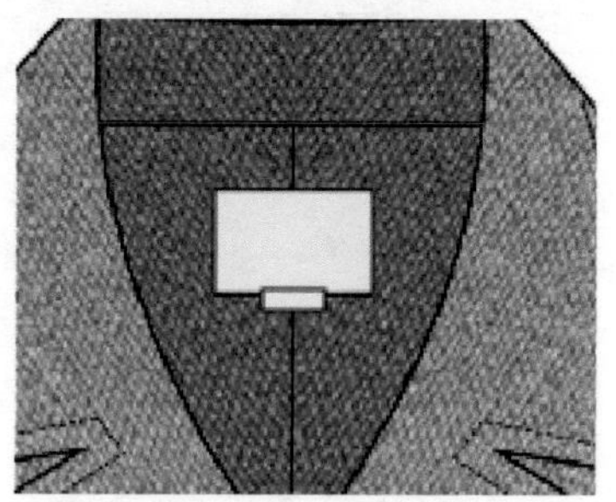

图 8-268

23> 接下来为外套绘制扣眼。单击工具箱中的“钢笔工具”按钮，在选项栏中设置绘制模式为“形状”，“填充”为无，“描边”为黑色，描边粗细为 1 像素，描边类型为实线，设置完成后，在外套相应位置进行形状绘制，如图 8-269 所示。

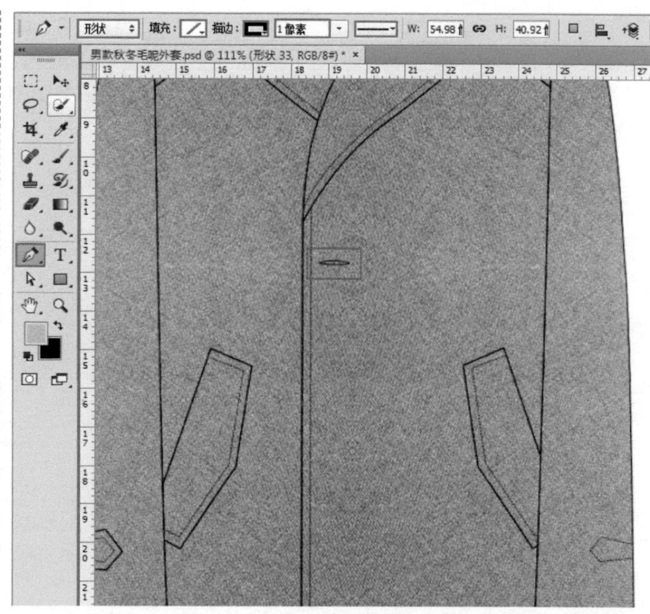

图 8-269

24> 在“图层”面板中选中该扣眼形状图层，使用快捷键 Ctrl+J 复制出一个相同形状图层，然后将复制的图层向下移动，如图 8-270 所示。然后再使用相同的方法，制作第三个扣眼形状，画面效果如图 8-271 所示。

25> 接下来为外套添加纽扣。执行菜单“文件 > 置入”命令，置入素材“2.png”，如图 8-272 所示。然后按住 Shift 键拖曳控制点将纽扣等比缩放，移动至合适位置，按 Enter 键完成置入操作，如图 8-273 所示。

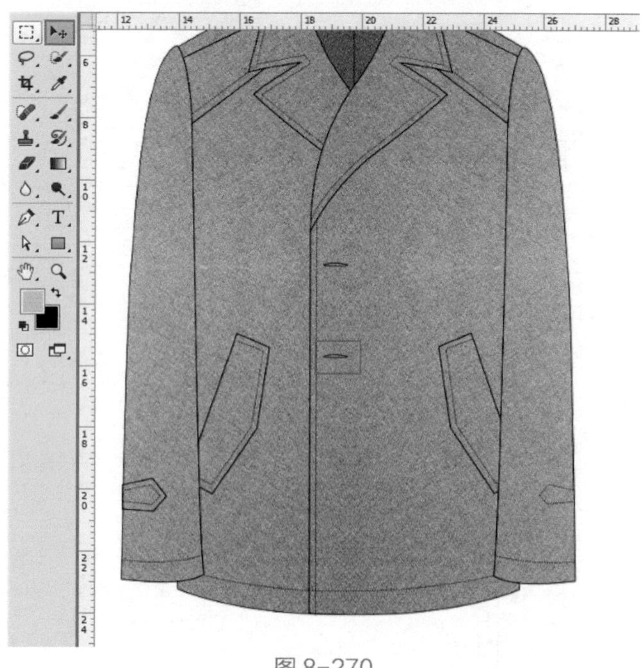

图 8-270

图 8-271

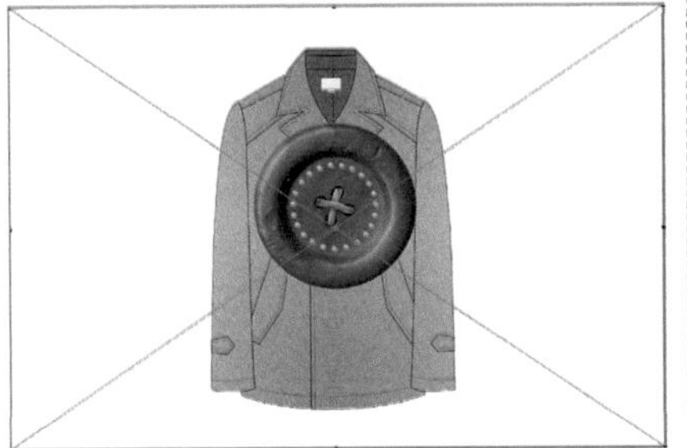

图 8-272

图 8-273

26> 在“图层”面板中选中纽扣图层，使用快捷键 Ctrl+J 复制出一个相同图层，然后将纽扣向右移动，如图 8-274 所示。

图 8-274

27> 在“图层”面板中加选两个纽扣图层，使用快捷键 Ctrl+J 复制出两个相同图层，如图 8-275 所示。然后将其向下移动，如图 8-276 所示。使用相同的方法，再将纽扣复制一份并向下移动，效果如图 8-277 所示。

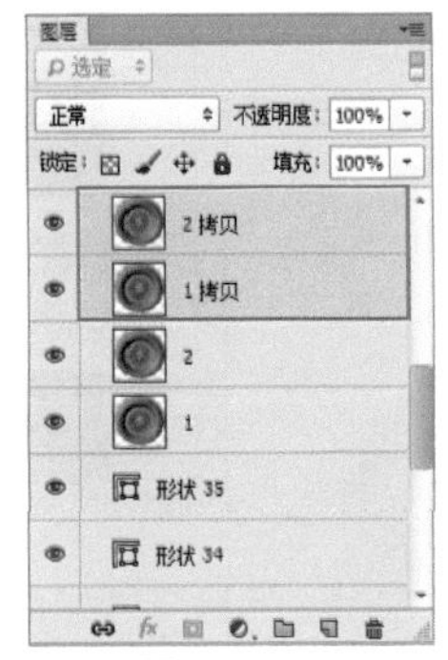

图 8-275

图 8-276　　图 8-277

28> 继续复制纽扣图层并将纽扣移动到合适位置，最终效果如图 8-278 所示。

图 8-278

8.7 男士休闲夹克

文件路径	第 8 章 \ 男士休闲夹克
难易指数	★★★★★
技术掌握	钢笔工具、图层样式、自由变换

案例效果如图 8-279 所示。

图 8-279

配色方案解析

本作品采用对比色的色彩搭配方式，以牛仔蓝为主色，经典格子图案搭配深蓝色，避免了图案过多带来的杂乱感。色感较强的蓝色搭配偏灰的细节部位，增强了整体的层次感。图 8-280~ 图 8-283 所示为使用该配色方案的服装设计作品。

图 8-280

图 8-281

图 8-282

图 8-283

其他配色方案

应用拓展

优秀服装设计作品，如图 8-284~ 图 8-287 所示。

图 8-284

图 8-285

图 8-286

图 8-287

实用配色方案

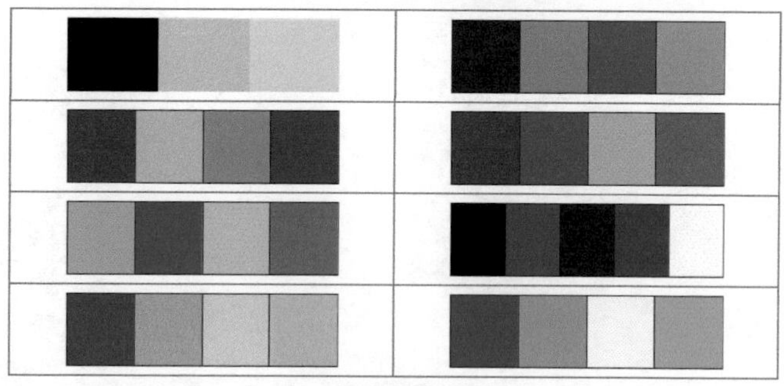

操作步骤

01> 新建一个 A4 大小的空白文档。单击工具箱中的“钢笔工具”按钮，在选项栏中设置绘制模式为“形状”，“填充”为深蓝色，“描边”为黑色，描边粗细为 1 像素，描边类型为实线，如图 8-288 所示。设置完成后，在画面中进行形状绘制，如图 8-289 所示。

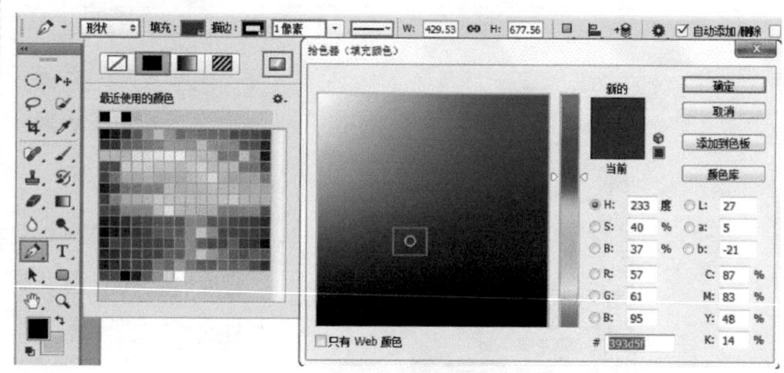

图 8-288

图 8-289

02> 为后片布料添加图案。执行菜单“编辑 > 预设 > 预设管理器”命令，在弹出的“预设管理器”对话框中设置“预设类型”为“图案”，单击“载入”按钮。接着在弹出的对话框中选择“1.pat”，单击“载入”按钮，载入完成后，单击“完成”按钮完成此操作，如图 8-290 所示。

03> 在“图层”面板中选中该图层，执行菜单“图层 > 图层样式 > 图案叠加”命令，在弹出的“图层样式”对话框中勾选“图案叠加”复选框，设置“混合模式”为“正片叠底”，“不透明度”为 15%，“图案”为“1.pat”，“缩放”为 150%，设置完成后，单击“确定”按钮完成此操作，如图 8-291 所示。此时画面效果如图 8-292 所示。

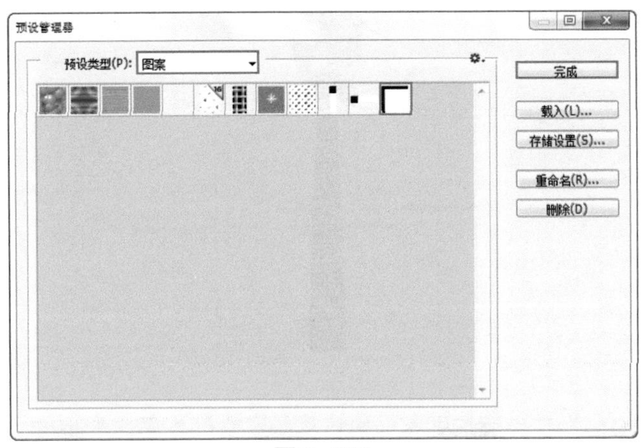

图 8-290

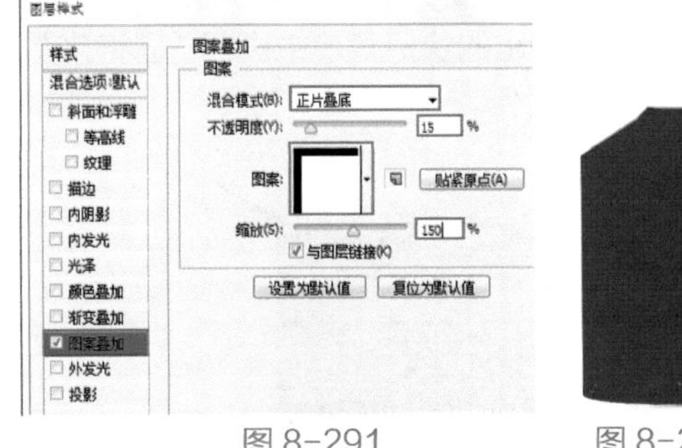

图 8-291　　图 8-292

04> 绘制后片领口。单击工具箱中的“钢笔工具”按钮，在选项栏中设置绘制模式为“形状”，“填充”为米棕色，“描边”为黑色，描边粗细为 1 像素，描边类型为实线，如图 8-293 所示。设置完成后，在后片衣领处进行绘制，如图 8-294 所示。绘制完成后，按 Enter 键完成此操作。

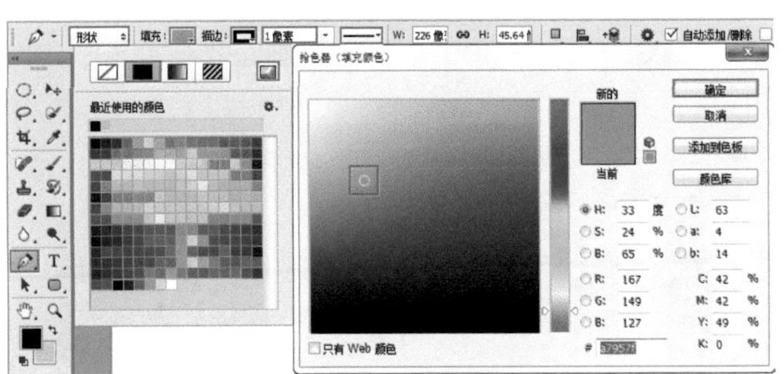

图 8-293

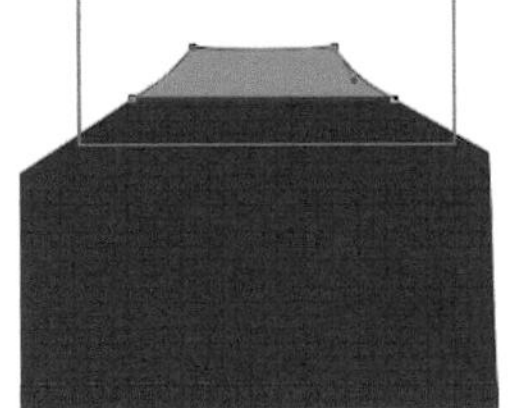

图 8-294

05> 为夹克后片绘制缉明线。继续选择钢笔工具，在选项栏中设置“填充”为无，“描边”为黑色，描边粗细为 0.5 像素，描边类型为虚线，设置完成后，在画面中后片衣领位置进行绘制，如图 8-295 所示。接着使用相同的方法，在夹克后片边缘处绘制两条缉明线，如图 8-296 所示。

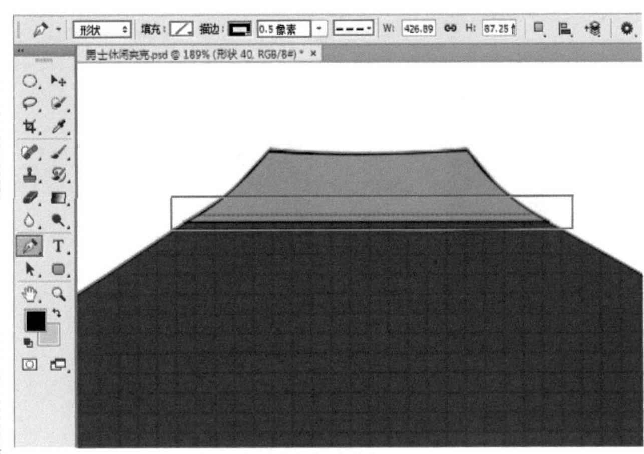

图 8-295

图 8-296

06> 绘制夹克前片。继续选择钢笔工具，在选项栏中设置绘制模式为“形状”，“填充”为白色，“描边”为黑色，描边粗细为 1 像素，描边类型为实线，设置完成后，在画面右侧进行绘制，如图 8-297 所示。

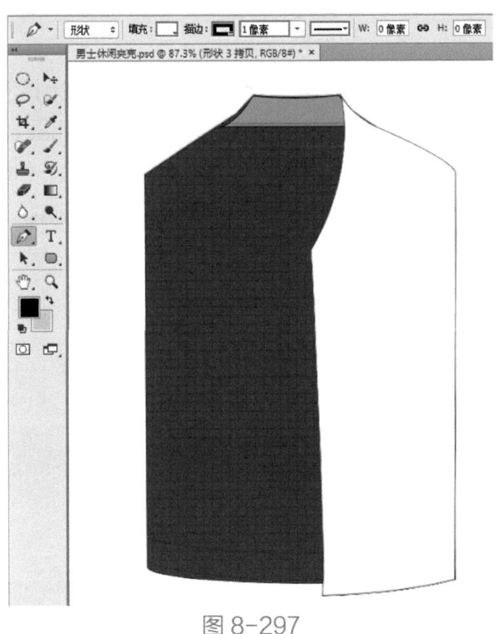

图 8-297

07> 在选项栏中设置“填充”为无，“描边”为黑色，描边粗细为 1 像素，描边类型为实线，设置完成后，在夹克前片的右侧位置绘制布料衔接线条，如图 8-298 所示。然后使用相同的方法，绘制其他线条，效果如图 8-299 所示。

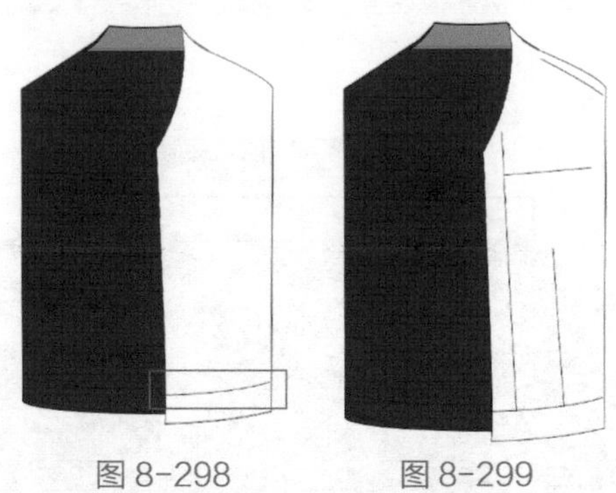

图 8-298　　图 8-299

08> 在“图层”面板中选中前片右侧部分的所有图层，使用快捷键 Ctrl+G 进行编组，并将其命名为“右”，如图 8-300 所示。接着使用快捷键 Ctrl+J 复制出一个相同的图层组，并将其命名为“左”，如图 8-301 所示。

图 8-300　　图 8-301

09> 选中“左”图层组，然后使用快捷键 Ctrl+T 调出界定框，在画面中右击执行“水平翻转”命令，如图 8-302 所示。然后按住鼠标左键向左侧移动，按 Enter 键完成自由变换操作。此时画面效果如图 8-303 所示。

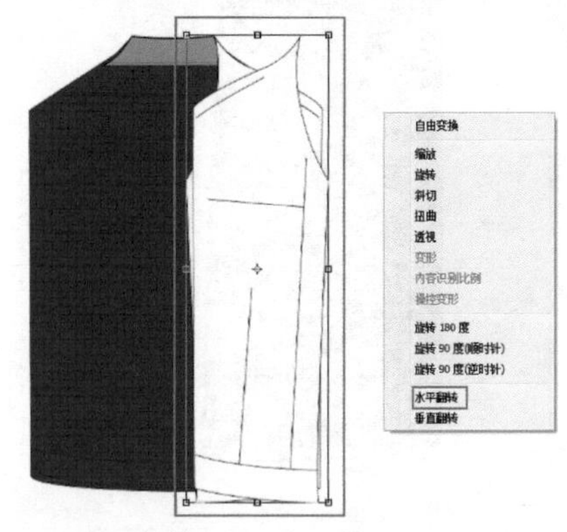

图 8-302

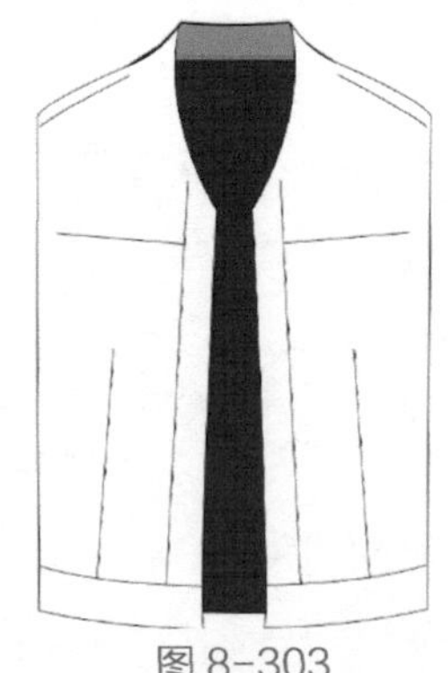

图 8-303

10> 为夹克添加图案。执行菜单“文件 > 置入”命令，置入花纹素材“2.jpg”，将花纹调整合适的大小后按 Enter 键完成置入，如图 8-304 所示。在“图层”面板中右击该图层，在弹出的快捷菜单中执行“栅格化图层”命令，将其进行栅格化。

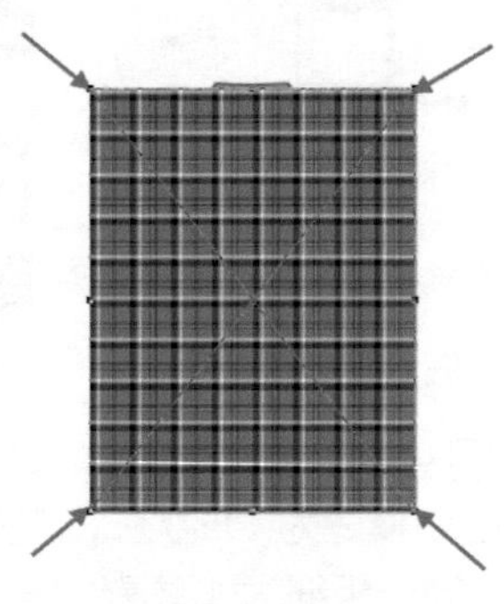

图 8-304

11> 在“图层”面板中将图层混合模式设置为“正片叠底”，再将光标定位在该图层上，右击执行“创建剪贴蒙版”命令，如图 8-305 所示。此时画面效果如图 8-306 所示。

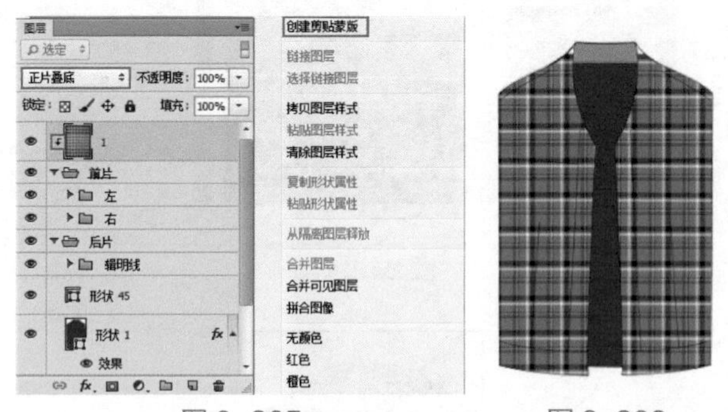

图 8-305　　图 8-306

12> 绘制衣兜。单击工具箱中的“钢笔工具”按钮，在选项栏中设置绘制模式为“形状”，“填充”为浅驼色，“描边”为黑色，描边粗细为 1 像素，描边类型为实线，设置完成后，在夹克右侧上方进行绘制，如图 8-307

所示。然后在选项栏中设置“填充”为驼色，设置完成后，在画面中右侧浅驼色形状下方进行绘制，如图 8-308 所示。

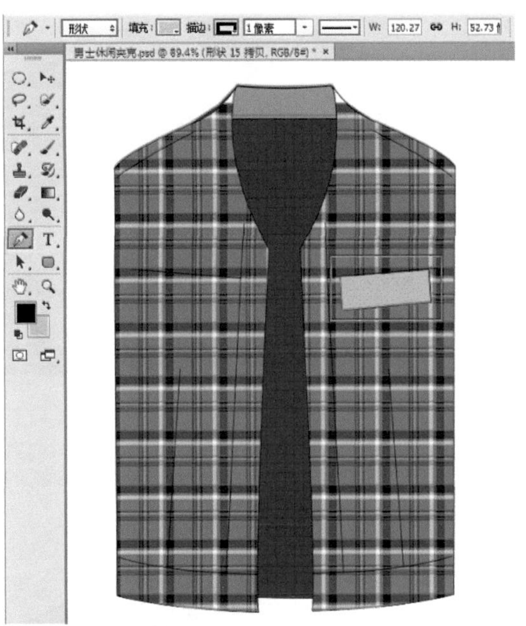

图 8-307

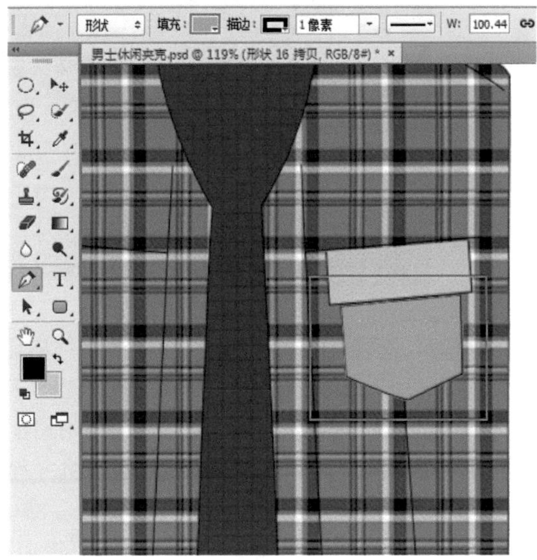

图 8-308

13> 接着在选项栏中设置“填充”为浅驼色，设置完成后，在驼色形状上绘制衣兜样式，如图 8-309 所示。然后在选项栏中设置“填充”为驼色，设置完成后，在夹克右侧下方位置进行绘制，按 Enter 键完成此操作，如图 8-310 所示。

14> 在“图层”面板中选中绘制衣兜的 4 个图层，使用快捷键 Ctrl+G 进行编组，并将组命名为“右”。然后选中该组，使用快捷键 Ctrl+J 复制出一个相同的图层组，并将其命名为“左”，如图 8-311 所示。

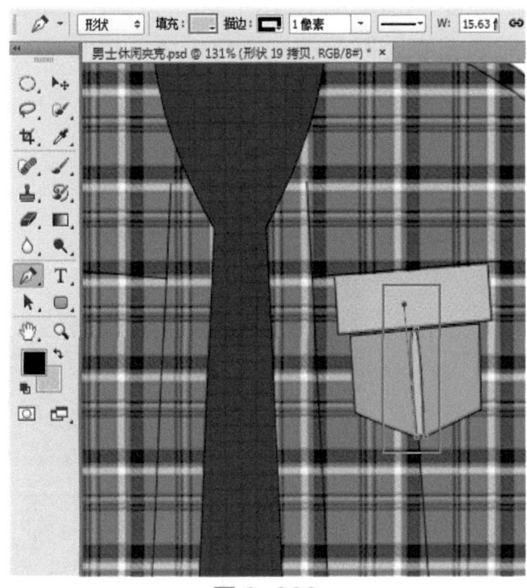

图 8-309

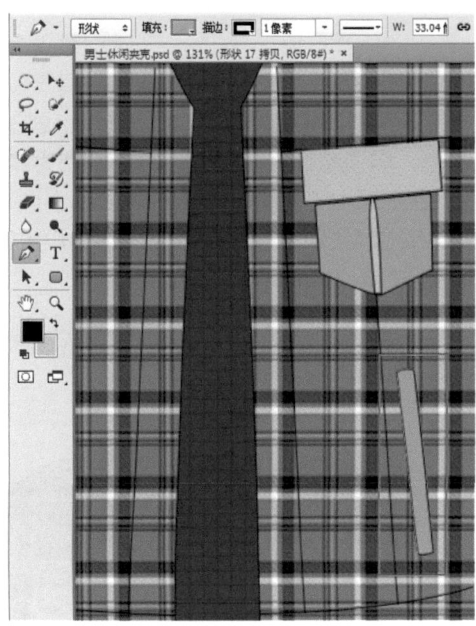

图 8-310

图 8-311

15> 选中“左”图层组后再使用快捷键 Ctrl+T 调出界定框，在画面中右击执行“水平翻转”命令，如图 8-312 所示。然后将衣兜向左移动调整位置，按 Enter 键完成此操作。此时画面效果如图 8-313 所示。

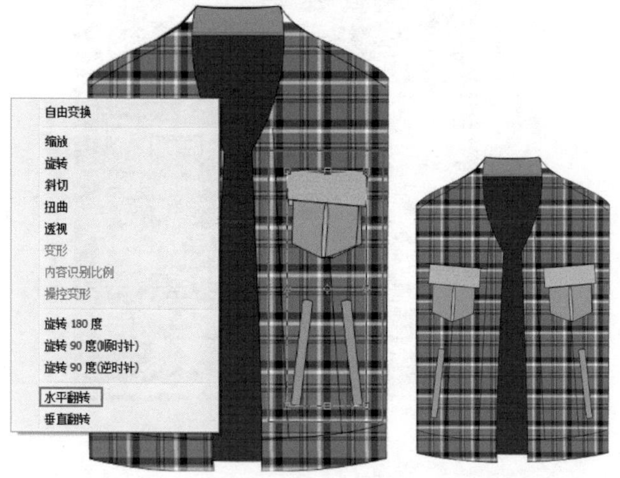

图 8-312　　图 8-313

16> 绘制衣领。单击工具箱中的“钢笔工具”按钮，在选项栏中设置绘制模式为“形状”，“填充”为浅驼色，“描边”为黑色，描边粗细为 1 像素，描边类型为实线，设置完成后，在画面中夹克领口位置进行绘制，如图 8-314 所示。接着在选项栏中设置“填充”为驼色，设置完成后，在相应位置进行绘制，如图 8-315 所示。

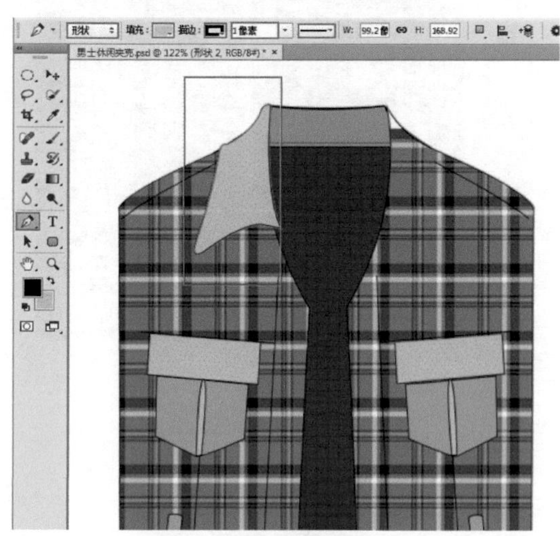

图 8-314

17> 继续选择钢笔工具，在选项栏中设置“填充”为无，“描边”为黑色，描边粗细为 1 像素，描边类型为实线，设置完成后，在相应位置进行绘制，按 Enter 键完成此操作，如图 8-316 所示。

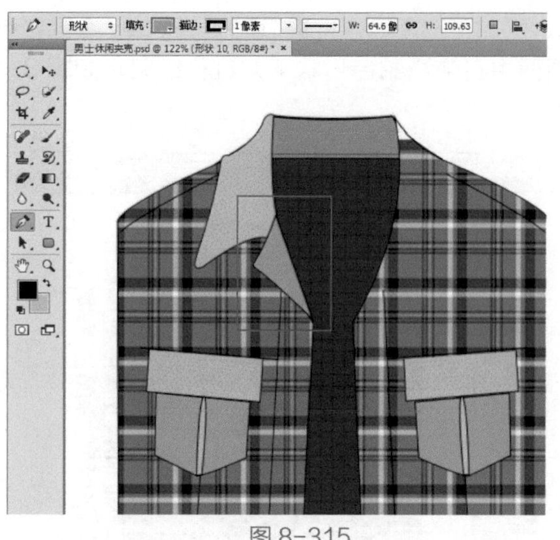

图 8-315

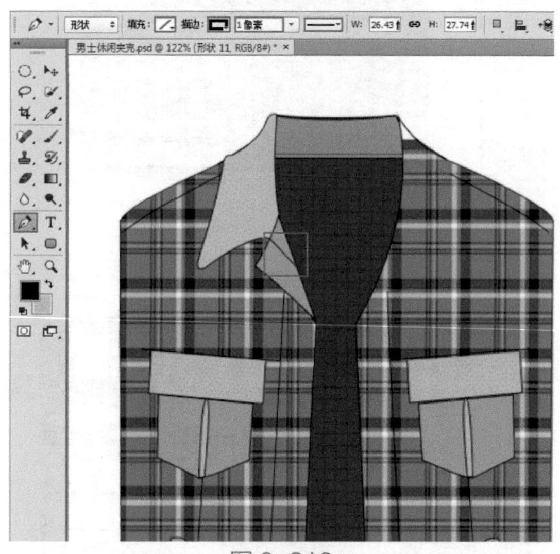

图 8-316

18> 在“图层”面板中选中衣领的 3 个图层并将其进行复制，如图 8-317 所示。然后使用快捷键 Ctrl+T 调出界定框，在画面中右击执行“水平翻转”命令，如图 8-318 所示。接着将衣领向右拖动调整位置，按 Enter 键完成此操作。此时画面效果如图 8-319 所示。

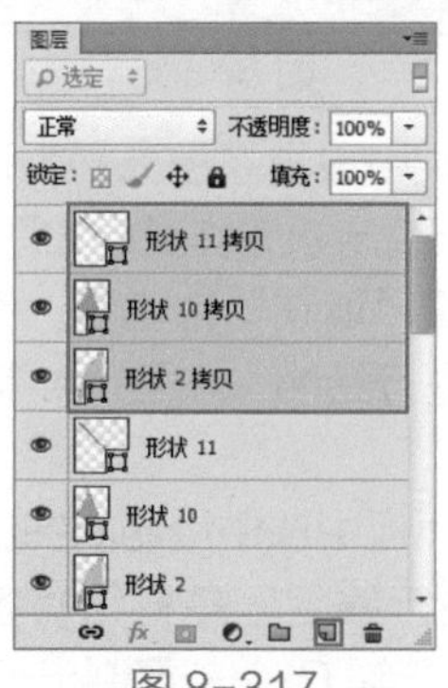

图 8-317

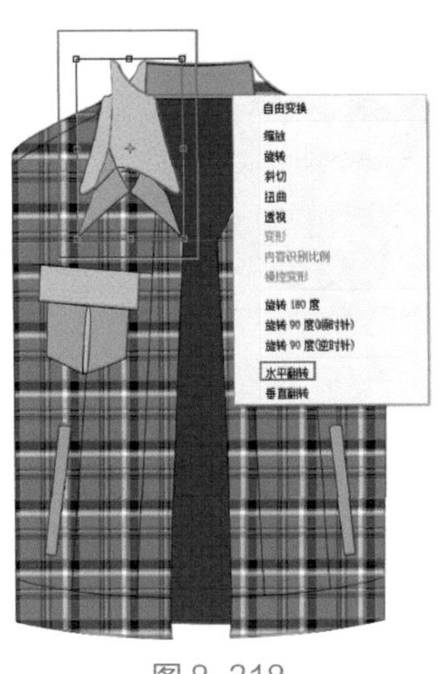

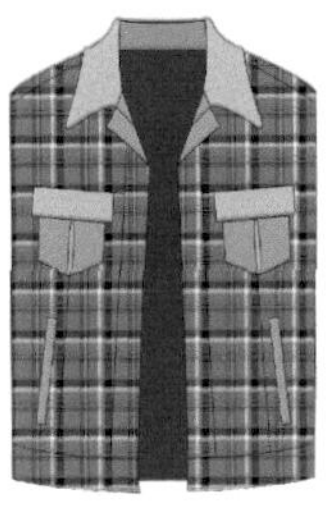

图 8-318　　图 8-319

19> 为衣领部分绘制缉明线。单击工具箱中的“钢笔工具”按钮，在选项栏中设置绘制模式为“形状”，“填充”为无，“描边”为黑色，描边粗细为 0.5 像素，描边类型为虚线，设置完成后，在夹克衣领边缘进行绘制，按 Enter 键完成此操作，如图 8-320 所示。接着使用相同的方法，绘制左侧衣领下方的缉明线，如图 8-321 所示。

图 8-320　　图 8-321

20> 在“图层”面板中选中衣领缉明线的两个图层，并将光标定位在该图层上，按住鼠标左键向下拖曳至“创建新图层”按钮上，复制出两个相同图层，如图 8-322 所示。然后使用快捷键 Ctrl+T 调出界定框，此时对象进入自由变换状态，在画面中右击执行“水平翻转”命令，如图 8-323 所示。接着将光标定位在界定框内，按住鼠标左键向右平移拖曳至相应位置，按 Enter 键完成此操作。此时画面效果如图 8-324 所示。

图 8-322

图 8-323

图 8-324

21> 绘制夹克衣袖。单击工具箱中的“钢笔工具”按钮，在选项栏中设置“绘制模式”为“形状”，“填充”为水墨蓝，“描边”为黑色，描边粗细为 1 像素，描边类型为实线，设置完成后，在画面中绘制衣袖形状，如图 8-325 所示。

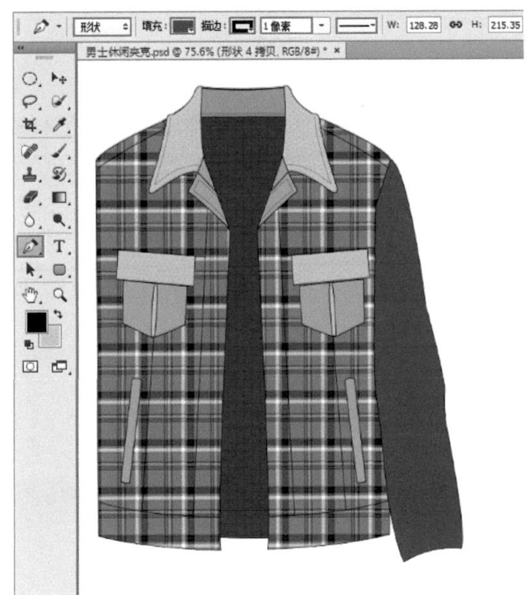

图 8-325

22> 继续选择钢笔工具，在选项栏中设置绘制模式为“形状”，“填充”为驼色，“描边”为黑色，描边粗细为

1 像素，描边类型为实线，设置完成后，在袖口位置进行绘制，按 Enter 键完成此操作，如图 8-326 所示。然后执行菜单“编辑 > 预设 > 预设管理器”命令，在弹出的“预设管理器”对话框中载入素材“3.pat”，如图 8-327 所示。

图 8-326

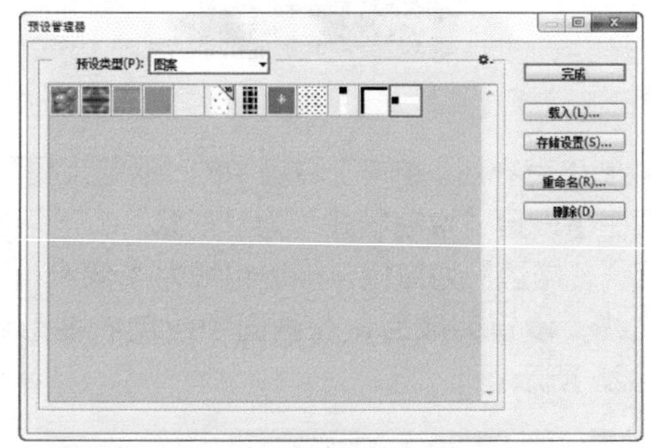

图 8-327

23> 在“图层”面板中选中该图层，执行菜单“图层 > 图层样式 > 图案叠加”命令，在弹出的“图层样式”对话框中勾选“图案叠加”对话框，设置“混合模式”为“正片叠底”，“不透明度”为 30%，“图案”为 3.pat，“缩放”为 90%，设置完成后，单击“确定”按钮完成此操作，如图 8-328 所示。此时画面效果如图 8-329 所示。

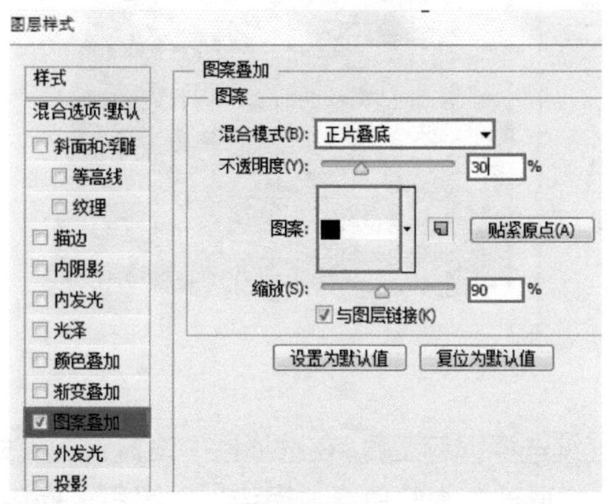

图 8-328

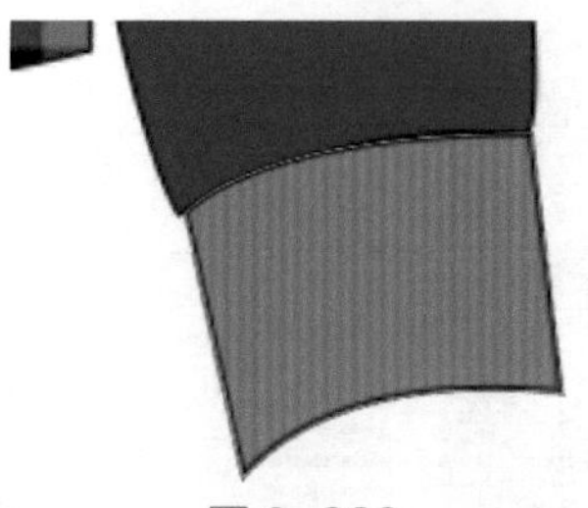
图 8-329

24> 绘制袖口。单击工具箱中的“钢笔工具”按钮，在选项栏中设置绘制模式为“形状”，“填充”为棕色，“描边”为黑色，描边粗细为 1 像素，描边类型为实线，设置完成后，在袖口位置进行绘制，按 Enter 键完成此操作，如图 8-330 所示。

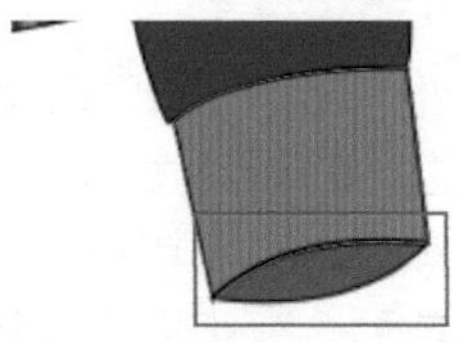
图 8-330

25> 在“图层”面板中选中夹克右侧袖子的 3 个图层，使用快捷键 Ctrl+G 进行编组，并将其命名为“右袖”，如图 8-331 所示。然后使用快捷键 Ctrl+J 复制出一个相同的图层组，并将其命名为“左袖”，如图 8-332 所示。

图 8-331

图 8-332

26> 选中“右袖”图层组，使用快捷键 Ctrl+T 调出界定框，在画面中右击执行“水平翻转”命令，如图 8-333 所示。接着将袖子向右移动到合适位置，按 Enter 键完成此操作。此时画面效果如图 8-334 所示。

图 8-333

图 8-334

27> 为夹克绘制纽扣。在工具箱中右击“形状”工具组，在工具组列表中选择椭圆工具，在选项栏中设置绘制模式为“形状”，“填充”为渐变并编辑一个由灰色到白色的线性渐变，再设置“描边”为黑色，描边粗细为 1 像素，描边类型为实线，如图 8-335 所示。设置完成后，在画面中相应位置按住 Shift 键的同时按住鼠标左键拖曳绘制一个正圆形，如图 8-336 所示。

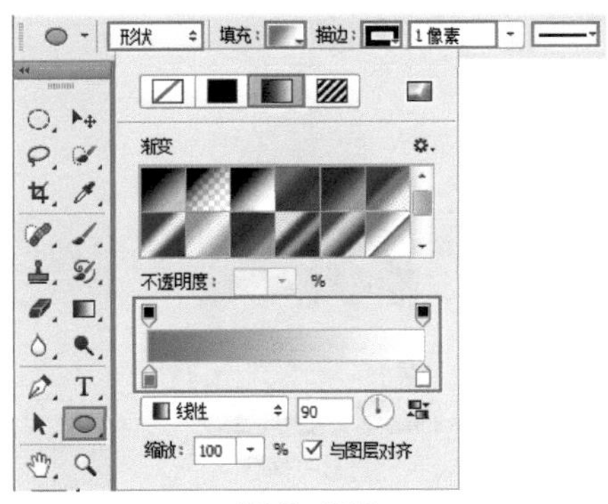

图 8-335

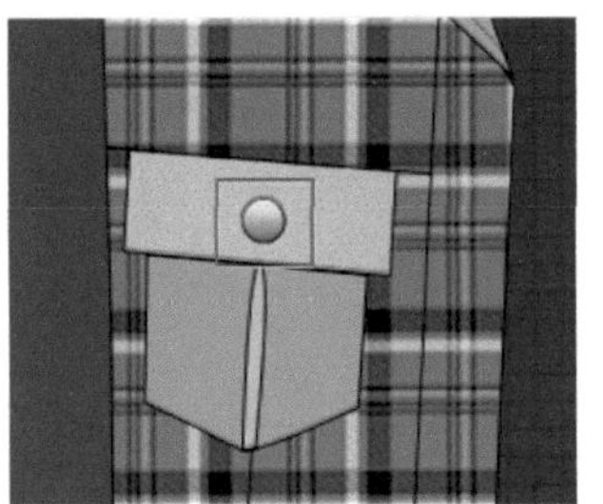

图 8-336

28> 使用相同的方法，绘制衣兜上的纽扣，如图 8-337 所示。然后在“图层”面板中选中纽扣图层，使用快捷键 Ctrl+J 复制出一个相同图层，然后将纽扣向右移动，接着使用相同的方法，复制出其他纽扣，如图 8-338 所示。

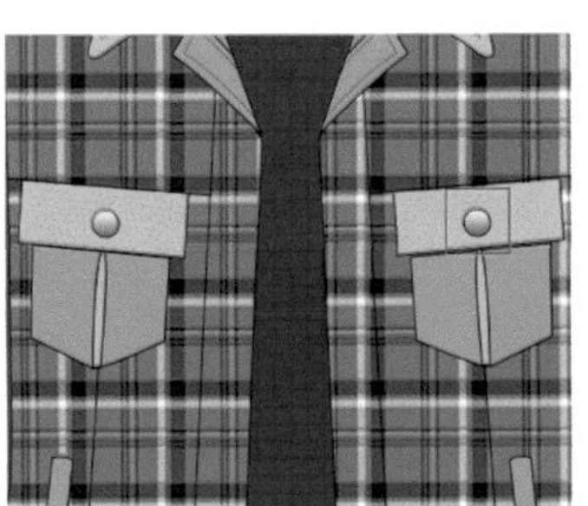

图 8-337

图 8-338

29> 绘制扣眼。单击工具箱中的“钢笔工具”按钮，在选项栏中设置绘制模式为“形状”，“填充”为无，“描边”为黑色，描边粗细为 1 像素，描边类型为实线，设置完成后，在纽扣对应位置绘制扣眼形状，如图 8-339 所示。继续绘制其他的扣眼形状，如图 8-340 所示。

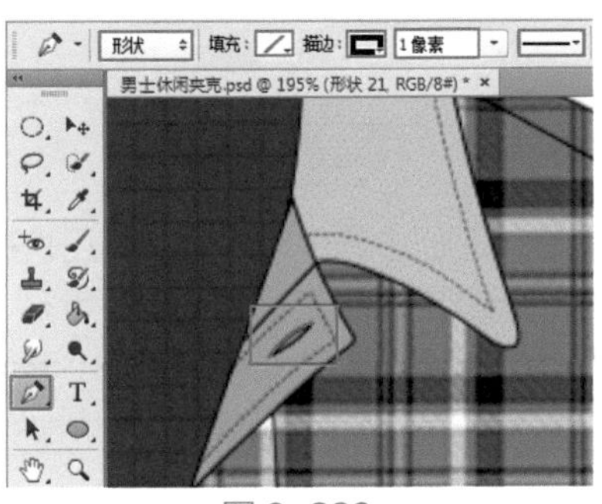

图 8-339

图 8-340

30> 为夹克绘制缉明线。单击工具箱中的“钢笔工具”按钮，在选项栏中设置绘制模式为“形状”，“填充”为无，“描边”为黑色，描边粗细为 0.5 像素，描边类型为虚线，设置完成后，在画面中布料衔接线条位置进行绘制，如图 8-341 所示。接着使用相同的方法，绘制夹克右侧的缉明线，效果如图 8-342 所示。

图 8-341　　图 8-342

31> 在“图层”面板中选中夹克右半部分的缉明线图层，使用快捷键 Ctrl+G 进行编组，并将其命名为“右”。然后使用快捷键 Ctrl+J 复制出一个相同的图层组，并将其命名为“左”，如图 8-343 所示。

图 8-343

32> 在“图层”面板中选中该图层，使用快捷键 Ctrl+T 调出界定框，在画面中右击执行“水平翻转”命令，如图 8-344 所示。接着将缉明线向左拖曳，按 Enter 键完成自由变换操作，最终效果如图 8-345 所示。

图 8-344

图 8-345

8.8 针织帽子

文件路径	第 8 章 \ 针织帽子
难易指数	★★★★★
技术掌握	钢笔工具、创建剪贴蒙版、横排文字工具、椭圆工具、圆角矩形工具

案例效果

案例效果如图 8-346 所示。

图 8-346

配色方案解析

冬季服装多以较为深色为主，较为沉闷。本案例的针织帽子以米色、黄色、橙色、棕色这四种暖色为主，搭配些许蓝色，打破了冬季的沉闷感，给人以俏皮可爱的感觉。图 8-347~ 图 8-350 所示为使用该配色方案的服装设计作品。

图 8-347

图 8-348

图 8-349

图 8-350

其他配色方案

应用拓展

优秀帽子设计作品，如图 8-351~ 图 8-354 所示。

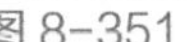
图 8-351

图 8-352

图 8-353

图 8-354

实用配色方案

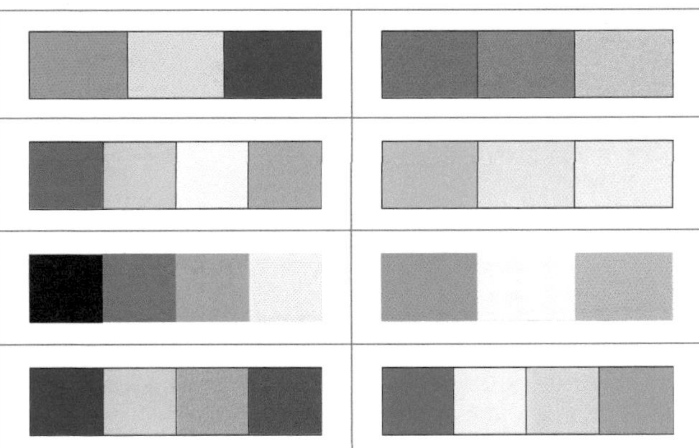

操作步骤

01> 新建一个 A4 大小的空白文档。首先绘制帽子中部形状。单击工具箱中的“钢笔工具”按钮，在选项栏中设置绘制模式为“形状”，“填充”为淡黄色，“描边”为黑色，描边粗细为 1 像素，描边类型为实线，如图 8-355 所示。设置完成后，在画面中进行绘制，如图 8-356 所示。

02> 选中该形状图层，执行菜单“滤镜 > 滤镜库”命令，在弹出的提示框中单击“确定”按钮，如图 8-357 所示。接着在弹出的对话框中单击打开“纹理”滤镜组，单击选择“龟裂纹”滤镜，然后在对话框右侧设置“裂缝间距”为 11，“裂缝深度”为 4，“裂缝亮度”为 9，设置完成后单击“确定”按钮，如图 8-358 所示。此时画面效果如图 8-359 所示。

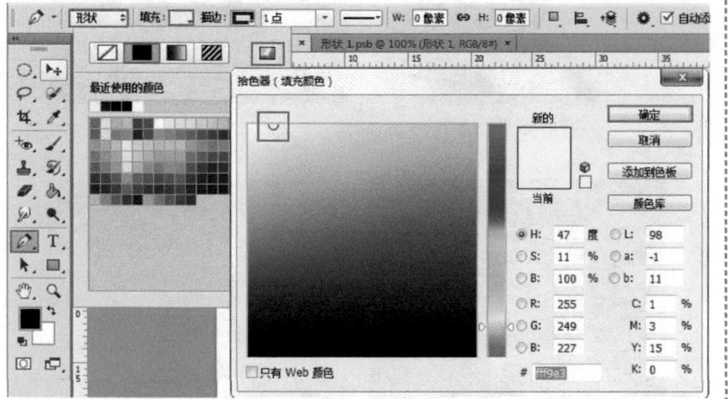

图 8-355

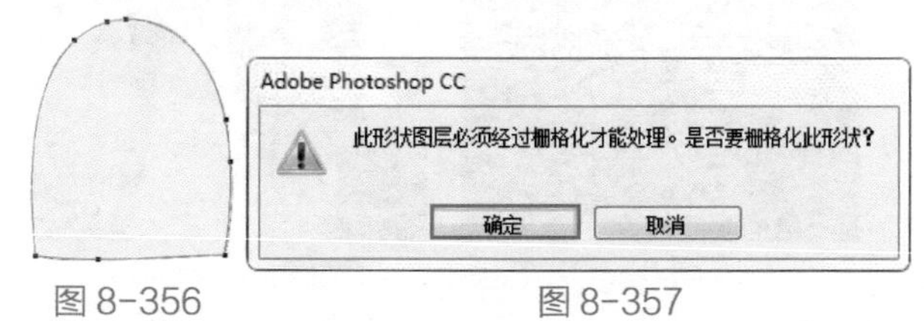

图 8-356　　图 8-357

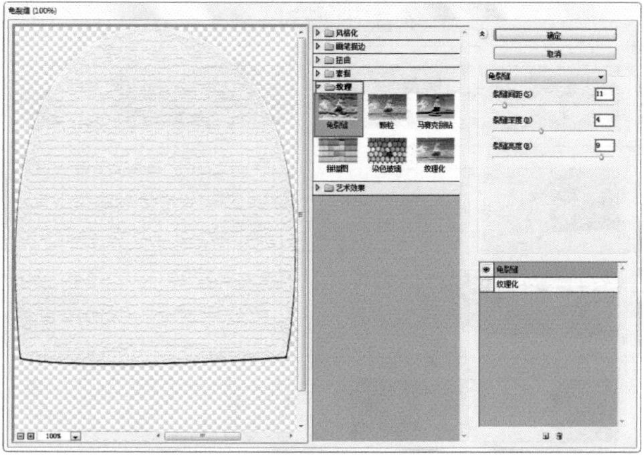

图 8-358

图 8-359

03> 为图形添加“内发光”图层样式。选中形状图层，执行菜单“图层 > 图层样式 > 内发光”命令，在弹出的“图层样式”对话框中设置“混合模式”为“滤色”，“不透明度”为 18%，颜色为白色，“方法”为“精确”，“源”为“居中”，“大小”为 136 像素，“范围”为 44%，“抖动”为 68%，如图 8-360 所示。设置完成后单击“确定”按钮完成此操作。此时效果如图 8-361 所示。

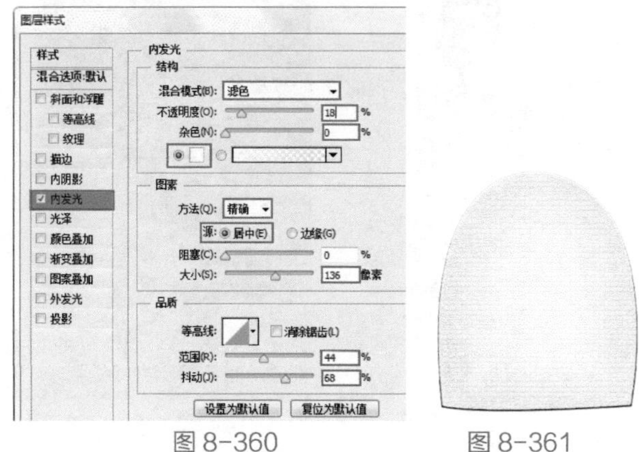

图 8-360　　图 8-361

04> 绘制帽子翻边形状。单击工具箱中的“钢笔工具”按钮，在选项栏中设置绘制模式为“形状”，“填充”为浅黄色，“描边”为黑色，描边粗细为 1 像素，描边类型为实线，设置完成后，在画面中进行绘制，如图 8-362 所示。

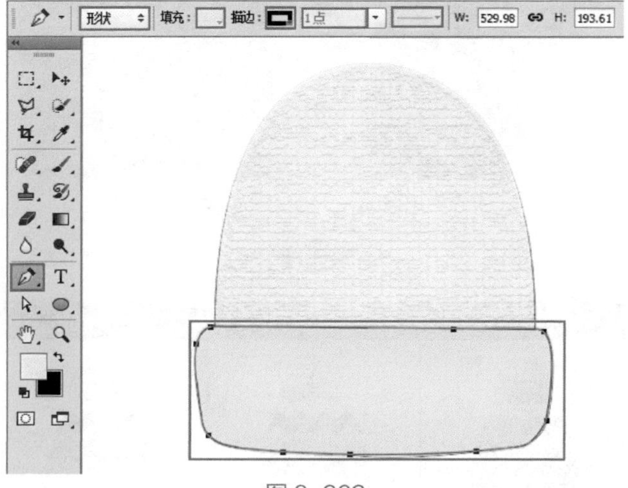

图 8-362

05> 为帽子的翻边形状添加图层样式。在“图层”面板中选中该图层，执行菜单“图层 > 图层样式 > 描边”命令，在弹出的“图层样式”对话框中设置“大小”为 2 像素，“位置”为“外部”，“不透明度”为 19%，“颜色”为黑色，如图 8-363 所示。接着勾选左侧的“内发光”复选框，设置“混合模式”为“滤色”，“不透明度”

为 40%，颜色为白色，“方法”为“精确”，“大小”为 136 像素，“范围”为 44%，“抖动”为 68%，如图 8-364 所示。设置完成后，单击“确定”按钮，此时效果如图 8-365 所示。

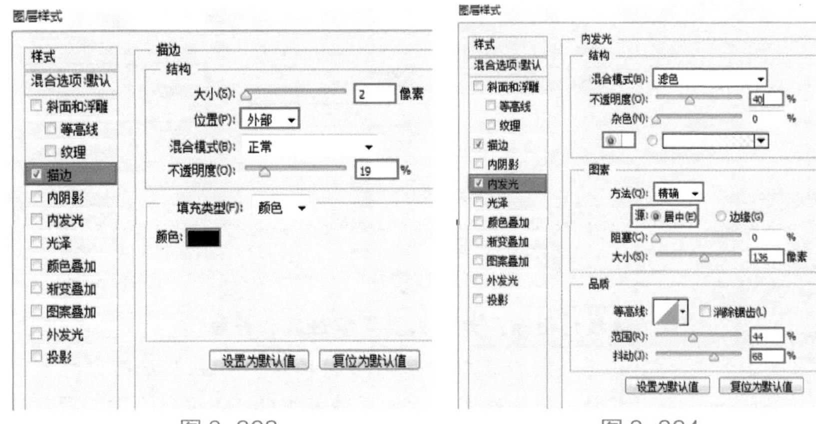

图 8-363　　图 8-364

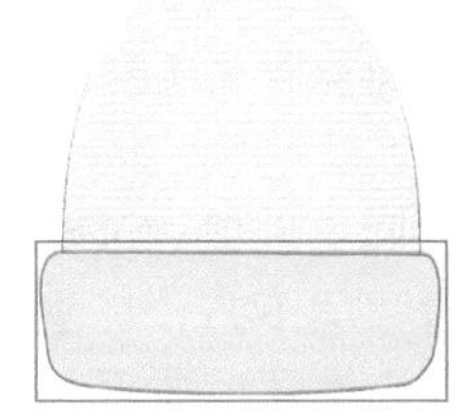
图 8-365

06> 为该形状添加纹理。选中翻边图层，执行菜单“滤镜 > 滤镜库”命令，在弹出的提示框中单击“确定”按钮。接着在弹出的对话框中单击打开“纹理”滤镜组，单击选择“龟裂缝”滤镜，然后在对话框右侧设置“裂缝间距”为 11，“裂缝深度”为 4，“裂缝亮度”为 9，设置完成后，单击“确定”按钮，如图 8-366 所示。此时画面效果如图 8-367 所示。

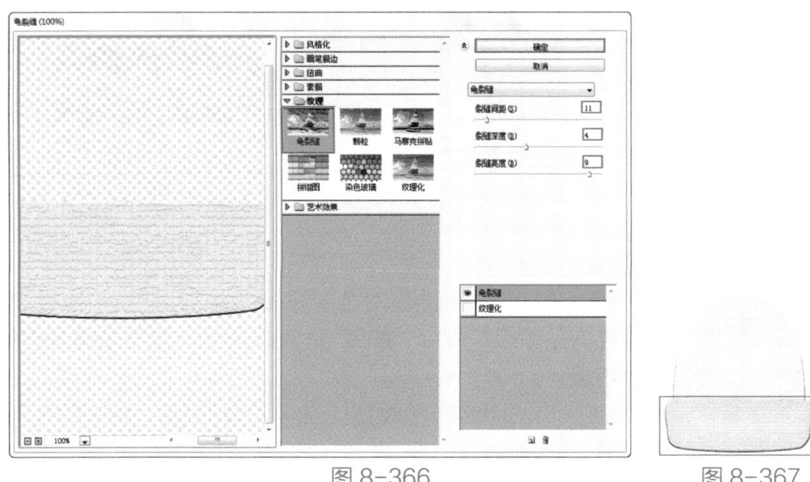
图 8-366　　图 8-367

07> 制作帽子上方波纹部分。首先单击工具箱中的“钢笔工具”按钮，在选项栏中设置绘制模式为“形状”，“填充”为橙色，“描边”为无，描边粗细为 3 点，描边类型为实线，设置完成后，在画面中进行绘制，如图 8-368 所示。

图 8-368

08> 在“图层”面板中选中该图层，使用快捷键 Ctrl+J 复制出一个相同的图层，然后将图形向右移动，如图 8-369 所示。使用相同的方法，复制多个橙色图形，效果如图 8-370 所示。

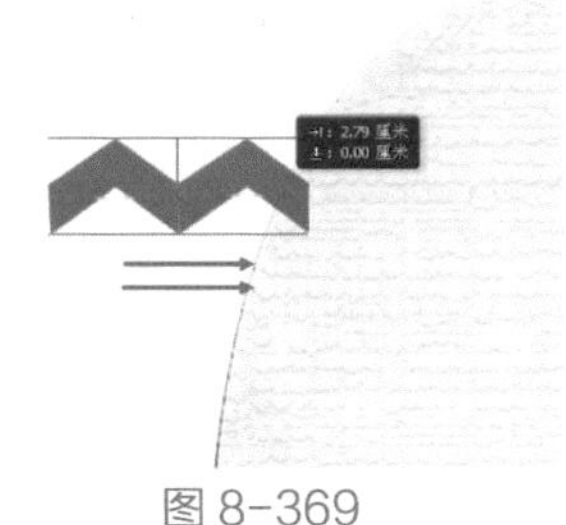
图 8-369

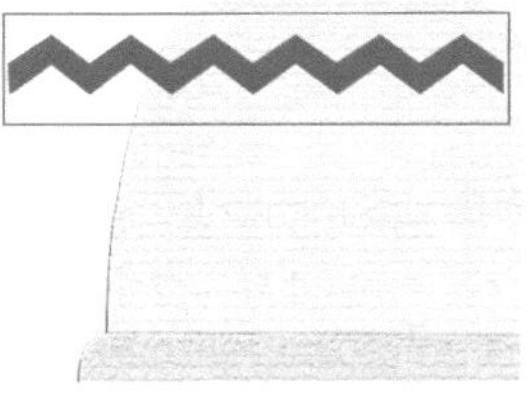
图 8-370

09> 按住 Ctrl 键依次单击加选“图层”面板中橙色图形图层，然后使用快捷键 Ctrl+E 将图层合并。选中合并的图层，使用快捷键 Ctrl+J 将图层复制一份，然后向下移动，效果如图 8-371 所示。

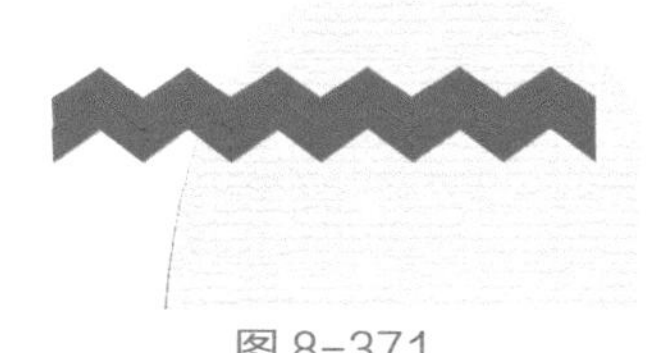
图 8-371

10> 再次将红色图形图层复制一份，然后向下移动，如图 8-372 所示。接着双击该图层的缩览图，在弹出的“拾色器（纯色）”对话框中设置颜色为土黄色，设置完成后，单击“确定”按钮，如图 8-373 所示。图形效果如图 8-374 所示。

图 8-372

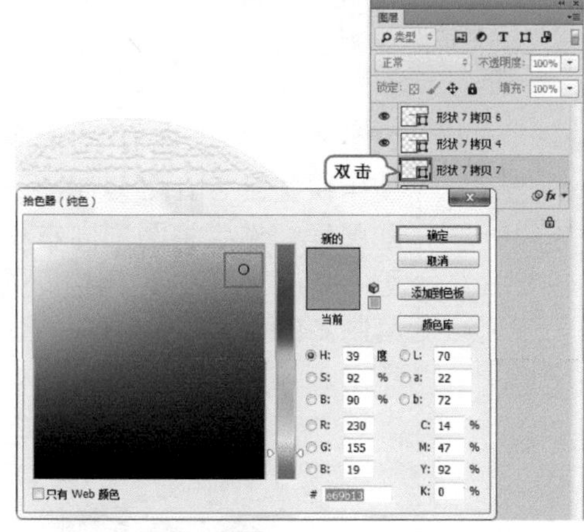

图 8-373

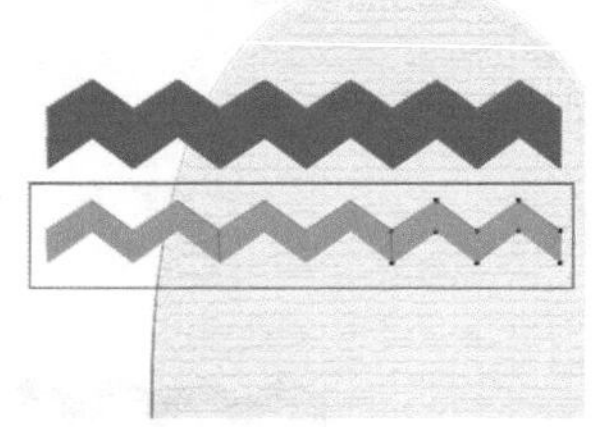
图 8-374

11> 使用相同的方法，复制图形，并在调整位置后更改颜色，效果如图 8-375 所示。接着按住 Ctrl 键，单击“图层”面板中的图案图层将其选中，然后使用快捷键 Ctrl+G 进行编组，并将图层组命名为“波纹”，如图 8-376 所示。

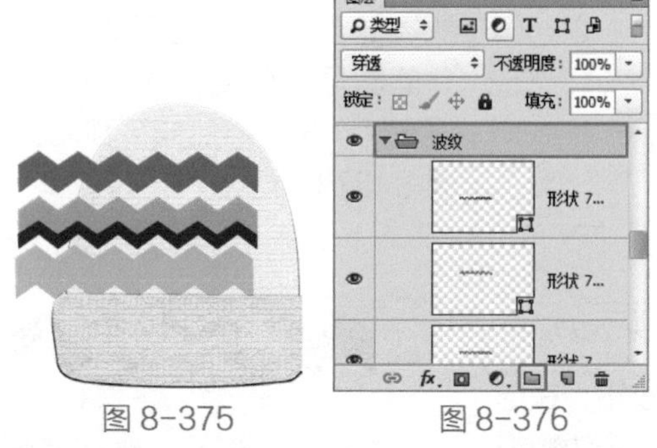
图 8-375　图 8-376

12> 右击“图层”面板中的该图层组，在弹出的快捷菜单中执行“合并组”命令，如图 8-377 所示。此时图层组如图 8-378 所示。

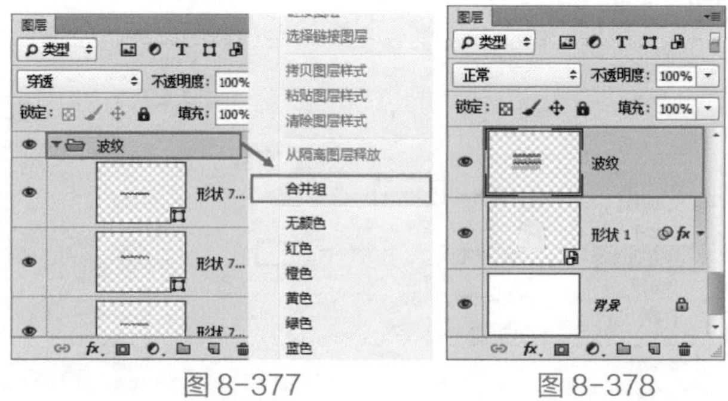

图 8-377　图 8-378

技巧提示：为什么要先编组再合并组

因为波纹图层为形状图层，并且图形的颜色也不同，若加选图层后使用快捷键Ctrl+E进行合并，那么这些形状将会变为一个颜色。所以先将图层加选后编组，再合并图层组。还可以采用另外一种方法，就是先将形状图层栅格化为普通图层，然后加选图层并合并。

13> 按住鼠标左键将波纹图层拖曳到翻边图层下方，在画面中将图案摆放在帽子的中间位置，如图 8-379 所示。

图 8-379

14> 在“图层”面板中将该图层的混合模式设置为“正片叠底”，如图 8-380 所示。此时画面效果如图 8-381 所示。

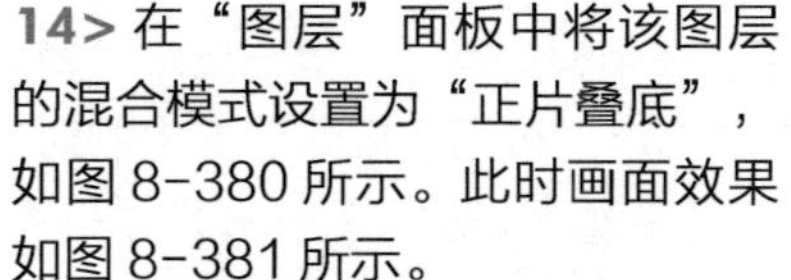

图 8-380　图 8-381

15> 在“图层”面板中选中波纹图层，接着右击执行“创建剪贴蒙版”命令，如图 8-382 所示。效果如图 8-383 所示。

16> 为该图案添加纹理。选中波纹图层，执行菜单“滤镜 > 滤镜库”命令，在弹出的对话框中单击打开“纹理”滤镜组，单击选择“龟裂缝”滤镜，接着在对话框的右侧设置“裂缝间距”为 11，“裂缝深度”为 1，“裂缝亮度”为 9，设置完成后，单击“确定”按钮，如图 8-384

所示。此时画面效果如图 8-385 所示。

17> 制作帽子底部花边。在帽子翻边图层的上方制作波纹图形，如图 8-386 所示。在“图层”面板中选中该图层，然后右击执行“创建剪贴蒙版”命令，如图 8-387 所示。此时画面效果如图 8-388 所示。

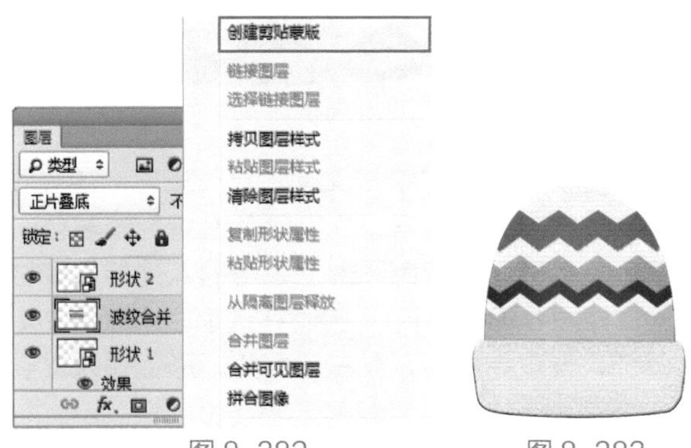

图 8-382　　图 8-383

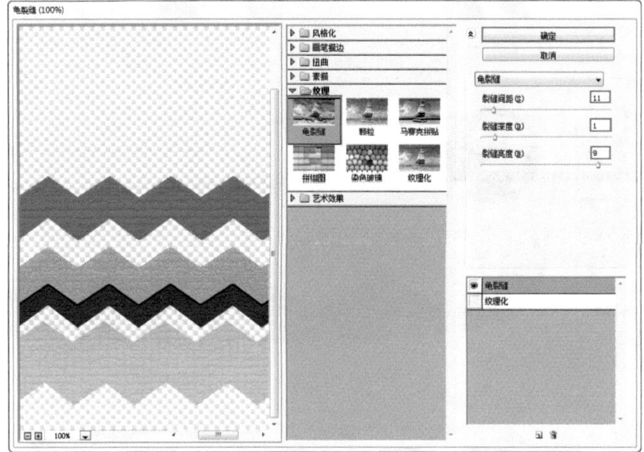

图 8-384

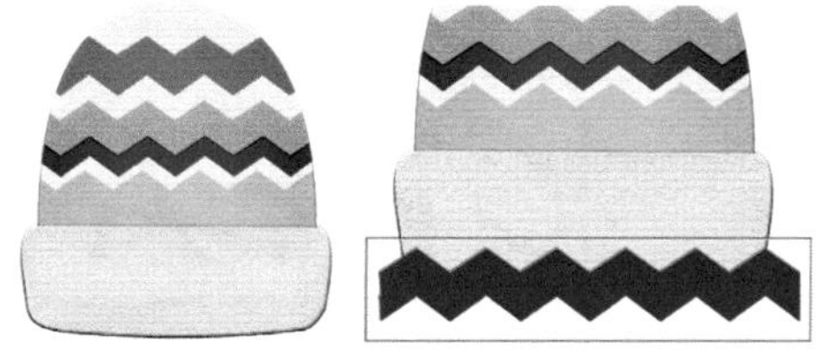

图 8-385　　图 8-386

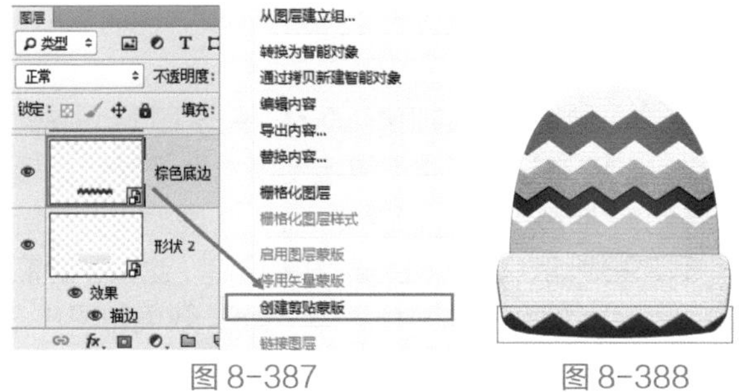

图 8-387　　图 8-388

18> 选中底部花边图层，执行菜单“滤镜 > 滤镜库”命令，在弹出的对话框中单击打开“纹理”滤镜组，单击选择“龟裂缝”滤镜，接着在对话框的右侧设置“裂缝间距”为 11，“裂缝深度”为 1，“裂缝亮度”为 9，设置完成后，单击“确定”按钮，如图 8-389 所示。此时画面效果如图 8-390 所示。

19> 执行菜单“文件 > 置入”命令，置入素材“1.png”，按 Enter 键进行置入操作，如图 8-391 所示。

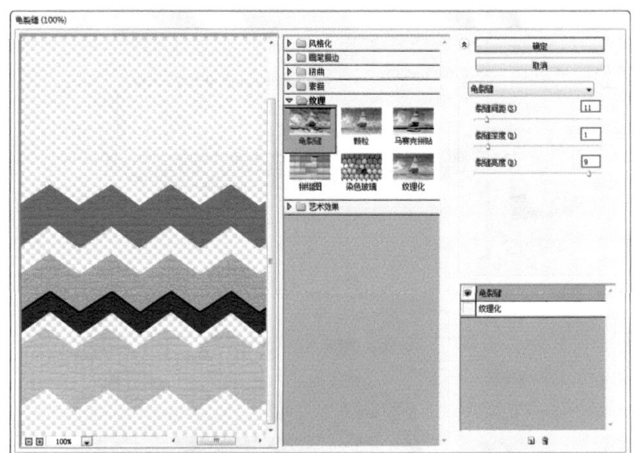

图 8-389

图 8-390　　图 8-391

20> 单击工具箱中的“圆角矩形工具”按钮，在选项栏中设置绘制模式为“形状”，“填充”为白色，“描边”为黑色，描边粗细为 3 像素，描边类型为实线，设置完成后，在帽子的右下角位置按住鼠标左键拖曳绘制圆角矩形，如图 8-392 所示。接着选择椭圆工具，在选项栏中设置绘制模式为“形状”，“填充”为蓝色，“描边”为黑色，描边粗细为 1 像素，描边类型为实线，设置完成后，在帽子的左侧按住 Shift 键的同时并按住鼠标左键拖曳绘制正圆形，如图 8-393 所示。

21> 选中正圆形图层，执行菜单“图层 > 图层样式 > 外发光”命令，在弹出的“图层样式”对话框中设置“混合模式”为“滤色”，“不透明度”为 100%，颜色为白色，“方法”为“柔和”，“大小”为 6 像素，“范围”

为 50%，如图 8-394 所示。设置完成后，单击“确定”按钮，此时正圆形效果如图 8-395 所示。

图 8-392

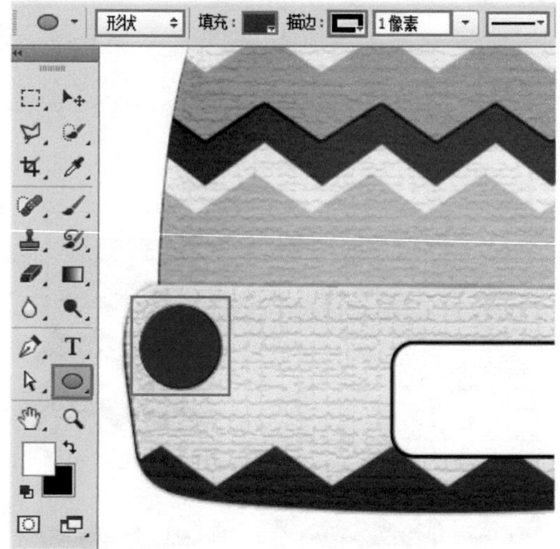

图 8-393

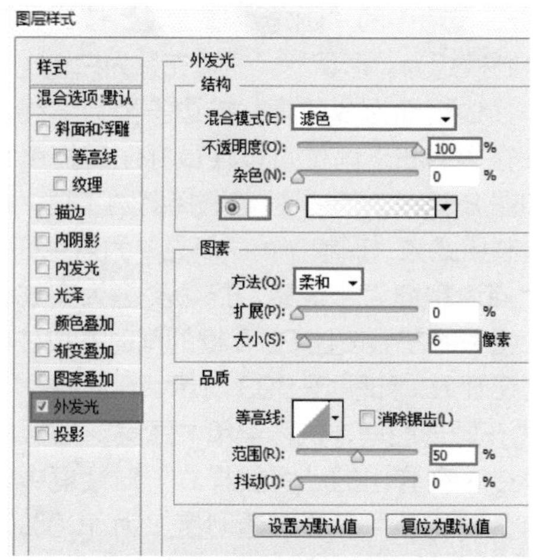

图 8-394

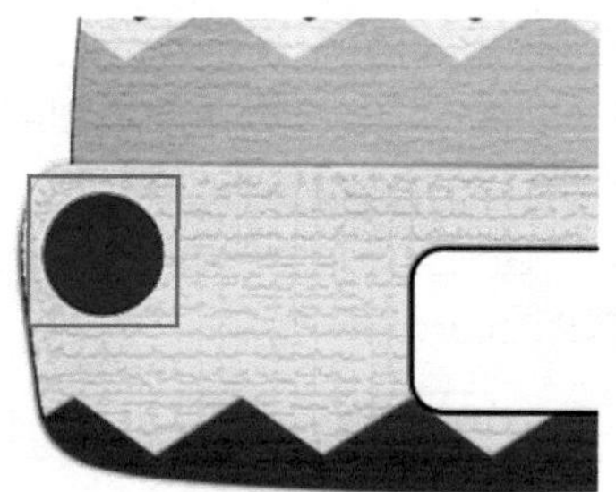

图 8-395

22> 单击工具箱中的“横排文字工具”按钮，在选项栏中设置合适的字体、字号，文字颜色设置为淡黄色，设置完成后，在画面中蓝色圆形上单击插入光标，接着输入文字，如图 8-396 所示。接着在选项栏中设置文本颜色为蓝色，设置完成后，在白色圆角矩形上输入文字，如图 8-397 所示。

图 8-396

图 8-397

23> 接下来绘制帽子的阴影部分。单击工具箱中的“钢笔工具”按钮，在选项栏中设置绘制模式为“形状”，“填充”为淡黄色，“描边”为无，设置完成后，在画面中进行绘制，如图 8-398 所示。选中该图层，执行菜单“滤镜 > 滤镜库”命令，为选中的图层添加“龟裂缝”滤镜，效果如图 8-399 所示。

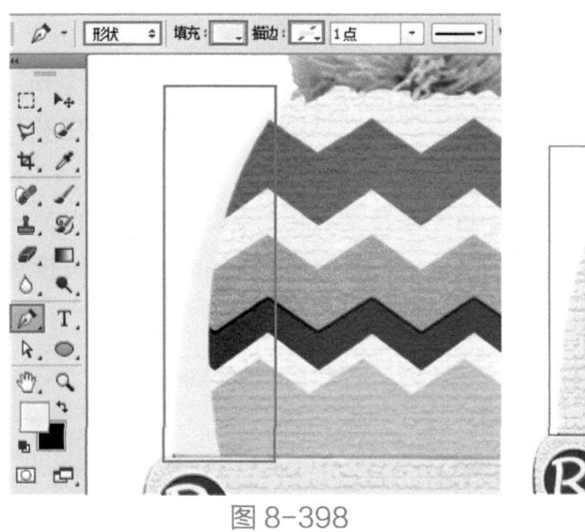
图 8-398

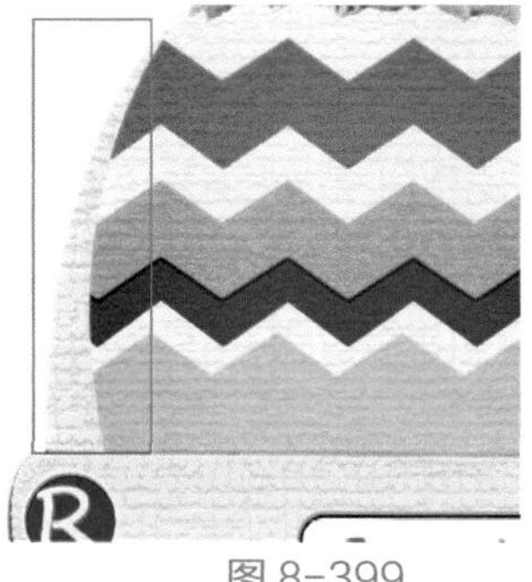
图 8-399

24> 使用相同的方法，继续绘制其他阴影部分，效果如图 8-400 所示。

25> 将阴影图层加选，然后使用快捷键 Ctrl+G 进行编组，并选中图层组，设置该图层组的混合模式为“正片叠底”，如图 8-401 所示。此时针织帽子效果如图 8-402 所示。

图 8-400

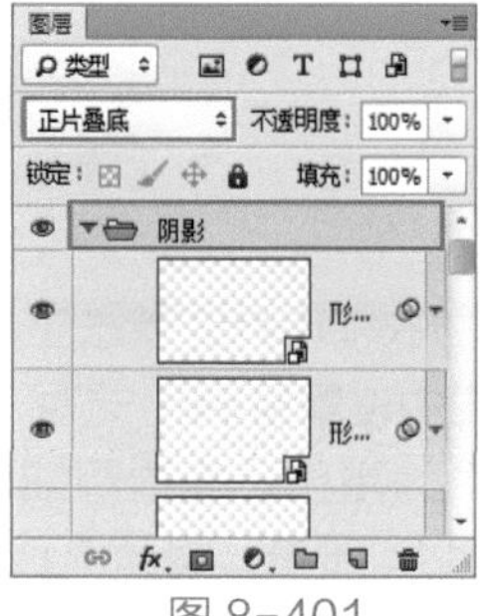
图 8-401

图 8-402

8.9 羽绒服

文件路径	第 8 章 \ 羽绒服
难易指数	★★★★★
技术掌握	椭圆工具、钢笔工具、预设管理器、图层样式

案例效果

案例效果如图 8-403 所示。

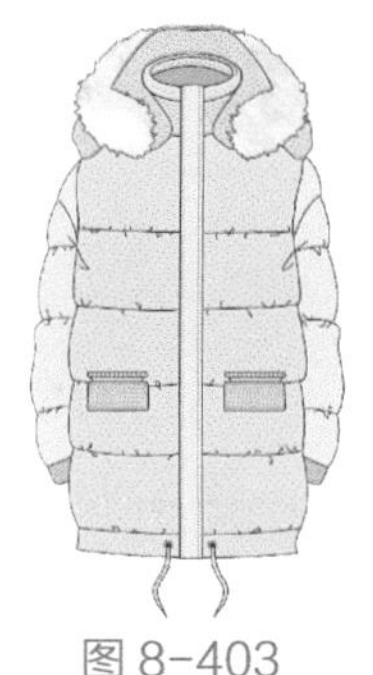
图 8-403

配色方案解析

本作品采用同类色的色彩搭配方式，深浅不同的两种黄色，艳丽而耀眼。H 形宽松厚实的羽绒服搭配白色毛领，洋溢着青春的阳光活力，使整体给人以温暖的视觉感受。图 8-404~ 图 8-407 所示为使用该配色方案的服装设计作品。

图 8-404

图 8-405

图 8-406

图 8-407

其他配色方案

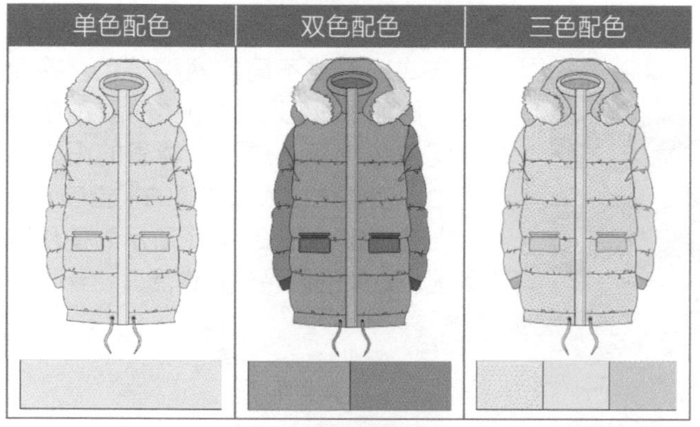

应用拓展

优秀服装设计作品，如图 8-408~ 图 8-411 所示。

图 8-408

图 8-409

图 8-410

图 8-411

实用配色方案

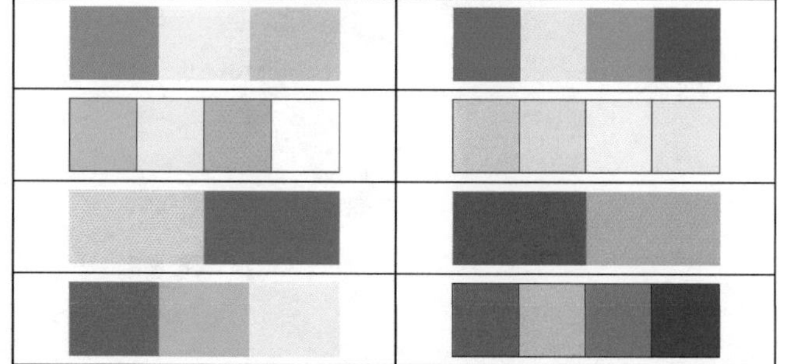

操作步骤

01> 新建一个 A4 大小的空白文档。接下来绘制羽绒服后片。单击工具箱中的“椭圆工具”按钮，在选项栏中设置绘制模式为“形状”，“填充”为土黄色，“描边”为黑色，描边粗细为 1 像素，描边类型为实线，如图 8-412 所示。设置完成后，在画面中按住鼠标左键并拖曳绘制一个椭圆形，如图 8-413 所示。

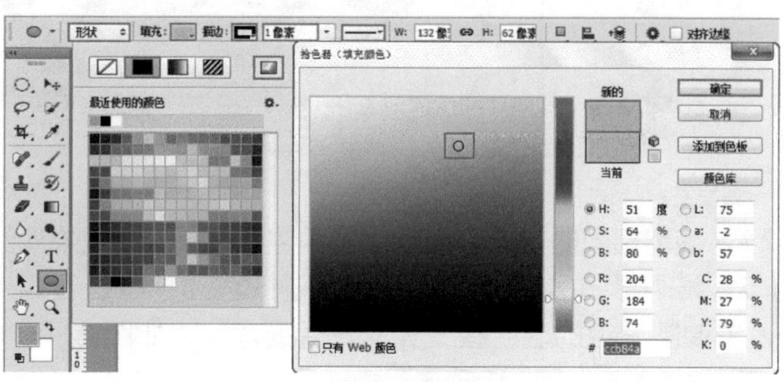

图 8-412

图 8-413

02> 绘制衣领后片。单击工具箱中的“钢笔工具”按钮，在选项栏中设置绘制模式为“形状”，“填充”为黄色，“描边”为黑色，描边粗细为像素，描边类型为实线，如图 8-414 所示。设置完成后，在画面中后片位置进行绘制，如图 8-415 所示。

03> 绘制羽绒服领口前片。继续使用“钢笔工具”，在选项栏中设置“填充”为铬黄色。设置完成后在画面中进行绘制，如图 8-416 所示。

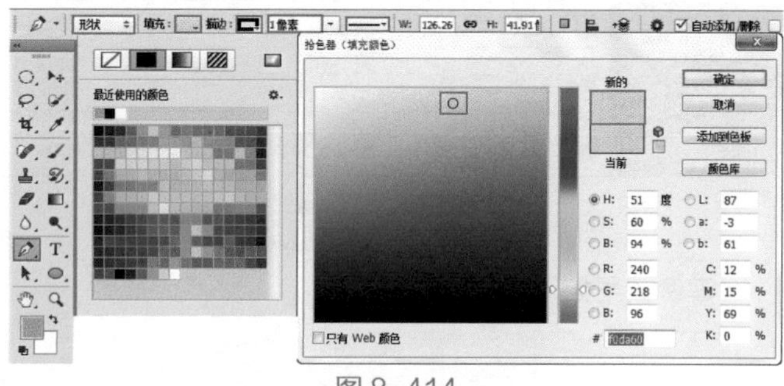

图 8-414

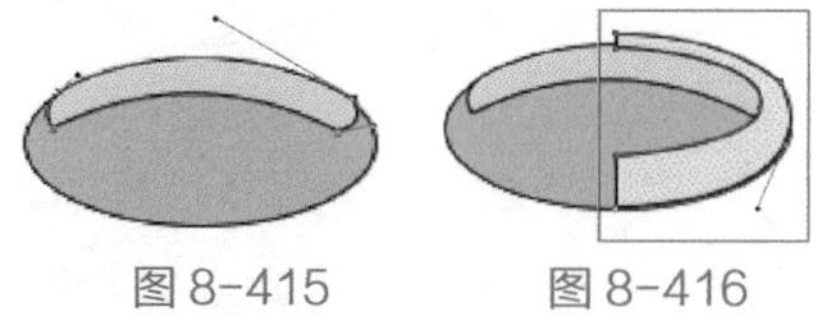

图 8-415　　图 8-416

04> 在“图层”面板中选中该图层，使用快捷键 Ctrl+J 复制出一个相同的形状图层。然后使用快捷键 Ctrl+T 调出界定框，再右击执行“水平翻转”命令，如图 8-417 所示。接着将图形向左移动，位置调整完成后按 Enter 键确定操作，如图 8-418 所示。

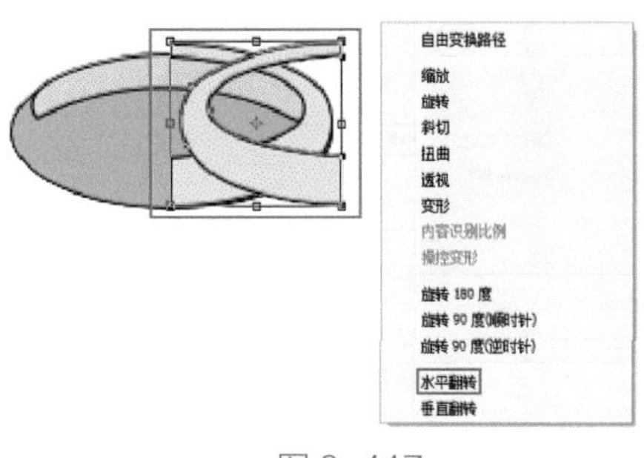

图 8-417

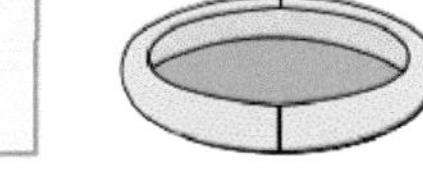

图 8-418

05> 在“图层”面板中选中领口前片的两个图层，并将光标定位在该图层上，右击执行“合并形状”命令，如图 8-419 所示。此时画面效果如图 8-420 所示。

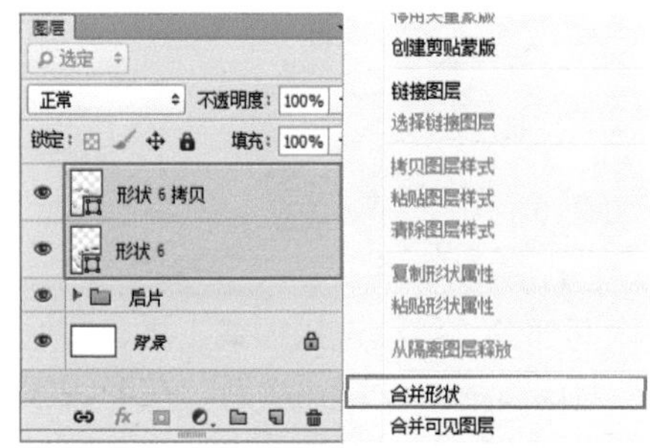

图 8-419

图 8-420

06> 绘制衣领部分。继续选择钢笔工具，在选项栏中设置“填充”为黄色，设置完成后，在领口下方进行绘制，如图 8-421 所示。

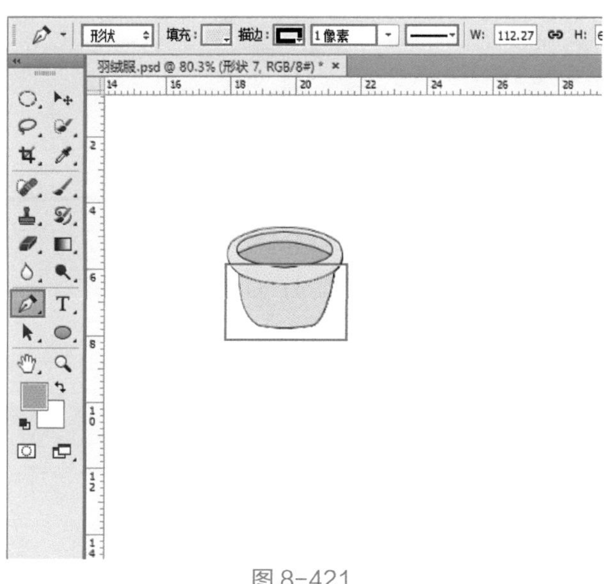

图 8-421

07> 绘制羽绒服前片。继续选择钢笔工具，在选项栏中设置“填充”为正黄色，设置完成后，在画面中衣领下方进行绘制，如图 8-422 所示。接着在选项栏中设置“填充”为无，设置完成后，在前片下方边缘绘制衔接线条，如图 8-423 所示。

图 8-422

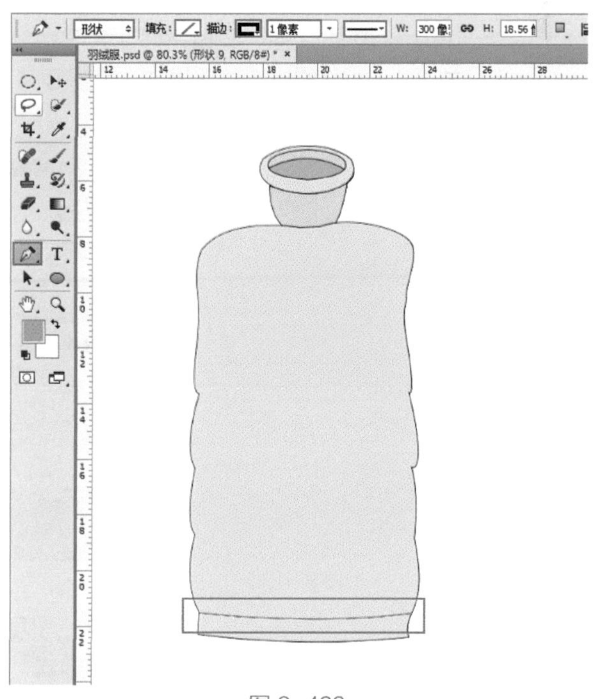

图 8-423

08> 绘制羽绒服帽子。继续选择钢笔工具，在选项栏中设置“填充”为稍浅一些的黄色，如图 8-424 所示。设置完成后，在画面中环绕衣领部分进行绘制。绘制完成后按 Enter 键完成此操作，如图 8-425 所示。

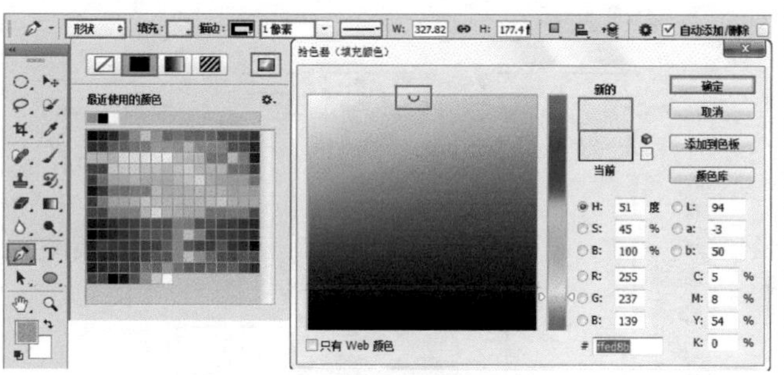

图 8-424

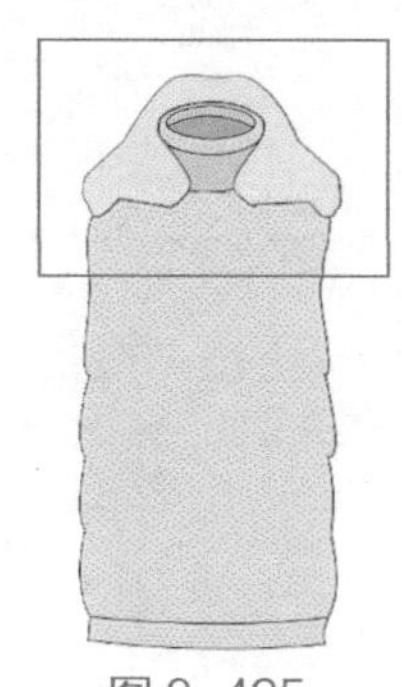

图 8-425

09> 为帽子增加条纹效果。执行菜单“编辑 > 预设 > 预设管理器”命令，在弹出的“预设管理器”对话框中设置“预设类型”为“图案”，单击“载入”按钮。接着在弹出的对话框中选择“1.pat”，单击“载入”按钮，载入完成后，单击“完成”按钮完成此操作，如图 8-426 所示。

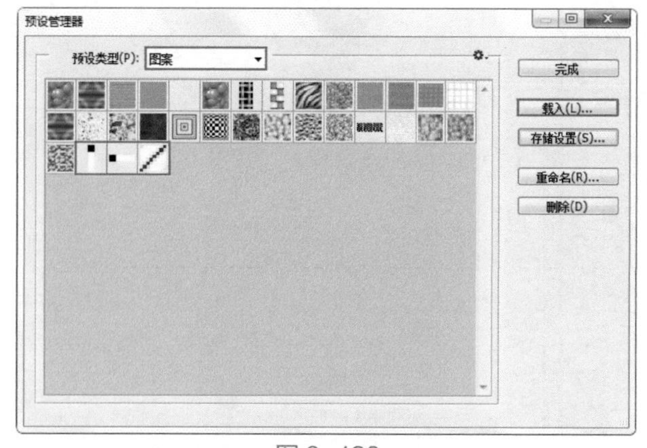

图 8-426

10> 在“图层”面板中选中该图层，执行菜单“图层 > 图层样式 > 图案叠加”命令，在弹出的“图层样式”对话框中设置“混合模式”为“正片叠底”，“不透明度”为 30%，选择合适的图案，“缩放”为 75%，如图 8-427 所示。设置完成后，单击“确定”按钮完成此操作，此时效果如图 8-428 所示。

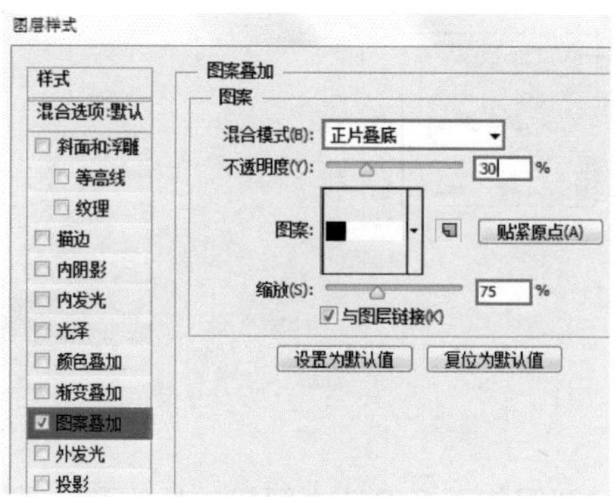

图 8-427

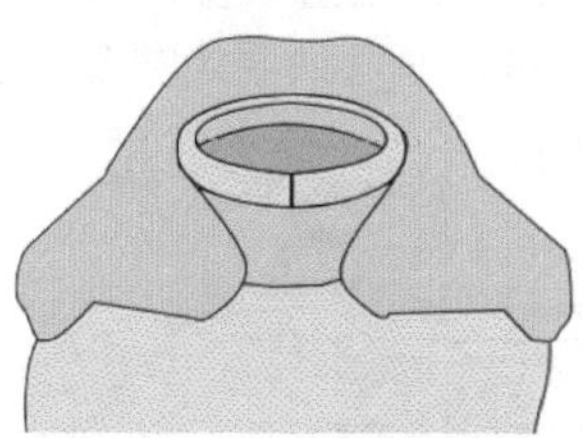

图 8-428

11> 绘制羽绒服中间部分。继续选择钢笔工具，在选项栏中设置“填充”为浅黄色，设置完成后，在羽绒服前片中间位置进行绘制，如图 8-429 所示。

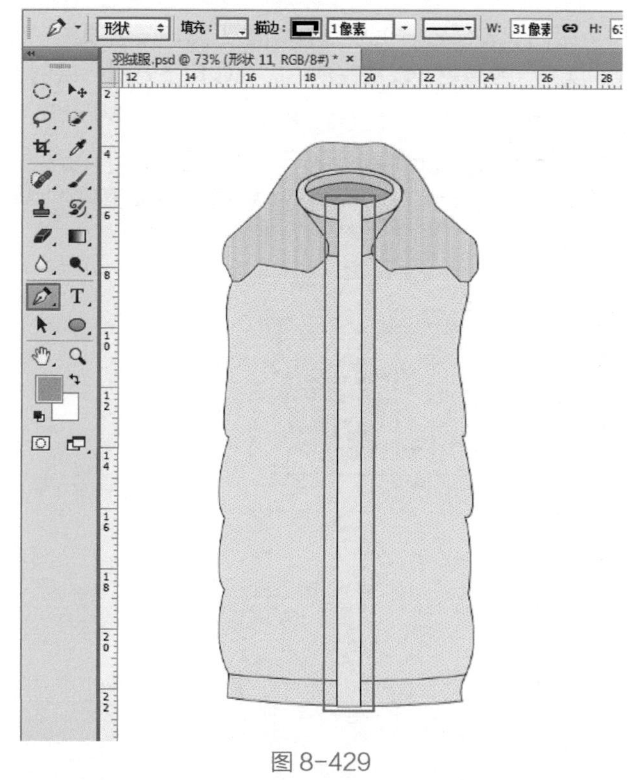

图 8-429

12> 绘制羽绒服帽子毛领。继续选择钢笔工具，在选项栏中设置“填充”为白色，设置完成后，在画面中帽子位置进行绘制，如图 8-430 所示。

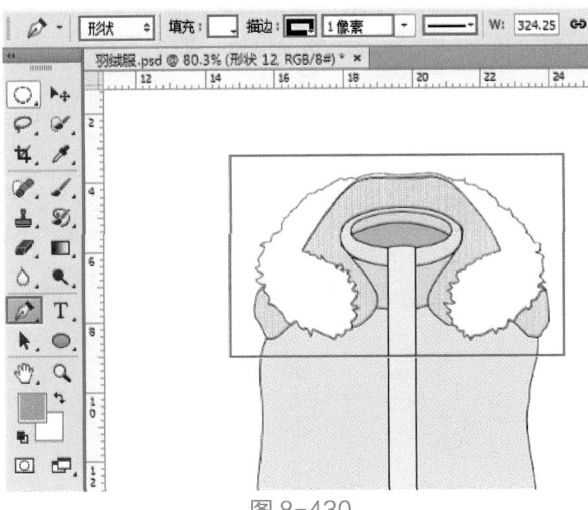

图 8-430

13> 为毛领增添质感。执行菜单“文件 > 置入”命令，在弹出的对话框中选择素材“2.jpg”，单击“置入”按钮，如图 8-431 所示。接着将置入的素材摆放在画面中帽子位置，并将素材适当缩放，调整完成后按 Enter 键完成置入。然后执行菜单“图层 > 栅格化 > 智能对象”命令，将图层栅格化，效果如图 8-432 所示。

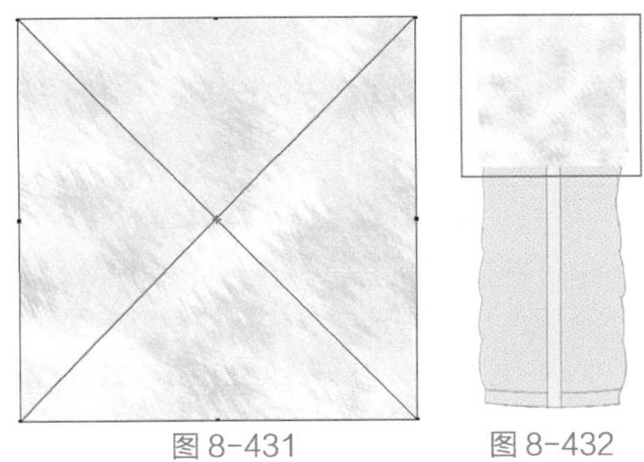

图 8-431　　图 8-432

14> 选中素材图层，然后右击执行“创建剪切贴蒙版”命令，如图 8-433 所示。效果如图 8-434 所示。

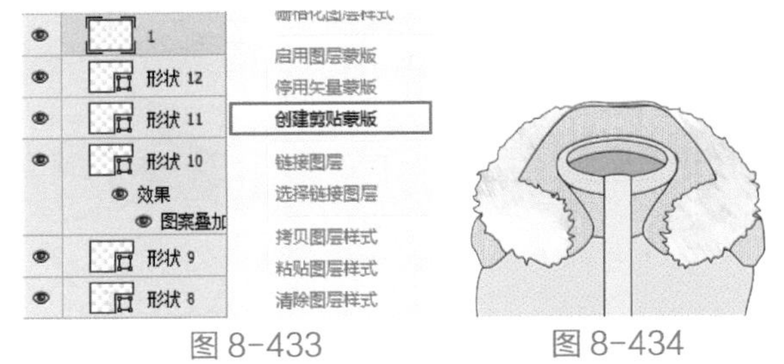

图 8-433　　图 8-434

15> 在“图层”面板中选中所有前片图层，使用快捷键 Ctrl+G 进行编组，并将该图层组命名为“前片”，如图 8-435 所示。

图 8-435

16> 绘制羽绒服袖子。单击工具箱中的“钢笔工具”按钮，在选项栏中设置绘制模式为“形状”，“填充”为浅黄色，“描边”为黑色，描边粗细为 1 像素，描边类型为实线，设置完成后，在画面中羽绒服前片左侧进行绘制，如图 8-436 所示。

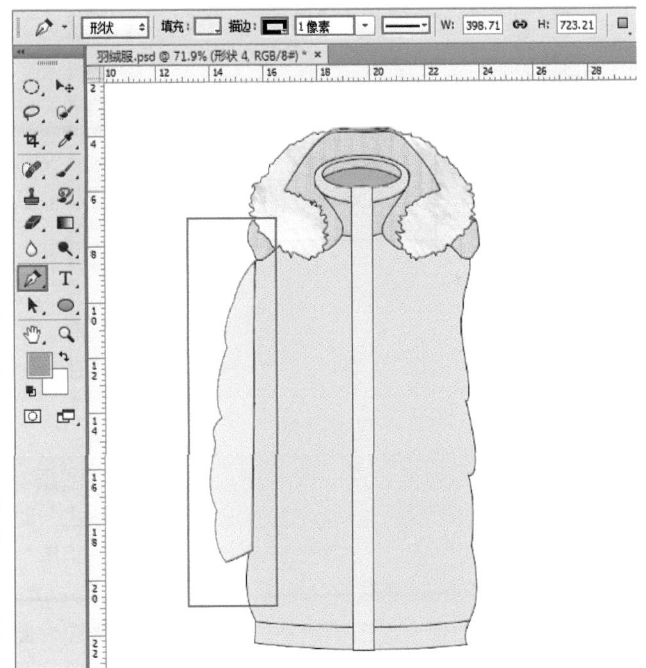

图 8-436

17> 在“图层”面板中选中该图层，使用快捷键 Ctrl+J 复制出一个相同的形状图层。然后使用快捷键 Ctrl+T 调出界定框，右击执行“水平翻转”命令，如图 8-437 所示。接着将袖子向右平移，移动到合适位置后按 Enter 键确定变换操作，如图 8-438 所示。

18> 绘制羽绒服衣袖袖口部分。继续选择钢笔工具，在选项栏中设置“填充”为黄色，设置完成后，在左侧衣袖下方进行绘制，如图 8-439 所示。

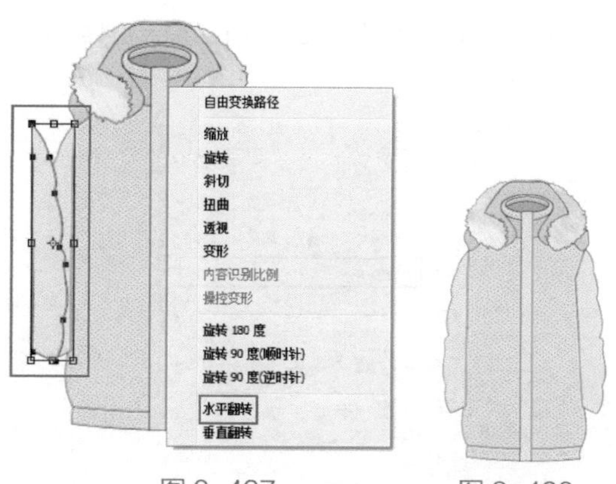

图 8-437　　图 8-438

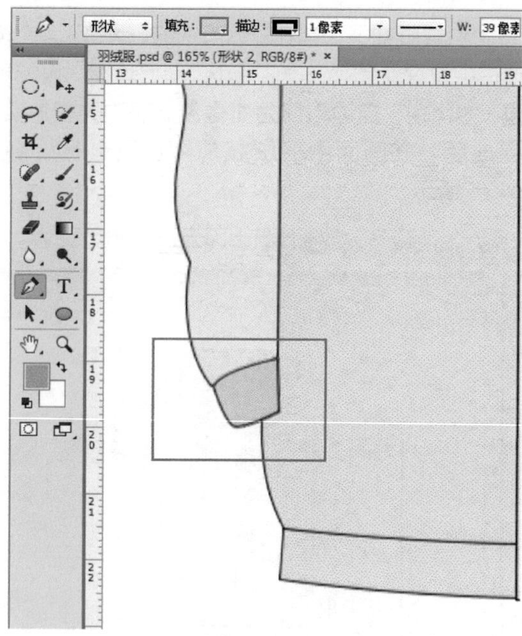

图 8-439

19> 在“图层”面板中选中该图层，执行菜单“图层 > 图层样式 > 图案叠加”命令，在弹出的“图层样式”对话框中设置“混合模式”为“正片叠底”，“不透明度”为 75%，选择合适的图案，“缩放”为 85%，如图 8-440 所示。设置完成后，单击“确定”按钮完成此操作，此时效果如图 8-441 所示。

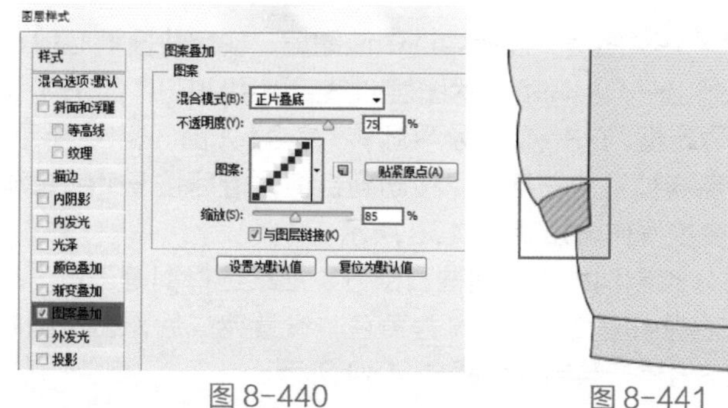

图 8-440　　图 8-441

20> 在“图层”面板中选中该图层，使用快捷键 Ctrl+J 复制出一个相同的形状图层。然后使用快捷键 Ctrl+T 调出界定框，将光标定位在画面中，右击执行“水平翻转”命令，如图 8-442 所示。接着将袖口图形向右拖动调整其位置，按 Enter 键确定变换操作，如图 8-443 所示。

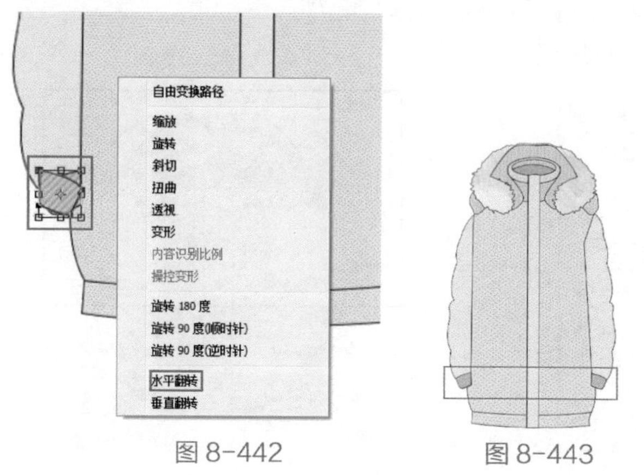

图 8-442　　图 8-443

21> 在“图层”面板中选中羽绒服袖口的两个形状图层，按住鼠标左键向下拖曳至衣袖图层下方，如图 8-444 所示。此时画面效果如图 8-445 所示。

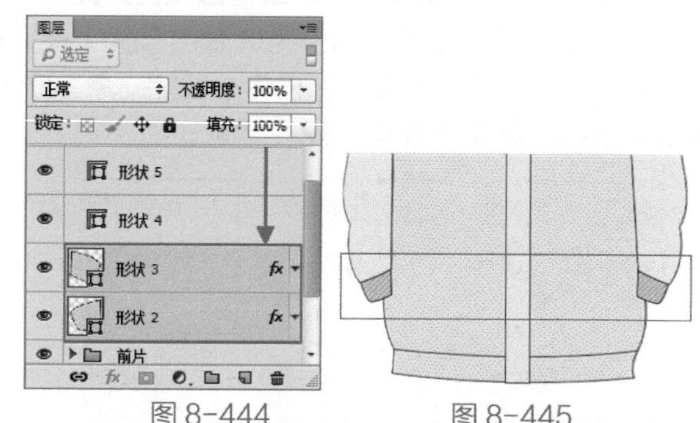

图 8-444　　图 8-445

22> 在“图层”面板中选中衣袖及袖口所有图层，使用快捷键 Ctrl+G 进行编组，并将该图层组命名为“衣袖”，如图 8-446 所示。然后将光标定位在该图层组，按住鼠标左键向下拖曳至“前片”图层组下方，效果如图 8-447 所示。

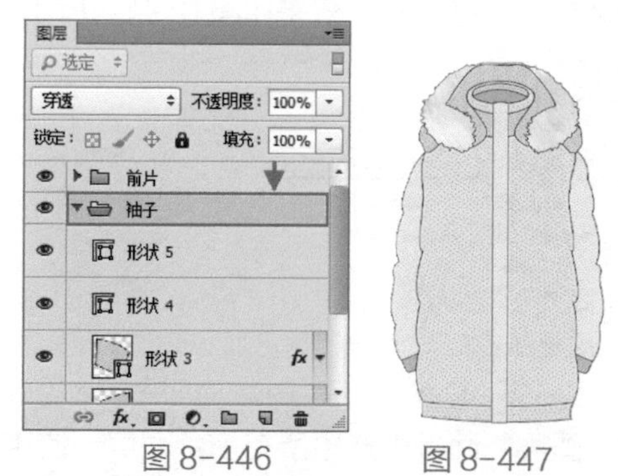

图 8-446　　图 8-447

23> 绘制羽绒服衣褶。单击工具箱中的“钢笔工具”按钮，在选项栏中设置绘制模式为“形状”，“填充”为无，“描边”为黑色，描边粗细为 1 像素，描边类型为实线，设置完成后，在画面中羽绒服前片位置进行绘制，按 Enter 键完成绘制操作，如图 8-448 所示。接着使用相同绘制方法在羽绒服前片与衣袖相应位置进行绘制，如图 8-449 所示。

24> 继续选择钢笔工具，以相同的方法绘制衣服褶皱，如图 8-450 所示。

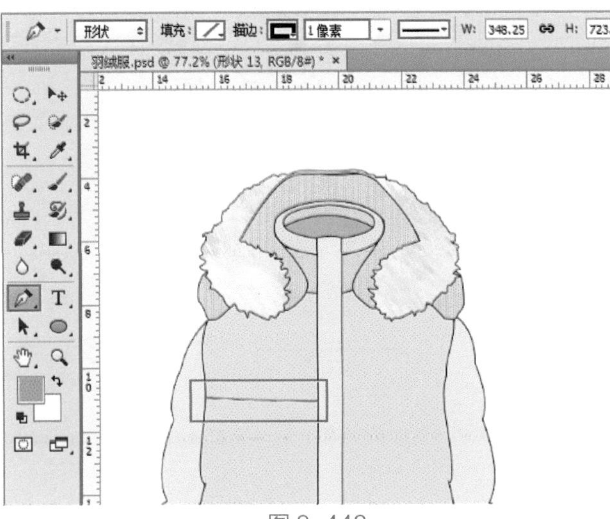

图 8-448

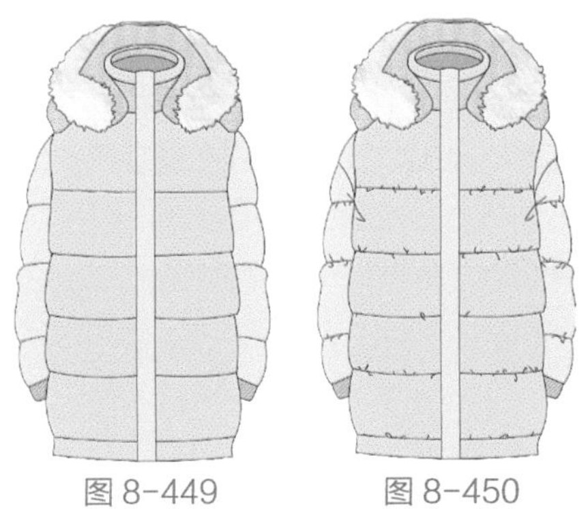

图 8-449　　图 8-450

25> 绘制羽绒服抽绳绳眼。单击工具箱中的“椭圆工具”按钮，在选项栏中设置绘制模式为“形状”，“填充”为深棕色，“描边”为灰色，描边粗细为 3 像素，描边类型为实线，如图 8-451 所示。设置完成后，在画面中羽绒服下方相应位置按住 Shift 键的同时按住鼠标左键拖曳绘制正圆形，如图 8-452 所示。

26> 在“图层”面板中选中该图层，使用快捷键 Ctrl+J 复制出一个相同的形状图层。然后将复制的正圆形向右移动，如图 8-453 所示。

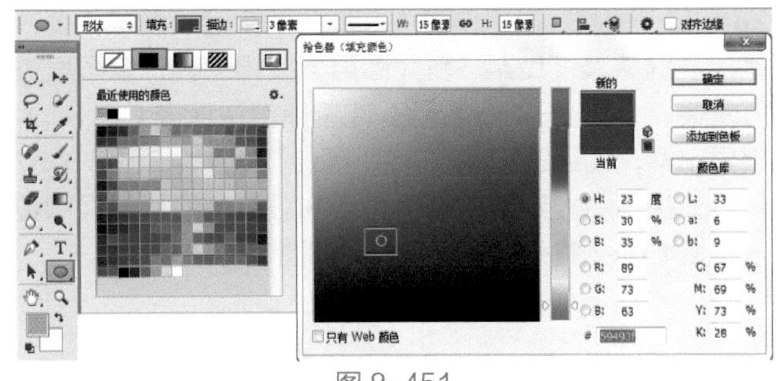

图 8-451

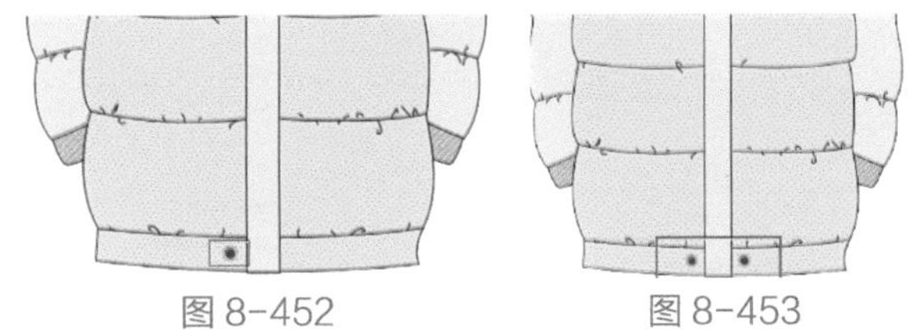

图 8-452　　图 8-453

27> 绘制抽绳。单击工具箱中的“钢笔工具”按钮，在选项栏中设置绘制模式为“形状”，“填充”为黄色，“描边”为黑色，描边粗细为 1 像素，描边类型为实线，设置完成后，在画面中绳眼相应位置进行绘制，如图 8-454 所示。接着使用相同的方法，绘制抽绳末端形状，如图 8-455 所示。

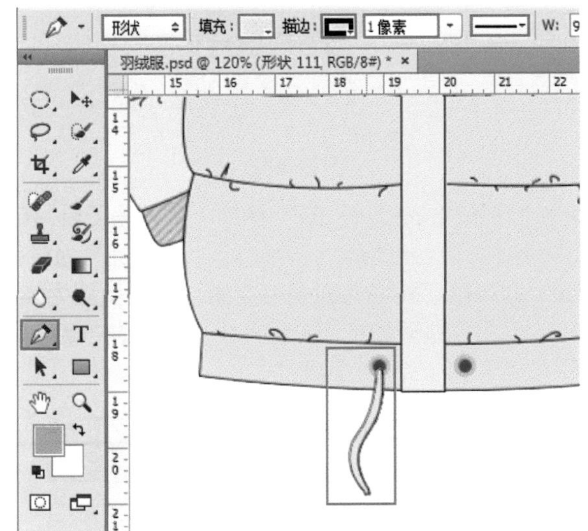

图 8-454

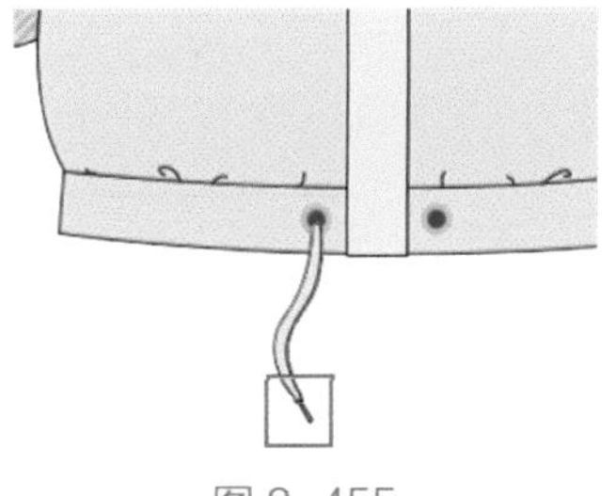

图 8-455

28> 在“图层”面板中选中抽绳的两个形状图层，按住鼠标左键将其拖曳至“新建图层”按钮上，将该图层进行复制，如图 8-456 所示。接着使用快捷键 Ctrl+T 调出界定框，然后右击执行“水平翻转”命令，如图 8-457 所示。接着将复制的图形移动至衣服右侧的抽绳绳眼位置，按 Enter 键确定变换操作，如图 8-458 所示。

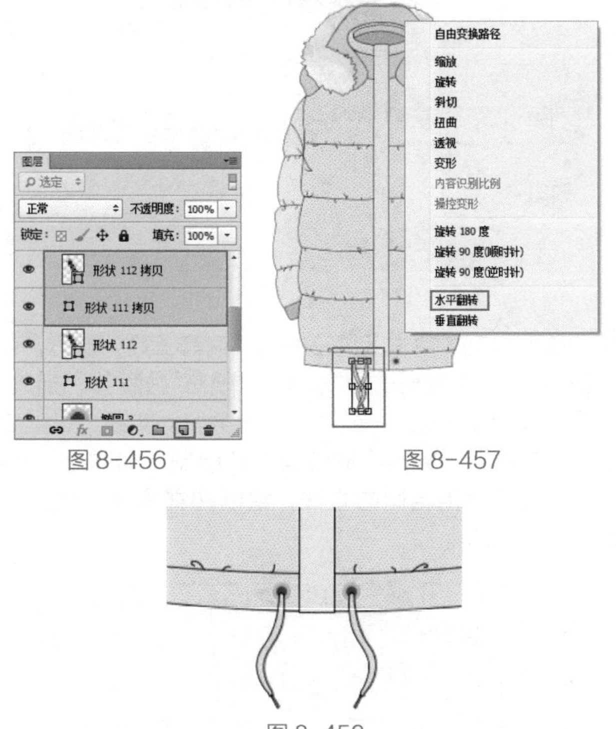

图 8-456　　图 8-457

图 8-458

29> 绘制羽绒服衣兜。单击工具箱中的“钢笔工具”按钮，在选项栏中设置绘制模式为“形状”，“填充”为黄色，“描边”为黑色，描边粗细为 1 像素，描边类型为实线，设置完成后，在画面中羽绒服前片左下方进行绘制，如图 8-459 所示。

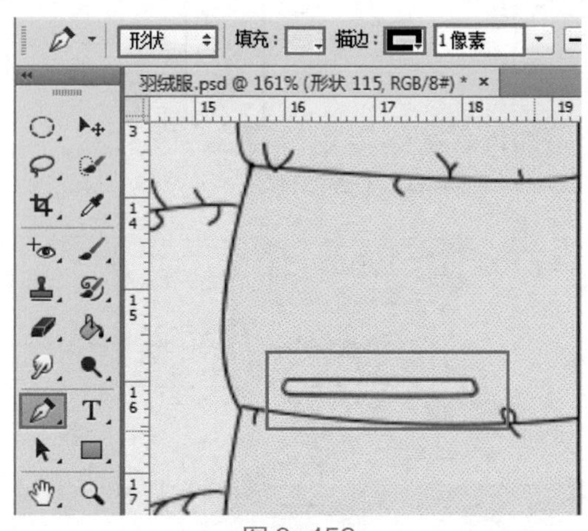

图 8-459

30> 选中该形状图层，执行菜单“图层 > 图层样式 > 图案叠加”命令，在弹出的“图层样式”对话框中设置“混合模式”为“正片叠底”，“不透明度”为 50%，选择合适的图案，“缩放”为 150%，如图 8-460 所示。设置完成后，单击“确定”按钮完成此操作，效果如图 8-461 所示。

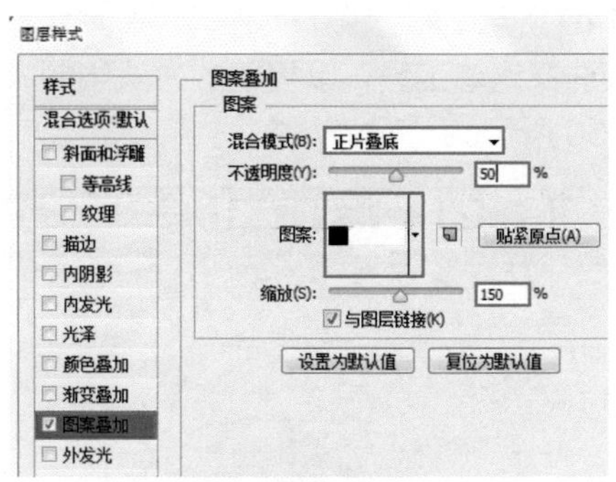

图 8-460

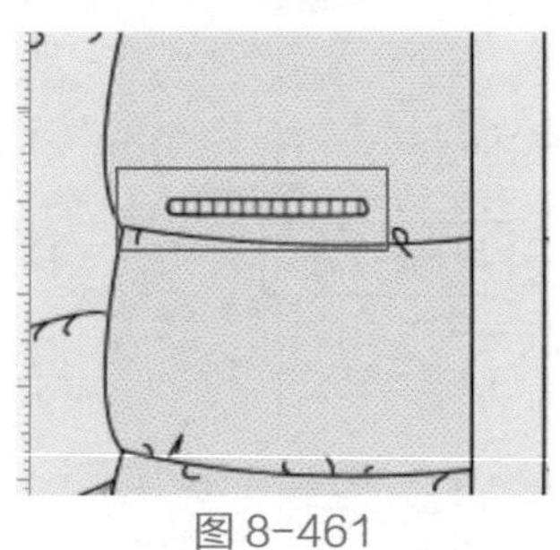

图 8-461

31> 继续选择钢笔工具，在选项栏中设置“填充”为深黄色，设置完成后，在画面中羽绒服右下方相应位置进行绘制，如图 8-462 所示。接着在选项栏中设置“填充”为浅黄色，使用相同的方法，在画面中的相应位置进行绘制，如图 8-463 所示。

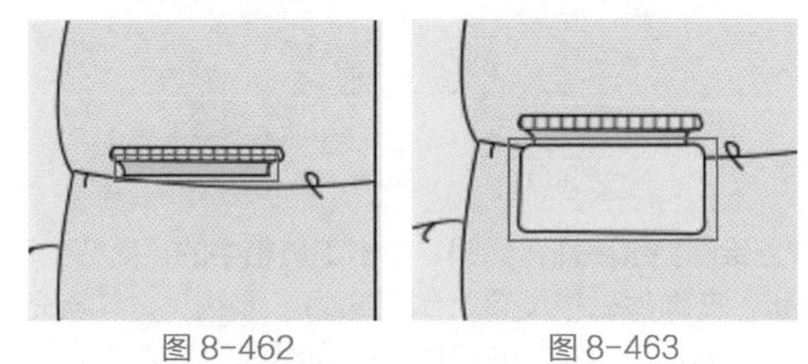

图 8-462　　图 8-463

32> 选中浅黄色的形状图层，执行菜单“图层 > 图层样式 > 图案叠加”命令，在弹出的“图层样式”对话框中设置“混合模式”为“正片叠底”，“不透明度”为 50%，选择合适的图案，“缩放”为 70%，如图 8-464 所示。设置完成后，单击“确定”按钮完成此操作，效果如图 8-465 所示。

33> 在“图层”面板中选中左侧衣兜的 3 个形状图层并

将其进行复制，如图 8-466 所示。然后将复制的衣兜移动至衣服的右侧，效果如图 8-467 所示。

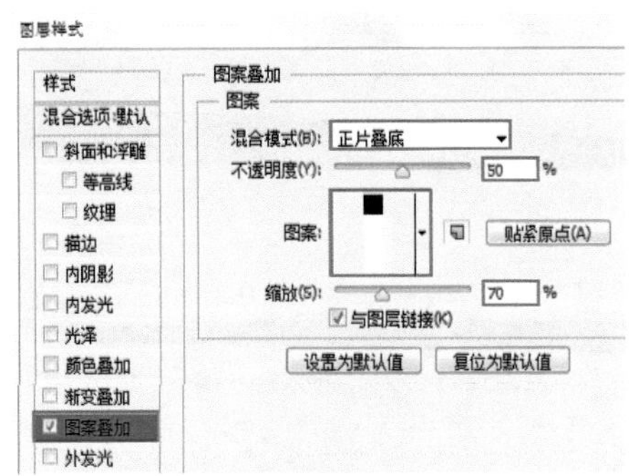

图 8-464

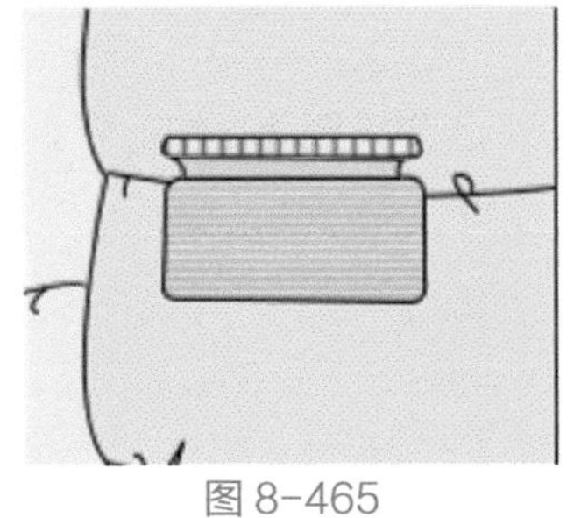
图 8-465

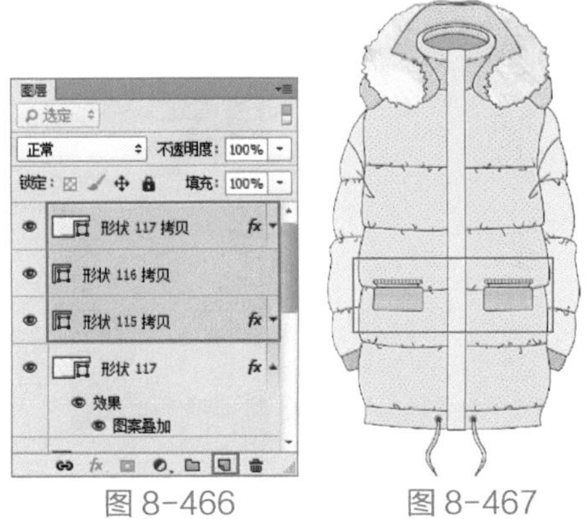

图 8-466　　图 8-467

34> 绘制羽绒服缉明线。单击工具箱中的“钢笔工具”按钮，在选项栏中设置绘制模式为“形状”，“填充”为无，“描边”为黑色，描边粗细为 0.5 像素，描边类型为虚线，设置完成后，在画面中绘制缉明线，按 Enter 键完成此操作，如图 8-468 所示。接着使用相同的方法，绘制其他缉明线形状，最终效果如图 8-469 所示。

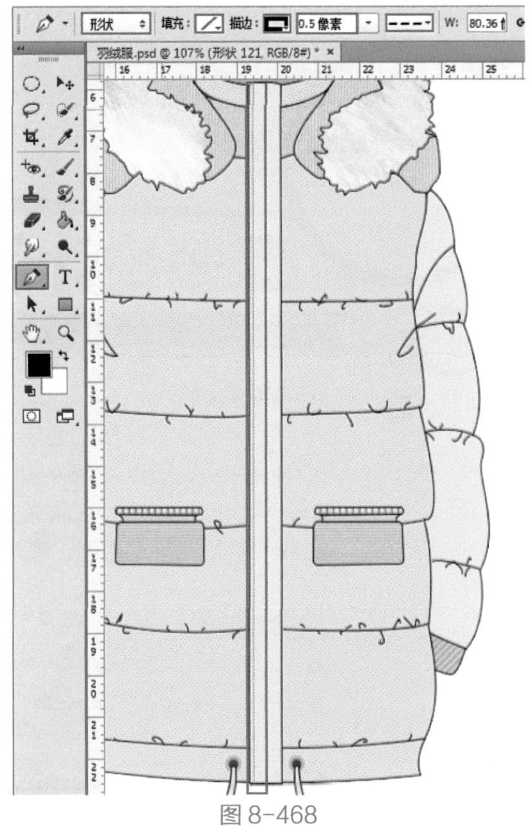

图 8-468

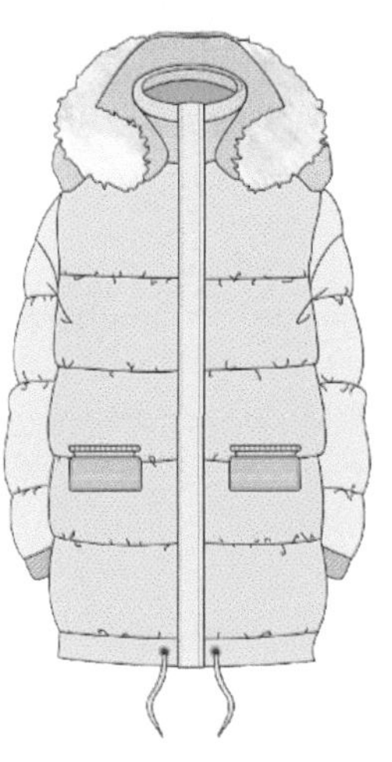
图 8-469

第9章 服装设计效果图

本章概述

服装效果图是直观地展示服装效果的一种方式，是一种模拟服装穿在模特身上的效果展示，所以在效果图的绘制过程中不仅需要将服装完整地展示出来，还需要与模特姿态相吻合。在服装效果图绘制过程中还需要注意取舍与简化，并不是所有的细节都要完整地展现，模特的面部以及肢体部分就是经常需要简化的部分。

本章要点

- 熟悉常见的服装风格
- 练习服装效果图的绘制

佳作欣赏

9.1 服装风格

服装风格指不同种类、样式的服装在形式和内容方面所体现出来的价值理念、内在品位和艺术共鸣。服装风格反映了一个时代的流行趋势或是民族的经典传承，再或是个人的价值取向、精神追求。多种多样的服装类型是人类对美的不懈追求的精神产物。服装风格种类繁多，常见的有嘻皮、淑女、韩版、民族、欧美、学院、OL、中性、朋克、洛丽塔、简约、通勤等。

9.1.1 嘻皮

设计理念：服装整体设计灵感来源于20世纪60年代Hippy流行文化。嘻皮风为青年人宣示自己对现代生活态度的理解，偏爱个性十足的服饰与发饰。整体设计既有现代元素，又隐含古装风，如图9-1所示。

图 9-1

色彩点评：蓝红色棉麻质地磨边衬衫上衣，搭配深蓝色磨边牛仔裤，两者相得益彰，色彩搭配和谐，凸显个性的同时也不会显得太过浮夸。

①采用棉麻质地更加符合服装整体设计风格，以一种非唯物主义的生活方式，给人以特立独行的直观感受。

②红色和蓝色，属于三原色中的两色，只要搭配合理绝对可以拒绝平庸，令人耳目一新。

RGB=23,36,84　CMYK=100,99,52,20

RGB=230,66,56　CMYK=11,83,70,0

RGB=21,38,84　CMYK=100,97,52,20

RGB=19,13,21　CMYK=90,87,78,71

服装整体颜色多种多样，却并没有给人杂乱无章的感觉，反而透露出强烈的青春叛逆气息，整体配色和谐，如图9-2所示。

图 9-2

整体设计采用貂皮马甲、镭射面料短裙、喷墨花式裤子、荧光黄色高跟鞋等多种元素，诠释出属于嘻皮独特的魅力，如图9-3所示。

图 9-3

9.1.2 淑女

设计理念：服装整体设计灵感来源于春天，嫩绿色如同雨后春笋的萌芽般稚嫩，外罩一层薄纱好似晨雾。将女性的娇柔美体现得淋漓尽致，如图9-4所示。

图 9-4

色彩点评：服装整体造型由白色、嫩绿色和草绿色组成，色彩搭配合理过渡和谐，给人以丰富的层次感以及柔和的视觉感受。

①蕾丝对于淑女版型衣物来讲，有着难以取代的地位。加以蕾丝修饰，服装会体现得更加轻盈、梦幻。

②本套服装搭配草绿色手包给人以春意盎然的感觉；搭配浅米色包饰会给人清新恬雅的感觉；搭配棕色包饰则会更添几分学院风。

RGB=194,229,190　CMYK=30,3,33,0

RGB=226,227,220　CMYK=19,10,14,0

RGB=69,104,51　CMYK=79,51,99,14

粉红稚嫩，桃红轻熟。将两种不同性格的粉色搭配在一起，却撞出了不同凡响的火花。服装整体造型颜色过渡细腻和谐，给人如沐春风的感觉，如图9-5所示。

图 9-5

服装整体造型采用豆沙粉和浅粉作为色彩基调，机械压制暗花作为辅助。在粉色绑带平底鞋衬托下，整体色调越发温柔娇美，如图 9-6 所示。

图 9-6

9.1.3 韩版

设计理念：整体服装设计理念的重点就在于宽松与保暖，加上紧身裤和运动鞋的搭配与上装形成鲜明的对比，取长补短将优势更加显现出来，如图 9-7 所示。

色彩点评：服装整体搭配色彩明度都不高。充分利用了深色给人收缩视觉效果，浅色给人膨胀视觉效果的原理，衣体的轮廓效果也恰到好处。

❶韩版服装版型通常较为宽松，所以多添几层衣物也不会显得过于臃肿。

❷腿部一定要线条纤细，这是韩版风格服装衣物的精髓。

❸市面上流行的韩版服饰更多的是与时尚接轨后的改良韩装，融入了现代设计理念，结合了偏瘦小的身型。

图 9-7

RGB=236,237,227　CMYK=10,6,13,0

RGB=161,161,160　CMYK=43,34,33,0

RGB=94,94,76　CMYK=69,59,71,16

RGB=125,151,147　CMYK=58,35,42,0

简洁的色彩搭配也是韩版风格服装的一大亮点，服装仅用两色衣物就将韩版特色凸显了出来，如图 9-8 所示。

图 9-8

简洁的服装配色与帽子配色相映成趣。韩版的西服外套总能给人们带来意想不到的风格效果，时而庄重，时而休闲，如图 9-9 所示。

图 9-9

9.1.4 民族

设计理念：整体服装设计极具中国民族传统色彩，旗袍是最为凸显女性曲线美的服装之一，改良旗袍也是东西方文化交融的产物。故中国旗袍由外模穿着也有种难以言喻的和谐感和异域美，如图 9-10 所示。

图 9-10

色彩点评：服装整体采用酒红色作为主色调，酒红色优雅华贵，搭配领口和裙摆处香槟色微红的刺绣花朵也是再合适不过了。

❶服装以绣花、蓝印花、蜡染、扎染为主要工艺，面料一般为棉和麻，款式上具有民族特征，或者在细节上

带有民族风格。

②目前国内流行的经典唐装、旗袍、改良民族服装等是主要款式。

RGB=113,29,47　CMYK=54,97,76,31

RGB=199,148,148　CMYK=27,49,35,0

RGB=42,27,26　CMYK=76,82,80,63

服装整体采用大红色作为主色调，印有传统样式牡丹花。衣体做了一个胸前交叉和高开叉的改良，摇身一变成为一套极具现代化民族特色的服装，如图 9-11 所示。

图 9-11

泰国民族服装设计简洁轻便，侧重点在头部。棉麻质地抹胸上衣与轻便速干的裙裤搭配更加适合泰国湿润炎热的地质气候，如图 9-12 所示。

图 9-12

9.1.5 欧美

设计理念：首先格子给人的第一印象就是欧美风，服装内搭使用了极具英伦气息的红黄色盾牌样式内搭，加以铆钉马丁靴的衬托，从主体到细节，无论何处都强调主题，如图 9-13 所示。

图 9-13

色彩点评：服装整体以红黑为主色调，配色醒目帅气、经典易搭。

①欧美风格服装素以用色大胆、热情奔放著称，整套服装内搭外套均为短款，故凸显出腿部线条的优美修长。

②欧美风，随性、简单，不同于以简约优雅著称的英伦风，更偏向于街头类型的纽约范儿。

③它随性的同时，讲究色彩的搭配，应该说欧美风更广泛，带有少部分日韩气息，很国际化。

RGB=12,16,20　CMYK=90,85,80,71

RGB=203,5,44　CMYK=26,100,87,0

RGB=167,140,46　CMYK=43,46,93,0

RGB=37,45,51　CMYK=85,77,69,48

服装上身采用蓝黄绿三色渲染花朵作为衬衫颜色，搭配下身蓝白竖条纹紧身裤，整体服装图案跳跃配色抢眼，如图 9-14 所示。

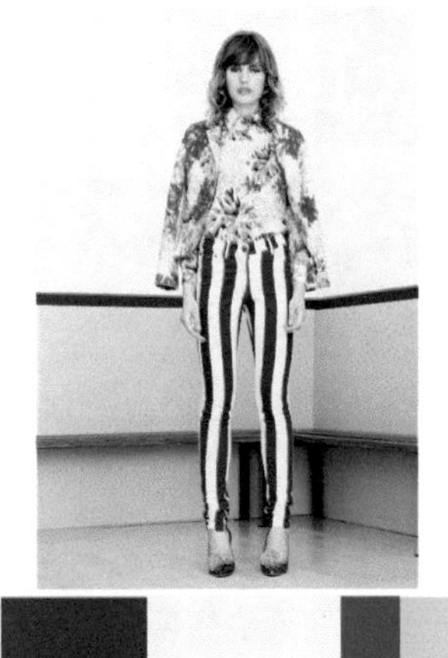

图 9-14

服装整体以藕粉色作为主调，低胸装上衣的设计尤为突出，使整套服装不会过于平淡乏味，也凸显出欧美风格创新大胆的特点，如图 9-15 所示。

图 9-15

9.1.6 学院

设计理念：服装整体采用深棕色与浅棕色作为整体色调。V 领针织衫与毛呢材质蓬蓬长裙以及松糕鞋的搭配每一处细节都充满了浓厚的学院风，给人以亲切平和的印象，如图 9-16 所示。

图 9-16

色彩点评：服装整体配色简洁大方，并且使用了学院风格服装最具有代表性的棕色，点明主题，使人一目了然。

❶学院风服装是以清新校园风格为代表的着装，实际上走着高贵精美的贵族学院派的路线，受过高等教育、拥有传统审美观、保持低调、却又追求顶级品质的共同特性。

❷学院风格服装简约率性，同时带有些复古和小叛逆。并不会那么朋克或金属感，所以这一风格的演绎只要选择具有英伦代表的装扮即可。

RGB=209,175,149　CMYK=23,35,41,0

RGB=40,33,37　CMYK=80,81,74,58

RGB=26,27,31　CMYK=86,82,75,63

RGB=235,239,243　CMYK=10,5,4,0

学院风服装总是能以简洁的色彩、款式演绎出乖巧的甜美又不失自己的独特个性。并且风格感强烈，自成一派，如图 9-17 所示。

图 9-17

服装整体只选用三种具有学院风格代表的颜色，款式设计灵感来源于欧洲中世纪贵族服装，给人以鲜明强烈的贵族学院感，如图 9-18 所示。

图 9-18

9.1.7 OL

设计理念：服装整体考虑到职场女性着装的正式性，同时也考虑到夏季气候炎热，所以服装内搭摒弃了保守不透气的衬衫换为薄棉质地内搭，整体搭配清凉舒适，又不妨碍日常正式着装风格，如图 9-19 所示。

图 9-19

色彩点评：服装采用 OL 风格服装最普遍的黑白色彩搭配，给人以直观的职业干练的印象，服装风格独特鲜明。

❶职业 OL 装不适宜选用丰富多样的花式色彩，服装整体最好采用不超过三种颜色的搭配方式。

❷格菱纹压线工艺小羊皮包搭配 OL 是最妥帖的搭配，整体造型轻巧精练。

RGB=19,20,24　CMYK=88,84,78,68

RGB=236,236,236　CMYK=9,7,7,0

RGB=225,199,150　CMYK=16,25,45,0

服装整体造型一扫职业 OL 风给大众带来的黑白印象，而是选用重叠穿搭的方式让人们对彩色 OL 装有了新的认知。宝石蓝色应用在 OL 装上高贵典雅，颇有涵养，如图 9-20 所示。

图 9-20

淡蓝色通常给人以简洁干净的印象，将淡蓝色运用到职业 OL 服装上，在更多的程度上缓解了正装带来的压抑和正式感，给人以截然不同的视觉冲击效果，如图 9-21 所示。

图 9-21

9.1.8 朋克

设计理念：朋克风格服装整体图样款式和色彩搭配简洁粗暴，具有个性鲜明的特性，如同节奏感十足的摇滚乐，如图 9-22 所示。

图 9-22

色彩点评：黑白斑纹让人联想到热带草原上疾行的斑马，而黄色既打破了这一切，又做了一个很好的融合。整体服装配色给人跳跃活泼的感觉。

❶朋克风格服装特点不随波逐流，富有搭配创造力，表现出叛逆丰富的情感，诠释着她们对社会情感的理解。

❷朋克服饰多采用皮革材质，着装风格倾向于男性。常佩戴金属类饰品，衣着款式个性十足。

RGB=26,27,23　CMYK=84,78,83,66

RGB=250,251,244　CMYK=3,1,6,0

RGB=231,186,58　CMYK=15,31,82,0

朋克风格服装的色彩设计具有大胆、简洁、破旧、复古、街头等服装风格特点，如图 9-23 所示。

图 9-23

朋克风格服装直观赤裸地表达出她们的性格特点，这正是朋克风格的迷人之处，如图 9-24 所示。

图 9-24

9.1.9 洛丽塔

设计理念：服装整体具有浓厚的西方文化底蕴，充满了西方传统民族气息，与旧时宫廷着装相似，给人以优雅大方的感觉，以粉嫩色调为主，有丰富花朵图样装饰，如图 9-25 所示。

图 9-25

色彩点评：服装整体选用大面积粉色作为底色，并印满裙身黑白粉三色的花朵，经典百搭的波点元素也应用其中，更增添了一丝复古气息。

❶荷叶褶是最大的特色，在袖带、暗花纹等衬托下，有一种复古摩登的精致感觉。用料上是更精致的质料和手工，十分注重整体线条和修腰的效果。

❷连身裙主要以下散式伞裙为主，半截裙则多是高腰的款式。

❸自然纯净的妆容，柔和细腻的脸庞才能表现出公主般的高贵和骄傲。

RGB=213,165,180　CMYK=20,42,19,0

RGB=28,12,17　CMYK=82,88,81,71

RGB=244,232,238　CMYK=5,12,3,0

RGB=175,128,148　CMYK=39,56,30,0

服装整体以改良版现代风格洛丽塔裙的形象出现在大众的视野，蓬松的群体依然保留却改短了长度。整体服装颜色遵从传统洛丽塔的平实色调，颇有复古感，如图 9-26 所示。

服装整体采用非常具有古典气息的色调与网格图案来诠释这套洛丽塔风格服装，裙摆设计别出心裁，在尊重传统的同时更增添了一份童话般的梦幻，如图 9-27 所示。

图 9-26

图 9-27

9.1.10 简约

设计理念：时下衣着装扮虽然日趋多元化，摆脱了繁重的款式色彩搭配，但简约风格装扮依然引领着潮流时尚。简约而不简单，这正是简约风格服装带给我们的魅力，如图 9-28 所示。

色彩点评：服装整体设计只选用白色，却没有让人感觉空洞乏味，反而给人以洗尽铅华的深邃感。白色不光是纯洁的代名词，简约风格赋予了它新的意义。

❶朋克风格服装，设计理念不随波逐流，富有创造力，表现出的情感执拗叛逆，似乎在抗议着一切不满的事物。

❷朋克服饰多采用皮革材质，并且大多倾向于女穿男装。常佩戴金属类饰品，衣着款式个性十足。

图 9-28

RGB=252,249,242 CMYK=2,3,6,0

白色有多种诠释方式，这套半透视纱质白短裙甜美中略透性感，搭配柳钉马丁靴却又显得帅气十足，具有风格多变性，如图 9-29 所示。

图 9-29

服装整体采用大面积黑色，却在领口和腰身处别出心裁，这件黑色紧身晚礼裙被简约风格设计诠释出它独特的美，如图 9-30 所示。

图 9-30

9.1.11 通勤

设计理念：服装大胆用色以红色分体西服套装作为整体风格，搭配橘色手拎包和交叉高跟凉鞋，以职业摩登的现代女性形象展现在大众的面前，如图 9-31 所示。

图 9-31

色彩点评：服装整体以红色为主，因此更加突出服装款式的简洁明了。服装细节与主体互相呼应，烘托主体。

❶服装款式为改良款西装，时尚潮流中隐含着精明历练的职业气息。

❷服装用色大胆、色彩鲜艳，出席派对或重要场合都能赚得不少瞩目的眼光。

RGB=221,71,56 CMYK=16,85,78,0

RGB=197,92,53 CMYK=29,76,84,0

RGB=238,231,234 CMYK=8,11,6,0

服装整体搭配简洁，细节处凸显职业干练，大红的围巾更是整体服装风格的一抹亮色，体现出现代女性特有的自信风姿，如图 9-32 所示。

图 9-32

服装整体风格配色协调统一，搭配和谐，无论作为工作着装或是日常服饰都恰到好处。棕色皮包与服装细节呼应产生了强烈共鸣，如图 9-33 所示。

图 9-33

9.2 春夏连衣裙效果图

文件路径	第 9 章 \ 春夏连衣裙效果图
难易指数	★★★★★
技术掌握	钢笔工具、图层蒙版、色相 / 饱和度、液化

案例效果

案例效果如图 9-34 所示。

图 9-34

配色方案解析

单一颜色一直是连衣裙的常见配色方案。本案例的连衣裙以暗红、西瓜红和宝石蓝色为主色，腰线位置较高，搭配同色系的腰带，一方面强化了女性的曲线美，另一方面也将裙身分割为两个部分，拉长了下身比例。一字肩与泡泡袖的搭配，性感中又带有些许少女感。图 9-35~ 图 9-38 所示为使用该配色方案的服装设计作品。

图 9-35

图 9-36

图 9-37

图 9-38

其他配色方案

单色配色	双色配色	三色配色

应用拓展

优秀服装设计作品，如图 9-39~ 图 9-42 所示。

图 9-39

图 9-40

图 9-41

图 9-42

实用配色方案

操作步骤

01> 执行菜单“文件 > 打开”命令，在弹出的对话框中选择素材“1.jpg”，单击“打开”按钮完成操作，如图 9-43 所示。

02> 执行菜单“文件 > 置入”命令，置入人物素材“2.jpg”，接着将置入的素材摆放在画面中合适位置，按 Enter 键完成置入。在“图层”面板中右击该图层，在弹出的快捷菜单中执行“栅格化图层”命令，效果如图 9-44 所示。

图 9-43

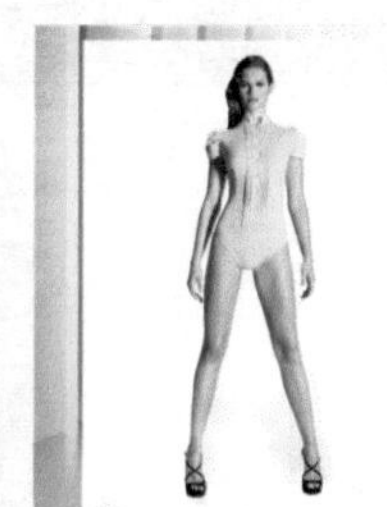
图 9-44

03> 擦除模特肩膀多余部分以方便后面的操作。在“图层”面板中选中人物图层，并单击该面板底部的“添加图层蒙版”按钮，如图 9-45 所示。接着单击工具箱中的“画笔工具”按钮，在选项栏中单击打开“画笔预设”选取器，在画笔预设选取器中单击选择一个柔边圆画笔，设置画笔“大小”为 125 像素，“硬度”为 50%，接着设置前景色为黑色，如图 9-46 所示。然后在“图层”面板中选中人物素材的图层蒙版，在画面中模特的肩膀位置按住鼠标左键进行涂抹，如图 9-47 所示。

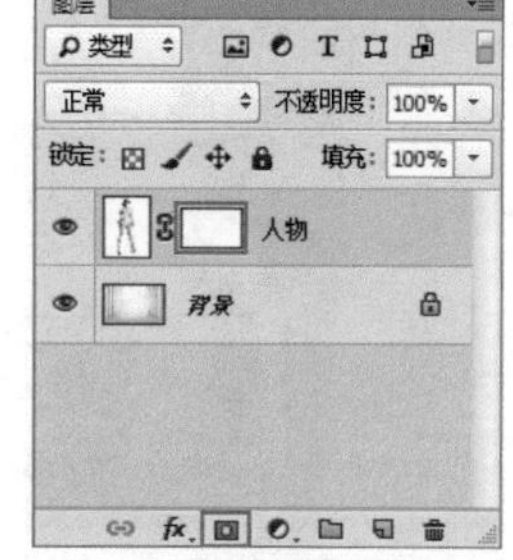

图 9-45

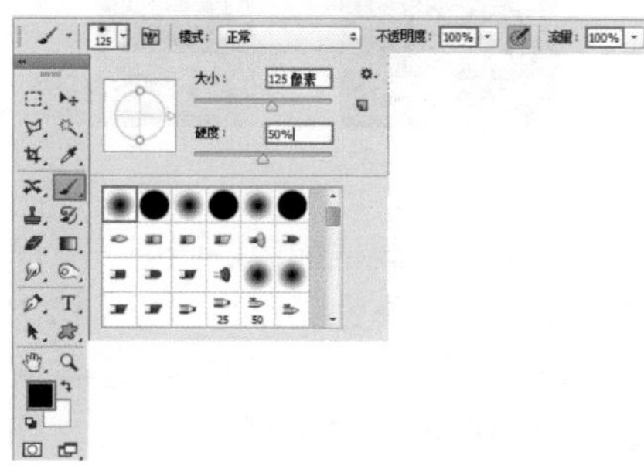

图 9-46

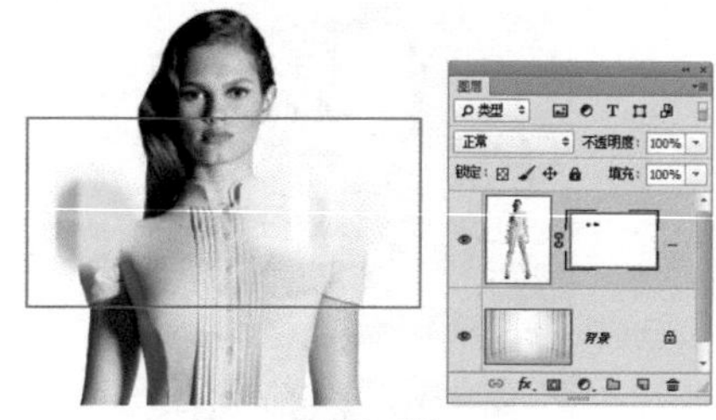
图 9-47

04> 为模特合成肩膀。执行菜单“文件 > 置入”命令，置入肩膀素材“3.jpg”，调整位置和大小后按 Enter 键完成置入。在“图层”面板中右击该图层，在弹出的快捷菜单中执行“栅格化图层”命令，效果如图 9-48 所示。

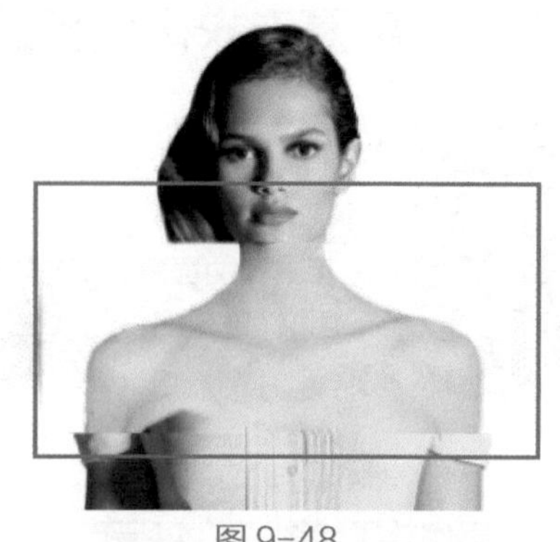
图 9-48

05> 此时肩膀后方的白色背景把头发遮挡住了，接着需要利用图层蒙版进行隐藏。选中肩膀图层，单击“图层”面板底部的“添加图层蒙版”按钮，为该图层添加图层蒙版。接着单击工具箱中的“画笔工具”按钮，将前景色设置为黑色，然后在渐变位置按住鼠标左键涂抹显示头发，如图 9-49 所示。

图 9-49

06> 调整肩膀色调，使其与身体色调统一。执行菜单“图层 > 新建调整图层 > 色相 / 饱和度”命令，在弹出的“新建图层”对话框中单击“确定”按钮。接着在打开的“属性”面板中设置颜色为“红色”，设置“饱和度”为 +46，为了使调色效果只针对肩膀图层，单击“属性”面板底部的“创建剪贴蒙版”按钮，如图 9-50 所示。此时画面效果如图 9-51 所示。

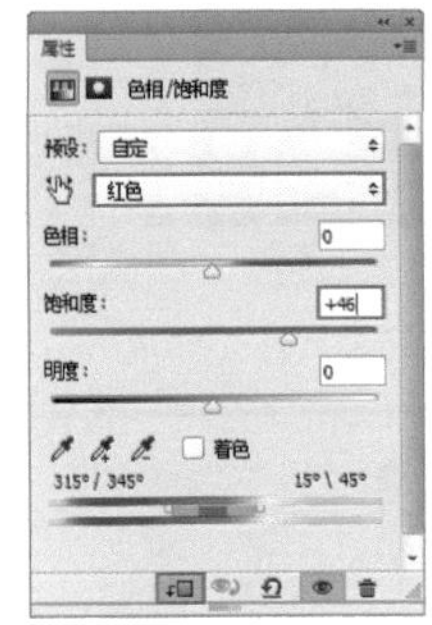

图 9-50

图 9-51

07> 合并图层并进行液化调整。在“图层”面板中选中模特的所有图层，使用快捷键 Ctrl+G 进行编组，并命名为“人物处理”。然后使用快捷键 Ctrl+Alt+Shift+E 盖印所有图层，如图 9-52 所示。接着执行菜单“滤镜 > 液化”命令，在弹出的“液化”对话框中，单击“向前变形工具”按钮，并设置画笔为合适大小，“画笔密度”为 36，“画笔压力”为 100，设置完成后，在画面中颈部、肩部位置按住鼠标左键反复拖曳，如图 9-53 所示。拖曳完成后，单击“确定”按钮完成此操作。

图 9-52

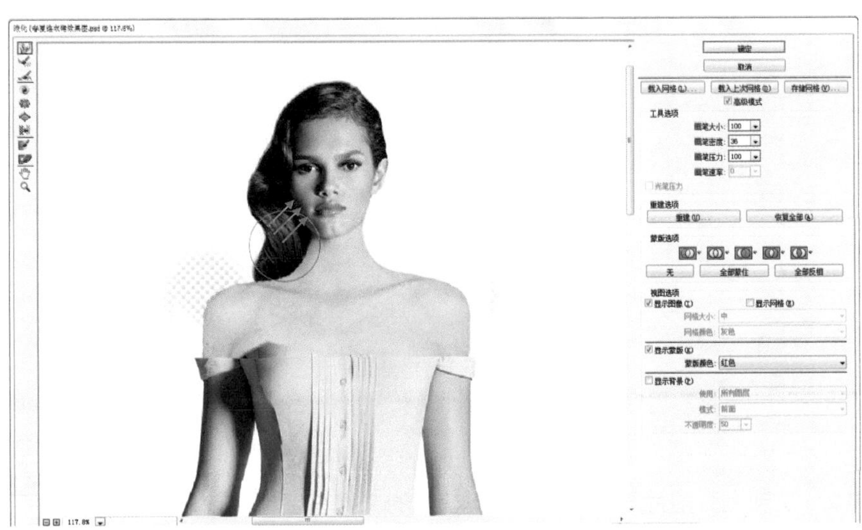

图 9-53

08> 拉长模特腿部。在“图层”面板中隐藏“人物处理”图层组，并选中盖印图层，使用快捷键 Ctrl+T 调出界定框，如图 9-54 所示。接着拖曳控制点将其不等比放大，拉长模特腿部，如图 9-55 所示。拖曳完成后，按 Enter 键完成此操作。

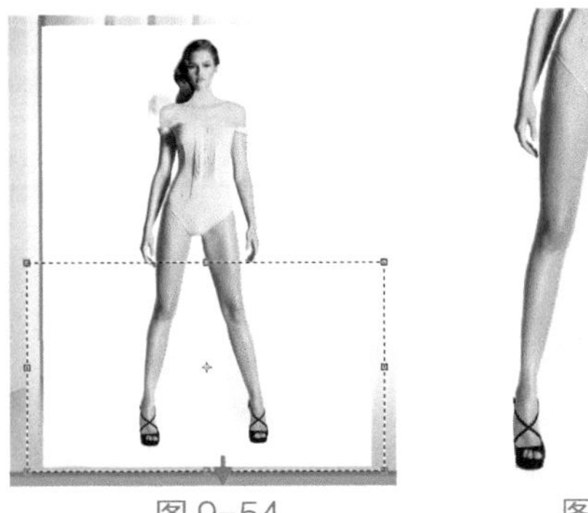

图 9-54　　图 9-55

09> 进行抠图。首先将图片移动至画面中间位置，接着单击工具箱中的“快速选择工具”按钮，在选项栏中设置快速选择方式为添加到选区，“大小”为 40 像素，“硬度”为 100%，“间距”为 25%，设置完成后，在画面中模特位置按住鼠标左键并拖曳得到模特选区，如图 9-56 所示。然后单击“图层”面板底部的“添加图层蒙版”按钮，此时画面效果如图 9-57 所示。

图 9-56

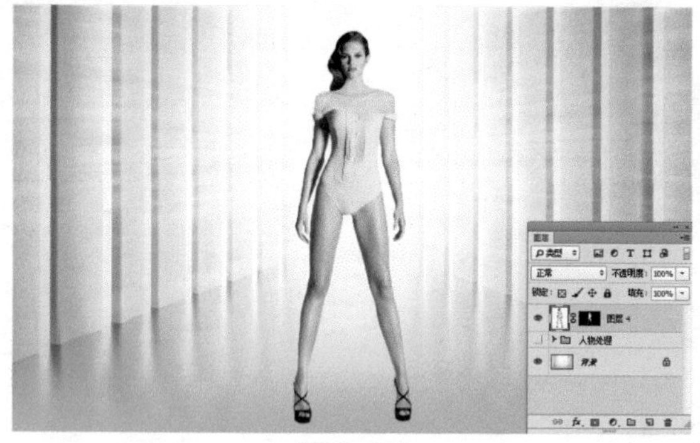

图 9-57

10> 绘制上身前片形状。单击工具箱中的“钢笔工具”按钮，在选项栏中设置绘制模式为“形状”，“填充”为红色，“描边”为无，如图 9-58 所示。设置完成后，在画面中模特上身位置进行绘制，如图 9-59 所示。

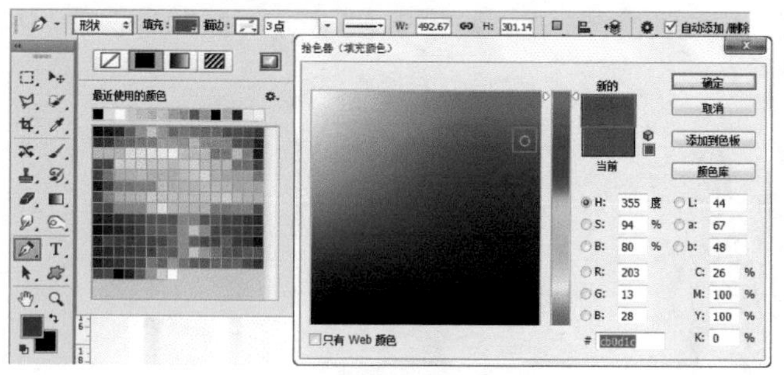

图 9-58

图 9-59

11> 绘制收肩处结构线条。继续选择钢笔工具，在选项栏中设置“填充”为深红色，如图 9-60 所示。设置完成后，在画面中上身收肩位置进行绘制，如图 9-61 所示。

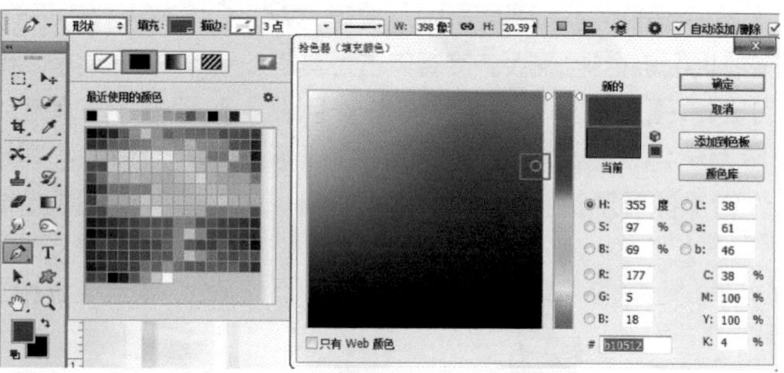

图 9-60

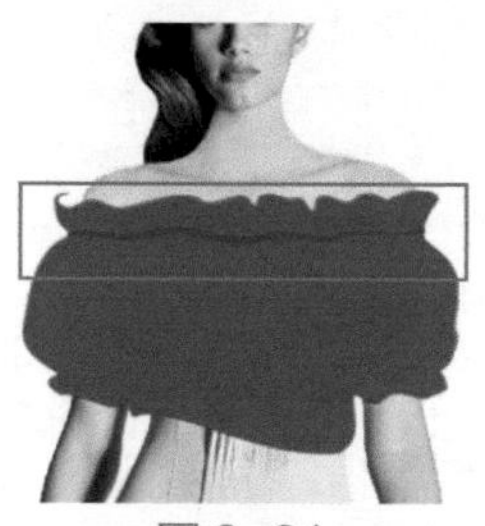

图 9-61

12> 绘制上身亮面。继续选择钢笔工具，在选项栏中设置“填充”为胭脂红，如图 9-62 所示。设置完成后，在画面中上身位置进行绘制，如图 9-63 所示。

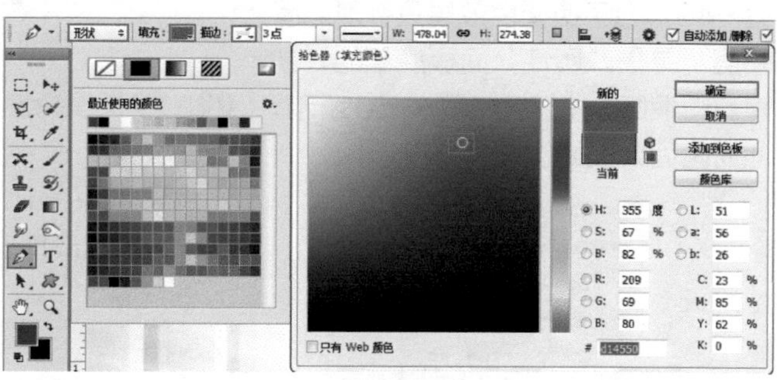

图 9-62

图 9-63

13> 继续使用钢笔工具绘制其他亮面形状，绘制完成后，按住 Ctrl 键单击加选亮面图层，接着使用快捷键 Ctrl+E

合并形状图层，如图 9-64 所示。

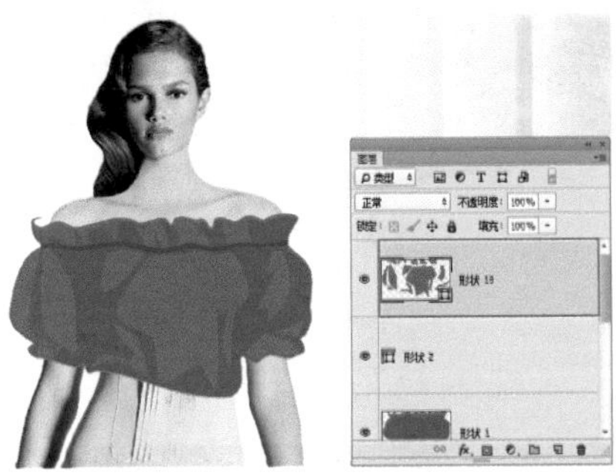

图 9-64

14> 绘制上身高光。继续选择钢笔工具，在选项栏中设置“填充”为浅红色，如图 9-65 所示。设置完成后，在画面中上身亮面合适位置进行绘制，如图 9-66 所示。

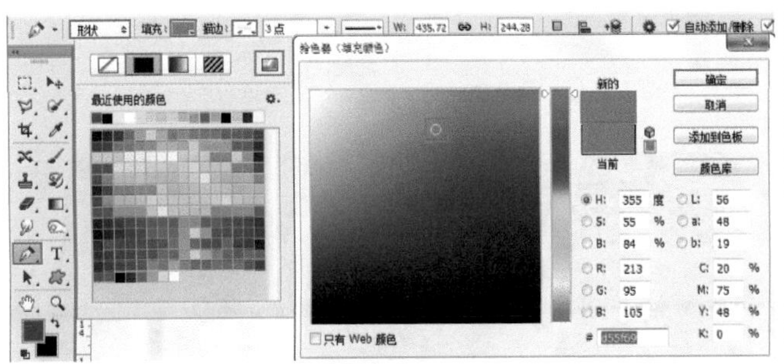

图 9-65

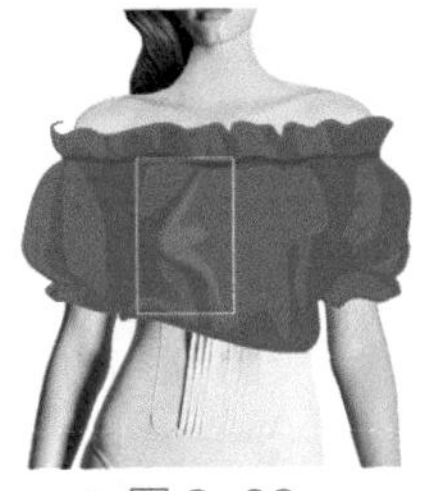

图 9-66

15> 继续使用相同的颜色绘制其他高光图形。绘制完成后，按住 Ctrl 键单击加选图层，使用快捷键 Ctrl+E 加选图层进行合并，如图 9-67 所示。

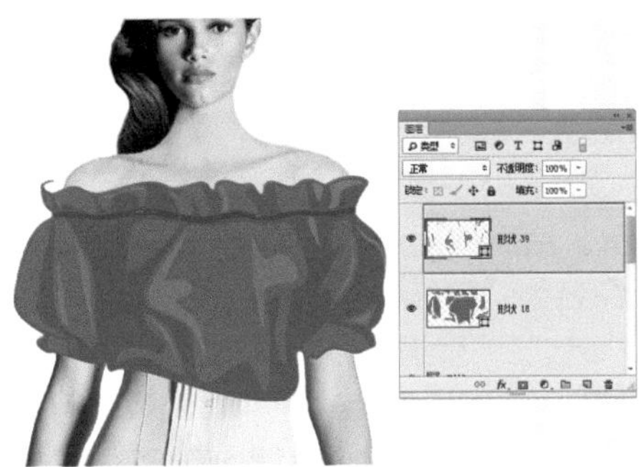

图 9-67

16> 使用相同的方法，绘制衣服的褶皱，如图 9-68~图 9-70 所示。

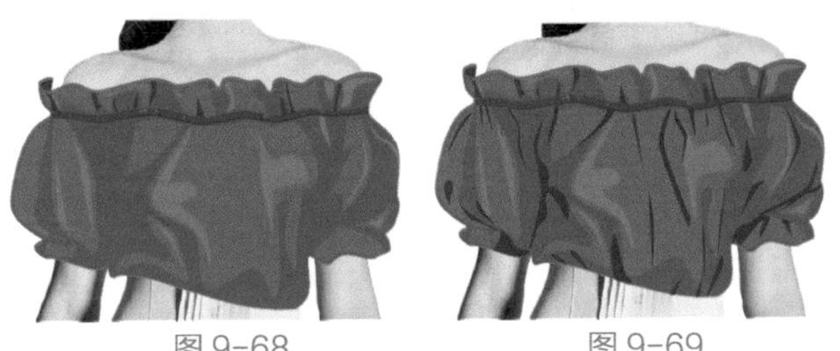

图 9-68　　图 9-69

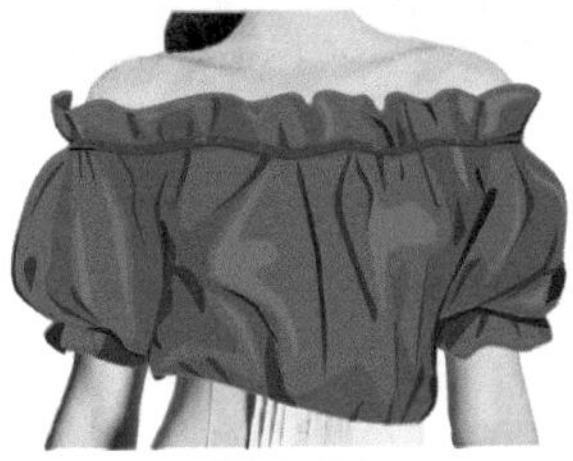

图 9-70

17> 绘制腰带部分。继续选择钢笔工具，在选项栏中设置“填充”为红色，如图 9-71 所示。设置完成后，在画面中腰部区域进行绘制，如图 9-72 所示。

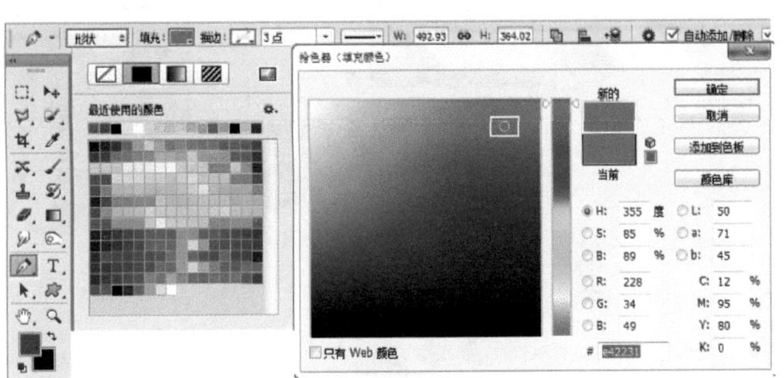

图 9-71

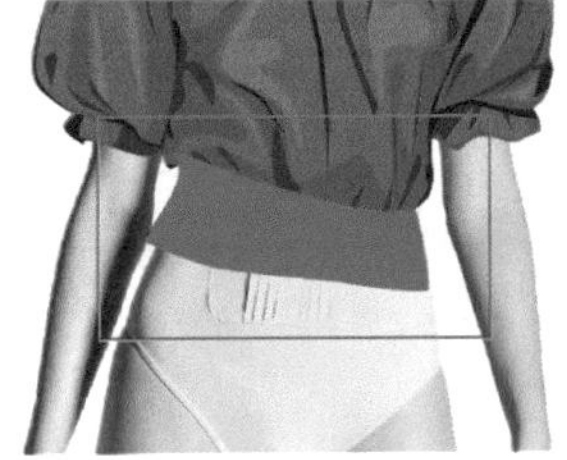

图 9-72

18> 绘制腰带部分。继续选择钢笔工具，在选项栏中设置“填充”为黄色，如图 9-73 所示。设置完成后，在画面中腰封处合适位置进行绘制，如图 9-74 所示。

19> 使用相同的方法，继续选择钢笔工具，在画面中黄色色块位置进行绘制，并在选项栏中设置“填充”为紫色，如图 9-75 所示。接着使用相同的方法，在腰封左侧绘制腰带形状，如图 9-76 所示。

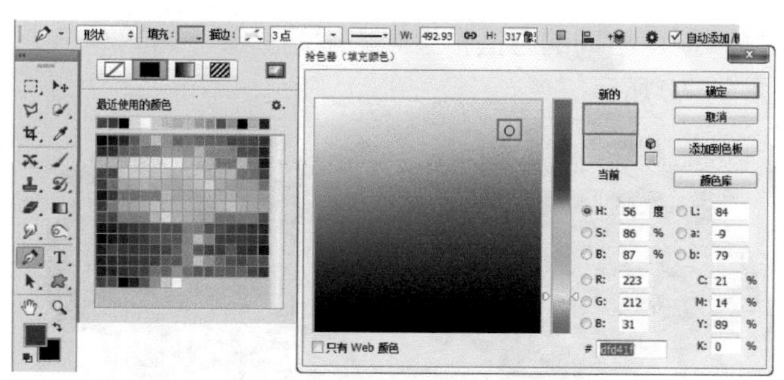

图 9-73

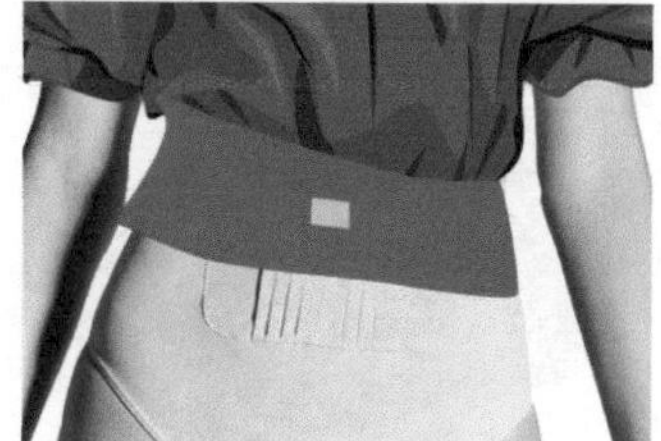

图 9-74

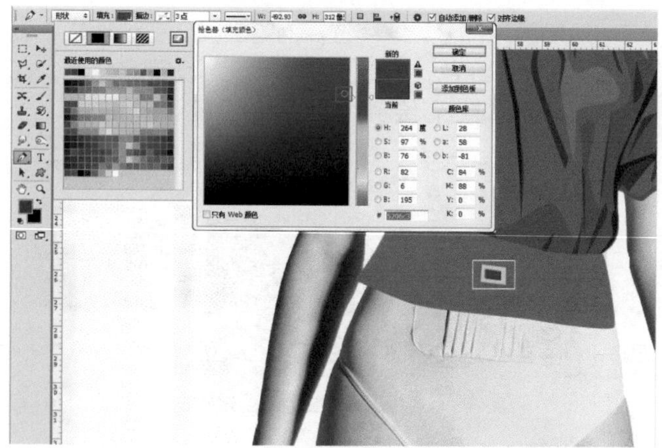

图 9-75

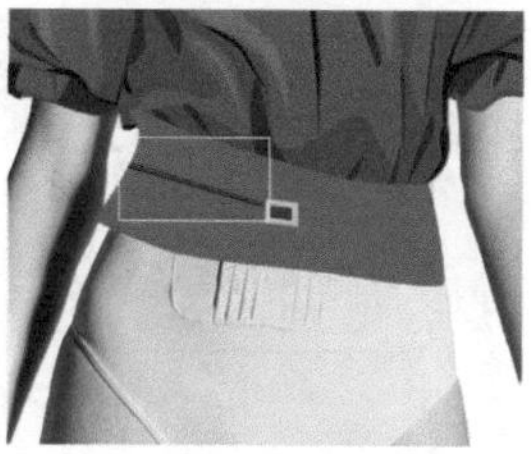

图 9-76

20> 继续选择钢笔工具，在选项栏中设置“填充”为合适的颜色，在画面中合适位置进行绘制相应形状，如图 9-77~ 图 9-80 所示。

21> 绘制裙摆。与连衣裙上身绘制方法相同，继续选择钢笔工具，“填充”为合适的颜色，在画面中下身合适位置绘制一个整体裙摆形状，然后使用与上身相同的各部分的颜色，依次绘制亮部区域、高光区域以及暗部区域，如图 9-81~ 图 9-85 所示。

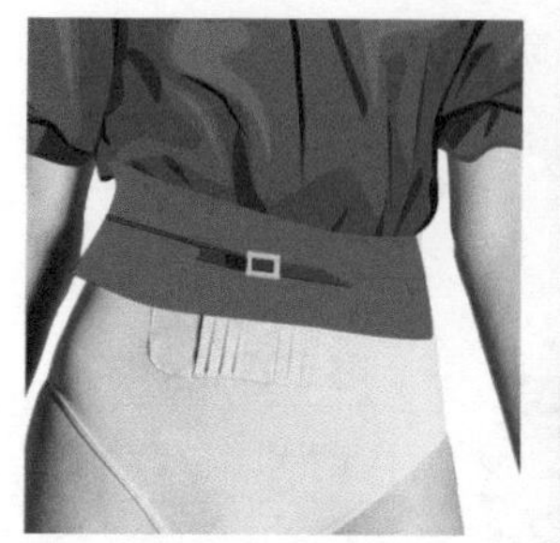

图 9-77 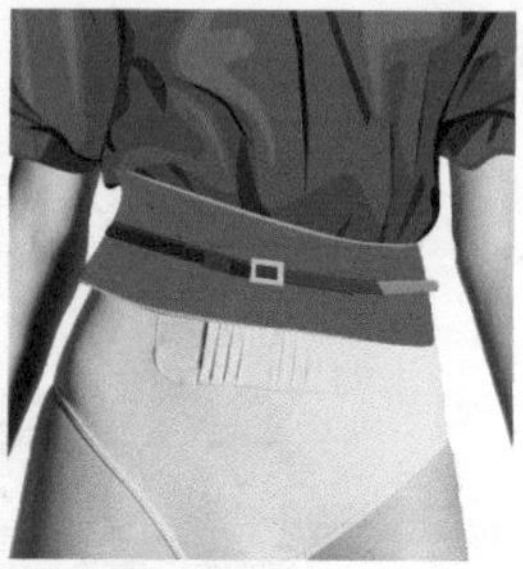　图 9-78

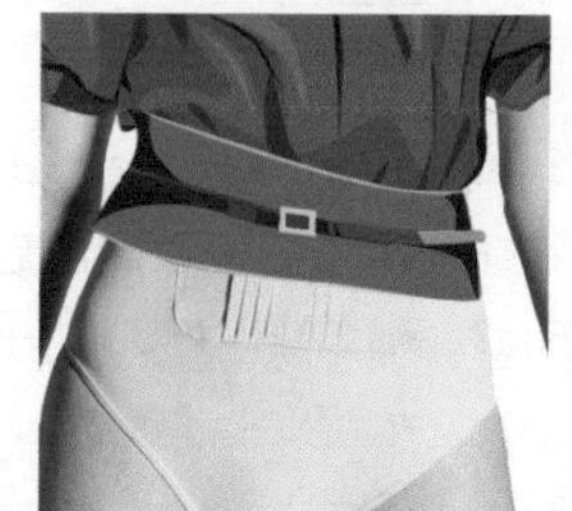

图 9-79

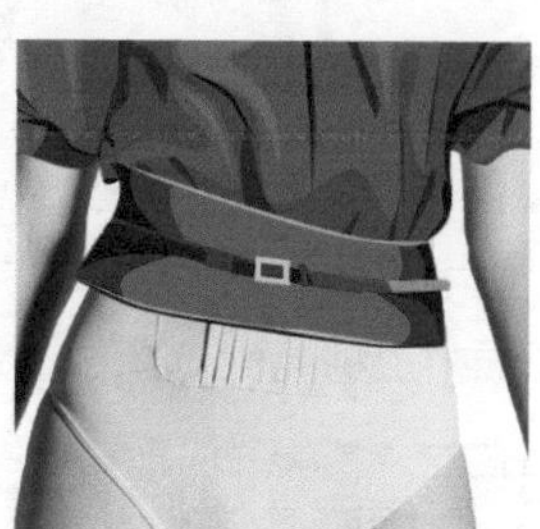

图 9-80

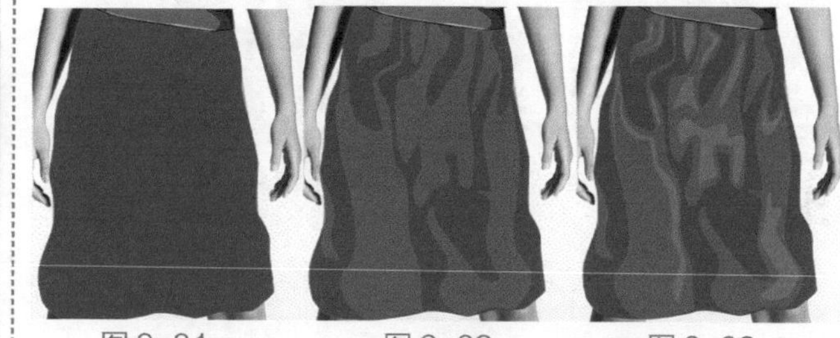

图 9-81　图 9-82　图 9-83

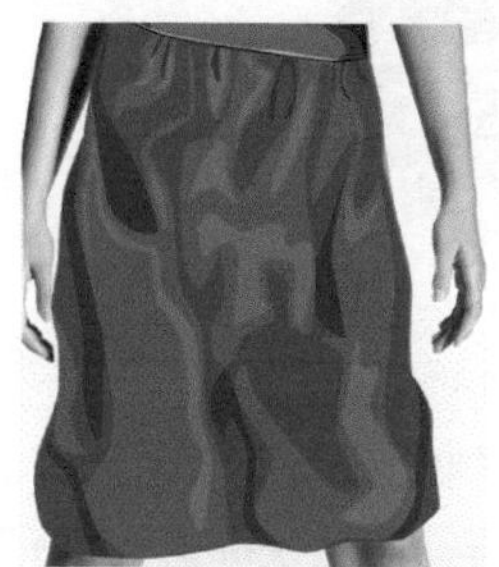

图 9-84

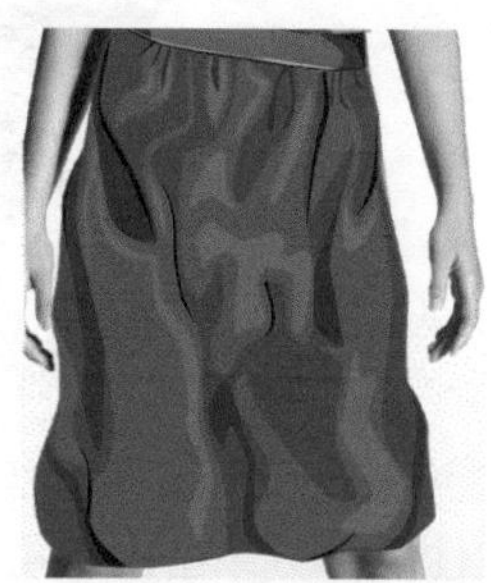

图 9-85

22> 在“图层”面板中选中绘制连衣裙的所有形状图层，使用快捷键 Ctrl+G 进行编组，并命名为“组 3”，如图 9-86 所示。接着选中“组 3”与模特图层，再次使用快捷键 Ctrl+G 进行编组，并命名为“西瓜红”，如图 9-87 所示。然后使用快捷键 Ctrl+J 复制出一个相同的图层组，命名为“暗红”，如图 9-88 所示。

23> 选中“暗红”图层组，将其移动到画面左侧，如图 9-89 所示。接着在“图层”面板中选中“暗红”图层组中的衣服图层组“组 3”，执行菜单“图层 > 新建调整图层 > 曲线”命令，在弹出的“新建图层”对话框中单击“确定”按钮，接着在打开的“属性”面板中，在曲线上单击添加多个控制点调整曲线形态，压暗画面的亮度，为了使调色效果只针对下方图层，需要单击该面板底部的“创建剪贴蒙版”按钮，如图 9-90 所示。此时画面效果如图 9-91 所示。

图 9-86

图 9-87

图 9-88

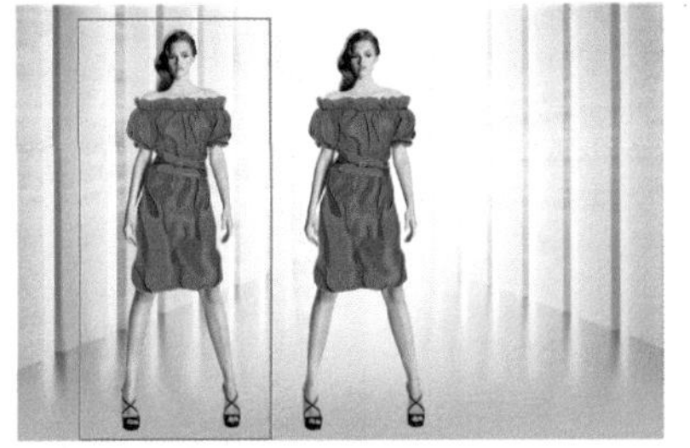
图 9-89

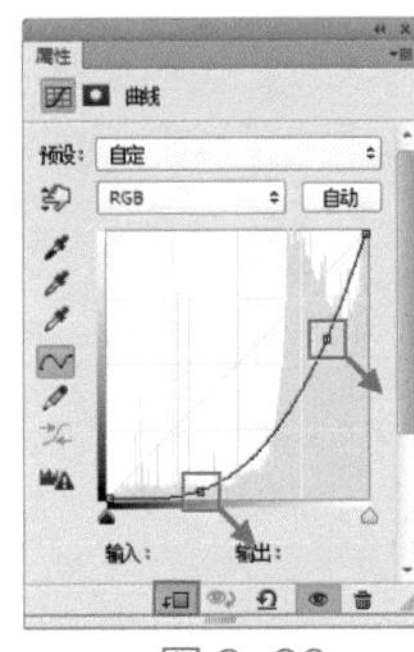
图 9-90

图 9-91

24> 制作第 3 种颜色的连衣裙。使用与上述相同的复制方法，复制出一个相同的图层组，命名为“宝石蓝”。然后使用移动工具将复制得出的图层组平移至画面右侧相应位置，如图 9-92 所示。

图 9-92

25> 在“图层”面板中选中“宝石蓝”图层组中的“组 3”，执行菜单“图层 > 新建调整图层 > 色相 / 饱和度”命令，在弹出的“新建图层”对话框中单击“确定”按钮。接着在打开的“属性”面板中设置“色相”为 -120，“饱和度”为 -80，然后单击该面板底部的“创建剪贴蒙版”按钮，如图 9-93 所示。此时画面效果如图 9-94 所示。

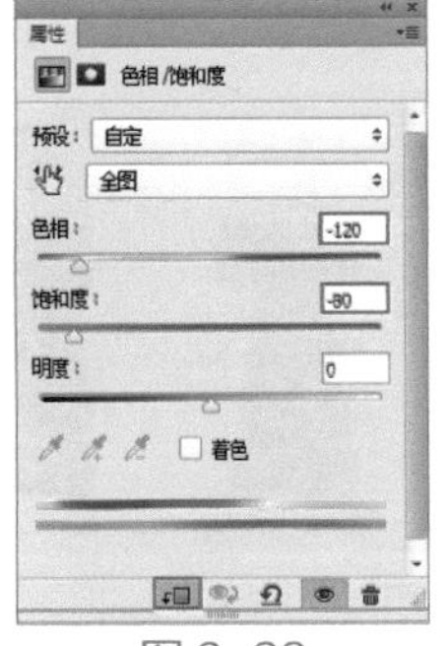
图 9-93

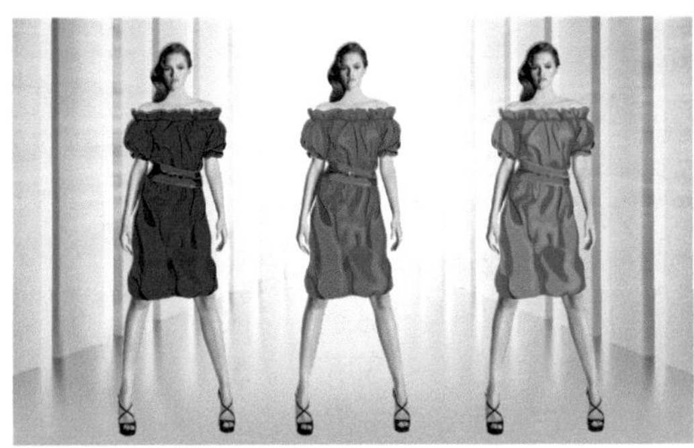
图 9-94

26> 调整连衣裙对比度。执行菜单“图层 > 新建调整图层 > 曲线”命令，在弹出的“新建图层”对话框中单击“确定”按钮。接着在打开的“属性”面板中的曲线上单击添加多个控制点并调整曲线形态，增强画面对比度，然后单击该面板底部的“创建剪贴蒙版”按钮，如图 9-95 所示。此时画面效果如图 9-96 所示。

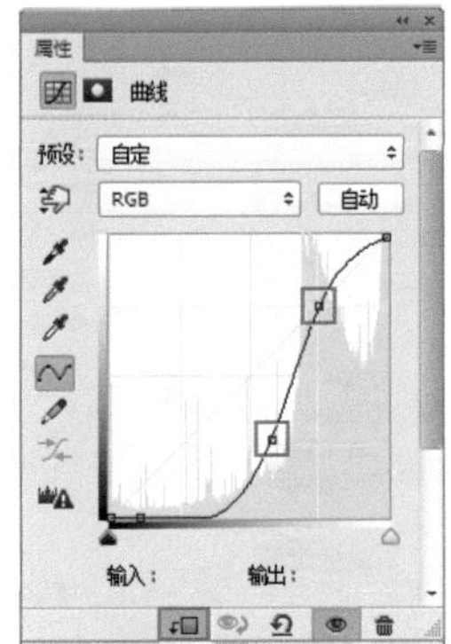
图 9-95

图 9-96

27> 编辑文字信息。单击工具箱中的“横排文字工具”按钮，在选项栏中设置合适的字体、字号，文字颜色设置为藏蓝色，设置完成后，在画面下方中间位置单击，接着输入文字，如图 9-97 所示。

图 9-97

28> 选中文字图层，执行菜单“图层 > 图层样式 > 投影”命令，在弹出的“图层样式”对话框中设置“混合模式”为“正片叠底”，颜色为黑色，“不透明度”为 35%，“角度”为 120 度，“距离”为 3 像素，“大小”为 7 像素，如图 9-98 所示。设置完成后，单击“确定”按钮完成此操作，效果如图 9-99 所示。

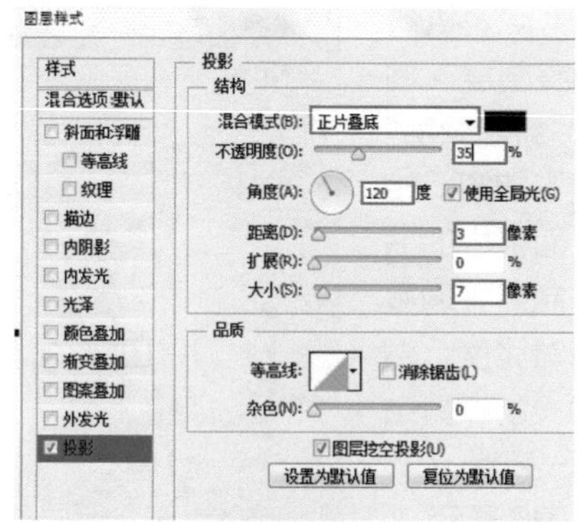

图 9-98

图 9-99

29> 继续使用横排文字工具在画面中添加文字，最终效果如图 9-100 所示。

图 9-100

9.3 长款晚礼服效果图

文件路径	第 9 章 \ 长款晚礼服效果图
难易指数	★★★★★
技术掌握	钢笔工具、画笔工具、横排文字工具

案例效果

案例效果如图 9-101 所示。

图 9-101

配色方案解析

本案例中的女士晚礼服以象牙白为主色，在颈部与腰部点缀以金色，金属质感的装饰与飘逸的白纱搭配在一起，犹如女神降临般高雅、纯洁。象牙白等高亮的颜色一直是晚礼服中最常见的颜色，这种颜色可以说是一种包容度非常高的颜色，几乎可以搭配任何其他颜色的元素。图 9-102~图 9-105 所示为使用该配色方案的服装设计作品。

图 9-102

图 9-103

图 9-104

图 9-105

其他配色方案

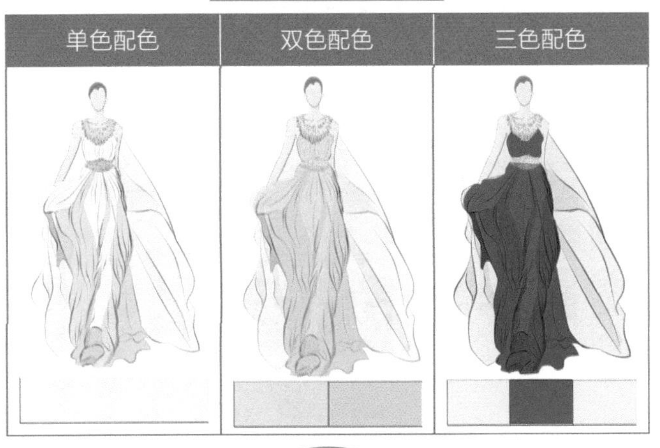

应用拓展

优秀服装设计作品，如图 9-106~ 图 9-109 所示。

图 9-106　　图 9-107

图 9-108　　图 9-109

实用配色方案

操作步骤

01> 执行菜单“文件 > 打开”命令，在弹出的对话框中选择素材“1.jpg”，单击“打开”按钮完成操作，如图 9-110 所示。

图 9-110

02> 置入手稿作为参考。执行菜单“文件 > 置入”命令，置入手稿素材“2.jpg”，调整合适大小和位置后按 Enter 键完成置入。接着在“图层”面板中选中手稿图层，然后右击执行“栅格化图层”命令，效果如图 9-111 所示。接着在“图层”面板中选中该素材图层，并设置图层混合模式为“正片叠底”，如图 9-112 所示。手稿图层是用来作为绘图时的参照，用户可以在绘图时使用。为了不影响本案例插图效果，在这里将其隐藏，但在实际操作中根据需要随时隐藏和显示该图层。

图 9-111

图 9-112

03> 绘制模特头部。单击工具箱中的“钢笔工具”按钮，在选项栏中设置绘制模式为“形状”，“填充”为无，设置完成后，在画面上方中间位置进行绘制头的轮廓。如图 9-113 所示。选中该图层，单击“填充”按钮，在下拉面板中设置颜色为黄褐色，如图 9-114 所示。图形效果如图 9-115 所示。

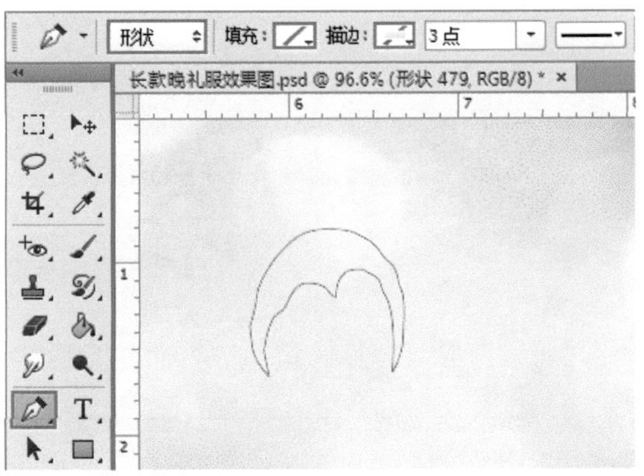

图 9-113

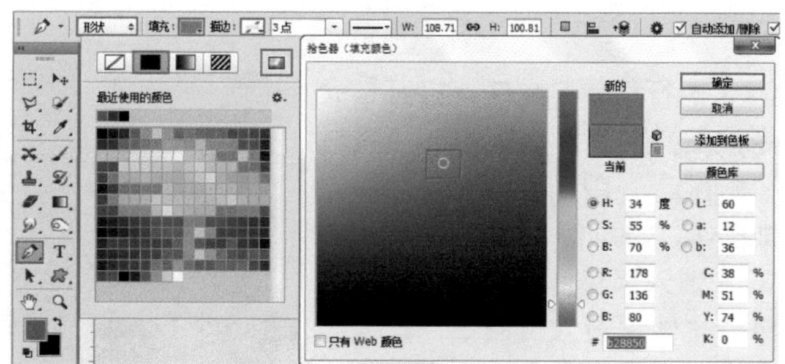

图 9-114

图 9-115

04> 使用相同的方法，继续使用钢笔工具绘制面部轮廓以及耳朵轮廓，此处形态不必过于精细，如图 9-116~ 图 9-118 所示。

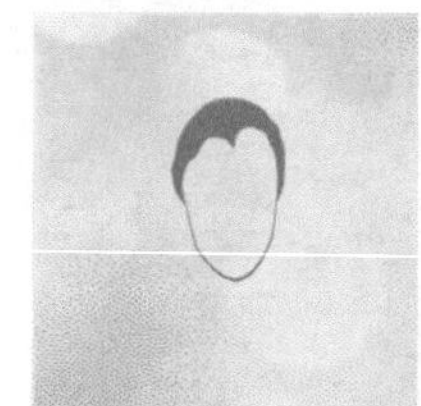

图 9-116

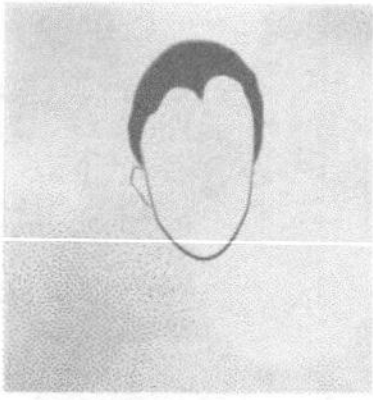

图 9-117

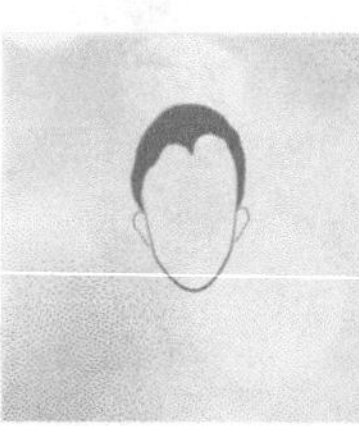

图 9-118

05> 绘制颈部、肩部及胳膊的线条形状，绘制完成后，按住 Ctrl 键单击加选这些图层，使用快捷键 Ctrl+E 将图层进行合并，效果如图 9-119~ 图 9-122 所示。

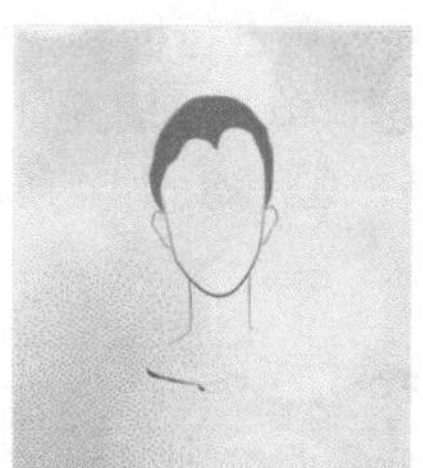

图 9-119

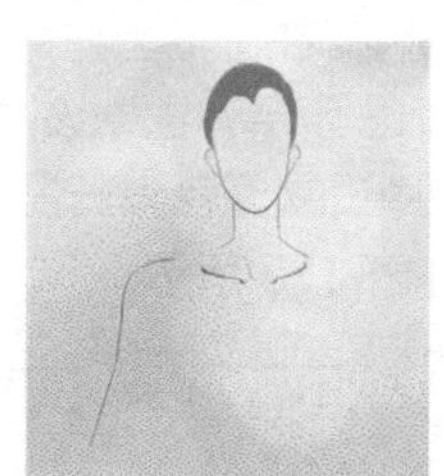

图 9-120

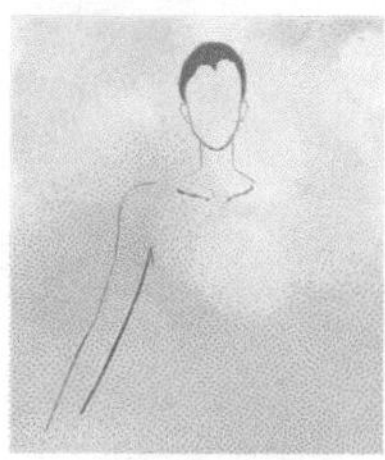

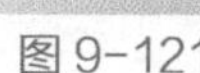

图 9-121

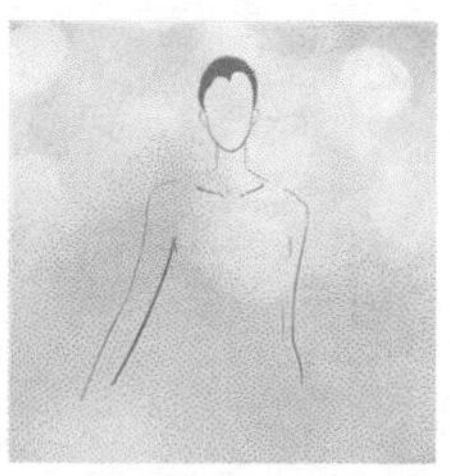

图 9-122

06> 绘制上身。继续选择钢笔工具，在选项栏中设置“填充”为象牙白，如图 9-123 所示。设置完成后，在画面中合适位置进行绘制，如图 9-124 所示。

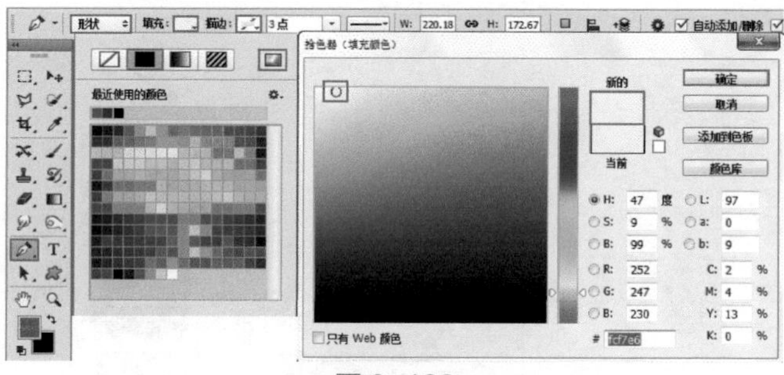

图 9-123

图 9-124

07> 继续选择钢笔工具，在选项栏中设置“填充”为米黄色，如图 9-125 所示。在画面中上衣左右两侧进行绘制，如图 9-126 所示。继续在画面中合适位置进行绘制，如图 9-127 所示。

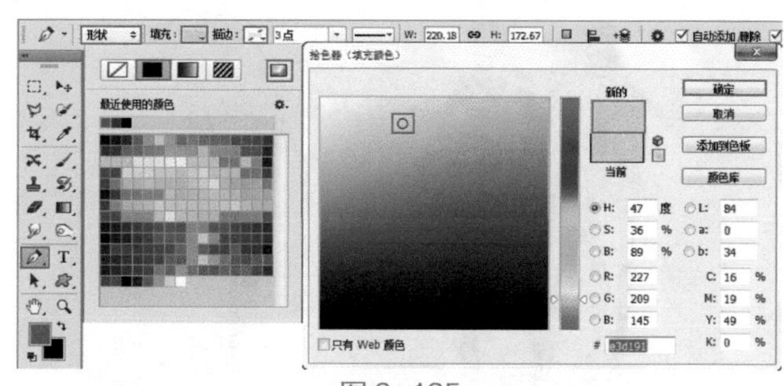

图 9-125

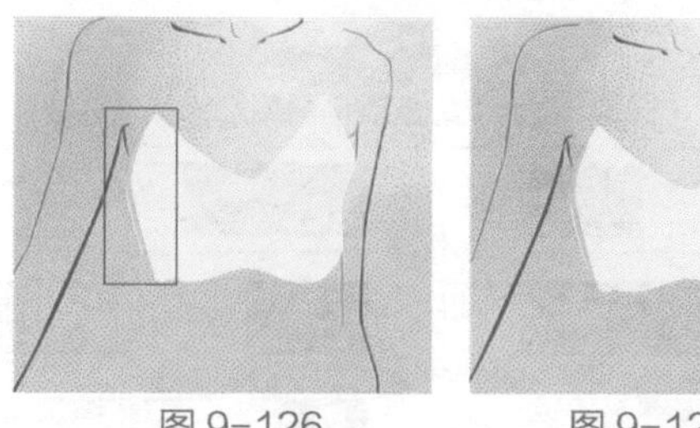

图 9-126 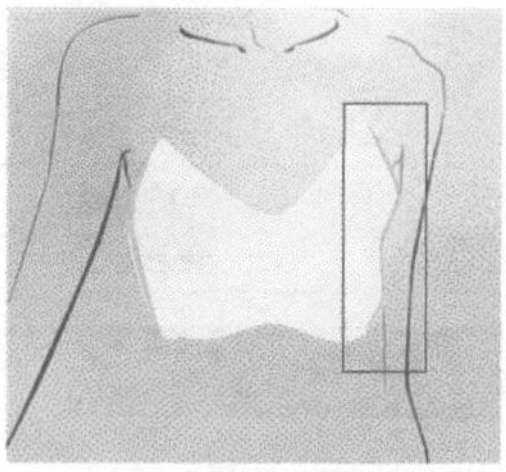　　图 9-127

08> 绘制上身衣褶。继续选择钢笔工具，在选项栏中设置“填充”为奶黄色，设置完成后，在画面中上衣位置进行绘制，如图 9-128 所示。继续在画面中合适位置进行绘制，效果如图 9-129 所示。绘制完成后加选图层进行合并。

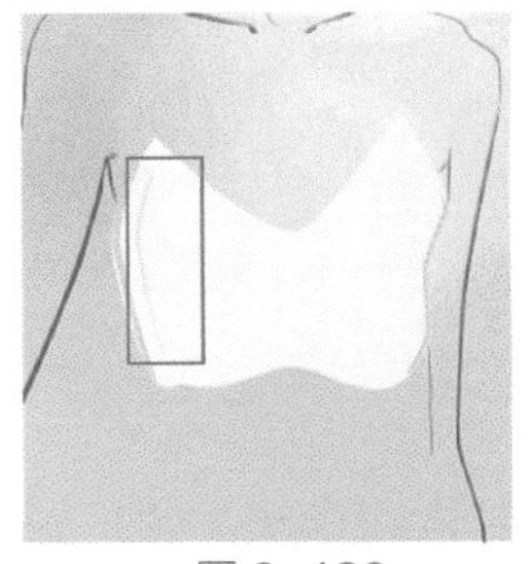
图 9-128

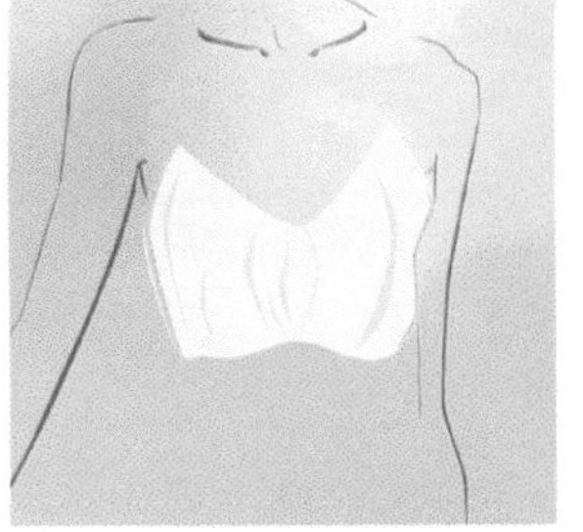
图 9-129

09> 绘制腰带处的装饰元素。继续选择钢笔工具，在选项栏中设置“填充”为黄色，如图 9-130 所示。设置完成后，在画面中模特腰部位置进行绘制，如图 9-131 所示。

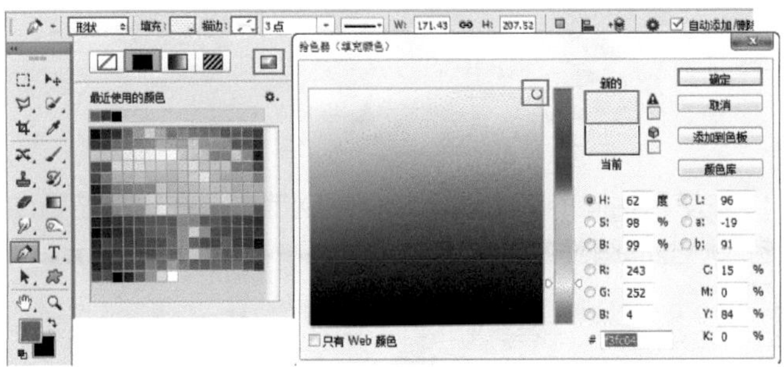
图 9-130

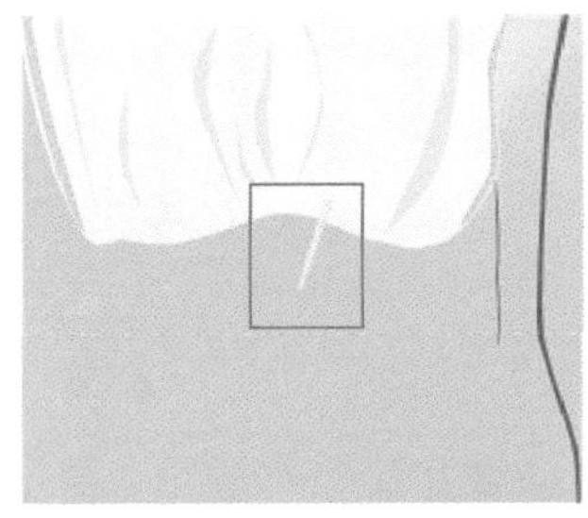
图 9-131

10> 继续使用钢笔工具绘制腰部的其他黄色图形，如图 9-132 和图 9-133 所示。绘制完成后，可以将图层加选并进行合并。

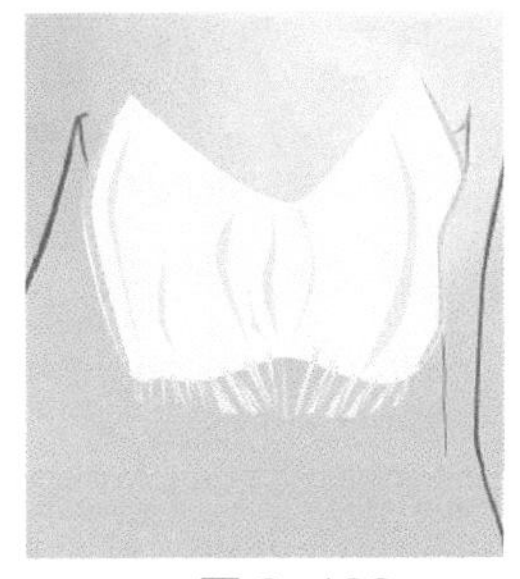
图 9-132

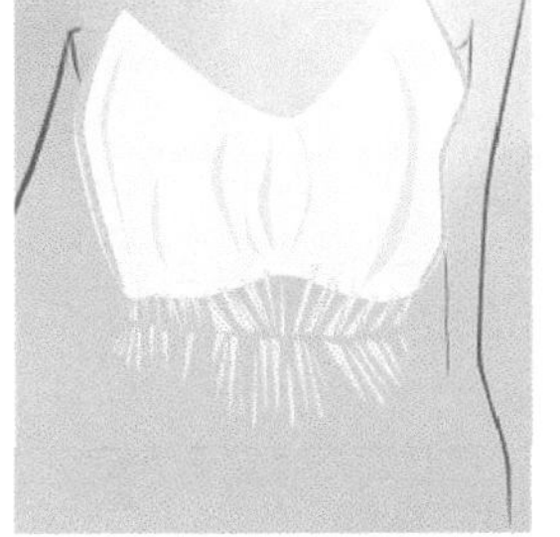
图 9-133

11> 继续选择钢笔工具，在不选中任何形状图层的情况下，在选项栏中设置“填充”为土黄色，如图 9-134 所示。设置完成后，在画面中与黄色色块进行穿插绘制，如图 9-135 所示。

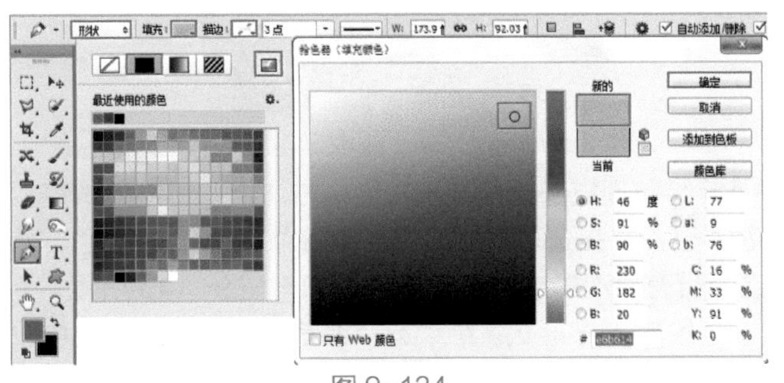
图 9-134

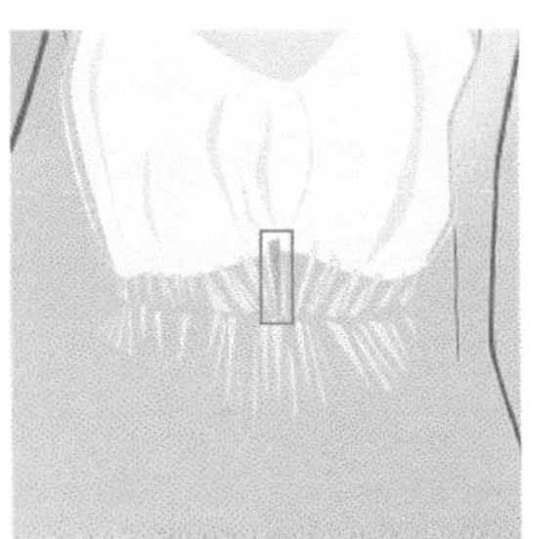
图 9-135

12> 使用相同的方法，合并形状并在画面中腰部位置继续绘制，效果如图 9-136 和图 9-137 所示。

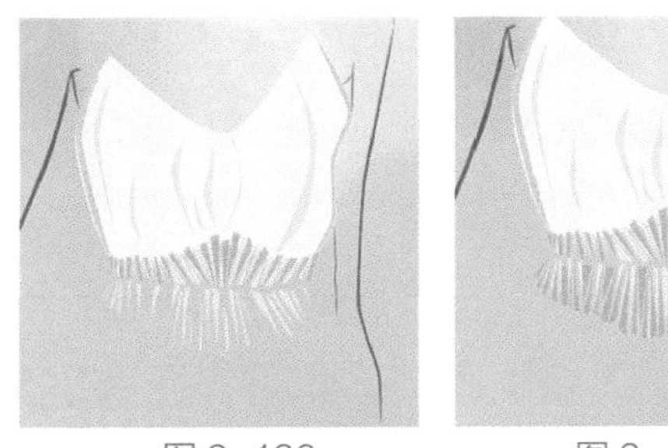
图 9-136　　图 9-137

13> 继续选择钢笔工具，在选项栏中设置“填充”为棕色，设置完成后，在画面中腰带位置绘制重色部分，效果如图 9-138~ 图 9-140 所示。

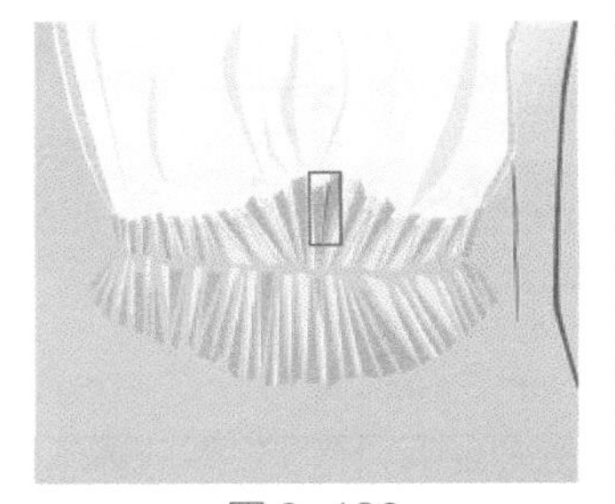
图 9-138

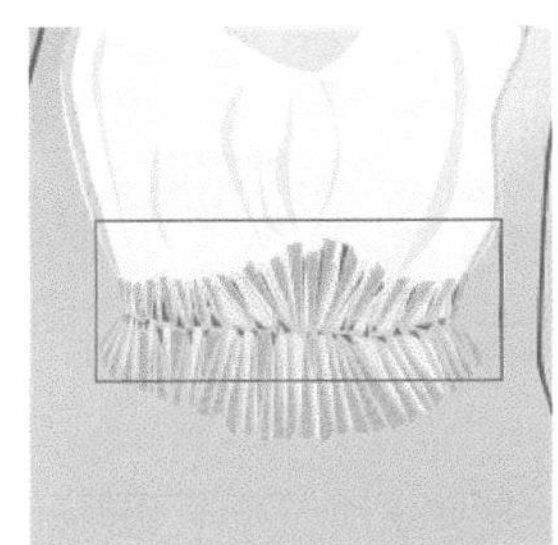
图 9-139

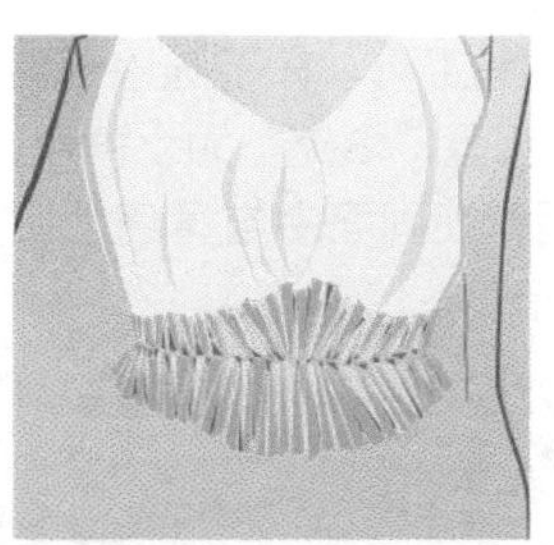

图 9-140

14> 绘制项链部分。与腰带绘制方法相同，继续选择钢笔工具，并在选项栏中设置“填充”为合适的颜色，接着进行有层次的绘制，如图 9-141~ 图 9-143 所示。

15> 绘制下摆形状。继续选择钢笔工具，在选项栏中设置“填充”为象牙白，设置完成后，在画面中腰部下方进行绘制，如图 9-144 所示。

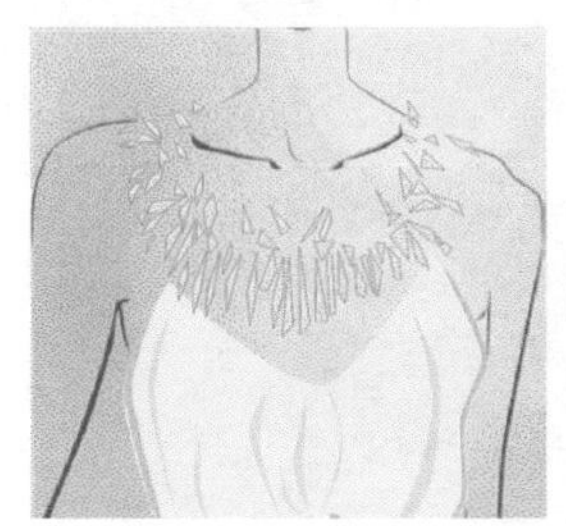

图 9-141

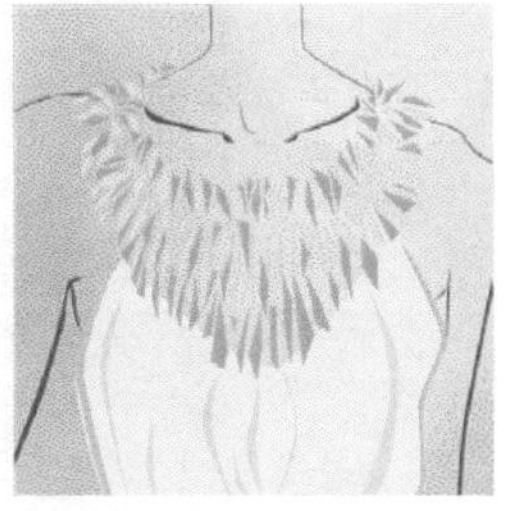

图 9-142

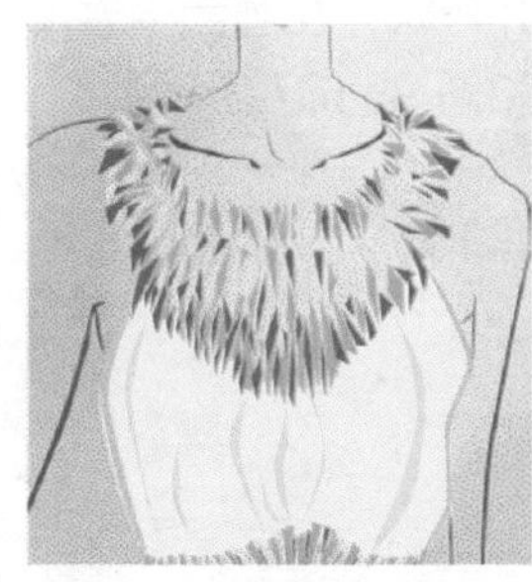

图 9-143

图 9-144

16> 继续绘制裙摆暗部。选择钢笔工具，在不选中任何形状图层的情况下，在选项栏中设置“填充”为暖灰色，如图 9-145 所示。设置完成后，在画面中合适位置进行绘制，如图 9-146 所示。

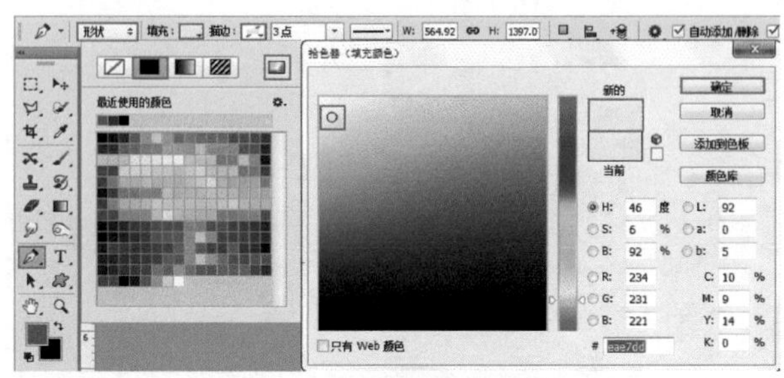

图 9-145

图 9-146

17> 继续绘制暗部形状，如图 9-147 和图 9-148 所示。

图 9-147

图 9-148

18> 使用相同的方法，继续使用钢笔工具在裙摆位置绘制深一些的暗部效果，如图 9-149~ 图 9-151 所示。

图 9-149

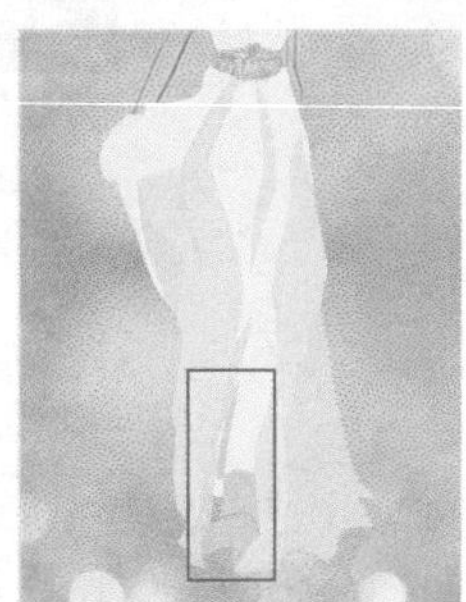

图 9-150

图 9-151

19> 绘制下摆褶皱形状。使用相同的方法，继续选择钢笔工具，在选项栏中设置“填充”为杏黄色，如图 9-152 所示。设置完成后，在画面中腰部下方裙摆位置进行绘制，如图 9-153 所示。继续进行绘制，效果如图 9-154 所示。

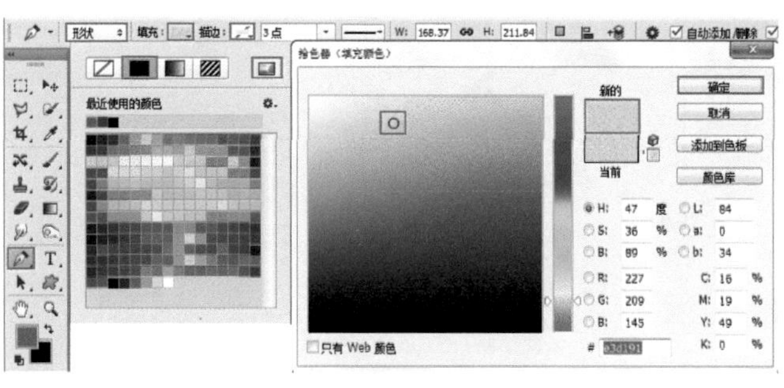
图 9-152

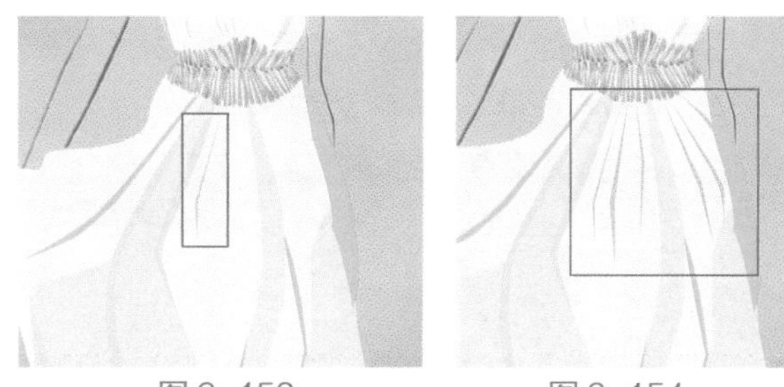
图 9-153　　图 9-154

20> 绘制身体。新建一个图层，将前景色设置为浅黄色。接着单击工具箱中的“画笔工具”按钮，在选项栏中单击打开“画笔预设”选取器，在画笔预设选取器中单击选择一个硬边圆画笔，设置合适的画笔大小，设置“硬度”为 100%，接着在选项栏中设置画笔“不透明度”为 100%，如图 9-155 所示。设置完成后，选择需要绘制的图层，在画面中身体位置按住鼠标左键拖曳，绘制身体形态，如图 9-156 所示。

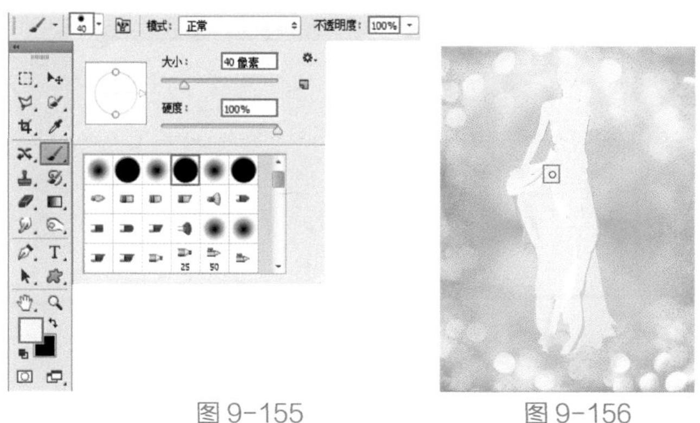

图 9-155　　图 9-156

21> 在“图层”面板中选中该身体图层，并将光标定位在该图层上，按住鼠标左键向下拖曳至“背景”图层上方，如图 9-157 所示。此时画面效果如图 9-158 所示。

22> 接下来制作白纱效果。单击工具箱中的“钢笔工具”按钮，在选项栏中设置绘制模式为“形状”，“填充”为白色，“描边”为无，设置完成后，在画面中合适位置进行绘制，如图 9-159 所示。

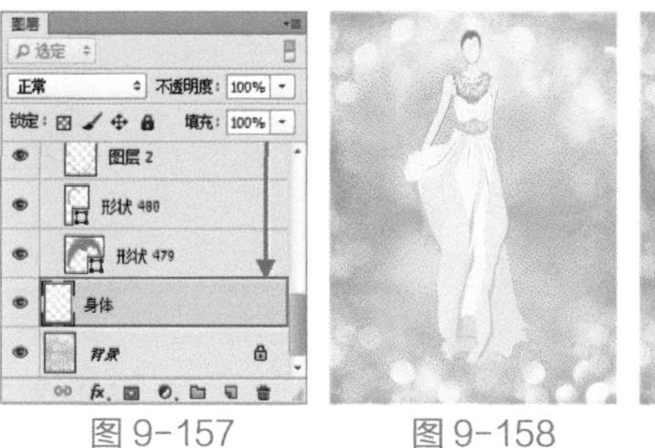

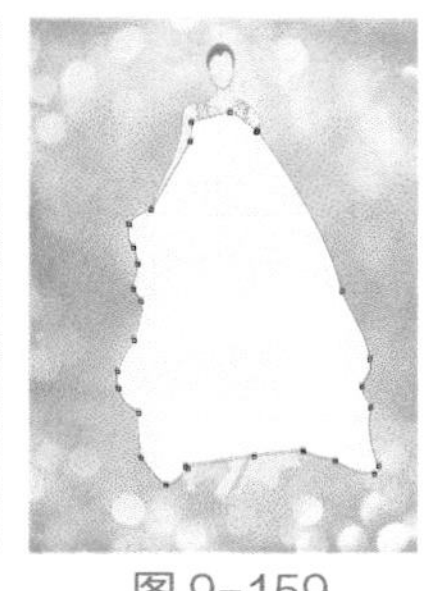
图 9-157　　图 9-158　　图 9-159

23> 在“图层”面板中选中该图层，设置“不透明度”为 40%，如图 9-160 所示。此时画面效果如图 9-161 所示。

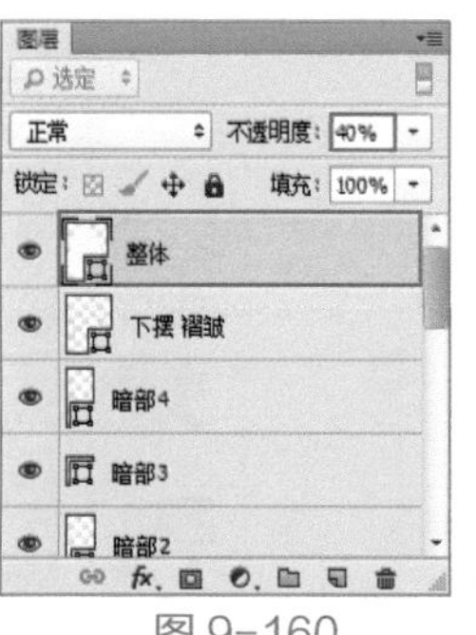

图 9-160　　图 9-161

24> 营造白纱重叠效果。继续选择钢笔工具，在选项栏中设置“填充”为白色，设置完成后，在画面中整体白纱合适位置进行绘制，如图 9-162 所示。继续在画面中合适位置进行绘制，如图 9-163 所示。

图 9-162　　图 9-163

25> 使用相同的方法，在“图层”面板中选中该图层，设置“不透明度”为 40%，此时画面效果如图 9-164 所示。接着在“图层”面板中加选制作白纱的图层，使用快捷键 Ctrl+G 进行编组，并命名为“白纱”。然后将光标定位在该图层组上，按住鼠标左键向下拖曳至身体图层下方，如图 9-165 所示。此时画面效果如图 9-166 所示。

26> 绘制裙摆轮廓。继续选择钢笔工具，在选项栏中设置“填充”为杏黄色，设置完成后，在画面中腰部左下方裙摆处进行绘制，如图 9-167 所示。使用相同的方法，继续选择钢笔工具，在选项栏中设置“填充”为合适的颜色，设置完成后，在画面中合适位置进行绘制，如图 9-168 和图 9-169 所示。

图 9-164

图 9-165

图 9-166

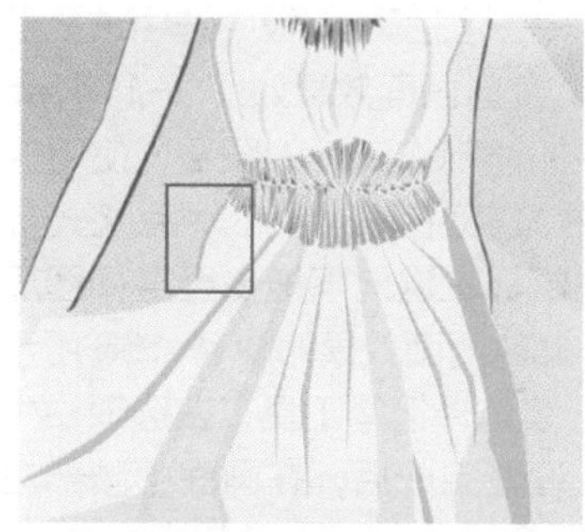

图 9-167

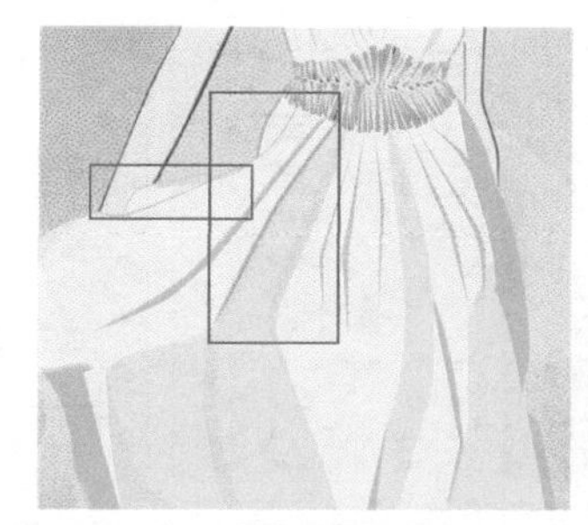

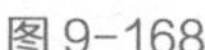

图 9-168

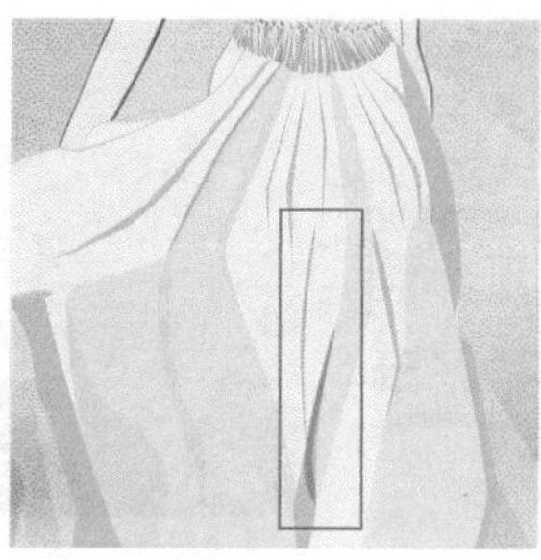

图 9-169

27> 绘制裙摆褶皱。新建一个图层，单击工具箱中的“钢笔工具”按钮，在选项栏中设置绘制模式为“路径”，在画面中绘制褶皱路径，如图 9-170 所示。使用快捷键 Ctrl+Enter 得到路径选区，如图 9-171 所示。

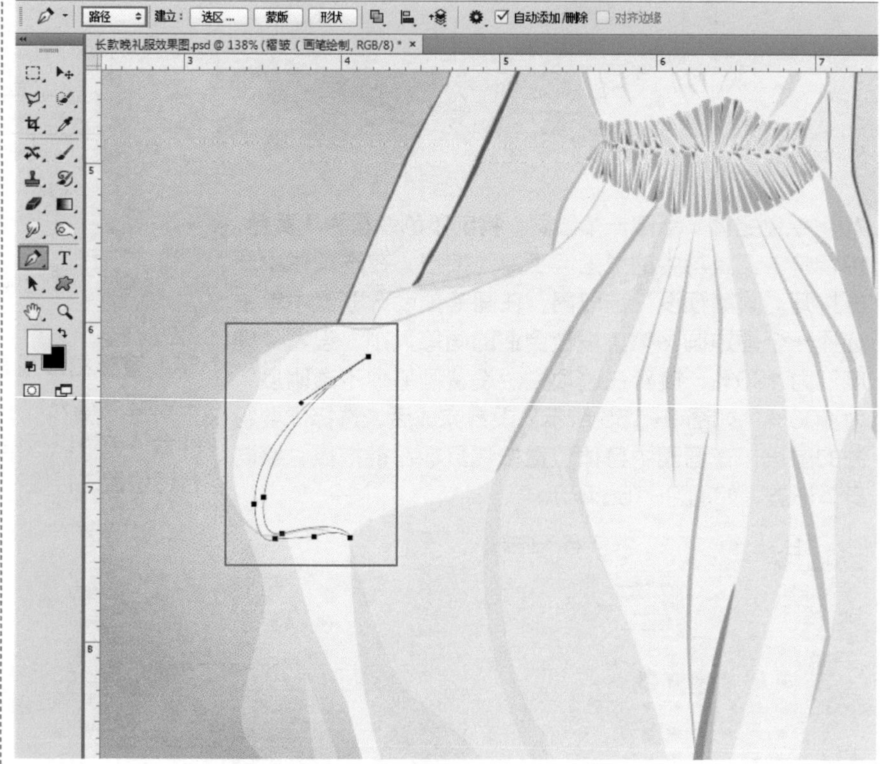

图 9-170

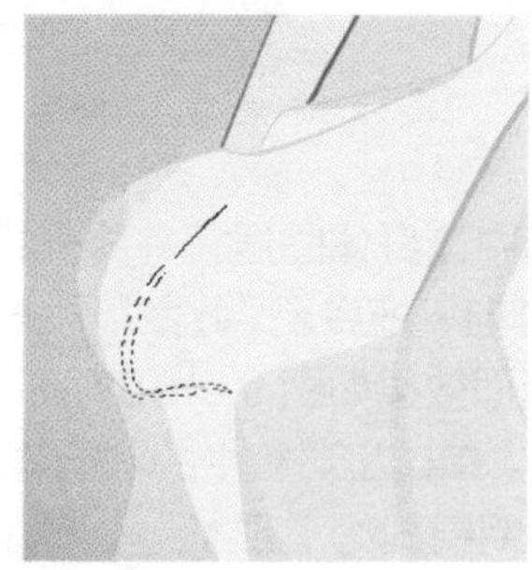

图 9-171

28> 单击工具箱中的“画笔工具”按钮，在选项栏中打开“画笔预设”选取器，在画笔预设选取器中选择一个柔边圆画笔，设置合适的画笔大小，设置

“硬度”为 0%，接着在选项栏中设置画笔“不透明度”为 100%，如图 9-172 所示。接着设置“前景色”为合适颜色，在画面中选区内按住鼠标左键进行涂抹。然后再设置“前景色”为另一种颜色，设置完成后，在选区内进行涂抹，使其形成渐变效果，如图 9-173 所示。涂抹完成后，使用快捷键 Ctrl+D 取消当前选区，效果如图 9-174 所示。

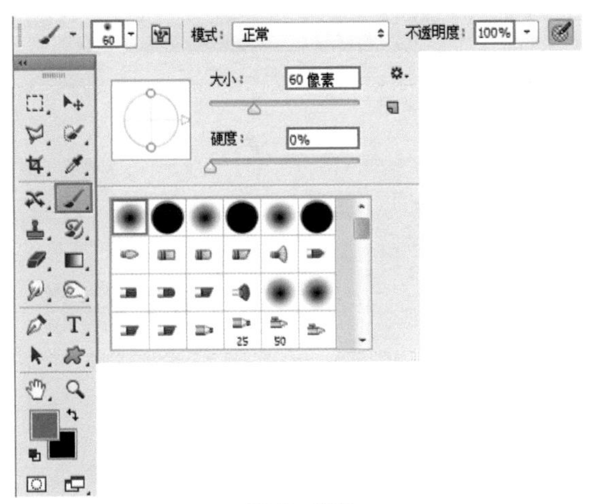

图 9-172

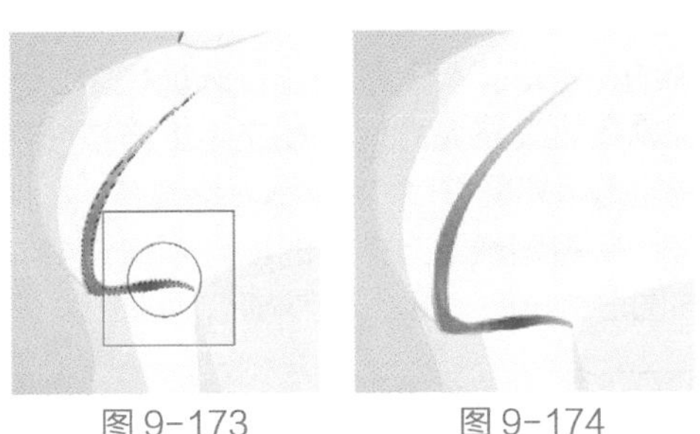

图 9-173　　图 9-174

29> 使用相同的方法，绘制其他裙摆褶皱形状，如图 9-175~ 图 9-178 所示。

30> 在“图层”面板中将“背景”图层隐藏，如图 9-179 所示。接着使用快捷键 Ctrl+Alt+Shift+E 盖印所有图层，并将该图层命名为“合并 缩放”。然后在“图层”面板中选中盖印图层，使用快捷键 Ctrl+J 复制出一个相同的图层，如图 9-180 所示。

图 9-175

图 9-176

图 9-177

图 9-178

图 9-179　　图 9-180

31> 在“图层”面板中单击“背景”图层的“指示图层可见性”按钮，显示背景，如图 9-181 所示。接着选中“合并 缩放”图层，使用快捷键 Ctrl+T，此时对象进入自由变换状态，将光标定位到界定框以内，按住鼠标左键并拖曳至右侧合适位置，然后将光标定位到界定框一角处，按住 Shift 键的同时按住鼠标左键并拖曳，将其等比缩放到合适大小，按 Enter 键完成此操作，如图 9-182 所示。

图 9-181

图 9-182

32> 在“图层”面板中选中该图层，设置“不透明度”为 10%，如图 9-183 所示。此时画面效果如图 9-184 所示。

图 9-183

图 9-184

33> 使用相同的方法，在“图层”面板中选中另一个“合并 缩放”图层，将其摆放到画面中合适位置，并等比例缩放，如图 9-185 所示。接着在“图层”面板中选中该图层，设置“不透明度”为 20%，效果如图 9-186 所示。

图 9-185

图 9-186

34> 在“图层”面板中选中“合并 缩放”两个图层，并将光标定位到该图层上，按住鼠标左键向下拖曳至“背景”图层上方，如图 9-187 所示。此时画面效果如图 9-188 所示。

35> 编辑文字信息。单击工具箱中的“横排文字工具”按钮，在选项栏中设置合适的字体、字号，文字颜色设置为褐色，设置完成后，在画面中右下方位置单击，接着输入文字，文字输入完成后按快捷键 Ctrl+Enter，如图 9-189 所示。使用相同的方法，继续使用横排文字工具在画面中其他位置输入合适的文字，并在选项栏中设置合适的字体、字号及颜色，如图 9-190 所示。

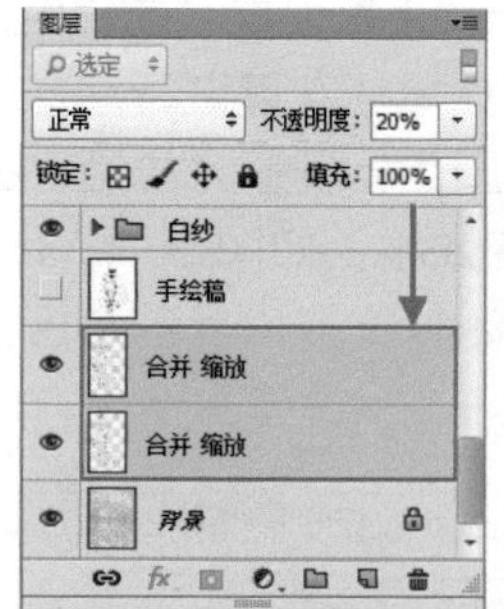

图 9-187

图 9-188

图 9-189

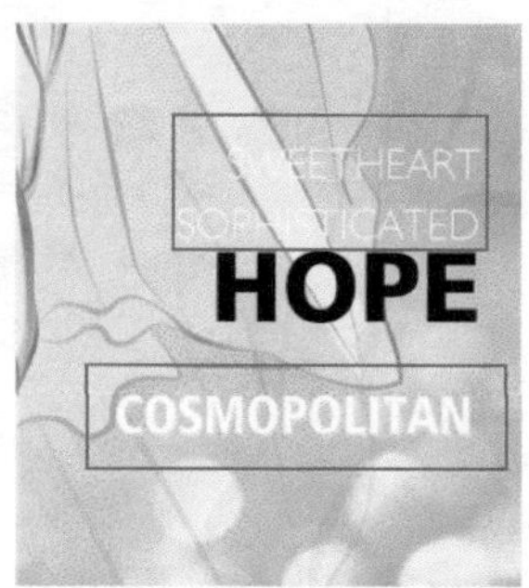

图 9-190

36> 新建一个图层，设置“前景色”为白色。然后单击工具箱中的“矩形工具”按钮，在选项栏中设置绘制模式为“像素”，设置完成后，在文字上方按住鼠标左键拖曳绘制矩形，如图 9-191 所示。接着在“图层”面板中选中画面中右侧最下方文字的图层，按住 Ctrl 键的同时单击该图层缩览图，调取文字选区，如图 9-192 所示。

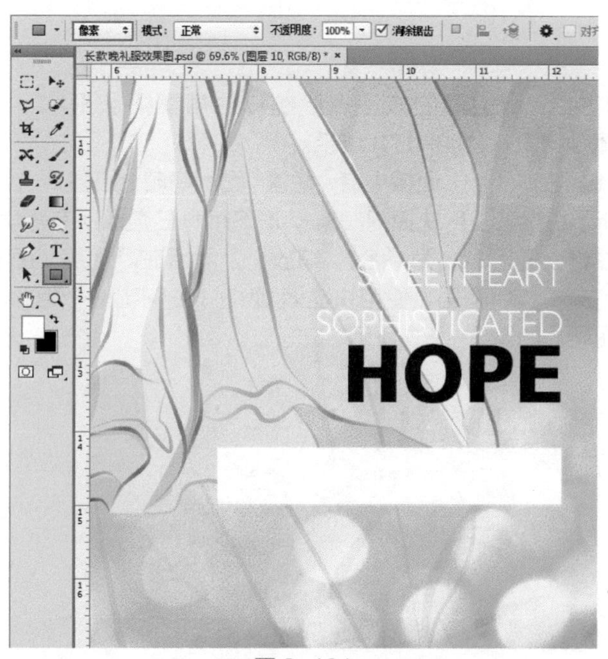

图 9-191

图 9-192

37> 使用快捷键 Ctrl+Shift+ I 进行选区反选，如图 9-193 所示。接着在“图层”面板中隐藏该文字图层，并选中矩形色块图层，单击“图层”面板底部的“添加图层蒙版”按钮，为该图层添加图层蒙版，如图 9-194 所示。此时画面效果如图 9-195 所示。

图 9-193

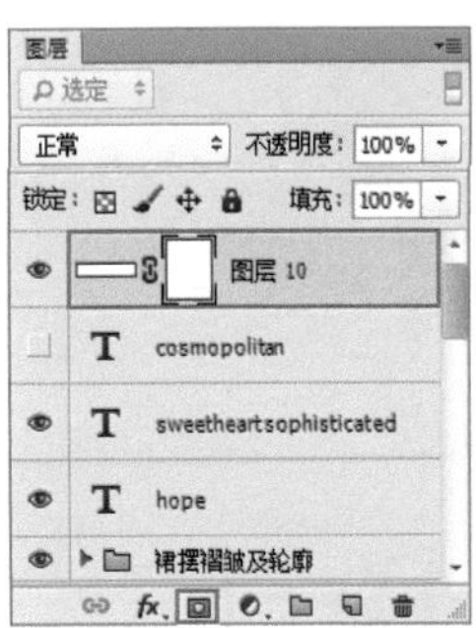

图 9-194

图 9-195

38> 继续使用横排文字工具输入另外两个单词，如图 9-196 所示。

图 9-196

39> 使用横排文字工具输入标题文字，如图 9-197 所示。在“图层”面板中选中标题文字图层，按住鼠标左键向下拖曳至“合并 缩放”图层上方，如图 9-198 所示。最终效果如图 9-199 所示。

图 9-197

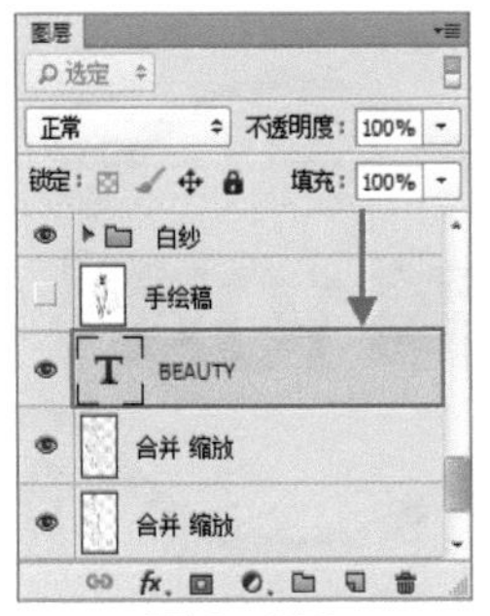

图 9-198

图 9-199

第10章 服装设计画册

本章概述

画册是一种非常直观地展示服装设计方案的手段。服装设计画册不仅可以用于呈现服装设计方案，还能够用于成品服装的展示、服装搭配方案、流行趋势预测等方面。好的服装设计画册不仅要将图片和文字全面地展现在版面中，更重要的是要注意版面的秩序，抓住重点才能更好地展现服装设计作品的特点。

本章要点

- 熟悉常见的服装配饰
- 学习常见服装设计画册版面的编排

佳作欣赏

10.1 服装配饰

服装配饰通常指的是，除了服装主体外，为更好地衬托主体丰富细节的饰品。服装饰品种类繁多，风格迥异。服装配饰起源悠久，是服装搭配必不可少的细节搭配。服装与饰品完美的结合，才算是完整服装整体搭配造型。不同的民族风情、民族风俗、地域环境、气候条件等因素，使不同民族、不同地域的服装配饰具有各自不同的形式和内容。

10.1.1 鞋子

设计理念：鞋子设计灵感来源于雨靴，整体设计将马丁靴样式和雨靴材质进行了完美的交融碰撞，形成了一种透明百搭的款式，鞋子色彩随袜子随机变换，趣味十足，如图 10-1 所示。

图 10-1

色彩点评：这双鞋子最大的特点在于透明色，鞋子的颜色可以通过袜子随机变换符合当日整体造型配色。

❶鞋子以皮、布、木、草、丝等为材料制作而成穿在脚上。

❷鞋的后跟高度要合适，松紧要恰当，用料要舒适，一双好鞋远比一匹宝马之于骑士重要。

RGB=238,201,105　CMYK=11,25,65,0

RGB=173,129,44　CMYK=41,53,93,1

RGB=247,246,208　CMYK=7,2,25,0

RGB=224,222,223　CMYK=15,13,5,0

鞋子图案为凡高的《星空》，巧妙地将艺术元素融合到高跟鞋当中，女性独有的优雅妩媚和画作碰撞出灵魂的火花，堪称艺术，如图 10-2 所示。

图 10-2

鞋子上的金发红唇形象让人很容易联想到“梦露”，将性感女性的形象与高跟鞋结合，给人传达更二次元的趣味体验，如图 10-3 所示。

图 10-3

10.1.2 包

设计理念：包饰为明丽的西瓜红色，中和了黑色带给人的庄重和压抑感，与鹅黄色裙子更是交相呼应，体现少女心十足。手包的搭配使服装整体造型活泼跳跃，又充满名媛风的靓丽俏皮感，如图 10-4 所示。

图 10-4

色彩点评：西瓜红撇去了粉红的稚嫩和亮红的高调，是一种中庸知性的颜色，搭配黑色衣物会显得精明干练，并带有小女人的娇媚。

❶包不仅用于存放个人用品，也能体现一个人的身份、地位、经济状况乃至性格等。

❷经过精心选择的皮包具有画龙点睛的作用，合适的包饰搭配能让人的气质更升一层。

RGB=240,141,161　CMYK=7,58,21,0

RGB=29,20,41　CMYK=89.94,66,57

RGB=250,240,204　CMYK=4,7,25,0

包饰以黑色为主色调，装饰有五金拉链，造型设计简洁和服装衣着搭配相称，整体设计给人以职业干练的都市白领形象，如图 10-5 所示。

包饰以棕色为主色调，搭配极具英伦气息的浅蓝色西服外套和浅棕色网格阔腿裤给人十足的学院休闲感，如图 10-6 所示。

图 10-5

图 10-6

10.1.3 帽子

设计理念：帽子风格具有浓厚的休闲气息，搭配碎花短裙和金属首饰给人以欧美少女的即视感，甜美中略带叛逆，如图 10-7 所示。

图 10-7

色彩点评：帽子形状类似于改良版牛仔帽，并绑有蝴蝶结，给人以豪放不羁的叛逆感，将蝴蝶结元素融入帽子又增添了一份柔美。

①合理的帽饰搭配也是气质教养里不可或缺的一部分。

②帽子在古老西方文化中有正式和地位的象征，沿用到现代，帽子也是正式场合的一种尊重表达。

RGB=185,134,107 CMYK=34,53,57,0

RGB=196,196,196 CMYK=27,21,20,0

RGB=127,67,69 CMYK=54,81,68,17

RGB=157,194,195 CMYK=44,15,24,0

帽饰为驼色带有蝴蝶结装饰毛毡小礼帽，具有十足的优雅名媛感，帽子上的蝴蝶结与头饰上的蝴蝶结交相辉映，整体颜色搭配优美亮眼，如图 10-8 所示。

图 10-8

帽饰为款式简洁纯色的运动鸭舌帽，深蓝色的帽饰搭配浅灰色的纯棉衬衣，给人一种简约高端的印象，如图 10-9 所示。

图 10-9

10.1.4 围巾

设计理念：丝巾采用了十分有趣的系法，既可作头巾又可作围巾，整体配色线条充满异域风情，优雅迷人，如图 10-10 所示。

图 10-10

色彩点评：丝巾选用湖蓝、红、白 3 种颜色搭配而成，将整体造型重点落在丝巾上，独特的围巾系法给人以强烈的视觉冲击。

①较为单薄的衣物可以搭配轻柔材质的围巾，也可搭配有厚重感围巾。穿较厚重臃肿的衣服，尽量搭配面料轻柔的围巾，以免全身显得过于臃肿。

②围巾除了保暖外，更重要的是还能起到装饰作用，让整体着装更加时尚迷人。

RGB=116,163,169　CMYK=59,27,33,0

RGB=211,53,51　CMYK=21,91,82,0

RGB=248,250,252　CMYK=3,2,1,0

RGB=253,229,229　CMYK=0,15,7,0

围巾蓝白花纹相间，尾部配有流苏装饰，颇有中国古典青花瓷的感觉，搭配全白的衣物和银色的手拎包，整体造型仙气十足，如图 10-11 所示。

图 10-11

围巾造型设计充满童趣，围巾整体为米白色鹦鹉造型。做到外形美观的同时保暖功能也很到位，整体造型搭配清新可爱，如图 10-12 所示。

图 10-12

10.1.5　首饰

设计理念：项链采用了独特的立体焊接工艺和款式设计，与纯白色露背装宛若一幅浑然天成的画卷，似瀑布，又好似峡谷，如图 10-13 所示。

图 10-13

色彩点评：晶莹剔透的钻石与白金是最完美和谐的搭配，搭配纯白色露背装，整体造型更显精致优雅。

1 佩戴钻石项链应和服装取得和谐与呼应，看上去会更加动人。

2 单色或素色服装，佩戴色泽鲜明的项链，能使首饰更加醒目，在首饰的点缀下，服装色彩也显得更加丰满。

3 色彩鲜艳的服装，佩戴简洁单纯的项链，不会被艳丽的服装颜色所淹没，并且可以使服装色彩产生平衡感。

RGB=185,194,198　CMYK=32,20,19,0

RGB=245,244,247　CMYK=5,5,2,0

具有浓郁巴洛克风情的耳环装饰搭配孔雀蓝色镂空透视装，将异域美人的风情体现得淋漓尽致，如图 10-14 所示。

饰品为对称花纹指环和手环，饰品搭配整体服装显得高贵优雅极具时尚气息，手环的设计独特，给人以运动风尚感，如图 10-15 所示。

图 10-14

图 10-15

10.1.6　妆面

设计理念：妆面选用酒红色和棕色作为眼影主色调晕染，娇艳欲滴的红唇作为整体妆面重点装饰，珊瑚色腮红妆点细节修饰，搭配湖蓝色蝴蝶结网纱头饰给人以洋娃娃般的精致优雅感，如图 10-16 所示。

色彩点评：嘴唇的红与头饰的绿形成了鲜明且柔和的颜色对比。眼影腮红搭配均属暖色调，整体妆面搭配过渡和谐，色彩柔和，风格突出。

1 影可分为影色、亮色、强调色 3 种。影色是收敛色，涂在希望凹的地方或者显得狭窄的应该有阴影的地方。

纯度很高的色彩应慎重。运用化妆中色彩纯度对比进行搭配，分清色彩的主次关系，避免产生凌乱的妆面效果。

图 10-16

RGB=232,2,16　CMYK=9,98,100,0

RGB=27,69,75　CMYK=90,68,64,28

RGB=180,63,47　CMYK=36,88,90,2

RGB=113,212,189　CMYK=56,0,37,0

整体妆面以橘色系眼妆作为重点，古铜色眼影加深眼窝增强眼部深邃感，玫红色口红和橙色腮红提亮气色，搭配纱质白色皇冠给人以白天鹅般的梦幻感，如图 10-17 所示。

图 10-17

整体妆面以突出红唇作为重点，所以眼影选用了相对低调的金属灰色，加上少量修容，整体妆面立体精致，给人一种朋克风的率性美感，如图 10-18 所示。

图 10-18

10.2 服装搭配展示页面

文件路径	第 10 章 \ 服装搭配展示页面
难易指数	★★★★★
技术掌握	矩形工具、图层蒙版、钢笔工具、图层样式、横排文字工具

案例效果

案例效果如图 10-19 所示。

图 10-19

思路剖析

①新建空白文档，使用矩形工具绘制背景形状图层，如图 10-20 所示。

②置入服装及配饰素材，使用图层蒙版隐藏画面局部，并为其添加合适的图层样式效果，如图 10-21 所示。

③使用横排文字工具编辑文字信息，如图 10-22 所示。

图 10-20

图 10-21

图 10-22

应用拓展

优秀服装画册设计作品，如图 10-23~ 图 10-26 所示。

图 10-23

图 10-24

图 10-25

图 10-26

操作步骤

01> 执行菜单“文件 > 新建”命令，新建一个空白文档。单击工具箱底部的“前景色”图标，在弹出的“拾色器（前景色）”对话框中设置颜色为黄色，设置完成后，单击“确定”按钮，如图 10-27 所示。接着使用快捷键 Alt+Delete 进行快速填充，效果如图 10-28 所示。

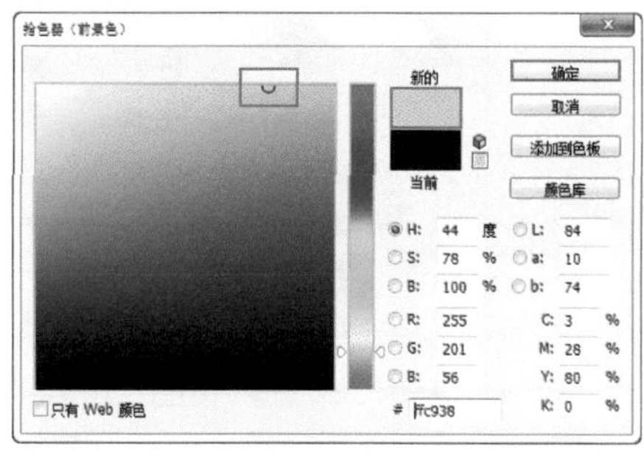

图 10-27

图 10-28

02> 绘制带有边框的黄色矩形。单击工具箱中的“矩形工具”按钮，在选项栏中设置绘制模式为“形状”，“填充”为橘黄色，“描边”为白色，描边粗细为 30 像素，描边类型为实线，设置完成后，在画面中按住鼠标左键拖曳进行绘制，如图 10-29 所示。

图 10-29

03> 继续选择矩形工具，在选项栏中设置“填充”为白色，“描边”为无，设置完成后，在画面下方按住鼠标左键并拖曳，得到矩形形状，如图 10-30 所示。

图 10-30

04> 执行菜单“文件 > 置入”命令，置入花朵素材“1.jpg”，如图 10-31 所示。接着将置入素材适当放大，然后进行旋转，按 Enter 键完成置入，如图 10-32 所示。

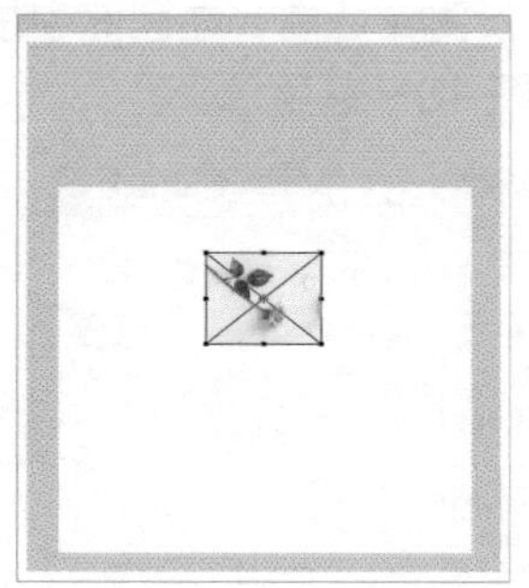
图 10-31

图 10-32

05> 进行抠图。单击工具箱中的“钢笔工具”按钮，在选项栏中设置绘制模式为“路径”，接着沿玫瑰花外轮廓绘制路径，路径绘制完成后，使用快捷键 Ctrl+Enter 快速将路径转换为选区，如图 10-33 所示。接着在“图层”面板中选中花朵图层，在保持当前选区的状态下，单击“图层”面板底部的“添加图层蒙版”按钮，以当前选区为该图层添加图层蒙版，如图 10-34 所示。选区以内的部分为显示状态，选区以外的部分被隐藏，效果如图 10-35 所示。

图 10-33

图 10-34

图 10-35

06> 在“图层”面板中选中花朵图层，按住鼠标左键向下拖曳至白色矩形图层下方，如图 10-36 所示。此时画面效果如图 10-37 所示。

图 10-36

图 10-37

07> 为背景添加图案。执行菜单“文件 > 置入”命令，置入叶子素材“2.jpg”，如图 10-38 所示。接着将光标定位在画面中，右击执行“水平翻转”命令，如图 10-39 所示。调整完成后，按 Enter 键完成置入，如图 10-40 所示。

图 10-38

08> 在“图层”面板中选中该图层，设置“不透明度”为 35%，如图 10-41 所示。此时画面效果如图 10-42 所示。

09> 单击工具箱中的“钢笔工具”按钮，在选项栏中设置绘制模式为“形状”，“填充”为无，“描边”为灰色，描边粗细为 2 像素，描边类型为实线，如图 10-43 所示。设置完成后，在画面中右下方某点位置单击鼠标左键，接着按住 Shift 键的同时单击另一点位置，使其形成一条直线，按 Enter 键完成此操作，如图 10-44 所示。

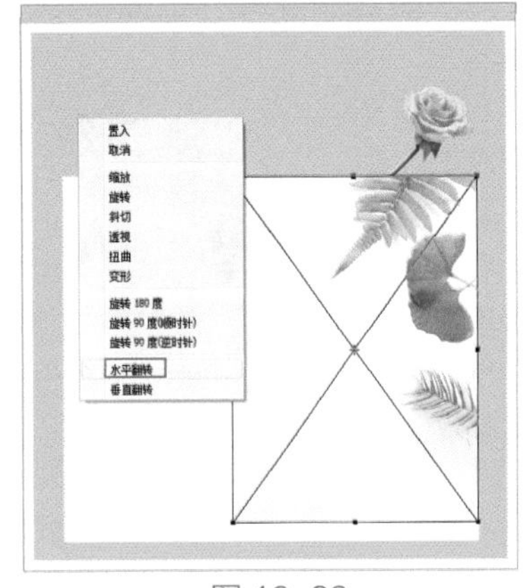

图 10-39

图 10-40

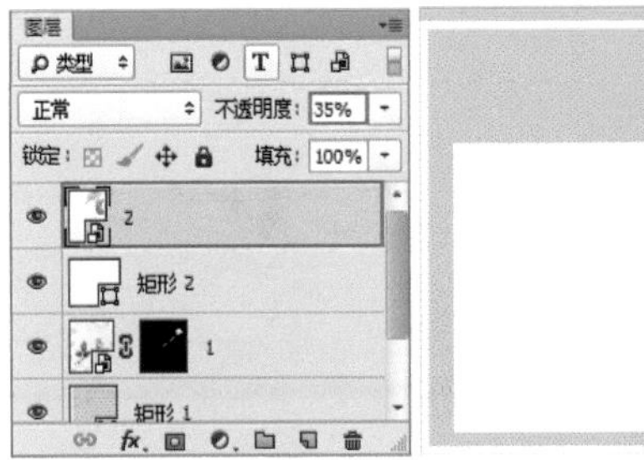

图 10-41

图 10-42

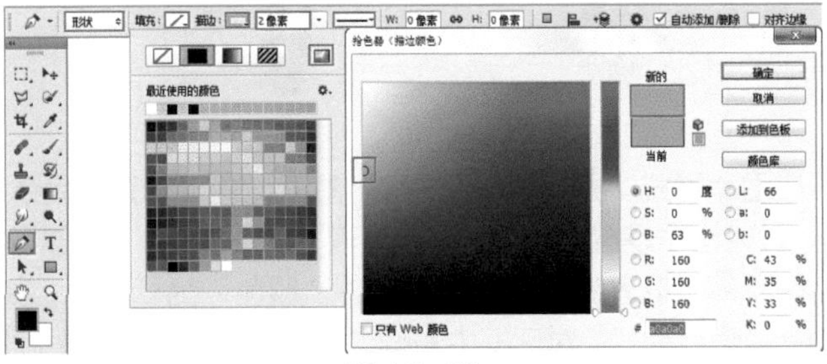

图 10-43

图 10-44

10> 接下来置入模特素材。执行菜单“文件>置入”命令，置入人物素材“4.jpg”，如图 10-45 所示。接着将置入的素材摆放在画面中右下角位置，然后等比例缩放该素材，按 Enter 键完成置入，并将其栅格化，如图 10-46 所示。

图 10-45

图 10-46

11> 单击工具箱中的“椭圆选框工具”按钮，在人物下半身的位置按住 Shift 键的同时按住鼠标左键拖曳绘制一个正圆形选区，如图 10-47 所示。接着在“图层”面板中选中该图层，在保持当前选区的状态下，单击“图层”面板底部的“添加图层蒙版”按钮，以当前选区为该图层添加图层蒙版。选区以内的部分为显示状态，选区以外的部分被隐藏，效果如图 10-48 所示。

图 10-47

图 10-48

12> 为模特素材图像添加图层样式。执行菜单“图层 > 图层样式 > 描边”命令，在弹出的“图层样式”对话框中设置“大小”为 8 像素，“位置”为“外部”，“混合模式”为“正常”，“不透明度”为 100%，“颜色”为橘黄色，设置完成后，单击“确定”按钮完成此操作，如图 10-49 所示。此时画面效果如图 10-50 所示。

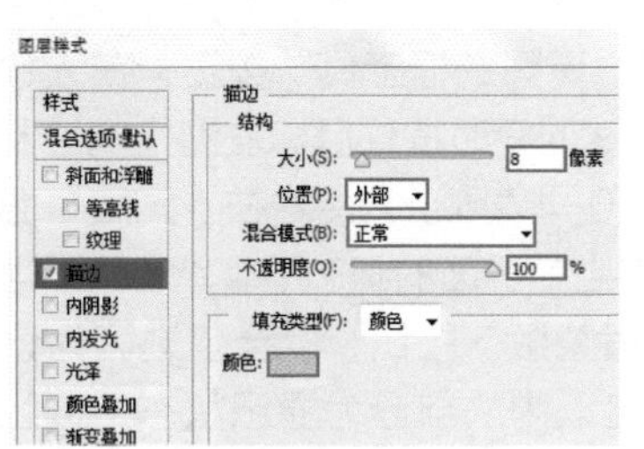

图 10-49

图 10-50

13> 使用相同置入方式置入素材“5.jpg”，并摆放在画面中合适位置。接着运用相同的制作方式为素材“5.jpg”添加图层样式，如图 10-51 所示。

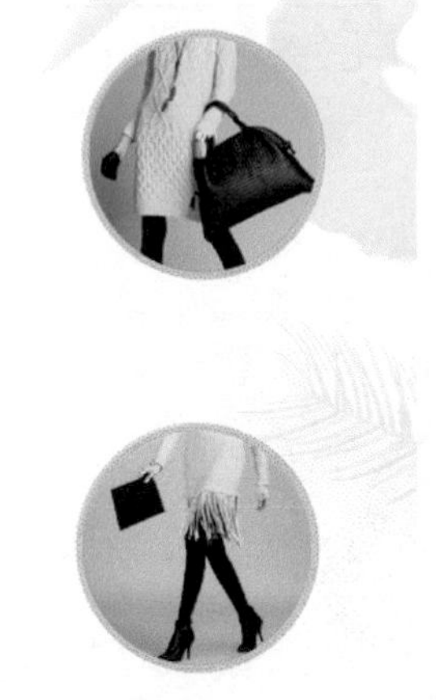

图 10-51

14> 执行菜单“文件 > 置入”命令，将素材调整到合适大小和位置后按 Enter 键完成置入，并将图层栅格化，如图 10-52 所示。

图 10-52

15> 在工具箱中右击套索工具组，在工具组列表中选择多边形套索工具，在画面中沿人物素材“3.jpg”外轮廓边缘进行绘制，当首尾相连时得到选区，如图 10-53 所示。接着在“图层”面板中选中该素材图层，在保持当前选区的状态下，单击“图层”面板底部的“添加图层蒙版”按钮，以当前选区为该图层添加图层蒙版。选区以内的部分为显示状态，选区以外的部分被隐藏，效果如 10-54 所示。

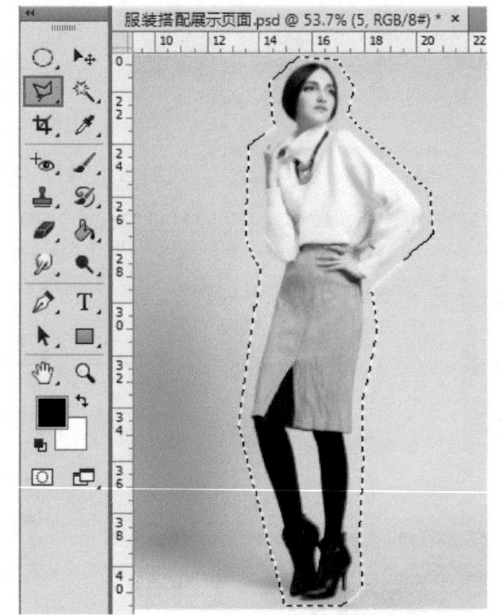

图 10-53　　图 10-54

16> 为该素材图层添加图层样式。执行菜单“图层 > 图层样式 > 描边”命令，在弹出的“图层样式”对话框中设置“大小”为 8 像素，“位置”为“外部”，“混合模式”为“正常”，“不透明度”为 100%，“颜色”为橘黄色，如图 10-55 所示。接着在“图层样式”对话框中勾选“投影”复选框，设置“混合模式”为“正常”，“混合颜色”为黄褐色，“不透明度”为 30%，“角度”为 149 度，“距离”为 13 像素，“扩展”为 0%，“大小”为 2 像素，“杂色”为 0%，如图 10-56 所示。设置完成后，单击“确定”按钮完成此操作，效果如图 10-57 所示。

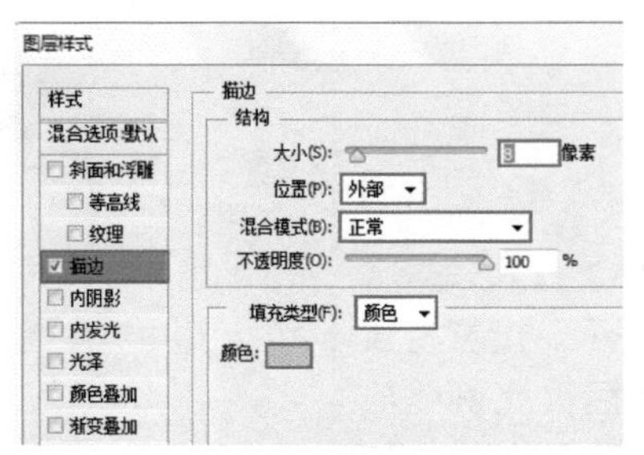

图 10-55

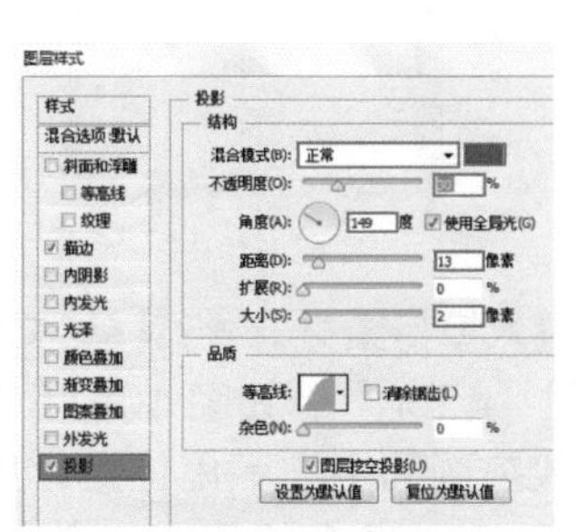

图 10-56

图 10-57

17> 使用相同置入方式置入素材"6.jpg""7.jpg"和"8.jpg"，并将其分别摆放在画面中左侧合适位置。再运用相同的制作方式为素材"6.jpg""7.jpg"和"8.jpg"添加图层样式，效果如图 10-58 所示。

图 10-58

18> 接下来编辑页面文字。单击工具箱中的"横排文字工具"按钮，在选项栏中设置合适的字体、字号，文字颜色设置为深灰色，设置完毕后，在画面中白色矩形色块上方中间位置单击，输入文字，文字输入完成后按快捷键 Ctrl+Enter，如图 10-59 所示。

图 10-59

19> 继续选择横排文字工具，在不选中任何文字图层时，在选项栏中设置合适字体与较小的字号，文字颜色设置为深灰色，设置完成后，在画面中相应位置单击输入文字，文字输入完成后，按快捷键 Ctrl+Enter，如图 10-60 所示。接着使用相同编辑方式在画面中相应位置编辑其他文字，如图 10-61 所示。

图 10-60

图 10-61

20> 继续选择横排文字工具，在选项栏中设置合适字体、字号，文字颜色设置为橘黄色，设置完成后，在画面中化妆品素材下方单击输入文字，文字输入完成后，按快捷键 Ctrl+Enter，如图 10-62 所示。

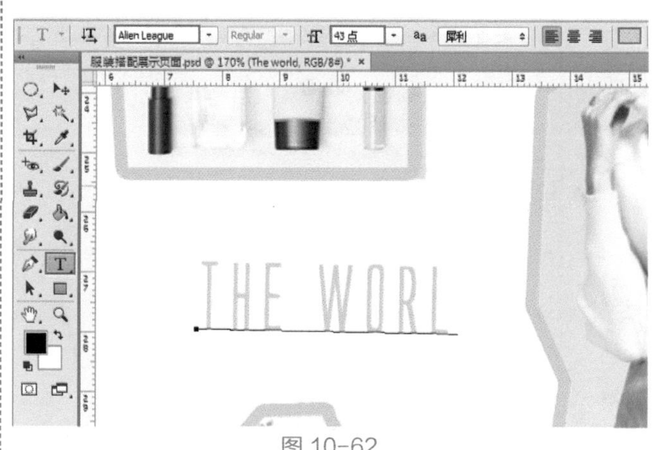

图 10-62

21> 选中文字图层，执行菜单"图层 > 图层样式 > 描边"命令，在弹出的"图层样式"对话框中设置"大小"为 7 像素，"位置"为"外部"，"混合模式"为"正常"，"不透明度"为 61%，"颜色"为奶黄色，设置完成后，单击"确定"按钮完成此操作，如图 10-63 所示。此时画面效果如图 10-64 所示。

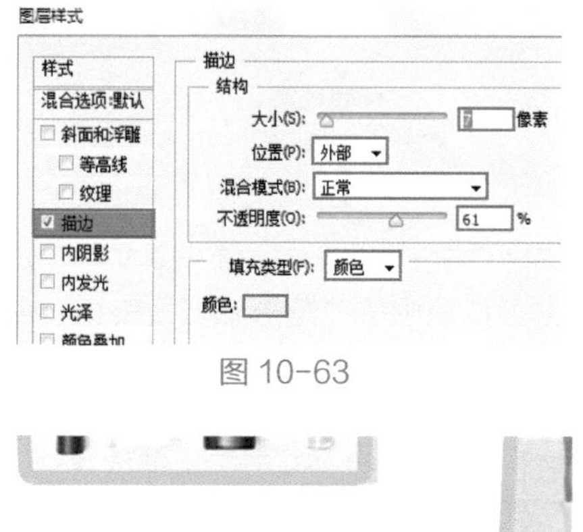

图 10-63

图 10-64

22> 单击工具箱中的"钢笔工具"按钮，在选项栏中设置绘制模式为"形状"，"填充"为无，"描边"为橘黄色，描边粗细为 5 像素，描边类型为实线，设置完成后，在画面中沿文字边缘位置进行绘制，如图 10-65 所示。在

“图层”面板中按住 Ctrl 键单击加选文字图层和形状图层，使用快捷键 Ctrl+T 调出界定框，然后将其进行旋转，按 Enter 键确定变换操作，效果如图 10-66 所示。

图 10-65

图 10-66

23> 使用横排文字工具在相应位置输入文字，如图 10-67 所示。单击工具箱中的“矩形工具”按钮，在选项栏中设置绘制模式为“形状”，“填充”为黑色，“描边”为无，设置完成后，在画面中右下方位置单击鼠标并拖曳，得到矩形形状，如图 10-68 所示。继续在黑色矩形上方添加文字，效果如图 10-69 所示。

24> 接着使用相同编辑方式制作右下方信息，最终效果如图 10-70 所示。

图 10-67

图 10-68

图 10-69

图 10-70

10.3 服装设计画册内页

文件路径	第 10 章 \ 服装设计画册内页
难易指数	★★★★★
技术掌握	矩形工具、横排文字工具

案例效果

案例效果如图 10-71 所示。

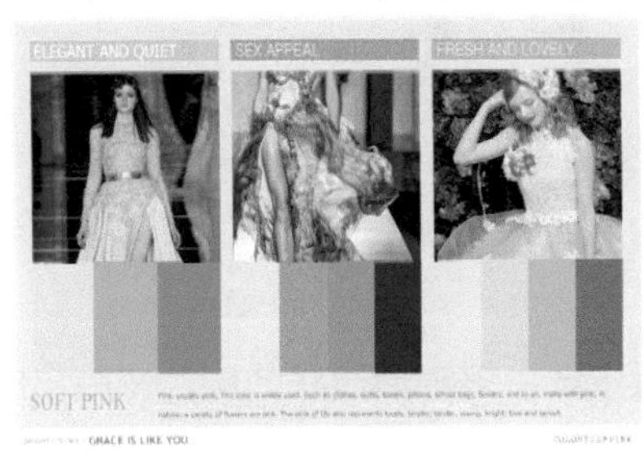

图 10-71

思路剖析

①新建空白文档，使用矩形工具绘制背景形状图层，如图 10-72 所示。

②置入服装及配饰素材，同时使用矩形工具绘制相应色卡，如图 10-73 所示。

③使用横排文字工具编辑文字信息，如图 10-74 所示。

图 10-72

图 10-73

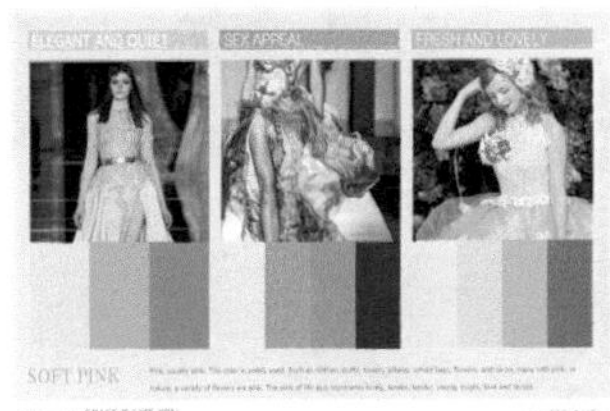

图 10-74

应用拓展

优秀服装画册设计作品，如图 10-75~ 图 10-77 所示。

图 10-75　图 10-76

图 10-77

操作步骤

01> 新建一个 A4 大小的空白文档。单击工具箱中的“矩形工具”按钮，在选项栏中设置绘制模式为“形状”，“填充”为渐变，并编辑一个灰色系的渐变色，设置“描边”为无，如图 10-78 所示。设置完成后，在画面中按住鼠标左键并拖曳绘制矩形，如图 10-79 所示。

图 10-78　图 10-79

02> 置入服装素材。执行菜单“文件 > 置入”命令，置入人物素材“1.png”，如图 10-80 所示。接着按住 Shift 键拖动控制点进行等比缩放，调整完成后按 Enter 键完成置入，并将图层栅格化，效果如图 10-81 所示。

图 10-80

图 10-81

03> 单击工具箱中的“矩形选框工具”按钮，在画面素材“1.png”位置按住鼠标左键并拖曳绘制矩形选区，如图 10-82 所示。接着在“图层”面板中选中该素材图层，在保持当前选区的状态下，单击“图层”面板底部的“添加图层蒙版”按钮，以当前选区为该图层添加图层蒙版，如图 10-83 所示。

选区以内的部分为显示状态，选区以外的部分被隐藏，效果如图 10-84 所示。

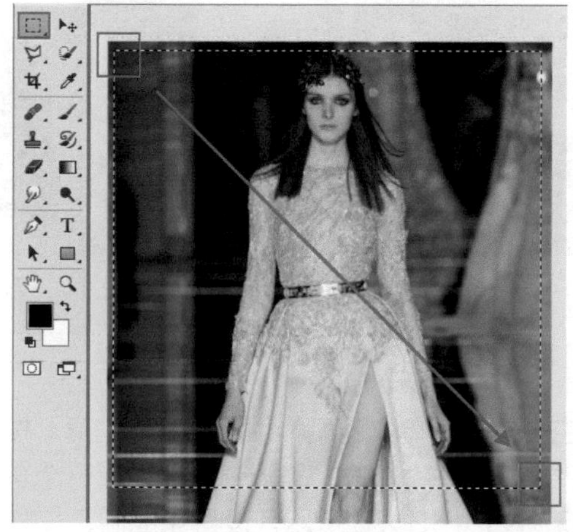

图 10-82

图 10-83

图 10-84

04> 绘制色卡。单击工具箱底部的“前景色”图标，在画面中吸取服装的一种颜色，单击“确定”按钮，完成前景色设置操作，如图 10-85 所示。接着单击工具箱中的“矩形工具”按钮，在选项栏中设置绘制模式为“形状”，“填充”为刚刚吸取的颜色，“描边”为无，如图 10-86 所示。设置完成后，在画面中素材“1.png”下方按住鼠标左键并拖曳绘制矩形形状，如图 10-87 所示。

图 10-85

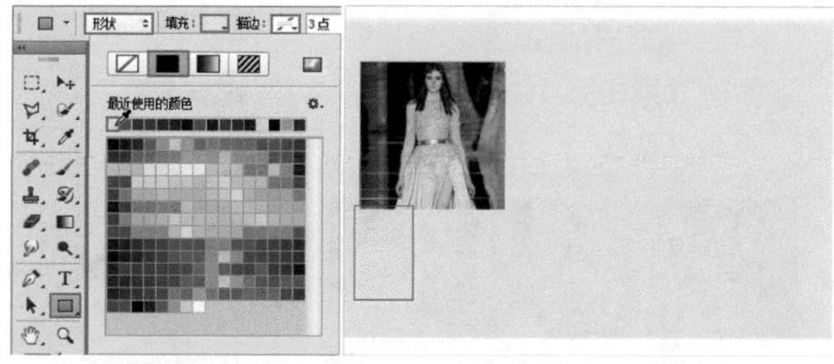

图 10-86　　图 10-87

05> 在“图层”面板中选中该矩形形状图层，使用快捷键 Ctrl+J 复制出一个相同的矩形图层，如图 10-88 所示。然后将复制的矩形向右拖曳，如图 10-89 所示。

图 10-88　　图 10-89

06> 在“图层”面板中双击该矩形形状图层的缩览图，随即会弹出“拾色器（前景色）”对话框，接着将光标移动至衣服上方单击吸取服装另一种颜色，单击“确定”按钮，如图 10-90 所示。此时矩形效果如图 10-91 所示。

图 10-90　　图 10-91

07> 使用相同的方法，复制一个矩形，调整其位置，并更改颜色，效果如图 10-92 所示。

图 10-92

08> 单击工具箱中的“矩形工具”按钮，在选项栏中设置绘制模式为“形状”，“填充”为粉色，“描边”为无，如图 10-93 所示。接着在图像上方绘制一个矩形形状，如图 10-94 所示。

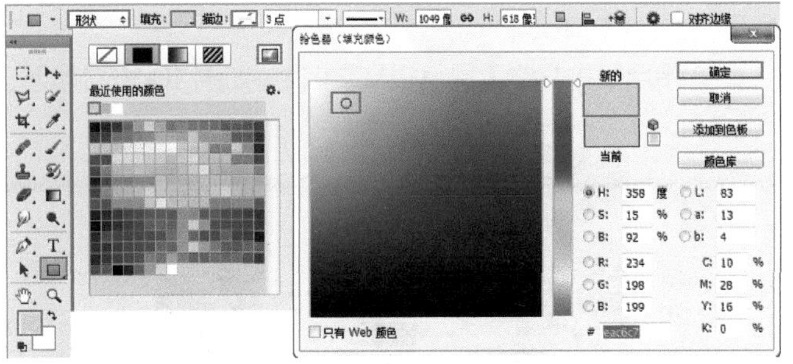

图 10-93

图 10-94

09> 使用相同的方法，制作另外两处图形与色块，如图 10-95 所示。

图 10-95

10> 编辑文字信息。单击工具箱中的“横排文字工具”按钮，在选项栏中设置合适的字体、字号，文字颜色设置为白色，设置完成后，在画面中服装素材“1.png”上方色条位置单击插入光标，然后输入文字，文字输入完成后，按快捷键 Ctrl+Enter，效果如图 10-96 所示。继续使用横排文字工具分别在素材“2.jpg”和“3.jpg”上方的色条上添加文字，如图 10-97 所示。

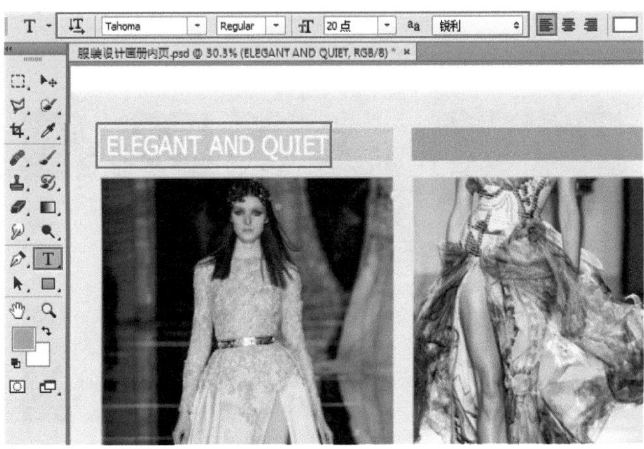

图 10-96

图 10-97

11> 继续选择横排文字工具，在选项栏中设置合适的字体、字号，文字颜色设置为浅玫瑰红色，设置完成后，在画面中灰色色块左下方位置单击，然后输入文字，文字输入完成后，按快捷键 Ctrl+Enter，如图 10-98 所示。

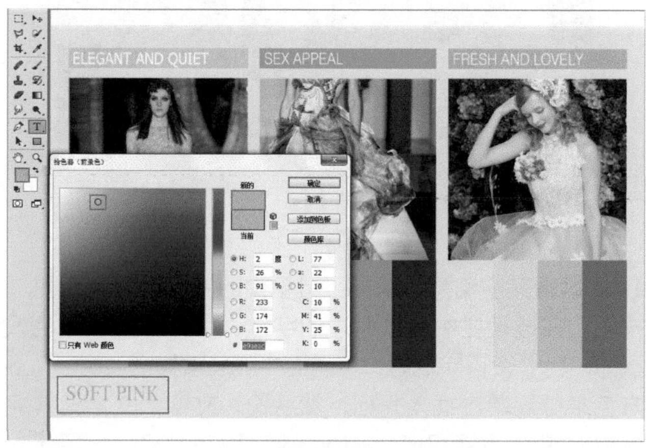

图 10-98

12> 继续使用横排文字工具在画面底部添加稍小的文字，最终效果如图 10-99 所示。

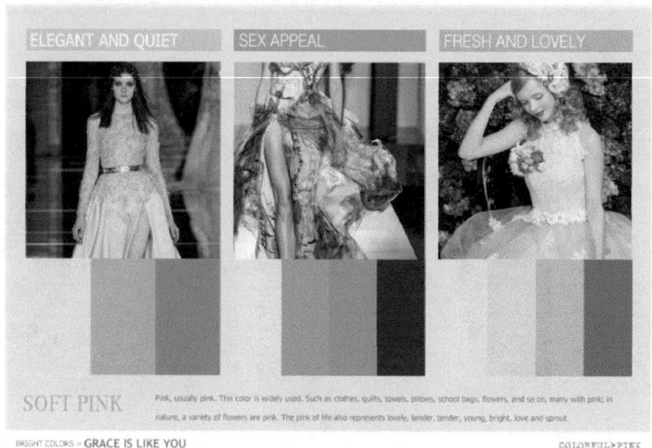

图 10-99

10.4 春夏女装流行趋势画册内页

文件路径	第 10 章 \ 春夏女装流行趋势画册内页
难易指数	★★★★★
技术掌握	图层蒙版、钢笔工具、图层样式、矩形工具

案例效果

案例效果如图 10-100 所示。

图 10-100

思路剖析

①新建空白文档，置入服装素材图片，并将其摆放在画面中合适位置，同时绘制色卡，如图 10-101 所示。

②置入主图服装素材，抠图并为其添加描边效果，如图 10-102 所示。

③使用横排文字工具编辑文字信息，如图 10-103 所示。

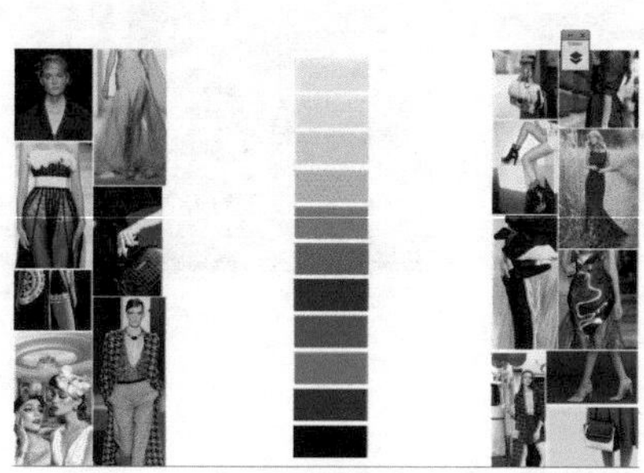

图 10-101

图 10-102

图 10-103

应用拓展

优秀服装画册设计作品，如图 10-104~ 图 10-107 所示。

图 10-104

图 10-105

图 10-106

图 10-107

操作步骤

01> 执行菜单“文件 > 新建”命令，在弹出的“新建”对话框中设置“预设”为“国际标准纸张”，“大小”为 A4，“宽度”为 210 毫米，“高度”为 297 毫米，“分辨率”为 300 像素 / 英寸，设置完成后，单击“确定”按钮完成操作，如图 10-108 所示。效果如图 10-109 所示。

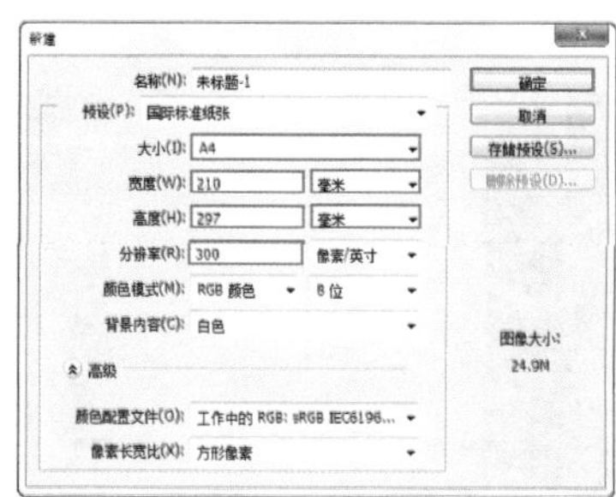

图 10-108

图 10-109

02> 置入图片素材。执行菜单“文件 > 置入”命令，在弹出的对话框中选择素材“1.jpg”，单击“置入”按钮。接着将置入的素材摆放在画面中左侧位置，如图 10-110 所示。接着按住 Shift 键的同时按住鼠标左键拖曳控制点等比例缩放该素材，按 Enter 键完成置入。在“图层”面板中右击该图层，在弹出的快捷菜单中执行“栅格化图层”命令，效果如图 10-111 所示。

图 10-110

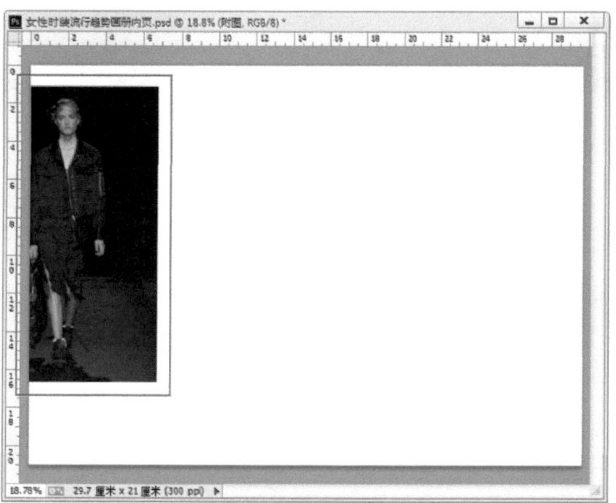

图 10-111

03> 为该图层添加图层蒙版。单击工具箱中的“矩形选框工具”按钮，在画面中素材“1.jpg”位置按住鼠标左键并拖曳，得到矩形选区，如图 10-112 所示。

图 10-112

04> 在“图层”面板中选中该素材图层，在保持当前选区的状态下，单击“图层”面板底部的“添加图层蒙版”按钮，以当前选区为该图层添加图层蒙版，如图 10-113 所示。选区以内的部分为显示状态，选区以外的部分被隐藏，效果如图 10-114 所示。

图 10-113

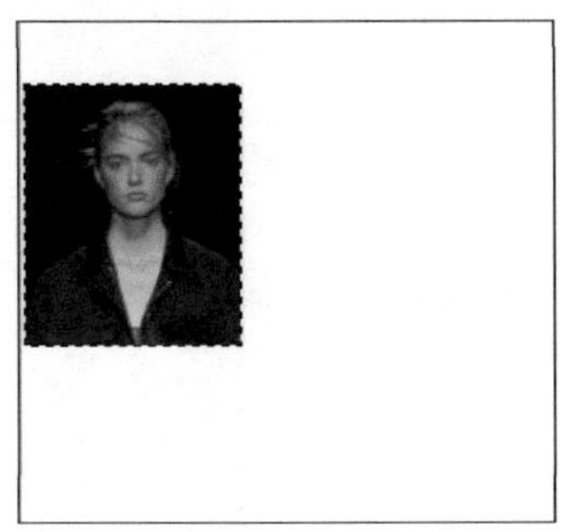

图 10-114

05> 使用相同的方法，将其他素材置入并依次为其添加图层蒙版，效果如图 10-115 所示。

06> 置入主图人像素材，接着将置入的素材摆放在画面中偏右侧位置，如图 10-116 所示。将光标放置在素材一角处，按住 Shift 键的同时按住鼠标左键等比例缩放该素材，按 Enter 键完成置入，如图 10-117 所示。在“图层”面板中右击该图层，在弹出的快捷菜单中执行“栅格化图层”命令。

图 10-115

图 10-116

图 10-117

07> 为该图层添加图层蒙版。单击工具箱中的“钢笔工具”按钮，在选项栏中设置绘制模式为“路径”，接着沿素材中的人物形象外轮廓绘制路径，路径绘制完成后按快捷键 Ctrl+Enter 快速将路径转换为选区，如图 10-118 所示。选中该图层，在保持当前选区的状态下，单击“图层”面板底部的“添加图层蒙版”按钮，以当前选区为该图层添加图层蒙版。选区以内的部分为显示状态，选区以外的部分被隐藏，效果如图 10-119 所示。

图 10-118

图 10-119

08> 为该图层添加图层样式。执行菜单“图层 > 图层样式 > 描边”命令，在弹出的“图层样式”对话框中设置“大小”为 10 像素，“位置”为“外部”，“混合模式”为“正常”，“不透明度”为 100%，“填充类型”为“颜色”，颜色为白色，如图 10-120 所示。设置完成后，单击“确定”按钮完成此操作，效果如图 10-121 所示。

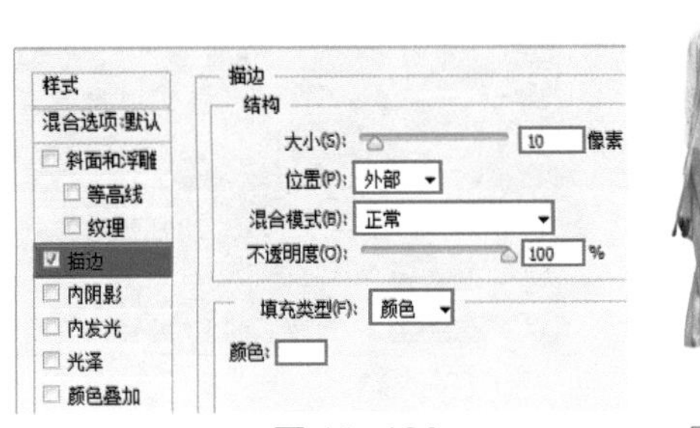

图 10-120　　图 10-121

09> 使用相同的置入方式置入其他主图，并将其分别摆放在画面中合适位置。接着运用同样绘制方式为其添加图层蒙版与图层样式，效果如图 10-122 所示。然后在“图层”面板中选中主图的所有矩形形状图层，使用快捷键 Ctrl+G 进行编组，并将其命名为“主图”，如图 10-123 所示。

图 10-122

图 10-123

10> 绘制色卡。单击工具箱中的“矩形工具”按钮，在选项栏中设置绘制模式为“形状”，“填充”为浅卡其色，“描边”为无，如图 10-124 所示。设置完成后，在画面中素材“1.png”下方按住鼠标左键并拖曳绘制一个矩形形状，如图 10-125 所示。

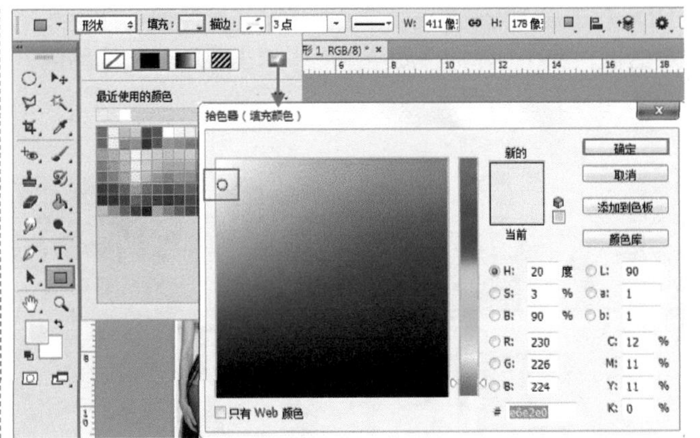

图 10-124

图 10-125

11> 在“图层”面板中选中该矩形形状图层，使用快捷键 Ctrl+J 复制出一个相同的形状图层，如图 10-126 所示。单击工具箱中的“移动工具”按钮，并将光标定位在画面中复制的矩形色块上，按住鼠标左键向下平移至合适位置，如图 10-127 所示。

图 10-126

图 10-127

第10章 服装设计画册

12> 双击该矩形的图层缩览图，弹出“拾色器（前景色）”对话框，接着将光标移动至画面中单击吸取服装的颜色，如图 10-128 所示。

图 10-128

13> 使用相同的方法，绘制其他色块，并按照明度的高低依次排列，同时使其形成色块与色块之间间隔相同的色卡，如图 10-129 所示。

图 10-129

14> 在“图层”面板中按住 Ctrl 键单击加选矩形形状图层，使用快捷键 Ctrl+G 进行编组，并将其命名为“色卡”。将光标定位在该图层组上，按住鼠标左键向下拖曳至“主图”图层组下方，如图 10-130 所示。此时画面效果如图 10-131 所示。

图 10-130

图 10-131

15> 绘制文字背景。单击工具箱中的“矩形工具”按钮，在选项栏中设置绘制模式为“形状”，“填充”为黑色，“描边”为无，设置完成后，在画面中下方位置按住鼠标左键并拖曳至合适大小，得到矩形形状，如图 10-132 所示。

图 10-132

16> 最后使用横排文字工具在画面中添加文字，最终效果如图 10-133 所示。

图 10-133